EUL VERLAG

EINZELSCHRIFTEN

Adriano Pistoia
Qualität der elektronischen Wertpapieranlageberatung
Lohmar – Köln 2014 • 360 S. • € 64,- (D) • ISBN 978-3-8441-0299-4

Gil Opher
Prozyklische Wirkung der Kreditvergabe – Ein regulierungs- sowie rechnungslegungsorientierter Lösungsansatz
Lohmar – Köln 2014 • 292 S. • € 59,- (D) • ISBN 978-3-8441-0300-7

Oliver Thomsen
Ökonomische Bewertung von Natur – besonders geschützte Bereiche als wertrelevante Faktoren in der hedonischen Modellierung – Die Zahlungsbereitschaft für ein naturnahes, grünes Wohnumfeld am Beispiel von Freiburg (Brsg.)
Lohmar – Köln 2014 • 236 S. • € 56,- (D) • ISBN 978-3-8441-0301-4

Jens Ortgiese und Carlo Velten (Hrsg.)
Entrepreneurship, Venture Capital und Investment Banking – Gewidmet Prof. Dr. Klaus Nathusius anlässlich seines 70. Geburtstages
Lohmar – Köln 2014 • 216 S. • € 55,- (D) • ISBN 978-3-8441-0302-1

Daniel M. Blab
Die Anwendung der International Public Sector Accounting Standards (IPSAS) als funktionales Element einer Neuordnung der öffentlichen Verwaltung – Eine konzeptionelle und normative Analyse am Beispiel von Natur- und Kulturgütern
Lohmar – Köln 2014 • 460 S. • € 69,- (D) • ISBN 978-3-8441-0305-2

Nicole Seifferth-Schmidt
Die Theorie des Sozialkapitals und dessen empirische Genese und Wirkungen in Deutschland
Lohmar – Köln 2014 • 204 S. • € 49,- (D) • ISBN 978-3-8441-0308-3

Stephan D. Prym
Die Bedeutung von Sozialkapital beim Internationalisierungsprozess von Familienunternehmen
Lohmar – Köln 2014 • 484 S. • € 72,- (D) • ISBN 978-3-8441-0314-4

JOSEF EUL VERLAG

Die Bedeutung von Sozialkapital beim Internationalisierungsprozess von Familienunternehmen

Dissertation
zur Erlangung des Grades eines Doktors der Wirtschaftswissenschaft
der Rechts- und Wirtschaftswissenschaftlichen Fakultät
der Universität Bayreuth

Vorgelegt
von
Stephan D. Prym
aus
Singen (Hohentwiel)

Dekan:	Prof. Dr. Herbert Woratschek
Erstberichterstatter:	Prof. Dr. Reinhard Meckl
Zweitberichterstatter:	Prof. Dr. Ricarda B. Bouncken
Tag der mündlichen Prüfung:	11.09.2013

Dr. Stephan D. Prym

Die Bedeutung von Sozialkapital beim Internationalisierungsprozess von Familienunternehmen

EUL VERLAG

Bibliografische Information der Deutschen Nationalbibliothek

Die Deutsche Nationalbibliothek verzeichnet diese Publikation in der Deutschen Nationalbibliografie; detaillierte bibliografische Daten sind im Internet über <http://dnb.d-nb.de> abrufbar.

Dissertation, Universität Bayreuth, 2013

ISBN 978-3-8441-0314-4
1. Auflage März 2014

JOSEF EUL VERLAG GmbH
Brandsberg 6
53797 Lohmar
Tel.: 0 22 05 / 90 10 6-6
Fax: 0 22 05 / 90 10 6-88
E-Mail: info@eul-verlag.de
http://www.eul-verlag.de

Bei der Herstellung unserer Bücher möchten wir die Umwelt schonen. Dieses Buch ist daher auf säurefreiem, 100% chlorfrei gebleichtem, alterungsbeständigem Papier nach DIN 6738 gedruckt.

Vorwort

Die vorliegende wissenschaftliche Arbeit habe ich während meiner Tätigkeit als externer Doktorand am Lehrstuhl für Internationales Management an der Universität Bayreuth erstellt. Die Studie wurde im September 2013 als Dissertation angenommen.

Während der Zeit als Doktorand haben mich viele Personen bei den von mir durchgeführten Untersuchungen und Analysen begleitet und unterstützt. Mein Dank gilt zunächst meinem Doktorvater Herrn Prof. Dr. Reinhard Meckl, der mich während der gesamten Promotionszeit mit seinen fachlichen Hinweisen konstruktiv und zielführend betreut hat. Ebenso möchte ich Frau Prof. Dr. Ricarda Bouncken für die Zweitkorrektur sowie Herrn Prof. Rolf Fülbier für die Übernahme des Prüfungsvorsitzes im Kolloquium danken.

Zum Gelingen dieser wissenschaftlichen Analyse haben in erheblichen Umfang die an meiner empirischen Studie teilgenommenen Familienunternehmen beigetragen. Ohne die Bereitschaft der 129 Unternehmen zur Teilnahme an der Umfrage wäre ein erfolgreicher Abschluss dieser Arbeit nicht möglich gewesen. Ihnen gilt mein besonderer Dank.

Ebenso geht mein Dank an meine Mit-Doktoranden für die kritischen Gespräche und Diskussionen sowie für die angenehme Arbeitsatmosphäre in Bayreuth, die ich während meiner Promotionszeit erleben durfte. Ebenfalls möchte ich mich bei meinen Geschwistern Simone Mees und Christine Leroy-Prym, bei meinem Schwager Karsten Mees sowie bei meiner Freundin Viola Kopp bedanken, die durch Motivation und Rücksichtnahme zum erfolgreichen Abschluss des Projekts beigetragen haben.

Besonders herzlich danke ich meinen Eltern Renate und Dr. Dieter Prym, die mich während der gesamten Promotionszeit begleiteten und unterstützt haben. Ihnen widme ich diese Arbeit.

Singen, im Februar 2014 Stephan Prym

Inhaltsverzeichnis

Abbildungsverzeichnis

Tabellenverzeichnis

Abkürzungsverzeichnis

AG	Aktiengesellschaft
AHK	Auslandshandelskammern
ASU	Arbeitsgemeinschaft Selbständiger Unternehmer
BAND	Business Angels Netzwerk Deutschland
BDI	Bundesverbandes der Deutschen Industrie e.V.
Bill.	Billionen
BIP	Bruttoinlandsprodukt
BMW	Bayerische Motoren Werke
bmwfj	Bundesministerium für Wirtschaft, Familie und Jugend
BMWi	Bundesministerium für Wirtschaft und Technologie
BRIC	Brasilien Russland Indien China
bspw.	beispielsweise
bzw.	beziehungsweise
ca.	circa
CI	Konfidenzintervall
Cie.	Compagnie
CSR	Corporate Social Responsibility
D	Deutschland
d.h.	das heißt
DAX	Deutscher Aktien Index
DICH	Dichotomisiert
DM	Deutsche Mark
e.V.	eingetragener Verein
EBIT	Earnings before interest and taxes
EK	Anteil an der Firma
et al.	et alii (lateinisch für "und andere")
etc.	et cetera
EU	Europäische Union
EUR	Euro (€)
evtl.	eventuell
F	Frage
Fam	Familienmitglieder
FBN	Family Business Network

FE	Familieneinfluss
FG	Franchise-Geber
FN	Franchise-Nehmer
F-PEC	Family Influence durch Power, Experience and Culture
FU	Familienunternehmen
GEX	German Entrepreneurial Index
ggf.	gegebenfalls
GmbH	Gesellschaft mit beschränkter Haftung
GmbH & Co. KG	Gesellschaft mit beschränkter Haftung und Compagnie Kommanditgesellschaft
GTAI	Germany Trade and Invest - Gesellschaft für Außenwirtschaft und Standortmarketing
HWWI	Hamburgisches WeltWirtschaftsInstitut
IBM	International Business Machines
IfM	Institut für Mittelstandsforschung Bonn
ifm	institut für mittelstandsforschung Mannheim
IHK	Industrie- und Handelskammer
I_{ih}	Index der kulturellen Dimension i im Heimatland h
I_{ij}	Index der kulturellen Dimension i in Land j
IMB	Institute of Management Berlin
inkl.	inklusive
IPA	International Packaging Association
ISIC	International Standard Industrial Classification of All Economic Activities
KD_j	kulturelle Distanz von Heimatland zu Land j
KG	Kommanditgesellschaft
KMU	Kleine und mittlere Unternehmen
LG	Lizenzgeber
LN	Lizenznehmer
M&A	Mergers & Acquisitions
MdGF	Mitglieder der Geschäftsführung
MdKG	Mitglieder des Kontrollgremiums
Mio.	Millionen
MW	Mittelwert
NACE	Nomenclature générale des Activités économiques dans les Communautés Européennes

o.V.	ohne Verfasser
OHG	Offene Handelsgesellschaft
p	Wahrscheinlichkeit
p.a.	per anno
PWC	PricewaterhouseCoopers
Rev.	revision
ROI	Return on Investment
r_{sp}	Rangkorrelationskoeffizient nach Spearman
s.	siehe
S.	Seite
SD	Standardabweichung
SFI	Substantial Family Influence
SK	Sozialkapital
SPSS	Statistical Package for the Social Sciences
STRATOS	Strategic Orientations of Small Enterprises
u.a.	unter anderem
USA	United States of America
usw.	und so weiter
vgl.	vergleiche
V_i	Varianz des Index der Dimension i
vs.	versus
WHU	Wissenschaftliche Hochschule für Unternehmensführung
WTSH	Wirtschaftsförderung und Technologietransfer Schleswig Holstein GmbH
WVS	World Values Survey
WZ	Wirtschaftsklassifikation des Statistischen Bundesamtes
z.B.	zum Beispiel
ZEW	Zentrum für Europäische Wirtschaftsforschung
α	Cronbachs-Alpha

Formelverzeichnis

1. Einleitung

1.1 Problemstellung

„Die Weltwirtschaft wächst zusammen“ (o.V., 2006, S. 14). So lautet beispielhaft die Schlagzeile eines Artikels aus der Tagespresse. Mit dieser kurzen und prägnanten Überschrift wird auf eine globale Entwicklung aufmerksam gemacht, die durch soziale, politische und wirtschaftliche Veränderungen gekennzeichnet ist (vgl. Reitzle, 2000, S. 63). Um in diesem Spannungsfeld als Unternehmen bestehen zu können, sind laufend Anpassungen an die sich ändernden Rahmenbedingungen erforderlich. Diese Entwicklung ist für Unternehmen eine große Herausforderung. So sind sowohl die Anforderungen an Unternehmen als auch die Bedürfnisse von Unternehmen bei der Internationalisierung enorm gestiegen. War eine Internationalisierung bspw. zu Beginn der Industrialisierung noch weitgehend auf den Ex- bzw. Import in die Nachbarländer beschränkt, so werden heute ganz andere Internationalisierungsstrategien von den Unternehmen verfolgt. Diese Entwicklung wurde durch die Einführung des Euros als internationale Handelswährung, die EU-Osterweiterung sowie durch die Öffnung neuer Märkte (z.B. China) unterstützt (vgl. BMWi, 2007, S. 3). Damit ist die Thematik der Internationalisierung immer mehr in den Blickpunkt der Unternehmensstrategie gerückt.

Die Tendenz einer international ausgerichteten Unternehmensstrategie ist auch bei Familienunternehmen[1] erkennbar. Familienunternehmen sind in vielen Volkswirtschaften als dominierender Unternehmenstyp bzw. Organisationsform vorhanden und stellen hierzulande das „Rückgrat der deutschen Wirtschaft“ dar (Wargitsch, 2010, S. 21). Auch in der Weltwirtschaft spielen deutsche Familienbetriebe eine bedeutsame Rolle (vgl. Sharma, Chrisman & Chua, 2008, S. 1). Trotz dieser besonderen volkswirtschaftlichen Bedeutung von Familienbetrieben ist es daher umso erstaunlicher, dass Familienunternehmen in der Wissenschaft bislang stark vernachlässigt wurden (vgl. Steier, Chrisman & Chua, 2004, S. 295–296; Wargitsch, 2010, S. 21). Auch wenn das allgemeine Interesse an Familienunternehmen in den letzten Jahren rapide gestiegen ist, so liegen nur wenige empirische Ergebnisse über deutsche Familienunternehmen im Allgemeinen sowie zum Thema der Internationalisierung von Familienunternehmen im Spezifischen vor (vgl. Klein, 2010, S. 37; Wolf, 2011, S. 122).

1 Die Begriffe „Familienunternehmen“, „Familiengesellschaft“, „Familienunternehmung“ und „Familienbetrieb“ werden aus Gründen der sprachlichen Vereinfachung in dieser Arbeit synonym verwendet.

Die Internationalisierung eines Familienunternehmens erfolgt in der Regel nicht von heute auf morgen sondern in einem strukturierten Prozess. Dabei werden die Unternehmen mit den verschiedensten Aufgaben und Problemen konfrontiert. Letztlich sind viele Details und Parameter zu berücksichtigen, damit eine Internationalisierung erfolgreich ist. Neben ausreichenden finanziellen und personellen Mitteln sind vor allem auch die richtigen Kontakte im In- und Ausland für den Internationalisierungserfolg entscheidend (vgl. BMWi, 2007, S. 28; Wolf, 2011, S. 177). Beziehungen und Netzwerke sind für die Unternehmen somit sehr wichtig. Bei Burt heißt es z.B.: „Success is being determined less by what you know than by who you know" (2000, S. 283).

Werden Ressourcen über Beziehungen und Netzwerke erhalten, so spricht man auch von Sozialkapital[2]. Das Sozialkapitalkonstrukt entstand aus der Erkenntnis heraus, dass Beziehungen Vorteile für Individuen und Organisationen mit sich bringen und Wert stiftend sind (vgl. Riemer, 2005, S. 57). So wird soziales Kapital auch mit der Leistung bzw. mit dem Erfolg von Familienunternehmen in Verbindung gebracht (vgl. Dyer, 2006, S. 262). Allgemein bekannt ist bspw. die Tatsache, dass Sozialkapital eine Ressource für berufliches Fortkommen und der persönlichen Karriere darstellen kann (vgl. Kriesi, 2007, S. 25). In der Betriebswirtschaft wird Sozialkapital daher vor allem für die Karriereentwicklung und bei der Vergütung von Managern benutzt (vgl. Riemer, 2005, S. 70). Aber auch während eines Internationalisierungsprozesses kommen Unternehmen mit einer Reihe von Beziehungen und Netzwerken in Berührung. Darüber hinaus haben sich in den vergangenen Jahrzehnten die Anforderungen an und die Notwendigkeiten von Beziehungen und Netzwerken bei einer Internationalisierung für Familienunternehmen verändert. All diese Überlegungen wurden bisher noch in keinem Modell zur Internationalisierung von Familienunternehmen berücksichtigt oder empirisch überprüft. Es besteht somit auch ein wirtschaftswissenschaftliches Interesse, die Bedeutung von Sozialkapital beim Internationalisierungsprozess von Familienunternehmen zu untersuchen.

1.2 Stand der Literatur und Forschungsfrage

Familienunternehmen stellen die älteste Unternehmensform dar (vgl. Frasl & Rieger, 2007, S. 13; May, 2008a, S. 12). Trotzdem ist die Forschung über Familienunternehmen ein relativ junges akademisches Feld (vgl. Brockhaus, 1994, S. 25; Poutziouris, Smyrnios & Klein,

[2] Die Begriffe Sozialkapital und soziales Kapital werden im Folgenden synonym betrachtet.

2006, S. 1; Schwass, 2007, S. 121; Felden & Zumholz, 2009, S. 6; Wolf, 2011, S. 83). Obwohl bereits 1953 die erste Dissertation über Familienunternehmen in den USA geschrieben wurde, werden die Anfänge der Forschung im Bereich Familienunternehmen in der Literatur um 1975 gesehen (vgl. Hoy & Sharma, 2006, S. 12–15; Handler, 1989, S. 257). In den USA entstand das Forschungsgebiet über Familienunternehmen Anfang der 1980er Jahre bevor es schließlich Ende der 1980er Jahre auch in Europa ankam (vgl. Schwass, 2007, S. 121). Darüber hinaus können die Veröffentlichung einer Spezialausgabe über Familienunternehmen in der Zeitschrift Organizational Dynamics (1983) sowie die Gründung der Zeitschrift Family Business Review (1988) als zwei entscheidende Meilensteine bei der Entwicklung dieses Forschungsgebietes gesehen werden (vgl. Casillas, Acedo & Moreno, 2007, S. 37). Über viele Jahre hinweg wurde der Forschungsstand über Familienunternehmen in der Literatur analysiert und dokumentiert (Handler, 1989; Wortman, 1994; Sharma, Chrisman & Chua, 1996, 1997; Dyer & Sánchez, 1998; Bird, Welsch, Astrachan & Pistrui, 2002; Klein, 2003; Sharma, 2004; Zahra & Sharma, 2004; Hoy & Sharma, 2006; Casillas & Acedo, 2007; Kontinen & Ojala, 2010; Wolf, 2011). Dabei lassen sich in den Veröffentlichungen über Familienbetriebe gewisse thematische Schwerpunkte erkennen. Die Schwerpunkte sind vor allem Probleme der Nachfolge, der Performance, des Fremdmanagements und der Corporate Governance (vgl. Eckert 2008, 11-26). Kapitel 3.2.1.1 geht hierbei noch ausführlicher auf den aktuellen Forschungsstand zum Thema der Internationalisierung von Familienunternehmen ein.

Bei der Frage nach dem Stand der Forschung zum Thema Sozialkapital zeigt sich, dass der Sozialkapitalbegriff in äußerst unterschiedlichen Anwendungsbereichen und entsprechenden Konzeptionen verwendet wird (vgl. Schechler, 2002, S. 32). Dabei stößt das Konzept des sozialen Kapitals in den Sozialwissenschaften vor allem seit den 1990er Jahren auf starkes Interesse (vgl. Heydenreich-Burck, 2010, S. 39). Das zunehmende Interesse an dieser Thematik beschränkt sich jedoch nicht nur auf die Sozialwissenschaften. Auch in den Wirtschaftswissenschaften und der Managementforschung erhält der Aspekt von Sozialkapital zunehmend Beachtung (vgl. Durlauf, 2002, S. 459; Biedermann, 2007, S. 19). Dabei wurde das Konzept des sozialen Kapitals in der betriebswirtschaftlichen Literatur seit Mitte der 1990er Jahre aufgegriffen (vgl. Adler & Kwon, 2002, S. 17; Wald, 2011, S. 108). Zwischen 1995 und 2005 wurden insgesamt 234 betriebswirtschaftliche Beitrage zum Thema Sozialkapital veröffentlicht. Von diesen 234 Artikeln stammen insgesamt 198 Beiträge aus dem Zeitraum zwischen 2000 und 2005 (vgl. Kaiser, 2007, S. 134–135). Diese Zahlen belegen zum einen den nach wie vor vorhandenen Forschungsbedarf in diesem Bereich und zum anderen aber auch das steigende Interesse an der Thematik Sozialkapital.

In der wirtschaftswissenschaftlichen Literatur liegen empirische Studien zum Thema Sozialkapital bislang aus ganz unterschiedlichen Bereichen vor. So sind Studien aus dem Bereich der Finanzierung (vgl. Brush, Carter, Greene, Hart & Gatewood, 2002; Uzzi & Gillespie, 1999), der Forschung und Entwicklung (vgl. Cooke & Wills, 1999; Maurer & Ebers, 2006), des operativen und strategischen Managements (vgl. Hitt, Lee & Yucel, 2002; Walker, Kogut & Shan, 1997; Kale, Singh & Perlmutter, 2000) sowie in Bezug auf Allianzen (vgl. Chung, Singh & Lee, 2000; Koka & Prescott, 2002) bekannt. Auch wurde der Einfluss von Sozialkapital bei Gründungen von Unternehmen (vgl. Maurer, 2003), Lernprozessen (vgl. Kraatz, 1998; Inkpen & Tsang, 2005), der Jobsuche und am Arbeitsmarkt (vgl. Flap & Boxman, 1999; Voss, 2007), Networking von Führungskräften beim beruflichen Wechsel (vgl. Reiners, 2008), der Vergütung von Managern (vgl. Boxman, Graaf & Flap, 1991) sowie bei Karriereverläufen untersucht (vgl. Seibert, Kraimer & Liden, 2001).[3] Zudem wird die strategische Nutzung des Netzwerks mit der Idee des Sozialkapitals zunehmend thematisiert (vgl. Kröll, 2003, S. 17).

Das Thema Sozialkapital wurde bislang auf dem Gebiet des internationalen Managements weitestgehend ignoriert (vgl. Casillas et al., 2007, S. 119). Nichtsdestotrotz lassen sich zu den beiden Themengebieten Internationalisierung und Sozialkapital in den letzten Jahren vereinzelte Studien finden. So gehen Chetty & Agndal der Frage nach dem Einfluss von Sozialkapital auf die Internationalisierungsstrategie von kleinen und mittleren Unternehmen (KMU) nach (vgl. 2007). Hierbei führten die Autoren Fallstudien mit jeweils 10 schwedischen und neuseeländischen KMU durch (vgl. Chetty & Agndal, 2007, S. 13–15). Sie stellten fest, dass die Internationalisierungsstrategien der KMU aufgrund der Erfahrungen, die die Unternehmen mit den Netzwerkpartnern gemacht hatten, angepasst und verändert wurden (vgl. Chetty & Agndal, 2007, S. 24–26). In einer weiteren Studie von Agndal, Chetty & Wilson mit 24 schwedischen und neuseeländischen KMU wurde die Dynamik von Sozialkapital beim internationalen Markteintritt anhand von Fallstudien analysiert (vgl. 2008). Hierbei fanden sie heraus, dass KMU in der frühen Phase der Internationalisierung direkte Beziehungen bevor-

3 Für einen Überblick bisheriger Studien in der Betriebswirtschaftslehre zum Thema Sozialkapital s. u.a. Wald (2011).

zugten. Dagegen erhöhte sich die Bedeutung von indirekten Beziehungen im Laufe der Internationalisierung (vgl. Agndal et al., 2008, S. 668–669).

Presutti, Boari & Fratocchi richten in ihrer Studie den Fokus auf die ausländische Wissensgenerierung von Start-up-Unternehmen (vgl. 2007). Hierbei wurden die Beziehungen von 107 italienischen Unternehmen zu den jeweils wichtigsten ausländischen Kunden analysiert (vgl. Presutti et al., 2007, S. 29–30). Dabei ergab sich, dass starke Beziehungen im Vergleich zu schwachen Beziehungen für den Zugang zu Wissen bei der Internationalisierung weniger wichtig sind (vgl. Presutti et al., 2007, S. 39). Zudem zeigt sich, dass zwischen der strukturellen Dimension von Sozialkapital und der Wissensgenerierung ein signifikanter positiver Zusammenhang besteht, während der Zusammenhang mit der kognitiven und relationalen Dimension negativ korreliert ist (vgl. Presutti et al., 2007, S. 35).[4] Darüber hinaus ermittelt Basly im Rahmen einer empirischen Studie mit 118 kleinen und mittleren französischen Familienbetrieben, dass soziale Netzwerke einen positiven Einfluss auf das Wissen zur Internationalisierung haben (vgl. 2007, S. 163–165).

Des Weiteren untersuchte Arenius in einer empirischen Fallstudienanalyse mit vier jungen finnischen Unternehmen der Softwareindustrie die Bedeutung und Gewinnung von Sozialkapital bei den ersten Schritten der Internationalisierung (vgl. 2002). Dabei ergab sich, dass sich die internationalen Möglichkeiten durch Beziehungen und Netzwerke für das Unternehmen erhöhen und soziales Kapital ein Wettbewerbsvorteil ist (vgl. Arenius, 2002, S. 150–155). Zudem untersuchten Yli-Renko, Autio & Tontti die Bedeutung von Sozialkapital beim internationalen Wachstum technologischer Firmen (vgl. 2002). Auch sie kamen zu dem Ergebnis, dass persönliche Netzwerke des Unternehmers[5] und der Mitarbeiter eine wichtige Rolle bei der Beschaffung von Informationen sind. Zusätzlich erhöht das Wissen auch das internationale Wachstum von Unternehmen (vgl. Yli-Renki et al., 2002, S. 300). In einer weiteren Fallstudienanalyse mit 14 schwedischen Biotechnologiefirmen kleiner und mittlerer Größe ermittelten Lindstrand, Melén & Nordman, dass soziales Kapital zu einer schnelleren Internationalisierung beitragen kann (vgl. 2011, S. 208). Außerdem hat soziales Kapital einen positiven Effekt auf die Finanzmittelbeschaffung der Unternehmen (vgl. Lindstrand et al., 2011, S.

---

[4] Eine Erläuterung und Darstellung der drei Dimensionen von Sozialkapital soll an dieser Stelle nicht vorweggenommen werden. Diese werden in Kapital 4.1.4 ausführlich beschrieben.

[5] Die Begriffe Unternehmer, Eigentümer, Unternehmenseigentümer und Entrepreneur werden in dieser Arbeit synonym verwendet. Diese werden als eine natürliche Person verstanden, welche aufgrund von Kapitalinvestitionen am jeweiligen Unternehmen beteiligt ist. Dabei kann es sich sowohl um eine Frau als auch einen Mann handeln.

207). Andererseits verändert sich aber auch der Nutzen des sozialen Kapitals während eines Internationalisierungsprozesses (vgl. Lindstrand et al., 2011, S. 208–209).

Kontinen & Ojala haben eine Fallstudienanalyse mit acht kleinen und mittleren finnischen Familienbetrieben (< 250 Mitarbeiter) durchgeführt. Bei diesen acht Unternehmen wurden u.a. die jeweiligen Netzwerkbeziehungen nach Frankreich in Bezug auf das Erkennen und Wahrnehmen von Möglichkeiten bei einer internationalen Tätigkeit analysiert (vgl. Kontinen & Ojala, 2011a; Kontinen & Ojala, 2011b). Zudem wurden bei der Hälfte dieser Unternehmen die Aspekte der Netzwerkanbindung und der „structural holes" während der Internationalisierung überprüft (vgl. Kontinen & Ojala, 2012). Dabei ermittelten sie, dass sich oftmals die ersten Möglichkeiten für eine internationale Tätigkeit des Unternehmens durch Kontakte auf Messen ergeben und damit die Entwicklung beeinflussen (vgl. Kontinen & Ojala, 2011a, S. 508). Das Erkennen einer sich bietenden internationalen Gelegenheit für das Unternehmen wird durch den Beziehungstyp (formell oder informell), durch die Stärke der Beziehungen (starke oder schwache Beziehungen) sowie durch die Netzwerkaktivität (reaktiv oder proaktiv) bestimmt (vgl. Kontinen & Ojala, 2011b, S. 442–444). Es konnte herausgefunden werden, dass starke Beziehungen die Internationalisierung nicht unmittelbar fördern (vgl. Kontinen & Ojala, 2011b, S. 449). Zudem agieren finnische Unternehmen bei einer internationalen Tätigkeit nach Frankreich eher reaktiv (vgl. Kontinen & Ojala, 2011b, S. 450). Für die Wahrnehmung von internationalen Chancen werden zudem formelle Beziehungen gegenüber informellen als wichtiger betrachtet (vgl. Kontinen & Ojala, 2011a, S. 507). Zudem besitzen die Netzwerke der Unternehmer bei der Internationalisierung eine Reihe von strukturellen Löchern (vgl. Kontinen & Ojala, 2012, S. 50–51). Dabei konzentriert sich die Netzwerkanbindung vor allem auf Agenten sowie auf die ausländische Belegschaft der Tochterunternehmen (vgl. Kontinen & Ojala, 2012, S. 51).

Darüber hinaus wird soziales Kapital seit einigen Jahren auch mit dem Unternehmenserfolg in Verbindung gebracht. Dabei besteht ein grundsätzlicher Konsens darüber, dass Allianzen, Netzwerke und Beziehungen einen Wert für das Unternehmen darstellen (vgl. Fuchs, 2006, S. 83). So erzielen Unternehmen eine bessere und höhere Performance, wenn die Top-Manager des Unternehmens persönliche Beziehungen zu anderen Akteuren außerhalb des Unternehmens sowie der eigenen Branche unterhalten (vgl. Geletkanycz & Hambrick, 1997, S. 670–676).

Die aufgeführten Beispiele und Ergebnisse zeigen die Vielfalt der mit dem Begriff Sozialkapital in Verbindung gebrachten Untersuchungen und Thematiken. Wie der Überblick zeigt, liegt bisher noch keine empirische Untersuchung vor, bei der die drei Themengebiete Internationalisierungsprozess, Familienunternehmen und Sozialkapital miteinander verknüpft sind. Speziell im Bereich des internationalen Managements wurde soziales Kapital nur bei wenigen Arbeiten aufgegriffen, die sich jedoch nicht auf deutsche Unternehmen bezogen. Es besteht daher ein Interesse, dieses Thema im Rahmen einer empirischen Arbeit aufzugreifen und die Forschungslücke zu verkleinern. Wie die vorliegenden empirischen Ergebnisse zeigen, kann soziales Kapital auch Einfluss auf die Internationalisierung ausüben. Dabei wurden verschiedene Aspekte einer Internationalisierung betrachtet und analysiert. Es fehlt jedoch eine vollumfängliche Betrachtung eines Internationalisierungsprozesses in Verbindung mit dem Aspekt des sozialen Kapitals. Auch blieb bisher die Frage unbeantwortet, ob soziales Kapital zu Beginn der Internationalisierung eines Unternehmens im Vergleich zum heutigen Zustand, d.h. nach Abschluss der Internationalisierung, eine unterschiedliche Bedeutung hat. Die im Rahmen dieser Arbeit durchgeführte Untersuchung bezieht sich auf deutsche Familienunternehmen und schließt die drei folgenden Forschungsfragen ein:

- Welche Bedeutung und Einfluss hat Sozialkapital auf die einzelnen Elemente des Internationalisierungsprozesses von Familienunternehmen?
- Welche Bedeutung und Ausprägung haben die drei verschiedenen Dimensionen von Sozialkapital (strukturell, relational und kognitiv) zu Beginn als auch nach einer bereits erfolgten Internationalisierung von Familienunternehmen?
- Sind Familienunternehmen mit einer hohen Bewertung und ausgeprägten Nutzung von Sozialkapital erfolgreicher als Familienunternehmen, in denen nur wenig soziales Kapital vorhanden ist bzw. genutzt wird?

1.3 Zielsetzung, Methodik und Aufbau der Arbeit

Gemäß der drei Forschungsfragen sollen im Rahmen dieser Arbeit mehrere Aspekte über die Bedeutung von Sozialkapital beim Internationalisierungsprozess von Familienunternehmen analysiert und betrachtet werden. Damit soll ein ganzheitlicher Überblick über die vorliegende Thematik erreicht werden. Zudem verfolgt die Arbeit das Ziel, auf die Besonderheiten und Charakteristika von Familienunternehmen bei der Internationalisierung einzugehen und diese mit empirischen Ergebnissen darzustellen. Hierbei soll auch überprüft werden, welche besonderen Beziehungen, Netzwerke und Organisationen Familienunternehmen während der Internationalisierung nutzen und welchen Einfluss die Nutzung von Beziehungen und Netzwerke auf die einzelnen Phasen des Internationalisierungsprozesses von Familienunternehmen ausübt.

Des Weiteren soll neben der theoretischen Betrachtung des sozialen Kapitals rückblickend zu den Anfängen der Internationalisierung des Unternehmens sowie nach erfolgter Internationalisierung auch der mögliche Zusammenhang zwischen verschiedenen Aspekten von Sozialkapital bei der Internationalisierung und dem Unternehmenserfolg überprüft werden. Es stellt sich die Frage, inwiefern soziales Kapital für Familienunternehmen eine gewinnbringende Ressource bei der Internationalisierung darstellt. Hierzu soll auch ein theoretisches Modell über die Bedeutung von Sozialkapital beim Internationalisierungsprozess von Familienunternehmen entwickelt werden, wobei erfolgsabhängige Variablen ermittelt und abgebildet werden. Ein wesentliches Ziel der Arbeit ergibt sich aus der Überprüfung der dritten Forschungsfrage, bei der ein Zusammenhang zwischen einer höheren Nutzung und Bewertung von sozialem Kapital mit dem Erfolg des Unternehmens überprüft wird. Des Weiteren sollen auf Basis der ermittelten Ergebnisse auch praxisrelevante Handlungsempfehlungen für Familienunternehmen gegeben werden.

Um entsprechende Antworten auf die Forschungsfragen zu erhalten, wurde eine quantitativ ausgerichtete empirische Untersuchung mit deutschen Familienunternehmen des verarbeitenden Gewerbes durchgeführt. Die erhaltenen Daten wurden mit Hilfe verschiedener Methoden ausgewertet und analysiert. Hierbei wurden die Ergebnisse zum einen rein deskriptiv ausgewertet und mit Hilfe von Tabellen und Fehlerbalkendiagrammen graphisch dargestellt. Zusätzlich wurde auch auf bivariate Auswertungsmethoden zurückgegriffen, um bspw. Korrelationen zwischen zwei Variablen zu ermitteln. Zum anderen kamen auch multivariate Analysemethoden zur Anwendung. Hierbei sollten sowohl multiple Regressionsgleichungen überprüft werden als auch die dritte Forschungsfrage mit Hilfe einer Clusteranalyse beantwortet werden. Zudem sollten durch verschiedene statistische Auswertungsmethoden die in dieser Arbeit aufgestellten Hypothesen überprüft werden. Die Hypothesen beziehen sich sowohl auf verschiedene Theorien als auch auf Plausibilitätsüberlegungen bereits bestehender Erkenntnisse. Die Hypothesenprüfung wurde nicht bei allen dargestellten Ergebnissen vorgenommen, da dies bspw. für den Fall deskriptiver Auswertung nur begrenzt sinnvoll ist. Darüber hinaus wurde für die Darstellung eines Modells zur Bedeutung von Sozialkapital beim Internationalisierungsprozess von Familienunternehmen auf die explorative Forschungsmethodik zurückgegriffen.

Entsprechend der vorliegenden Forschungsfragen sowie der Zielsetzung und Methodik der Arbeit gliedert sich die vorliegende Untersuchung in acht Kapitel. Die folgende Abbildung illustriert dabei den Aufbau der Arbeit:

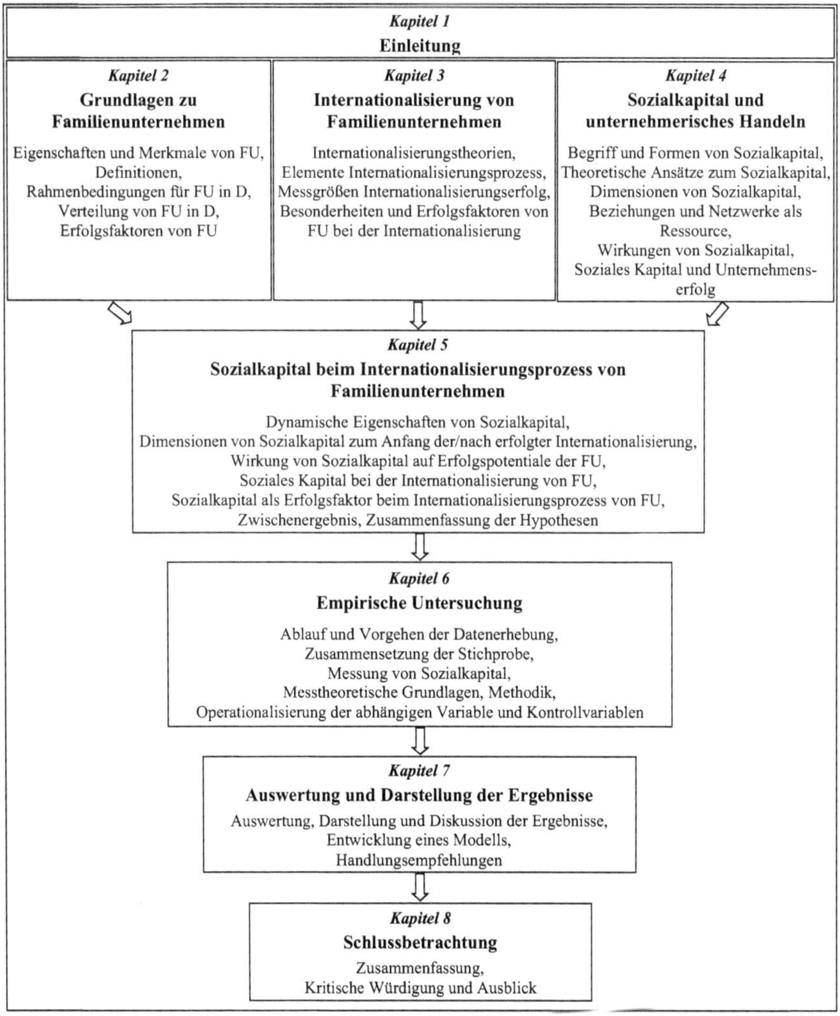

Abbildung 1: Aufbau der Arbeit
Quelle: Eigene Darstellung

Wie Abbildung 1 zeigt, wird nach der Einleitung in Kapitel 2 auf die Grundlagen von Familienunternehmen eingegangen. Hierbei werden typische Merkmale von Familienunternehmen dargestellt und erläutert. In diesem Zusammenhang erfolgt auch eine Abgrenzung zu Nicht-Familienunternehmen. Zudem wird auf das Definitionsproblem des Begriffs „Familienunternehmen" eingegangen, bisherige Definitionsansätze aufgezeigt und eine für diese Arbeit gültige Definition abgeleitet. Neben der Darstellung der vorliegenden Rahmenbedingungen für Familienbetriebe in Deutschland wird des Weiteren auf die Struktur und Verteilung dieser Unternehmen eingegangen. Das Kapitel 2 schließt mit der Darstellung der Erfolgsfaktoren von Familienunternehmen.

In Kapitel 3 wird zunächst auf die begrifflichen Grundlagen zur Internationalisierung eingegangen und drei Internationalisierungstheorien erläutert, die als Erklärung für die bei dieser Arbeit vorhandenen Thematik dienen können. Anschließend werden die einzelnen Phasen eines Internationalisierungsprozesses idealtypisch dargestellt und Zielsetzungen und Messgrößen zur Abbildung des Internationalisierungserfolges aufgezeigt. Des Weiteren wird auf die Besonderheiten von Familienunternehmen bei einer Internationalisierung eingegangen. Hierbei wird auch der aktuelle Stand der Forschung zum Thema der Internationalisierung von Familienunternehmen dargelegt. Das Kapitel schließt mit der Darstellung der Erfolgsfaktoren bei der Internationalisierung von Familienunternehmen.

In Kapitel 4 wird zunächst der Begriff Sozialkapital erläutert. Hierbei wird neben den begrifflichen Grundlagen auch auf verschiedene Arten und Strukturen von Beziehungen und Netzwerken eingegangen. Des Weiteren werden verschiedene theoretische Ansätze zu Sozialkapital aufgezeigt und die drei Dimensionen von sozialem Kapital erläutert. Anschließend wird soziales Kapital im Zusammenhang mit unternehmerischem Handeln betrachtet. Hierbei werden die verschiedenen Perspektiven von Sozialkapital dargelegt, auf Lobbying und business-government-relations eingegangen, verschiedene Unternehmensbeziehungen aufgezeigt und der Zusammenhang zwischen Vertrauen und Beziehungen innerhalb der Netzwerke beleuchtet. Weiterhin werden die Wirkungen von Sozialkapital auf unternehmerische Aktivitäten, wie bspw. die Gründung und Finanzierung von Unternehmen, aufgezeigt. Zum Ende des Kapitels wird der Zusammenhang zwischen Sozialkapital und Unternehmenserfolg dargestellt.

Das Ziel des fünften Kapitels ist die Zusammenführung der drei Themengebiete Sozialkapital, Internationalisierungsprozess und Familienunternehmen. Dabei wird zunächst auf die dynamischen Eigenschaften von Sozialkapital eingegangen, um im Anschluss die drei verschiedenen Dimensionen von Sozialkapital zu den Anfängen der Internationalisierung eines Unternehmens sowie nach erfolgter Internationalisierung zu betrachten. Zudem werden in Kapitel 5 die Wirkungen von Sozialkapital auf die Erfolgspotentiale der Familienunternehmen dargestellt. Hierbei werden zunächst die vielfältigen Beziehungen und Netzwerke der Familienunternehmen aufgezeigt. Darüber hinaus werden die durch Sozialkapital hervorgerufenen möglichen Wirkungen auf die einzelnen Elemente des Internationalisierungsprozesses dargelegt und bewertet. Das Kapitel 5 endet mit der Darlegung und Erläuterung, weshalb soziales Kapitel einen Erfolgsfaktor beim Internationalisierungsprozess von Familienunternehmen sein kann. Ein Zwischenergebnis, bei dem auch die aufgestellten Hypothesen in einer Tabelle zusammengefasst werden, rundet das Kapitel ab.

In Kapitel 6 wird auf die im Rahmen dieser Arbeit durchgeführte empirische Untersuchung und Methodik eingegangen. Dabei wird zunächst die Struktur des verarbeitenden Gewerbes in Deutschland betrachtet, da Familienbetriebe aus diesem Wirtschaftszweig für die Befragung ausgewählt wurden. Anschließend wird der Ablauf und das Vorgehen bei der Datenerhebung erläutert und die Zusammensetzung der Stichprobe dargestellt. Außerdem wird auf die in der Literatur erwähnten Messmethoden zur Abbildung von Sozialkapital und auf das Vorgehen bzgl. der Messung von Sozialkapital in dieser Arbeit eingegangen. Darüber hinaus werden die in dieser Arbeit angewendeten Methoden und statistischen Verfahren erläutert und beschrieben. Neben der Erklärung und Beschreibung der eingesetzten Methodiken werden auch die unterschiedlichen Gütekriterien aufgezeigt. Das Kapitel schließt mit der Darstellung der in dieser Arbeit verwendeten Erfolgsvariable sowie mit den herangezogenen Kontrollvariablen.

Die Ergebnisse der empirischen Untersuchung werden schließlich in Kapitel 7 dargestellt und interpretiert. Hierbei werden unterschiedliche Fragestellungen und Themengebiete betrachtet. Zum einen werden familienunternehmenstypische Besonderheiten bei der Internationalisierung dargestellt, zum anderen wird auch auf die Bewertung der drei Dimensionen von Sozialkapital bei der Internationalisierung eingegangen. Zusätzlich werden die Wirkungen von Sozialkapital auf den Internationalisierungsprozess der Familienunternehmen aufgezeigt, indem die Bedeutung von Sozialkapital in den einzelnen Phasen der Internationalisierung betrachtet wird. Weiterhin wird der Zusammenhang zwischen sozialem Kapital und dem Unternehmenserfolg bzw. dem Erfolg der Internationalisierung hinterfragt und analysiert. Zudem wird ein nach dem explorativen Forschungsansatz aufgestelltes Modell zum vorliegenden Forschungsthema präsentiert und bewertet. Ebenso werden die Ergebnisse der Clusteranalyse, mit der eine Antwort auf eine der Forschungsfragen gefunden wird, dargestellt und interpretiert. Das Kapitel endet mit einer Zusammenstellung der bestätigten und nicht bestätigen Hypothesen sowie mit den aus den Ergebnissen abgeleiteten Handlungsempfehlungen für Familienunternehmen.

Abschließend fasst Kapitel 8 die Ergebnisse der vorliegenden Arbeit zusammen. Zudem wird eine kritische Würdigung der vorliegenden Ergebnisse unternommen, indem die Limitationen der vorliegenden Forschungsarbeit aufgezeigt werden. Darüber hinaus werden Implikationen und Ansätze für weitere Forschungsaktivitäten zu diesem Forschungsthema dargelegt.

2. Grundlagen zu Familienunternehmen

2.1 Eigenschaften von Familienunternehmen

2.1.1 Merkmale von Familienunternehmen

Auf den ersten Blick scheint der Begriff „Familienunternehmen“[6] für jedermann eindeutig zu sein: ein Familienunternehmen ist mehrheitlich im Eigentum einer Familie und wird von ihr geführt bzw. kontrolliert. Bei einer detaillierteren Betrachtung ergibt sich jedoch ein differenzierteres Bild. Daher ist zunächst eine Begriffseinordnung sowie ein Blick auf die Merkmale von Familienunternehmen für das Verständnis dieses Unternehmenstyps sinnvoll (vgl. Röhl, 2008, S. 8).

Die drei Begriffe „Familienunternehmen“, „KMU“ und der sogenannte „Mittelstand“ werden inhaltlich oft gleichgesetzt. Familienunternehmen können jedoch nicht eins zu eins mit den KMU und dem Mittelstand gleichgesetzt werden, auch wenn die Mehrheit der Familienunternehmen in diesen Kategorien zu finden sind (vgl. Braun, 2009, S. 12; Berthold, 2010, S. 14). KMU werden nach quantitativen Merkmalen definiert (vgl. Becker & Ulrich, 2009, S. 3). So stellen KMU Unternehmen mit weniger als 500 Mitarbeitern oder einem jährlichen Umsatz von weniger als 50 Mio. EUR dar (vgl. Wallau, Haunschild, Hauser & Wolter, 2007, S. 4).[7] Dagegen wird der Begriff Mittelstand nach dem Institut für Mittelstandsforschung Bonn (IfM) qualitativ belegt. Demnach sind mittelständische Unternehmen dadurch gekennzeichnet, dass im Unternehmen eine Einheit von Eigentum und Leitung herrscht (vgl. Wallau et al., 2007, S. 5). So sehen Hennerkes & Pleister die Personalunion zwischen Unternehmensführung und Firmeneigentum, die Bodenständigkeit und einen festen Mitarbeiterstamm als einen Ausdruck für eine regional geprägte Unternehmenskultur, die sich durch eine hohe Eigenverantwortlichkeit auszeichnet (vgl. 1999, S. 11). Damit könnte man Familienunternehmen nach dieser Auffassung auch mit dem Begriff Mittelstand gleich setzen. Eine Gleichsetzung der Begriffe sollte jedoch nicht vorgenommen werden (vgl. Becker & Ulrich, 2009, S. 4). Der

---

[6] Der Begriff Familienunternehmen setzt sich aus den zwei Wörtern „Familie“ und „Unternehmen“ zusammen. Eine Familie wird dabei definiert als „people who have a shared history and shared future, bound by blood, legal and/or historical ties“ (Carter & McGoldrick, 1999, S. 1). In Bezug auf Familienunternehmen wird die Familie als “group of people related either by blood or marriage to the founder or founders of the business” verstanden (Uhlaner, 2006, S. 125). Eine detaillierte Darstellung der Unternehmerfamilie s. u.a. Klein (2010).

[7] Die Europäische Kommission nutzt eine leicht abweichende Definition auf Grundlage ihrer Empfehlung vom 06. Mai 2003 (2003/361/EG). Diese besagt, dass weniger als 250 Mitarbeiter beschäftigt sind und zugleich höchstens 50 Mio. EUR p.a. erwirtschaftet werden oder die Bilanzsumme kleiner bzw. gleich 43 Mio. EUR ist. Zudem soll das Unternehmen weitgehend unabhängig sein. Unabhängig bedeutet hierbei, dass andere Unternehmen nicht mit mehr als 25% am eigenen Unternehmen beteiligt sind und/oder das eigene Unternehmen an anderen Unternehmen nicht mit mehr als 25% beteiligt ist (vgl. Europäische Kommission, 2006).

wesentliche Unterschied zur Abgrenzung des Mittelstandes zum Familienunternehmen besteht in der Regel darin, dass der Mittelstand zusätzliche quantitative Kriterien wie die Höhe der Bilanzsumme, Mitarbeiteranzahl und Jahresumsatz als Begrenzung berücksichtigt. Eine Einordnung der Familienunternehmen erfolgt dagegen größenunabhängig (vgl. Hennerkes & Pleister, 1999, S. 12; Becker, Staffel & Ulrich, 2008, S. 20). Im täglichen Sprachgebrauch scheint der Mittelstandsbegriff eher der Definition von KMU zu folgen und unterstellt deswegen Unternehmen von kleiner und mittlerer Größe (vgl. Simon, Wimmer & Groth, 2005, S. 16). Man kann jedoch feststellen, dass die Begriffe KMU, Mittelstand und Familienunternehmen sehr eng miteinander verknüpft sind. Folgende Grafik zeigt die Überschneidungen und Unterschiede der verschiedenen Begriffe.

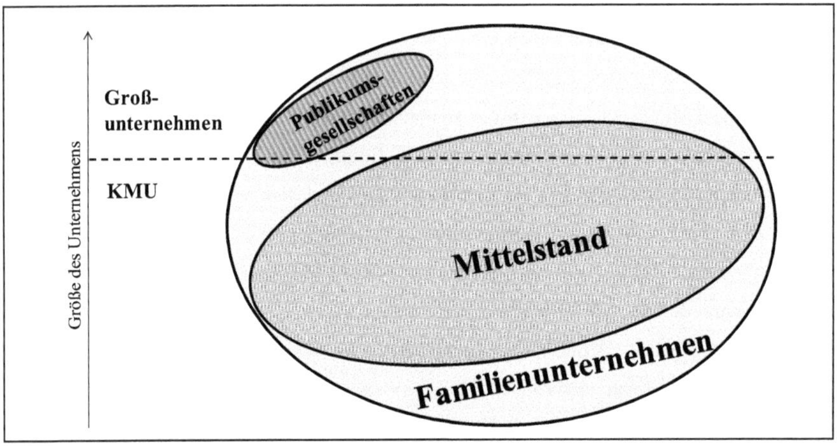

Abbildung 2: Abgrenzung der Begriffe KMU, Mittelstand und Familienunternehmen
Quelle: in Anlehnung an Wolter & Hauser (2001, S. 31), Wallau et al. (2007, S. 10)

Aus Abbildung 2 ist zu erkennen, dass die Begriffe KMU, Mittelstand und Familienunternehmen eng miteinander verbunden sind und die Mehrheit der Familienunternehmen sich als KMU charakterisieren lassen.[8] Familienunternehmen sind darüber hinaus jedoch auch bei Großunternehmen sowie bei Publikumsgesellschaften anzutreffen.

Die charakteristischen Merkmale für Familienunternehmen werden bei einer Betrachtung nach „Größenklassen", die den Fokus auf Umsatz oder Mitarbeiterzahl werfen (z.B. KMU), allerdings nicht wiedergegeben. Die Eigentumsverhältnisse am Unternehmen sowie die häufi-

[8] Die Graphik soll einen Überblick über die verschiedenen Unternehmenstypen vermitteln. Dabei stellen die Flächen innerhalb der Graphik keine quantitativen tatsächlichen Verhältnisse dar.

ge Einheit von Führung und Eigentum sind eines der wichtigsten Kriterien für Familienunternehmen (vgl. Reimers, 2004, S. 11; Raffel, 2006, S. 117). Hieraus resultieren dann spezifische Merkmale hinsichtlich Führung, Kultur und Organisation (vgl. Raffel, 2006, S. 117). Zudem existieren Familienunternehmen von kleinen einfachen, bis hin zu großen komplexen Unternehmen (vgl. Davis, 2008, S. 127). Des Weiteren kommen Familienunternehmen in den verschiedensten Rechtsformen vor (vgl. Holtzbrinck, 2000, S. 33). Typischerweise werden Familienunternehmen als Einzelunternehmen, OHG, KG, GmbH oder GmbH & Co. KG geführt (vgl. Iliou, 2004, S. 98). An der Börse[9] sind deutsche Familienunternehmen dagegen nur selten gelistet (vgl. Hennerkes, 2004, S. 255).

Familienunternehmen zeichnen sich dadurch aus, dass sie der Eigentümerfamilie als eine langfristige Existenzsicherung dienen. Daher denken Familienbetriebe „nicht in Quartalen, sondern in Generationen“ (May, 2008b, S. 419). Trotz dieser Ziele werden nur 30% der Familienunternehmen an die 2. Generation übergeben (vgl. Davis & Harveston, 1998, S. 32; Miller, Steier & Le Breton-Miller, 2003, S. 514). Diese Haltung erkennt man auch bei einem der obersten Ziele von Familienunternehmen: den Erhalt des Unternehmens in der Familie über Generation hinweg. Dadurch kann davon ausgegangen werden, dass Familienmitglieder als Eigentümer eine langfristige, nachhaltige Vermögensvermehrung gegenüber einer kurzfristigen Gewinnausschüttung bevorzugen (vgl. Weissman & Artmann, 2007, S. 25; Miller, Le Breton-Miller & Scholnick, 2008, S. 73; Berger, 2008, S. 390–391). Die langfristige Orientierung von Familienunternehmen macht sich letztlich durch die getroffenen unternehmerischen Entscheidungen bemerkbar (vgl. Lumpkin, Brigham & Moss, 2010, S. 241).

Ein weiteres Merkmal von Familienunternehmen ist das Ziel der finanziellen Unabhängigkeit. Eigentümerfamilien wollen möglichst ein „gesundes“ Verhältnis von Eigenkapital zu Fremdkapital erhalten, aus dem eine weitgehende Unabhängigkeit von den Banken - im Sinne von Unabhängigkeit und Flexibilität bei unternehmerischen Entscheidungen - resultiert (vgl. Berthold, 2010, S. 80). Außerdem ist eine zurückhaltende Informationspolitik kennzeichnend

[9] Am 3. Januar 2005 wurde in Deutschland der German Entrepreneurial Index (GEX) gegründet. Dieser Index enthält alle „eigentümerdominierten“ (Familien besitzen zwischen 25%-75% der Stimmrechte) Unternehmen, die im Prime Standard an der Frankfurter Wertpapierbörse gelistet sind und deren Börsengang nicht länger als 10 Jahre zurückliegt (vgl. Deutsche Börse Group, 2010). Zurzeit befinden sich 36 Unternehmen im GEX (vgl. Deutsche Börse Group, 2012b). Zusätzlich wurde ab dem Jahr 2010 der DAXplus Family Index sowie der DAXplus Family 30 Index an der deutschen Börse eingeführt. In diesem Index sind alle deutschen und internationalen Familienbetriebe enthalten die dem Prime Standard angehören. Zurzeit sind 116 Familienunternehmen im DAXplus Family Index gelistet. Dem DAXplus Family 30 Index gehören die 30 liquidesten und größten Familienunternehmen an (vgl. Deutsche Börse Group, 2010; Deutsche Börse Group, 2012a).

für Familiengesellschaften. Die Transparenz nach außen wird bewusst eingeschränkt, um Dritten jegliche Einmischung in das Unternehmen zu verwehren (vgl. Sachs, 2008, S. 27) Deshalb werden Familienunternehmen oft auch als geschlossene oder nach innen gerichtete familienbezogene Systeme verstanden (vgl. Donckels & Fröhlich, 1990, S. 232).

Familienbetriebe sind weiterhin geprägt von einem stark ausgeprägten Gefühl der Verantwortung gegenüber der Region und der Belegschaft. Dabei spielt die Identifikation der Familie mit dem Unternehmen eine wichtige Rolle (vgl. Baus, 2007, S. 11). Die Eigentümer nehmen für die Mitarbeiter eine Vorbildfunktion wahr und vermitteln ihnen ein Gefühl der Zugehörigkeit (vgl. Breinlinger, 2006, S. 95–96). Zudem haben die meisten Familienunternehmen eine Führungsperson „zum Anfassen“ der sich auch um die Belange der Mitarbeiter kümmert und für sie da ist (vgl. Picot, 2008, S. 7; Braun, 2009, S. 48–49). Daraus resultiert eine hohe Loyalität der Mitarbeiter gegenüber dem Familienunternehmen (vgl. Breinlinger, 2006, S. 96). Die flachen Hierarchien und tendenziell kürzeren Kommunikationswege lassen das Engagement der Mitarbeiter als Erfolgsgarant zur Geltung kommen (vgl. Braun, 2009, S. 48–50). Gerade durch die starke Identifikation der Eigentümer mit ihrem Unternehmen und der persönlich gelebten Wertorientierung gelingt es vielen Familienunternehmen, eine hohe Innovationskraft zu erreichen. Dies gewährleistet dem Unternehmen auch in schwierigen Zeiten Wachstum und Stabilität (vgl. Hennerkes & Hund, 2008, S. 255).

Darüber hinaus prägen auch Werte[10], Normen[11] und die Geschichte der Familie die Unternehmenskultur in Familienunternehmen nachhaltig (vgl. Hall, Melin & Nordqvist, 2001, S. 195–196). Deshalb ist für viele Familienunternehmen eine Werte- und Wertorientierung, also die Umsetzung und Bewahrung von Grundwerten und die Steigerung des Unternehmenswertes, von besonderer Bedeutung (vgl. Meyer & Oldenburg, 2008, S. 20). Familiäre Werte wie z.B. Loyalität, Vertrauen und Bindung können für Familienunternehmen Wettbewerbsvorteile darstellen. Dadurch kann u.a. eine hohe Motivation und Leistungsbereitschaft der Mitarbeiter, eine ausgeprägte persönliche Beziehung zu Lieferanten und Kunden sowie eine starke Kundenorientierung erreicht werden (vgl. Schlippe, Buberti, Groth & Plate, 2009, S. 9).

---

[10] Werte werden als eine Art tiefer verankerte und dauerhafte Überzeugung sowie als handlungsleitend angesehen (vgl. Gabriel, Kunz, Roßteutscher & Deth, 2002, S. 68). Zum Begriff und Bedeutung von Werten in Familienunternehmen s. u.a. Gatrell, Jenkins & Tucker (2001).

[11] Normen werden als „sanktionierte Erwartungen von seiten generalisierter Anderer, die als Handlungsdeterminanten wirken“ definiert (Haug, 2000, S. 339).

Entscheidungsprozesse in eigentümergeführten Familienunternehmen sind meist zentraler organisiert und Steuerungssysteme weniger formal ausgeprägt als in (Familien-)Unternehmen mit Fremdmanagement bzw. Nicht-Familienunternehmen (vgl. Morris, Williams, Allen & Avila, 1997, S. 387). Besonders in kleineren Unternehmen ist die Entscheidungsgewalt zentralisiert und Entscheidungen können unbürokratisch und schnell getroffen werden. Bei Än-derungen externer Rahmenbedingungen können Familienunternehmen daher meist rasch entscheiden und reagieren (vgl. Picot, 2008, S. 5). Weiterhin zeichnen sich Familienbetriebe durch eine starke Konzentration auf ihre jeweiligen Kernkompetenzen aus (vgl. Kayser & Wallau, 2002, S. 114). Insgesamt lassen sich neben der besonderen Eigentümerstruktur, der Rechtsformwahl, der langfristigen Ausrichtung, der zurückhaltenden Informationspolitik, der flachen Hierarchien, den schnelleren Entscheidungsabläufen sowie der ausgeprägten Wert- und Werteorientierung auch die Standortverbundenheit und eine besondere Kundennähe als spezifische Eigenschaften von Familienunternehmen charakterisieren (vgl. Picot, 2008, S. 5).

2.1.2 Das Drei-Kreise-Modell

Die Komplexität von Familienunternehmen lässt sich anhand des Drei-Kreise-Modells veranschaulichen. Es versucht Beziehungen und Zusammenhänge zwischen einem Unternehmen, der Familie und dem Eigentum darzulegen. Das Modell leistet damit einen wertvollen Beitrag zum Verständnis von Familienunternehmen (vgl. Habbershon, Williams & MacMillan, 2006, S. 68; Wiechers, 2006, S. 20; Boyd, 2007, S. 17–18; Benner, 2009, S. 37). Eine nähere Betrachtung des Modells ist an dieser Stelle sinnvoll.

Ein Familienunternehmen besteht aus systemtheoretischer Sicht aus den zwei sich überlappenden Subsystemen „Familie“ und „Unternehmen“ (vgl. Beckhard & Dyer, 1983, S. 6; Lansberg, 1983, S. 40).[12] Bei dem Subsystem „Familie“ stehen Personen und ihre sozialen Beziehungen sowie die langfristige Entwicklung und Emotionen im Vordergrund. Dagegen beinhaltet das Subsystem „Unternehmen“ eher künftige Ertragserwartungen, formale Funktionen und personenunabhängige Regeln (vgl. Haas, 2010, S. 5). Durch die Überlappung der familiären und unternehmerischen Perspektiven ergeben sich immanente Stärken, die sich z.B. durch eine langfristige Erfolgsorientierung auszeichnen (vgl. Miller & Le Breton-Miller,

[12] Ein System wird nach Ulrich als eine „geordnete Gesamtheit aller Elemente, zwischen denen irgendwelche Beziehungen bestehen oder hergestellt werden können“ gesehen (1970, S. 105).

2005, S. 28–30). Allerdings sind auch Schwächen erkennbar. Hierzu gehört bspw. eine ungeregelte Unternehmensübergabe (vgl. Martin, Ruda & Pfeffer, 2002, S. 48).

In der Folge wurde das duale System um die Perspektive „Eigentum“ erweitert. Tagiuri & Davis entwickelten die Grundidee zum Drei-Kreise-Modell (1996). Bereits 1982 wurde die Erweiterung auf drei Systeme in einem internen Arbeitspapier durch die Autoren an der Harvard University vorgestellt (vgl. Wiechers, 2006, S. 18). Bei der Weiterentwicklung des Modells durch Gersick et al. wurden die einzelnen Felder mit Nummern versehen (vgl. 1997, S. 6). Das Drei-Kreise-Modell repräsentiert den heutigen Stand wissenschaftlicher Betrachtungen und besteht aus den überschneidenden Subsystemen Familie, Unternehmen und Eigentum (vgl. Poza, 2007, S. 6).[13] Dabei ergibt sich folgendes Bild:

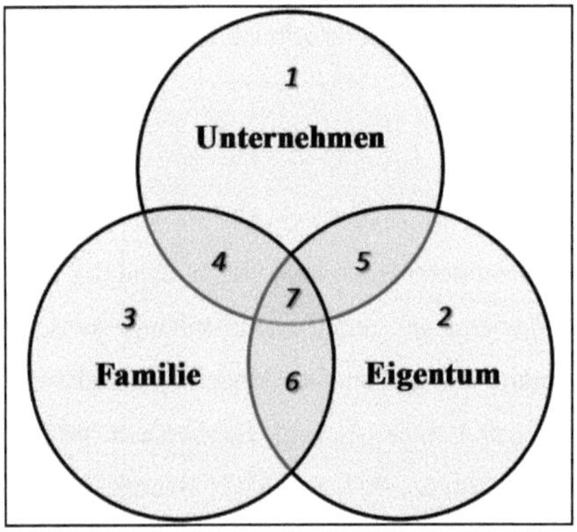

Abbildung 3: Struktur des Drei-Kreise-Modells
Quelle: Gersick et al. (1997, S. 6)

Wie aus Abbildung 3 zu entnehmen ist, ergeben sich durch die Überschneidung der drei Kreise sieben Felder. Jede Person, die mit einem Familienunternehmen in irgendeiner Weise in Verbindung steht, kann einer der sieben Flächen zugeordnet werden (vgl. Mühlebach, 2004, S. 18–19). Personen, die ausschließlich eine Beziehung zum Unternehmen haben, sind in den

[13] Zusätzlich gibt es noch Modelle, die eine vierte Dimension berücksichtigen. Klein benennt die Dimensionen „Familie“, „Eigentum“, „Unternehmen“ und „Führung“ (vgl. 2010, S. 3–5). Nach Casillas, Acedo & Moreno existieren die Kreise „Family“, „Ownership“, „Management“ und „Individual“ (2007, S. 27–31). Bei diesen Modellen wird auf die besondere Problematik der Führung von Familienunternehmen eingegangen. Zur Erklärung des Begriffs Familienunternehmen werden die Dimensionen Führung bzw. Management zusätzlich gewählt. Des Weiteren haben Neubauer & Lank das „Three-Circle-tie model“ entwickelt. Dieses Modell versucht Kontrollinstanzen zu integrieren. Es hat folgende vier Dimensionen: „Owner“, „Management/ Employees“, „Board of directors“ und „Family“. Neben drei Kreisen wird die Familie durch eine krawattenförmige Figur repräsentiert. Daraus ergeben sich insgesamt 15 Felder (vgl. Neubauer & Lank, 1998, S. 15). Aufgrund der Thematik in dieser Arbeit, wird nur auf das Drei-Kreise-Modell näher eingegangen.

äußeren Feldern 1, 2 und 3 einzuordnen. Personen, die zwei oder drei Dimensionen bzw. Systeme des Modells abdecken, sind einem der überlappenden Felder 4, 5, 6 oder 7 zuzuordnen. Aus den drei Kreisen ergibt sich folgende Personenzuordnung:

- Nur tätig im Unternehmen als „Fremder" (1)
- Nur Fremdgesellschafter (2)
- Nur Familienmitglied, keine Anteile am Unternehmen, keine Anstellung im Unternehmen. Beispiel: Ehepartner (3)
- Im Unternehmen tätiges Familienmitglied ohne Beteiligung (4)
- Im Unternehmen tätiger Fremdgesellschafter (5)
- Familienmitglied und Gesellschafter, aber inaktiv im Unternehmen (6)
- Familienmitglied, Gesellschafter und im Unternehmen tätig; klassische Figur des Familienunternehmers (7)

Des Weiteren ist das Drei-Kreise-Modell eine hilfreiche Unterstützung, um Konflikte, die im Spannungsfeld von Manager, Eigentümer und Familienmitglied entstehen können, besser zu verstehen (vgl. Gersick et al., 1997, S. 6–7). Unterschiedliche Rollen oder Aufgaben (abgebildet durch die verschiedenen Felder) erzeugen oft unterschiedliche Interessen. So können Manager (Kreis Unternehmen) Unternehmenswachstum sowie die eigene persönliche Karriere als primäres Ziel verfolgen. Eigentümer (Kreis Eigentum) zielen auf eine möglichst attraktive Rendite, während Familienmitglieder (Kreis Familie) nach Familienzusammenhalt und Wohlergehen eines jeden Einzelnen streben (vgl. Breinlinger, 2006, S. 92). Des Weiteren kann bspw. ein geschäftsführendes Familienmitglied seinen potenziellen Nachfolger aus der Familie als unqualifiziert einstufen. Unabhängig von der Richtigkeit dieser Beurteilung können hierdurch tiefgreifende Verletzungen bei Familienmitgliedern zurückbleiben. Je nach persönlicher Sichtweise können daher Entscheidungen und Handlungsempfehlungen mal als richtig und mal als falsch erscheinen (vgl. Schlippe, Nischak & Hachimi, 2008, S. 23). Mit diesem Grundverständnis können die am Unternehmen verbundenen Akteure besser analysiert und die jeweiligen persönlichen Interessen einfacher nachvollzogen werden (vgl. Berthold, 2010, S. 22–23).

2.1.3 Abgrenzung zu Nicht-Familienunternehmen

Bei Betrachtung der Eigenschaften von Familienunternehmen ist es sinnvoll, auch auf die Unterschiede zu Nicht-Familienunternehmen einzugehen. Dadurch können die Besonderheiten und Merkmale von Familienunternehmen nochmals hervorgehoben werden. In Familienbetrieben herrscht eine enge Verbindung zwischen der Familie, den Eigentümern und dem Unternehmen. Diese enge Verbindung fehlt bei Nicht-Familienunternehmen, da eine Unternehmerfamilie nicht vorhanden ist (vgl. Viehl, 2004, S. 10). Dies wiederum führt dazu, dass in Familienunternehmen die Loyalität und die Identifizierung mit dem Unternehmen seitens der Anteilseigner im Vergleich zu Nicht-Familienunternehmen außerordentlich hoch ist (vgl. Berthold, 2010, S. 34–35). Damit ist die nachhaltige Sicherung des Unternehmens für die kommenden Generationen sowie der Erhalt von Arbeitsplätzen eines der charakteristischsten Merkmale von Familienbetrieben (vgl. Westhead & Howorth, 2006, S. 312). Die bereits erwähnte Wert- und Werteorientierung von Familienunternehmen ist bei Nicht-Familienunternehmen seltener anzutreffen, da hier der Fokus primär auf der Wertorientierung liegt (vgl. Hennerkes, 2004, S. 17–18). Schachner, Speckbacher & Wentges sind der Ansicht, dass sich Familienunternehmen im Vergleich zu Nicht-Familienunternehmen nicht ausschließlich an der Maximierung des Shareholder-Values orientieren (vgl. 2006, S. 599–600). Der Fokus bei Familienunternehmen im Vergleich zu Nicht-Familienunternehmen liegt deshalb weniger auf der Erfüllung der Quartalsprognosen, sondern in der langfristigen Wertsteigerung des Unternehmens (vgl. Braun, 2009, S. 32). Unter Berücksichtigung des Erfolges scheinen Familienunternehmen auf lange Sicht anonymen Publikumsgesellschaften überlegen zu sein (vgl. Ehrhardt, Nowak & Weber, 2006, S. 19; Michler, 2009, S. 63). Die folgende Tabelle gibt einen idealtypischen zusammenfassenden Überblick über die unterschiedlichen Merkmale und Charakteristika von Familienunternehmen im Vergleich zu Nicht-Familienunternehmen wieder.

Familienunternehmen	Nicht-Familienunternehmen
- Flache Hierarchien	- Pyramidenartige Organisationsstruktur
- Kurze Entscheidungswege	- Lange Entscheidungswege
- Schnelle, unkomplizierte Umsetzung	- Ausgeprägte Bürokratie
- Hohe Eigenverantwortung	- Bewusste Kompetenzbeschneidung
- Flexibilität	- Geringere Flexibilität
- Langfristige Vermögensmehrung	- Kurzfristiger Gewinn
- Ausgeprägtes Wertesystem	- Schwaches Wertesystem
- Leitfigur „zum Anfassen“	- „Anonyme“ Führung
- Öffentlichkeitsscheu	- Hohe Transparenz
- Akzeptanz geringer Renditen	- Wertorientierung um jeden Preis

Familienunternehmen	Nicht-Familienunternehmen
- „Blut über Kompetenz“	- Qualifizierung entscheidet
- Soziale Verpflichtung (in der Region)	- Shareholder-Ansatz
- Standortverbundenheit	- Verlagerung von Arbeitsplätzen ins Ausland
- Persönliche Risikobereitschaft	- Geschützte Position
- Sicherheitsorientiert	- Wachstumsorientiert
- Langfristiger Zeithorizont	- Kurz- bis mittelfristiger Zeithorizont
- Unternehmenskultur durch Tradition & Familie geprägt	- Unternehmenskultur durch Management geprägt
- Produktqualität und Markenname steht oft für Familie	- Markenname und Eigentümer nicht identisch

Tabelle 1: Unterschiede zwischen FU und Nicht-FU
Quelle: in Anlehnung an Ohle (2008, S. 38)

Wie aus Tabelle 1 zu entnehmen ist, sind Unterschiede zwischen Familienunternehmen und Nicht-Familienunternehmen vorhanden. Gegensätze zeigen sich in der Struktur, Organisation und Philosophie des Unternehmens. Die Merkmale in der Übersicht müssen als idealtypisch angesehen werden. In der Praxis sind bei Familienunternehmen die Merkmale nicht alle gleichzeitig in ausgeprägter Form vorhanden. Zudem können die einzelnen Merkmale auch durch die jeweilige Größe des Unternehmens variieren. Dennoch können diese Merkmale für ein Grundverständnis über Familienunternehmen wichtig und hilfreich sein.

2.1.4 Definitionen

2.1.4.1 Das Definitionsproblem

Eine einheitliche und anerkannte Definition des Begriffs „Familienunternehmen“ ist bis heute in der Literatur nicht vorhanden und nicht erkennbar (vgl. Peemöller, 2008, S. 722; Mertens, 2009, S. 37–38). Dabei sind in der Literatur sehr unterschiedliche Auffassungen bzgl. der Definition von Familienunternehmen existent, welche sich in zwei Sichtweisen einteilen lassen. Zum einen existiert die Einschätzung, dass es keine gemeinhin akzeptierte Übereinstimmung für die Definition von Familienunternehmen gibt (vgl. Neubauer & Lank, 1998, S. 3; Littunen & Hyrsky, 2000, S. 41; Viehl, 2004, S. 10; Brockhaus, 2004, S. 171; Anderson, Jack & Drakopoulou-Dodd, 2005, S. 136; Klein, 2008a, S. 156; Mühlebach, 2004, S. 10; Braun, 2009, S. 11; Hack, 2009, S. 5; Schmidt, Rotfuß & Westerheide, 2010, S. 35; Schulze & Gedajlovic, 2010, S. 197). Zum anderen wird die Ansicht vertreten, dass es etliche unterschiedliche Definitionen gibt (vgl. Brockhaus, 1994, S. 28; Daily & Thompson, 1994, S. 238; Astrachan, Klein & Smyrnios, 2002, S. 45; Chrisman, Chua & Litz, 2003, S. 470; Chua, Chrisman & Sharma, 2003, S. 92; Astrachan & Shanker, 2003, S. 211; Hausch, 2004, S. 25; Sharma, 2004,

S. 3; Sonfield & Lussier, 2004, S. 190; Klein, Astrachan & Smyrnios, 2005, S. 321; Schwass, 2007, S. 123; Schielke, 2009, S. 221). Diese zweite Sichtweise wird auch in wissenschaftlichen Studien sichtbar. Allein zwischen 1989 und 1999 wurden mehr als 44 unterschiedliche Definitionen verwendet (vgl. Habbershon & Williams, 1999, S. 5). Zudem werden in Europa bis zum Jahr 2008 insgesamt mehr als 90 verschiedene Definitionen identifiziert (vgl. Mandl, 2008, S. 20–31). Diese Vielzahl unterschiedlicher Definitionen von Familienunternehmen ist auch durch die in der Praxis vorhandenen verschiedenen Erscheinungsformen von Familienbetrieben begründet (vgl. Mühlebach, 2004, S. 10). Erstmals wurden die verschiedenen Definitionen des Begriffs „Familienunternehmen“ im Jahr 1989 von Handler als Problem erkannt (vgl. 1989, S. 259). In den letzten Jahren sprechen verschiedene Autoren in diesem Zusammenhang sogar schon von einem „Definitionsdilemma“ (vgl. Brockhaus, 2004, S. 172; Chrisman, Chua & Steier, 2005, S. 244; Klein et al., 2005, S. 321–322; Mertens, 2009, S. 38).

Des Weiteren besteht das Problem, dass Familienunternehmen oft mit den Begriffen Mittelstand und KMU gleichgesetzt werden (vgl. Kapitel 2.1.1). Dies hat zur Folge, dass bei empirischen Untersuchungen Probleme bei der Stichprobenauswahl, der Interpretation und Vergleichbarkeit der Ergebnisse sowie der Entwicklung von Messmethoden entstehen können (vgl. Mertens, 2009, S. 39). Diese Überlegungen machen deutlich, dass eine einheitliche Definition des Begriffs Familienunternehmen wünschenswert und notwendig ist, eine Lösung in naher Zukunft jedoch eher unwahrscheinlich ist (vgl. Brockhaus, 2004, S. 172). Auch die Europäische Kommission findet es zwingend erforderlich zu einer allgemein anerkannten Definition von Familienunternehmen zu gelangen (vgl. Europäische Kommission, 2009, S. 3).

2.1.4.2 Bisherige Definitionsansätze

Um die Definitionsproblematik zu verstehen, soll auf die bisher verwendeten Definitionsansätze eingegangen werden. Hierbei soll ein Überblick über die Inhalte der verschiedenen und geläufigsten Definitionen dargelegt werden. Eine Übersicht über die verschiedenen Definitionen des Begriffs Familienunternehmen finden sich u.a. auch bei Neubauer & Lank (vgl. 1998, S. 21–22), Mertens (vgl. 2009, S. 423–427) und Mandl (vgl. 2008, S. 13–38).

Einfache Definitionen des Begriffs Familienunternehmen greifen auf die Kriterien Führung des Unternehmens sowie Eigentum am Unternehmen zurück (vgl. Mertens, 2009, S. 40). Dies ist so lange problemlos, wie das Eigentum und die Führung komplett in Familienhand liegen. Uneinigkeit über den Begriff Familienunternehmen besteht aber immer dann, wenn die Führung oder das Eigentum nicht in (vollständiger) Familienhand liegen (vgl. Chua, Chrisman & Sharma, 1999, S. 19–22). So werden Unternehmen als Familienunternehmen definiert, wenn eine Familie einen bedeutsamen Anteil am Eigenkapital hält und mit mehr als einer Generation an der Führung beteiligt ist (vgl. Zahra, Hayton & Salvato, 2004, S. 369). Dabei wird der bedeutsame Anteil am Eigentum der Familie von den Autoren jeweils unterschiedlich ausgelegt. So sprechen Gallo & Pont schon von einem Familienbetrieb, falls 10% der Stimmrechte in Familienbesitz sind (vgl. 1988, S. 2). Die meisten Autoren sind jedoch der Meinung, dass mindestens 50% der Anteile in Familienbesitz sein müssen (vgl. z.B. Gallo & Sveen, 1991, S. 181; Jaskiewicz, 2006, S. 16; Haunschild & Wolter, 2010, S. 3). Weiterhin gehen Donckels & Fröhlich von 60% aus (vgl. 1990, S. 224) und Lyman ist sogar der Auffassung, dass 100% der Anteile in Familienbesitz sein müssen, um von einem Familienunternehmen sprechen zu können (vgl. 1991, S. 304). Des Weiteren wird neben dem Einfluss der Familie auf das Unternehmen auch oft von einem Familienunternehmen gesprochen, wenn die Erwartung der Managementnachfolge innerhalb der Familie liegt (vgl. Chrisman, Chua & Litz, 2004, S. 344).

Neben der einfachen Definition mit den Kriterien Führung und Eigentum kommt ein Literaturüberblick von Quermann zum Schluss, dass in Summe vier inhaltliche Aspekte den meisten Definitionen zugrunde liegen (vgl. 2004). Diese sind zum einen die Abgrenzung der Familie, ein gewisser Kapitalbeteiligungsumfang der Familie, eine direkte oder indirekte Führungsbeteiligung und der Wille das Unternehmen weiterhin in Familienbesitz zu halten (vgl. Quermann, 2004, S. 11–14). Uhlaner stellt insgesamt sechs Einflussgrößen vor, womit ein Unternehmen als Familienunternehmen klassifiziert werden kann (vgl. 2005). Als Faktoren werden das Familieneigentum, die operative Verantwortung von Familienmitgliedern, der Anteil von Familienmitgliedern im Management, die strategische Führung durch die Familie, die Nachfolgeplanung sowie das Selbstbild als Familienunternehmen genannt (vgl. Uhlaner, 2005, S. 49). Allen Definitionen gemeinsam ist die Feststellung, dass eine Familie Eigentum und/oder Kontrolle über das Unternehmen hat, Familienmitglieder möglicherweise im Unternehmen tätig sind und die Intention besteht, das Familienunternehmen erfolgreich in die nächsten Generationen zu führen (vgl. Casillas et al., 2007, S. 17–18). Sobald die Familie Einfluss auf die Entwicklung des Unternehmens ausüben kann, erscheint es sinnvoll von einem Familienunternehmen zu sprechen. Dazu muss die Familie in der Lage sein, maßgebliche Entscheidungen im Unternehmen zu bestimmen und so das Familienunternehmen nach außen und innen zu prägen (vgl. Schlippe et al., 2009, S. 7). Dazu gehört auch die Regelung der Nachfolge bzw. die Besetzung der verschiedenen Managementpositionen durch Familienmitglieder, da diese die langfristige Absicht das Unternehmen in Familienhand zu halten, unterstreicht (vgl. Hack, 2009, S. 3).

Der Überblick zeigt, dass bestimmte Kriterien häufig zur Identifikation bzw. Definition von Familienunternehmen herangezogen werden. Dies sind die Kapitalanteile und Stimmenanteile in der Hand der Familie, die Möglichkeiten der Einflussnahme auf die Unternehmensstrategie durch die Familie, die operative Verantwortung der Familie sowie die Selbstdeklaration des Unternehmens als Familienunternehmen (vgl. Westhead, 1997, S. 132; Shanker & Astrachan, 1996, S. 108–109; Mühlebach, 2004, S. 12–14). Der Umfang des Familieneinflusses ist damit ein wichtiges Kriterium für die Definition von Familienunternehmen. Eine Möglichkeit zur Messung des Familieneinflusses ist durch die sogenannte F-PEC Skala gegeben, welche im Folgenden erläutert wird.

2.1.4.3 Die F-PEC Skala als Lösungsansatz für das Definitionsproblem

Das Konzept der F-PEC Skala wurde im Jahr 2001 erstmalig im Rahmen einer Konferenz (FBN Research Forum) vorgestellt und in einer weiteren umfassenden Stichprobe im Jahr 2003 validiert (vgl. Astrachan, Klein & Smyrnios, 2001, S. 9–24; Klein, 2010, S. 16). Zuvor hatten bereits Shanker & Astrachan Familienunternehmen über den Umfang und Größe des Familieneinflusses auf das Unternehmen definiert (vgl. 1996). Dabei verwendeten sie drei Kategorien, um zu einer weiten, mittleren und engen Definition von Familienunternehmen zu gelangen (vgl. Shanker & Astrachan, 1996, S. 108–110).[14] Die F-PEC Skala kann daher als eine Weiterentwicklung zur Messung des Familieneinflusses gesehen werden. Zugleich stellt sie ein validiertes Instrument zur Messung des Familieneinflusses in Unternehmen dar (vgl. Klein, 2010, S. 15–16).

[14] Die weite Definition (geringes Familieninvolvement) beinhaltet die Punkte: „effective control of strategic direction; intended to remain in family". Die mittlere Definition (etwas Familieninvolvement) beinhaltet die Punkte: „founder/descendant runs company; legal control of voting stock". Die enge Definition (viel Familieninvolvement) beinhaltet die Punkte: „multiple generations; family directly involved in running and owning; more than one member of owners family having significant management responsibility" (Shanker & Astrachan, 1996, S. 109).

Die F-PEC-Skala baut auf drei verschiedenen Säulen auf, die für die Bewertung des möglichen Familieneinflusses auf das Unternehmen berücksichtigt werden sollen (vgl. Klein, 2010, S. 14). Dies sind die Kategorien Macht (**P**ower), Erfahrung (**E**xperience) und Kultur (**C**ulture). Die Abkürzung „**F-PEC**" steht dabei für „**F**amily influence" durch „**P**ower", „**E**xperience" und „**C**ulture" (vgl. Astrachan et al., 2002, S. 46–51; Thom & Zaugg, 2005, S. 154). Anhand eines Fragebogens mit Fragen zu den einzelnen Unterkategorien kann die Höhe der einzelnen Kategorien gemessen werden (vgl. Astrachan et al., 2002, S. 55–58). Dieses Konzept und die daraus ableitbaren Erkenntnisse ergänzen und erweitern das Verständnis über Familienunternehmen (vgl. Becker et al., 2008, S. 23). Die folgende Abbildung zeigt die Zusammensetzung und Inhalte der F-PEC Skala.

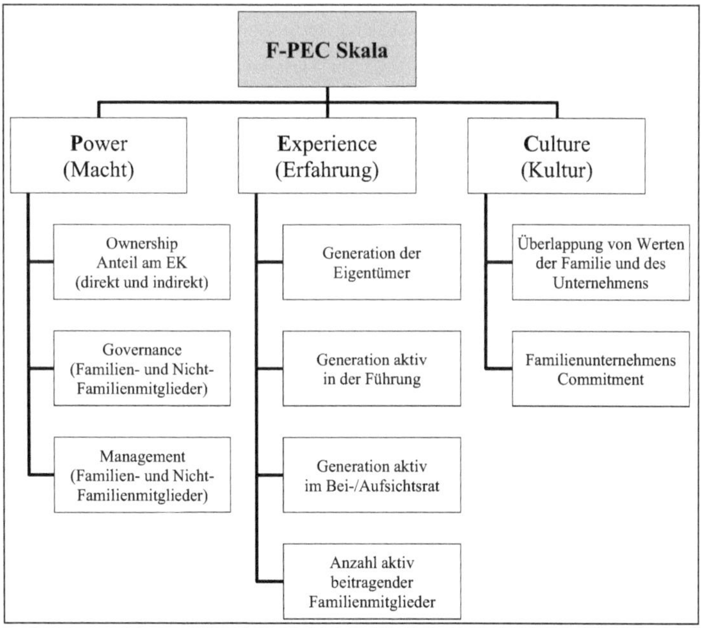

Abbildung 4: Struktur der F-PEC Skala
Quelle: Astrachan et al. (2002, S. 52)

Wie aus Abbildung 4 zu entnehmen ist, gibt der linke Ast (Power) die grundsätzlichen Einflussmöglichkeiten der Familie auf das Unternehmen wieder (vgl. Benner, 2009, S. 26). Dabei setzt sich die „Power-Subscale" aus den Komponenten „Ownership", „Governance" und „Management" zusammen. Eigentum steht dabei für den Anteil der Stimmrechte, die von der Familie wahrgenommenen werden. Die Governance-Struktur beinhaltet die von Familienmitgliedern in bestimmten Kontroll- und Aufsichtsgremien[15] wahrgenommene Verantwortung. Ebenfalls ist zu berücksichtigen, ob das Management von Familien- und/oder Nicht-Familienmitgliedern besetzt ist und somit eine Fremdgeschäftsführung, Familiengeschäftsführung oder eine gemischte Geschäftsführung im Unternehmen vorliegt. Durch die „Power-Subscale“ werden die Möglichkeiten der Familie zur Kontrolle sowie der Führung des Unternehmens abgebildet, die durch die Höhe der Beteiligung bzw. durch die Eigentumsrechte der Familie entstehen (vgl. Astrachan et al., 2002, S. 48–49; Klein, 2010, S. 15–16).

Der mittlere Ast (Experience) misst die kumulierten Erfahrungswerte der verschiedenen aktiven Familienmitgliedern (vgl. Benner, 2009, S. 26). Die „Experience-Subscale“ berücksichtigt den Zuwachs an Erfahrung, der in Familienunternehmen über Generationen gesammelt wurde. Dabei spielt die Generationenzahl der Familie, die das Engagement der Familie im Management, im Bei- oder Aufsichtsrat und als Aktionär wiedergibt, eine Rolle. Mit jeder weiteren Generation wächst die Erfahrung und zugleich auch der Familieneinfluss (vgl. Astrachan et al., 2002, S. 49–50; Klein, 2010, S. 15–16).

Der rechte Ast (Culture)[16] geht auf das Wertesystem von Familienunternehmen ein. Hierbei wird ermittelt, mit welchem Umfang die Familie das Wertesystem des Unternehmens beeinflusst. Je mehr Familien- und Unternehmenswerte übereinstimmen, desto besser wirkt sich dies auch auf die Unternehmenskultur aus (vgl. Astrachan et al., 2002, S. 50). Zur Kultur eines Familienunternehmens gehört des Weiteren das „Familienunternehmens-Commitment“. Dadurch wird das Bekenntnis der Familie für das Unternehmen wiedergegeben (vgl. Klein, 2010, S. 15–16). Familien, die sich zum Unternehmen bekennen, haben tendenziell auch einen größeren Einfluss auf das Unternehmen (vgl. Astrachan et al., 2002, S. 50–51).

[15] Die grundsätzlichen Aufgaben eines Kontrollorgans (z.B. Bei- oder Aufsichtsrat) sind Überwachung der Geschäftsführung und Gesellschaft, Beratung, die Kontinuitätssicherung der Familieninteressen und Repräsentationsaufgaben (vgl. Ruter & Thümmel, 2009, S. 32–34).

[16] Zur Konkretisierung der Kulturskala verweisen die Autoren auf das Beziehungskonzept mit dem Namen „Family-Business-Commitment-Questionnaire“ nach Carlock & Ward (vgl. 2001, S. 51–55; Astrachan et al. 2002, S. 50–51). Dieses Beziehungskonzept initiiert eine familieninterne Diskussion über die Familienvision, Familienwerte und die Philosophie des Familienunternehmens. In dieser Diskussion soll geklärt werden, ob die Familie interessiert ist, das Unternehmen nachhaltig in Familienbesitz zu halten. Die damit verbundenen Verantwortlichkeiten eines gegenüber Share- und Stakeholdern loyalen Unternehmertums müssen ggf. akzeptiert werden (vgl. Haas, 2010, S. 23–24). Bei positiver Beantwortung dieser Fragen innerhalb der Familie steigt das Familienunternehmens Commitment und damit auch der Familieneinfluss gemäß des F-PEC-Konzepts (vgl. Carlock & Ward, 2001, S. 34).

Für die empirische Forschungsarbeit ist die Anwendung der F-PEC Skala mit den drei Hauptskalen und die dadurch verbundene Notwendigkeit der Quantifizierung jedoch als limitiert zu erachten (vgl. Zellweger, 2006b, S. 42–43). Des Weiteren ist die Abgrenzung der drei Skalen mit ihren dazugehörigen Variablen nur eingeschränkt möglich, da mögliche Interdependenzen der einzelnen Variablen kaum berücksichtigt werden können (vgl. Benner, 2009, S. 27). Um die Zielsetzung dieser empirischen Arbeit hinsichtlich dieser Limitierung zu minimieren, wird die F-PEC Skala auf die „Power-Subscale“ beschränkt. Der Eigentümer des Unternehmens erhält dadurch eine zweckmäßige Bedeutung, „die seiner wirtschaftlichen und damit für das Familienunternehmen relevanten Rolle entspricht“ (Benner, 2009, S. 27). Mit Hilfe der SFI (Substantial Family Influence) Formel kann diese Komponente abgebildet werden und beinhaltet die folgenden drei Elemente:

$$SFI = \frac{EK_{Fam}}{EK_{Total}} + \frac{MdKG_{Fam}}{MdKG_{Total}} + \frac{MdGF_{Fam}}{MdGF_{Total}}$$

EK = Kapitalanteil an der Firma
MdKG = Mitglieder des Kontrollgremiums
MdGF = Mitglieder der Geschäftsführung
Fam = Familienmitglieder

Formel 1: Berechnung der Substantial Family Influence
Quelle: in Anlehnung an Klein (2000, S. 158)

Wie die Formel 1 zur Berechnung des Familieneinflusses zeigt, wird der Familieneinfluss durch die Addition von drei unterschiedlichen Kriterien ermittelt. Dabei wird zum einen der Kapitalanteil der Familie am Unternehmen berücksichtigt. Zum anderen wird der Anteil der Familie in Kontrollorganen sowie in der Geschäftsführung berechnet. Die Addition dieser drei Werte ergibt einen Wert zwischen null und drei. Von einem SFI bzw. Familienunternehmen spricht man in der Literatur, wenn das Ergebnis der Gleichung größer gleich eins ist (vgl. Klein, 2000, S. 158–159; Klein, 2010, S. 17).

Die Verwendung des SFI-Ansatzes kann als zweckmäßig beurteilt werden. Allerdings ist auch darauf hinzuweisen, dass die exakte Messung des Familieneinflusses nie gänzlich möglich ist (vgl. Zellweger, 2006b, S. 26). Vor allem die informellen Informations- und Entscheidungsprozesse außerhalb der genannten Gremien machen eine exakte Messung des Familieneinflusses nur begrenzt möglich (vgl. Benner, 2009, S. 28). Nichtsdestotrotz, können die Inhalte und Überlegungen der F-PEC Skala bzw. des SFI für das Verständnis von Familienunternehmen sowie für die Ableitung einer Arbeitsdefinition herangezogen werden. Darüber hinaus wird bei dieser empirischen Arbeit zur Berechnung des Familieneinflusses auf die Formel des SFI zurückgegriffen.

2.1.4.4 Ableitung einer Arbeitsdefinition

Aufgrund der Vielzahl unterschiedlicher Definitionen von Familienunternehmen wird auch in naher Zukunft eine einheitliche Definition des Begriffs Familienunternehmen nicht erwartet. Es ist daher umso wichtiger, dass Wissenschaftler in ihren Beiträgen definieren, was sie unter einem Familienunternehmen verstehen (vgl. Brockhaus, 2004, S. 172). Insbesondere im Hinblick auf das Untersuchungsziel und der angewendeten empirischen Forschungsmethoden ist eine klare und eindeutige Definition sinnvoll (vgl. Meckl, 2000, S. 14). Potentielle Unternehmen für die empirische Umfrage können erst durch einen klar definierten Untersuchungsgegenstand identifiziert und für die Untersuchung angesprochen werden (vgl. Mertens, 2009, S. 37). Für die vorliegende Arbeit werden Familienunternehmen daher wie folgt definiert:

Familienunternehmen stellen Unternehmen dar, in denen Eigentum und Führung des Unternehmens meist in einer Hand liegen, die Familie zumindest aber über klare Mehrheitsverhältnisse (Kapitalanteil Familie > 50%) verfügt und somit auch Kontrollbefugnisse wahrnehmen kann. Die Leitung des Unternehmens kann dabei auch bei einem Dritten liegen, insgesamt muss aber ein SFI ≥ 1 vorliegen. Zusätzlich muss das Unternehmen bzw. die Geschäftsführung sich selbst als Familienunternehmen sehen bzw. von der Öffentlichkeit als Familienunternehmen eingestuft werden.[17] *Für die empirische Untersuchung sind nur solche Familienunternehmen relevant, die aufgrund ihrer Größe (gemessen am Umsatz und Mitarbeiterzahl) international tätig sind.*

[17] Auch große börsennotierte Aktiengesellschaften wie z.B. die BMW AG, an denen die Familien Quandt und Klatten beteiligt sind, können streng genommen als Familienunternehmen definiert werden. Allerdings wäre es bei solch großen professionell gemanagten Unternehmen nicht richtig von einem „typischen" Familienunternehmen zu sprechen. Solch große Unternehmen bezeichnen sich selbst nicht als Familienunternehmen und werden auch von der Öffentlichkeit nicht als Familienunternehmen wahrgenommen. Der Anteil großer Familienunternehmen in Deutschland ist ohnehin vernachlässigbar klein. Informationen und Statistiken über die größten deutschen Familienunternehmen s. u.a. Haunschild (2010).

2.2 Rahmenbedingungen für deutsche FU im internationalen Vergleich

2.2.1 Der Standort Deutschland im Vergleich

Familienunternehmen haben für die deutsche Volkswirtschaft eine enorme Bedeutung. Nach Berechnungen des Zentrums für Europäische Wirtschaftsforschung (ZEW) sind etwa 91% aller deutschen Unternehmen Familienunternehmen, die 47% der Umsätze aller Unternehmen erwirtschaften und 55% aller Mitarbeiter beschäftigen (vgl. Gottschalk et al., 2011, S. 14–16).[18] Folgende Abbildung zeigt zusammenfassend die volkswirtschaftliche Bedeutung der Familienunternehmen in Deutschland.

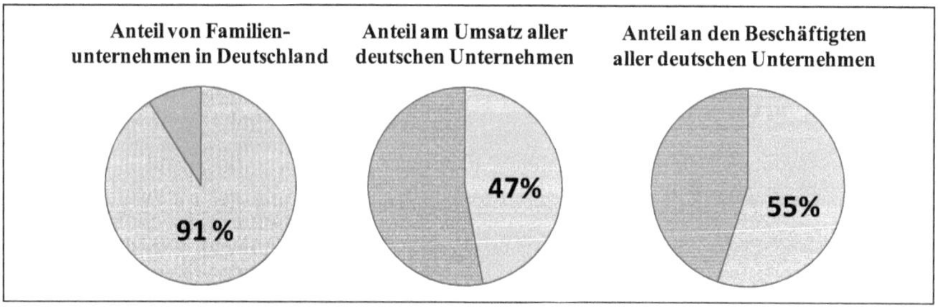

Abbildung 5: Bedeutung der Familienunternehmen in Deutschland
Quelle: in Anlehnung an Gottschalk et al. (2011, S. 14–16)

Die in Abbildung 5 dargestellten Zahlen belegen die enorme volkswirtschaftliche Bedeutung von Familienunternehmen für Deutschland. Der Beitrag von Familienunternehmen zum Bruttoinlandsprodukt (BIP) liegt in Deutschland bei ca. 55% (vgl. Gottschalk et al., 2011, S. 14–16). Aber nicht nur in Deutschland besitzen Familienunternehmen für die Volkwirtschaft eine hohe Bedeutung. So schätzen Astrachan & Shanker, dass je nach verwendeter Definition von

[18] Diesen Zahlen liegt die Definition von „Familienkontrollierten Unternehmen“ als Familienunternehmen zu Grunde und berücksichtigt zugleich auch öffentliche Unternehmen und Genossenschaften. Werden Genossenschaften und/oder öffentliche Unternehmen nicht berücksichtigt und andere Definitionen herangezogen, so können die Zahlen um wenige Prozente variieren (vgl. Gottschalk et al., 2011, S. 13–16). Nach Schätzungen des IfM aus dem Jahr 2007 sind etwa 95,1 % aller deutschen Unternehmen Familienunternehmen, diese erwirtschaften 41,5% der Umsätze und beschäftigen 57,3% der Mitarbeiter aller Unternehmen (vgl. Wallau, et al., 2007, S. 24). Hierbei wurde der Anteil der Familienunternehmen am Umsatz und den Beschäftigten anhand einer Stichprobenziehung und einer Sonderauswertung des Handelsregisters nach Beschäftigten- und Umsatzgrößenklassen geschätzt (vgl. Wallau et al., 2007, S. 24). Die Unterschiede zu den aktuellen vorliegenden Daten lassen sich zum einen aufgrund verschiedener Definitionen von Familienunternehmen als auch durch (nicht) berücksichtigte Unternehmensschließungen erklären (vgl. Gottschalk et al., 2011, S. 17). Eine weitere Diskussion über die unterschiedlichen Daten soll in dieser Arbeit aber nicht geführt werden. Vielmehr soll mit den Daten gezeigt werden, dass Familienunternehmen eine besondere Stellung in Deutschland haben.

Familienunternehmen, amerikanische Familienbetriebe zwischen 29-64% zum BIP der USA beitragen (vgl. 2003, S. 218).

In Frankreich wird der Anteil von Familienunternehmen an der Gesamtzahl der Unternehmen auf 60%, in Großbritannien auf 73%, in Südamerika (Brasilien und Chile) auf 65-70%, in Australien auf 70%, in den USA auf 90% und in Italien auf ca. 93% geschätzt (vgl. Baumgartner, 2009, S. 12; Berthold, 2010, S. 31). Darüber hinaus sind in den USA ca. 50% aller Erwerbstätigen in Familienunternehmen beschäftigt, in Europa liegt der Prozentsatz bei ca. 65% (vgl. Baumgartner, 2009, S. 12). Für diese Länder und Regionen stellen Familienunternehmen damit sowohl einen Wert- als auch einen Erfolgsfaktor dar (vgl. Liikanen, 2000, S. 31). Aufgrund dessen ist eine nähere Betrachtung der vorliegenden Rahmenbedingungen deutscher Familienunternehmen im Vergleich zu anderen Ländern sinnvoll.

In einer Benchmark-Studie[19] der Stiftung Familienunternehmen und dem ZEW wurden Standortfaktoren für Familienunternehmen in europäischen Staaten untersucht. Deutschland belegt in dieser Studie für das Jahr 2012 wie schon 2010 und 2008, mit dem 11. Platz von insgesamt 18 Plätzen, eine Position im unteren Mittelfeld. Dagegen nehmen Dänemark, Finnland und die Schweiz die Spitzenpositionen ein. Am schlechtesten schneiden die Länder Polen, Spanien und Italien ab (vgl. Stiftung Familienunternehmen, 2013, S. 84–86). Von den in dieser Studie untersuchten Ländern schneidet Deutschland vor allem in den Bereichen „Steuern“ (13. Platz), „Arbeitskosten, Produktivität und Humankapital“ (15. Platz) und „Regulierung“ (16. Platz) besonders schlecht ab (vgl. Stiftung Familienunternehmen, 2013, S. 7; 24; 40). Lediglich in den Bereichen „Finanzierung“ (7. Platz) und „öffentliche Infrastruktur“ (7. Platz) steht der Standort Deutschland etwas besser dar (vgl. Stiftung Familienunternehmen, 2013, S. 55; 71).

[19] Die Benchmark-Studie „Länderindex Familienunternehmen“, welche erstmals 2006 durchgeführt wurde, dokumentiert die Veränderungen der Standortbedingungen in verschiedenen Ländern. Für Familienbetriebe kann der Länderindex eine Orientierungshilfe für internationale Standortstrategien darstellen. Im Fokus stehen dabei Familienunternehmen mit einem Umsatz von mehr als 100 Mio. EUR. Als Standortkriterien werden die Bereiche „Steuern“, „Arbeitskosten, Produktivität und Humankapital“, „Regulierung“ und „öffentliche Infrastruktur“ an verschiedenen Standorten untersucht. Für jedes der genannten Themengebiete wird zunächst ein Index berechnet, welcher anschließend zu einem Länderindex konsolidiert wird. Dabei werden folgende Länder berücksichtigt: Belgien, Dänemark, Deutschland, Finnland, Frankreich, Irland, Italien, Luxemburg, Niederlande, Österreich, Polen, Spanien, Schweden, Schweiz, Slowakische Republik, Tschechische Republik, die USA und das Vereinigte Königreich (vgl. Stiftung Familienunternehmen, 2013, S. 1–4).

Auch nach einer Studie des Bundesverbandes der Deutschen Industrie e.V. (BDI) müssen die Rahmenbedingungen für Familienunternehmen in Deutschland verbessert werden. So geben 37% der befragten Familienunternehmen an, dass sie eine weitere Verschlechterung der Rahmenbedingungen in Deutschland erwarten (vgl. Adenäuer, Hoffmann, Wallau & Kayser, 2009, S. 7). Dies ist bspw. durch die anhaltende Diskussion über die Gestaltung der Erbschaftssteuerreform zu sehen (vgl. Adenäuer et al., 2009, S. 7). Auch mit der neuen Regierung im Jahr 2009 (CDU/CSU/FDP) konnte trotz der Hoffnung von neuen Impulsen keine bessere Beurteilung erreicht werden (vgl. Brink, Hoffmann & Wallau, 2010, S. 3–5). Die Treue der Familienunternehmen zum Standort Deutschland und die Verbundenheit zum heimischen Firmensitz sind vor dem Hintergrund der schlechten bzw. nicht optimalen Standortbedingungen für Familienunternehmen hierzulande im Vergleich zu anderen Industrieländern erstaunlich (vgl. Michler, 2009, S. 58).

2.2.2 Verteilung der Familienunternehmen in Deutschland

2.2.2.1 Verteilung nach Branchen

Im Hinblick auf die empirische Umfrage ist auch auf die Branchenstruktur von Familienunternehmen einzugehen. Bis vor kurzem existierten für Familienunternehmen in Deutschland kaum gesicherte Daten über ihre Branchenverteilung (vgl. Klein, 2010, S. 41). Klein findet in einer empirischen Umfrage[20] heraus, dass Familienunternehmen in allen Branchen im Vergleich zu Nicht-Familienunternehmen zahlenmäßig die Mehrheit einnehmen (vgl. 2010, S. 48). Zudem wurden letzte aktuelle Berechnungen im Jahr 2011 durch die Stiftung Familienunternehmen in Zusammenarbeit mit dem ZEW und dem institut für mittelstandsforschung (ifm) veröffentlicht (vgl. Gottschalk et al., 2011). Man erkennt dabei, dass der höchste prozentuale Anteil von Familienunternehmen, im Verhältnis zu allen Unternehmen der jeweiligen Branche, im Gastgewerbe zu finden ist. Innerhalb dieser Branche sind 98% der Unternehmen Familienunternehmen. Des Weiteren beträgt der Anteil von Familienunternehmen im Baugewerbe 97%, im Handel 95%, im Kredit- und Versicherungsgewerbe 93%, in Verkehr- und Nachrichtenübermittlung 92%, in konsumbezogenen Dienstleistungen 90%, im verarbei-

[20] Klein führte eine empirische Untersuchung zu Familienunternehmen in Deutschland erstmals 1995 durch. Um die Anzahl und Struktur der Familienunternehmen zu bestimmen, wurde eine Zufallsstichprobe erhoben. Basis für die Befragung waren Unternehmen mit einem Jahresumsatz von mindestens 2 Mio. DM bzw. 1 Mio. EUR und Unternehmen, die zudem im Handelsregister eingetragen sind. Von 274.139 Unternehmen stellen 183.299 Unternehmen Familienunternehmen dar (vgl. Klein, 2010, S. 37–52).

tenden Gewerbe 88%, in unternehmensnahen Dienstleistungen 88%, im Bergbau 68% und in der Energie- und Wasserversorgung 65% (vgl. Gottschalk et al., 2011, S. 26).

Die Verteilung aller Familienunternehmen in Deutschland auf die einzelnen Wirtschaftszweige[21] ist aus Abbildung 6 zu entnehmen.

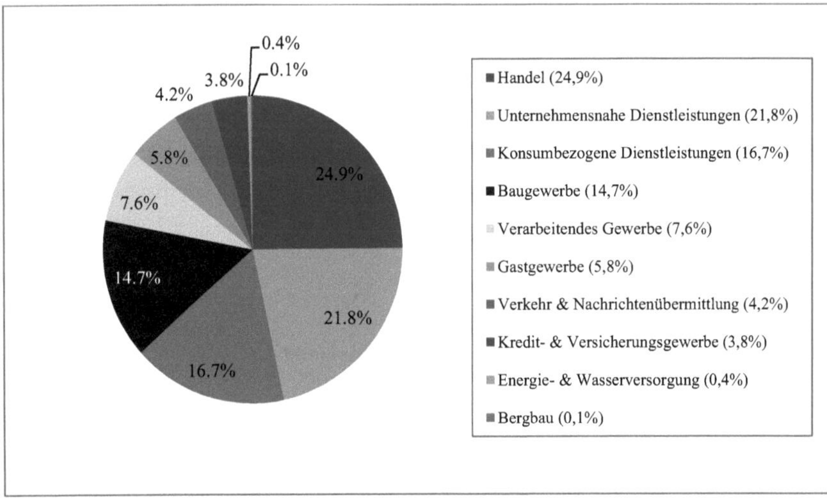

Abbildung 6: Verteilung deutscher Familienunternehmen nach Branchen
Quelle: in Anlehnung an (Gottschalk et al., 2011, S. 28)

Die meisten Familienunternehmen sind im „Handel“ (24,9%) tätig. Weiterhin sind 21,8% aller Familienunternehmen in den „unternehmensnahen Dienstleistungen“ angesiedelt bzw. 16,7% in den „konsumbezogenen Dienstleistungen“, gefolgt von dem „Baugewerbe“ mit 14,7%. Auf das „verarbeitende Gewerbe“ und das „Gastgewerbe“ entfallen 7,6% bzw. 5,8%. In den Wirtschaftszweigen „Verkehr- und Nachrichtenübermittlung“ und dem „Kredit- und Versicherungsgewerbe“ finden sich nur 4,2% bzw. 3,8% der Familienunternehmen. In den

[21] Die benannten Wirtschaftszweige beruhen auf der neuen Wirtschaftsklassifikation des Statistischen Bundesamtes aus dem Jahr 2008 (WZ 2008). Prozentuale Veränderungen zu anderen Studien lassen sich durch die neuen Branchenabgrenzungen erklären (vgl. Gottschalk et al., 2011, S. 27). Dabei baut die WZ 2008 rechtsverbindlich auf der statistischen Systematik der Wirtschaftszweige der Europäischen Gemeinschaft mit dem Namen „NACE Rev. 2“ auf, die von der französischen Bezeichnung „Nomenclature générale des Activités économiques dans les Communautés Européennes“ abgeleitet ist. Diese neue Systematik wurde im Dezember 2006 vom europäischen Parlament veröffentlicht und basierte Ihrerseits auf der Systematik der Wirtschaftszweige der Vereinten Nationen mit dem Namen „International Standard Industrial Classification of All Economic Activities“ (ISIC Rev. 4) (vgl. Statistisches Bundesamt, 2008, S. 3).

beiden Wirtschaftszweigen „Energie- und Wasserversorgung“ (0,4%) und „Bergbau“ (0,1%) sind Familienbetriebe am seltensten anzutreffen (vgl. Gottschalk et al., 2011, S. 27–28).[22]

Die 500 größten deutschen Familienunternehmen (gemessen am Umsatz und Mitarbeiterzahl), sind zu ca. zwei Drittel dem Wirtschaftszweig des verarbeitenden Gewerbes zuzuordnen (vgl. Gottschalk et al., 2011, S. 37). Der Fokus dieser Arbeit richtet sich daher auch auf Familienunternehmen, die dem verarbeitenden Gewerbe angehören.

2.2.2.2 Verteilung nach Regionen

Die Verteilung von deutschen Familienunternehmen nach verschiedenen Regionen bzw. Bundesländern lässt eine gewisse geographische Präferenz erkennen. So lassen sich bei der Verteilung Unterschiede zwischen städtischen und ländlichen Regionen feststellen (vgl. Gottschalk et al., 2011, S. 18). Familienunternehmen sind in den städtisch geprägten Regionen (z.B. Hamburg, Berlin) eher seltener anzutreffen als in Flächenstaaten bzw. ländlichen Regionen. In den Stadtstaaten sind tendenziell Großunternehmen zu finden. Diese wiederum stellen nicht die klassische Form von Familienunternehmen dar (vgl. Gottschalk et al., 2011, S. 18–19). Der Anteil der Familienunternehmen an der Gesamtzahl der Unternehmen in den Bundesländern Thüringen, Brandenburg, Sachsen, Sachsen-Anhalt und Mecklenburg-Vorpommern liegt jeweils bei 95%, in Rheinland-Pfalz bei 94%, in Baden-Württemberg und Saarland bei 93%, in Niedersachsen, Nordrhein-Westfalen und Bayern bei 92%, in Schleswig-Holstein bei 91%, in Hessen bei 90%, in Berlin bei 89%, in Bremen bei 88% und in Hamburg bei 83% (vgl. Gottschalk et al., 2011, S. 18).

Ein etwas anderes Bild ergibt sich, wenn man die 500 größten deutschen Familienunternehmen (gemessen am Umsatz und Mitarbeiterzahl und unabhängig von der Branche) bzgl. ihres Standortes in den einzelnen Bundesländern analysiert (vgl. Gottschalk et al., 2011, S. 36–37). Dabei kommen knapp ein Viertel der großen Familienunternehmen aus Nordrhein-Westfalen sowie ca. ein Fünftel aus Baden-Württemberg und Bayern gefolgt von Niedersachsen und

[22] Die Daten beruhen auf den Zahlen für die Definition von „Familienkontrollierten Familienunternehmen“, da dies der in dieser Arbeit verwendeten Definition am nächsten kommt (zur Unterscheidung mit anderen Definitionen s. Stiftung Familienunternehmen (2009, S. 13–14; Gottschalk et al., 2011, S. 6–7). Es ist anzumerken, dass die zahlenmäßigen Unterschiede gegenüber den anderen Definitionen nicht groß ausfallen und deshalb auch vernachlässigbar sind. Die Zahlen sollen primär ein Gespür für die Branchenstruktur von deutschen Familienunternehmen vermitteln.

Hessen mit ca. 10% bzw. 6%. Somit kommen die meisten großen Familienunternehmen auch aus den fünf bevölkerungsreichsten Bundesländern (vgl. Gottschalk et al., 2011, S. 34–35). Des Weiteren fällt auf, dass in den östlichen Bundesländern kaum große Familienunternehmen vorhanden sind (vgl. Gottschalk et al., 2011, S. 35). Große Familienunternehmen sind vor allem in den Regionen Hamburg, Berlin, München, Nürnberg, Stuttgart, Düsseldorf, Duisburg, Essen, Köln, Osnabrück und Hannover zu finden. Die graphische Verteilung der 500 größten Familienunternehmen in Deutschland ist aus der Abbildung 7 zu entnehmen.

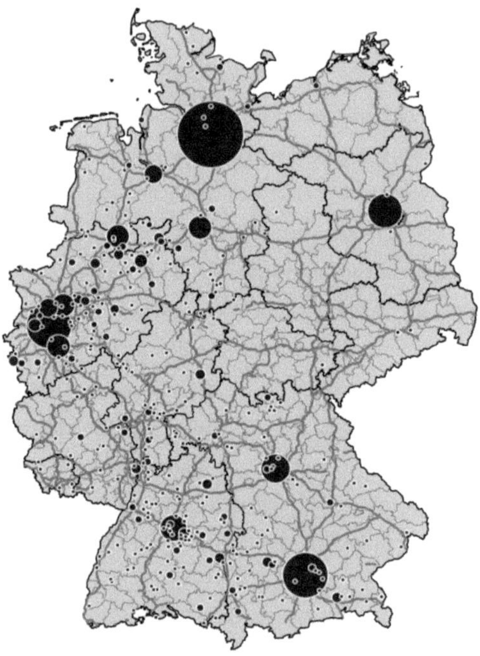

Abbildung 7: Verteilung der größten deutschen Familienunternehmen nach Regionen
Quelle: Stiftung Familienunternehmen (2010)

Die meisten der 500 größten Familienunternehmen sind in den westlichen und südlichen Bundesländern bzw. Regionen Deutschlands zu finden. Dabei steht die Größe des Kreises für die Anzahl der Familienunternehmen.

2.3 Ableitung von Erfolgsfaktoren bei Familienunternehmen

Familienunternehmen besitzen charakteristische Erfolgsfaktoren, auf die im Folgenden eingegangen werden soll. Die Bestimmung der Erfolgsfaktoren hat das Ziel, die verantwortlichen Determinanten für den Erfolg eines Unternehmens zu identifizieren (vgl. Ahlert, Hesse & Kruse, 2008, S. 8). Prinzipiell liegt in Familienunternehmen ein Prinzipal-Agent-Konflikt[23] in nur abgeschwächter Form vor, da die Eigentümer (Prinzipal) auch in den meisten Familienunternehmen die Unternehmensleitung (Agent) stellen. Durch eine insgesamt geringere Prinzipal-Agent-Problematik in Familienunternehmen lassen sich zeitaufwendige und kostspielige Abstimmungs- und Kontrollmechanismen vermeiden (vgl. May, 2012, S. 34–35). Darüber hinaus lassen sich Entscheidungen durch flache Hierarchien in Familienunternehmen und den damit verbundenen kürzeren Entscheidungswegen schneller treffen und realisieren (vgl. Schlippe et al., 2009, S. 9; May, 2012, S. 35). Diese Faktoren stellen einen „nicht zu unterschätzende[n] Systemvorteil der Familienunternehmen" dar (May, 2012, S. 35).

Die Werte und Ziele des Managements und der Inhaber sind Teil der Unternehmenskultur von Familienunternehmen. Diese können oftmals einen positiven Nutzen mit sich bringen (vgl. May, 2012, S. 66). Zusätzlich können durch den Mut der Unternehmer sowie durch unternehmerische Visionen Erfolgspotentiale von Familienunternehmen freigesetzt werden (vgl. May, 2012, S. 230). Ist der Name der Familie mit dem der Firma identisch, so liegt ein enormes Identifikationspotential vor. Dieses Identifikationspotential kann sowohl für die Mitarbeiter als auch für die Kunden des Unternehmens einen positiven Wert vermitteln (vgl. Schlippe et al., 2009, S. 10). Durch die Familie an der Seite des Unternehmens können mit Hilfe familiärer Werte, wie z.B. Loyalität, Vertrauen und Bindung, enorme Wettbewerbsvorteile für das Unternehmen geschaffen werden. Dies wiederum wirkt sich dann positiv auf die Motivation und Leistungsbereitschaft der Mitarbeiter aus (vgl. Schlippe et al., 2009, S. 8–9). Die enge Bindung der Mitarbeiter des Unternehmens führt zudem zu einer geringen Fluktuation, was ebenfalls die Kontinuität des Unternehmens gewährleistet und einen Erfolgsfaktor von Familienunternehmen darstellen kann (vgl. Auxilion, 2011, S. 7; 15). Zudem ist die Beständigkeit und Nachhaltigkeit von Familienbetrieben ein wichtiger Erfolgsfaktor (vgl. Ergenzinger & Krulis-Randa, 2010, S. 20).

[23] Unter einem Prinzipal-Agent-Konflikt versteht man Konflikte, die durch die unterschiedlichen Interessen und Ziele der Eigentümer (Prinzipal) und des Managements (Agent) entstehen (vgl. Jensen & Meckling, 1976).

Des Weiteren besitzen Familienunternehmen keinen Zeitdruck um bspw. kurzfristige Gewinnausschüttungen realisieren zu müssen. Durch die langfristige Orientierung können diese Unternehmen eine langfristige Markenentwicklung vornehmen, was insgesamt zu einem Wettbewerbsvorteil führen kann (vgl. May, 2012, S. 86). Zusätzlich verfügen Familiengesellschaften über eine tendenziell höhere Eigenkapitalquote im Vergleich zu Nicht-Familienunternehmen. Auf diese Eigenmittel können die Unternehmen im Sinne der langfristigen Ausrichtung des Unternehmens zurückgreifen und diese für zukünftige Investitionen nutzen (vgl. Wieselhuber, Lohner & Thum, 2006, S. 14; Auxilion, 2010, S. 29). Dabei ist auch zu berücksichtigen, dass die Interessen der Familie in erfolgreichen Familienunternehmen hinter denen des Unternehmens stehen (vgl. Wieselhuber et al., 2006, S. 8). Dies ist auch im Zusammenhang mit Ausschüttungen von Relevanz. Im Grundsatz gilt für erfolgreiche Familienunternehmen der Satz: zuerst das Unternehmen, dann die Familie.

Erfolgsfaktoren von Familienunternehmen sind nach Miller & Le Bretton-Miller die tiefe Unternehmensverbundenheit der Eigentümer, die dazugehörige langfristige Erfolgsorientierung sowie nachhaltige Beziehungen zu betriebsinternen (z.B. Mitarbeitern) und -externen Stakeholdern (z.B. Lieferanten und Kunden) (vgl. 2005, S. 13–17). Die Nähe zum Kunden stellt dabei eines der wichtigsten Wettbewerbsvorteile von Familienunternehmen dar (vgl. May, 2012, S. 73–77). Darüber hinaus sehen Familienbetriebe ihre eigenen Wettbewerbsvorteile häufig in der Markenstärke, der Qualität und dem Design, der Kundentreue und der Innovationsfähigkeit (vgl. PWC, 2010, S. 11). Das Vertrauen in die eigenen Stärken des Unternehmens stellt einen wichtigen und typischen Erfolgsfaktor von Familienbetrieben dar.

Eine positive Performance von Familienunternehmen kann allerdings nur erreicht werden, wenn profitabel gewirtschaftet wird und eine Harmonie innerhalb der Familie vorliegt. Nur so können schwere wirtschaftliche Zeiten und emotionale Familienangelegenheiten erfolgreich gemeistert werden (vgl. Sharma, 2004, S. 6–7). Generell ist festzustellen, dass sich die Familie stark für das eigene Unternehmen einsetzt. Nicht selten sehen die Familienunternehmer im Unternehmen ihr eigenes Lebenswerk, welches sie an die nächste Generation weitergeben möchten (vgl. Hennerkes, 2004, S. 123). Die Leistungsbereitschaft und das Engagement der am Unternehmen aktiv beteiligten Familienmitglieder im Management oder in einem Kontrollorgan sind daher als sehr hoch anzusehen. Bei Bedarf steht das Familienmitglied für das Unternehmen zur Verfügung (vgl. bmwfj, 2011, S. 61). Das Wohl des Unternehmens steht dabei an oberster Stelle (vgl. bmwfj, 2011, S. 52). Diese Aspekte stellen einen enormen Vorteil von Familienunternehmen gegenüber Nicht-Familienunternehmen dar und werden als Erfolgsfaktoren von Familienunternehmen betrachtet. Durch das Engagement und die Leistungsbereitschaft der Familienmitglieder wird der Erfolg des Unternehmens maßgeblich beeinflusst. Es wird daher folgende Hypothese aufgestellt.

H_1: Je größer der Einfluss von Familienmitgliedern auf das Unternehmen ist, desto erfolgreicher ist das Familienunternehmen

3. Internationalisierung von Familienunternehmen

3.1 Grundlagen zur Internationalisierung

3.1.1 Begriff der Internationalisierung und theoretischer Hintergrund

3.1.1.1 Begriffliche Grundlagen

Bevor man sich mit dem Thema der Internationalisierung von Familienunternehmen beschäftigen kann, ist der Begriff „Internationalisierung“[24] zu erläutern. Das Thema der Internationalisierung ist dabei keines der jüngeren Zeit (vgl. Kutschker & Schmid, 2008, S. 14), sondern begleitet die Wirtschaftsgeschichte seit längerem (vgl. Dülfer, 2002, S. 69–95). Der Begriff der Internationalisierung kann sowohl eine Zustandsbeschreibung als auch einen Prozess darstellen (vgl. Glaum, 2007, S. 7). Diese Auffassung rechtfertigt sich aus den Überlegungen von Schmid, der sich mit den Begriffen „global“ und „Globalisierung“ auseinander gesetzt hat (vgl. 2000, S. 2). Der Begriff „international“ stellt demnach einen Zustand dar, der Begriff „Internationalisierung“ einen Prozess (vgl. Simon, 2007, S. 14).

Der Zustand beschreibt die Verteilung der Unternehmensaktivitäten in ausländischen Märkten zu einem bestimmten Zeitpunkt (vgl. Glaum, 1996, S. 11). Ein Unternehmen gilt dann als international, wenn es Aktivitäten jeglicher Art im Ausland unterhält (vgl. Perlitz, 2004, S. 9). Bei dem Prozess hingegen werden Unternehmungen zunehmend auf ausländische Märkte ausgedehnt (vgl. Glaum, 1996, S. 11). Die Internationalisierung kann als ein Synonym für die geographische Expansion wirtschaftlicher Aktivitäten über die einheimischen Grenzen hinweg verstanden werden (vgl. Ruzzier, Hisrich & Antoncic, 2006, S. 477). Dies ist bereits bei einfachen grenzüberschreitenden Aktivitäten wie z.B. dem Ex- und Import der Fall (vgl. Macharzina & Wolf, 2008, S. 935). Dabei kann der Begriff Internationalisierung auf der einen Seite sehr weit gefasst und das Unternehmen als Ganzes und somit funktionsbereichsübergreifend betrachtet werden. Auf der anderen Seite können auch nur einzelne Funktionsbereiche, wie z.B. Absatz und Marketing, im Fokus einer Betrachtung stehen (vgl. Perlitz, 2004, S. 8).

[24] Der Begriff Internationalisierung wird oft auch mit dem Begriff „Globalisierung“ in Verbindung gebracht. Unter Globalisierung versteht man die „weltweite Ausrichtung“ (Kutschker & Schmid, 2008, S. 161). Dabei setzen einige Autoren den Begriff der Globalisierung weitestgehend mit dem Begriff der Internationalisierung gleich (vgl. Henzler, 1992, S. 85–87; Beyfuß et al., 1997, S. 5), sehen Globalisierung als ein Teilphänomen der Internationalisierung (vgl. Germann, Raab & Setzer, 1999, S. 2–4) oder sehen Globalisierung als eine besonders „starke“ Ausprägung der Internationalisierung (vgl. Kutschker & Schmid, 2008, S. 172) an. In dieser Arbeit soll die Problematik der beiden Begriffe nicht weiter vertieft werden. Deshalb wird Globalisierung als ein Teil der Internationalisierung gesehen.

Bei der Internationalisierung bewegen sich Unternehmen in einem dynamischeren und komplexeren Umfeld als dies bei national tätigen Unternehmen üblicherweise der Fall ist (vgl. Steiner, 1995, S. 57). Eriksson et al. sehen in der Internationalisierung daher einen Prozess „of learning and accumulation of knowledge" (2000, S. 28). Insgesamt betrachtet wird der Begriff Internationalisierung in der Literatur jedoch nicht einheitlich definiert (vgl. Anderson, 1997, S. 28–29; Mertens, 2009, S. 128). Trotz dieser fehlenden einheitlichen Definition kann allerdings grundsätzlich festgestellt werden, dass die verschiedenen Autoren Internationalisierung als eine grenzüberschreitende unternehmerische Aktivität betrachten, die jedoch vom Ausmaß sehr unterschiedlich ausfällt (vgl. Meffert & Bolz, 1998, S. 124).

In dieser Arbeit wird u.a. die Gestaltung der Internationalisierung von Familienunternehmen untersucht. Die Gestaltung einer Internationalisierung kann auch mit dem Begriff der Internationalisierungsstrategie beschrieben werden (vgl. Perlitz, 2004, S. 34; Mertens, 2009, S. 128). Dabei stellen Internationalisierungsstrategien „Muster der Wahl unter potenziellen Handlungsalternativen im internationalen Umfeld dar, die Unternehmen bei der Gestaltung ihrer Beziehungen zur Umwelt sowie ihrer interner Strukturen und Prozesse offenstehen" (Macharzina & Wolf, 2008, S. 954). Um den Forschungsfragen und der Thematik in dieser Arbeit gerecht zu werden erscheint es sinnvoll, den Begriff der Internationalisierung weit zu fassen. Dies hat zum einen den Vorteil, dass sich gleichzeitig eng gefasste Definitionen mit einordnen lassen. Zudem stehen bei der empirischen Befragung unterschiedliche Aspekte im Mittelpunkt, welche bei einer engen Definition zu Einschränkungen der Untersuchung führen würden (vgl. Mertens, 2009, S. 129). In dieser Arbeit wird deshalb der Ansicht von Macharzina gefolgt, der die Internationalisierung als eine grenzüberschreitende Aktivität von Unternehmen betrachtet (vgl. 2008, S. 935). Diese Aktivitäten beruhen dabei auf den jeweiligen unternehmensindividuellen Internationalisierungsstrategien.

3.1.1.2 Der „dynamic view" von Johanson/Vahlne

Internationalisierungstheorien können helfen, die Gründe der Internationalisierung von Unternehmen theoretisch aufzudecken und Antworten auf die Frage zu liefern, weshalb Unternehmen international tätig sind. Theorien können deshalb auch als Ausgangspunkt bei der Erklärung von Internationalisierungsprozessen und -formen gesehen werden (vgl. Zentes, Swoboda & Schramm-Klein, 2006, S. 9). Im Folgenden wird deshalb auf den lerntheoretischen Ansatz von Johanson & Vahlne (1977), auf das Netzwerkmodell der Internationalisierung von Johanson & Mattsson (1986; 1988) sowie auf den verhaltensorientierten Ansatz von Aharoni (1966) eingegangen, da diese in Bezug zu der in dieser Arbeit vorliegenden Thematik stehen.

Die dynamische Sichtweise der Internationalisierung betrachtet die Internationalisierung nicht zu einem bestimmten Zeitpunkt, sondern analysiert in einer Längsschnittanalyse die Internationalisierung im Zeitablauf. Die Internationalisierung kann in diesem Falle als Prozess verstanden werden, der eine Abfolge von vielen unterschiedlichen Einzelmaßnahmen ist (vgl. Meckl, 2010, S. 39). Da der Internationalisierungsprozess u.a. Thema dieser Arbeit ist und Lernprozesse für Familienunternehmen eine wichtige Rolle spielen, soll zunächst auf den lerntheoretischen Internationalisierungsansatz nach Johanson & Vahlne, dem sogenannten „Uppsala-Ansatz“ eingegangen werden. Für Johanson & Vahlne stellen Lernprozesse, welche Unternehmen in ihrer Internationalisierung durchlaufen, die zentrale Determinante des Internationalisierungsprozesses dar (vgl. 1977, S. 23–31). Deshalb erfolgt nach diesem Modell die Ausweitung der Auslandsaktivitäten eher graduell, d.h. in kleinen, planbaren Schritten und nicht revolutionär, also auf einmal (vgl. Meckl, 2010, S. 43). Die Internationalisierungsstufen eines solchen Prozesses sind in der folgenden Abbildung dargestellt.

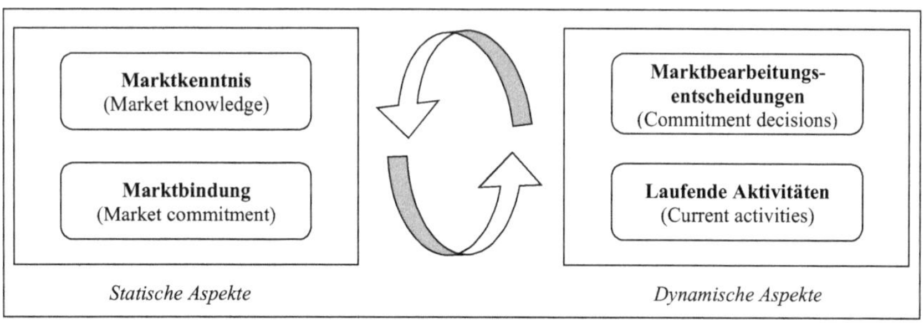

Abbildung 8: Internationalisierungsstufen nach Johanson/Vahlne
Quelle: In Anlehnung an Johanson & Vahlne (1977, S. 26)

Wie aus Abbildung 8 zu entnehmen ist, enthält das Modell statische und dynamische Aspekte. Statische Aspekte sind der erreichte Grad der Marktbindung, welcher durch den Transfer von Ressourcen ins Ausland erreicht wird (vgl. Johanson & Vahlne, 1977, S. 27; Kutschker & Schmid, 2008, S. 465–466). Zu einer Einbindung in den ausländischen Markt zählen neben Investitionen bspw. auch Beziehungen zu staatlichen Einrichtungen, Lieferanten oder Kunden. Je stärker also eine Einbindung im ausländischen Markt vorliegt, desto größer ist die

Marktbindung (vgl. Johanson & Vahlne, 1977, S. 27–28; Meckl, 2010, S. 43). Ein weiterer statischer Aspekt ist die Marktkenntnis. Marktkenntnis erlangt ein Unternehmen durch die Etablierung von Kontakten zu einheimischen Gruppen. Neben dem objektiven Wissen, welches durch die Sammlung von Daten gewonnen werden kann, erhält das Unternehmen aus Beziehungen zu diesen Gruppen Informationen über Wettbewerber, Marktstrukturen und Kundenpräferenzen (vgl. Johanson & Vahlne, 1977, S. 27–28; Meckl, 2010, S. 43–44).

Die dynamischen Aspekte der Internationalisierungsstufen sind Marktbearbeitungsentscheidungen sowie die laufenden Geschäftsaktivitäten. Diese Entscheidungen entstehen auf Basis der erreichten Marktbindung bzw. Marktkenntnis und haben wiederum Einfluss auf die laufenden Aktivitäten in diesem Markt (vgl. Johanson & Vahlne, 1977, S. 28–29; Meckl, 2010, S. 44). Es erfolgt daher ein ständiges Zusammenspiel der statischen und dynamischen Aspekte (vgl. Meckl, 2010, S. 44). Zudem verläuft die Internationalisierung eines Unternehmens idealtypisch anhand der so genannten „establishment chain" (keine Internationalisierung bis hin zu einer eigenen Produktionsstätte) und der „psychic distance chain" (psychisch nahe Märkte bis hin zu psychisch weiter entfernten) (vgl. Johanson & Vahlne, 1977, S. 24; Kutschker & Schmid, 2008, S. 466–467).

Ohne im Detail auf die Leistungsfähigkeit des Modells[25] einzugehen, kann in Bezug auf diese Arbeit hervorgehoben werden, dass u.a. durch Beziehungen im Ausland eine gewisse Marktbindung des Unternehmens erreicht wird. Diese Marktbindung wiederum kann die Grundlage für Lernprozesse im Unternehmen bzw. für den Internationalisierungsprozess eines Unternehmens sein. Zugleich kann das Unternehmen durch Beziehungen Wissen für die Internationalisierung generieren. Durch das „Uppsala-Modell" kann theoretisch erklärt werden, dass Beziehungen für den Internationalisierungsprozess eines Unternehmens von Bedeutung sind.

3.1.1.3 Netzwerkmodell der Internationalisierung

Die Arbeiten von Johanson & Mattsson (1986; 1988) erweitern die im vorherigen Kapitel dargestellte Internationalisierungstheorie von Johanson & Vahlne und interpretieren Internationalisierung als den Auf- und Ausbau von Positionen in ausländischen Netzwerken (vgl.

[25] Zur Bewertung des „Uppsala-Modells" s. u.a. Johanson & Vahlne (1977), Kutschker & Schmid (2008, S. 464–470) und Meckl (2010, S. 43–46).

Schmid, 2005, S. 247). Somit wird in diesem Modell der Internationalisierungsprozess um den Netzwerkgedanken erweitert. Vor dem Hintergrund der in dieser Arbeit vorliegenden Forschungsfrage über die Bedeutung von Sozialkapital beim Internationalisierungsprozess von Familienunternehmen ist es daher sinnvoll, auch auf diesen Theorieansatz einzugehen.

Um sowohl national als auch international etabliert zu sein, muss ein Unternehmen Beziehungen und Netzwerke aufbauen (vgl. Arenius, 2002, S. 33). Der Netzwerkansatz betrachtet die Internationalisierung als ein Prozess, in dem Geschäftsbeziehungen aufgebaut, entwickelt, aufrechterhalten und aufgelöst werden. Ziel ist es, die Unternehmensziele auf Basis von Vertrauen und langfristigen Interessen zu erreichen (vgl. Heinrich, 2004, S. 62). Des Weiteren kann das Unternehmen als ein Element in unterschiedlichen, sich wechselseitig überlagernden, mit persönlichen, operativen und strategischen Zielen des Unternehmers bzw. des Unternehmens korrelierenden Netzwerken interpretiert werden (vgl. Rössl, 2006, S. 73).

Johansons & Mattssons Netzwerkmodell der Internationalisierung untersucht dabei, inwieweit Beziehungen im Heimat- und Zielland für einen Markteintritt genutzt werden können. Die Internationalisierung beginnt nach ihrem Ansatz damit, dass Unternehmen in einem Netzwerk involviert sind, welches vornehmlich auf dem heimischen Markt agiert. Die Beziehungen des Unternehmens können somit als Brückenfunktion zu anderen Netzwerken dienen. Im nächsten Schritt können dann internationale Beziehungen genutzt werden, um an ausländische Netzwerke anzuknüpfen (vgl. Johanson & Mattsson, 1986, S. 249; Johanson & Mattsson, 1988, S. 296). Das Internationalisierungsverhalten der Unternehmen ist somit von den bereits bestehenden Beziehungen und Netzwerken der Unternehmen abhängig (vgl. Axelsson & Johanson, 1992, S. 218). Dabei identifizieren Johanson & Mattsson vier verschiedene Typen internationaler Unternehmen im Internationalisierungsprozess, welche sich bzgl. Grad der Internationalisierung des Unternehmens sowie Grad der Internationalisierung des Netzwerkes unterscheiden (vgl. Johanson & Mattsson, 1986, S. 250–259; Johanson & Mattsson, 1988, S. 298). Dabei geht der Ansatz davon aus, dass Märkte als Netzwerke verstanden und betrachtet werden (vgl. Johanson & Mattsson, 1986, S. 234; Gruber-Mücke, 2011, S. 183). Die folgende Abbildung zeigt die mögliche Typisierung der Unternehmen auf.

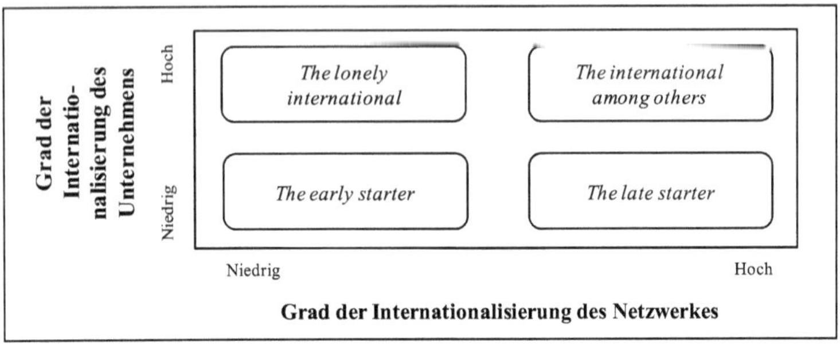

Abbildung 9: Netzwerkmodell der Internationalisierung
Quelle: Johanson & Mattsson (1986, S. 252)

Johanson & Mattsson unterscheiden gemäß Abbildung 9 die Unternehmen bzgl. des Grades der Internationalisietung in „The early starter", „The late starter", „The lonely international" und „The international among others".[26] Ohne im Detail auf die einzelnen Konstellationen ausführlich einzugehen, so macht die Einteilung deutlich, dass der Internationalisierungsgrad eines Unternehmens nach diesem Modell von dem Internationalisierungsgrad des Marktes bzw. Netzwerkes abhäng ist. KMU lassen sich dabei bspw. eher in „The early starter" sowie große international tätige Unternehmen in die Kategorie „The international among others" einteilen (vgl. Johanson & Mattsson, 1986, S. 250–259; Johanson & Mattsson, 1988, S. 297–306). Unternehmen haben nach diesem Ansatz nicht mehr nur die Möglichkeit durch eigene Erfahrungen im Ausland zu lernen, sondern auch Vorteile aus der Zusammenarbeit und Erfahrung anderer Unternehmen innerhalb des Netzwerkes zu erzielen (vgl. Gruber-Mücke, 2011, S. 188; Bäurle, 1996, S. 75). Insgesamt betrachtet kann das Netzwerkmodell von Johanson & Mattsson Erklärungsansätze für die Internationalisierung von Unternehmen durch Beziehungen und Netzwerke geben.

3.1.1.4 Der „behavioural view" von Aharoni

Für die Entwicklung eines Familienunternehmens ist die Persönlichkeit und Fähigkeit des Familienunternehmers von großer Bedeutung. Vor diesem Hintergrund sowie der in dieser Arbeit behandelten Thematik der Internationalisierung von Familienunternehmen, muss auch auf die verhaltenswissenschaftliche Theorie von Aharoni zur Erklärung von Internationalisierungsentscheidungen eingegangen werden (1966). Grundlegende Annahmen der verhaltens-

[26] Für eine ausführliche Beschreibung und Diskussion der einzelnen Felder s. u.a. Johanson & Mattsson (1986, S. 250–259) und Gruber-Mücke (2011, S. 183–188).

orientierten Argumentation sind dabei Entscheidungsanomalien der Manager (vgl. hierzu z.B. Müller & Kornmeier, 2002b, S. 456–459) sowie individuelle Ziele, welche das Entscheidungsverhalten maßgeblich beeinflussen können (vgl. Meckl, 2010, S. 71–72).

Aharoni kommt in seiner Theorie zu dem Ergebnis, dass der Entscheidungsprozess bzgl. einer ausländischen Direktinvestition in vier Phasen eingeteilt werden kann. Dies sind neben der Anstoßphase, die Bewertungs-, die Investitionsentscheidungs- sowie die Überprüfungs- und Nachverhandlungsphase (vgl. Aharoni, 1966, S. 49–172). In der Anstoßphase sind interne oder externe Initialkräfte ursächlich für Direktinvestitionen im Ausland (vgl. Aharoni, 1966, S. 54). Auslandsinvestitionen werden umso eher vorgenommen, je stärker die persönlichen Interessen und Auslandserfahrungen des Managers sind. Diese können z.B. durch ein Auslandsstudium, verwandtschaftliche Beziehungen, Sprachkenntnisse oder Urlaubsaufenthalte entstanden sein (vgl. Meckl, 2010, S. 72). Neben diesen internen Anstößen können auch externe Anstöße für die Internationalisierung verantwortlich sein. Diese können durch Mitläufereffekte entstehen, wenn Wettbewerber, Kunden oder andere Unternehmen internationalisieren (vgl. Meckl, 2010, S. 72). Bei der Bewertung der Investitionsentscheidung werden Informationen nur selektiv aufgenommen. Zudem sind diese davon abhängig, welche Initialkräfte den Anstoß für die Direktinvestition gegeben haben. Dabei gilt in der Bewertungsphase weniger der Optimierungsgedanke sondern vielmehr der Statisfizierungsgedanke, indem solange an einer Internationalisierungsstrategie festgehalten wird, wie zufrieden stellende Ergebnisse erzielt werden. In den letzten beiden Phasen wird dann die endgültige Entscheidung für eine Auslandsinvestition getroffen. Auch hier können Erfahrungen und Lerneffekte einen Einfluss ausüben (vgl. Kutschker & Schmid, 2008, S. 427; Meckl, 2010, S. 72–73).

Die Berücksichtigung praxisrelevanter Einflussvariablen auf Internationalisierungsentscheidungen von Unternehmen ist eine der Stärken dieser Theorie (vgl. Meckl, 2010, S. 73).[27] Besonders die Überlegungen bzgl. der Initialkräfte in der Anstoßphase einer Direktinvestition können auf Familienunternehmen bzw. Familienunternehmer oftmals sehr gut übertragen werden. Wie in Kapitel 3.2.2 noch dargelegt wird, sind Internationalisierungsentscheidungen in Familienunternehmen durch besondere Eigenschaften gekennzeichnet und somit im Vergleich zu Nicht-Familienunternehmen oftmals anders. Die Theorie von Aharoni liefert Ansatzpunkte, um Internationalisierungsentscheidungen in Familienunternehmen zu erklären.

[27] Für eine ausführliche Bewertung des Modells s. u.a. Kutschker & Schmid (2008, S. 428–431) und Meckl (2010, S. 73–74).

3.1.2 Elemente des Prozesses der Internationalisierung

3.1.2.1 Internationalisierung als dynamisches Phänomen

Wie das Modell von Johanson & Vahlne bereits gezeigt hat, kann die Internationalisierung von Unternehmen als ein dynamisches Phänomen betrachtet werden (vgl. Kapitel 3.1.1.2). Unter einem Internationalisierungsprozess versteht man eine Folge von Schritten bzw. Aktivitäten, die zu unterschiedlichen Internationalisierungsformen und zu einem wachsenden Internationalisierungsgrad führen (vgl. Bamberger & Wrona, 2002, S. 276; Bendler, 2002, S. 6–7). Die Höhe des Internationalisierungsgrades kann durch das Verhältnis von ausländischen Umsatz zum Gesamtumsatz und durch den Anteil der Mitarbeiter im Ausland abgebildet werden (vgl. Casillas et al., 2007, S. 217).[28] Dies führt insgesamt zu einem wachsenden Engagement auf internationalen Märkten (vgl. Habedank, 2006, S. 38). Dabei kann der komplexe Prozess der Internationalisierung sich über den Zeitverlauf verändern und von den Zielen und Motiven des Unternehmens beeinflusst werden (vgl. Bode, 2009, S. 23).

Von einer statischen zu einer prozessualen Betrachtung gelangt man, indem man die Veränderung der Internationalität im Zeitablauf betrachtet (vgl. Bäurle, 1996, S. 28). Dadurch wird die Zeit als weitere Dimension des Ausmaßes der Internationalität eingeführt (vgl. Swoboda, 2002, S. 22). Der Internationalisierungsprozess kann daher auch „als Aneinanderreihung von diskreten Internationalisierungsschritten zwischen unterschiedlichen Internationalisierungsgraden im Zeitablauf“ verstanden werden (Freiling & Simon, 2006, S. 189). Melin klassifiziert die unterschiedlichen Prozessauffassungen im Bereich des internationalen Managements in vier verschiedene Gruppen (vgl. 1992). Zum einen gibt es Autoren, die den Internationalisierungsprozess als eine Serie von Zuständen bzw. Ereignissen sehen, zum anderen finden sich Autoren, die ganze Epochen analysieren, oder die einzelne relativ kurze Episoden betrachten oder die die gesamte Unternehmensgeschichte untersuchen (vgl. Melin, 1992, S. 101–102). Unabhängig von der Klassifizierung, lässt sich durch die prozessuale Sichtweise eine gewisse Dynamik innerhalb der Internationalisierung andeuten (vgl. Jager, 2010, S. 12). So werden bspw. nach Swoboda durch die dynamische Betrachtung der Internationalisierung

[28] In der Literatur existieren verschiedene Ansätze, um den Internationalisierungsgrad zu messen. So wird bspw. nach Preece, Miles & Baetz die „global diversity“ durch die Anzahl der geographischen Regionen in denen ein Unternehmen vertreten ist, bestimmt (1999). Zudem werden die Anzahl bearbeiteter Länder mit den im Ausland allokierten Funktionen in Relation gesetzt (vgl. Meckl, 2010, S. 5–6). Reuber & Fischer messen den Internationalisierungsgrad durch das Verhältnis des Auslandsumsatzes zum Gesamtumsatz, durch den Prozentsatz von Mitarbeitern die mehr als 50% ihrer Zeit mit ausländischen Aktivitäten verbringen sowie durch den geographischen Bereich der Aktivitäten des Unternehmens (vgl. 1997, S. 814).

die Internationalisierungsgeschwindigkeit, das Timing und die Sequenzen der Internationalisierungsschritte entscheidend (vgl. 2002, S. 28).

Die Internationalisierung stellt in dieser Arbeit ein dynamisches Phänomen dar, indem u.a. bei der empirischen Untersuchung mehrere Zeitpunkte der Internationalisierung (Anfänge der Internationalisierung sowie erfolgte Internationalisierung) betrachtet werden. Der Internationalisierungsprozess der Familienunternehmen an sich ist durch Veränderungen und Dynamik geprägt. Zur Abbildung eines Internationalisierungsprozesses soll das Phasenmodell der Internationalisierung herangezogen werden, welches im Folgenden näher betrachtet wird.

3.1.2.2 Analyse und Prognose des internationalen Umfelds

Internationalisierungsstrategien sollten in einem geordneten Prozess entwickelt werden. Durch eine logische Struktur kann ein erfolgreicher Aktionsplan generiert, ausgewählt und umgesetzt werden. In dieser Arbeit soll daher dem logisch strukturierten Phasenmodell der internationalen strategischen Planung von Meckl gefolgt werden (vgl. 2010, S. 119–120). Abbildung 10 gibt die Struktur und Inhalte eines idealtypischen Phasenmodells wieder. Die einzelnen Elemente werden im Folgenden aufgezeigt und erläutert.

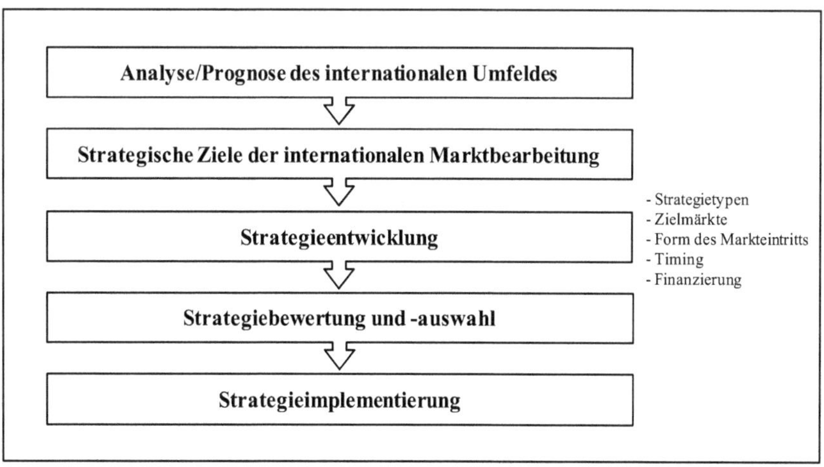

Abbildung 10: Phasenmodell der internationalen strategischen Planung
Quelle: Meckl (2010, S. 120)

Vor der Entscheidung über einen Markteintritt im Ausland ist eine fundierte Informationsgrundlage erforderlich (vgl. Schewe, Nienaber & Liesenkötter, 2010, S. 2). Mit der Analyse und Prognose des internationalen Umfelds wird hierbei das Ziel verfolgt, entscheidungsrelevante retrospektive, gegenwärtige und prospektive Informationen zur Strategieformulierung zu gewinnen (vgl. Haas, 2010, S. 118). Für Unternehmen können dabei besonders Informationen über die Wachstumsaussichten im Zielmarkt, die Wettbewerber, den Technologiestand und über die vorhandenen Lieferanten von besonderer Bedeutung sein (zur externen Analyse vgl. im Detail z.B. Hungenberg, 2004, S. 86–129). Des Weiteren sind neben ökonomischen Gesichtspunkten (z.B. Umsatz-, Ergebnispotential) auch politisch-rechtliche (z.B. Beteiligungs-, Importbeschränkungen) und soziokulturelle Rahmenbedingen (z.B. Kaufkraft und Markenbewusstsein der Bevölkerung) eines Landes zu bewerten. Zudem sind die Art und Höhe der Markteintrittsbarrieren für einzelne Länder und Märkte (z.B. Verhalten der Anbieter im Auslandsmarkt, staatliche Einflussnahme, branchenspezifische Faktoren) zu identifizieren (vgl. Meckl, 2010, S. 121).

Für diese Analysen stehen Unternehmen prinzipiell unternehmensinterne und -externe Informationsquellen zur Verfügung, um den Informationsbedarf für die Internationalisierungsstrategie zu decken (vgl. Löser, 2000, S. 67). Gerade bei komplexen Internationalisierungsschritten bietet es sich an, neben heimischen Unterstützungsangeboten wie z.B. von der Industrie- und Handelskammer (IHK), auch konkrete Hilfestellungen vor Ort zu beanspruchen. Hier können bspw. Auslandshandelskammern (AHK)[29] eine zentrale Rolle spielen (vgl. Schulz & Welge, 2006, S. 27). Neben Unternehmensberatungen bieten auch Wirtschaftsverbände und Vereine ihren Mitgliedern vielfältige Dienstleistungen an, welche bei der Analyse und Prognose des internationalen Umfelds genutzt werden können. So sind z.B. Ländervereine darauf ausgerichtet, ihre Mitglieder durch Erfahrungsaustausch, Kontaktvermittlung, Beratungs- und Informationsangebote bei der Erschließung neuer Zielländer zu unterstützen (vgl. Wannöffel, Le & Campagna, 2003, S. 215; Schulz & Welge, 2006, S. 28–29).[30]

Die Analyse und Prognose des internationalen Umfelds hat insgesamt das Ziel „Stärken und Schwächen“ des eigenen Unternehmens in Bezug auf die internationale Marktbearbeitung

[29] Das deutsche Netz der Auslandshandelskammern besteht aus den Delegiertenbüros, Auslandshandelskammern und Repräsentanzen der deutschen Wirtschaft. Ziel ist die bilaterale Förderung der Wirtschaftsbeziehungen zwischen dem jeweiligen Gastland und Deutschland. Die AHK unterstützen deutsche Unternehmen neben der Geschäftsanbahnung auch bei der Geschäftsdurchführung im Ausland (vgl. Schulz & Welge, 2006, S. 27).

[30] Für einen umfassenden Überblick über Leistungen verschiedener Institutionen s. z.B. Nienaber (2003, S. 159).

aufzudecken und zugleich auf die „Chancen und Risiken“ des Umfeldes aufmerksam zu machen (vgl. Hermanns & Wissmeier, 2002, S. 434). Um dabei die Fähigkeit und Möglichkeit einer erfolgreichen Internationalisierung sicher zu stellen, müssen auch bei der Analyse und Prognose die zur Verfügung stehenden Ressourcen und Kompetenzen des eigenen Unternehmens berücksichtigt werden (vgl. Karagozoglu & Lindell, 1998, S. 49; Cutura & Kraus, 2005, S. 107). Gemäß wissenschaftlichen Untersuchungen tauchen einige Ressourcenkategorien immer wieder als erforderliche Voraussetzung für eine Internationalisierung auf (vgl. Simon, 2007, S. 173–176). Zunächst benötigt das Unternehmen „Ressourcen im Bereich des Managements und des Personals“. Dies schließt ausreichend kulturelle Erfahrungen des Managements mit ein. Zudem benötigt das Unternehmen „physische und Nominalressourcen“. Dies bedeutet, dass das Unternehmen ausreichend finanzielle Möglichkeiten für eine Internationalisierung besitzen muss. Auch „Ressourcen im Bereich von Netzwerken“ spielen zum Aufbau von Verbindungen und Kontakten eine wichtige Rolle. Zudem sind „organisationale Ressourcen“ und „rechtliche Ressourcen“ eines Unternehmens wichtig für eine erfolgreiche Internationalisierung (vgl. Freiling & Simon, 2006, S. 189–191). Diese können Hinweise geben, wie der Internationalisierungsprozess des Unternehmens verläuft (vgl. Simon, 2007, S. 189).

Die unterschiedlichen Informationen, Inhalte und Ressourcen, die ein Unternehmen während der Analyse und Prognose des internationalen Umfelds erhält bzw. über die es verfügt, stellen eine wichtige Grundlage für die Internationalisierung eines Unternehmens dar. Dabei können die benötigten Informationen für eine Internationalisierung bzgl. Ihrer Wichtigkeit von den Unternehmen unterschiedlich hoch bewertet werden. Zudem stehen den Unternehmen bei der Internationalisierung im Allgemeinen sowie in der Phase der Analyse und Prognose des internationalen Umfelds im Spezifischen eine Reihe von unterschiedlichen Möglichkeiten und Angeboten für eine Unterstützung zur Verfügung.

3.1.2.3 Ziele und Motive der internationalen Markteintrittsentscheidung

Neben der Analyse und Prognose des internationalen Umfelds sind zu Beginn eines Internationalisierungsprozesses auch die möglichen Ziele und Motive eines Unternehmens bei der Internationalisierung festzulegen und zu identifizieren.[31] Diese sollten idealerweise quantifi-

[31] Es ist anzumerken, dass es Autoren gibt, die die Begriffe „Motive“ und „Ziele“ trennen. Ihrer Auffassung nach beziehen sich Motive auf Individuen und Ziele auf Unternehmen (vgl. Müller & Kornmeier, 2002a, S.

ziert, mit einer Zeitvorstellung versehen sowie mit den jeweils verantwortlichen Personen benannt werden (vgl. Meckl, 2010, S. 122). Unternehmen können dabei individuell sehr unterschiedliche Ziele mit einer Internationalisierung verfolgen. Die Ziele der Internationalisierung lassen sich aus den jeweiligen Gesamtunternehmenszielen herleiten und in verschiedene Oberkategorien einordnen (vgl. Berndt, Altobelli & Sander, 1997, S. 11). Neben markt- und absatzorientierten sowie kosten- und ertragsorientierten Zielen können auch beschaffungsorientierte Ziele eine Rolle für die Internationalisierung eines Unternehmens spielen (vgl. Weber & Kabst, 2000, S. 21; Proff, 2004, S. 181).[32]

Zudem unterscheiden sich Unternehmen dahingehend, ob sie ein aktives Internationalisierungsverhalten aufweisen oder sich eher reaktiv verhalten (vgl. Backes-Gellner & Huhn, 2000, S. 184). Dieses Verhalten kann auch auf die Internationalisierungsziele übertragen werden. Die wesentlichen Motive zur Internationalisierung lassen sich deshalb in Internationalisierungszwänge (Push-Faktoren) und Internationalisierungsanreize (Pull-Faktoren) unterteilen (vgl. IHK, 2010, S. 7). Die folgende Tabelle fasst mögliche Zwänge und Anreize einer Internationalisierung zusammen.

111–112; Ettl, 2010, S. 167). Für einen detaillierteren Zusammenhang zwischen Motiven und Zielen s. z.B. Müller & Kornmeier (2002a, S. 111–114). Ziele und Motive der Internationalisierung werden aber auch häufig in einem Atemzug genannt (vgl. Walldorf, 1987, S. 19). Zudem werden auch die drei Begriffe Motive, Gründe und Ziele in der wirtschaftswissenschaftlichen Literatur synonym verwendet (vgl. z.B. Tröger, 2003, S. 161). Da man jedoch davon ausgehen kann, dass es sich bei einem Ziel und einem Motiv immer um eine Beschreibung eines in der Zukunft liegenden verfolgten Zustands handelt, werden die Begriffe „Ziele" und „Motive" in dieser Arbeit synonym verwendet (vgl. Dabui, 2000, S. 39).

32 In der vorliegenden Arbeit soll dieser Unterscheidung gefolgt werden. Darüber hinaus existieren in der Literatur eine Reihe von unterschiedlichen Einteilungen. Ernst unterteilt die Internationalisierungsziele bspw. in sieben verschiedene Kategorien (vgl. 1999, S. 77–79). So dienen *Kostenziele* der Senkung der Kostenbasis von Unternehmen. *Rentabilitätsziele* dienen der Steigerung der Wirtschaftlichkeit und Produktivität (Umsatz-, Gewinn- und Kapitalrentabilität). *Finanzziele* dienen der Verbesserung der Liquidität, des Verschuldungsgrads und der Kreditwürdigkeit eines Unternehmens. *Sicherheitsziele* haben u.a. die Sicherstellung der Rohstoffversorgung und der Risikostreuung zum Inhalt. *Marktstellungsziele* umfassen die Steigerung des lokalen Marktanteils durch die Erschließung neuer Märkte und das Wachstum des lokalen Umsatzes. *Soziale Ziele* beziehen sich auf die Beschäftigten der Unternehmen und dienen der Motivation, Arbeitszufriedenheit und sozialer Sicherheit. Zudem zielen *Macht- und Prestigeziele* auf einen Einfluss gegenüber Konkurrenten, Lieferanten, Abnehmern und der Öffentlichkeit ab (vgl. Ernst, 1999, S. 78).

Push-Faktoren	Pull-Faktoren
Gesättigte Inlandsmärkte, sinkende Nachfrage im Heimatmarkt	Wahrnehmen von Marktpotentialen im Ausland, Erhöhung des Weltmarktanteils, Aussicht auf Stabilisierung bzw. Steigerung des Umsatzes
Hoher Wettbewerbsdruck im Heimatmarkt, Austauschbarkeit der Produkte	Die auf Auslandsmärkten nachgefragte Besonderheit oder Einzigartigkeit des Produktes
Abhängigkeit von international agierenden Kunden (insbesondere z.B. Zulieferer internationaler Konzerne)	Akquirieren von neuen internationalen Kunden, die lokale Präsenz im jeweiligen Markt erfordern
Kostendruck (z.B. steigende Lohnstückkosten) im Heimatmarkt	Realisieren von Kostenvorteilen am ausländischen Standort
Nichtselbstinitiierte Aufträge aus dem Ausland, die lokale Präsenz erfordern	Positive Einstellung des Unternehmers gegenüber Auslandsaktivitäten sowie Vorhandensein von speziellen Kompetenzen, z.B. Auslandsmarkterfahrungen, Sprachkenntnisse, Auslandskontakte

Tabelle 2: Zwänge und Anreize einer Internationalisierung
Quelle: in Anlehnung an Backes-Gellner & Huhn (2000, S. 185)

Wie aus Tabelle 2 zu entnehmen ist, können Internationalisierungszwänge durch gesättigte Inlandsmärkte, hohen Wettbewerbsdruck, Abhängigkeit von Kunden, Kostendruck und wichtigen Aufträgen aus dem Ausland entstehen (vgl. Backes-Gellner & Huhn, 2000, S. 185). Durch den Wettbewerbsdruck und der jeweiligen Wettbewerbssituationen kann das Unternehmen dazu gezwungen werden international tätig zu sein, damit es überhaupt noch eine langfristige Überlebenschance hat (vgl. Casillas et al., 2007, S. 88). Auf der anderen Seite können auch Internationalisierungsanreize durch Marktpotentiale, eine Einzigartigkeit des Produkts, Akquirierung von neuen Kunden, Kostenvorteile sowie eine positive Einstellung des Unternehmers zur Internationalisierung entstehen (vgl. Backes-Gellner & Huhn, 2000, S. 185).

Zudem können Unternehmen mit Hilfe der geografischen Diversifikation die Abhängigkeit vom Heimatmarkt verringern (vgl. Behr, 2004, S. 47). Des Weiteren stellen die Nähe zum Kunden, das Engagement der Konkurrenz im Ausland, der Zugang zu Know-how, Kosteneinsparungen, Erhöhung der Produktivität, geringere Restriktionen im Ausland, zusätzliche Produktionskapazitäten, Zugang zu Kapital und der Zugang zu Arbeitskräften weitere mögliche Ziele für eine Internationalisierung dar (vgl. Weber & Kabst, 2000, S. 37–38; Europäische Kommission, 2003, S. 30–33). Zusammenfassend lassen sich folgende mögliche Ziele einer Internationalisierung identifizieren:

Kosten- und ertragsorientierte Ziele	Markt- und absatzorientierte Ziele	Beschaffungs-marktorientiere Ziele
- Umsatzwachstum - Kosteneinsparung/ Produktivitätssteigerung - Steigerung der Kapitalrentabilität (ROI) - Erhöhung Gewinn/Rentabilität - Kapazitätsauslastung - Nutzung staatlicher Förderungen - Reduzierung der Steuern	- Sicherung des Absatzes - Erhöhung des Marktanteils - Umgehen von Handelshemmnissen - Geringere Restriktionen im Ausland	- Erwerb/Nutzung externes Know-how - Gewinnung geeigneter Netzwerkpartner z.B. für Joint Venture

Tabelle 3: Internationalisierungsziele von Unternehmen[33]
Quelle: in Anlehnung an Müller & Kornmeier (2002a, S. 114)

3.1.2.4 Strategieentwicklung

3.1.2.4.1 Strategietypen

Die Entscheidung für den Schritt in einen ausländischen Markt stellt in den meisten Fällen eine strategische Entscheidung dar (vgl. Krystek & Zur, 2002, S. 777). Bevor auf die verschiedenen Strategietypen eingegangen wird, ist der Begriff „Strategie" zu betrachten. Als Strategie versteht man den „Aufbau von langfristig verteidigungsfähigen Wettbewerbspositionen" (Windau & Schumacher, 1996, S. 121), „ein geplantes Maßnahmenbündel der Unternehmung zur Erreichung ihrer langfristigen Ziele" (Welge & Al-Laham, 2006, S. 16) sowie Beschreibungen von angestrebten Positionierungen von Unternehmen und Konzepte zur Erreichung von Zielen durch den Einsatz von Ressourcen (vgl. Gerpott, 2003, S. 17). Wie bereits bekannt ist, wird mit einer Internationalisierungsstrategie das geplante Vorgehen bei der Ausweitung von Aktivitäten über nationale Grenzen hinaus verstanden (vgl. Löser, 2000, S. 66). Insgesamt sind Unternehmensstrategien häufig der Schlüssel zum Erfolg des Unternehmens. Allerdings ist eine Strategie nur dann wertvoll, wenn sie auch von den Unternehmen umgesetzt werden kann (vgl. Holona, 2007, S. 1).

[33] Die in Tabelle 3 dargestellten möglichen Internationalisierungsziele stellen keinen Anspruch auf die vollständige Abbildung aller möglichen Internationalisierungsziele von Unternehmen. Allerdings stellen diese Ziele die am wichtigsten empfundenen und in der Literatur am häufigsten erwähnten Internationalisierungsziele dar.

Im Rahmen der Strategieentwicklung zur Internationalisierung sind zunächst ein für das Unternehmen geeigneter Strategietyp (vgl. Kapitel 3.1.2.4.1), die Zielmärkte (vgl. Kapitel 3.1.2.4.2), die Form und das Timing des Markteintritts (vgl. Kapitel 3.1.2.4.3 bzw. 3.1.2.4.4) sowie die Finanzierung[34] der Internationalisierung (vgl. Kapitel 3.1.2.4.5) festzulegen (vgl. Meckl, 2010, S. 123). Auf die einzelnen Aspekte wird im Folgenden eingegangen. Zunächst soll jedoch auf die verschiedenen Strategietypen eingegangen werden. Bei der internationalen Marktbearbeitung existiert ein Spannungsfeld zwischen einer möglichst großen (nationalen bzw. lokalen) Differenzierung und einer (globalen) Standardisierung von Produkten (vgl. Meckl, 2010, S. 123). Ausgehend von diesen Überlegungen haben Bartlett & Ghoshal vier Strategietypen entwickelt (vgl. 1989). Bei den Strategietypen kann zwischen einer globalen Strategie, einer transnationalen Strategie, einer internationalen Strategie und einer multinationalen Strategie unterscheiden werden. Diese Zuordnung ist abhängig von der Höhe des lokalen Anpassungsdrucks und dem kosteninduzierten globalen Integrationsdruck (vgl. Wall, Minocha & Rees, 2010, S. 255–256). Dabei beurteilt der Parameter „lokaler Anpassungsdruck", in welchem Umfang sich ein Unternehmen im jeweiligen Zielland den spezifisch geltenden Länderbedingungen, wie z.B. dem Produktdesign, anpasst. Der Parameter „globaler Integrationsdruck" berücksichtigt die weltweite Zusammenführung von Aktivitäten auf einen Standort und ist Grund für eine starke Standardisierung. Einen Überblick über die verschiedenen Strategietypen zeigt folgende Abbildung.

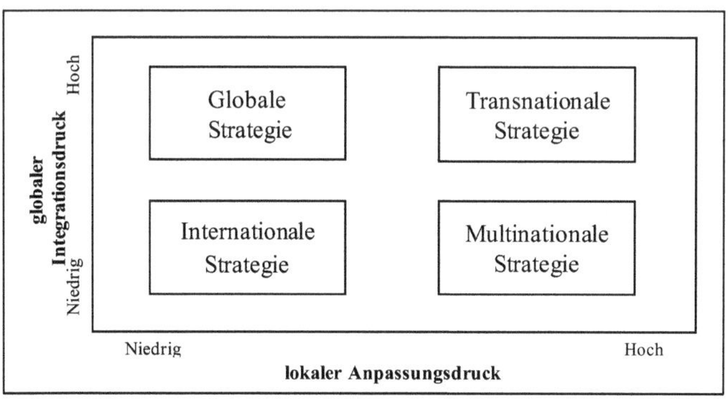

Abbildung 11: Strategietypen nach Bartlett/Ghoshal
Quelle: in Anlehnung an Wall et al. (2010, S. 256)

[34] Der Aspekt der Finanzierung wird beim Phasenmodell der Internationalisierung von Meckl nicht explizit als Teil der Strategieentwicklung gesehen (vgl. Meckl, 2010, S. 120). Aufgrund der Thematik in dieser Arbeit sowie den Besonderheiten der Finanzierung bei Familienunternehmen erscheint es sinnvoll und legitim, diesen Punkt als Teil der Strategieentwicklung zu sehen.

Gemäß Abbildung 11 liegt eine *globale Strategie* vor, wenn Unternehmen auf internationaler Ebene mit einem hohen Preiswettbewerb zurechtkommen müssen. Dabei werden alle Aktivitäten global integriert, d.h. in wenigen geographischen Orten gebündelt. Es liegt eine weitgehende Standardisierung der Produkte vor. Bei einer *transnationalen Strategie* werden die Vorteile aus einer globalen Integration und einer lokalen Anpassung genutzt. Ziel ist es neben der Flexibilität in der lokalen Anpassung auch eine globale Effizienz durch die Integration von Wertschöpfungsstufen zu erreichen. Eine *internationale Strategie* beinhaltet die meisten Freiräume und zeichnet sich durch weitgehende Übertragung von bestehenden Strukturen, Prozessen und Strategien aus dem Heimatland auf ausländische Märkt aus. Deshalb ist die Strategie oftmals bei KMU zu finden und eignet sich speziell um Nischenmärkte zu bedienen. Bei der *multinationalen Strategie* ist die Notwendigkeit der Anpassung an nationale Bedürfnisse und zugleich eine möglichst weltweite Integration bzw. Standardisierung der Aktivitäten vorrangig (vgl. Bartlett & Ghoshal, 1990; Ghoshal & Nohria, 1993, S. 26–33; Meckl, 2010, S. 123–126; Wall et al., 2010, S. 255–259).[35]

3.1.2.4.2 Zielmärkte

Im Rahmen der internationalen Strategieentwicklung sind auch die Regionen bzw. Länder auszuwählen, in denen Geschäftsaktivitäten aufgebaut werden sollen (vgl. Meckl, 2010, S. 127). Hierbei stehen rechtliche und steuerliche Überlegungen meist nicht im Vordergrund der Überlegungen. Entscheidend sind vielmehr Standortfaktoren der jeweiligen Zielmärkte (vgl. Rödl, 2008, S. 62). Standortfaktoren können bspw. nach Rödl durch Themen wie Lohnniveau, Absatzpotentiale, Qualifikation der Mitarbeiter, funktionierendes Bankensystem, leistungsfähiges Justizsystem, Infrastruktur, Fehlen von Devisenbeschränkungen, innere Sicherheit und politische Stabilität gegeben sein (vgl. 2008, S. 62). Zudem ist ein Unternehmen oftmals nicht in der Lage, all seine rentabel erscheinenden Märkte zu erschließen (vgl. Obbelode, 1993, S. 104). Deshalb werden nur solche Zielländer in Betracht gezogen, welche den übergeordneten Internationalisierungszielen gerecht werden. Dominiert z.B. das Absatzmotiv, also der Zugang zu großen Märkten, dann stehen Länder wie Nordamerika, die westeuropäischen Länder und zunehmend auch Länder in Asien im Fokus der internationalisierenden Unternehmen (vgl. Eden, 2002, S. 51). Steht jedoch bspw. eine Lohnkostenreduktion im Vordergrund, so muss gewährleistet sein, dass die Zielländer während einer längeren Zeit als Niedriglohnlän-

[35] Für Vor- und Nachteile der jeweiligen Strategie s. z.B. Meckl (2010, S. 127), Wall et al. (2010, S. 258).

der eingestuft werden können (vgl. Dülfer & Jöstingmeier, 2008, S. 136). Neben den übergeordneten Internationalisierungszielen kann die Ziellandwahl jedoch auch von länderspezifischen und unternehmensinternen Faktoren abhängen (vgl. Al-Laham, 2008, S. 546). Zudem muss durch eine Analyse der Marktbarrieren im Zielland geprüft werden, ob eine Tätigkeit im jeweiligen Land überhaupt möglich ist (vgl. Dülfer & Jöstingmeier, 2008, S. 137–138).

Aufgrund der zunehmenden Wachstumsdynamik der Entwicklungs- und Schwellenländer lässt sich erkennen, dass Auslandsdynamiken verstärkt in den „Emerging Markets" stattfinden. In den letzten zwei Jahrzehnten waren deshalb besonders Mittel- und Osteuropa bevorzugte Zielmärkte für Unternehmen. Heute gelten die Märkte Brasilien, Russland, Indien und China - die sogenannten „BRIC-Staaten" - als interessante Zielmärkte von Unternehmen (vgl. Haussmann, 2008, S. 16). Neuerdings wird auch von den sogenannten MIST-Staaten gesprochen, worunter man die Länder Mexiko, Indonesien, Südkorea und Türkei versteht (vgl. o.V., 2012). Unter Berücksichtigung der Tragweite stellt die Zielland bzw. -marktwahl eines der wichtigsten und grundlegendsten Entscheidungen im Rahmen des Internationalisierungsprozesses dar (vgl. Al-Laham, 2008, S. 546).

Neben der geographischen Entfernung vom Heimatland zum Zielland, kann bei der Wahl des Ziellandes auch der kulturelle Unterschied zum Heimatland eine Rolle spielen. Bei Betrachtung der Zielländer und -regionen existieren eine Vielzahl unterschiedlicher Distanzmaße, um die kulturelle Distanz zwischen Ländern und Regionen vergleichen zu können. In dieser Arbeit wird die kulturelle Distanz zu Deutschland mit Hilfe der „Kogut-Singh-Distanz" operationalisiert (vgl. Kogut & Singh, 1988, S. 422). Dieses Distanzmaß repräsentiert ein in der Literatur häufig verwendetes Konzept bei der Messung von Kulturunterschieden zwischen verschiedenen Ländern (vgl. Holtbrügge, 2005, S. 14). Zudem stellt dieser Index, vor dem Hintergrund der empirischen Arbeit, eine geeignete Methodik zur Messung kultureller Unterschiede zwischen Ländern und Regionen dar. Dabei basiert dieses Distanzmaß auf den vier Dimensionen der Kulturstudie von Hofstede, weshalb auf diese im Folgenden eingegangen werden soll (vgl. Holtbrügge, 2005, S. 14; Gelbrich & Müller, 2011, S. 749).

Im Bereich des interkulturellen Managements stellt die Kulturstudie von Hofstede die am häufigsten verwendete und zitierte Studie für einen Kulturvergleich dar (vgl. Hofstede, 1980; Hofstede, 1983; Meckl, 2010, S. 335; Bouncken, 2010, S. 97). Der holländische Wissenschaftler Geert Hofstede befragte im Rahmen seiner ersten Untersuchung in den 1970er Jahren rund 116.000 IBM-Mitarbeiter aus 40 Ländern zu arbeitsbezogenen Wertvorstellungen (vgl. Hofstede, 1980, S. 11; Meckl, 2010, S. 335). Als Ergebnis konnte Hofstede dadurch zunächst vier Kulturdimensionen, seit 1991 fünf Dimensionen, zur Beschreibung kultureller Unterschiede aufstellen (vgl. Hofstede, 1980, S. 92–311; Hofstede, 1991, S. 159–174; Hofstede, Hofstede & Minkov, 2010, S. 239). Die jeweiligen Ausprägungen der einzelnen Dimensionen wurden dabei mit Zahlen von 0 bis 100[36] für die einzelnen Länder und Regionen quantifiziert.

Für Hofstede stellt zum einen die Machtdistanz eine Kulturdimension dar. Unter der Machtdistanz versteht er „den Umgang zwischen hierarchisch unterschiedlich positionierten Mitgliedern einer Kultur“ (Meckl, 2010, S. 335). So deutet bspw. eine strikte Befolgung von Anordnungen hierarchisch übergeordneter Personen auf eine hohe Machtdistanz (hoher Zahlenwert) hin (vgl. Meckl, 2010, S. 335; Hofstede et al., 2010, S. 55–56). Zum anderen wird zwischen Individualismus vs. Kollektivismus unterschieden. Hierbei versteht man die Sichtweise von Individuen in Bezug auf die anderen Mitglieder einer Kulturgruppe. Dabei können Individuen auf der einen Seite Ziele alleine verfolgen (Individualismus; hoher Zahlenwert) oder sich als Mitglied von Gruppen (Kollektivismus; niedriger Zahlenwert) verstehen (vgl. Meckl, 2010, S. 336; Hofstede et al., 2010, S. 92–94). Des Weiteren unterscheidet Hofstede zwischen der Maskulinität vs. Femininität. Hierunter versteht Hofstede das Verhalten von Individuen bei der Verfolgung der eigenen Ziele. Dabei können zum einen die eigenen Ziele mit allen Mitteln durchgesetzt werden (Maskulinität; hoher Zahlenwert) oder aber durch Kompromissbereitschaft (Femininität; niedriger Zahlenwert) erreicht werden (vgl. Meckl, 2010, S. 336; Hofstede et al., 2010, S. 138–140). Die vierte Kulturdimension aus der Originalstudie von Hofstede beschreibt die Vermeidung von Unsicherheit. Darunter versteht man die Einschätzung der zukünftigen Entwicklung und das daraus resultierende Verhalten. So können Kulturen auf der einen Seite versuchen möglichst viele unsichere Parameter auszuschließen (starke Unsicherheitsvermeidung; hoher Zahlenwert) oder aber der Unsicherheit offen gegenüber zu stehen (geringe Unsicherheitsvermeidung; niedriger Zahlenwert) (vgl. Meckl, 2010, S. 336–337; Hofstede et al., 2010, S. 190–191).

---

[36] Der ursprünglich bis 100 festgelegte Bereich wurde bei späteren Betrachtungen nach oben erweitert. Aktuell stellt der Wert 112 bei der Dimension der Unsicherheitsvermeidung für das Land Griechenland den höchsten Indexwert dar (vgl. Hofstede et al., 2010, S. 192).

Diese Inhalte und Bewertung der vier Kulturdimensionen von Hofstede werden, wie bereits erwähnt, durch Kogut/Singh zu einer einzigen Kennzahl zusammengefasst (vgl. Kogut & Singh, 1988, S. 422; Holtbrügge, 2005, S. 14). Die Kennzahl zur Berechnung von Kulturunterschieden setzt sich wie folgt zusammen:

$$KD_j = \frac{1}{4} \times \sum_{i=1}^{4} \left[\frac{(I_{ij} - I_{ih})^2}{V_i} \right]$$

KD_j = Kulturelle Distanz von Heimatland zu Land j
I_{ij} = Index der kulturellen Dimension i in Land j
I_{ih} = Index der kulturellen Dimension i im Heimatland h
V_i = Varianz des Index der Dimension i

Formel 2: Berechnung der Kogut-Singh-Distanz
Quelle: Kogut & Singh (1988, S. 422)

Durch die in Formel 2 dargestellte Kennzahl ist es nun möglich, die kulturellen Distanzen zwischen Ländern bzw. die kulturellen Distanzen von Ländern und Regionen zu Deutschland anhand der Zahlenwerte zu den vier Dimensionen von Hofstede (Machtdistanz, Individualismus vs. Kollektivismus, Maskulinität vs. Femininität, Unsicherheitsvermeidung; Daten der einzelnen Dimensionen, vgl. Hofstede et al., 2010) zu berechnen (vgl. Anhang 1). Je größer der errechnete Wert ist, desto größer ist auch die kulturelle Distanz zu Deutschland. Gemäß den in Anhang 1 dargestellten Werten hat die Schweiz die geringste kulturelle Distanz zu Deutschland. Dagegen ist die kulturelle Distanz zwischen Deutschland und Guatemala am größten. Die jeweiligen Distanzmaße können somit auch für die empirische Analyse herangezogen werden.

3.1.2.4.3 Formen des Auslandsengagements

Im nächsten Schritt ist für jedes ausgewählte Zielland die Form des Auslandsengagements festzulegen (vgl. Meckl, 2010, S. 128). Dazu können die bei der Analyse und Prognose des internationalen Umfelds erhaltenen Informationen auch für die Wahl einer konkreten Markteintrittsform genutzt werden. Eine Vielzahl von verschiedenen Markteintrittsformen sind für ein Unternehmen denkbar (vgl. Schewe et al., 2010, S. 3). Die folgende Abbildung zeigt als Überblick die verschiedenen Formen.

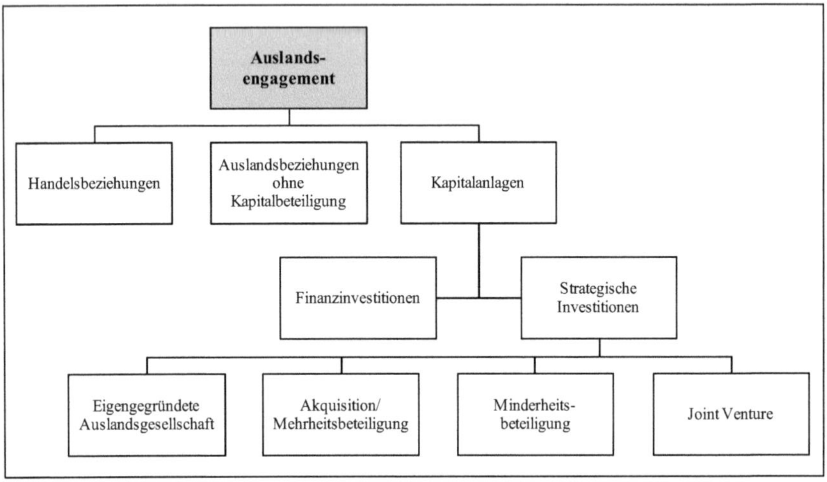

Abbildung 12: Formen des Auslandsengagements
Quelle: Meckl (2010, S. 8)

Gemäß Abbildung 12 lassen sich die verschiedenen Formen des Auslandsengagements in drei Hauptkategorien (Handelsbeziehungen, Auslandsbeziehungen ohne Kapitalbeteiligung und Kapitalanlagen) einteilen. Im Folgenden werden die einzelnen Formen näher erläutert.

Handelsbeziehungen

Unter dem Begriff Handelsbeziehungen werden alle Unternehmenstätigkeiten, die im Zusammenhang mit dem grenzüberschreitenden Dienstleistungs- und Warenverkehr zu sehen sind, vor allem der *Ex- und Import*, verstanden (vgl. Zentes, Schramm-Klein & Morschett, 2004, S. 6). Weiter muss unterschieden werden, ob zwischen dem Produzenten und dem Kunden weitere Zwischenstufen vorhanden sind. Liegt keine direkte Geschäftsbeziehung zwischen dem Importeur und Exporteur vor bzw. ist im Inland ein Distributionsorgan zwischengeschaltet, so handelt es sich dabei um einen *indirekten Ex- bzw. Import.* Vor allem bei geringen Absatzmengen sowie Produkten, bei denen ein direkter Kundenkontakt keinen Mehrwert bringt, wird die indirekte Form angewendet. Haben dagegen der Ex- und Importeur direkt miteinander zu tun und liegt kein Zwischenhändler im Inland vor, so spricht man von einem *direkten Ex- oder Import.* Diese Form wird häufig bei Investitionsgütern und in Auslandsmärkten, in denen der Hersteller über genügend Kenntnis verfügt, angewendet (vgl. Kutschker & Schmid, 2008, S. 16–19; Meckl, 2010, S. 8–9). Neben dem Ex- und Import gehören *Transithandel* (Kauf der Ware von einem ausländischen Kunden und Weiterverkauf an Kunden in einem Drittland), *Veredelungsgeschäfte* (Waren werden zur Bearbeitung, Verarbeitung oder Ausbesserung in das Inland bzw. Ausland gebracht, um im Anschluss wieder in das Ursprungsland geschickt zu werden) und *Kompensationsgeschäfte* (Handelspartner aus verschiedenen Ländern tauschen Realgüter miteinander) zu den klassischen Formen des Außenhandels (vgl. Kutschker & Schmid, 2008, S. 29–39; Meckl, 2010, S. 9–10).

Auslandsbeziehungen ohne Kapitalbeteiligung

Auslandsbeziehungen ohne Kapitalbeteiligung stellen engere Beziehungen zwischen Unternehmen und Kunden dar, die über den klassischen reinen Ex- und Import hinausgehen. Darunter fallen die Formen Lizenz, Franchising und Kooperationen (vgl. Meckl, 2010, S. 10). Eine *Lizenz* ist eine vertragliche Erlaubnis, ein Recht eines anderen, dass durch Patente, Warenzeichen, Gebrauchsmuster, Copyrights oder kaufmännisches Know-how geschützt ist, ganz oder teilweise für gewerbliche Zwecke zu nutzen (vgl. Meckl, 2010, S. 11). Bei Auslandsgeschäften bieten diese verschiedenen Lizenzinhalte unterschiedliche Verwendungsmöglichkeiten. Dabei finden sich in der Praxis am häufigsten die Produkt-, Produktions-, Vertriebs- und Markenlizenz (vgl. Jahrmann, 2007, S. 63–64).

Franchising stellt eine vertraglich geregelte Zusammenarbeit zwischen einem Franchise-Geber (FG) und einem Franchise-Nehmer (FN) dar. FG und FN sind dabei rechtlich selbständige Unternehmen. Der FG übt einen starken Einfluss auf den FN sowie der Führung des Franchisegeschäfts aus. Dem FN wird eine Kombination von Know-how und Schutzrechten zur Verfügung gestellt. Zudem werden Unterstützungen im Bereich des Managements und der Finanzierung sowie Regelungen über die Marketingstrategie, dem Warenzeichen und der Schulung des Personals vereinbart (vgl. Meckl, 2010, S. 12).

Als *Kooperationen* werden explizite Vereinbarungen bezeichnet. Diese beruhen auf freiwilliger und langfristiger Zusammenarbeit zwischen wirtschaftlich-rechtlich selbständigen Unternehmen, die jeweils ihren Unternehmenssitz in unterschiedlichen Ländern haben können. Dabei wird durch eine bewusste Verhaltensabstimmung ein gemeinsames Ziel verfolgt (vgl. Meckl, 1993, S. 11). Grundsätzlich lassen sich die Kooperationsformen nach ihrem betriebswirtschaftlichen Funktionsfeld unterscheiden. Somit kann bspw. von Beschaffungs-, F&E-, Produktions- und/oder Marketingkooperationen gesprochen werden. Ziel ist es, Risiken zu teilen und Synergieeffekte zu erschließen. Damit sollen Kosten gesenkt und Erträge gesteigert werden (vgl. Meckl, 2010, S. 13–14).

Strategische Investitionen

Strategische Investitionen in Form von ausländischen Direktinvestitionen liegen dann vor, wenn ein Kapitaltransfer ins Ausland mit dem Ziel der operativen Kontrolle sowie der Einflussnahme auf ausländische Geschäftsaktivitäten gegeben ist. Zu den Direktinvestitionen gehören folgende Formen: eigengründete Auslandsgesellschaft, Übernahme einer Gesellschaft im Ausland zu 100% oder in Form einer Mehrheitsbeteiligung, Erwerb einer Minderheitsbeteiligung sowie Gründung eines Joint Ventures (vgl. Meckl, 2010, S. 14–21). Durch eine *eigengegründete Auslandsgesellschaft* sollen Geschäftsaktivitäten im Ausland aus eigener Kraft aufgebaut werden. Dabei hat das internationalisierende Unternehmen bei einer 100%igen Tochtergesellschaft die alleinige Kontrolle über die Auslandsgesellschaft. Wichtig ist dabei, dass das Unternehmen über qualitative und quantitative Ressourcen materieller, finanzieller und personeller Art verfügt. Für das Unternehmen ergeben sich Wettbewerbsvorteile durch direkte Lern- und Erfahrungseffekte durch eigenständiges Wachstum im Auslandsmarkt. Außerdem ist die Gefahr eines Know-how-Abflusses, wie es z.B. bei einer Kooperation gegeben ist, nicht vorhanden (vgl. Meckl, 2002, S. 656–657).

Unter *Mergers & Acquisitions (M&A)* versteht man Übernahmen oder Fusionen, bei der die Kontroll- und Leitungsbefugnisse an einem Unternehmen auf ein anderes Unternehmen ganz oder teilweise übergehen. Dies hat zur Folge, dass sich dabei das Eigentumsverhältnis ändert. Fasst man die Definition von M&A eng, so handelt es sich zumindest um eine *Mehrheitsbeteiligung*, die bis zu einer Komplettübernahme reichen kann (vgl. Meckl, 2010, S. 20–21). Mit Hilfe von M&A ist es möglich, externes Wachstum zu generieren, um damit dem Unternehmen die Möglichkeit zu geben, die angestrebten Wachstumsziele in kürzerer Zeit zu generieren (vgl. Lucks & Meckl, 2002, S. 77). Wird dagegen eine geringe Eigenkapitalbeteiligung angestrebt, wodurch ein niedrigerer Kapitaleinsatz nötig ist, so bietet sich eine *Minderheitsbeteiligung* am Zielobjekt an. Dadurch kann das Unternehmen erste Erfahrungen im Ausland sammeln und gleichzeitig das Risiko des Scheiterns minimieren (vgl. Meckl, 2010, S. 21).

Bei einem *Joint Venture* handelt es sich um eine gemeinsame Unternehmung von mindestens zwei Partnern. Damit wird ein „neues" Unternehmen geschaffen, das eine eigene Rechtspersönlichkeit besitzt. Die Partner sind dabei mit vorher festgelegten Eigenkapitalverhältnissen an dem neuen Unternehmen beteiligt. Haben Unternehmen eine internationale Marktbearbeitung als Ziel, so wird das Unternehmen im Ausland mit lokalen Partnern gegründet (vgl.

Meckl, 2010, S. 21–22). Einen zusammenfassenden Überblick der hier dargestellten Formen des Markteintritts sowie der jeweiligen Vor- und Nachteile zeigt die folgende Tabelle:

	Form des Auslands-engage-ments	Vorteile	Nachteile
Handelsbeziehungen	Indirekter Export/ Import	- Bindet nur geringe Ressourcen - Geringe Risiken bei der Auslandsmarktbe-arbeitung - Zwischenhändler verfügen über die not-wendige Markt- und Kundennähe - Geringe organisatorische Komplexität er-forderlich - Flexible Form der Auslandsmarktbearbei-tung	- Nicht für alle Produkte/Dienstleistungen sinnvoll - Auf Dauer vergleichsweise „kostspielig" und somit gewinnmindernd - Keine eigenen Erfahrungen auf dem Aus-landsmarkt - Teilweise bleiben Chancen im Ausland ungenutzt - Keine direkte Beziehung zu Abnehmern/ Lieferanten
	Direkter Export/ Import	- Stärkere Steuerung und Kontrolle möglich - Auch für komplexe Produkte/ Dienstleis-tungen geeignet - Geringer Ressourceneinsatz gegenüber wei-tergehenden Formen - Unmittelbare Marktbeobachtung möglich - Erwerb spezifischen Länder-Markt Know-hows	- Für bestimmte Produkte ungeeignet - Verschlechterung durch Wechselkurs-relationen möglich - Akzeptanzprobleme vor Ort - Organisatorische Einheit im Inland teil-weise nötig
Auslandsbeziehungen ohne Kapitalbeteiligung	Lizenz	- Ohne großen Aufwand zusätzliche Ver-marktung im Ausland möglich - Es werden kaum Ressourcen beansprucht - Häufig regelmäßige und stabile Erträge - Marktzugang auch in Ländern mit Handels-hemmnissen - Transportkosten werden vermieden - Lizenznehmer verfügt über gute lokale Marktkenntnis	- Lizenzgeber hat nur beschränkte Kontrolle über Akti-vitäten des Lizenznehmers - Schwierig den „richtigen" Partner zu wählen - Risiko der Weitergabe von sensiblem Know-how - Auf lange Sicht evtl. Erschaffung eines po-tentiellen Wettbewerbers
	Franchising	- Ohne großen Kapitaleinsatz Eintritt in Aus-landsmarkt möglich - Franchisenehmer rechtlich selbständig → geringeres Risiko für Franchisegeber - Akzeptanz bei Gastlandregierungen - Umfassende Weisungs- & Kontrollrechte gegenüber FN	- Bei differenzierten Produkten schwierig - Ruf und Image abhängig vom Verhalten des Franchisenehmers - Steuerung und Kontrolle sehr aufwendig - Begrenztes Gewinnpotential für Franchise-geber
	Kooperation	- Ermöglicht Economies of Scale und/oder - Scope; Teilung von Risiken - Hilft neue Märkte zu erschließen und Markteintritt zu beschleunigen - Keine Kapitalbeteiligung - „einfache" Finanzierbarkeit - Standards können durchgesetzt werden - Hilft neues Wissen zu generieren	- Wettbewerbs- und Kartellrechtsbedenken - Hoher Abstimmungsbedarf - Wissensabflüsse möglich - Trotz Kooperation häufig auch Zusammen-schluss von Wettbewerbern - Setzen Vertrauen zwischen Partnern voraus - Erfolgsmessung problematisch - Schwierig den „richtigen" Partner zu finden

	Form des Auslands-engagements	Vorteile	Nachteile
Strategische Investitionen	Eigengegründete Auslandsgesellschaft	- Ermöglicht internes Wachstum - Aus kultureller Sicht einfacher zu gestalten - Einsatz der neuesten Technologie möglich - Unabhängigkeit - Präsenz am Absatzmarkt - Größtes Kontroll- und Steuerungspotential - Steuerliche Gestaltungsmöglichkeiten	- Sehr zeitintensiv - Economies of Scale erst nach einiger Zeit - Landes- und kulturspezifische Ressourcen müssen angeeignet werden - Rivalität im Markt des Gastlandes möglich - Hoher Kapital- und Ressourceneinsatz - Spannungsfeld zw. Niederlassung & Stammhaus
	Merheits-/ Minderheitsbeteiligung (Mergers & Acquisitions)	- Schneller Markteintritt möglich - Ermöglicht Economies of Scale und/oder -Scope - Vergleichsweise schnelle Rückzahlung der geflossenen Investition - Fähigkeiten und Fertigkeiten können erworben werden - Sicherung der eigenen Unabhängigkeit	- Hoher Ressourcenaufwand - Teilweise von Regierungen und Öffentlichkeit negativ bewertet - Unsicherheitsgefühle bei den Mitarbeitern - Herausforderungen bei der Integration - Häufiges Scheitern der Investitionen
	Joint Venture	- Kann Alternative zum Export oder zum direktinvestiven Alleingang sein - Ermöglicht beschleunigten Eintritt in ausländischen Markt - Ermöglicht Economies of Scale und/oder -Scope - Reduziert Kapitalbedarf und teilt Risiken - Rivalität kann in einem Markt sinken - Möglichkeit vom Partner zu lernen	- Staatlicher Einfluss, wettbewerbsrechtliche Bedenken - Kein selbständiges Entscheiden oder Handeln möglich; Teilen der Gewinne - Hoher Koordinationsaufwand - Abhängigkeit vom Partner - Bedarf an personellen Ressourcen - Geringe Integrationsmöglichkeit - Problematische Erfolgsmessung

Tabelle 4: Vor- und Nachteile der verschiedenen Markteintrittsformen
Quelle: Kutschker & Schmid (2008, S. 846–925)

3.1.2.4.4 Timing

Neben den zuvor angesprochenen Aspekten spielt die Entscheidung über den Zeitpunkt des Markteintritts bzw. der Internationalisierung eine weitere wichtige Rolle. Unter dem Begriff „Timing" versteht man die Planung und Realisierung der Markteintrittszeitpunkte (vgl. Meffert & Bolz, 1998, S. 137). Dabei bestimmt sich der konkrete Zeitpunkt des Eintritts durch die jeweils prognostizierte ökonomische Situation sowie den sonstigen Rahmenbedingungen eines jeden Marktes bzw. Landes. Diese Entscheidung muss von jedem Unternehmen individuell getroffen werden (vgl. Meckl, 2010, S. 129).

Falls ein Unternehmen plant mehrere Länder bzw. Auslandsmärkte zu erschließen, so ist die zeitliche Abfolge festzulegen. Dabei existieren verschiedene idealtypische Varianten welche in der folgenden Abbildung dargestellt sind.

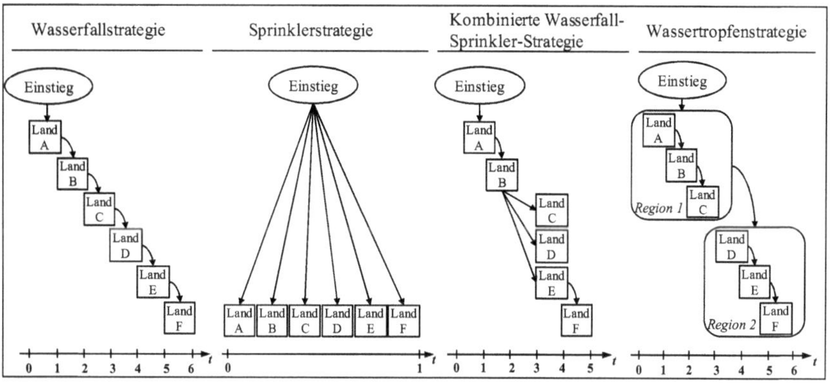

Abbildung 13: Timingstrategien der Internationalisierung
Quelle: Berndt et al. (2005, S. 154–156); Backhaus & Voeth (2010, S. 105–113)

Wie in Abbildung 13 zu sehen ist, kann zwischen einer Wasserfall-, Sprinkler-, kombinierter Wasserfall-Sprinkler- und einer Wassertropfenstrategie unterschieden werden. Eine *Wasserfall-Strategie* ist dadurch gekennzeichnet, dass Länder bzw. ausländische Märkte sukzessive, d.h. jeweils nacheinander, erschlossen werden. Dabei werden typischerweise Länder die dem Heimatmarkt am nächsten kommen zuerst erschlossen. Zudem können Unternehmen von Lerneffekten durch die Bearbeitung einzelner Märkte profitieren (vgl. Berndt & Cansier, 2003, S. 337; Kutschker, 2008, S.989–992; Meckl, 2010, S. 129–130).

Die *Sprinkler-Strategie* kennzeichnet sich dagegen dadurch aus, dass ein Unternehmen versucht simultan bzw. faktisch gleichzeitig in mehrere oder sogar in alle anvisierten Länder einzutreten. Diese Strategie eignet sich allerdings nur für diejenigen Unternehmen, welche über Erfahrungen in Auslandsmärkten verfügen, da hierbei erhebliche Ressourcen benötigt werden (vgl. Berndt & Cansier, 2003, S. 337; Kutschker & Schmid, 2008, S. 992–994; Meckl, 2010, S. 130). Eine *kombinierte Wasserfall-Sprinkler-Strategie* ist dann gegeben, wenn die Elemente der Wasserfall-Strategie mit denen der Sprinkler-Strategie verknüpft werden (vgl. Kutschker & Schmid, 2008, S. 994–995).

Bei der *Wassertropfen-Strategie* entscheidet sich ein Unternehmen zunächst für eine bestimmte Region. Der Markteintritt erfolgt zunächst in einem Land innerhalb der gewählten Region. Bei erfolgreicher Internationalisierung wird das Auslandsengagement zunächst auf weitere Länder innerhalb der Region ausgeweitet, um in einem weiteren Schritt ggf. weitere

Regionen in derselben Weise zu erschließen (vgl. Berndt & Cansier, 2003, S. 337–338; Altobelli, 2006, S. 119).

Neben diesen vier verschiedenen Timingstrategien zur Wahl der Abfolge des Markteintrittszeitpunktes in verschiedene Ländermärkte, existieren noch zwei weitere Strategien - die „First-Mover-Strategie" und die „Follower-Strategie" - welche zur Wahl des Markteintrittszeitpunktes herangezogen werden können (vgl. Kutschker & Schmid, 2008, S. 984–987). Bei der Frage des konkurrenzbezogenen Markteintritts wird das erste ausländische Unternehmen, welches in einen bestimmten Ländermarkt eintritt, als Pionier bzw. „First Mover" bezeichnet. Dagegen liegt eine „Follower-Strategie" dann vor, wenn andere Konkurrenten bereits im Markt aktiv sind und der Markteintritt des Unternehmens im Anschluss erfolgt (vgl. Meckl, 2010, S. 130–131; Kutschker & Schmid, 2008, S. 984–987).[37]

3.1.2.4.5 Finanzierung

Bei den verschiedenen Internationalisierungsstrategien ist sicherzustellen, dass dem Unternehmen ausreichend qualitative und quantitative Ressourcen zur Verfügung stehen. Finanzielle Ressourcen stellen bei der Internationalisierung einen wichtigen Faktor dar und sollten Teil der Strategie sein (vgl. Meckl, 2010, S. 133). Als finanzwirtschaftliche Ziele von international tätigen Unternehmen werden immer wieder die Sicherung und Erreichung einer hohen Liquidität und Unabhängigkeit sowie die Begrenzung spezifischer Risiken genannt (vgl. Eiteman, Stonehill & Moffett, 1999, S. 750–753; Perlitz, 2004, S. 467–468). Ein Unternehmen muss im Rahmen der Internationalisierung prüfen und entscheiden, welche Möglichkeiten zur Finanzierung der Internationalisierung in Betracht gezogen und eingesetzt werden können (vgl. Perlitz, 2004, S. 467). Dabei stehen internationalen Unternehmen in der Regel eine Reihe von Finanzierungsmöglichkeiten zur Verfügung (vgl. Perlitz, 2004, S. 469). Die verschiedenen möglichen Finanzierungsformen für eine Internationalisierung sind in folgender Tabelle wiedergegeben.[38]

---

[37] Zu den Vor- und Nachteilen der einzelnen Timingstrategien s. z.B. Kutschker & Schmid (2008, S. 984–995) und Meckl (2010, S. 130–131).

[38] Die in der Tabelle aufgelisteten Finanzierungsformen stellen die in der Praxis und Literatur am häufigsten erwähnten Konzepte dar. Für einen umfassenden Überblick verschiedener Finanzierungsformen sowie eine detaillierte Erläuterung der einzelnen Finanzierungsformen s. u.a. Perlitz (2004, S. 469–504), Pape (2011).

Kreditfinanzierung	Innenfinanzierung	Beteiligungsfinanzierung
- Bankkredit im Heimatland - Bankkredit im Zielland - Leasing - Factoring - Mezzanine Kapital	- Finanzierung über Cashflow	- Unternehmensanleihen - Mitarbeiterbeteiligung - Private Equity - Gesellschafterdarlehen

Tabelle 5: Finanzierungsformen der Internationalisierung
Quelle: Eigene Darstellung

Wie in Tabelle 5 zu sehen ist, können die Finanzierungsformen in eine Kredit-, Innen- oder Beteiligungsfinanzierung eingeteilt werden. Dabei stellt die Kreditvergabe die klassische Vorgehensweise für die Finanzierung einer Internationalisierung dar. Viele internationale Unternehmen sehen es als positiv an, wenn auch ausländische Banken zur Finanzierung herangezogen werden können (vgl. Bockholt et al., 2009, S. 94). Bei der Finanzierungsentscheidung von Banken für eine Kreditvergabe sind u.a. detaillierte Informationen wie Investitionsrechnung, Positionierung des Unternehmens, Angaben zu Wettbewerbern, Alleinstellungsmerkmale und Ziele der nächsten Jahre darzulegen (vgl. Ohle, 2008, S. 16). Auch im Zuge von „Basel II“[39] ergibt sich eine zunehmend restriktivere Kreditvergabe der Banken (vgl. Berthold, 2010, S. 84) und eine Intensivierung des Bankenkontaktes (vgl. Pernsteiner, 2008, S. 68). Insgesamt wünschen sich deutsche Unternehmen mehr Unterstützung durch die Banken bei der internationalen Expansion (vgl. Commerzbank, 2007, S. 37–38). Darüber hinaus können auch Leasing, Factoring und/oder Mezzanine Kapital als Finanzierungsformen herangezogen werden.

Neben der Kreditfinanzierung kann man des Weiteren zwischen einer Innen- und Beteiligungsfinanzierung unterscheiden (vgl. Pape, 2011, S. 59–242). Dabei stellt die Finanzierung über Cashflow eine häufig genutzte Finanzierungsform dar. Die Beteiligungsfinanzierung in Form von Unternehmensanleihen, Mitarbeiterbeteiligung und Private Equity stellen dagegen Finanzierungsmöglichkeiten dar, die eher bei größeren Unternehmen von Interesse sein können. Zudem stellen Gesellschafterdarlehen in Familienbetrieben ein oftmals gängiges

[39] Basel II ist ein vom Baseler Ausschuss für Bankenaufsicht entwickeltes Regelwerk, welches eine angemessene Eigenkapitalausstattung von Finanzinstituten sicherstellen soll. Des Weiteren soll dadurch die Transparenz verbessert und das Management internationaler Kreditrisiken wirksamer werden. Dadurch ergeben sich insbesondere verstärkte Anforderungen bei der Dokumentationspflicht, Transparenz und Offenheit. Besonders Familienunternehmen werden hier vor neue Herausforderungen gestellt (vgl. Fischer, 2008, S. 209). Für den Aufbau von Ratingsystemen und den zentralen Inhalten dieser Regelungen s. u.a. Fischer (2008). Ab 2013 tritt zudem das Reformpaket Basel III in Kraft.

Finanzierungsinstrument dar. Es muss jedoch auch berücksichtigt werden, dass je nach gewählter Internationalisierungsform unterschiedliche Finanzierungsformen von Bedeutung sein können. Zudem muss sich ein Unternehmen schon frühzeitig über die Darstellung der Finanzierung Gedanken machen. Wie für die anderen zu berücksichtigenden Aspekte, sollte auch für die Finanzierung der Internationalisierung eine Strategie und Konzept entwickelt werden.

3.1.2.5 Strategiebewertung und Auswahl von Strategien

Nach der Entwicklung der Internationalisierungsstrategien liegen dem Unternehmen damit normalerweise mehrere Alternativen zur Bewertung vor. Diese können sich z.B. durch den Zeithorizont oder die Wahl des Zielmarktes unterscheiden (vgl. Meckl, 2010, S. 132). Zudem sind in den meisten Fällen mehrere Motive für die Internationalisierungsstrategie ausschlaggebend (vgl. Löser, 2000, S. 32). Die verschiedenen entwickelten Strategien sind im Hinblick auf die gesetzten Ziele des Unternehmens zu bewerten (vgl. Voigt, 1996, S. 26). So sind bei der Wahl des Ziellandes, der Länder oder Regionen bspw. die zuvor angesprochenen Ziele und Analysen bezüglich der Marktattraktivität zu berücksichtigen. Länder bzw. Regionen mit dem höchsten Zielerreichungsgrad werden bei der Internationalisierung bevorzugt (vgl. Dülfer & Jöstingmeier, 2008, S. 136–138). Damit lassen sich mit Hilfe geeigneter qualitativer (z.B. Checklisten)[40] und quantitativer Methoden (z.B. Investitionsrechnung) die Standorte und Zielmärkte identifizieren, in welchen sich die strategischen Internationalisierungsziele am besten realisieren lassen (vgl. Haas, 2010, S. 128). Ebenfalls ist die für das Unternehmen zur Verfügung stehende Ressourcenbasis bei der Bewertung und Auswahl der Internationalisierungsstrategien zu berücksichtigen (vgl. Freiling & Simon, 2006, S. 188–189).

Die Ziel der Strategiebewertung und -auswahl besteht generell darin, die verschiedenen Umsetzungsoptionen quantitativ und qualitativ zu vergleichen und schließlich eine Strategie auszuwählen, welche tatsächlich verfolgt bzw. implementiert werden soll (vgl. Hungenberg, 2004, S. 500). Strategische Entscheidungen sollten grundsätzlich nicht ad-hoc oder willkür-

[40] Welge & Holtbrügge unterteilen ihre Checkliste in vier Kategorien. Dies sind die natürlich-geographischen Bedingungen (z.B. Größe, Lage, Struktur, Klima und Ressourcen eines Landes), soziokulturellen Bedingungen (z.B. Sprache, Symbole, Lebensstil, Werte, Einstellungen, Bildungsgrad und Mobilität), politisch-rechtliche Bedingungen (z.B. politisches System, politische Stabilität, Regelungsintensität unternehmerischer Aktivitäten und Korruptionsniveau) und ökonomischen Bedingungen eines Landes (z.B. Wirtschaftspolitik, Infrastruktur, Preisniveau- und Währungsstabilität, Pro-Kopf-Einkommen und Marktvolumen) (vgl. Welge & Holtbrügge, 2006, S. 99).

lich getroffen werden. Bezogen auf die internationale Markteintrittsentscheidung empfiehlt sich daher ein geplanter, schrittweiser Prozess bei der Entscheidungsfindung (vgl. Schulz, 2005, S. 27–28). Quantitativ orientierte Verfahren erstellen einen Geschäftsplan für die verschiedenen Auslandsstrategien. Dabei werden für jede dieser Strategien die zu erwartenden Erträge bzw. Cashflows ermittelt, die dann den jeweiligen Erfolg der Strategie repräsentieren. Die verbreitetsten Methoden zur Ermittlung der verschiedenen Werte stellt das Discounted Cash-Flow- oder das Ertragswertverfahren dar.[41] Der Vorteil der quantitativ orientierten Verfahren liegt in der oftmals geforderten Quantifizierung. Allerdings liegt das zentrale Problem dieser Verfahren in der Prognoseunsicherheit, welches bei international unerfahrenen Unternehmen nochmal stärker ist. Deshalb muss berücksichtigt werden, dass die Geschäftspläne der Strategien letztendlich über die Qualität der Ergebnisse mitentscheiden (vgl. Meckl, 2010, S. 132).

Neben diesen Aspekten sind des Weiteren mögliche Synergien zwischen bestehenden Auslandsaktivitäten und neuen Internationalisierungsstrategien zu beachten. Solche Synergien sind z.B. gegeben, wenn freie Produktionskapazitäten von einem ausländischen Werk genutzt werden können, um in einem anderen Land Produkte zu verkaufen. Interdependenzen sind deshalb zu identifizieren und bei der Bewertung zu berücksichtigen (vgl. Meckl, 2010, S. 132). Zudem wird das Management bspw. auf Basis externer Faktoren (z.B. rechtliche Situation im Zielland) und internen Faktoren (z.B. nicht genügend Managementressourcen) nicht durchführbare Internationalisierungsformen ausschließen (vgl. Schewe et al., 2010, S. 3). Insgesamt betrachtet müssen mehrere Faktoren bei der Bewertung und Auswahl der Internationalisierungsstrategie berücksichtigt werden. Diese können zugleich die Bewertung und Auswahl beeinflussen.

3.1.2.6 Strategiefestlegung und -implementierung

Nach der Bewertung der Internationalisierungsstrategien, die auch mögliche Synergien berücksichtigen, liegt das endgültige Ergebnis in Form einer Rangliste vor. Darauf aufbauend erfolgt die endgültige Strategiefestlegung und Umsetzung der ausgewählten Strategie (vgl. Meckl, 2010, S. 133). Im Rahmen der Strategieimplementierung werden strategische Maß-

[41] Das Discounted Cash-Flow-Verfahren berechnet den Wert eines Geschäftsfeldes als diskontierten Wert der betrieblichen Cashflows, die das Geschäftsfeld zukünftig erwirtschaften wird. Zur finanziellen Strategiebewertung s. u.a. Hungenberg (2004, S. 249–270).

nahmen umgesetzt (vgl. Holona, 2007, S. 5). Bei der Implementierung ist zunächst zu berücksichtigen, dass die einzelnen Markteintrittsformen grundsätzlich verschiedene Anforderungen an die Implementierung stellen (vgl. Nienaber, 2003, S. 112–115). So erfordert bspw. die Implementierung einer Exportstrategie das Auffinden eines geeigneten Exporteurs, welcher über ein gut ausgebautes Geschäftsnetzwerk verfügt. Demgegenüber erscheint die Bildung einer ausländischen Tochtergesellschaft vergleichbar mit einer inländischen Unternehmensgründung (vgl. Schewe, 2010, S. 4). Weiterhin ist bei der Implementierung zu beachten, dass im Normalfall ein „personeller Bruch" zwischen der Planung und Umsetzung vorliegt. Die im Ausland für die Umsetzung verantwortlichen Manager sind im Regelfall nicht die Personen, die für die Entwicklung der Strategien verantwortlich waren. Deshalb ist es wichtig, dass die für die Implementierung verantwortlichen Mitarbeiter mit in den Planungsprozess eingebunden werden (vgl. Meckl, 2010, S. 133).

Jede Internationalisierungsstrategie ist gekennzeichnet aus den individuellen Unternehmenscharakteristika und den unternehmensindividuellen Umweltbedingungen (vgl. Löser, 2000, S. 66). Daher ist das hier dargestellte Phasenmodell der Internationalisierung als ein idealtypisches Modell anzusehen. In der praktischen Umsetzung ist zu erkennen, dass einige Phasen mehrmals durchlaufen werden und dabei einer inhaltlichen Anpassung bzw. Nachbesserung unterliegen. Deshalb kommt besonders der Beschaffung und dem Erhalt von Informationen eine besondere Bedeutung zu (vgl. Meckl, 2010, S. 133). Nichtsdestotrotz dient der idealtypische Verlauf als Grundlage bei der Betrachtung eines Internationalisierungsprozesses in dieser Arbeit.

3.1.3 Zielsetzung der Internationalisierung

3.1.3.1 Benchmarking

Bei einer Internationalisierung müssen im Laufe des Prozesses möglicherweise Entscheidungen über Alternativen getroffen werden. Ebenso wird in vielen Fällen nach Realisierung der geplanten Maßnahmen eine Gegenüberstellung der Planung mit den erreichten Ist-Ergebnissen durchgeführt. In der Unternehmenspraxis kommt der Erfolgsermittlung bei internationalen Aktivitäten eines Unternehmens eine große Bedeutung zu (vgl. Bode, 2009, S. 32). Um die Wirkung der Internationalisierung aus unternehmerischer Perspektive ermitteln zu können, sind geeignete Instrumente zur Erfolgsbeurteilung einzusetzen (vgl. Schewe et al.,

2010, S. 7). Die Festlegung von Erfolgsmaßstäben spielt dabei eine entscheidende Rolle (vgl. Schmidt, 2007, S. 120). Ende der 1990er Jahre hat sich hierzulande deshalb das Schlagwort „Benchmark" durchgesetzt (vgl. Windau & Schumacher, 1996, S. 47). Hierbei werden Kennzahlen für vergleichbare Tätigkeiten gegenübergestellt und ein Vergleich zwischen den vor Markteintritt geplanten und gesetzten Zielen mit dem durch die Internationalisierung erreichten Ist-Zustand verglichen (vgl. Windau & Schumacher, 1996, S. 47; Hahn, 2006, S. 451). Dabei kann man zwischen internem Benchmarking (unternehmens- und konzernbezogen) und externem Benchmarking (konkurrenz- und branchenbezogen) unterscheiden (vgl. Siebert & Kempf, 2008, S. 34). Dadurch lassen sich bspw. einzelne Internationalisierungsstrategien in unterschiedliche Länder miteinander vergleichen (vgl. Wessner, 2009, S. 166). Des Weiteren können verschiedene Kennzahlen zur Operationalisierung des Erfolges einer Internationalisierung herangezogen werden (vgl. Glaum, 2007, S. 14). In Studien werden hierzu sowohl objektive Erfolgsmaße (z.B. Rentabilität und Gewinn) als auch subjektive Erfolgsmaße (z.B. Einschätzung der befragten Person) verwendet (vgl. Bachmann, 2009, S. 89). Zusätzlich können für das Benchmarking die Erfolgsfaktoren der jeweiligen Unternehmen von Bedeutung sein (vgl. Ahlert et al., 2008, S. 109).

Die Bewertung des Erfolgs eines Unternehmens ist auch für die Ableitung empirischer Erkenntnisse von Bedeutung (vgl. Jager, 2010, S. 128). Um beurteilen zu können, wie erfolgreich ein Unternehmen bei der Internationalisierung war, müssen zunächst die Ziele (vgl. Kapitel 3.1.2.3) die sich das Unternehmen gesteckt hat, betrachtet werden (vgl. Glaum, 1996, S. 137). Notwendige Voraussetzung zur Bestimmung des Erfolgs eines Unternehmens ist, dass dabei mindestens ein angestrebtes Ziel existiert (vgl. Jager, 2010, S. 159–160). Der Erfolg des Unternehmens kann dann u.a. mit dem Begriff Benchmarking in Verbindung gebracht und als Erreichungsgrad der zuvor im Business-Plan gesetzten Erwartungen und Unternehmensziele definiert werden (vgl. Schmidt, 2007, S. 41; Schewe et al., 2010, S. 24). Der Unternehmenserfolg kann somit abstrakt als Grad der Zielerreichung definiert und gemessen werden (vgl. Jacobsen, 2003, S. 41; Graewer, 2007, S. 65).

Probleme ergeben sich jedoch bei der exakten Operationalisierung des Unternehmenserfolges, da es für die Messung des Erfolgs eines Unternehmens keine einheitliche Lösung gibt (vgl. Woywode, 2004, S. 22; Niemeier, 2008, S. 37). So kann der Internationalisierungserfolg bspw. stark von der gewählten Internationalisierungsform des Unternehmens abhängen. Dies kann damit begründet werden, dass mit jeder Internationalisierungsform unterschiedliche Ziele verfolgt werden können und die verschiedenen Interessensgruppen (Anteilseigner, Management, Kunden etc.) divergierende Vorstellungen haben können (vgl. Kutschker & Schmid, 2008, S. 283). Zudem existiert in der betriebswirtschaftlichen Praxis das Problem, dass Erfolg oftmals nur eindimensional gemessen wird. Erfolg wird dann als Nettogröße zwischen Aufwand und Ertrag verstanden (vgl. Ahlert et al., 2008, S. 23). Dieses Erfolgsverständnis ist für empirische Untersuchungen als nicht ausreichend anzusehen, da Unternehmen eine Vielzahl von nicht monetären und monetären Zielen verfolgen (vgl. Ford & Schellenberg, 1982, S. 56).

Erfolg besitzt verschiedene Dimensionen und wird je nach Standpunkt unterschiedlich bewertet (vgl. Niemeier, 2008, S. 37). Wie bereits dargelegt, kann eine Operationalisierung des Unternehmenserfolgs dadurch erreicht werden, indem der Erfolg als das Erreichen eines vorab festgelegten Ziels definiert wird (vgl. Stegemann, 2007, S. 20). Das Ausmaß des Erfolges eines Unternehmens verhält sich dann proportional zur Höhe des Zielerreichungsgrades (vgl. Ettl, 2010, S. 34). Auch in dieser Arbeit wird der Internationalisierungserfolg u.a. durch die Höhe der Zielerreichung der jeweils verfolgten Internationalisierungsziele aus Tabelle 3 abgebildet. Darüber hinaus werden noch quantitative und qualitative Erfolgskriterien herangezogen, welche in den folgenden Kapiteln näher erläutert werden.

3.1.3.2 Messgrößen zur Abbildung des Internationalisierungserfolgs

3.1.3.2.1 Quantitative Erfolgsmaßstäbe

Bei der Beurteilung und Messung des Erfolges kann man zwischen qualitativen und quantitativen Erfolgskriterien unterscheiden (vgl. Niemeier, 2008, S. 38). Quantitative Erfolgsmaßstäbe der Internationalisierung sind meistens wirtschaftlich orientiert und können verschiedene Formulierungen aufweisen. So kann bspw. ein Unternehmen das Ziel verfolgen, einen bestimmten Anteil des Gesamtgewinns des Unternehmens im Ausland zu erwirtschaften. Des Weiteren kann auch eine Kostenreduzierung durch den Auslandsstandort sowie eine Erhöhung des Marktanteils der eigenen Produkte im Auslandsmarkt verfolgt werden (vgl. Cronenbroeck, 2004, S. 97). Insgesamt betrachtet wird in wissenschaftlichen Untersuchungen bei quantitativen Erfolgskriterien meistens auf bilanzorientierte Erfolgskennzahlen zurückgegriffen, worunter man vor allem die Eigenkapitalrentabilität, Umsatzrentabilität, Gesamtkapitalrentabilität und den Return on Investment (ROI) versteht (vgl. Glaum, 2007, S. 16; Woywode,

2004, S. 22). Zudem wird der finanzielle Erfolg von Exportaktivitäten häufig durch die Indikatoren Absatzvolumen, Profitabilität und Wachstum dargestellt und ermittelt (vgl. Ahlert et al., 2008, S. 34). Darüber hinaus wird oft vereinfachend angenommen, dass die Höhe des Internationalisierungsgrades den Unternehmenserfolg positiv beeinflusst (vgl. Bode, 2009, S. 32).

Neben den bilanzorientierten Erfolgskennzahlen werden in dieser Arbeit für die Internationalisierung ergänzende quantitative Erfolgskennzahlen herangezogen. Dazu gehört u.a. das Mitarbeiterwachstum des Unternehmens im Ausland, da für eine erfolgreiche Expansion neue Mitarbeiter notwendig sind (vgl. Klaußner, 2009, S. 155). Des Weiteren werden durch die Internationalisierung neue Kunden für das Unternehmen gewonnen. Andererseits kann eine Internationalisierung auch aufgrund von Zwängen und Forderungen der Kunden nötig werden. Dieses Szenario ist bspw. dann gegeben, wenn Kunden des Unternehmens ins Ausland gehen und verlangen, dass das liefernde Unternehmen ebenfalls im Zielland bzw. in der -region präsent ist. In diesem Falle kann als Erfolgsgröße eines Unternehmens bei der Internationalisierung der Anteil am Gesamtumsatz angegeben werden, der im Zuge der Internationalisierung durch neue Kunden erreicht bzw. durch Bestandskunden gehalten werden konnte. Bei einer langfristigen Betrachtung des Mitarbeiterwachstums und des Anteils am Gesamtumsatz durch Bestands- und Neukunden werden kurzfristige Schwankungen ausgeglichen. In dieser Arbeit werden deshalb bei diesen drei quantitativen Erfolgsmaßstäben die letzten 10 Jahre der Internationalisierung als Beurteilungskriterium herangezogen.

Der betrachtete Zeitraum für die Messung von Erfolgen bezieht sich bei Analysen und Studien oft auf die letzten drei Jahre, da auf ein Jahr begrenzte Maße als unangemessen angesehen werden (vgl. Katsikeas, Leonidou & Morgan, 2000, S. 500). Auch in dieser Studie sind die bilanz- und ergebnisorientierten Kennzahlen für eine Periode von drei Jahren Basis der durchgeführten Analyse. In dieser Arbeit werden die folgenden quantitativen Erfolgsmaßstäbe zur Operationalisierung des Internationalisierungserfolges verwendet:

- Gewinnentwicklung (EBIT Gesamtunternehmen)
- Entwicklung der (Gesamtkapital-)Rentabilität
- Umsatzentwicklung Gesamtunternehmen
- Umsatzentwicklung im Ausland
- Entwicklung ROI im Ausland

- Veränderung des Marktanteils im Ausland (für Hauptprodukte)
- Prozent des Gesamtumsatzes, welcher im Zuge der Internationalisierung durch neue Kunden gewonnen wurde
- Prozent des Gesamtumsatzes, welcher durch Bestandskunden, die im Zuge der Internationalisierung gehalten werden konnten, erreicht wurde
- Mitarbeiterwachstum im Ausland

3.1.3.2.2 Qualitative Erfolgsmaßstäbe

Die Heterogenität und Vielzahl der Ziele bei der Internationalisierung führt dazu, dass eine rein ökonomisch-betriebswirtschaftliche bzw. quantitative Erfolgsmessung möglicherweise nicht ausreichend ist (vgl. Ettl, 2010, S. 35; Schewe et al., 2010, S. 7). Internationalisierung bedeutet für Unternehmen deshalb auch, sich mit qualitativen Zielsetzungen und Erfolgsfaktoren zu beschäftigen. Unternehmen erreichen einen wirtschaftlichen Erfolg im Ausland nur dann, wenn sie sich auch mit den Problemen befassen, welche sich durch den Umgang mit anderen Kulturen, Ländern, Sozial- und Wirtschaftssystemen ergeben (vgl. Cronenbroeck, 2004, S. 97). Qualitative Ziele im Internationalisierungsprozess können z.B. der Wunsch nach lokalen Mitarbeitern im Management sowie zuverlässigen lokalen Zulieferern sein (vgl. Cronenbroeck, 2004, S. 97). Bei der Messung von qualitativen Erfolgsmaßstäben bedarf es einer Konzeptualisierung und Operationalisierung der zu bestimmenden Größen (vgl. Meffert, 1992, S. 183). Die qualitative Erfolgsmessung wird in der Praxis oft durch standardisierte Instrumente, wie z.B. die klassischen Abweichungsanalysen, durchgeführt (vgl. Schewe et al., 2010, S. 24).

Subjektive Erfolgsmaße stellen u.a. auch die persönliche Zufriedenheit bzgl. der Zielerreichung im Vergleich zu den Hauptkonkurrenten des Unternehmen dar (vgl. Schwarz, 2009, S. 174). Des Weiteren kann auch die persönliche Einschätzung des Unternehmers bzgl. des Erfolgs des Unternehmens bei der Internationalisierung als qualitativer Erfolgsmaßstab Berücksichtigung finden. Allerdings muss auch beachtet werden, dass die meisten qualitativen Erfolgsgrößen immer auch indirekt mit dem quantitativen Erfolgsmaßstab der Rendite verbunden sind. So haben die Aspekte der Erschließung neuer Märkte und die Erhöhung des Bekanntheitsgrades indirekt auch mit der Erhöhung der Unternehmensrendite zu tun (vgl. Schmidt, 2007, S. 42).

Für die empirische Untersuchung in dieser Arbeit werden die folgenden qualitativen Erfolgsmaßstäbe zur Operationalisierung des Internationalisierungserfolges verwendet:

- Einschätzung über den Internationalisierungserfolg des Unternehmens im Vergleich zum Wettbewerber
- Einschätzung über die Steigerung der Wettbewerbsfähigkeit durch die Internationalisierung
- Selbsteinschätzung des Unternehmers bzgl. des Erfolges der Internationalisierung

3.2 Aspekte zur Internationalisierung von Familienunternehmen

3.2.1 Stand der Literatur zur Internationalisierung von Familienunternehmen

3.2.1.1 Aktueller Forschungsstand

Wie bereits in Kapitel 1.2 dargelegt, existieren Familienunternehmen schon seit hunderten von Jahren und stellen somit die älteste Unternehmensform dar (vgl. Frasl & Rieger, 2007, S. 13; May, 2008a, S. 12). Umso erstaunlicher ist es, dass Familienunternehmen in der Forschung bislang weniger berücksichtigt wurden (vgl. Chrisman, Chua & Steier, 2003, S. 441; Mertens, 2009, S. 32). In den letzten Jahren ist jedoch insgesamt eine deutliche Steigerung der wissenschaftlichen Auseinandersetzung mit Familienunternehmen zu erkennen. Heck et al. vertreten die Ansicht, dass „Research on family firms has been evolving for nearly three decades, first slowly and disjointedly, yet building to its present, exciting momentum" (2008, S. 318). Allerdings ist auch festzustellen, dass bislang nur wenige, nicht ausreichende, speziell auf Familienunternehmen bezogene Modelle vorliegen, welche zugleich das Thema der Internationalisierung berücksichtigen (vgl. Sachs, 2008, S. 19). Nach einer Analyse von Chrisman, Chua & Sharma haben sich im Zeitraum von 1996-2003 lediglich 6 von 190 Artikeln (3,2%) über Familienunternehmen mit dem Thema der Internationalisierung von Familienunternehmen beschäftigt (vgl. 2003, S. 3-4; 50). Casillas, Acedo & Moreno finden bis zum Jahr 2007 insgesamt 12 Artikel in internationalen Fachzeitschriften, welche sich thematisch mit der Internationalisierung von Familienunternehmen auseinandergesetzt haben (vgl. 2007, S. 5). Die aktuellste Zusammenstellung über bisherige Veröffentlichungen zu diesem Forschungsthema findet sich bei Kontinen & Ojala. Diese identifizieren zwischen 1991-2009 insgesamt 25 Artikel in Fachzeitschriften zum Themenkomplex der Internationalisierung von

Familienunternehmen (vgl. Kontinen & Ojala, 2010, S. 102). Die Besonderheiten von Familienunternehmen bei der Internationalisierung und den daraus ableitbaren Erfolgsfaktoren wurde somit in der Vergangenheit von der Wissenschaft stark vernachlässigt (vgl. Freiling & Simon, 2006, S. 185; Casillas et al., 2007, S. 74).

Grundsätzlich wurden in den bisherigen empirischen Untersuchungen neben deskriptiven (z.B. Crick, Bradshaw & Chaudhry, 2006), explorativen (z.B. Graves & Thomas, 2008) und konfirmatorischen Analysen (z.B. Fernández & Nieto, 2006) auch theoriegeleitete hypothesentestende Analysen durchgeführt (vgl. Kontinen & Ojala, 2010, S. 99–100). Die vorliegenden empirischen Untersuchungen decken den Internationalisierungsprozess im Allgemeinen (z.B. Tsang, 2001), mögliche Einflussfaktoren auf die Internationalisierung des Familienunternehmens (z.B. Menéndez-Requejo, 2005) sowie spezielle betriebliche und strategische Aspekte zur Internationalisierung (z.B. Zahra, 2003) ab (vgl. Kontinen & Ojala, 2010, S. 101–103). Die ersten Studien zur Internationalisierung von Familienbetrieben waren eher fundamental orientiert. Sie versuchten die Unterschiede zwischen Familienunternehmen und Nicht-Familienunternehmen in Bezug auf Markteintrittsformen, Internationalisierungsgrad und -geschwindigkeit aufzuzeigen und darzustellen (vgl. Casillas et al., 2007, S. 77).

Betrachtet man deutsche Familienunternehmen bei der Internationalisierung, so finden sich in den letzten Jahren nur wenige empirische Arbeiten zu diesem Themenkomplex (vgl. Brockmann & Hommel, 2007b; Sachs, 2008; Mertens, 2009; Brockmann & Hommel, 2009; Wolf, 2011, S. 85). Diese Sichtweise wird auch in einer Untersuchung des Institute of Management Berlin (IMB), in der die bisherigen inhaltlichen Forschungsschwerpunkte über Familienunternehmen dargestellt werden, bestätigt. Die Themenfelder Wachstum und Internationalisierung finden sich dabei am Ende der Zusammenstellung über die bisherigen Forschungsschwerpunkte (vgl. Felden & Zumholz, 2009, S. 16–17). Dies deutet auch auf einen bisher vergleichsweise geringen Forschungsaufwand für Themen der Internationalisierung von deutschen Familienunternehmen hin. In diesem Zusammenhang wird auch gefordert, die Theorie mit der Praxis verstärkt zu kombinieren, um die Praxisrelevanz der Ergebnisse stärker zu fördern (vgl. Vought, Baker & Smith, 2008, S. 1119).

3.2.1.2 Bisherige empirische Ergebnisse

In den letzten Jahren ist ein zunehmendes Interesse an der Forschung zur Internationalisierung von Familienunternehmen erkennbar. Allerdings sind empirische Studien mit deutschen Familienunternehmen bisher eher eine Seltenheit. Da der Fokus in dieser Arbeit auf deutsche Familienunternehmen liegt, wird in diesem Kapitel verstärkt auf bisherige empirische Ergebnisse mit deutschen Familienunternehmen eingegangen.

In einer der ersten empirischen Studien zur Internationalisierung von Familienunternehmen Anfang der 1990er Jahre wurde herausgefunden, dass Familienunternehmen im Vergleich zu Nicht-Familienunternehmen einen geringeren Anteil an Exporten haben (vgl. Donckels & Fröhlich, 1990, S. 230). Diese Aussage wurde im Jahr 2005 von Fernández & Nieto mit spanischen und von Thomas & Graves mit australischen Unternehmen erneut bestätigt (vgl. Fernández & Nieto, 2005, S. 83; Thomas & Graves, 2005, S. 99). Insgesamt sind Familienunternehmen im Vergleich zu Nicht-Familienunternehmen in einem geringeren Umfang international aktiv (vgl. Graves & Thomas, 2004, S. 15–16). Ergänzend wurde festgestellt, dass der Internationalisierungsprozess von Familienunternehmen im Vergleich zu Nicht-Familienunternehmen oftmals langsamer erfolgt (vgl. Gallo & Sveen, 1991, S. 185–186; Cappuyns, 2006, S. 445). Als Gründe für eine langsamere Internationalisierung werden u.a. Bedenken eines Kontrollverlustes, die Risikoaversion sowie die längerfristige Besetzung des Managements genannt (vgl. Cappuyns, 2006, S. 445). Zusätzlich bestimmen die geringeren Managementressourcen von Familienunternehmen das Ausmaß der Internationalisierung. Diese sind im Vergleich zu Nicht-Familienunternehmen geringer (vgl. Graves & Thomas, 2006, S. 214–221).

Flören findet in einer Studie mit 109 niederländischen Familienunternehmen heraus, dass die zurückhaltende Haltung zur Internationalisierung vor allem durch den Widerstand der Familie und den Gesellschaftern begründet ist. Hierbei wird die Gefahr gesehen, außenstehenden Dritten Mitspracherechte gewähren zu müssen (vgl. Flören, 2001, S. 22). Bei einer Befragung mit 331 schwedischen Familienbetrieben wurde herausgefunden, dass sich die Intensität der Internationalisierung durch ein Fremdmanagement erhöht (vgl. Naldi & Nordqvist, 2008, S. 9–10).

Empirische Studien mit deutschen Familienunternehmen zum Thema der Internationalisierung liegen erst seit Anfang der 2000er Jahre vor. In der Untersuchung von Brockmann & Hommel werden auf Basis von 401 Unternehmen die Ursachen und Wirkungen von Internationalisierungsstrategien deutscher Familienunternehmen untersucht und Unterschiede bei der Internationalisierung zu Nicht-Familienunternehmen dargestellt (2007b; 2007a; 2009). Sie finden heraus, dass Familienunternehmen im Vergleich zu Nicht-Familienunternehmen die eigentlichen Vorreiter bei der Internationalisierung sind und dabei stärker wissensintensive Bereiche (70,5% der Familienunternehmen besitzen in Deutschland F&E; bei Nicht-Familienunternehmen sind es 77,5%) ins Ausland verlagern (vgl. Brockmann & Hommel, 2007b, S. 204–206; Brockmann & Hommel, 2007a, S. 16). Zudem werden Akquisitionen als Markteintrittsform signifikant höher von Nicht-Familienunternehmen als von Familienunternehmen genutzt (vgl. Brockmann & Hommel, 2007a, S. 12–13). Des Weiteren zeigen Familienunternehmen im Vergleich zu Nicht-Familienunternehmen eine sehr viel höhere Bereitschaft, Mitarbeiter mit spezifischen Know-how ins Ausland zu senden (vgl. Brockmann & Hommel, 2007a, S. 14–15). Als marktseitige Gründe für die Internationalisierung geben Familienunternehmen die Nachfrage aus neuen Wachstumsmärkten (62%), die Sättigung des deutschen Marktes (40%) und die Abwanderung von Hauptkunden (26%) an (vgl. Brockmann & Hommel, 2007b, S. 193–194). Für die Zukunft planen 27% der Familienbetriebe eine Ausweitung der Produktion in Asien, 24% in Westeuropa sowie 14% in Deutschland (vgl. Brockmann & Hommel, 2007a, S. 20).

Des Weiteren finden die Autoren heraus, dass Familienunternehmen im Vergleich zu Nicht-Familienunternehmen eine geringere Anzahl an internationalen Produktionsniederlassungen haben, aber gleichzeitig eine höhere Anzahl an Vertriebsniederlassungen besitzen. Ebenso sind Familienunternehmen im Vergleich zu Nicht-Familienunternehmen, trotz ihrer geringeren Anzahl an ausländischen Produktionsstätten, in einer höheren Anzahl von Ländern operativ tätig (vgl. Brockmann & Hommel, 2009, S. 44–46). Die Studie geht auch auf den Einfluss von Länderrisiken und den Erfahrungen bei Internationalisierungsentscheidungen ein. Demnach können politische und kulturelle Risiken internationale Investitionen beeinträchtigen oder sogar verhindern. Familienunternehmen nutzen hierzu ihre bisherigen internationalen Erfahrungen, um diese Risiken zu steuern und zu bewerten (vgl. Brockmann & Hommel, 2009, S. 52–55). Des Weiteren wird festgestellt, dass - im Gegensatz zur Höhe des Eigentums der Familie - der Familieneinfluss in Kontrollgremien die Wahrscheinlichkeit von internationalen Aktivitäten nicht erhöht (vgl. Brockmann & Hommel, 2009, S. 46–50).

Eiben ermittelt im Rahmen einer empirischen Untersuchung mit 144 deutschen Familienunternehmen, dass die Internationalisierung bei Familienunternehmen zu 21% über M&A-

Transaktionen verläuft (vgl. 2007, S. 3; 8-9). Damit sind M&A für Familienunternehmen als Markteintrittsform im Rahmen der Internationalisierung nicht zu vernachlässigen. In diesem Zusammenhang ist auch die Studie von Sachs bzgl. der endogenen und exogenen Wachstums- und Internationalisierungsoptionen im Ausland zu erwähnen (vgl. 2008). Im Rahmen einer Studie mit 69 deutschen Familienunternehmen wird gezeigt, dass Familienunternehmen ein eher endogenes Wachstum bevorzugen (vgl. Sachs, 2008, S. 154). Zudem sind Akquisitionen oftmals nötig, um überhaupt den Einstieg in ausländische Märkte zu erreichen (vgl. Sachs, 2008, S. 165). Die Internationalisierung stellt für Familienunternehmen somit häufig die einzige Möglichkeit dar, Wachstum zu generieren (vgl. Sachs, 2008, S. 168). Dabei ist es für die Höhe des Internationalisierungsgrades ohne Bedeutung, ob eine Geschäftsführung mit Familienmitgliedern oder mit Fremdgeschäftsführern besetzt ist (vgl. Sachs, 2008, S. 126–127). Dagegen stellt das Familieninvolvement bei M&A-Transaktionen einen Erfolgsfaktor dar (vgl. Sachs, 2008, S. 127; 133).

In den letzten Jahren wurden auf Basis von Fallstudien zwei Dissertationen zum Thema der Internationalisierung von deutschen Familienunternehmen veröffentlicht (vgl. Mertens, 2009; Wolf, 2011). Auf Basis von 12 Fallstudien untersucht Mertens die Herausforderung bei Familienunternehmen im Zeitverlauf bzgl. Nachfolge und Internationalisierung (vgl. 2009). Dabei thematisieren 6 Fallstudien die Internationalisierung (vgl. Mertens, 2009, S. 276–335). Bei der Analyse stellt Mertens die Fallstudien zunächst deskriptiv dar, um im Anschluss auf die analytische Auswertung zurückzugreifen (vgl. 2009, S. 269–273). Dabei wird auf die möglichen Einflussfaktoren zur Internationalisierung sowie auf die Internationalisierungsstrategien eingegangen (vgl. Mertens, 2009, S. 364-366; 405-410). Mit zunehmender Größe des Familienunternehmens werden eigene ausländische Tochtergesellschaften bzw. Joint Ventures als Internationalisierungsform bevorzugt (vgl. Mertens, 2009, S. 374–376). Dabei hängt die gewählte Form sowie deren Ausgestaltung stark von den bisherigen Erfahrungen des Familienunternehmens ab (vgl. Mertens, 2009, S. 383). Familienunternehmen lernen im Laufe des Internationalisierungsprozesses von den gesammelten und gemachten Erfahrungen, was zusätzlich als Beleg für das Uppsala-Modell gewertet werden kann (vgl. Mertens, 2009, S. 384–385). Bei der Wahl der Zielländer wird festgestellt, dass sowohl marktattraktivitätsorientierte Überlegungen als auch die jeweiligen rechtlichen Rahmenbedingungen eine Rolle spielen (vgl. Mertens, 2009, S. 389–391). Insgesamt wird die Familie als ein Erfolgsfaktor bei der Internationalisierung gesehen (vgl. Mertens, 2009, S. 391).

Wolf analysiert auf Basis von 8 Fallstudien mit deutschen Familienunternehmen verschiedene Themengebiete zur Internationalisierung (vgl. 2011). Dabei werden Aspekte zum Internationalisierungsprozess, zur Organisation der ausländischen Unternehmensaktivitäten, zur Familie im Zusammenhang mit der Internationalisierung und zur Theorie von Familienunternehmen bei der Internationalisierung berücksichtigt und ausgewertet (vgl. Wolf, 2011, S. 147–190). Demnach bevorzugen deutsche Familienunternehmen bei der Internationalisierung zunächst umliegende Länder als Zielländer bevor sie auch in weiter entfernte Länder internationalisieren (vgl. Wolf, 2011, S. 174–178). Zudem nutzen Familienunternehmen zu Beginn der Internationalisierung eher weniger riskante Markteintrittsstrategien (vgl. Wolf, 2011, S. 179–181). Man kann auch hier erkennen, dass das Grundprinzip des Uppsala-Modells für deutsche Familienunternehmen zutrifft (vgl. Wolf, 2011, S. 181). Als Treiber einer Internationalisierung sehen Familienunternehmen das Potenzial der Auslandsmärkte, die Verringerung der Abhängigkeit vom deutschen Markt sowie den Zwang zur Internationalisierung (vgl. Wolf, 2011, S. 185). Des Weiteren ist keine einheitliche internationale Organisationsstruktur bei Familienunternehmen zu erkennen (vgl. Wolf, 2011, S. 193–195). Als wichtige Erfolgsfaktoren bei der Internationalisierung sehen Familienunternehmen „das Sammeln von Erfahrung, organisationales Lernen sowie Offenheit für Neues“ (Wolf, 2011, S. 203).

Des Weiteren analysieren Becker & Ulrich das Internationalisierungsverhalten anhand von 3 Fallstudien mit deutschen Familienunternehmen (vgl. 2011). Dabei finden sie sowohl aktive als auch passive Motive als Gründe für eine Internationalisierung. Zusätzlich nehmen der Unternehmer bzw. die Unternehmerfamilie eine besondere Rolle in Bezug auf Entscheidungen zur Internationalisierung ein (vgl. Becker & Ulrich, 2011, S. 68). Darüber hinaus werden die BRIC-Staaten als Fokus für zukünftige Internationalisierungsstrategien betrachtet (vgl. Becker & Ulrich, 2011, S. 65).

Zusammenfassend kann festgehalten werden, dass bisher eine vollumfängliche Studie zum Internationalisierungsprozess von (deutschen) Familienunternehmen fehlt. Zudem sind alle bisherigen empirischen Ergebnisse nicht ohne weiteres zu generalisieren, da die Studien oft unterschiedliche Länder und Forschungsdesigns verwendet haben. Trotzdem können die bisherigen empirischen Ergebnisse interessante Aspekte aufzeigen und für weitere Analysen aufgegriffen und genutzt werden.

3.2.2 Besondere Bedingungen in Familienunternehmen

3.2.2.1 Strategieentwicklung

Familienunternehmen besitzen besondere Merkmale und Eigenschaften, welche auch den Internationalisierungsprozess beeinflussen können. Im Folgenden wird daher auf die Besonderheiten und Charakteristika von Familienunternehmen in den einzelnen Phasen der Internationalisierung eingegangen. Strategieentwicklungsprozesse in Familienunternehmen beschäftigen sich mit der Frage der zukünftigen Entwicklung und der Zukunftsfähigkeit des Unternehmens (vgl. Hall, Melin & Nordqvist, 2006, S. 253; Hilse & Wimmer, 2009, S. 31–33). Dabei liegt in vielen Fällen ein ganz bestimmter Typus von Strategie in familiengeführten Unternehmen vor (vgl. Hilse & Wimmer, 2009, S. 31–33). Jedes Familienunternehmen verfolgt als primäres Ziel die Weiterführung des Unternehmens als Familienunternehmen. Um dieses Ziel zu erreichen, haben Familienbetriebe einen langfristigen Investitionshorizont, welcher ebenfalls schon bei der Strategieentwicklung berücksichtigt werden muss (vgl. Menéndez-Requejo, 2006, S. 577). Für eine erfolgreiche Strategieentwicklung müssen Unternehmen zunächst einmal die eigenen Wettbewerbsvorteile richtig erkennen und mit den Chancen und Risiken einer Internationalisierung vergleichen. Zudem ist auch die generelle Umsetzbarkeit einer Strategie sicherzustellen (vgl. Windau & Schumacher, 1996, S. 121–122).

Die Strategieentwicklung von familiengeführten Unternehmen erfolgt oft als ein ex post erkennbares Muster einer konsistenten familienunternehmer- bzw. personenzentrierten Entscheidungsfindung und weniger als ein gezielt vorbereiteter Plan (vgl. Welge & Holtbrügge, 2006, S. 131). Professionelle Marktanalysen sowie strategische Planungen werden bei (kleineren) Familienunternehmen bei der Internationalisierung selten verwendet (vgl. Bluhm, Schmidt & Teufel, 2003, S. 89). Vielmehr haben die Unternehmer ihre Strategie im Kopf und geben als Inhaber Muster vor, welche von den Mitarbeitern nachempfunden werden können (vgl. Ohle, 2008, S. 15). In der Praxis zeigt sich zudem, dass erfolgreiche Internationalisierungsstrategien bewusst auf den Werten, Errungenschaften und Traditionen der vorhergehenden Generationen aufgebaut werden (vgl. Schwass, 2007, S. 85). Die Strategieformulierung für die Internationalisierung orientiert sich des Weiteren an den übergeordneten Zielen von Familienunternehmen, wie z.B. der Gewährleistung der Unabhängigkeit und der damit verbundenen Sicherung des Einflusses der Familie (vgl. Wieselhuber, 2009, S. 104).

Bei der Strategieentwicklung haben Familienunternehmen oft den Zustand, dass die internationale Präsenz erweitert werden soll und gleichzeitig ein steigender Wettbewerbsdruck im Inland herrscht (vgl. Brockmann & Hommel, 2009, S. 32). Zusätzlich können Erfolgsmeldungen über Auslandsaktivitäten von Wettbewerbern des Unternehmens einen Anstoß zur Internationalisierung des Familienunternehmens geben (vgl. Ernst, 1999, S. 72). Diese möglicherweise vorhandenen neuen Wettbewerbsbedingungen sind ebenfalls bei der Strategieentwicklung zu berücksichtigen. Der Anstoß zur Internationalisierung kommt in Familienunternehmen oft aus einer unternehmensinternen Motivation heraus. Der persönliche Ehrgeiz des Unternehmers kann dazu beitragen, dass durch Auslandsaktivitäten in neue Wachstumsmärkte Unternehmenswachstum generiert wird (vgl. Ernst, 1999, S. 72). Familienunternehmen sollen die Internationalisierung daher auch als Wachstumsstrategie verstehen (vgl. Casillas et al., 2007, S. 42). Großes Marktpotential für Unternehmen besteht neben Osteuropa und Russland hauptsächlich in den asiatischen sowie süd- und nordamerikanischen Ländern. Auch für deutsche Familienunternehmen ist es unumgänglich in diese Zukunftsmärkte zu investieren, um weiterhin konkurrenzfähig zu sein (vgl. Hennerkes, 1998, S. 97–98). Eigentümer und Mitarbeiter erwarten von ihrem Management, dass potentielle Wachstumsmärkte erkannt und die sich bietenden Internationalisierungspotentiale genutzt werden (vgl. Ernst, 1999, S. 72–73). Allerdings ist auch zu beachten, dass aufgrund der Vision der Langlebigkeit eines Familienunternehmens, die Risikobereitschaft bzgl. gewisser ausländischer Zielländer möglicherweise erheblich eingeschränkt ist (vgl. Böllhoff, 2006, S. 127).

Familienunternehmen verfolgen oft Strategien, welche auf die Kundenbedürfnisse in den lokalen ausländischen Märkten ausgerichtet sind (vgl. Gallo & Sveen, 1991, S. 183). Um weiteres Wachstum durch die Internationalisierung zu realisieren, setzen Familienbetriebe insbesondere auf den Auf- und Ausbau von eigenen ausländischen Service- und Vertriebsstandorten. Ertragsstarke Familienunternehmen (Unternehmen mit hoher Umsatzrendite, niedrigem Umsatzwachstum) setzen darüber hinaus auch auf den Aufbau von ausländischen Produktionsstandorten (vgl. Wieselhuber et al., 2006, S. 22). Familienunternehmen versuchen internationales Wachstum bevorzugt aus eigener Kraft zu realisieren. Risikoreiche Zukäufe werden daher eher vermieden. Bei begrenzten Ressourcen kann jedoch auch Franchising für Familienunternehmen interessant sein, um ehrgeizige Wachstumsziele zu erreichen (vgl. May, 2008b, S. 423–424). Franchising ist allerdings nicht auf jede Branche anwendbar und daher als unternehmensabhängig anzusehen. Familienbetriebe neigen dazu, ihre eigenen Ressourcen und Kontrollrechte nicht mit Dritten zu teilen, auch wenn dadurch eine verbesserte Wettbewerbsposition erreicht werden kann (vgl. Gallo, Tàpies & Cappuyns, 2004, S. 315; Sachs, 2008, S. 66). Deshalb haben Familienunternehmen eine gewisse Abneigung gegenüber Kooperationen, M&A-Transaktionen und Joint Ventures (vgl. Brockmann & Hommel, 2007b, S. 198; Sachs, 2008, S. 66). Werden M&A-Transaktionen dennoch durchgeführt, so kann dies ein wichtiger Beitrag zur Entwicklung des Familienunternehmens sein. Dabei wird ein möglichst großer Einfluss der Familie angestrebt (vgl. Sachs, 2008, S. 68–69). Strategische Motive für Akquisitionen stellen für Familienunternehmen hauptsächlich die Erweiterung des Kundenstammes, die Realisierung von Umsatzwachstum, die Verbesserung der Technologie und die Erschließung neuer Absatzmärkte dar (vgl. Ecker & Heckemüller, 2005, S. 422). Diese Überlegungen zur Wahl der Internationalisierungsform sind auch im Hinblick auf die Strategieentwicklung zu berücksichtigen. Aufgrund dessen wird folgende Hypothese aufgestellt:

> H_2: Wenn Familienunternehmen internationalisieren, dann bevorzugen sie Formen der Auslandstätigkeit, in denen sie möglichst wenig Mitspracherechte an Dritte abgeben müssen

Das starke Unabhängigkeitsstreben von Familienunternehmen spiegelt sich auch bei der Strategieentwicklung zur Finanzierung der Internationalisierung wieder, da die Wahrung der unternehmerischen Unabhängigkeit eines der wichtigsten (Finanzierungs-)Ziele von Familienunternehmen darstellt (vgl. Wimmer, Domayer, Oswald & Vater, 2005, S. 158; Jaskiewicz, 2006, S. 94; Zellweger, 2006a, S. 108–109; Feldbauer-Durstmüller, Wimmer & Duller, 2007, S. 431; Hofbauer & Pernsteiner, 2008, S. 147; Pernsteiner, 2008, S. 77; Pernsteiner & Fahrner, 2009, S. 12). Um diesem Grundsatz zu entsprechen, ist die Gewinnthesaurierung bzw. die Innenfinanzierung aus dem Cashflow die wichtigste Finanzierungsquelle bei Familienunternehmen (vgl. Haas, 2010, S. 41). Dabei liegt der Fokus auch auf solchen Angeboten, welche wenig oder gar keinen externen Einfluss auf Gesellschafterentscheidungen und Unternehmensführung ermöglichen (vgl. May, 2009, S. 121). In einer Studie von Achleitner, Schraml & Klöckner nutzten die befragten Familienunternehmen am häufigsten Gewinnrücklagen (96,2%), kurzfristige (86,8%) und langfristige Bankkredite (83,8%), Leasingverträge (77,3%), Gesellschafterdarlehen (71,3%) und -einlagen (70,4%) sowie Förderkredite (57,1%). Factoring (18,5%), stille Beteiligungen (16,0%), privates Beteiligungskapital (6,9%), Genussrechte/-scheine (5,7%), Anleihen (1,0%) und Börsenkapital (0,5%) spielen in diesem Zusammenhang eine eher untergeordnete Rolle (vgl. Achleitner, Schraml & Klöckner, 2008, S. 27). Diese verschiedenen Finanzierungsmöglichkeiten können auch zur Finanzierung der Internationalisierung herangezogen werden und sollten wegen der Bedeutung bereits im Rahmen der Strategieentwicklung berücksichtigt werden. Jedoch stehen Familienunternehmen im Vergleich zu Nicht-Familienunternehmen für die Internationalisierung oftmals weniger Finanzierungsmöglichkeiten zur Auswahl (vgl. Casillas et al., 2007, S. 194). Generell gelten für deutsche Familienunternehmen die „Hausbanken" als verlässlicher Partner bei Finanzierungsangelegenheiten (vgl. Berthold, 2010, S. 90).

Bei der Entwicklung einer Internationalisierungsstrategie in Familienbetrieben kann der Unterschied zwischen den Zielen und Vorstellungen der aktiv im Unternehmen tätigen Familienmitgliedern und den passiven Familienanteilseignern ein Hemmnis darstellen (vgl. Drei-Kreise-Modell, Kapitel 2.1.2). Während operativ tätige Familienmitglieder eher eine Wachstumsstrategie und internationale Investitionen bevorzugen, können Anteilseigner, welche nicht im Unternehmen tätig sind, kurzfristige Kosteneffizienz und damit ausreichendes Einkommen in Form von Ausschüttungen befürworten (vgl. Casillas et al., 2007, S. 89; Gallo & Sveen, 1991, S. 184). Diese unterschiedlichen Interessenslagen sind möglicherweise bereits im Rahmen der Strategieentwicklung zu berücksichtigen und zu lösen. Zudem muss beachtet werden, dass ein zu starkes emotionales Engagement und ein dominanter Einfluss des Unternehmenseigners einer strukturierten Strategieentwicklung entgegen wirken kann (vgl. Berger, 2008, S. 401).

3.2.2.2 Entscheidungsprozesse

Wie bei der Strategieentwicklung lassen sich auch beim Entscheidungsprozess zur Internationalisierung familienspezifische Besonderheiten bei den Unternehmen erkennen. Dabei existieren in Familienunternehmen grundsätzlich sowohl formelle als auch informelle Entscheidungsprozesse (vgl. Habbershon & Williams, 1999, S. 12). Unternehmerische Aktivitäten, welche sich unmittelbar auf das persönliche Vermögen der Familienmitglieder auswirken, haben großen Einfluss auf das Entscheidungsverhalten der Familienmitglieder. Besonders bei solch bedeutenden Entscheidungen, wie dies bei einer anstehenden Internationalisierung der Fall ist, wollen sich die Familienmitglieder an der Entscheidung beteiligen (vgl. Schwass, 2007, S. 15). So kann die Unternehmerfamilie bspw. durch die Gesellschafterversammlung einen kontrollierenden und mitbestimmenden Einfluss auf die Strategie ausüben (vgl. Holona, 2007, S. 22–23). Viele Familien orientieren sich bei der Bewertung von Strategien an die vergangenen Errungenschaften, Erfolge oder auch Misserfolge. Dies ist insbesondere bei Familienunternehmen erkennbar, in denen eine große Anzahl von nicht operativ tätigen Familienmitgliedern vorhanden ist (vgl. Schwass, 2007, S. 117). Entscheidungen werden in Familienunternehmen zudem oftmals emotional und informell getroffen (vgl. Mandl, 2008, S. 64). Des Weiteren werden Strategien in Familienunternehmen oft intuitiv „aus dem Bauch heraus" entwickelt und entschieden (vgl. Nagel, 2008, S. 115). Durch dieses „unternehmerische Gespür" treffen Verantwortliche in Familienbetrieben oftmals sehr erfolgreiche Entscheidungen über die zukünftige Ausrichtung des Unternehmens (vgl. Nagel, 2008, S. 115). Allerdings ist auch zu beachten, dass Entscheidungen zur Internationalisierung oft von der Risikoeinstellung der Eigentümer abhängen (vgl. Fernández & Nieto, 2006, S. 347). Zudem stellt die Ausrichtung der Unternehmensstrategie einen der häufigsten Streitpunkte von Familiengesellschaftern dar, was ein erhöhtes Konfliktpotential im Unternehmen hervorrufen kann (vgl. PWC, 2010, S. 23).

Des Weiteren wird oftmals argumentiert, dass die junge Generation der Eigentümer im Vergleich zur älteren Generation in Familienunternehmen eine stärkere internationale Orientierung aufweist (vgl. Casillas et al., 2007, S. 161–162). Diese internationalen Erfahrungen können z.B. durch Arbeitserfahrung in international ausgerichteten Firmen, ausländische Arbeitseinsätze und Aufenthalte in anderen Ländern zustande kommen (vgl. Casillas et al., 2007, S. 180–181). Ebenso ist dies durch das Lernen von verschiedenen Sprachen oder Reisen während der Arbeit oder Freizeit möglich (vgl. Gallo & Sveen, 1991, S. 188). Diese gesammelten Erfahrungen können Einfluss auf das Entscheidungsverhalten der Familiengesellschafter und damit auf das Unternehmen nehmen. Entscheidungsprozesse zur Internationalisierung können ebenso durch Visionen, die jede Generation für sich entwickelt und umsetzt, beeinflusst werden (vgl. Hering, Pförtsch & Wordelmann, 2001, S. 8). Eine umgesetzte Vision ist dann eine Bestätigung für die berufliche Leistung und gibt ein Gefühl des persönlichen Werts eines Familienunternehmers (vgl. Schwass, 2007, S. 55). Solche Gegebenheiten können einen sehr viel größeren Einfluss auf die Entscheidungsprozesse zur Internationalisierung bei Familienunternehmen als bei Nicht-Familienunternehmen nehmen.

Im Rahmen der Entscheidungsfindung existieren sowohl motivierende (z.B. internationale Erfahrung) als auch hemmende Faktoren (z.B. finanzielle Hemmnisse), die für und gegen einzelne Internationalisierungsstrategien bei Familienunternehmen sprechen (vgl. Casillas et al., 2007, S. 87). Diese sind im Einzelnen zu identifizieren und bei Entscheidungen zu berücksichtigen. Viele kleine und mittlere Familienunternehmen entscheiden sich bei der Internationalisierung für eine sogenannte Fokus- und Nischenstrategie[42] (vgl. Mühlebach, 2004, S. 203; Freiling & Simon, 2006, S. 186). Investitions- und Finanzierungsentscheidungen im Ausland werden unter einem langfristigen Horizont getroffen und sind damit im Vergleich zu anonymen Publikumsgesellschaften einem geringeren kurzfristigen Performancedruck ausgesetzt (vgl. Wagner, 2008, S. 181–183). Im Zuge der Entscheidungsfindung ist es außerdem sinnvoll, alle am Unternehmen beteiligten Akteure über Beschlüsse und Strategien zu informieren und sie damit „mit ins Boot zu holen". Eine erfolgreiche Strategie kann nur dann funktionieren, wenn sie vollumfänglich umgesetzt wird (vgl. Berger, 2008, S. 402).

3.2.2.3 Strategieimplementierung

Die Implementierung einer Internationalisierungsstrategie in Familienunternehmen ist nur dann sinnvoll, wenn Einigkeit innerhalb der Familie und des Unternehmens besteht, dass die Internationalisierung für das Unternehmen die beste Alternative ist, um zukünftige Herausforderungen zu bewältigen (vgl. Casillas et al., 2007, S. 209–210). Bei kleinen Familienunternehmen ist oftmals zu Beginn des Internationalisierungsprozesses kein professionelles Management vorhanden. Das Auslandsengagement befindet sich dann zumeist in den Händen der Eigentümerunternehmer (vgl. Bluhm et al., 2003, S. 89). Weiterhin ist die Unternehmenskultur eines Familienunternehmens oft direkt durch die Unternehmerfamilie geprägt. Damit kommt der Unternehmerfamilie bei der Strategieimplementierung eine besondere Bedeutung und Stellung zu (vgl. Hennerkes, 2004, S. 262). Die Unternehmerfamilie ist dadurch die treibende Kraft bei der Implementierung der Strategien (vgl. Holona, 2007, S. 39).

Bei jeder Markteintrittsform haben Familienunternehmen eine Reihe von Oberthemen zu berücksichtigen. So müssen im Rahmen der Implementierung bspw. notwendige personelle und finanzielle Ressourcen zur Verfügung gestellt, Beziehungen und Kontakte zu Geschäftspartnern und staatlichen Stellen aufgebaut, rechtliche Rahmenentscheidungen getroffen sowie Entscheidungen in Bezug auf die Produkt-, Preis-, Kommunikations- und Distributionspolitik

[42] Eine Nischenstrategie kann aus zwei Dimensionen bestehen. Zum einen kann eine Spezialisierung auf ein spezifisches Produkt und die damit verbundene Technologie bzw. Know-how vorliegen. Zum anderen kann eine Fokussierung auf eine Region oder einen Zielmarkt erfolgen (vgl. Freiling & Simon, 2006, S. 186).

gefällt werden (vgl. Schewe et al., 2010, S. 4–6).[43] Inwiefern ein Kontrollgremium wie z.B. ein Bei- oder Aufsichtsrat bei der Strategieimplementierung einbezogen wird, ist prinzipiell von der Eigentümerfamilie abhängig, da diese die Kompetenzen und Aufgaben des Kontrollgremiums festlegt (vgl. Holona, 2007, S. 23). Insgesamt lässt sich auch feststellen, dass nur wenige Familienunternehmen über spezielle Abteilungen zur Strategieimplementierung verfügen und die generelle Verantwortung und Umsetzung der Strategieimplementierung bei der Geschäftsführung und somit oftmals auch beim Unternehmer selbst liegt (vgl. Holona, 2007, S. 47–48). Die Besonderheiten bei Familienunternehmen lassen sich demnach auch bei der Strategieimplementierung nachweisen und werden von den Unternehmen als Vorteil gegenüber Nicht-Familienunternehmen empfunden (vgl. Holona, 2007, S. 48).

3.2.2.4 Weitere Aspekte

Neben den besonderen Bedingungen, die bei Familienunternehmen während der Strategieentwicklung, dem Entscheidungsprozess und der Strategieimplementierung vorliegen, existieren noch weitere Aspekte, die für Familienunternehmen bei der Internationalisierung charakteristisch sein können. Unternehmen müssen darauf achten, dass eine stabile Politik im jeweiligen Zielmarkt (z.B. Wechselkurs, Inflation, Wettbewerbsregulation, Tarifpolitik etc.) vorliegt. Dies ist besonders vor dem Hintergrund der langfristigen Ausrichtung bei Familienunternehmen von höchster Bedeutung (vgl. Casillas et al., 2007, S. 103–104). Zudem ist das zum Unternehmensprofil passende Tätigkeitsfeld, die Wettbewerbs- und Nachfragestruktur sowie die Marktgröße eine wichtige Voraussetzung für die langfristige Ausrichtung des Familienunternehmens (vgl. Wieselhuber, 2009, S. 104). Eine internationale Orientierung bei Familienunternehmen kann auch dadurch erreicht und begründet werden, wenn Familieneigentümer (weltweit) geographisch verteilt sind und damit eine größere internationale Orientierung des Unternehmens bevorzugen. In diesem Fall können kulturelle Barrieren bei einer internationalen Unternehmensfamilie durch gemeinsame kulturübergreifende Wertvorstellungen schneller überwunden werden (vgl. Wiechers, 2006, S. 269). Wie bereits in den vorherigen Kapiteln dargelegt, sind Strategien und Entscheidungen zur Internationalisierung in Familienunternehmen oftmals von Erfahrungen, Visionen und Ansichten des Unternehmens bzw. des Unternehmers abhängig. Diese eher „unorthodoxen" Entscheidungs- und Verhaltensmuster

[43] Die Aufzählung ist nicht als abschließend zu betrachten und müsste im konkreten Anwendungsfall um weitere Komponenten erweitert bzw. spezifiziert werden. Des Weiteren ist die Abgrenzung nicht immer trennscharf (vgl. Schewe, Nienaber & Liesenkötter, 2010, S. 6).

können bei Familienunternehmen bei der Internationalisierung als Stärke gelten und beim Aufbau von besonderen Marktpositionen genutzt werden (vgl. Klein, 2008b, S. 14).

Während der Internationalisierung stehen Familienunternehmen zahlreiche Angebote und Leistungen zur Unterstützung des Prozesses zur Verfügung. Diese können auch während der Entwicklung, Bewertung, Auswahl und Umsetzung von Internationalisierungsstrategien genutzt werden. Die Unterstützungen reichen dabei von einfachen Informationsangeboten bis hin zu Internationalisierungs-Coachings (vgl. Schulz & Welge, 2006, S. 20). Hilfen sind neben Bund, Ländern und Kommunen auch durch die EU möglich (vgl. Schulz & Welge, 2006, S. 25). Weitere Informations- und Beratungsleistungen über einzelne mögliche Zielländer erhalten Unternehmen bspw. durch die IHK (vgl. Schulz & Welge, 2006, S. 26).

Im Zuge der Internationalisierung muss auch überprüft werden, ob im jeweiligen Familienunternehmen kulturelle Veränderungen und Anpassungen im Zielland nötig sind. Ein angepasstes Auftreten in Zielmärkten kann sinnvoll und nötig sein. Zudem verlangt eine Internationalisierung oftmals ein hohes Maß an wertebezogener Offenheit, die sich bspw. durch eine verstärkte Publizitätsanforderung widerspiegelt. Diese wertebezogene Offenheit ist jedoch in Familienunternehmen eher selten vorhanden. Deshalb kann eine Überwindung von „Blockaden im Denken" erforderlich sein (vgl. Freiling & Simon, 2006, S. 192–193). Die Internationalisierung von Familienunternehmen stellt vor dem Hintergrund der Sicherung des Unternehmens als Familienunternehmen einen wichtigen Handlungsschritt dar (vgl. Becker & Ulrich, 2011, S. 53). Wachstum durch Internationalisierung kann ebenso das Ziel unterstützen, die steigende Zahl von Anteilseignern über Generationen mit Ausschüttungen und Dividenden zu versorgen (vgl. Schwass, 2007, S. 55).

Die Internationalisierung von Familienunternehmen ist durch viele Besonderheiten charakterisiert. Diese besonderen Eigenschaften können einen positiven Einfluss auf die Internationalisierung ausüben. Auf Basis der verhaltenswissenschaftlichen Theorie von Aharoni (vgl. Kapitel 3.1.1.4) und den in Kapitel 3.2.2 beschriebenen Besonderheiten von Familienunternehmen bei der Internationalisierung wird folgende Hypothese aufgestellt:

H_3: Wenn familienunternehmenstypische Eigenschaften bei der Internationalisierung vorliegen, dann wirken diese Eigenschaften positiv auf den Erfolg der Internationalisierung

3.2.3 Corporate Social Responsibility in Familienunternehmen

In den letzten Jahren ist das Interesse bzgl. der sozialen Verantwortung von Unternehmen sowohl in der Öffentlichkeit als auch in den Unternehmen selbst gewachsen. Die soziale Verantwortung von Unternehmen wird dabei als Corporate Social Responsibility (CSR) bezeichnet (vgl. Schröder, 2010, S. 81). Bislang existiert jedoch noch keine einheitliche Definition von CSR (vgl. Meckl, 2010, S. 354; Neßler & Tellhelm, 2012, S. 8).[44] Eine der am häufigsten verwendeten Begriffsdefinition für CSR stammt von Carroll (vgl. Gutberlet & Kern, 2007, S. 30). Carroll definiert CSR als „The social responsibility of business encompasses the economic, legal, ethical and discretionary expectations that society has of organizations at a given point in time" (1979, S. 500). Trotz der Vielzahl von unterschiedlichen Definitionen thematisieren alle Definitionen von CSR grundsätzlich das Engagement und die Verantwortung von Unternehmen gegenüber ihrer ökologischen und gesellschaftlichen Umwelt (vgl. Hiß, 2006, S. 21). In dieser Arbeit soll der Definition der Europäischen Kommission gefolgt werden. CSR wird hierbei definiert als ein „Konzept, das den Unternehmen als Grundlage dient, um auf freiwilliger Basis soziale und ökologische Belange in ihre Unternehmenstätigkeit und in die Beziehungen zu den Stakeholdern zu integrieren" (Kommission der europäischen Gemeinschaften, 2006, S. 6). Wie diese Definition zeigt, ist die Freiwilligkeit ein wesentlicher Aspekt von CSR. Für Unternehmen bedeutet dies, dass nicht nur die bestehenden Gesetze in den jeweiligen Ländern eingehalten werden, sondern dass darüber hinaus auch noch freiwillig etwas zur Zielerreichung getan wird (vgl. Fuchs-Gamböck, 2006, S. 13–14).

Grundsätzlich sind die Beachtung von Ethikstandards sowie die Respektierung der Menschenrechte Grundlage von CSR-Maßnahmen (vgl. Gutberlet & Kern, 2007, S. 42). Dabei existieren verschiedene Anwendungsbereiche von CSR, die sich anhand der einzelnen Anspruchsgruppen differenzieren. Für die Kunden sind bspw. überzeugende Service- und Produktstandards, welche zudem die Fair Trade Grundsätze entlang der Supply Chain beachten, von zunehmender Wichtigkeit. Des Weiteren ist bspw. bei der Auswahl von Lieferanten darauf zu achten, dass diese Kinder- und Zwangsarbeit unterlassen. Zudem spielt der Bereich der Öffentlichkeit eine zunehmend wichtige Rolle. Hierbei werden Gemeinden und Kommunen

44 Neben unterschiedlichen Definitionen existieren weitere Unklarheiten durch die Verwendung verschiedener Begriffe, welche das gesellschaftliche Engagement von Unternehmen erklären. Neben CSR werden auch die Begriffe „Corporate Citizenship", „Corporate Social Performance", „Corporate Sustainability", „Business Social Performance" und „Triple Bottom Line" verwendet. Diese wiederum wurden auf nationaler, europäischer und internationaler Ebene sehr unterschiedlich definiert (vgl. Dresewski, 2004, S. 14; Meffert & Münstermann, 2005, S. 3).

durch die Einrichtung karitativer Einrichtungen unterstützt (vgl. Gutberlet & Kern, 2007, S. 42–43). Weiterhin kann festgestellt werden, dass die Übernahme von gesellschaftlichem und ökologischem Engagement von der Unternehmensgröße unabhängig ist (vgl. Holzborn, 2006, S. 41). CSR-Maßnahmen nehmen deshalb auch in kleineren Unternehmen einen besonderen Stellenwert ein (vgl. Gutberlet & Kern, 2007, S. 66).

Unternehmen verfolgen mit CSR klare Ziele. Dabei gibt es eine Vielzahl von Motiven, die CSR-Aktivitäten begründen können. Neben dem Imagegewinn, der Kundenbindung und der Personalpolitik lassen sich durch CSR Kontakte zu Geschäftspartnern, Zulieferern, Kunden und zur Öffentlichkeit elegant und einfach knüpfen (vgl. Fuchs-Gamböck, 2006, S. 22–23). Insgesamt wird durch CSR eine Verbesserung des Unternehmensbildes und der Unternehmenskultur angestrebt (vgl. Gutberlet & Kern, 2007, S. 45). Des Weiteren können Firmen mit Hilfe von CSR ökonomische und nicht-ökonomische Erfolge erreichen. So zählen bspw. die Reduzierung der Kosten und die Steigerung des Umsatzes zu den ökonomischen Erfolgen von CSR. Dagegen zählen bspw. die Risikovermeidung und der Aufbau positiver Reputation für das Unternehmen zu den nicht-ökonomischen Erfolgen (vgl. Mayerhofer, Grusch & Mertzbach, 2008, S. 31). Besonders das Image eines Familienunternehmens kann durch ein nach außen kommuniziertes Unternehmensengagement gesteigert werden (vgl. Stiftung Familienunternehmen, 2007, S. 7). Insgesamt bewerten 92% der Familienunternehmen aus Deutschland, der Schweiz und Österreich CSR-Maßnahmen als positiv für das Unternehmen (vgl. PWC, 2010, S. 26). Umso überraschender ist jedoch, dass in Familienunternehmen scheinbar das Motto gilt: „Tue Gutes und sprich nicht darüber“ (Stiftung Familienunternehmen, 2007, S. 7).

In der zunehmend globalen Weltwirtschaft stellen CSR-Maßnahmen immer häufiger einen wichtigen Teil der internationalen Unternehmensstrategie dar (vgl. Iwu-Egwuonwu, 2010, S. 25). Für internationale Unternehmen ergibt sich jedoch oft das Problem, dass Erwartungen und Anforderungen in verschiedenen Ländern sehr heterogen sind. CSR kann dann in den Zielländern u.a. von der Geschichte des Landes und den soziokulturellen Werten abhängig sein (vgl. Meckl, 2010, S. 359). Internationale CSR-Maßnahmen lassen sich dabei auch in die Strategietypen von Bartlett/Ghoshal (vgl. Kapitel 3.1.2.4.1) einteilen (vgl. Meckl, 2010, S.

361–362).[45] Allerdings geben nur knapp 30% der deutschen Familienunternehmen mit einem Umsatz > 50 Mio. EUR p.a. an, ihr gesellschaftliches Engagement auch international auszurichten (vgl. Stiftung Familienunternehmen, 2007, S. 17).

Den Anstoß von CSR-Maßnahmen geben in Familienunternehmen oft die Familienunternehmer selbst mit ihren eigenen Visionen und Gestaltungswillen (vgl. Stiftung Familienunternehmen, 2007, S. 7). Oftmals wird das Engagement auch durch die Familientradition oder ethischen Überlegungen geleitet (vgl. Stiftung Familienunternehmen, 2007, S. 37). Auch der Wunsch und der Wille der Gründerfamilie, ihren sozialen und ethischen Überzeugungen Ausdruck zu verleihen, spielt bei der Übernahme von CSR-Maßnahmen eine wichtige Rolle (vgl. Schröder, 2010, S. 82). Zudem ergeben sich durch die besonderen Charakteristika von Familienunternehmen spezielle Aspekte für CSR-Maßnahmen. So haben Familienunternehmen mehr Freiheiten langfristige Strategien zu verfolgen und ein hohes Maß an sozialer Verantwortung zu übernehmen. Des Weiteren ist erkennbar, dass sich Familienunternehmen besonders in regionalen gesellschaftlichen Angelegenheiten verpflichtet fühlen und sich daher vermehrt in Aktivitäten vor Ort engagieren (vgl. Gutberlet & Kern, 2007, S. 66–67; Meffert & Münstermann, 2005, S. 1). So liegt der Fokus von CSR-Maßnahmen oft weniger auf ganze Länder sondern vielmehr auf Gemeinden in denen die Unternehmen tätig sind (vgl. Jenkins, 2004, S. 41). Zudem liegt der Fokus des Engagements neben den Kunden und der Umwelt bei den eigenen Mitarbeitern (vgl. Stiftung Familienunternehmen, 2007, S. 6). Diese stellen zugleich die wichtigste Zielgruppe für deutsche Familienunternehmen im Zusammenhang mit CSR-Maßnahmen dar (vgl. Schröder, 2010, S. 99). Zusammenfasssend kann festgestellt werden, dass CSR somit auch für Familienunternehmen eine wichtige strategische Option darstellt, welche auch bei der Internationalisierung berücksichtigt werden sollte.

3.2.4 Erfolgsfaktoren von Familienunternehmen bei der Internationalisierung

Nachdem die Besonderheiten von Familienunternehmen bei der Internationalisierung aufgezeigt wurden, wird im Folgenden auf besondere Erfolgsfaktoren von Familienunternehmen bei der Internationalisierung eingegangen. Dabei haben die in Kapitel 2.3 aufgezeigten allgemeinen Erfolgsfaktoren bei Familienunternehmen für die Internationalisierung ebenfalls ihre

[45] Es ist dann von einer globalen, transnationalen, internationalen und multinationalen CSR-Strategie die Rede. Zur Unterscheidung der einzelnen CSR-Strategien s. Meckl (2010, S. 361–362).

Gültigkeit. Weltweit führende Familienunternehmen besitzen die Fähigkeit, sich im Laufe vieler Jahre und Generationen an interne (z.B. der plötzliche Tod eines Familiengeschäftsführers) und externe Veränderungen (z.B. Öffnung der Märkte) anzupassen (vgl. Schwass, 2007, S. 28). Auch die hohe unternehmerische Flexibilität, welche durch die unbürokratischen und flachen Hierarchien zustande kommt, steht für den Erfolg von Familienunternehmen bei der Internationalisierung (vgl. Berger, 2008, S. 389). Flexibilität bei der Kundenorientierung, rasche Anpassung an verschiedene Marktbedingungen sowie schnelles Wahrnehmen von Gelegenheiten können Wettbewerbsvorteile von Familienunternehmen auf den Weltmärkten darstellen (vgl. Ohle, 2008, S. 38; Tolstoy, 2009, S. 206–207). Auch strategische Ressourcen, wie z.B. das Vorhandensein von Familienmitgliedern in verschiedenen Ländern, können höhere Reaktionsgeschwindigkeiten ermöglichen und somit auch Flexibilität bei gleichzeitig hohem Qualitätsniveau sicherstellen (vgl. Wiechers, 2006, S. 269–270). Zudem ist das Engagement der Eigentümer und des Managements von Familienunternehmen für die internationalen Aktivitäten von zentraler Bedeutung. Dieses starke Engagement stellt einen Schlüssel- und Erfolgsfaktor bei der Internationalisierung dar (vgl. Casillas et al., 2007, S. 229).

Eine erfolgreiche Internationalisierung gelingt meistens nur, wenn zuvor der heimische Markt erfolgreich erschlossen ist (vgl. Haussmann, Holtbrügge, Rygl & Schillo, 2006, S. 43). Für internationale Familienunternehmen liegen Erfolgsfaktoren auch in der Beachtung und Berücksichtigung der lokalen kulturellen und gesellschaftlichen Gegebenheiten des jeweiligen Ziellandes, in der Analyse von Wettbewerbsvorteilen und in einer Fokussierung der relevanten Märkte. Vor allem kleinere Unternehmen verfolgen dabei eine Differenzierungsstrategie (vgl. Böllhoff, 2006, S. 122). Familienunternehmen handeln bei der Internationalisierung oft nach dem Grundsatz: „Lieber ein großer Fisch in einem kleinen Teich als ein kleiner Fisch in einem großen Teich“ (May, 2012, S. 68). Einen Wettbewerbsvorteil erreicht ein Familienunternehmen im besten Fall indem es über Ressourcen verfügt, welche selten, wertvoll, nicht-substituierbar und nicht-imitierbar sind (vgl. Barney, 1991, S. 102). Zusätzlich kann das direkte Erleben des Kundenalltags rund um das jeweilige Produkt ein erfolgsentscheidender Baustein in Bezug auf die Internationalisierung des Unternehmens sein (vgl. Wessner, 2009, S. 165). All diese Überlegungen lassen sich regelmäßig in Familienunternehmen finden, weshalb sie als Erfolgsfaktoren von Familienunternehmen bei der Internationalisierung betrachtet werden können.

Familiengesellschaften besitzen bei der Internationalisierung gegenüber Nicht-Familienunternehmen mehrere Vorteile. Zum einen verfügen sie über eine große Kundennähe. Dadurch kann von den Kunden gelernt werden und die Internationalisierungsstrategie kann lauten, dem Kunden ins Ausland zu folgen (vgl. Klein, 2008b, S. 9). Zum anderen haben die Unternehmen durch langjährige Geschäftsführungsmitglieder und Familienmitglieder einen besonders guten Zugang zu Netzwerken, welche für die Internationalisierung von Vorteil sein können. Ein weiterer Vorteil, der bei Vorhandensein für Familienunternehmen einen Erfolgsfaktor bei der Internationalisierung darstellen kann, ist das hohe Vertrauen der Familienmitglieder zueinander. Durch dieses Vertrauen kann z.B. auf kostenintensive Kontroll- und Berichtssysteme verzichtet werden. Gleichzeitig wird dadurch eine größere Flexibilität erreicht, die eine stärkere Konzentration auf den Zielmarkt erlaubt (vgl. Klein, 2008b, S. 9–10). Des Weiteren stellt die typisch langfristige Denkweise von Familienunternehmen einen Erfolgsfaktor bei der Internationalisierung dar (vgl. Wolf, 2011, S. 176). Durch diese Denkweise kann auch an Strategien festgehalten werden, in denen der gewünschte Erfolg nicht gleich in den ersten Jahren der Internationalisierung eintritt und erreicht wird.

Der Unternehmer selbst kann als Schlüsselvariable bei Internationalisierungsentscheidungen bezeichnet werden und beeinflusst somit maßgeblich Erfolg oder Scheitern der Internationalisierung eines Unternehmens (vgl. Hodicová, 2007, S. 16). Dabei werden Internationalisierungsentscheidungen in Familienunternehmen oftmals eher unorthodox getroffen. Ein gesundes Verhältnis zwischen einer Internationalisierungsstrategie und dem richtigen „Bauchgefühl" des Familienunternehmers scheint eine erfolgsversprechende Mischung zu sein (vgl. Commerzbank, 2007, S. 21). Das „Vertrauen in die eigene Stärke" gehört deshalb auch zu den Erfolgsfaktoren beim Internationalisierungsprozess von Familienunternehmen (vgl. Commerzbank, 2007, S. 23). „Das persönliche Engagement der Eigentümerfamilie wirkt dabei als der unternehmerische Treiber" (Sachs, 2008, S. 41). Zu beachten ist jedoch auch, dass die Einflussnahme der Familie auf den internationalen Geschäftsbetrieb in Familienunternehmen in vielen Fällen unklar geregelt ist (vgl. Freiling & Simon, 2006, S. 193). Daher ist es zwingend erforderlich diese im Vorfeld festzulegen, damit die Internationalisierung erfolgreich ist. Die besten und erfolgreichsten Familienunternehmen nutzen die Vorteile der familiären Inhaberschaft im globalen Wettbewerb (vgl. May, 2009, S. 119). Erneut zeigt sich, dass Familienunternehmen einige Erfolgspotentiale besitzen, die auch für eine erfolgreiche Internationalisierung genutzt werden können.

4. Sozialkapital und unternehmerisches Handeln

4.1 Begriff des Sozialkapitals und theoretischer Hintergrund

4.1.1 Grundlagen zu Sozialkapital

4.1.1.1 Begriffliche Grundlagen

Der Begriff „Sozialkapital" wurde im Jahre 1916 durch Hanifan zum ersten Mal in der Literatur im Kontext der Gemeindesoziologie verwendet (vgl. 1916, S. 130). Zudem wurde der Ausdruck durch die Netzwerkforschung geprägt. Mittlerweile ist Sozialkapital in der Forschung ein vielzitierter Begriff, für den keine einheitliche Definition vorliegt (vgl. Adler & Kwon, 2002, S. 18–21; Schechler, 2002, S. 23; Matiaske, 2005, S. 81; Fuchs, 2006, S. 93; Grüb, 2007, S. 76; Koob, 2007, S. 26–27; Wu, 2008, S. 124–125; Kneidinger, 2010, S. 25).[46] Auch in der betriebswirtschaftlichen Forschung ist der Begriff Sozialkapital in den letzten Jahren immer mehr „in Mode" gekommen (vgl. Fuchs, 2006, S. 83).

In der Wissenschaft unterscheidet man zwischen drei grundlegend verschiedenen Kapitalarten: physisches Kapital, Humankapital und Sozialkapital (vgl. Steier, 2001, S. 259; Maurer, 2003, S. 29). Physisches Kapital stellt den von Menschen geschaffenen Bestand materieller Ressourcen dar, die dazu verwendet werden können zukünftiges Einkommen zu produzieren (vgl. Ostrom & Ahn, 2003, S. 46). Zudem ist physisches Kapital typischerweise greifbar. Dies ist z.B. bei einer Fabrik, ihrem dazugehörigen Equipment, Grund und Boden sowie Geld der Fall (vgl. Steier, 2001, S. 295). Humankapital ist Kapital, welches in Unternehmen zu finden ist. Es stellt das erworbene Wissen des Individuums für die Tätigkeit dar (vgl. Ostrom & Ahn, 2003, S. 47). Dies beinhaltet Werte wie Wissen, Begabung, Nutzen und Charme sowie die Einstellung und die Arbeitsmoral (vgl. Steier, 2001, S. 295; Dyer, 2006, S. 262). Dagegen stellt soziales Kapital eine Ressource dar, „die aus zwischenmenschlichen Beziehungen resultiert" (Marbach, 2008, S. 347). Im Vergleich zu den anderen beiden Kapitalformen ist soziales Kapital damit kompliziert aufrechtzuerhalten, weniger gut greifbar und schwer aneigbar, denn es ist eingebettet und entsteht durch Beziehungen zwischen Individuen (vgl. Burt, 1992, S. 9; Coleman, 1990, S. 304; Maurer, 2003, S. 29). Weiterhin steht der Begriff Sozialkapital für „the ability of actors to secure benefits by virtue of membership in social networks or other social structures" (Portes, 1998, S. 6). Zudem bezieht sich Sozialkapital auf „the actual and potential resources individuals obtain from knowing others, being part of a social network

[46] Für einen Überblick verschiedener Definitionen zu Sozialkapital s. bspw. Fuchs (2006, S. 93–94).

with them, or merely from being known to them and having a good reputation" (Baron & Markman, 2000, S. 107). Somit wird mit Sozialkapital der Nutzen umschrieben, der aus den jeweiligen sozialen Beziehungen und Netzwerken hervorgerufen wird. Dadurch entsteht eine Art Maßzahl für den „Wert" sozialer Bindungen (vgl. Kneidinger, 2010, S. 25). Der Sozialkapitalansatz dient demnach der Untersuchung sozialer Beziehungen und Netzwerke (vgl. Woolcock & Narayan, 2000, S. 226; Badura, Greiner, Rixgens, Ueberle & Behr, 2008, S. 8).

Während physisches Kapital und Humankapital in der Regel private Güter darstellen, ist die Zuordnung bei sozialem Kapital nicht eindeutig möglich (vgl. Grüb, 2007, S. 79; Franzen & Pointer, 2007, S. 67–68}). Kein Einzelner allein verfügt über den Besitz von Sozialkapital, sondern es gehört den an einer Beziehung beteiligten Akteuren gemeinsam (vgl. Todeva & Knoke, 2002, S. 348–349). Sozialkapital kann deshalb auch als „semi-privates" Gut bezeichnet werden (vgl. Franzen & Pointner, 2007, S. 68). Zudem impliziert der Kapitalbegriff die Absicht einer Investition, die dazu das Ziel hat, eine Rendite zu erwirtschaften (vgl. Schechler, 2002, S. 24). Außerdem stellt soziales Kapital eine immaterielle Kapitalart dar, deren Basis im Gegensatz zu Human- oder physischen Kapital weder ein Individuum noch ein Gegenstand ist. Diese Kapitalart beruht vielmehr auf Beziehungen der Akteure und der Unternehmen (vgl. Schechler, 2002, S. 39; Gabriel, Kunz, Roßteutscher & Deth, 2002, S. 145). Gewinne und Erlöse, welche aus sozialen Beziehungen und Netzwerken entstehen, lassen sich durch soziales Kapital theoretisch fundiert erklären (vgl. Deindl, 2005, S. 2).

Der Aufbau von Sozialkapital ist als „individuelle, egoistische Nutzenmaximierung interpretierbar" (Koob, 2007, S. 28). Zudem kann durch soziales Kapital der Bezug anderer Ressourcen ermöglicht bzw. erleichtert werden (vgl. Bourdieu, 1986, S. 248). In jedem Fall sind soziale Beziehungen, welche in unterschiedlichster Weise existieren, Voraussetzung für Sozialkapital (vgl. Kneidinger, 2010, S. 25). Erst durch Kontakte, Beziehungen und Netzwerke ist ein Informations- bzw. Ressourcentransfer möglich (vgl. Wöhler & Hinz, 2007, S. 93). Im ökonomischen Verständnis wird der Ertrag von sozialen Beziehungen den Kosten für den Aufbau und Pflege von Beziehungen, welche durch den Zeitaufwand der jeweiligen Akteure in Beziehungen und Netzwerke messbar ist, gegenübergestellt (vgl. Kühlmann, 2003, S. 2–3; Riemer, 2005, S. 159–161; Fuchs, 2006, S. 84). Allerdings ist die Transferierbarkeit von Sozialkapital niedrig, da es nicht auf Märkten gehandelt, auf andere Akteure übertragen und nicht veräußert werden kann (vgl. Leana & Buren, 1999, S. 539; Riemer, 2005, S. 158).

4.1.1.2 Arten von Beziehungen und Netzwerken

Sozialkapital hat verschiedene Wirkungen auf der Makro- und Mikro-Ebene, welche stark von der Art der Beziehungsstruktur abhängen können. Die Generierung von Sozialkapital ist dabei abhängig von Beziehungen und Netzwerken im Allgemeinen sowie der Art der Beziehung im Spezifischen. Daher ist es sinnvoll, auf die verschiedenen Arten von Beziehungen und Netzwerken einzugehen (vgl. Kriesi, 2007, S. 35). Grundsätzlich besteht eine Beziehung dann, wenn mindestens eine Interaktion zwischen zwei Akteuren stattgefunden hat (vgl. Dijk, 1997, S. 6). Beziehungen wiederum bilden Netzwerke (vgl. Biedermann, 2007, S. 152). Netzwerke und Beziehungen können zum einen in horizontale und vertikale Beziehungen und Netzwerke unterschieden werden (vgl. Putnam, 1993, S. 173–175). Horizontale Netzwerke liegen vor, wenn innerhalb des Netzwerkes (z.B. Vereine) Akteure mit vergleichbarem Status und Macht zusammengebracht werden. Diese Beziehungen und Netzwerke können aufgrund symmetrischer Beziehungen eine hohe kooperationsfördernde und vertrauensbildende Wirkung ausüben (vgl. Kriesi, 2007, S. 35; Battisti, 2008, S. 22; Heydenreich-Burck, 2010, S. 56). Innerhalb vertikaler Beziehungen und Netzwerke finden sich Akteure mit ungleichem Status und Macht wieder. Dies hat zur Folge, dass der Informationsfluss unzuverlässiger sein kann. Deshalb können vertikale Beziehungen und Netzwerke eine vertrauensbildende und kooperationsfördernde Wirkung schwieriger entfalten (vgl. Kriesi, 2007, S. 35–36).

Zum anderen wird innerhalb des Beziehungs- und Netzwerkverständnisses immer wieder auf die Differenzierung zwischen „strong und weak ties“ aufmerksam gemacht (vgl. Koob, 2007, S. 274). Starke Beziehungen zielen vor allem auf affektive Komponenten wie Vertrauen, Sympathie und einer gemeinsamen Sicht der Dinge (vgl. Riemer, 2005, S. 133). Nach Tymon & Stumpf zeichnen sich starke Beziehungen zusätzlich durch Respekt und wechselseitigen Nutzen aus (vgl. 2003, S. 18). Des Weiteren sind starke Beziehungen sehr intensiv und familiär geführt (vgl. Jansen, 2002, S. 95). Starke Beziehungen finden sich somit vornehmlich im engen Freundes- und Bekanntenkreis wieder und dienen bspw. der Informationsbeschaffung.[47] Zudem findet bei starken Beziehungen ein regelmäßiger Austausch zwischen den Akteuren statt (vgl. Anderson et al., 2005, S. 140). Dieser ist im Gegensatz zu schwachen Beziehungen durch einen höheren zeitlichen Aufwand charakterisierbar und messbar (vgl. Granovetter, 1973, S. 1361). Damit besitzen starke Beziehungen oftmals eine gewisse Intimi-

[47] Informationen können bei einem weit gefassten Ressourcenbegriff auch als Ressource eingestuft werden. Damit wird die Informationsfunktion ein Teilaspekt der Ressourcenfunktion (vgl. Preisendörfer, 2007, S. 279). In dieser Arbeit werden Informationen ebenfalls als Ressourcen betrachtet.

tät, die zugleich eine emotionale Verbundenheit ausdrückt (vgl. Braun, 2008, S. 48; Battisti, 2008, S. 23). Solche Eigenschaften lassen sich bei schwachen Beziehungen nicht finden. Allerdings können auch Netzwerke mit nur schwach verbundenen Personen für Akteure vorteilhaft sein (vgl. Jansen, 2002, S. 97). Gerade durch schwächere Beziehungen zwischen Personen können oftmals nützliche Kontakte mit Außenstehenden geknüpft werden (vgl. Koob, 2007, S. 274). Sollen mehr Informationen empfangen und zudem eine größere Verbreitung von Informationen angestrebt werden, so sind schwache Beziehungen vorteilhaft (vgl. Granovetter, 1974, S. 93).

Des Weiteren kann zwischen formellen und informellen Beziehungen und Netzwerken unterschieden werden. Informelle Beziehungen entstehen ohne äußere Vorgaben zwischen verschiedenen Personen bzw. Unternehmen. Dagegen entstehen formelle Beziehungen zwischen Individuen im Rahmen von institutionalisierten Organisationen (vgl. Kneidinger, 2010, S. 27). Formelle Beziehungen, Netzwerke und Organisationen stellen u.a. Beziehungen zu Behörden, Institutionen und Kunden sowie Mitgliedschaften in Vereinen, Gewerkschaften und Parteien dar (vgl. Jacobsen, 2003, S. 213). Somit können auch Mitgliedschaften in unterschiedlichen Netzwerken und Vereinen soziales Kapital darstellen (vgl. Gabriel et al., 2002, S. 97). Beziehungen und Netzwerke welche formell organisiert sind, verfügen über regelmäßige Versammlungen, Satzungen und offiziellen Funktionären. Dagegen bleiben Beziehungen und Netzwerke informell, wenn Individuen sich außerhalb dieser Organisationen zu sozialen Aktivitäten treffen (vgl. Stadelmann-Steffen & Freitag, 2007, S. 298). Informelle Beziehungen und Netzwerke bestehen dabei vor allem aus bzw. mit der Familie, Freunden und Bekannten (vgl. Jacobsen, 2003, S. 213). Zudem ist der Fortbestand sozialer Beziehungen in formellen Netzwerken und Vereinigungen eher garantiert, da ein regelmäßiges Wiedersehen gewährleistet wird (vgl. Gabriel et al., 2002, S. 39). Das Engagement in formellen Organisationen ist daher auf Dauer angelegt (vgl. Kriesi, 2007, S. 36–38). Die Dauerhaftigkeit von informellen Beziehungen ist im Vergleich dazu weniger garantiert. Dennoch sind informelle Beziehungen mit ihrem Einfluss auf das Vertrauen, der Kooperationsfähigkeit und der gegenseitigen Begünstigung insgesamt nicht zu vernachlässigen (vgl. Stadelmann-Steffen & Freitag, 2007, S. 298).

Neben den bisher beschriebenen Arten von Beziehungen und Netzwerken existieren noch weitere mögliche Unterscheidungen. So können Beziehungen und Netzwerke mehr oder weniger exklusiv sein. Das bedeutet zum einen, dass sich bei exklusiveren Beziehungen

Netzwerke stärker von anderen Gruppen abgrenzen und distanzieren können. Zum anderen stellen weniger exklusive Beziehungen oftmals sehr viel offenere Netzwerke dar (vgl. Franzen & Pointner, 2007, S. 68). Des Weiteren können Beziehungen oberflächlich oder zeitlich und emotional intensiv, einseitig oder beidseitig sein (vgl. Granovetter, 1973, S. 1361; Maurer, 2003, S. 29).

4.1.1.3 Strukturen von Beziehungen und Netzwerken

Beziehungen und Netzwerke können grundsätzlich unterschiedliche Strukturen annehmen, die im Folgenden aufgezeigt werden sollen. Formal lässt sich ein soziales Netzwerk als ein Graph aus Verbindungslinien und Knoten darstellen (vgl. Jansen, 2006, S. 13; Wald, 2008, S. 493). Dabei stehen die Knoten für Akteure und die Verbindungslinien für den Kontakt zwischen ihnen (vgl. Katzer, 2009, S. 12; Jansen & Diaz-Bone, 2011, S. 74). Auf die Betriebswirtschaftslehre übertragen, stellen die Knoten soziale Akteure wie z.B. Individuen, Gruppen oder Unternehmen dar, die miteinander in Beziehung stehen (vgl. Kröll, 2003, S. 96). Abbildung 14 verdeutlicht diese Überlegungen.

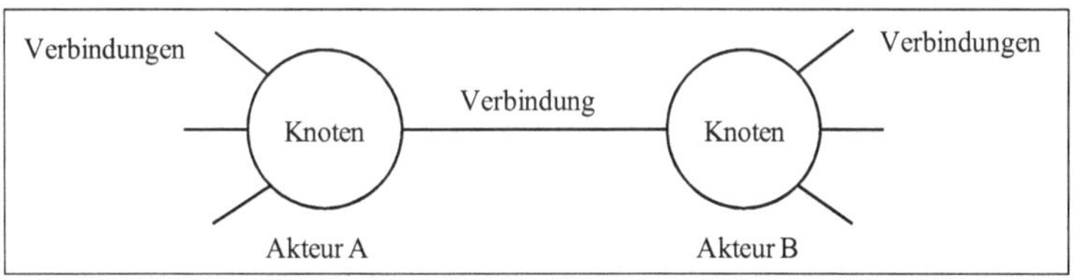

Abbildung 14: Verbindungen zwischen Akteuren
Quelle: Katzer (2009, S. 12)

Des Weiteren kann man Netzwerke in geschlossene und spärliche Netzwerke unterscheiden und einteilen. In einem geschlossenen Netzwerk stehen die Akteure untereinander in Kontakt und in Verbindung. Jeder Akteur ist in Beziehung mit den anderen möglichen Akteuren, was eine Kooperation zwischen den verschiedenen Mitgliedern ermöglicht (vgl. Riemer, 2005, S. 107). In einem geschlossenen Netzwerk „steht eine möglichst dichte, kohäsive Netzwerkstruktur mit bewusst redundanten Verbindungen im Vordergrund" (Riemer, 2005, S. 107). Dagegen stehen die Akteure in spärlichen Netzwerken nicht mit den anderen Beteiligten in Kontakt. Zudem gehen die Verbindungen nur von einem Akteur aus (vgl. Burt, 1992, S. 17). Die Grundstruktur beider möglichen Netzwerke zeigt die folgende Abbildung.

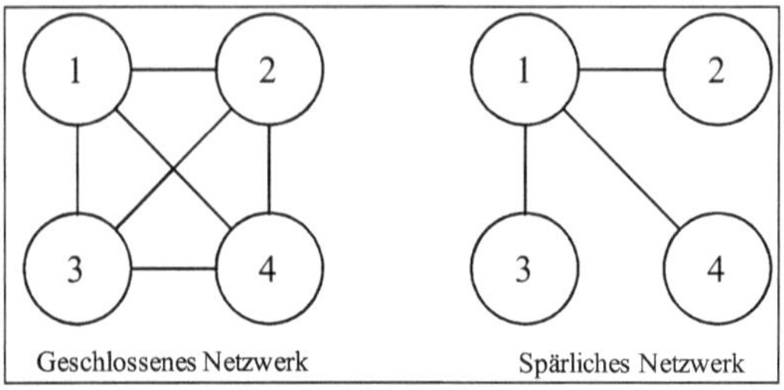

Abbildung 15: Grundstruktur von Netzwerken
Quelle: Katzer (2009, S. 20)

Wie Abbildung 15 zeigt, wird in einem geschlossenen Netzwerk eine direkte Kooperation zwischen den Akteuren 1, 2, 3 und 4 ermöglicht. Die Akteure stehen damit in wechselseiter Beziehung. Dagegen stehen die Akteure 2, 3 und 4 in einem spärlichen Netzwerk nicht unmittelbar in Kontakt. Die Netzwerkgeschlossenheit hat zur Folge, dass innerhalb des Netzwerks auch einfacher Vertrauen entstehen kann (vgl. Riemer, 2005, S. 107–108).

Des Weiteren können nach Burt zwischen verschiedenen Netzwerken sogenannte „structural holes“ existieren. Ein „structural hole“ ist gegeben, wenn weder eine direkte noch indirekte Verbindung zwischen den Akteuren verschiedener Netzwerke besteht (vgl. Burt, 1992, S. 18). Bezogen auf ein Netzwerk, kann eine sogenannte „Brücke“ die beiden Netzwerke miteinander verbinden und so z.B. einen Informationsfluss ermöglichen (vgl. Katzer, 2009, S. 23-23). Für eine „Brücke“ erweisen sich oft schwache Beziehungen von Vorteil (vgl. Jansen, 2002, S. 97). Abbildung 16 verdeutlicht diese Überlegungen.

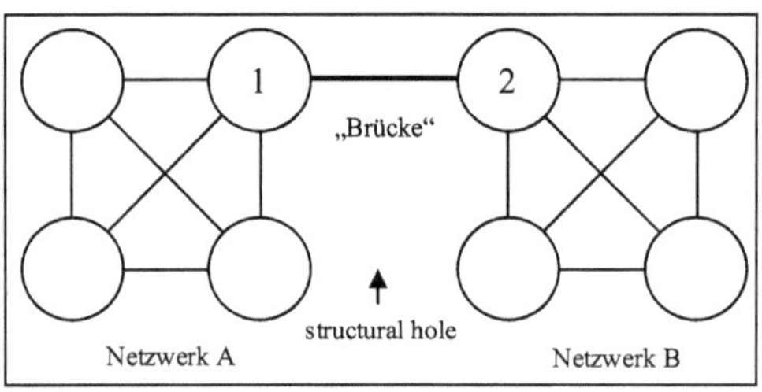

Abbildung 16: Structural hole und Brücke zwischen Netzwerken
Quelle: Katzer (2009, S. 22)

Wie aus Abbildung 16 zu entnehmen ist, liegen zwei verschiedene Netzwerke vor, die mit den beiden Akteuren 1 und 2 durch eine „Brücke“ miteinander verbunden sind. Die Informationen, welche die beiden Akteure austauschen, werden im Anschluss innerhalb des Netzwerkes A bzw. B weitergegeben (vgl. Grüb, 2007, S. 84). Der Vorteil für die Akteure 1 und 2 liegt darin begründet, dass für sie ein direkter Zugang zu den Informationen gegeben ist und sie zugleich über die Kontrolle verfügen, die Informationen an die anderen Netzwerkteilnehmer zu verteilen bzw. zurückzuhalten (vgl. Grüb, 2007, S. 85).

4.1.2 Verschiedene theoretische Ansätze

4.1.2.1 Soziale Netzwerktheorie

Insgesamt stellt die Sozialkapitaltheorie ein noch im Aufbau befindliches Gefüge verschiedener theoretischer Konstrukte dar. Es existiert bisher nicht die „eine" Sozialkapitaltheorie, sondern verschiedene Perspektiven, die den Wert von sozialen Beziehungen aus unterschiedlichen Blickwinkeln beleuchten (vgl. Riemer, 2005, S. 57). Bei allen Differenzen die in der Sozialkapitalforschung zu finden sind, findet sich jedoch die grundlegende Annahme, dass soziales Kapital positive Wirkungen auf Akteure hat und zudem für die Erreichung der Ziele hilfreich ist (vgl. Heydenreich-Burck, 2010, S. 41). Bevor auf die bekanntesten und wichtigsten Ansätze zum Sozialkapital eingegangen wird, soll zunächst die Netzwerktheorie näher betrachtet werden, da diese auch im Zusammenhang mit der Thematik in dieser Arbeit steht.

Die Netzwerktheorie richtet den Fokus auf die Beschreibung und Analyse bestehender Strukturen sozialer Beziehungen und Netzwerke. Dabei wird in der sozialen Netzwerktheorie die zentrale Annahme getroffen, dass Akteure voneinander abhängig handeln und dass das Verhalten eines Akteurs durch das Verhalten eines anderen Akteurs beeinflusst wird (vgl. Wasserman & Faust, 1994, S. 7–8; Fuchs, 2006, S. 125). Zudem werden nach der sozialen Netzwerktheorie nicht nur isolierte Akteure betrachtet, sondern „der strukturelle Kontext der sozialen Bindungen untersucht" (Fuchs, 2006, S. 133). In der Netzwerktheorie werden somit sowohl Beziehungen als auch die Struktur der Beziehungen untersucht (vgl. Fuchs, 2006, S. 132). „Als eine bemerkenswerte Prämisse der sozialen Netzwerktheorie ist zu nennen, das sie die Handlung eines Akteurs mit der Beziehung, die durch diese Handlung zu anderen Akteuren hergestellt wird, erklärt" (Fuchs, 2006, S. 132).

Dabei wird der Netzwerkbegriff in unterschiedlichen theoretischen Ansätzen und Disziplinen verwendet (vgl. Kandrova, 2007, S. 35). Beispielsweise werden Netzwerke aus soziologischer Sicht als „totality of all the units connected by a certain type of relationship" verstanden (Becker & Schade, 1995, S. 331). Zudem werden Netzwerke als die Gesamtheit sozialer Beziehungen und Verbindungen zwischen Individuen und Institutionen betrachtet (vgl. Grüb, 2007, S. 93) und als eine durch Beziehungen eines bestimmten Typs verbundene Summe sozialer Einheiten, wie z.b. Organisationen, Positionen und Personen, definiert (vgl. Schenk, 1995, S. 14). Dabei können unterschiedliche Netzwerktypen, wie z.B. regionale Netzwerke, strategische Netzwerke oder Branchennetzwerke vorliegen (vgl. Kröll, 2003, S. 100–109).

Durch die Einbettung in soziale Netzwerke wird es den Akteuren und Mitgliedern im Vergleich zu Nicht-Mitgliedern ermöglicht schneller, vertrauensvoller und zuverlässiger an wichtige Informationen zu kommen (vgl. Burt, 1992, S. 206; Reiners, 2008, S. 58–59). Somit kann mit Hilfe sozialer Netzwerke der Zugang zu wichtigen relevanten Informationen für Akteure und Unternehmen erleichtert sowie ein früherer Zugang zu Informationen ermöglicht werden (vgl. Arenius, 2002, S. 5; Rehner, 2004, S. 86; Jansen & Wald, 2007, S. 189). Des Weiteren können durch Netzwerke neue Partner mobilisiert werden. Durch diese können sich für ein Unternehmen neue Möglichkeiten ergeben, indem es bspw. Zugang zu spezialisierten Leistungen und fremden Kenntnissen erhält. Zugleich eröffnen Netzwerke die Möglichkeit Kundenkontakte zu pflegen und sich ändernden Rahmenbedingungen besser und schneller anzupassen (vgl. Kandrova, 2007, S. 37). Insgesamt können Netzwerke zur Verbreitung, Aufrechterhaltung und Bildung von Sozialkapital beitragen (vgl. Grüb, 2007, S. 93).

4.1.2.2 Ansatz Bourdieu

Für Bourdieu stellt soziales Kapital ein Teil der Kapitalausstattung von Individuen oder Gruppen dar. Diese besitzen neben ökonomischem Kapital (materielle Dinge, die einem Akteur zur Verfügung stehen und in andere Formen von Kapital (z.B. Geld) transformiert werden können) und kulturellem Kapital (Kenntnisse und Fähigkeiten der einzelnen Individuen, welche gewinnbringend eingesetzt werden können. Dies können z.B. erworbene Zertifikate (z.B. Diplom) und die im Besitz befindlichen kulturellen Wertgüter (z.B. Bücher) sein) auch soziales Kapital (vgl. Bourdieu, 1983, S. 183–190). Bourdieu beschreibt die Übertragbarkeit, Wechselwirkung und Umwandlung der verschiedenen Kapitalformen (vgl. Grüb, 2007, S. 79; Aulinger, 2005, S. 254–258). Dieses Zusammenspiel dokumentierte er für einzelne Berufsgruppen über mehrere Jahre hinweg (vgl. Fuchs, 2006, S. 88).

Sozialkapital definiert Bourdieu als "die Gesamtheit der aktuellen und potentiellen Ressourcen, die mit dem Besitz eines dauerhaften Netzes von mehr oder weniger institutionalisierten Beziehungen gegenseitigen Kennens oder Anerkennens verbunden sind; oder, anders ausgedrückt, es handelt sich dabei um Ressourcen, die auf der Zugehörigkeit zu einer Gruppe beruhen" (1983, S. 190–191; 1992, S. 63). Demnach ist für Bourdieu soziales Kapital eine Ressource auf der Mikroebene, welche vor allem einem Individuum zur Verfügung steht (vgl. Koob, 2007, S. 210–211). Damit Individuen über Sozialkapital verfügen können, müssen Beziehungen zu anderen Akteuren, wie z.B. Personen oder Institutionen, vorliegen. Zudem haben diese Ressourcen den Charakter eines Geschenkes, da hierfür im Allgemeinen nichts bezahlt werden muss (vgl. Kriesi, 2007, S. 24). Dabei hängt der Umfang des sozialen Kapitals eines jeden einzelnen sowohl von den tatsächlich mobilisierten Beziehungen als auch von dem Umfang des Kapitals, welches diejenigen besitzen, mit denen eine Beziehung besteht, ab (vgl. Bourdieu, 1983, S. 191). Damit sollen die individuellen Ziele leichter erreicht werden (vgl. Bourdieu, 1983, S. 191–192; Bourdieu, 1986, S. 248–249; Bourdieu, 1992, S. 64–67).

Zugleich soll der Begriff Sozialkapital auf die soziale Ungleichheit hinweisen. Für Bourdieu ist die Dauer und die Dichte der Beziehungen ein zentraler Aspekt von Sozialkapital. Dadurch sollen durch die einzelnen Kontakte innerhalb eines sozialen Raums der Zugang zu wichtigen Ressourcen (z.B. Kompetenzen, Informationen) ermöglicht werden (vgl. Bourdieu, 1986, S. 248; Fuchs, 2006, S. 87–88; Reiners, 2008, S. 6). Der Wert der einzelnen Beziehungen ist dabei auch von der Anzahl der Kontakte abhängig (vgl. Bourdieu, 1986, S. 249).

4.1.2.3 Ansatz Coleman

Neben Bourdieu hat auch Coleman die Sozialkapitaltheorie geprägt. Dabei überprüft er, inwieweit die soziale Herkunft bzw. der soziale Status für den Erfolg in der Schulausbildung verantwortlich ist (vgl. Fuchs, 2006, S. 88). Der Ansatz von Coleman sagt, dass soziales Kapital keine Eigenschaft von einzelnen Akteuren ist, sondern aus den sozialen Beziehungen der Akteure entsteht (vgl. 1988, S. 98). Nach Coleman wird soziales Kapital definiert „by its function. It is not a single entity, but a variety of different entities having two characteristics in common: They all consist of some aspect of social structure, and they facilitate certain actions of individuals who are within the structure" (1990, S. 302). Unter Sozialkapital versteht Coleman also den Bestand an Ressourcen, der in Organisationen, Familien und/oder

Gruppen anderen Akteuren als Gemeinschaft zur Verfügung steht (vgl. Fuchs, 2006, S. 88). Dadurch können Aktivitäten innerhalb dieser Strukturen leichter durchgeführt und die Interessen kollektiver und individueller Akteure einfacher durchgesetzt werden (vgl. Coleman, 1988, S. 98; Kriesi, 2007, S. 24). Sozialkapital hat demnach auch eine produktive Komponente, die es ermöglicht, bestimmte Ziele zu erreichen, welche ohne Sozialkapital nicht erreicht werden könnten (vgl. Kriesi, 2007, S. 25; Grüb, 2007, S. 76). Zudem ist es für Coleman wichtig, dass soziales Kapital einen gemeinschaftlichen Vermögenswert darstellt, der von mehreren Akteuren als Gruppe geschaffen wird. Somit verbessern sich auch die Möglichkeiten der verschiedenen Gruppenmitglieder (vgl. Fuchs, 2006, S. 89).

Nach Coleman kann Sozialkapital in drei Gruppen klassifiziert werden. Zum einen gibt es soziales Kapital, welches aus Erwartungen und Verpflichtungen entsteht (vgl. Coleman, 1988, S. 101). Diese entstehen, wenn eine Person einen Gefallen für einen anderen Akteur erbringt. Aufgrund der Reziprozität erwartet in Zukunft der Akteur eine Handlung der anderen Person. Die Akteure vertrauen also auf Gegenleistungen der anderen Personen (vgl. Coleman, 1988, S. 102–103; Aulinger, 2005, S. 261–262; Grüb, 2007, S. 77–78). Eine weitere Form von Sozialkapital nach Coleman stellt das Informationspotenzial dar. Dabei sind der Zugang zu Informationen sowie der Informationsaustausch wichtige Ressourcen, um eine Grundlage für Handlungen und Entscheidungen darzustellen (vgl. Coleman, 1988, S. 104; Aulinger, 2005, S. 263; Grüb, 2007, S. 78). Zum anderen geht Coleman davon aus, dass diejenigen Akteure, die an individueller Nutzenmaximierung interessiert sind, auch in Austauschbeziehungen zueinander treten. Dadurch können mit der Zeit Vertrauen und Normen zwischen den Akteuren entstehen (vgl. Coleman, 1991, S. 396–399). Handlungen können durch Normen beschränkt oder ermöglicht werden und durch innere Sanktionen (z.B. schlechtes Gewissen) sowie externe Sanktionen (z.B. Bestrafung) verstärkt werden (vgl. Coleman, 1988, S. 105; Aulinger, 2005, S. 264; Grüb, 2007, S. 78).

Für Coleman entsteht Sozialkapital durch ein dichtes, geschlossenes Beziehungsnetzwerk in denen zwischen den Akteuren untereinander Beziehungen bestehen (vgl. 1988, S. 105–109). Ein geschlossenes Netzwerk bietet den verschiedenen Akteuren einen einfacheren Informationszugang (vgl. Coleman, 1988, S. 104). Zusätzlich kann auch durch die geschlossene Netzwerkstruktur soziales Kapital durch die Vertrauenskomponente ermöglicht werden, indem im Netzwerk Verpflichtungen eingehalten und garantiert werden (vgl. Coleman, 1988, S. 107–108). Der Erhalt von Informationen ist dadurch für die verschiedenen Akteure sowohl zeit-

und kostensparend (vgl. Coleman, 1988, S. 104). Durch Beziehungen können Individuen somit ihre Ziele leichter erreichen, die sie ohne Sozialkapital nicht bzw. nur mit hohem Aufwand erreichen würden (vgl. Coleman, 1991, S. 394). Soziale Beziehungen nach Coleman sind am effizientesten, wenn die Kontakthäufigkeit hoch ist, die Kontaktpersonen kurze Zugangswege haben und die Bezugspersonen untereinander verbunden ist (vgl. Marbach, 2008, S. 348).

4.1.2.4 Ansatz Putnam

Die Arbeit von Putnam ist ein weiterer zentraler Ansatz in der Sozialkapitaltheorie. Sozialkapital nach Putnam "refers to features of social organization such as networks, norms, and social trust that facilitate coordination and cooperation for mutual benefit" (1995a, S. 67). In erster Linie richtet Putnam den Fokus auf die makrosoziologische Ebene und beschreibt eine zwischenmenschliche Vernetzung, gegenseitiges Vertrauen und Normen generalisierter Reziprozität innerhalb von Gemeinschaften (vgl. Koob, 2007, S. 16; 250). So liegt der Bezugspunkt bei Putnam auf der Gemeinschaft als Ganzes in Form von Ländern, Städten und Regionen (vgl. Kriesi, 2007, S. 27). Die generellen positiven Auswirkungen von Sozialkapital auf der Makroebene fasst Putnam wie folgt zusammen: „In all societies [...] dilemmas of collective action hamper attempts to cooperate for mutual benefit, whether in politics or in economics. [...] Voluntary cooperation [...] depends on social capital. Norms of generalized reciprocity and networks of civic engagement encourage social trust and cooperation because they reduce incentives to defect, reduce uncertainty, and provide models for future cooperation" (1993, S. 177). Für Putnam stellt Sozialkapital somit eine wertvolle gesellschaftliche Ressource dar. Diese ermöglicht, gesellschaftliche Probleme leichter zu lösen (vgl. Heydenreich-Burck, 2010, S. 45; Putnam, 1993, S. 163–176).

Zudem kommt ein positiver Effekt von Sozialkapital dadurch zustande, dass ein verbesserter Informationsfluss in Netzwerken erreicht wird (vgl. Fuchs, 2006, S. 90; Putnam, 1993, S. 173–174). Für Putnam sind kollektive Handlungen dadurch effizienter, da diese mit geringen Transaktionskosten durchgeführt werden können. Dies führt er auf die Kooperationsbereitschaft und Verlässlichkeit einzelner Akteure zurück (vgl. Fuchs, 2006, S. 91). Gemeinschaftsstiftende Werte wie Solidarität, Normen und Vertrauen können für Putnam zur Lösung von Problemen kollektiven Handelns beitragen (vgl. Putnam, 1995b, S. 664–665). Deswegen überprüft Putnam in seinem Ansatz auch die Wirkungen von verschiedenen Ausmaßen an Solidarität (vgl. Fuchs, 2006, S. 91).

Putnam unterscheidet in Summe vier unterschiedliche Formen von Sozialkapital. Zum einen unterscheidet er zwischen formellem (institutionalisiert) und informellem (nicht institutionalisiert) Sozialkapital. Formell organisierte Institutionen stellen z.B. Vereine oder Organisationen dar. Informelle Netzwerke stellen z.B. eine Gruppe von Individuen dar, die sich an einem festen Tag zum Brunchen treffen (vgl. Grüb, 2007, S. 82). Zum anderen unterscheidet Putnam Sozialkapital nach einer geringen vs. einer hohen Dichte. Sozialkapital mit einer geringen Dichte stellen z.B. flüchtige Bekanntschaften dar. Bei einer hohen Dichte handelt es sich um dicht erworbene Netzwerkbeziehungen (vgl. Putnam & Goss, 2001, S. 26–27; Aulinger, 2005, S. 276). Zudem wird mit der Dichte eines Netzwerkes der Anteil der tatsächlichen Beziehungen im Vergleich zu den logisch möglichen angegeben (vgl. Haug, 1997, S. 15). Des Weiteren wird zwischen außen- und innenorientiertem Sozialkapital differenziert. Außenorientiertes Sozialkapital beschäftigt sich mit öffentlichen Gütern. Hierzu zählen etwa wohltätige Vereine wie der Rotary Club. Im Gegensatz dazu befasst sich innenorientiertes Sozialkapital mit den politischen, materiellen und sozialen Interessen der Mitglieder eines Netzes. Diese basieren zumeist auf einer Klassenzugehörigkeit (vgl. Putnam & Goss, 2001, S. 27–28; Grüb, 2007, S. 82). Als vierte Form unterscheidet Putnam zwischen bindenden und brückenbildenden Sozialkapital (vgl. Putnam & Goss, 2001, S. 25–29; Grüb, 2007, S. 82–83). Individuen, welche in einigen Eigenschaften (z.B. Alter oder soziale Klasse) Ähnlichkeiten ausweisen, werden als bindendes Sozialkapital bezeichnet. Dagegen sollen durch brückenbildendes Sozialkapital völlig unterschiedliche Menschen verbunden werden (vgl. Putnam & Goss, 2001, S. 28–29; Grüb, 2007, S. 83).

4.1.2.5 Weitere Ansätze und Ableitung einer Arbeitsdefinition

Neben den drei bekanntesten Konzepten und Definitionen von Bourdieu, Coleman und Putnam existieren noch eine Vielzahl weiterer unterschiedlicher Ansätze und Definitionen von Sozialkapital anderer Autoren. So ist Sozialkapital für Burt der Informationsaustausch zwischen Netzwerken. Durch soziales Kapital können wichtige Informationen für das Netzwerk in Erfahrung gebracht werden. Dadurch entstehen Vorteile für die Akteure bzw. des Netzwerkes, welche durch den Erhalt von Informationen, die Weiterleitung von Informationen und den Zeitpunkt des Informationszugangs begründet sind (vgl. Burt, 1992, S. 13–14; Grüb, 2007, S. 84). Sozialkapital hängt jedoch auch von der Position des einzelnen Akteurs innerhalb des Netzwerkes ab. Jener Akteur der mit anderen Netzwerken verbunden ist, profitiert von den Informationsquellen am meisten (vgl. Battisti, 2008, S. 23–24).

Des Weiteren definiert Lin Sozialkapital als "resources embedded in a social structure which are accessed and/or mobilized in purposive actions" (2001, S. 12). Zudem hat die Definition von Nahapiet & Ghoshal in der Literatur allgemeine Anerkennung gefunden. Die beiden Autoren definieren Sozialkapital als „the sum of actual and potential resources embedded within, available through, and derived from the network of relationships possessed by an individual or social unit. Social capital thus comprises both the network and the assets that may be mobilized through that network" (Nahapiet & Ghoshal, 1998, S. 243). Wie man bei dieser Definition erkennt, wird mit Sozialkapital auf der einen Seite das Netzwerk an sich bezeichnet und verstanden. Auf der anderen Seite versteht man unter Sozialkapital auch die Ressourcen, welche über das Netzwerk bezogen werden können. „Sozialkapital und Netzwerke sind interdependent", d.h. Netzwerke sind abhängig von Sozialkapital und Sozialkapital ist abhängig von Netzwerken (Grüb, 2007, S. 93). Netzwerke können dabei auch als soziales Kapital der Individuen interpretiert werden (vgl. Matiaske, 1999).

Der dargestellte Überblick zu den Ansätzen von Sozialkapital hat gezeigt, dass soziales Kapital oft unterschiedlich definiert wird und verschiedene Aspekte betrachtet. Trotz aller Unterschiede zwischen den Ansätzen besteht der Grundgedanke in der Interpretation sozialer Beziehungen und Netzwerke als Ressource (vgl. Rehner, 2004, S. 84; Riemer, 2005, S. 57). Die Ansätze und Konzepte folgen der Annahme, dass die Verbindungen zwischen Akteuren das Verhalten der Akteure innerhalb des Netzwerkes beeinflussen und somit Erfolgspotentiale für Individuen geschaffen werden können, welche einen positiven wirtschaftlichen Wert haben (vgl. Coleman, 1990, S. 300; Nahapiet & Ghoshal, 1998, S. 243; Fuchs, 2006, S. 77). Zusammenfassend kann festgehalten werden, dass soziales Kapital durch Beziehungen und Netzwerke entsteht und eine Ressource für die Akteure darstellt. Sozialkapital wird in dieser Arbeit daher als eine gewinnbringende Ressource verstanden, die durch Beziehungen und Netzwerke verschiedener Akteure (z.B. Personen, Unternehmen) entsteht und einen Einfluss auf die jeweiligen Akteure bzw. auf das Unternehmen ausübt und die Zielerreichung erleichtern kann.

4.1.3 Dimensionen von Sozialkapital

4.1.3.1 Die strukturelle Dimension

Auf Basis unterschiedlicher konzeptioneller Arbeiten und empirischen Studien haben Nahapiet & Ghoshal Sozialkapital in drei verschiedene Dimensionen zusammengefasst (vgl. 1998, S. 243–244). In der Praxis hat sich die Unterscheidung zwischen der strukturellen Dimension (s. Kapitel 4.1.3.1), der relationalen Dimension (s. Kapitel 4.1.3.2) und der kognitiven Dimension (s. Kapitel 4.1.3.3) etabliert, weshalb dieser Ansatz auch hier für einen Teil der empirischen Arbeit herangezogen werden soll (vgl. Grüb, 2007, S. 93). Mit der strukturellen Dimension werden die Strukturen der Zusammensetzung sowie die strukturellen Eigenschaften von Beziehungen, Netzwerken und Personen beschrieben und diskutiert (vgl. Riemer, 2005, S. 129; Grüb, 2007, S. 93). Mit dieser Dimension wird somit u.a. das Netzwerk beschrieben, welches Individuen die Möglichkeit gibt, Zugang zu anderen Personen zu erhalten (vgl. Rønning, 2009, S. 235). Dies können z.B. Beziehungen sein, die zwischen Mitarbeitern im Unternehmen bestehen (vgl. Nahapiet & Ghoshal, 1998, S. 244).

In der Literatur finden sich zahlreiche unterschiedliche Maße, die auf die strukturellen Eigenschaften von Netzwerken und Beziehungen abzielen (vgl. Maurer, 2003, S. 32). Durch die Anzahl der Beziehungen und der Personen innerhalb eines Netzwerkes kann die *Größe* eines Netzwerkes aufgezeigt werden (vgl. Haug, 1997, S. 15). Ein Akteur kann dabei im Extremfall sehr umfangreiche oder begrenzte Beziehungen aufweisen. Des Weiteren ist die *Heterogenität* des Netzwerkes ein Charakteristikum der strukturellen Dimension. Hier wird die Unterschiedlichkeit der Akteure, d.h. die Variation soziodemographischer Merkmale wie Familienstand, Alter und Einkommen erfasst (vgl. Grüb, 2007, S. 94). Durch viele unterschiedliche Beziehungen kann ein Akteur Zugang zu Ressourcen und Informationen erhalten. Deswegen kann man zwischen homogenen bzw. heterogenen Netzwerken unterscheiden (vgl. Maurer, 2003, S. 33).

Zudem ist die *Stärke* der Beziehung in diese Dimension von sozialem Kapital einzuordnen. Mit der Stärke einer Beziehung verbindet man die Häufigkeit, die emotionale Intimität und Intensität sowie die Reziprozität einer Beziehung (vgl. Granovetter, 1973, S. 1361). Durch die Reziprozität wird die Symmetrie der Beziehung dargestellt. Dabei kann diese einseitig sein oder auf Gegenseitigkeit beruhen (vgl. Grüb, 2007, S. 94). Des Weiteren kann bei der Stärke einer Beziehung zwischen schwachen und starken Beziehungen unterschieden werden. Wie bereits dargelegt, sind schwache Beziehungen durch oberflächliche Bekanntschaften gekennzeichnet, welche zudem unregelmäßig und sporadisch auftreten und eine geringe emotionale Intensität aufweisen. Starke Beziehungen hingegen sind bei häufigen und engen Kontakten gegeben, welche zudem von einer Bereitschaft zum gegenseitigen Vertrauen geprägt ist (vgl. Brass, Butterfield & Skaggs, 1998, S. 17). Die Stärke interpersoneller Beziehungen beschreibt die Intensität einer Beziehung (vgl. Haug, 1997, S. 15).

Des Weiteren ist die *Multiplexität* einer Beziehung zu berücksichtigen. Multiplexe Beziehungen liegen vor, wenn Akteure in mehr als einer sozialen Rolle miteinander verbunden sind. Dies ist bspw. dann gegeben, wenn die Akteure gleichzeitig Geschäftspartner, Freund und/ oder Nachbar sind (vgl. Uzzi & Gillespie, 1999, S. 450; Maurer, 2003, S. 33). Liegt dagegen eine familiäre oder freundschaftliche Verbindung durch eine affektive/soziale Orientierung vor, so ist diese simplex. Erhöht sich nun das Ausmaß an unterschiedlichen Informationen und Ressourcen, die durch diesen Kontakt fließen, so kann von einer multiplexen Beziehung gesprochen werden. Dies ist bspw. gegeben, wenn der Freund zum Investor wird (vgl. Larson & Starr, 1993, S. 7–8; Maurer, 2003, S. 33–34). Insgesamt fördert die Multiplexität auch die Interaktionshäufigkeit der Akteure (vgl. Kröll, 2003, S. 174). Abbildung 17 fasst die unterschiedlichen Determinanten der strukturellen Dimension zusammen.

Strukturelle Dimension		
begrenzt ←	***Größe***	→ umfangreich
homogen ←	***Heterogenität***	→ heterogen
schwach ←	***Stärke***	→ stark
simplex ←	***Multiplexität***	→ multiplex

Abbildung 17: Determinanten der strukturellen Dimension von Sozialkapital
Quelle: Maurer (2003, S. 34)

4.1.3.2 Die relationale Dimension

Die relationale Dimension von Sozialkapital beschreibt die Eigenschaften und den Inhalt einer spezifischen Beziehung, welche sich im Zeitverlauf zwischen Akteuren entwickelt hat und auf deren Basis diese Beziehung funktioniert. Dies kann bspw. Freundschaft oder Respekt sein (vgl. Nahapiet & Ghoshal, 1998, S. 244; Tsai & Ghoshal, 1998, S. 465, Maurer, 2003, S. 34; Riemer, 2005, S. 129). Durch diese Dimension werden die Beziehungen beschrieben, mit denen die Individuen Zugang zu Informationen und Ressourcen erhalten (vgl. Rønning, 2009, S. 235). Zudem können dadurch die Muster und der Aufbau von Verbindungen zwischen den verschiedenen Akteuren beschrieben werden (vgl. Adam & Rončević, 2005, S. 224).

Einer der bedeutendsten Aspekte von Sozialkapital bzw. der relationalen Dimension des sozialen Kapitals stellt *Vertrauen*[48] dar (vgl. Fukuyama, 1996; Maurer, 2003, S. 34). So bezeichnet Putnam Vertrauen bspw. als „essential component of social capital" (1993, S. 170). Vertrauen erleichtert die soziale Interaktion zwischen Akteuren und hilft damit Transaktionskosten zu reduzieren und im besten Fall Sicherheit herzustellen. Dabei wird Unsicherheit durch Zuversicht ersetzt, was wiederum bedeutet, dass die eigenen Erwartungen zumindest nicht allzu sehr enttäuscht werden (vgl. Semlinger, 2003, S. 69). In diesem Zusammenhang kann Vertrauen als Wegbereiter für langfristige Austauschbeziehungen fungieren (vgl. Knoke, 1999, S. 24). Vertrauen stellt zudem ein soziales Phänomen dar, welches sich über einen Zeitverlauf entwickelt (vgl. Wiechers, 2006, S. 169). Inhaltlich umfasst Vertrauen Aspekte wie die Kompetenz, Offenheit, Verlässlichkeit und Integrität eines Austauschpartners (vgl. Mishra, 1996, S. 265). „Vertrauen ist die Basis von und das Ergebnis aus Beziehungen" (Grüb, 2007, S. 111). So kann eine Gruppe mit einem hohen Maß an gegenseitigem Vertrauen mehr erreichen als eine vergleichbare Gruppe ohne dieses Vertrauen (vgl. Coleman, 1988, S. 101; Grüb, 2007, S. 78). Insgesamt betrachtet beeinflusst Vertrauen Beziehungen daher positiv (vgl. Seppola, 2004, S. 52).

Neben Vertrauen spielen auch *Normen* in der relationalen Dimension von Sozialkapital eine Rolle. Normen können durch Sozialisation oder Interaktion entstehen (vgl. Maurer, 2003, S. 35). Durch Normen können Handlungen anderer Akteure durch ein verbindlich gesetztes Kriterium besser einschätzbar gemacht werden. Sie dienen somit auch als Orientierungspunkt oder als Verhaltensvorschrift für die eigenen Handlungen (vgl. Giesen, 1991, S. 173–174;

[48] In der Literatur wird Vertrauen in verschiedene Arten unterteilt. Zum einen können Akteure durch *erfahrungsbasiertes Vertrauen* das Verhalten des Gegenübers verstehen und vorhersagen bzw. antizipieren, da bereits Kenntnisse aus vorherigen Internationen vorliegen (vgl. Lewicki & Bunker, 1996, S.121; Katzer, 2009, S. 26). Zudem existiert *identifikationsbasiertes Vertrauen*, welches auf gegenseitiges Einfühlungsvermögen und auf Bedürfnisse, Wünsche sowie Intentionen des Gegenübers aufbaut. Durch die emotionale Verbundenheit zwischen den Akteuren kann der Eine für den Anderen handeln und umgekehrt (vgl. Lewicki & Bunker, 1996, S. 122–123; Katzer, 2009, S. 26). Zum anderen existiert noch das *charakterbasierte Vertrauen*, welches durch das gleiche Alter, dem gleichen finanziellen und sozialen Status und aufgrund eines ähnlichen Hintergrunds der Akteure erklärt werden kann (vgl. Creed & Miles, 1996, S. 18; Katzer, 2009, S. 26). Des Weiteren können zwei Stärken von Vertrauen entstehen. Zum einen *fragiles Vertrauen,* welches so lange besteht bis der Aufwand die potentielle Belohnung nicht übersteigt. *Belastbares Vertrauen* hingegen basiert auf der Moral des Gegenübers, ohne einen direkten Gegenwert zu erhalten (vgl. Leana & Buren, 1999, S. 543; Pearson, Carr & Shaw, 2008, S. 958; Katzer, 2009, S. 26).

Riemer, 2005, S. 140). Normen stellen daher einen wichtigen Bestandteil von sozialem Kapital dar und wirken zudem handlungssteuernd (vgl. Coleman, 1990, S. 310–311; Maurer, 2003, S. 35). Werden Normen nicht eingehalten, so können sie mit negativen Sanktionen belegt werden (vgl. Riemer, 2005, S. 140). In Bezug zu Sozialkapital fördern Normen die Kooperationsbereitschaft und sanktionieren eigennütziges Verhalten, welches zu Lasten der anderen bzw. der Allgemeinheit geht (vgl. Biedermann, 2007, S. 39).

In einer spezifischen Beziehung entstehen über die Zeit Normen der Reziprozität, welche durch *Erwartungen und Obligationen* gekennzeichnet sind (vgl. Larson & Starr, 1993, S. 9; Maurer, 2003, S. 35). Auf der einen Seite kreieren Beiträge und Leistungen in einer Beziehung Erwartungen bzgl. einer bestimmten Gegenleistung in der Zukunft. Auf der anderen Seite entstehen Obligationen diese Gegenleistung in der Zukunft auch zu erfüllen (vgl. Maurer, 2003, S. 35). Sozialkapital kann daher durch verschiedene Arten von sozialstrukturellen Ressourcen begründet werden (vgl. Kriesi, 2007, S. 26).

Die relationale Dimension von Sozialkapital nimmt mit den Kategorien Vertrauen, Normen, sowie Erwartungen und Obligationen eine wichtige Stellung bei der Untersuchung von sozialen Beziehungen ein. Diese stellen Orientierungshilfen bzw. Handlungsanweisungen der Akteure dar, ohne schriftlich fixiert zu sein. Dadurch kann das Verhalten der Akteure gesteuert, zukünftig einschätzbar und rückblickend bewertbar gemacht werden (vgl. Maurer, 2003, S. 35). Einen Überblick zu den Inhalten der relationalen Dimension von Sozialkapital zeigt folgende Abbildung.

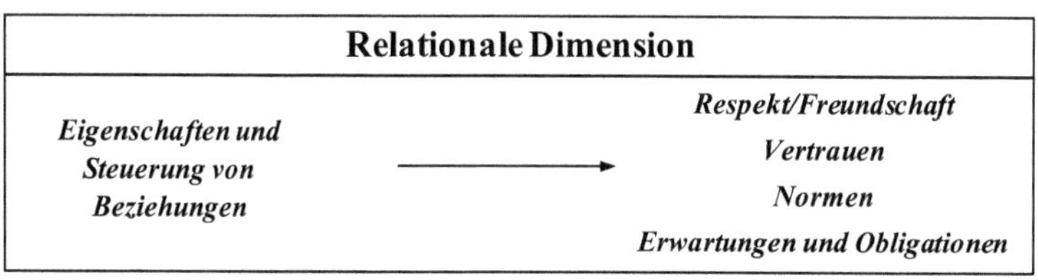

Abbildung 18: Determinanten der relationalen Dimension von Sozialkapital
Quelle: in Anlehnung an Maurer (2003, S. 36)

4.1.3.3 Die kognitive Dimension

Die dritte Dimension von Sozialkapital stellt die kognitive Dimension dar. Die kognitive Dimension liefert Interpretationen und Darstellungen zu den einzelnen Verbindungen bzw.

Beziehungen (vgl. Adam & Rončević, 2005, S. 224). Damit werden den Akteuren eine wechselseitige *Interpretation ihrer Handlungsabsichten* sowie eine gemeinsame Interpretation von Ereignissen und Situationen ermöglicht. Dadurch entsteht eine für ein soziales System aneigbare Ressource, welche ein gemeinschaftliches Handeln sowie ein gemeinsames Verständnis kollektiver Ziele überhaupt erst möglich macht (vgl. Portes & Sensenbrenner, 1993, S. 1322–1327; Maurer, 2003, S. 37).

Charakteristisch für die kognitive Dimension sind Eigenschaften von Beziehungen die sich durch gemeinsame *Visionen*, kollektive sprachliche Codes und sprachliche Symbole wie Erzählungen, Mythen oder Legenden ausdrücken (vgl. Nahapiet & Ghoshal, 1998, S. 244; Tsai & Ghoshal, 1998, S. 465). Zudem beinhaltet diese Dimension Kriterien für das Verständnis von Beziehungen, wie z.B. das Selbstverständnis und Ziele. Des Weiteren untersucht die kognitive Dimension die Einstellung und Bedeutung der Akteure bzgl. verschiedener Formen der Zusammenarbeit (vgl. Grüb, 2007, S. 100). Diese interpretativen Schemata stellen Filter dar, welche durch Informationen aufgenommen, verarbeitet und interpretiert werden (vgl. Narayanan & Fahey, 1990, S. 110). Dabei entstehen und entspringen interpretative Schemata aus den Merkmalen der Akteure und führen zu bestimmten Handlungen (vgl. Maurer, 2003, S. 38). Zudem wird der Erfolg einer Beziehung durch die interpretativen Schemata beeinflusst. So wird bspw. durch ein klares gemeinsames Verständnis zwischen den Akteuren der Austausch und die Generierung von Wissen und Informationen erleichtert. Dies kann z.B. durch gemeinsam geteilte Visionen oder sprachliche Regelungen zustande kommen. Durch den zustande gekommenen Austausch wiederum kann die Innovativität und Lernfähigkeit erhöht werden (vgl. Maurer, 2003, S. 38).

Unternehmen, welche eine gemeinsame Vision haben, „could have the same perceptions in terms of how to interact with one another and understanding the collective goals in the social structure" (Arenius, 2002, S. 78). Gemeinsam geteilte Visionen können daher Beziehungen erleichtern. Eine gemeinsame Kultur erhöht die Dauerhaftigkeit und Stärke der Beziehungen zwischen Akteuren innerhalb eines Netzwerkes. Aufgrund geteilter Werte entsteht leichter gegenseitiges Vertrauen bei den Akteuren. Somit kann eine gemeinsame Kultur auch informationsflussfördernd und unsicherheitsreduzierend wirken sowie die Effizienz erhöhen (vgl. Maurer, 2003, S. 463, 38–39; Rehner, 2004, S. 94). Für die kognitive Dimension zeigt sich zusammenfassend folgendes Bild.

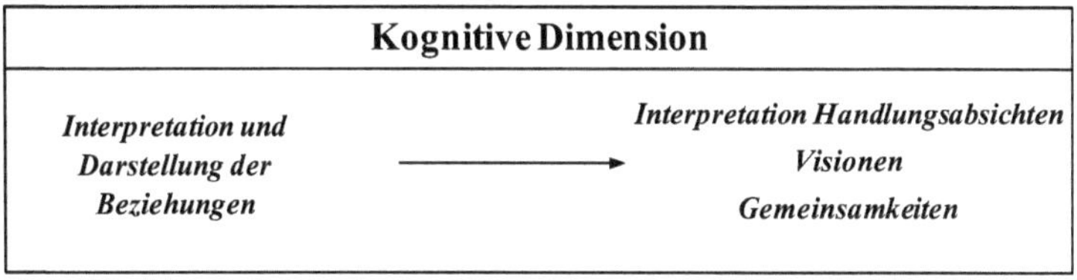

Abbildung 19: Determinanten der kognitiven Dimension von Sozialkapital
Quelle: in Anlehnung an Maurer (2003, S. 39)

4.2 Sozialkapital im Zusammenhang mit unternehmerischem Handeln

4.2.1 Soziale Beziehungen und Netzwerke als Ressource

4.2.1.1 Perspektiven von Sozialkapital

Nachdem zuvor die grundlegenden Begriffe, theoretischen Ansätze und Dimensionen von Sozialkapital behandelt wurden, soll in diesem Kapitel soziales Kapital im Zusammenhang mit unternehmerischem Handeln betrachtet werden. Unter unternehmerischem Handeln versteht man dabei die „Verfolgung unternehmerischer Handlungsfelder durch Individuen - innerhalb oder außerhalb eines bestehenden Unternehmens [...]“ (Fallgatter, 2007, S. 16). Zunächst soll auf die unterschiedlichen Perspektiven von Sozialkapital eingegangen werden, da dies für die weitere Analyse und Betrachtung sinnvoll ist.

Sozialkapital kann grundlegend in eine externe und interne Perspektive unterschieden werden (vgl. Riemer, 2005, S. 89). Unter der externen Sichtweise wird „Sozialkapital definiert als der Wert, den soziale Beziehungen, die Akteure mit anderen Akteuren unterhalten, bei der Verfolgung ihrer Ziele darstellen“ (Riemer, 2005, S. 89). Diese Beziehungen können direkt persönliche sowie indirekt vermittelte Beziehungen sein (vgl. Sandefur & Laumann, 1998, S. 484). Dabei wird von den meisten Autoren auf die zur Verfügung gestellten Ressourcen von Beziehungen und Netzwerken gezielt (vgl. Tymon & Stumpf, 2003, S. 12). Mit der externen Sichtweise können nicht nur einzelne Akteure betrachtet werden, sondern auch Unternehmen. Das Unternehmen als Akteur kann dann mit anderen Akteuren in Beziehung stehen, was bspw. bei Betrachtung von Allianzbeziehungen sowie für den Zugang zu neuen Märkten von Interesse sein kann (vgl. Biedermann, 2007, S. 22; Koka & Prescott, 2002, S. 795–796; McNaughton & Bell, 2001, S. 225–226). In der Literatur werden Beziehungen und Netzwerke zwischen Unternehmen vor allem im Hinblick auf gemeinsame Innovationen (Freeman, 1991), strategische Entscheidungsfindung (Mizruchi & Galaskiewicz, 1994), Finanzierung (Uzzi,

1997), zukünftige Kooperationen (Gulati, 1998) sowie Kontrolle und Machtverteilung (Chowdhury, 1998) betrachtet. Kontakte und Beziehungen des Unternehmens können dabei sowohl aus eigener Initiative heraus entstehen als auch durch „Vermittlung“ anderer Akteure erfolgen.

Internes Sozialkapital stellt dagegen auf Netzwerke und soziale Beziehungen innerhalb eines sozialen Systems ab (vgl. Adler & Kwon, 2002, S. 21). Soziale Systeme wiederum stellen Organisationen, Institutionen oder Gruppen dar. Auch die interne Betrachtungsweise von Sozialkapital zielt auf den Wert sozialer Beziehungen (vgl. Riemer, 2005, S. 92). Dabei kann durch Vertrauen und Normen innerhalb der einzelnen Gruppen eine effektive Zusammenarbeit ermöglicht werden, wodurch die Mitglieder profitieren können. Aus Sicht eines Unternehmens kann auch hier Sozialkapital als Ressource herangezogen werden (vgl. Riemer, 2005, S. 92–93). Sozialkapital aus der internen Betrachtungsweise ermöglicht auf Unternehmensebene die interne Vernetzung zwischen Gruppen, Individuen und Organisationen. Durch diese Vernetzung können gemeinsame Visionen, Ziele und gegenseitiges Vertrauen herauskristallisiert und erreicht werden (vgl. Riemer, 2005, S. 94; Biedermann, 2007, S. 23). Zudem kann durch internes Sozialkapital die Identifikation der Mitarbeiter des Unternehmens mit dem Unternehmen erhöht werden (vgl. Watson & Papamarcos, 2002, S. 548–550). Bezieht man die interne Perspektive von Sozialkapital auf Unternehmensnetzwerke, so können durch dieses Netzwerk gemeinsame Projekte effektiver umgesetzt werden (vgl. Riemer, 2005, S. 94). Neben der reinen externen und internen Sichtweise von Sozialkapital können auch beide Perspektiven kombiniert werden. So können - bezogen auf ein Unternehmen - sowohl die innerbetrieblichen Netzwerke als auch die Beziehungen und Netzwerke außerhalb des Unternehmens betrachtet werden (vgl. Riemer, 2005, S. 95).

Des Weiteren findet man Sozialkapital auf unterschiedlichen Emergenzebenen, d.h. es gibt unterschiedliche Akteure zwischen denen einen Beziehung besteht. Dies können z.B. Unternehmen, Organisationen, Vereine, Abteilungen, Gruppen oder Individuen sein (vgl. Maurer, 2003, S. 30). Darüber hinaus kann soziales Kapital nach Gabbay & Leenders grundsätzlich in Unternehmenssozialkapital und individuelles Sozialkapital unterschieden werden (vgl. 1999, S. 5). Dabei bezieht sich das Unternehmenssozialkapital auf das gesamte Unternehmen als Akteur. Dagegen bezieht sich das individuelle soziale Kapital auf einzelne Akteure wie z.B. Personen. Auch bei diesen beiden Unterscheidungen ist wiederum eine externe und interne Sichtweise von Sozialkapital möglich (vgl. Gabbay & Leenders, 1999, S. 5; Riemer, 2005, S.

98). In diesem Zusammenhang kann man zwischen Sozialkapital auf interpersonaler und auf organisationaler Ebene unterscheiden. Darunter versteht man zum einen interpersonale Beziehungen, welche durch mehrere Mitarbeiter aus unterschiedlichen Unternehmen, Organisationen oder Netzwerken zustande kommen können. Organisationale Beziehungen beruhen dagegen auf Beziehungen verschiedener Unternehmen, Organisationen oder Netzwerke (vgl. Riemer, 2005, S. 218–219).

Zusammenfassend kann man sagen: „Soziales Kapital entsteht und ist eingebettet in Beziehungen und dadurch ebenso komplex wie diese“ (Maurer, 2003, S. 31). Dadurch kann abgeleitet werden, dass Sozialkapital schwer zu lokalisieren, schwer zu beschreiben und schwer zu begrenzen ist (vgl. Maurer, 2003, S. 31–32). So können bspw. innerhalb der Beziehungen zwischen Akteuren Kontakte entstehen, die wiederum zu anderen Kontakten Beziehungen haben usw. (vgl. Maurer, 2003, S. 30). In der Literatur wird jedoch versucht, die zu untersuchenden Netzwerke handhabbar zu gestalten und somit die Anzahl der Verbindungen und Netzwerke zu begrenzen (vgl. Wasserman & Faust, 1994, S. 31). Die Beziehungen in dieser Arbeit werden daher von mehreren Sichtweisen betrachtet, die in Abbildung 20 graphisch dargestellt werden.

Wie aus Abbildung 20 zu entnehmen ist, kann Sozialkapital verschiedene Perspektiven bzw. Sichtweisen annehmen. In dieser Arbeit wird sowohl auf die externe als auch auf die interne Sichtweise zurückgegriffen. Zum einen wird damit der positive Nutzen von externen Beziehungen und Netzwerken des Unternehmens überprüft und zum anderen wird auf die Eigenschaften der Beziehungen und Netzwerke an sich (interne Perspektive) eingegangen. Soziales Kapital kann daher als Konstrukt gesehen werden, welches durch Beziehungen und Netzwerke zwischen Akteuren bzw. Individuen entsteht und zugleich positiv auf das Unternehmen als „übergeordnetes Kollektiv“ wirkt (vgl. Biedermann, 2007, S. 26). Für die Entwicklung eines Modells für Sozialkapital ist es zudem wichtig, dass soziale Beziehungen und Netzwerke auf mehreren Ebenen und Sichtweisen betrachtet werden, um so ein multiplexes System zu konzeptualisieren (vgl. Biedermann, 2007, S. 32).

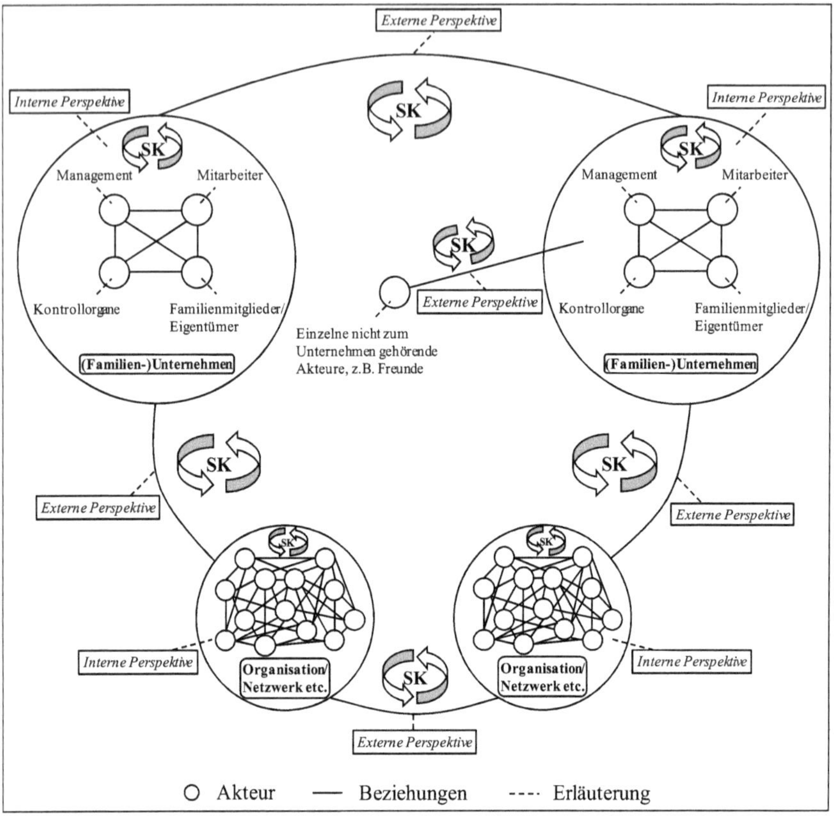

Abbildung 20: Übersicht von Sichtweisen über Sozialkapital
Quelle: Eigene Darstellung

4.2.1.2 Lobbying und business-government-relations

Lobbying und business-government-relations können als spezielle Beziehungen zwischen Akteuren interpretiert werden und ebenfalls mit Sozialkapital in Verbindung gebracht werden (vgl. Rößl, Weismeier-Sammer & Lang, 2010, S. 141). Im Folgenden werden diese deshalb näher betrachtet. Unter Lobbying versteht man direkte oder indirekte Einflussnahme auf die Auslegung von Vorschriften, Normen und gesetzlichen Maßnahmen und deren Anwendung (vgl. Farnel, 1994, S. 22). Mit Hilfe von Lobbying sollen bspw. Entscheidungsträger und Behörden auf allen Ebenen beeinflusst werden (vgl. Fischer, 2005, S. 107; Rößl et al., 2010, S. 146). Durch ein gezieltes Lobbying ist es dann z.B. möglich, auf Gesetzesinitiativen, Förderentscheidungen oder Bebauungsplänen einzuwirken (vgl. Rößl et al., 2010, S. 142). Im

Allgemeinen haben die Kontakte zur Politik und Verwaltung das Ziel, gesetzgeberische Vorhaben und Verwaltungsvorschriften zu unterstützen, zu beschleunigen, zu verhindern, zu verzögern oder abzuändern (vgl. Kotler & Bliemel, 2001, S. 1002).[49]

Besonders bei der Internationalisierung nach China werden Unternehmen vor große Herausforderungen gestellt, da China neben vielzähligen Wachstumsmöglichkeiten auch erhebliche Barrieren (z.B. ungleiche Behandlung bei Gesetzen und Vorschriften) für ausländische Unternehmen bereit hält (vgl. Menzies & Orr, 2010, S. 25). Auch aufgrund der Sorge vor unerlaubten Vervielfältigungen und Raubkopien betreiben deutsche Unternehmen vermehrt Lobbying, um die Behörden vor Ort diesbezüglich zu sensibilisieren (vgl. Reisach, Tauber & Yuan, 2007, S. 288). Neben China kann Lobbying besonders in Brasilien, Russland, Indien sowie in den osteuropäischen Ländern eine wichtige Funktion einnehmen, da auch hier teilweise Barrieren, wie z.B. protektionistische Markt-Zugangsbeschränkungen und spezielle Gesetzgebungen für ausländische Firmen, vorhanden sind.

Eine Sonderform von Lobbying stellen business-government-relations dar. Diese beschreiben speziell wechselseitige Beziehungen der Wirtschaft zur Politik (vgl. Fischer, 2005, S. 112). Zudem existieren oft auch persönliche informelle Beziehungen der Unternehmer zu Kommunalpolitikern, welche im Hinblick auf mögliche unternehmerische Interessen geführt werden (vgl. Rössl, 2006, S. 73). Durch Beziehungen zu Regierungsstellen versuchen Unternehmen u.a. Unterstützungsleistungen und wettbewerbsverzerrende Vergünstigungen zu erhalten (vgl. Menzies & Orr, 2010, S. 26). Um die Regierungsstellen im Gastland beeinflussen zu können, bieten sich somit Lobbying und business-government-relations für Unternehmen an. Dabei kommt auch der regelmäßigen Pflege von Beziehungen zu Regierungsstellen eine Bedeutung zu (vgl. Menzies & Orr, 2010, S. 26–27). Zusätzlich können auch vorhandene Kontroll- und Aufsichtsorgane der Unternehmen für Lobbyingaktivitäten und business-government-relations in Betracht gezogen werden. Aber auch in kleineren Unternehmen in denen keine Aufsichts- und Kontrollorgane vorhanden sind, reicht oftmals das Netzwerk der Eigentümer aus, um solche speziellen Beziehungen erfolgreich zu pflegen (vgl. Koeberle-Schmid, 2008, S. 83–84).

[49] Ob und in wieweit Lobbying als legal oder als strafrechtliches Delikt anzusehen ist, hängt von der Motivation des Entscheidungsträgers zur Entscheidungsänderung (Freundschaft, Erpressung, neue Informationen oder Bestechung) ab und wieweit die Entscheidungsänderung als moralisch oder legal angesehen wird (vgl. Rössl, 2006, S. 215). Das Thema Lobbying soll hier aber nicht tiefer betrachtet werden. Zur Zielsetzung, Formen und Maßnahmen des Lobbying s. bspw. Rössl (2006, S. 215–220), Rößl et al. (2010, S. 145–147).

4.2.1.3 Übersicht verschiedener Unternehmensbeziehungen

Wie die bisherigen Ausführungen gezeigt haben, steht ein Unternehmen mit vielen unterschiedlichen Akteuren in Kontakt. Dabei lassen sich auch gewisse Beziehungen gruppieren. Im Folgenden soll daher eine kurze Übersicht über mögliche externe Beziehungen des Unternehmens aufgezeigt und diskutiert werden.

Für ein Unternehmen sind gute Beziehungen zu *Kunden* und *Lieferanten* für den Fortbestand und somit auch für den Erfolg des Unternehmens essentiell (vgl. Aigner-Hof, 2007, S. 120). Dabei versucht ein Unternehmen die Beziehungen zu Kunden so zu gestalten, dass beide Seiten von der Beziehung profitieren und ein insgesamt verlässlicher Kontakt gegeben ist (vgl. Osterhold, 2002, S. 43). Je ähnlicher die Produkte und Preise des Unternehmens mit denen der Wettbewerber zusammenhängen, desto wichtiger werden vertrauensvolle und aktiv gestaltete Beziehungen zu Kunden des Unternehmens (vgl. Thiele, 2006, S. 83). Neben den Beziehungen zu Kunden bestehen auch bei Beziehungen zu Lieferanten gewisse Abhängigkeitsverhältnisse (vgl. Volkmann & Tokarski, 2006, S. 130). Umso wichtiger ist es deshalb gute, vertrauensvolle Beziehungen zu den Lieferanten des Unternehmens aufzubauen und zu pflegen, um die eigene Produktion nicht zu gefährden. Betrachtet man Familienunternehmen, so ist insgesamt eine starke Bindung zwischen der Eigentümerfamilie und den Lieferanten, Mitarbeitern und Kunden zu erkennen (vgl. Berthold, 2010, S. 48).

Des Weiteren können Beziehungen zu *Banken* für Unternehmen eine wichtige Rolle einnehmen. Wie Uzzi bereits anhand mittelständischer Unternehmen untersucht hat, können Beziehungen zu Banken die Fremdkapitalkosten beeinflussen (vgl. 1999, S. 496–498). Zudem können gute und intensive Beziehungen zu Banken für die zukünftige Finanzierung des Unternehmens eine enorm wichtige Rolle einnehmen. Dies wird vor allem dann von besonderer Bedeutung sein, wenn Unternehmen in eine Schieflage geraten und die weitere Finanzierung gesichert werden muss. Aber auch bei der Finanzierung einer Internationalisierung können gute Beziehungen des Unternehmens zu Banken von Vorteil sein.

Zudem können auch staatliche Beziehungen für das Unternehmen eine wichtige Ressource darstellen. Wie das vorherige Kapitel aufgezeigt hat, können zum einen Beziehungen zu *Repräsentanten des Staates*, wie z.B. der Regierung, für Unternehmen vorteilhaft sein. Durch Lobbying und business-government-relations lassen sich besonders im Zuge der Internationalisierung gewisse Vorteile erzielen. Zum anderen können Beziehungen zu *staatlichen Insti-*

tutionen bzw. zu *staatlichen Einrichtungen* für Unternehmen vorteilhaft sein. Als staatliche Institution kann z.B. das Bundesministerium für Wirtschaft und Technologie (BMWi) Unternehmen und speziell den Mittelstand durch gute Beziehungen unterstützen (vgl. BMWi, 2012). Aber auch bei Beziehungen zu staatlichen Forschungseinrichtungen in Universitäten können Unternehmen profitieren, indem sie z.B. über neue Forschungsergebnisse informiert werden. Zudem können auch staatliche Einrichtungen wie z.B. Germany Trade and Invest - Gesellschaft für Außenwirtschaft und Standortmarketing (GTAI) sowie Auslandshandelskammern eine wichtige Ressource für Unternehmen darstellen (vgl. Förderdatenbank, 2012). Durch solche Beziehungen können Unternehmen oftmals kostengünstig Informationen und Unterstützungen beschaffen.

Des Weiteren bestehen Beziehungen des Unternehmens zur *Öffentlichkeit* und zu den *Medien*. Solche Beziehungen dienen vornehmlich der Presse- und Öffentlichkeitsarbeit. Dabei stellt bei einer beziehungsorientierten Unternehmensführung die Öffentlichkeitsarbeit einen wichtigen Aspekt für den Unternehmenserfolg dar (vgl. Hohn, 2008, S. 160). Durch gute Beziehungen zu Journalisten bzw. zu den Medien können Informationen gezielt und kontrolliert verbreitet werden, was letztendlich auch für das Unternehmen vorteilhaft sein kann (vgl. Hohn, 2008, S. 166).

Betrachtet man die verschiedenen Unternehmensbeziehungen die ein Unternehmen als Ressource nutzen kann, so können sowohl Beziehungen zu *Familienunternehmen* als auch zu Nicht-Familienunternehmen vorliegen und unterschiedlich präferiert werden. Zusätzlich können Unternehmen bei einer Internationalisierung sowohl Beziehungen mit *Akteuren im Heimatland* als auch mit *Akteuren im Ausland* eingehen und pflegen. Diese können in Bezug auf den Erfolg des Unternehmens unterschiedlich bewertet werden. Insgesamt zeigt sich, dass ein Unternehmen eine Reihe von Beziehungen eingehen kann. Diese sind in Bezug auf den Erfolg des Unternehmens von jedem Unternehmen individuell zu bewerten.

4.2.2 Gründe für Netzwerkeffekte

Bei der Analyse von Beziehungen und Netzwerken werden potentielle Effekte erkennbar, die auf ein Unternehmen positiv wirken können. Dabei gibt es unterschiedliche „Mechanismen“, wodurch soziale Beziehungen und Netzwerke zum Unternehmenserfolg beitragen können (vgl. Preisendörfer, 2007, S. 278). So können Netzwerke die Verhandlungsposition bei der Beschaffung von Ressourcen, wie z.B. Gas oder Strom, verbessern. Aus der Gemeinschaft heraus, können dadurch bessere Konditionen erzielt werden (vgl. Michler, 2009, S. 32–33). Zudem können Unternehmen durch den Wissensaustausch in Netzwerken wichtige Informationen über günstige Lieferquellen, rechtliche und steuerliche Hinweise, Kundenwünsche und Absatzmöglichkeiten neuer Produkte erfahren (vgl. Michler, 2009, S. 56; Preisendörfer, 2007, S. 278). Netzwerkbeziehungen sind somit ein „wesentlicher Kanal zu Gewinnung von Informationen“, die im Wesentlichen „als Beiprodukt alltäglicher Interaktionen kostenlos anfallen“ (Preisendörfer, 2007, S. 278).

Individuen profitieren vielfach von ihrer Einbettung in Netzwerke, da sie z.B. Informationen erhalten, an die sie außerhalb des Netzwerks nicht gekommen wären (vgl. Arenius, 2002, S. 148; Koob, 2007, S. 250). Dabei kann davon ausgegangen werden, dass je größer die Anzahl der persönlichen Kontakte ist, desto größer ist auch die Wahrscheinlichkeit für die Bereitstellung von nützlichen Informationen (vgl. Wöhler & Hinz, 2007, S. 93). Allerdings ist auch zu beachten, dass selbst ein großes Netzwerk nur Nutzen stiften kann, wenn die einzelnen Akteure innerhalb des Netzwerks wertvolle Informationen und Ressourcen zur Verfügung stellen (vgl. Wöhler & Hinz, 2007, S. 93). Oftmals kann aber auch ein einziger guter Akteur, sei es ein Freund oder Partner, wertvoller sein als mehrere Personen, da wichtige Angelegenheiten vertrauensvoller besprochen werden können (vgl. Wöhler & Hinz, 2007, S. 95). Zudem kann man davon ausgehen, dass Informationen aus persönlichen Beziehungen vertrauenswürdiger und gezielter auf den konkreten Informationsbedarf eingehen, als dies bei großen offenen Netzwerken der Fall ist (vgl. Preisendörfer, 2007, S. 278). Für die Unterstützung und Orientierung bei der Planung und Umsetzung unternehmerischer Maßnahmen kommt dem persönlichen Netzwerk und den eng geknüpften vorhanden Kontakten insgesamt eine wichtige Bedeutung zu (vgl. Commerzbank, 2006, S. 38).

Damit Netzwerke für die Akteure einen Nutzen bringen, müssen die Beziehungen und Verbindungen innerhalb des Netzwerkes auch gepflegt werden (vgl. Grüb, 2007, S. 103). Hierbei muss jedoch auch beachtet werden, dass bestimmte Akteure von Netzwerken ausgeschlossen werden können (vgl. Grüb, 2007, S. 104). Dies ist bspw. bei geschlossen Veranstaltungen für

Unternehmerfamilien im Rahmen der „wir-Tage“[50] der Fall. Dadurch haben solche Netzwerke eine gewisse Qualität, die sehr tragfähig ist und oftmals auch einen freundschaftlichen Charakter aufweist (vgl. Schlippe et al., 2009, S. 10). Insgesamt betrachtet liegen vielfältige Gründe für Netzwerkeffekte vor. Zentrale positive Effekte werden durch gegenseitiges Vertrauen, Erwartungen und einem besseren und einfacheren Zugang zu wichtigen Informationen erreicht (vgl. Wald & Jansen, 2007, S. 103).

4.2.3 Wirkungen des Sozialkapitals auf das unternehmerische Handeln

4.2.3.1 Gründung von Unternehmen

Sozialkapital kann Einfluss auf unterschiedliche Bereiche und Aufgaben eines Unternehmens ausüben. Dabei können Beziehungen und Netzwerke beim unternehmerischen Handeln von Bedeutung sein. Im Folgenden soll daher auf den Einfluss und auf die Bedeutung von Beziehungen und Netzwerken bei der Gründung von Unternehmen, bei der Beschaffung von Personal, beim Marketing und Vertrieb sowie bei der Finanzierung eingegangen werden.

Bereits vor der eigentlichen Gründung eines Unternehmens ist es für den Unternehmer wichtig, sich ein breites Netzwerk aufzubauen, um diese Beziehungen und Netzwerke während der Gründungsphase zu nutzen (vgl. Volkmann & Tokarski, 2006, S. 466). Die persönlichen Beziehungen und Netzwerke des Unternehmensgründers beeinflussen sowohl die Gründung an sich, als auch den Erfolg der Gründung (vgl. Schmude, 2003, S. 299). Gründer von Unternehmen suchen ihre Umwelt gezielt nach relevanten Informationen für das Unternehmen bzw. für die Gründungsphase ab. Dabei bilden die bereits bestehenden sozialen Beziehungen zu Freunden, Verwandten und Familienmitgliedern die Ausgangsbedingungen für die Akquirierung von externen Ressourcen (vgl. Bühler, 1999, S. 36–37). Besonders neue Firmen nutzen Sozialkapital als Strategie für die Beschaffung von Wissen (vgl. Yli-Renki, Autio & Sapienza, 2000, S. 4).

Dabei muss aber auch beachtet werden, dass zu unterschiedlichen Zeitpunkten der Gründungsphase unterschiedliche Beziehungen und Netzwerke in den Vordergrund rücken. So

[50] Die „wir-Tage“ werden jedes Jahr von dem wir-Magazin (Das Magazin für Unternehmerfamilien) veranstaltet. Innerhalb des mehrtägigen Symposiums können Beziehungen und Netzwerke aufgebaut, Workshops besucht und Informationen mit anderen Unternehmern ausgetauscht werden. Die „wir-Tage“ sind eine generationsübergreifende geschlossene Veranstaltung für Unternehmerfamilien (vgl. Wir-Magazin, 2012).

spielt das soziale Netzwerk vor allem zur Ideensammlung eine wichtige Rolle. Bei der Gründung selbst stehen Beziehungen und Netzwerke des Unternehmens, wie z.B. Geschäftsbeziehungen zu Lieferanten und Kunden, im Vordergrund (vgl. Schmude, 2003, S. 299). Während der Gründung von Unternehmen spielen zudem Austauschs- und Informationsbeziehungen mit Dritten für unternehmerische Entscheidungen und Verhaltensweisen eine wichtige Rolle (vgl. Witt & Rosenkranz, 2002, S. 86).

Bei der Finanzierung des Gründungsvorhabens greifen junge Unternehmen oftmals auf sogenannte „Business Angels" zurück. Dabei entstehen Beziehungen und Kontakte zwischen jungen Unternehmen und einem Business Angel oftmals zufällig oder durch bereits bestehende persönliche Beziehungen (vgl. Volkmann & Tokarski, 2006, S. 321–322). Zusätzlich besteht auch die Möglichkeit über organisierte Netzwerke, wie z.B. dem Business Angels Netzwerk Deutschland (BAND), Beziehungen zu Business Angels aufzubauen (vgl. BAND, 2012). Es zeigt sich somit, dass Beziehungen und Netzwerke auch bei der Gründungsfinanzierung einen Einfluss ausüben können.

In der Literatur werden den Wirkungen von Beziehungen und Netzwerken bei der Gründung von Unternehmen unterschiedlichen Nutzen nachgewiesen (vgl. Witt & Rosenkranz, 2002, S. 94). So kann Sozialkapital zum einen die Reputation und Legitimität des Unternehmens durch angesehene und bekannte Personen, die mit dem eigenen Unternehmen in Kontakt gebracht werden, erhöhen (vgl. Starr & MacMillan, 1990, S. 83). Zudem kann eine emotionale Unterstützung durch Freunde und Verwandte die Leistungsfähigkeit des Gründers stärken (vgl. Brüderl & Preisendörfer, 1998, S. 223; Witt & Rosenkranz, 2002, S. 94). Gerade in der Gründungsphase von Unternehmen ist die Belastung des Managements sehr hoch und kann beim Ausbleiben von Erfolg in Frustration münden. In diesem Fall kann Sozialkapital in Form von emotionaler Unterstützung sehr hilfreich sein (vgl. Preisendörfer, 2007, S. 279). Durch Beziehungen und Netzwerke können zudem potentielle Geschäftsbeziehungen zu Kunden und Lieferanten vermittelt werden (vgl. Brüderl & Preisendörfer, 1998, S. 215). Des Weiteren können Kontakte in der Gründungsphase Hilfe bei der Geschäftsplanung, wie z.B. der Finanzplanung, leisten (vgl. Witt & Rosenkranz, 2002, S. 94). Insgesamt betrachtet spielen sowohl persönliche als auch betriebliche Beziehungen und Netzwerke für die Gründung und den Erfolg von Unternehmen in dieser Phase eine wichtige Rolle (vgl. Preisendörfer, 2007, S. 272).

4.2.3.2 Verschiedene betriebswirtschaftliche Funktionsfelder

Neben der Wirkung von Sozialkapital auf die Gründung von Unternehmen, kann soziales Kapital auch auf weitere Funktionsfelder von Unternehmen einwirken. So kann Sozialkapital z.B. auf das Personalmanagement Einfluss nehmen (vgl. Jans, 2011). Bestehende Beziehungen und Netzwerke von Mitarbeitern können bei der Beschaffung von Personal helfen. Ein solches Anwerben von neuen Mitarbeitern kann letztlich auch zu Kosteneinsparungen beim Unternehmen führen (vgl. Fernandez, Castilla & Moore, 2000, S. 1291–1292; Riemer, 2005, S. 200). So ist eine informelle Personalbeschaffung durch die Nutzung von Beziehungen und Netzwerken nicht nur in Deutschland sondern auch im Ausland, wie z.B. in China, stark verbreitet (vgl. Holtbrügge & Puck, 2005, S. 214). Sozialkapital kann daher auch in Bezug auf die Personalbeschaffung eine positive Wirkung für ein Unternehmen darstellen (vgl. Kaiser, 2007, S. 138).

Des Weiteren können Beziehungen und Netzwerke zu Lieferanten im Funktionsfeld der „Beschaffung" für das Unternehmen eine Rolle spielen. Viele Unternehmen verringern ihre Wertschöpfungstiefe und erhöhen ihren Fremdbezugsanteil. Daher werden gute Beziehungen zu Lieferanten für Unternehmen immer wichtiger (vgl. Bischof, 2008, S. 33–34; Wolf, 2011, S. 108). Des Weiteren können durch Beziehungen zu anderen Abnehmern Informationen über Lieferanten ausgetauscht werden. Hierdurch entsteht Wissen über den Lieferanten (vgl. Raub & Weesie, 1990, S. 628–629; Raub, Rooks & Tazelaar, 2007, S. 250–251), welches sich ebenso positiv für das Unternehmen auswirken kann (vgl. Raub et al., 2007, S. 247). Durch Sozialkapital ist zudem eine erneute Kooperation mit vergangenen Lieferanten leichter und schneller zu realisieren. Zudem haben Unternehmen einen potentiell leichteren Zugang zu neuen Lieferanten (vgl. Riemer, 2005, S. 315).

Im Bereich des Marketing und Vertriebs lässt sich durch den Aufbau von Beziehungen und Netzwerken besser und schneller auf die sich verändernden Bedürfnisse und Wünsche der Kunden reagieren (vgl. Fournier & Danne, 2011, S. 42). Darüber hinaus können neue Kunden für das Unternehmen durch persönliche und geschäftliche Beziehungen und Netzwerke gewonnen werden (vgl. Schumacher, 2011, S. 60). Zusätzlich sind gute externe Beziehungen der Mitarbeiter des Unternehmens bei Kooperationen und neuen Kundenaufträgen hilfreich und somit auch für das Unternehmen profitabel (vgl. Pennings & Lee, 1999, S. 56–59). Des Weiteren kann sich eine mangelnde Marktkenntnis negativ auf den Vertrieb und somit auf das

Unternehmen auswirken. Durch gute Beziehungen und Netzwerke zu lokalen Vertriebsgesellschaften lassen sich solche Einschränkungen oftmals überwinden (vgl. Kühlmann, 2003, S. 3).

Neben den Bereichen Personal, Beschaffung, Vertrieb und Marketing kann Sozialkapital auch auf den Bereich der Finanzierung Einfluss nehmen. Ist ein Unternehmen bspw. mit Liquiditätsproblemen konfrontiert, so können soziale Beziehungen bei der Finanzierung des Unternehmens helfen (vgl. Gruber-Mücke, 2011, S. 175; Pistrui, Huang, Welsch & Jing, 2006, S. 471–472). Hierbei können z.B. Freunde, Familienangehörige, Verwandte oder Bekannte des Managements bzw. des Unternehmers Kredite, Darlehen oder finanzielle Zuschüsse bereitstellen (vgl. Preisendörfer, 2007, S. 279). Generell kann soziales Kapital auch den Zugang zu günstigeren Krediten für das Unternehmen ermöglichen (vgl. Riemer, 2005, S. 92). Diese können sowohl durch das Management als auch durch Kontroll- und Aufsichtsorgane erreicht werden (vgl. Koeberle-Schmid, 2008, S. 54).

4.2.4 Sozialkapital und Unternehmenserfolg

Wie bereits in den vorherigen Kapiteln teilweise gezeigt wurde, lassen sich die Wirkungen von Sozialkapital mit dem Unternehmenserfolg in Verbindung bringen, da der Erfolg von Unternehmen in vielfältiger Weise auf Netzwerken und Beziehungen beruht (vgl. Riemer, 2005, S. 59). In der Arbeit von Dubini & Aldrich heißt es daher: „Entrepreneurship is thus inherently a networking activity“ (1991, S. 306). So sichern bspw. externe Beziehungen zu anderen Marktteilnehmern den Zugang zu wichtigen Ressourcen des Unternehmens. Zudem können effektive Wertschöpfungsprozesse durch interne Beziehungen sowie durch Netzwerke zwischen den Individuen ermöglicht werden (vgl. Riemer, 2005, S. 59). Durch soziales Kapital lassen sich die Unternehmensziele besser und einfacher verwirklichen. Beziehungen und Netzwerke ermöglichen dabei Hilfestellungen, Anregungen für neue Ideen und den Zugang, Austausch und die Aneignung bzw. Generierung von Wissen (vgl. Kühlmann, 2003, S. 2; Arenius, 2002, S. 54; Biedermann, 2007, S. 24). Insbesondere die Innovativität, die Informationsbeschaffung, die Steuerung und Kontrolle sowie die Effizienz stellen wichtige Erfolgspotentiale von Sozialkapital in Unternehmen dar (vgl. Katzer, 2009, S. 63). Des Weiteren kann soziales Kapital die Transaktionskosten zwischen den Partnern senken (vgl. Todeva & Knoke, 2002, S. 360). Für einen positiven Geschäftserfolg stellt der Zugang zu Informationen, die Schnelligkeit des Informationsflusses bzw. der Übermittlung sowie die Vertrauenswürdigkeit der empfangenen Informationen eine der wichtigsten Ressourcen dar (vgl. Hennig, 2006, S. 77).

Damit Sozialkapital überhaupt eine positive Wirkung und somit einen Wettbewerbsvorteil für das Unternehmen entfalten kann, ist es wichtig, mit Personen- und Unternehmensnetzwerken verbunden zu sein (vgl. Rønning, 2009, S. 236; Koeberle-Schmid, Brockhoff & Witt, 2009, S. 87). Neben dem Aufbau von sozialen Verbindungen ist es darüber hinaus ebenso wichtig, die aufgebauten Beziehungen und Netzwerke wirksam einzusetzen (vgl. Salvato & Melin, 2008, S. 275). Dabei können dann auch Themen, welche für den Unternehmenserfolg von Bedeutung sind, besprochen und ausgetauscht werden (vgl. Rønning, 2009, S. 236). Allerdings muss auch beachtet werden, dass weder eine bestimmte Position innerhalb eines Netzwerkes, noch ein reines Beziehungsnetz per se ein Vorteil für den Akteur erbringt. Erst wenn dadurch ein Ressourcenbezug erfolgt und dieser der Zielverwirklichung dient, kann von einem Vorteil und damit von Erfolg gesprochen werden (vgl. Koob, 2007, S. 288). Sozialkapital wirkt also nur dann, wenn Informationen und Ressourcen im richtigen Moment zur Verfügung gestellt werden, wenn Unterstützung benötigt wird (vgl. Wöhler & Hinz, 2007, S. 93). Die alleinige Existenz von Netzwerken stellt noch keinen Erfolgsfaktor für Unternehmen dar. Dieser wird erst durch die spezifische Leistungsfähigkeit der Netzwerkstrukturen geschaffen (vgl. Rößl et al., 2010, S. 148). Es können jedoch auch Vorteile für das Unternehmen entstehen, die allein durch eine Zugehörigkeit zu einer Gruppe oder Netzwerk entstehen (vgl. Lin, 2001, S. 17–19). Insgesamt kann festgehalten werden, dass soziales Kapital durch die Nutzung von Beziehungen bzw. durch die Zugehörigkeit zu einem Netzwerk entsteht. Dadurch können positive Gewinne für die einzelnen Akteure oder dem Kollektiv und somit auch für Unternehmen entstehen (vgl. Deindl, 2005, S. 4; Bilhuber Galli & Müller-Stewens, 2010, S. 11).

Wie Kapitel 4.2.3 aufgezeigt hat, kann soziales Kapital auf verschiedene Funktionsfelder eines Unternehmens positiv wirken. So kann bspw. auch eine emotionale Unterstützung durch Beziehungen als eine unterstützende Art für den Unternehmenserfolg angesehen werden. Für den betrieblichen Erfolg von besonderer Bedeutung gelten zudem die „Reputations- und Legitimationseffekte“ des Unternehmens (Preisendörfer, 2007, S. 279). Darüber hinaus entstehen diverse Kundenkontakte oft durch soziale Beziehungen. Durch Empfehlungen der Kunden via Mund-zu-Mund-Propaganda wird der Kundenkreis sukzessive erweitert. Zudem können Geschäftsbeziehungen zu renommierten und etablierten Firmen das Vertrauen und die Kompetenz erhöhen (vgl. Preisendörfer, 2007, S. 279). Sozialkapital auf Unternehmensebene sowie auf individueller Ebene erlangt für den Unternehmenserfolg daher eine besondere Bedeutung (vgl. Riemer, 2005, S. 78).

Auch Lobbying und business-government-relations können mit dem Unternehmenserfolg in Verbindung gebracht werden. Zudem wird dem Networking eine entscheidende Grundlage für unternehmerischen Erfolg beigemessen (vgl. Commerzbank, 2006, S. 38). Dies wiederum erfordert von den Akteuren eine gewisse soziale Kompetenz im Umgang mit anderen Akteuren (vgl. Riemer, 2005, S. 154). Darüber hinaus spielt besonders in regionalen Wirtschaftsclustern[51] auch die Präsenz und Beziehung zu anderen Akteuren, wie z.B. der IHK, Forschungseinrichtungen und Arbeitsvermittlungsbüros, eine wichtige Rolle für den Erfolg von Unternehmen (vgl. Preisendörfer, 2007, S. 277). Zusätzlich können auch Vereine und Clubs, wie z.B. Rotary Clubs oder Golfclubs, als Business-Netzwerke dienen, in denen die beteiligten Personen wichtige geschäftliche Informationen austauschen (vgl. Riewe, 2010, S. 65). Allerdings ist auch zu beachten, dass soziales Kapital nicht nur von einer Person abhängig ist, sondern falls möglich Bestandteil der Firma ist. Dies ist vor dem Hintergrund relevant, dass sich das Management des Unternehmens mit der Zeit verändern kann (vgl. Arenius, 2002, S. 116–117).

Für Unternehmen ist somit das Gewinnmotiv der Anreiz zur Schaffung von Sozialkapital (vgl. Ostrom & Ahn, 2003, S. 51–52). Soziale Beziehungen des Unternehmens bzw. des Unternehmers wirken sich positiv auf das Unternehmen aus (vgl. Chell & Baines, 2000; Florin, Lubatkin & Schulze, 2003; Manev, Gyoshev & Manolova, 2005). Sozialkapital stellt somit grundsätzlich - wie im Sinne des Kapitalbegriffs - eine Ressource dar, deren Einsatz für das Unternehmen ertragreich ist (vgl. Deindl, 2005, S. 2–3; Fuchs, 2006, S. 84). Eine der Grundaussagen zum Sozialkapitalansatz lautet deshalb, dass Sozialkapital den Erfolg des Unternehmens fördert (vgl. Baumanns & Münch, 2010, S. 165). Auch die betriebswirtschaftliche Forschung geht deshalb grundsätzlich davon aus, dass sich Sozialkapital positiv auf den unternehmerischen Erfolg auswirken kann (vgl. Kaiser, 2007, S. 132; Fuchs, 2006, S. 83). Damit werden Beziehungen und Netzwerke für den Erfolg eines Unternehmens von zunehmender Bedeutung (vgl. Mast, 2010, S. 234).

[51] Als Wirtschaftscluster wird z.B. das kalifornische „Silicon Valley“ bezeichnet. Sozialkapital ist in diesem Zusammenhang dann ein Kollektivmerkmal zur Charakterisierung einer Region (vgl. Preisendörfer, 2007, S. 277).

5. Die Rolle des Sozialkapitals im Rahmen des Internationalisierungsprozesses von FU

5.1 Sozialkapital und Internationalisierung - eine dynamische Betrachtung

5.1.1 Dynamische Eigenschaften sozialen Kapitals

Wie das Modell von Johansen/Vahlne (vgl. Kapitel 3.1.1.2) und das Phasenmodell der Internationalisierung (vgl. Kapitel 3.1.2) bereits gezeigt haben, stellt die Internationalisierung von Unternehmen einen dynamischen Prozess dar. Vor diesem Hintergrund sollen auch die dynamischen Eigenschaften von Sozialkapital betrachtet werden. Die in Kapitel 4.1.3 vorgestellten Dimensionen von Sozialkapital ermöglichen dabei eine zeitpunktbezogene Betrachtung von Sozialkapital. Bei einer dynamischen Betrachtung von Sozialkapital ergeben sich zunächst zwei Schwierigkeiten. Die erste Erschwernis ergibt sich aus den dynamischen Eigenschaften des sozialen Kapitals selbst (vgl. Maurer, 2003, S. 43). Die Neugestaltung und Veränderung von Netzwerkbeziehungen eines Akteurs können zu einer großen Herausforderung werden, da Netzwerke aufgrund ihrer Eigenschaften eine Anpassung an veränderte Ressourcenbedarfe und Rahmenbedingungen beeinträchtigen können und Netzwerke zudem in sich beharrend sind (vgl. Maurer, 2003, S. 43). Die zweite Schwierigkeit ergibt sich aus dem bisherigen Forschungsstand zur dynamischen Betrachtung von Sozialkapital. So ist es weitgehend unklar, wie sich soziales Kapital verändert und wie man diese Veränderungsprozesse beschreiben und erfassen kann (vgl. Baum, Calabrese & Silverman, 2000, S. 288; Maurer, 2003, S. 43).

Bei der dynamischen Betrachtung von Sozialkapital zeigt sich, dass Beziehungen im Laufe der Zeit wachsen bzw. abklingen können, je nachdem ob Beziehungen für das Unternehmen einen Nutzen darstellen. So kann bspw. ein Akteur im Ausland den Zugang zu einem ausländischen Markt zunächst erleichtern. Später kann diese Beziehung jedoch für die weitere Entwicklung unbrauchbar sein (vgl. Prashantham & Dhanaraj, 2010, S. 968). Die Auswahl und Gestaltung von externen Beziehungen eines Unternehmens bzw. Unternehmers sind somit ein dynamischer Prozess, da die benötigten Ressourcen eines Unternehmens zu jeder Phase des Unternehmens (z.B. Anfänge der Internationalisierung vs. erfolgte und etablierte Internationalisierung) variieren können (vgl. Maurer, 2003, S. 44). Soziales Kapital ist deshalb auch als dynamisch anzusehen (vgl. Agndal et al., 2008, S. 664; Prashantham & Dhanaraj, 2010, S. 967). Für Unternehmen besteht die Herausforderung darin, Beziehungen und Netzwerke kontextspezifisch anzupassen, d.h. auf die aktuellen Bedürfnisse des Unternehmens zu reagieren.

Dadurch können neue Kontakte aufgebaut und alte Kontakte vernachlässigt bzw. abgebrochen werden (vgl. Maurer, 2003, S. 44).

In diesem Zusammenhang ist zu erwähnen, dass durch die Inhalte der relationalen Dimension von Sozialkapital und dabei insbesondere durch Normen, eine Veränderung der bestehenden Kontakte erschwert werden kann. Dies ist vor allem dann der Fall, wenn die Akteure stark aneinander gebunden sind und die Beziehung auf Gegenseitigkeit beruht (vgl. Maurer, 2003, S. 45). Durch die kognitive Dimension von Sozialkapital kann das Suchen und Etablieren von neuen Beziehungen verhindert werden. In diesem Fall wird an Beziehungen festgehalten, welche unter neuen Bedingungen nicht mehr von Nutzen sind. Soziales Kapital ist deshalb insbesondere in der kognitiven Dimension veränderungsresistent. So werden zunächst oft die bestehenden freundschaftlichen und familiären Kontakte für die Beschaffung von Informationen genutzt (vgl. Maurer, 2003, S. 45–46).

Der positive Nutzen, den Familienunternehmen durch Sozialkapital erhalten können, unterliegt bei der Internationalisierung einem dynamischen Wandel. So kann sich die Wichtigkeit der Netzwerke bzw. Kontakte der Familienunternehmen bzw. des Managements während des Internationalisierungsprozesses ändern. In diesem Zusammenhang erscheint eine Betrachtung von zwei unterschiedlichen Internationalisierungszeitpunkten[52] sinnvoll. Im Folgenden werden daher die unterschiedlichen Dimensionen von Sozialkapital zu den Anfängen der Internationalisierung und bei einer bereits erfolgten Internationalisierung von Familienbetrieben näher betrachtet.

5.1.2 Dimensionen von Sozialkapital während des Internationalisierungsprozesses

5.1.2.1 Anfänge der Internationalisierung

Die drei Dimensionen von Sozialkapital können zu den Anfängen sowie bei erfolgter Internationalisierung unterschiedliche Ausprägungen einnehmen. So kann angenommen werden, dass besonders zu den Anfängen einer Internationalisierung (z.B. bei der Planung zur Internationalisierung) sowohl eine *große Anzahl* von Kontakten als auch eine große *Heterogenität*

[52] Die zwei verschiedenen Internationalisierungszeitpunkte (Anfänge der Internationalisierung und erfolgte Internationalisierung) sollen nicht als statisch betrachtet gesehen werden. Es handelt sich vielmehr um zwei grundlegende Zeitpunkte während des Internationalisierungsprozesses von Familienunternehmen. Man kann hier deshalb auch von Zeiträumen sprechen.

der Kontakte bzw. des Netzwerkes für Familienunternehmen erfolgsversprechend sein können. Hierdurch können familiengeführte Unternehmen eine Vielzahl von heterogenen Informationen von unterschiedlichen Akteuren beschaffen, welche für die Internationalisierung des Unternehmens von Nutzen sein können. Des Weiteren lässt sich vermuten, dass die *Stärke* der Beziehungen in den Anfängen der Internationalisierung eher groß ist, da die emotionale Intensität sowie die Häufigkeit des Austausches besonders stark ausgeprägt sind. Dies ist dadurch zu begründen, dass Unternehmen besonders zu den Anfängen der Internationalisierung eine Vielzahl von Informationen benötigen, weshalb ein regelmäßiger Informationsaustausch zwischen den Akteuren stattfindet. Des Weiteren werden Beziehungen besonders zum Anfang einer Internationalisierung eher einseitig sein, da ein Familienunternehmen daran interessiert ist, Informationen für sich zu gewinnen und aus diesen Informationen einen positiven Nutzen zu ziehen. Dies trifft z.B. auf die Informationsbeschaffung bzgl. potentieller Zielländer zu. Zudem kann man vermuten, dass bei Familienunternehmen die *Multiplexität* der Beziehungen zu den Anfängen der Internationalisierung eher groß ist. Gerade Familienmitglieder bzw. das Management von Familienunternehmen erhalten Informationen zur Internationalisierung oftmals von ihren Geschäftspartnern, welche gleichzeitig nicht selten auch Freunde und/oder Nachbarn sind.

In den Anfängen der Internationalisierung kann auch die relationale Dimension von Sozialkapital eine wichtige Rolle spielen, da in dieser Phase aufgebautes *Vertrauen* zwischen den Akteuren eine wichtige Grundlage für eine weitere erfolgreiche und vertrauensvolle Zusammenarbeit darstellen kann. Besondere Bedeutung kommt dabei auch dem charakterbasiertem Vertrauen zu, da Familienunternehmer oft den Austausch mit anderen Familienunternehmern bzw. mit Akteuren, welche einen ähnlichen Hintergrund haben, suchen. *Normen* spielen in den Anfängen der Internationalisierung von Familienunternehmen eine eher vernachlässigbare Rolle, da sich Familienbetriebe z.B. bei der Beschaffung von Informationen zur Internationalisierung eher auf Vertrauen des Gegenübers beziehen. Sind dagegen kooperative Formen bei der Internationalisierung geplant, so können auch Normen für Familienunternehmen handlungssteuernd und hilfreich sein. Auch *Erwartungen und Obligationen* sind in den Anfängen der Internationalisierung kennzeichnend für Familienunternehmen, da man durch den Erhalt von wichtigen Informationen bzw. Hilfestellungen Gegenleistungen in der Zukunft erwarten bzw. fordern kann. Insgesamt betrachtet kann angenommen werden, dass aufgrund der Charakteristika von Familienunternehmen Beziehungen auf *gegenseitigem Respekt* beruhen. Dies ist besonders bei neuen Beziehungen im Ausland zu erwarten. Dagegen kann man annehmen, dass der überwiegende Teil der Beziehungen des Unternehmens nicht bzw. nur teilweise auf *Freundschaft* beruht.

Die Inhalte der kognitiven Dimension von sozialem Kapital können ebenfalls in den Anfängen der Internationalisierung von Familienunternehmen wichtig sein. So können bspw. gemeinsam geteilte *Visionen* zwischen Akteuren bei geplanten kooperativen Internationalisierungsformen hilfreich sein. Des Weiteren können die unterschiedlichen Beziehungen zu Beginn einer Internationalisierung auf einem klaren *gegenseitigen Verständnis* beruhen. Zudem können Beziehungen zu anderen Familienunternehmen aufgrund von *Gemeinsamkeiten* bei der Internationalisierung hilfreicher sein als zu Nicht-Familienunternehmen. Dies kann bspw. bei der Planung von kooperativen Internationalisierungsformen der Fall sein. Andere Familienunternehmen können hierbei bevorzugt werden, da aufgrund vieler charakteristischer Gemeinsamkeiten Kooperationen mit anderen Familienbetrieben gegenüber Nicht-Familienunternehmen bevorzugt werden. Schließlich findet innerhalb der Beziehungen oftmals eine *wechselseitige Interpretation* der jeweiligen Handlungsabsichten statt. Dies kann bspw. bei Beziehungen zu neuen Geschäftspartnern in den Anfängen der Internationalisierung der Fall sein.

5.1.2.2 Erfolgte Internationalisierung

Beziehungen und Netzwerke erfüllen während des Internationalisierungsprozesses unterschiedliche Aufgaben für das Unternehmen. Familienunternehmen verfolgen dabei je nach Fortschritt der Internationalisierung unterschiedliche Ziele mit ihren Beziehungen bzw. ziehen unterschiedlichen Nutzen daraus. So haben Familiengesellschaften bei einer bereits erfolgten Internationalisierung z.B. weniger Interesse an Informationen über das Zielland sowie über mögliche Markteintrittsformen. Dagegen kann bspw. das Interesse an Informationen über zuverlässige Zulieferer und potentielle neue Abnehmer steigen. Betrachtet man die einzelnen Inhalte der drei Dimensionen von Sozialkapital, so können nur vereinzelt Veränderungen und Unterschiede gegenüber dem Beginn der Internationalisierung angenommen werden.

Bei der strukturellen Dimension von Sozialkapital werden *Größe*, *Heterogenität* und *Stärke* von Beziehungen und Netzwerken im Laufe der Internationalisierung tendenziell kleiner bzw. geringer, da die eigenen Erfahrungen wachsen. Beziehungen und Netzwerke werden in dieser

Phase eher für spezielle Fragen benötigt und daher gezielter ausgewählt. Bei Betrachtung der *Multiplexität* der Beziehungen kann angenommen werden, dass im Verlauf der Internationalisierung keine nennenswerte Änderung zu erwarten ist. Beziehungen bei denen die Akteure gleichzeitig Geschäftspartner, Freund und/oder Nachbar sind, sollten zu jedem Internationalisierungszeitpunkt vorliegen. Zum einen können durch Beziehungen zu Geschäftspartnern im Ausland neue Freundschaften entstehen, zum anderen können aber auch Freundschaften beendet werden, wenn bspw. Beziehungen zu Geschäftspartnern vernachlässigt oder aufgegeben werden. Betrachtet man die strukturelle Dimension von Sozialkapital insgesamt, so dürfte die Bewertung nach erfolgter Internationalisierung im Vergleich zum Beginn der Internationalisierung geringer sein.

Die Inhalte der relationalen Dimension von Sozialkapital spielen auch bei erfolgter Internationalisierung eine wichtige Rolle. *Vertrauen* in Akteure und Netzwerke sind für Familienunternehmen und deren Beziehungen äußerst wichtig. Zudem kann man davon ausgehen, dass bei wirtschaftlichen Beziehungen verbindliche Kriterien bzw. *Normen* für Familienunternehmen teilweise von Bedeutung sind. Die von Familienunternehmen aufgebauten Beziehungen und Netzwerke sind auch bei einer erfolgten Internationalisierung gekennzeichnet durch *Erwartungen und Verpflichtungen*. Zudem kann angenommen werden, dass die Beziehungen des Unternehmens auch bei erfolgter Internationalisierung weiterhin auf *gegenseitigem Respekt* basieren. Dagegen werden auch bei erfolgter Internationalisierung Beziehungen und Netzwerke nur vereinzelt auf *Freundschaften* beruhen. Insgesamt betrachtet wird somit deutlich, dass im Fall der relationalen Dimension keine nennenswerte Änderung zwischen den Anfängen und bei erfolgter Internationalisierung zu erwarten ist.

Betrachtet man die Inhalte der kognitiven Dimension von Sozialkapital bei erfolgter Internationalisierung, so kann man annehmen, dass die Bedeutung der einzelnen Aspekte im Vergleich zu den Anfängen der Internationalisierung so gut wie gleichbleibend ist. Die Beziehungen und Netzwerke des Unternehmens beruhen auch bei erfolgter Internationalisierung in der Regel auf einem klaren *gegenseitigen Verständnis*. Familienunternehmen verfolgen unabhängig vom Zeitpunkt ein klares Ziel mit ihren Beziehungen und Netzwerken. Sind Beziehungen mit Akteuren während der Internationalisierung eingegangen worden, so können diese auch auf Grundlage einer gemeinsamen *Vision* aufrechterhalten und gepflegt werden, wie dies z.B. bei Joint Ventures oder M&A der Fall ist. Zusätzlich nimmt aufgrund fremder Kulturen und Sprachen im Ausland die Bedeutung gemeinsamer sprachlicher Codes im Zielland zu. So kann eine gemeinsame Sprache die Internationalisierung beschleunigen und erleichtern. Ebenfalls kann angenommen werden, dass auch bei erfolgter Internationalisierung innerhalb der Beziehungen oftmals eine *wechselseitige Interpretation* der jeweiligen Handlungsabsichten stattfindet. Des Weiteren können auch Beziehungen zwischen Familienunternehmen bzw. -unternehmern bei fortschreitender Internationalisierung aufgrund von Gemeinsamkeiten häufiger genutzt und hilfreicher sein als dies bei Beziehungen zu Nicht-Familienunternehmen der Fall sein kann. Insgesamt betrachtet kann somit auch für die kognitive Dimension abgeleitet werden, dass zwischen den einzelnen Variablen zu den Anfängen und bei erfolgter Internationalisierung keine nennenswerten Unterschiede bestehen.

Aufgrund der in Kapitel 5.1.2 gemachten Ausführungen über die drei Dimensionen von Sozialkapital zu den Anfängen der Internationalisierung sowie nach erfolgter Internationalisierung werden die folgenden Hypothesen aufgestellt:

H_{4a}: Wenn Familienunternehmen zwei Internationalisierungszeitpunkte (Anfänge der Internationalisierung/erfolgte Internationalisierung) betrachten, dann stufen sie Inhalte und Variablen der strukturellen Dimensionen von Sozialkapital zu Beginn der Internationalisierung höher ein als bei erfolgter Internationalisierung

H_{4b}: Wenn Familienunternehmen zwei Internationalisierungszeitpunkte (Anfänge der Internationalisierung/erfolgte Internationalisierung) betrachten, dann existiert zwischen diesen Bewertungen für die relationale Dimensionen von Sozialkapital kein signifikanter Unterschied

H_{4c}: Wenn Familienunternehmen zwei Internationalisierungszeitpunkte (Anfänge der Internationalisierung/erfolgte Internationalisierung) betrachten, dann existiert zwischen diesen Bewertungen für die kognitive Dimensionen von Sozialkapital kein signifikanter Unterschied

5.2 Der Einfluss von Sozialkapital beim Internationalisierungsprozess von FU

5.2.1 Wirkungen des sozialen Kapitals auf Erfolgspotentiale von FU

5.2.1.1 Sozialkapital und die Struktur von Familienunternehmen

Wie die vorherigen Kapitel bereits gezeigt haben, stellen Familienunternehmen komplexe Gebilde dar. Aufgrund der besonderen Merkmale sowie der besonderen Struktur von Familienunternehmen ist es zunächst sinnvoll, die möglichen Beziehungs- und Netzwerkverbindungen eines Familienunternehmens aufzuzeigen.[53] Familienunternehmen sehen sich dabei selbst „als ein Geflecht von Beziehungen und Vernetzungen zwischen Menschen“ (Fopp & Giger, 2010, S. 14). Wie bereits in Kapitel 4.2.1.1 dargelegt, besitzen Unternehmen je nach Betrachtungsweise (interne oder externe Perspektive) eine Reihe von unterschiedlichen Beziehungen. Aufgrund der besonderen Struktur von Familienunternehmen können von insgesamt sieben unterschiedlichen Personenkreisen eines Familienunternehmens (s. Drei-Kreise-Modell, Kapitel 2.1.2) externe Beziehungen unterhalten und gepflegt werden. Zudem können diese Akteure auch untereinander in Kontakt stehen. Zusammenfassend ergibt sich eine beispielhafte Darstellung eines typischen Beziehungs- und Netzwerkgeflechts von Familienunternehmen.

Wie Abbildung 21 zeigt, existieren in einem Familienunternehmen eine Reihe von möglichen Beziehungen. Diese können sowohl zwischen den sieben Akteuren aus den drei Kreisen bzw. seinen Feldern bestehen als auch mit externen Akteuren unterhalten werden. Somit können bei der sozialkapitaltheoretischen Betrachtung von Familienunternehmen eine Vielzahl unterschiedlicher Verbindungen und Beziehungen in Betracht gezogen werden. Es wird zudem deutlich, dass im Gegensatz zu Nicht-Familienunternehmen die Beziehungen der Familie mitberücksichtigt werden müssen. Die durchgezogenen bzw. gestrichelten Linien zeigen dabei exemplarische interne bzw. externe Beziehungen und Verbindungen an.

[53] Die Darstellung der Beziehungs- und Netzwerkverbindungen ist als idealtypisch für Familienunternehmen anzusehen. Allerdings ist davon auszugehen, dass die Mehrzahl der Familienunternehmen eine solche Struktur besitzt.

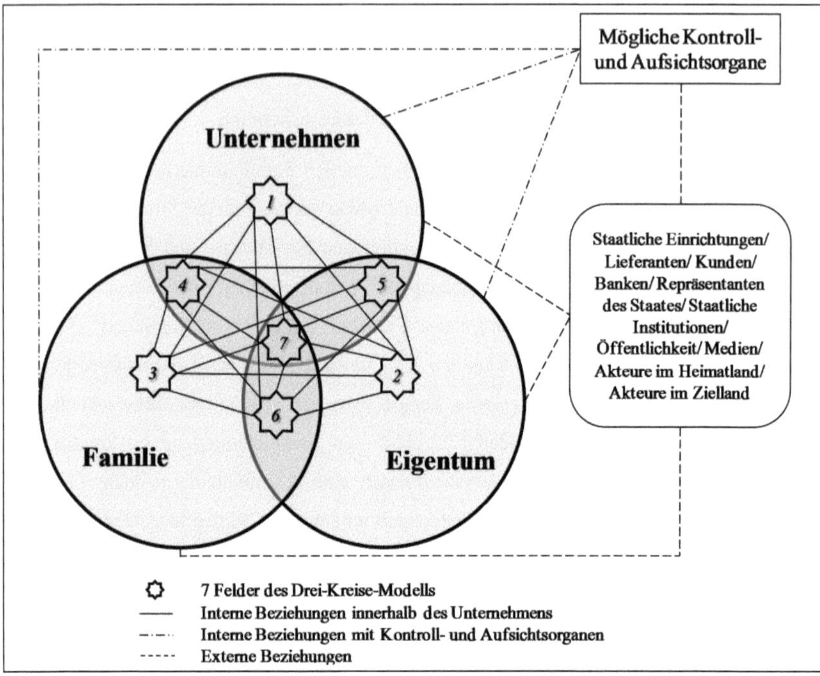

Abbildung 21: Typische Beziehungs-/Netzwerkstrukturen eines Familienunternehmens
Quelle: Eigene Darstellung

Betrachtet man die interne und externe Sichtweise von Sozialkapital bei Familienunternehmen, so stellt internes Sozialkapital die Beziehungen innerhalb eines Familienunternehmens, wie z.B. Verbindungen zwischen der Geschäftsführung und den Mitarbeitern, dar. Die interne Betrachtungsweise zielt damit insgesamt auf die Beziehungen zwischen den sieben Akteuren innerhalb der drei Kreise ab (durchgezogene Linie). Dagegen stellen Beziehungen von Akteuren aus den drei Kreisen zu Lieferanten, Kunden, Banken, staatlichen Einrichtungen, Öffentlichkeit etc. externes Sozialkapital in Familienunternehmen dar (gestrichelte Linien). Zusätzlich können auch Beziehungen von Kontroll- und Aufsichtsgremien zum Unternehmen, den Eigentümern, der Familie (interne Verbindungen zu Akteuren aus den drei Kreisen; Strichpunkt-Linie) sowie zu externen Beteiligten (externe Beziehungen; gestrichelte Linie) vorhanden sein.[54] Durch externe Kontakte der Aufsichts- und Kontrollgremien können Familien-

[54] Mögliche Kontroll- und Aufsichtsorgane können auch in den Feldern 1, 4, 5 oder 7 des Drei-Kreise-Modells zu finden sein. Aufgrund der unklaren Besetzung und der besseren Veranschaulichung werden die Kontrollorgane separat betrachtet.

unternehmen z.B. Zugang zu Wissen, Informationen, Fremdkapital, Technologie, Vertriebsnetzwerken erhalten sowie Beziehungen zu wichtigen Behörden aufbauen (vgl. Arregle, Hitt, Sirmon & Very, 2007, S. 77). Generell haben die Eigentümer bzw. das Management des Unternehmens Interesse daran, langfristige, vertrauenswürdige und gute Beziehungen zu den wichtigsten Stakeholdern des Unternehmens aufzubauen (vgl. May, 2012, S. 47).

Soziales Kapital von Familienunternehmen entsteht somit insgesamt betrachtet durch Beziehungen und Netzwerke des Unternehmens, der Eigentümer und der Familie (vgl. Haas, 2010, S. 10; Eibelshäuser, 2011, S. 37). Durch die besondere Struktur von Eigentum und Management in vielen Familienunternehmen kommt den sozialen Beziehungen der Unternehmerfamilie eine wichtige Bedeutung zu. Besonders bei starken Unternehmerpersönlichkeiten in denen quasi das Unternehmen und die Person gleichgesetzt werden, sind die persönlichen Beziehungen des Unternehmenslenkers von besonderem Interesse (vgl. Riemer, 2005, S. 198–199; Wright, Westhead & Ucbasaran, 2007, S. 1021). Zusätzlich können auch vorhandene Kontrollorgane neben den am Familienunternehmen beteiligten Akteuren eine wichtige Brückenfunktion darstellen und durch verschiedene Beziehungen soziales Kapital für das Unternehmen bereit stellen (vgl. Katzer, 2009, S. 23–25). All die aufgezeigten Beziehungen können somit einen Einfluss auf das Unternehmen ausüben. Wie bereits bekannt ist, lassen sich starke Beziehungen dabei durch einen hohen zeitlichen Aufwand für den Aufbau und Pflege von Beziehungen charakterisieren (vgl. Granovetter, 1973, S. 1361; Kühlmann, 2003, S. 2–3; Grüb, 2007, S. 98). Durch starke Beziehungen der verschiedenen am Unternehmen beteiligten Akteure zu externen Akteuren, kann auch ein Einfluss auf den Erfolg des Unternehmens ausgeübt werden. Es wird daher folgende Hypothese aufgestellt:

H_5: Je mehr Zeit von den am Unternehmen beteiligten Akteuren für den Aufbau und die Pflege von Beziehungen und Netzwerken des Unternehmens aufgebracht wird, desto erfolgreicher ist das Familienunternehmen

5.2.1.2 Aspekte der Dimensionen von Sozialkapital und deren Wirkung

Familienunternehmen können Erfolg generieren, indem Beziehungen inner- und außerhalb des Unternehmens gezielt geformt und erneuert werden (vgl. Salvato & Melin, 2008, S. 259). Durch die Internationalisierung eines Familienunternehmens steigt auch die Komplexität der

Aufgaben. In diesem Zusammenhang werden soziale Kontakte außerhalb des Unternehmens immer wichtiger, da hierdurch das Wissen für die Internationalisierung aufgebaut werden kann (vgl. Basly, 2007, S. 170; Casillas et al., 2007, S. 228; Salvato & Melin, 2008, S. 269–270). Die internen Verbindungen innerhalb der Familie verlieren im Gegenzug an Bedeutung (vgl. Salvato & Melin, 2008, S. 269–270). Gleichzeitig können Familienmitglieder auch als „Brücken“ zu neuen Beziehungen und Netzwerken hilfreich sein, von denen wichtige Informationen zur Internationalisierung erhalten werden können (vgl. Sirmon & Hitt, 2003, S. 342; Katzer, 2009, S. 43–44).

Des Weiteren können Aspekte der relationalen Dimension von Sozialkapital auf den Erfolg von Familienunternehmen Einfluss nehmen. In Familienunternehmen beruht die Ressource Sozialkapital auf Vertrauen, Verpflichtungen und auf einer gemeinsamen Historie. Durch diese Eigenschaften werden die sozialen Beziehungen unter den Familienmitgliedern sowie zwischen der Familie und externen Akteuren verstärkt und zugleich eine effizientere Wissensweitergabe ermöglicht (vgl. Koeberle-Schmid, 2008, S. 32; Pearson, Carr & Shaw, 2008, S. 958). Vertrauen innerhalb von Familienunternehmen ist besonders dann wichtig, wenn nicht alle Familienmitglieder den gleichen Informationsstand besitzen. In diesem Fall sollten operativ tätige Familienmitglieder dafür sorgen, dass auch die übrigen Familienmitglieder regelmäßig über das operative Geschäft informiert werden. Für den Fall, dass die beiden Kreise Eigentum und Führung nicht mehr 100%ig in Familienhand liegen (z.B. externes Management im Unternehmen) und sich Kontrollorgane wie z.B. Aufsichtsrat oder Beirat um die Pflege der Familienbeziehungen kümmern, dann gewinnt „familienspezifisches Sozialkapital“ an Bedeutung, indem durch die Beziehung zwischen der Familie und Kontrollorganen die Einflussnahme der Familie auf das Unternehmen sicherzustellen ist (vgl. Koeberle-Schmid, 2008, S. 54; Koeberle-Schmid et al., 2009, S. 87).

Zudem spielt auch im wirtschaftlichen Umfeld gegenseitiges Vertrauen eine wichtige Rolle (vgl. Arnold, 2004, S. 5). Hierbei kann angenommen werden, dass das entgegengebrachte Vertrauen von Dritten gegenüber Familienmitgliedern auch auf das Familienunternehmen übertragen werden kann (vgl. Dyer, 2006, S. 259). Darüber hinaus schafft der Name eines Familienunternehmens, unter dem schon seit längerer Zeit ein bestimmtes Produkt gefertigt und vertrieben wird, Vertrauen, welches besonders in Ländern ohne stabiles Rechtssystem hilfreich sein kann (vgl. Michler, 2009, S. 183). Zudem wirken sich Offenheit und Vertrauen der Familie positiv auf Beziehungen mit Geschäftspartnern aus (vgl. Mühlebach, 2004, S. 93).

Dabei ist es auch möglich, dass Familienunternehmen Vertrauen zu Akteuren im Heimatland im Vergleich zu Akteuren im Ausland unterschiedlich bewerten. Für eine erfolgreiche Internationalisierung ist es von großer Bedeutung, dass Familienunternehmen auf die Richtigkeit der Informationen von ihren Beziehungen und Netzwerken vertrauen können. Vertrauen stellt somit insgesamt eine grundlegende Voraussetzung für Kooperationen und für den unternehmerischen Erfolg dar (vgl. Petrova, 2007, S. 303). Generell lässt sich feststellen, dass Beziehungen und Netzwerke mit einem hohem Maß an gegenseitigem Vertrauen in der Lage sind wesentlich mehr zu erreichen, als dies bei Beziehungen und Netzwerken mit geringem Vertrauen der Fall ist (vgl. Riemer, 2005, S. 136).

Betrachtet man die kognitive Dimension von Sozialkapital, so können gemeinsame Visionen der Akteure dazu beitragen besser zu kooperieren und Wissen auszutauschen. Zugleich helfen Visionen auch dabei, Missverständnisse zu vermeiden (vgl. Arenius, 2002, S. 55). Besonders Familienunternehmen und -unternehmer haben charakteristischerweise die gleichen oder zumindest die ähnlichen Visionen und Grundsätze, weshalb diese bei Beziehungen unter Familienunternehmen bzw. -unternehmern sowie deren Mitarbeitern hilfreich sein können. Zudem wird den Familienmitgliedern durch eine gemeinsame Historie und gemeinsam gesammelten Erfahrungen ein gemeinsames Denken und Fühlen ermöglicht (vgl. Lewicki & Bunker, 1996, S. 122). Dies kann sich auf das Unternehmen auswirken und dadurch qualitativ bessere Entscheidungen ermöglichen (vgl. Sundaramurthy & Kreiner, 2008, S. 425).

5.2.1.3 Reputation der Unternehmerfamilie

Soziale Beziehungen der Unternehmerfamilie eines Familienunternehmens können für das Unternehmen eine wichtige Bedeutung haben und damit eine Ressource darstellen. Dabei spielt auch die Reputation der Unternehmerfamilie bzw. des Unternehmens eine Rolle (vgl. Ampenberger, 2010, S. 87). Die Reputation, worunter man ein gutes Ansehen oder einen guten Ruf versteht, bezieht sich in den meisten Fällen auf die Eigenschaften von Produkten, Personen oder Organisationen. Grundsätzlich soll mit Hilfe von Reputation die durch Informationsasymmetrie entstehende Unsicherheit begrenzt und somit die Berechenbarkeit von Handlungen erhöht werden (vgl. Kubon-Gilke, Sturn & Held, 2005, S. 21; Grüb, 2007, S. 125). Unter der Reputation kann man auch „das Sozialkapital einer Familie“ verstehen, weshalb die Reputation der Unternehmerfamilie und deren Wirkungen näher betrachtet werden sollen (Kormann, 2011, S. 126).

In vielen deutschen Familienunternehmen, wie z.B. den Unternehmen Hipp, Underberg oder Faber-Castell, „steht das Produkt für die Familie und die Familie für das Produkt" (Michler, 2009, S. 144). Wenn Unternehmer ihre Person und ihren Namen mit ihrem Produkt verbinden, entsteht Vertrauenskapital, dessen ökonomischer Wert erheblich sein kann (vgl. May, 2008b, S. 422). Um einen guten Ruf in der Öffentlichkeit zu genießen, ist die Familie bemüht, qualitativ hochwertige und einwandfreie Produkte zu produzieren (vgl. Mühlebach, 2004, S. 25). Es ist festzustellen, dass in diesem Fall der Ruf der Familie bzw. die Reputation der Unternehmerfamilie mit dem Image des Unternehmens sehr eng verknüpft ist (vgl. Wimmer, 2008, S. 111; Ampenberger, 2010, S. 27). Auch die Eigentümer, Gesellschafter sowie die Unternehmerfamilie selbst haben Interesse daran, dass das Unternehmen eine gute Reputation bewahrt oder diese sogar noch ausbaut (vgl. Kormann, 2011, S. 126). Andererseits überträgt sich die Reputation bzw. das Image des Unternehmens in der Öffentlichkeit direkt auf die Unternehmerfamilie (vgl. Fueglistaller & Zellweger, 2007, S. 32). Hierbei ist allerdings auch zu beachten, dass das Vertrauenskapital der Familie schnell zunichte gemacht werden kann. Dies ist bspw. dann der Fall, wenn sich die Familie streitet oder andere Skandale des Unternehmens bzw. der Familie in die Öffentlichkeit gelangen. Dann kann der einstige Vorteil zu einer Last werden, indem das Familienunternehmen nicht mehr als glaubwürdiges Unternehmen aus Familienhand dasteht (vgl. Ohle, 2008, S. 40–41).

In Zeiten der Globalisierung wird eine gute Reputation der Unternehmerfamilie immer wertvoller, da Geschäftspartner und Kunden auf den guten Namen der Familienunternehmen vertrauen (vgl. Michler, 2009, S. 144). Naturgemäß wirkt der „Inhaber-Bonus" am stärksten, solange der Inhaber nach außen auftritt und für das beworbene Produkt Vertrauen vermitteln kann (vgl. May, 2009, S. 120). Des Weiteren kann eine positive Reputation der Unternehmerfamilie auch für das Vertrauen innerhalb von Beziehungen eine wichtige Rolle spielen. Zudem können sich für das Unternehmen durch eine gute Reputation neue Beziehungen eröffnen (vgl. Birkner, Faust, Mohe & Kordon, 2010, S. 133). Insgesamt betrachtet stellt die Reputation des Unternehmens bzw. der Unternehmerfamilie für das Unternehmen einen wichtigen Aspekt dar, welcher auch auf den Unternehmenserfolg Einfluss nehmen kann (vgl. Schwalbach, 2003, S. 227).

5.2.2 Sozialkapital bei Internationalisierung von Familienunternehmen

5.2.2.1 Netzwerke und Organisationen für Familienunternehmen

Bei der Internationalisierung von Familienunternehmen kann Sozialkapital auf vielfältige Weise erzeugt und in Anspruch genommen werden. Auch durch die Nutzung bzw. Inanspruchnahme von speziellen Netzwerken und Organisationen für Familienunternehmen bzw. Familienunternehmer kann soziales Kapital für das Unternehmen entstehen, weshalb in diesem Kapitel auf diesen Aspekt eingegangen werden soll.

Soziale Netzwerke bestehen oft aus Kontakten und Beziehungen von Unternehmern und Managern untereinander. Solche Netzwerke sind meistens sehr persönlich und verflechten persönliche Beziehungen, soziales Engagement und Geschäftsinteressen miteinander (vgl. Krämer, 2006, S. 143). In Netzwerken basiert das Verhalten der Akteure oftmals auf Gemeinsamkeiten der verschiedenen Akteure (vgl. Seppola, 2004, S. 15). Gerade bei exklusiven Veranstaltungen für Familienunternehmen lassen sich solche Gemeinsamkeiten unter den Akteuren feststellen. Aufgrund verschiedener Gemeinsamkeiten (z.B. eine ähnliche Firmenhistorie) lassen sich dann vertrauensvolle Beziehungen aufbauen, die für unterschiedliche Zwecke genutzt werden können. Zudem werden Familienbetriebe und ihre Vertreter aufgrund der Nachhaltigkeit und der langfristigen Orientierung von Familienunternehmen innerhalb von Beziehungen und Netzwerken oftmals offener und vertrauensvoller wahrgenommen bzw. eingeschätzt. Dadurch können dauerhafte Kontakte leichter entstehen. Generell können Familienunternehmen durch Mitgliedschaften sowie durch die Nutzung von speziellen Beziehungen und Netzwerken Wissen aneignen. Dadurch kann auch das Know-how über internationale Möglichkeiten und die Motivation zur Internationalisierung erhöht werden (vgl. Coviello & Munro, 1997, S. 365; Rehner, 2004, S. 90; Casillas et al., 2007, S. 88). Des Weiteren können auf Konferenzen und Tagungen, welche durch verschiedene spezielle Fachvereinigungen und internationale Organisationen wie z.B. dem Family Firm Institute oder dem Family Business Network (FBN)[55] veranstaltet werden, persönliche Netzwerke geschaffen werden. Hierbei können auch Erfahrungen über Themen der Internationalisierung mit anderen Familienunternehmern ausgetauscht und für die eigene Strategieentwicklung bzw. Internationalisierung genutzt werden (vgl. Casillas et al., 2007, S. 112; Mandl, 2008, S. 3). Die Nutzung von exklu-

[55] Das F.B.N. Deutschland e.V. stellt eine exklusive Plattform für deutsche Familienunternehmen dar. Dabei können Familienbetriebe ab der zweiten Generation und einem Jahresumsatz von 50 Mio. Euro Mitglied des Vereins werden. Seit 2000 können Familienunternehmer diese Plattform nutzen, um Erfahrungen mit anderen Unternehmern auf Veranstaltungen, Aus- und Weiterbildungen auszutauschen (vgl. FBN, 2012).

siven Veranstaltungen für Familienunternehmer bzw. Familienunternehmen kann somit auch als eine Ressource für das Unternehmen betrachtet werden (vgl. Kröll, 2003, S. 196). Darüber hinaus können auch soziale Netzwerke im Internet für den Austausch von Erfahrungen und Strategien genutzt werden. Hierzu dienen die bekannten sozialen Netzwerke wie z.B. Xing oder facebook (vgl. Stegbauer, 2011, S. 252).

In Deutschland existieren eine Vielzahl spezieller Netzwerke und Organisationen für Familienunternehmen. Auch diese können bei Themen der Internationalisierung für die Unternehmen einen Nutzen mit sich bringen. Neben dem bereits erwähnten FBN und den „wir-Tagen" existieren noch eine Reihe weiterer spezieller Netzwerke und Organisationen für Familienunternehmen. So können die Stiftung Familienunternehmen, die Intes-Akademie, die Familienunternehmerkonferenz der WHU, die Familienunternehmer - ASU, spezielle Forschungseinrichtungen von Universitäten (z.B. Forschungsstelle Familienunternehmen der Universität Bayreuth) sowie auf Familienunternehmen spezialisierte Beratungen (z.B. Weissman & Cie.) Unterstützungen, Hilfestellungen und Austauschmöglichkeiten für internationale Themen bereitstellen.

Ohne im Detail auf die Besonderheiten und Merkmale der einzelnen Netzwerke und Organisationen einzugehen, berücksichtigen alle die besonderen Charakteristika und Merkmale von Familienunternehmen bzw. richten ihre Angebote, Leistungen und Unterstützungen hieran aus. Um die angebotenen Leistungen, Tagungen und Veranstaltungen in Anspruch nehmen zu können, sind hierfür beim FBN und den Familienunternehmer-ASU spezielle Mitgliedschaften nötig. Durch Mitgliedschaften in professionellen Vereinen können die Mitglieder ihre internationalen Erfahrungen mit anderen Mitgliedern in einem exklusiven Umfeld miteinander austauschen (vgl. Casillas et al., 2007, S. 228). Insgesamt können durch die Nutzung und Inanspruchnahme verschiedener Netzwerke und Organisationen neue Beziehungen und Netzwerke aufgebaut sowie neue Ideen, Ratschläge und Unterstützungen für die Strategieentwicklung der Internationalisierung gesammelt, ausgetauscht und in Anspruch genommen werden.

5.2.2.2 Entwicklung von Internationalisierungsstrategien

Sozialkapital kann auch auf den Internationalisierungsprozess von Familienunternehmen Einfluss nehmen. Im Folgenden wird deshalb dargelegt, wie Beziehungen und Netzwerke auch auf die Strategieentwicklung zur Internationalisierung Einfluss nehmen. Der Anstoß zur Internationalisierung kann dabei sowohl aus Erfahrungen des persönlichen Netzwerks des Unternehmers als auch aus dem Netzwerk des Unternehmens erfolgt sein. Die unterschied-lichen Informationen, welche bei der Analyse und Prognose des internationalen Umfelds gesammelt werden, können Familienunternehmen auch durch ihre Beziehungen und Netzwerke erhalten haben. Dazu können u.a. auch die im vorherigen Kapitel erwähnten Netzwerke und Organisationen hilfreich sein. Wie der Zusammenhang von Sozialkapital und Unternehmenserfolg (vgl. Kapitel 4.2.4) bereits gezeigt hat, kann die Nutzung von Beziehungen und Netzwerken positiv auf den Erfolg des Unternehmens wirken. Für den Aspekt der Analyse und Prognose des internationalen Umfelds wird daher folgende Hypothese aufgestellt:

> H_6: Wenn Familienunternehmen durch ihre Beziehungen und Netzwerke Informationen im Rahmen der Analyse und Prognose des internationalen Umfelds erhalten haben, dann waren diese Unternehmen erfolgreicher als jene Unternehmen, die wenig bzw. keine Beziehungen und Netzwerke nutzen

Soziale Netzwerke und Beziehungen können auch bei der Wahl des Ziellandes im Rahmen der Internationalisierung von Familienunternehmen eine wichtige Rolle spielen. Dabei kann die Wahl eines Ziellandes auch von den vorhandenen Beziehungen und Netzwerken im jeweiligen Zielland abhängen und beeinflusst werden (vgl. Coviello & Munro, 1995, S. 55; Bluhm & Teufel, 2002, S. 49; Basly, 2007, S. 164). Des Weiteren können Beziehungen und Netzwerke, welche bspw. durch Reisen der Firmeneigentümer oder der Familie entstanden sind, für die Strategieentwicklung in lokalen Auslandsmärkten sehr hilfreich sein. Diese können z.B. durch Begegnungen mit anderen Unternehmen, Wirtschaftshochschulen und Regierungsbeamten erfolgt sein (vgl. Poza, 2007, S. 297). Zum anderen können gute Beziehungen mit vergleichbaren Unternehmen in bereits bestehenden regionalen Netzwerken hilfreich sein, da diese Netzwerkbeziehungen möglicherweise auch für internationale Projekte genutzt werden können (vgl. Wannöffel et al., 2003, S. 215).

Insbesondere in den Schwellenländern wie China oder Russland spielen Konzepte des Sozialkapitals eine wichtige Rolle (vgl. Menzies & Orr, 2010, S. 27). In der Literatur werden in diesem Zusammenhang geschäftliche Beziehungen in diesen Ländern mit den Namen „Guanxi“[56] bzw. „Blat“[57] in Verbindung gebracht (vgl. Rose, 2000, S. 157; Dunfee & Warren, 2001, S. 192–193; Michailova & Worm, 2003, S. 509–510; Kriz & Fang, 2003, S. 1; Rehn & Taalas, 2004, S. 239–240; Pistrui et al., 2006, S. 464; Rommel, 2007, S. 161; Fernández & Gisbert, 2010, S. 5). Zudem kann durch soziales Kapital die Wahl der möglichen Zielländer bei der Internationalisierung von Familienunternehmen beeinflusst werden (vgl. Coviello & Munro, 1995, S. 55). Darüber hinaus kann die Bedeutung von Sozialkapital je nach Zielland oder -region unterschiedlich hoch eingeschätzt und bewertet werden. Dabei kann die kulturelle Distanz der möglichen Zielländer und -regionen zum Heimatmarkt (s. Kogut-Singh-Distanz, Kapitel 3.1.2.4.2) einen Einfluss auf die Bedeutung von Sozialkapital ausüben. Hierzu wird deshalb folgende Hypothese aufgestellt:

> H_7: Je größer die kulturelle Distanz des Ziellandes bzw. der Zielregion zu Deutschland ist, desto wichtiger ist die Bedeutung von Sozialkapital

In diesem Zusammenhang können auch Lobbying und Beziehungen zu Behörden bzw. Regierungsstellen im Zielland bei der Internationalisierung eine wichtige Bedeutung haben. Durch gute Kontakte des Familienunternehmens zu Behörden bzw. Regierungsstellen lassen sich bspw. Genehmigungen im Ausland leichter erreichen, die die Internationalisierung enorm erleichtern können. Da es oftmals für Familienunternehmen in vielen Zielländern nicht einfach ist direkt mit staatlichen Stellen in Kontakt zu treten, können Beziehungen zu Verbänden und anderen Akteuren im Zielland solche Kontakte einfädeln. Zudem kann Lobbying auch für die Finanzierung der Internationalisierung wichtig sein, indem inländische oder ausländische Banken die Finanzierung des Unternehmens sichern. Insgesamt betrachtet kann angenommen werden, dass Lobbying und business-government-relations einen positiven Einfluss auf den Erfolg des Unternehmens ausüben können. Es wird deshalb folgende Hypothese aufgestellt:

56 Die Idee von Sozialkapital in China kann mit dem sozialen Phänomen „Guanxi“ beschrieben werden (vgl. Zhou, Wu & Luo, 2007, S. 676; Fernández & Gisbert, 2010, S. 5). Dieses Phänomen dient der Vollständigkeit und soll hier nicht detaillierter betrachtet werden. Zur Bedeutung und den Eigenschaften von „Guanxi“ s. z.B. Kriz & Fang (2003, S. 3–4), Chen (2004, S. 5–6) sowie zum Einfluss von Guanxi beim Markteintritt in China durch internationale Joint Ventures s. u.a. Beier (2010).

57 Die Idee von Sozialkapital in Russland kann mit dem Konzept „Blat“ beschrieben werden (vgl. Rose, 2000, S. 157). Der Hinweis auf dieses Phänomen dient der Vollständigkeit und soll in dieser Arbeit nicht detaillierter betrachtet werden. Zu den Eigenschaften und Charakteristika von „Blat“ s. bspw. Michailova & Worm (2003, S. 510–514), Rehn & Taalas (2004, S. 239).

H_8: Wenn Familienunternehmen Lobbying und business-government-relations bei der Internationalisierung betreiben, dann hat dies einen positiven Einfluss auf den Erfolg des Unternehmens

Zusätzlich stellt sich auch die Frage nach dem Timing der Internationalisierung. Das Timing der Internationalisierung kann insgesamt durch viele externe und interne Faktoren beeinflusst werden. Es ist aber auch möglich, dass soziales Kapital das Timing der Internationalisierung von Familienunternehmen beeinflussen kann. So können bspw. durch Beziehungen und Netzwerke neue Erkenntnisse für das Zielland erhalten werden. Deshalb kann die Internationalisierung verschoben bzw. das Timing angepasst werden.

Des Weiteren kann auch die Wahl der Internationalisierungsform von sozialen Beziehungen und Netzwerken beeinflusst und abhängig gemacht werden (vgl. Coviello & Munro, 1995, S. 55; Bluhm & Teufel, 2002, S. 49; Basly, 2007, S. 164). Grundsätzlich kann soziales Kapital bei Handelsbeziehungen, Auslandsbeziehungen ohne Kapitalbeteiligungen sowie bei strategischen Investitionen einen unterschiedlich hohen Stellenwert besitzen. Wenn Familienunternehmen bspw. Allianzen oder Joint Ventures eingehen, dann nutzen sie oft ihr vorhandenes Sozialkapital dafür (vgl. Zahra, 2010, S. 358). Beziehungen und Netzwerke sind deshalb bei kooperativen Internationalisierungsformen von besonderem Interesse. Bei der Gründung von Auslandsgesellschaften kann man auch von einer „Netzwerk- und Beziehungsarbeit" sprechen (Preisendörfer, 2007, S. 273).

Außerdem müssen bei der Strategieentwicklung auch die Möglichkeiten zur Finanzierung der Internationalisierung berücksichtigt werden. Hierzu stehen unterschiedliche Finanzierungsformen und Möglichkeiten zur Verfügung (vgl. Kapitel 3.2.2.1). Dabei können auch Beziehungen und Netzwerke beim Abschluss der Finanzierung für die Internationalisierung des Familienunternehmens hilfreich sein. So können bspw. gute Kontakte durch langjährige Beziehungen zu Bankberatern und Banken die Auszahlung eines Kredits zur Finanzierung der Internationalisierung erleichtern. Soziales Kapital kann deshalb auch die Finanzierung im Rahmen der Strategieentwicklung zur Internationalisierung beeinflussen.

Im Rahmen der Strategieentwicklung spielt auch die Überlegung zur Übernahme von gesellschaftlichen, sozialen und/oder ökologischen Maßnahmen im Ausland eine Rolle (vgl. Kapitel 3.2.3). Ein Familienunternehmen sollte sich bei der Entwicklung von Strategien bewusst machen, ob CSR ein Bestandteil der Internationalisierungsstrategie sein soll oder nicht. Dabei können Familienunternehmen auch ihre Beziehungen und Netzwerke nutzen, um sich über CSR-Themen auszutauschen. Dadurch kann ein wichtiger Input für das Unternehmen entstehen, welcher möglicherweise im späteren Verlauf auch einen Einfluss auf den Unternehmenserfolg ausüben kann. Des Weiteren besteht die Möglichkeit, dass Beziehungen und Netzwerke den Anstoß zur Übernahme von CSR-Maßnahmen im Unternehmen gegeben haben. All diese Aspekte zeigen, dass Sozialkapital die Strategieentwicklung zur Internationalisierung beeinflussen kann.

Im Rahmen der Internationalisierung können Familienunternehmen in- und ausländische Organisationen, Strukturen bzw. Hilfen nutzen und somit über Beziehungen und Kontakte an wichtige Informationen gelangen. Die erhaltenen Informationen können dabei auch für die Strategieentwicklung von Interesse sein. Dabei stehen Familienunternehmen zum einen private Organisationen im In- und Ausland, wie z.B. Fachverbände, private Berater und deren Netzwerke sowie Wirtschaftsprüfer zur Verfügung. Zum anderen können Familienunternehmen auch staatliche Organisationen im In- bzw. Ausland nutzen. Hierzu zählen bspw. die Bundesagentur für Außenwirtschaft, Handelsförderstellen und Wirtschaftsverbände. Im Ausland finden sich zusätzlich deutsche Botschaften, die ebenfalls als Unterstützung herangezogen werden können. Des Weiteren können Familienunternehmen in Kontakt zu halbstaatlichen Organisationen im Inland treten und auf die Angebote der verschiedenen Organisationen, wie z.B. den Industrie- und Handelskammern, zurückgreifen. Zusätzlich besteht auch die Möglichkeit, dass halbstaatliche Organisationen im Ausland, wie z.B. die Auslandshandelskammern, genutzt werden. Durch die Nutzung der verschiedenen Organisationen im Inland und/oder im Ausland kann soziales Kapital für das Unternehmen generiert werden. Dabei können die verschiedenen Organisationen auch eine unterschiedliche Bedeutung für den jeweiligen Internationalisierungsprozess des Unternehmens darstellen. Die Nutzung von verschiedenen in- und ausländischen Organisationen im Zuge der Internationalisierung kann Einfluss auf den Erfolg des Unternehmens haben. Aufgrund dessen wird folgende Hypothese aufgestellt:

H_9: Wenn Familienunternehmen in- und ausländische Organisationen im Zuge der Internationalisierung in Anspruch genommen haben, dann wirkt sich dies positiv auf den Erfolg des Unternehmens aus

5.2.2.3 Entscheidungsprozess und Strategieimplementierung

Nach der Strategieentwicklung liegen normalerweise mehrere Strategiealternativen vor (vgl. Meckl, 2010, S. 132). Dabei ist es möglich, dass neben den Eigenschaften und Vorlieben des Unternehmers auch Sozialkapital dic Internationalisierungsentscheidungen beeinflussen kann (vgl. Ruzzier et al., 2006, S. 491). Die Entscheidung der verschiedenen Strategieoptionen kann daher auch von den jeweiligen Beziehungen und Netzwerken beeinflusst werden. So ist es theoretisch denkbar, dass sich durch verschiedene Beziehungen unterschiedliche Präferenzen für die Strategie der Internationalisierung (z.B. Ziellandwahl, Internationalisierungsform) ergeben. Andererseits kann die Entscheidung zur Internationalisierung auch deshalb erfolgen, weil Netzwerkpartner des Unternehmens dies ebenso tun (vgl. Ruzzier et al., 2006, S. 484). Insgesamt betrachtet können Beziehungen und Netzwerke auch die Entscheidung zur Internationalisierung beeinflussen.

Bei der Implementierung von Internationalisierungsstrategien ist zu berücksichtigen, dass die einzelnen Markteintrittsformen grundsätzlich verschiedene Anforderungen an die Implementierung stellen (vgl. Nienaber, 2003, S. 112–115). So kann es wichtig sein, je nach gewählter Internationalisierungsform, die richtigen Beziehungen und Netzwerke zu besitzen und zu nutzen. So sind bspw. für die Implementierung einer Exportstrategie Beziehungen zum Exporteur essentiell. Betrachtet man dagegen M&A oder Joint Ventures, so spielen die Beziehungen und Netzwerke mit den am Prozess beteiligten Personen eine wichtige Rolle. In diesem Zusammenhang ist auch zu beachten, dass zwischen den verschiedenen Phasen kein „personeller Bruch" stattfindet und die Beziehungen und Netzwerke bestehen bleiben. Zusätzlich müssen bei der Implementierung der Internationalisierungsstrategie die richten Beziehungen und Netzwerke im Zielland vorhanden sein. Beziehungen und Netzwerke können somit auch den Entscheidungsprozess sowie die Strategieimplementierung zur Internationalisierung des Familienunternehmens beeinflussen.

Für die erfolgreiche Umsetzung von Strategien können zudem vertrauensvolle Beziehungen zwischen den verschiedenen Geschäftsbereichen, Akteuren und Abteilungen innerhalb des Unternehmens hilfreich sein (vgl. Bilhuber Galli & Müller-Stewens, 2010, S. 11). Diese interne Betrachtungsweise kann auch für die Strategieimplementierung von Internationalisierungsstrategien von Relevanz sein. Werden CSR-Maßnahmen als Teil der Unternehmensstrategie gesehen, so können Beziehungen und Netzwerke die Implementierung von CSR-Maßnahmen fördern und unterstützen. Des Weiteren kann durch die Aneignung und Implementierung gewisser CSR Standards kognitives Sozialkapital erzeugt werden, da hierdurch Überzeugungen und Visionen der am Familienunternehmen beteiligten Akteure mit einfließen können (vgl. Sacconi & Degli Antoni, 2008, S. 13).

Es ist somit möglich, dass soziales Kapital neben der Strategieentwicklung auch die Bewertung, Auswahl und Implementierung von Internationalisierungsstrategien beeinflusst. Es wird daher folgende Hypothese aufgestellt:

H_{10}: Wenn die einzelnen Elemente des Internationalisierungsprozesses von Sozialkapital beeinflusst worden sind, dann hat dies positive Auswirkungen auf den Erfolg des Unternehmens

5.2.3 Bewertung von Sozialkapital bei der Internationalisierung

Die Ausführungen in den vorherigen Kapiteln haben gezeigt, dass soziales Kapital die Internationalisierung von Familienunternehmen in vielerlei Hinsicht beeinflussen kann. Dabei spielen Beziehungen und Netzwerke in den verschiedensten Phasen einer Internationalisierung eine wichtige Rolle. Sozialkapital kann die Internationalisierung des Unternehmens verändern, formen und beeinflussen indem bspw. Informationen über Beziehungen und Netzwerke erhalten werden. Dabei können die Beziehungen und Netzwerke der verschiedenen Akteure, die dem „System" Familienunternehmen angehörigen, als Ressource für das Unternehmen betrachtet werden.

Soziales Kapital kann auch bei Verfolgung und Erreichung der jeweiligen Unternehmensziele eine wichtige Rolle spielen. So lassen sich durch Beziehungen und Netzwerke Unternehmensziele oftmals besser und einfacher verwirklichen (vgl. Kühlmann, 2003, S. 2; Arenius, 2002, S. 54). Dies ist auch im Hinblick auf die Zielerreichung von Internationalisierungszielen von besonderem Interesse. Auch hier können Beziehungen und Netzwerke bei der Zielerreichung der jeweiligen unternehmensabhängigen Internationalisierungsziele hilfreich sein und das Unternehmen bei der Zielerreichung unterstützen. Zu beachten ist in diesem Zusammenhang auch, dass bei den einzelnen Internationalisierungszielen die Beziehungen und Netzwerke des Unternehmens möglicherweise angepasst werden müssen. So sind bspw. für das Internationalisierungsziel „Reduzierung der Steuern" andere Beziehungen und Netzwerke von Interesse, als dies bei der Verfolgung des Internationalisierungsziels „Erhöhung

Marktanteil“ der Fall ist.[58] Insgesamt betrachtet können Beziehungen und Netzwerke in unterschiedlichem Ausmaß für die Zielerreichung der jeweils verfolgten Internationalisierungsziele hilfreich gewesen sein. Zudem kann dadurch der Internationalisierungsprozess beeinflusst worden sein. Diese positiven Überlegungen zur Erreichung der jeweils verfolgten Internationalisierungsziele führen zur folgenden Hypothese:

H_{11}: Wenn Familienunternehmen für die Erreichung der jeweils verfolgten Internationalisierungsziele Beziehungen und Netzwerke nutzen, dann wirkt sich dies positiv auf die Zielerreichung aus

Neben den grundsätzlichen positiven Aspekten von Sozialkapital bei der Internationalisierung von Familienunternehmen muss jedoch auch beachtet werden, dass Beziehungen in manchen Fällen belastend wirken können. Dies trifft vor allem bei Beziehungen und Netzwerken zu Freunden und Verwandten zu, da diese oft nur unter enormen Kosten und bleibenden seelischen Verletzungen beendet werden können (vgl. Wöhler & Hinz, 2007, S. 93). Zudem ist es für Familienunternehmen oftmals hilfreicher sich auf mehrere Beziehungen und Netzwerke zu verlassen. Hierbei ist die Gefahr geringer, veränderte Marktbedingungen zu verpassen und auf Neuerungen zu spät zu reagieren (vgl. Preisendörfer, 2007, S. 280). Deshalb ist es wichtig ein großes und weitvernetztes Netzwerk aufzubauen und zu besitzen.

5.3 Sozialkapital als Erfolgsfaktor beim Internationalisierungsprozess von FU

Sozialkapital kann in vielerlei Hinsicht Einfluss auf den Internationalisierungsprozess von Familienunternehmen nehmen. Dabei können soziale Beziehungen und Netzwerke für Individuen und Unternehmen eine Reihe von positiven Auswirkungen mit sich bringen (vgl. Riemer, 2005, S. 91). Im Folgenden wird deshalb auf die positiven Aspekte von Sozialkapital beim Internationalisierungsprozess von Familienunternehmen eingegangen. Generell können Netzwerke im Allgemeinen sowie Akteure innerhalb der Netzwerke wichtige Ressourcen für das Familienunternehmen bereitstellen. Dabei sind die einzelnen Akteure bzw. Unternehmer innerhalb des Netzwerkes miteinander verbunden und erhalten Zugang zu Informationen und Ressourcen für mögliche Internationalisierungsschritte des Unternehmens (vgl. Ruzzier et al.,

[58] In dieser Arbeit soll jedoch keine explizite Unterscheidung der einzelnen Beziehungen und Netzwerke über die Erreichung der jeweiligen Internationalisierungsziele erfolgen. Vielmehr ist von Interesse, ob Beziehungen und Netzwerke im Allgemeinen bei der Erreichung von Internationalisierungszielen hilfreich waren.

2006, S. 488). Dabei muss berücksichtigt werden, dass oftmals unterschiedliche Aufgaben im Unternehmen unterschiedliche Beziehungen und Netzwerke benötigen, um erfolgreich zu sein (vgl. Hansen, Podolny & Pfeffer, 2001, S. 49).

Sozialkapital kann für Familienunternehmen eine wichtige Quelle für Wettbewerbsvorteile darstellen und somit auch eine Hilfe bei der Internationalisierung sein (vgl. Schulze & Gedajlovic, 2010, S. 201; Prashantham & Dhanaraj, 2010, S. 968). Dabei kann angenommen werden, dass soziales Kapital für Familienunternehmen bei der Wissensaneignung sowie für den Zugang zu neuen internationalen Märkten hilfreich ist (vgl. Prashantham & McNaughton, 2006, S. 448). Familienunternehmen haben somit durch Sozialkapital oftmals einen erheblichen Vorteil bei der Internationalisierung. Zum einen kann ein Zeitgewinn bei der Einführung neuer Produkte im Ausland durch Beziehungen und Netzwerke erreicht werden. So lassen sich durch bereits etablierte Partner und Unternehmen vorhandene Marktkenntnisse und Kontakte im Zielland nutzen (vgl. Kühlmann, 2005, S. 3). Dadurch kann bspw. der Aufbau von strategischen Optionen, Innovationen und einer starken Marktposition auch im Ausland ermöglicht werden (vgl. Zahra, 2010, S. 356). Zudem können Familienunternehmen durch Beziehungen und Netzwerke geschäftsrelevanten Zugang zu Informationen, Wissen, Vertriebsnetzwerken und Technologie erhalten (vgl. Koeberle-Schmid et al., 2009, S. 87). Liegen tarifäre bzw. nicht-tarifäre Handelshemmnisse im Ausland vor, so kann dies die Internationalisierung erschweren. Durch Beziehungen und Kooperationen lässt sich auch in diesem Falle oft ein Marktzutritt einfacher realisieren (vgl. Kühlmann, 2005, S. 3).

Auch der Kostenaufwand lässt sich bei der Internationalisierung durch ein Netzwerk reduzieren. So lassen sich bspw. im Zielland schneller günstige und zuverlässige Lieferquellen finden (vgl. Kühlmann, 2005, S. 4). Durch Beziehungen und Netzwerke lassen sich möglicherweise auch die Produktangebote des Unternehmens erweitern, indem z.B. Dienstleistungen neu angeboten werden können. Zudem kann durch ein Netzwerk im Zielland möglicherweise auf das Know-how von lokalen Vertriebsgesellschaften zugegriffen werden und so die Marketingaktivitäten des Unternehmens unterstützen (vgl. Kühlmann, 2005, S. 4). Haben die am Unternehmen beteiligten Akteure sowie der Unternehmer selbst starke Beziehungen aufbauen können, so können diese neben dem Informationsaustausch auch zur Entscheidungsfindung und insgesamt zu einer „Win-Win"-Situation beitragen (vgl. Riemer, 2005, S. 199). Diese persönlichen Kontakte können dann sowohl für die Individuen als auch für das Unternehmen einen hohen Nutzen mit sich bringen (vgl. Arenius, 2002, S. 53). Insgesamt betrachtet sollte

Sozialkapital nicht als Beiprodukt anderer Aktivitäten gesehen werden. Vielmehr sollten Familienunternehmen und Unternehmer soziales Kapital als eine Ressource betrachten, welche aktiv gepflegt und geführt werden sollte (vgl. Arenius, 2002, S. 59). Soziale Beziehungen und Netzwerke ermöglichen somit auch eine schnellere und rentablere Internationalisierung (vgl. Zhou, Wu & Luo, 2007, S. 685).

Das Networking dient dem Familienunternehmen als „Türöffner“, zum Lobbying, zum Netzwerkaufbau und zur Legitimation des Familienunternehmens. Dadurch kann der Zugang zu neuen Märkten mit unterschiedlichen Kulturen ermöglicht und erleichtert werden (vgl. Koeberle-Schmid et al., 2009, S. 54). Somit gilt Networking und der Aufbau von Beziehungen als eine wichtige Grundlage für unternehmerischen Erfolg (vgl. Han, 2006, S. 101). Dabei stehen Familienunternehmen eine Vielzahl unterschiedlicher Organisationen und Netzwerke zum Networking zur Verfügung (vgl. Kapitel 5.2.2.1). Für eine positive Performance des Familienunternehmens ist hierbei auch auf eine gute Qualität der Beziehungen sowie den dazugehörigen erhaltenen Informationen zu achten (vgl. Han, 2006, S. 106). Beim Networking des Managements, der Kontrollorgane und den am Unternehmen beteiligten Personen in Familienunternehmen muss das soziale Kapital so strukturiert, gebündelt und eingesetzt werden, dass es selten, wertvoll und nicht imitierbar ist und somit zur Steigerung des Unternehmenswertes beiträgt (vgl. Arregle et al., 2007, S. 77; Koeberle-Schmid et al., 2009, S. 53).

Des Weiteren werden durch das soziale Kapital Wettbewerbsvorteile von Familienunternehmen ausgedrückt. Die Merkmale des Familiensystems beeinflussen hierbei das soziale Kapital erheblich (vgl. Jaskiewicz, 2006, S. 14). Zudem spielt der „Inhaber-Bonus“ für Familienunternehmen neben dem Kontakt zu Endverbrauchern auch im B2B-Geschäft eine wichtige Rolle (vgl. May, 2009, S. 120). Weiterhin spielt bei der Internationalisierung die Reputation des Unternehmens bzw. der Unternehmerfamilie eine nicht zu vernachlässigende Rolle, die auch für Beziehungen und Netzwerke wichtig sein kann. Darüber hinaus kann familienspezifisches Sozialkapital zu neuem Wachstum für das Unternehmen führen, da dadurch Wettbewerbsvorteile erreicht werden können (vgl. Koeberle-Schmid et al., 2009, S. 93). Im Zusammenhang mit Erfolg und Familienunternehmen ist für Steier soziales Kapital „one of the least tangible and least fungible assets“ (Steier, 2001, S. 263).

Auch kleine und mittlere deutsche Familienunternehmen haben erkannt, dass Beziehungen und Netzwerke einen Schlüssel zum Erfolg darstellen. Dadurch können neue Märkte im weltweiten Wettbewerb leichter erschlossen werden (vgl. Michler, 2009, S. 206). Gerade bei KMU kann Sozialkapital den Zugang von wichtigen Informationen erleichtern (vgl. Spence, Schmidpeter & Habisch, 2003, S. 19). Soziale Beziehungen und Netzwerke stellen daher auch bei der Internationalisierung von kleinen und mittleren Familienunternehmen einen nicht zu vernachlässigenden Wettbewerbsvorteil dar (vgl. Basly, 2007, S. 163). Der Erfolg der Internationalisierung ist besonders bei KMU abhängig vom besonderen Zusammenspiel der politischen Organisationen und kultureller Institutionen in den verschiedenen Regionen. Von entscheidender Bedeutung ist daher vor allem die Unterstützung durch Institutionen und die Integration in die verschiedenen Netzwerke (vgl. Bluhm & Teufel, 2002, S. 41; Wannöffel et al., 2003, S. 215).

Über Netzwerkbeziehungen können Familienunternehmen neue Kontakte knüpfen, welche für die Internationalisierung genutzt werden können. Dabei werden diese Netzwerke nicht zwangsläufig extra für die Internationalisierung gebildet, sondern stammen oftmals aus vorherigen Kontakten und Aktivitäten (vgl. Bluhm et al., 2003, S. 94–95). Geschäftliche und persönliche Kontakte können z.B. auch durch Auslandsaufenthalte oder Messebekanntschaften entstehen und einen wichtigen Faktor für die Internationalisierung in einem Zielmarkt darstellen (vgl. Kandrova, 2007, S. 38). Diese Kontakte können dann bei den einzelnen Schritten und Phasen der Internationalisierung strategisch eingesetzt werden (vgl. Bluhm et al., 2003, S. 94–95). Dadurch kann der internationale Markteinstieg für das Unternehmen erleichtert werden (vgl. Prashantham & Dhanaraj, 2010, S. 975).

Für den Erfolg von neuen Unternehmen im Ausland sind betriebliche Netzwerke, persönliche Netzwerke sowie Netzwerkunterstützungsleistungen in hohem Maße von Bedeutung (vgl. Preisendörfer, 2007, S. 272). Für Arenius ist Sozialkapital "the pipeline to international opportunities" (Arenius, 2002, S. 3). Gemäß Kapitel 4 und 5 kann soziales Kapitel positive Wirkungen auf Akteure und Familienunternehmen ausüben. Auf Basis dieser Überlegungen sowie den aufgezeigten Inhalten der verschiedenen theoretischen Ansätze zum Sozialkapital, werden für die empirische Arbeit folgende Hypothesen aufgestellt:

H_{12}: Wenn Sozialkapital einen Beitrag zum Internationalisierungserfolg leistet, dann sind diese Unternehmen erfolgreicher im Vergleich zu den Unternehmen, die kein Sozialkapital nutzen

H_{13}: Je höher und intensiver Sozialkapital von Familienunternehmen genutzt wird, desto erfolgreicher ist das Unternehmen

5.4 Zwischenergebnis

Der Ansatz des sozialen Kapitals ist ein interdisziplinäres Konzept, welches in der Forschung unter verschiedenen Blickwinkeln betrachtet wurde (vgl. Biedermann, 2007, S. 11). Sozialkapital kann dabei auch einen Einfluss auf das unternehmerische Handeln ausüben und bspw. die Gründung von Unternehmen oder die Personalbeschaffung beeinflussen. Bei Übertragung des Sozialkapitalkonzepts auf den Internationalisierungsprozess von Familienunternehmen zeigt sich, dass Beziehungen und Netzwerke die einzelnen Phasen des Internationalisierungsprozesses beeinflussen können. Somit kann Sozialkapital Einfluss auf die Strategieentwicklung, den Entscheidungsprozess und die Strategieimplementierung der Internationalisierung ausüben. Sozialkapital kann dabei auch dynamische Eigenschaften besitzen, da sich Beziehungen und Netzwerke zu den Anfängen der Internationalisierung im Vergleich zu einer bereits erfolgten Internationalisierung unterscheiden können.

Soziale Beziehungen und Netzwerke stellen eine wertvolle Ressource dar, da sie den Austausch und Kooperationen mit Akteuren ermöglichen (vgl. Hiß, 2006, S. 209). Vielfältige Beziehungen und Netzwerke können im Internationalisierungsprozess den Aufbau und die Entwicklung von Auslandsgeschäften unterstützen (vgl. Schulz & Welge, 2006, S. 72). Dabei spielen durch die Besonderheiten von Familienunternehmen sowohl die Beziehungen und Netzwerke des Unternehmens als auch die der Eigentümer und der Familie eine wichtige Rolle. Familienunternehmen können deshalb im Vergleich zu Nicht-Familienunternehmen auf spezielle Netzwerke und Organisationen für Familienunternehmen zurückgreifen. Hierbei kann Sozialkapital u.a. dazu beitragen, dass der Unternehmer seine bisherige Unternehmensstrategie überdenkt oder anpasst (vgl. Rønning, 2009, S. 237). Dies ist besonders dann der Fall, wenn soziale Beziehungen auf nur eine Person konzentriert sind. Diese Beziehungen können dann einen erheblichen Einfluss auf die Internationalisierung ausüben und somit für das Familienunternehmen sehr wichtig sein (vgl. Ruzzier et al., 2006, S. 485). Grundsätzlich spielt bei Beziehungen auch das Vertrauen zwischen den Personen eine wichtige Rolle. Nur wenn ein Vertrauensverhältnis zwischen den Akteuren gegeben ist, kann sich die Wirkung von Sozialkapital voll entfalten.

Die grundlegende Prämisse des Sozialkapitalkonzepts ist diejenige, dass Beziehungen und Netzwerke Vorteile für Akteure und Unternehmen mit sich bringen, die gleichzeitig wertstiftend sein können (vgl. Biedermann, 2007, S. 11). Sozialkapital kann demnach auch für den Unternehmenserfolg mitverantwortlich sein, weshalb soziales Kapital bei der jeweiligen Unternehmensstrategie mitberücksichtigt werden sollte. Die Nutzung von Beziehungen und Netzwerken ist besonders bei der Internationalisierung wichtig, da ohne gute Kontakte ein Markteintritt in kulturfremden Zielländern schwierig werden kann. Als Zwischenergebnis kann somit festgehalten werden, dass soziales Kapital für Familienunternehmen bei der Internationalisierung eine gewinnbringende Ressource darstellen kann und deshalb auch bei der Internationalisierungsstrategie berücksichtigt werden sollte.

An dieser Stelle sollen die in dieser Arbeit aufgestellten Hypothesen zusammenfassend dargestellt werden. Die folgende Tabelle zeigt neben den Hypothesen auch die jeweils angewendete Methodik zur Prüfung der Hypothesen. Die Methodik selbst wird in Kapitel 6.2.2 näher beschrieben. Zusätzlich ist das Kapitel angegeben, in dem der Hypothesentest erfolgt.

Nr.	Hypothese	Methodik	Kapitel 7
H_1	Je größer der Einfluss von Familienmitgliedern auf das Unternehmen ist, desto erfolgreicher ist das Familienunternehmen	Bivariate Korrelation	7.1.1.1
H_2	Wenn Familienunternehmen internationalisieren, dann bevorzugen sie Formen der Auslandstätigkeit, in denen sie möglichst wenig Mitspracherechte an Dritte abgeben müssen	Bivariate Korrelation	7.1.3.8
H_3	Wenn familienunternehmenstypische Eigenschaften bei der Internationalisierung vorliegen, dann wirken diese Eigenschaften positiv auf den Erfolg der Internationalisierung	Bivariate Korrelation	7.1.1.3
H_{4a}	Wenn Familienunternehmen zwei Internationalisierungszeitpunkte (Anfänge der Internationalisierung/erfolgte Internationalisierung) betrachten, dann stufen sie Inhalte der strukturellen Dimensionen von Sozialkapital zu Beginn der Internationalisierung höher ein als bei erfolgter Internationalisierung	Unterscheidung zwischen zwei Gruppen mit Wilcoxon-Test	7.1.2.2
H_{4b}	Wenn Familienunternehmen zwei Internationalisierungszeitpunkte (Anfänge der Internationalisierung/erfolgte Internationalisierung) betrachten, dann existiert zwischen diesen Bewertungen für die relationale Dimensionen von Sozialkapital kein signifikanter Unterschied	Unterscheidung zwischen zwei Gruppen mit Wilcoxon-Test	7.1.2.3
H_{4c}	Wenn Familienunternehmen zwei Internationalisierungszeitpunkte (Anfänge der Internationalisierung/erfolgte Internationalisierung) betrachten, dann existiert zwischen diesen Bewertungen für die kognitive Dimensionen von Sozialkapital kein signifikanter Unterschied	Unterscheidung zwischen zwei Gruppen mit Wilcoxon-Test	7.1.2.4
H_5	Je mehr Zeit von den am Unternehmen beteiligten Akteuren für den Aufbau und die Pflege von Beziehungen und Netzwerken aufgebracht wird, desto erfolgreicher ist das Familienunternehmen	Bivariate Korrelation	7.1.4.1
H_6	Wenn Familienunternehmen durch ihre Beziehungen und Netzwerke Informationen im Rahmen der Analyse und Prognose des internationalen Umfelds erhalten haben, dann waren diese Unternehmen erfolgreicher als jene Unternehmen, die wenig bzw. keine Beziehungen und Netzwerke nutzen	Bivariate Korrelation	7.1.3.3

Nr.	Hypothese	Methodik	Kapitel 7
H_7	Je größer die kulturelle Distanz des Ziellandes bzw. der Zielregion zu Deutschland ist, desto wichtiger ist die Bedeutung von Sozialkapital	Bivariate Korrelation	7.1.3.7
H_8	Wenn Familienunternehmen Lobbying und business-government-relations bei der Internationalisierung betreiben, dann hat dies einen positiven Einfluss auf den Erfolg des Unternehmens	Multiple Regression	7.1.3.5
H_9	Wenn Familienunternehmen in- und ausländische Organisationen im Zuge der Internationalisierung in Anspruch genommen haben, dann wirkt sich dies positiv auf den Erfolg des Unternehmens aus	Multiple Regression	7.1.3.6
H_{10}	Wenn die einzelnen Elemente des Internationalisierungsprozesses von Sozialkapital beeinflusst worden sind, dann hat dies positive Auswirkungen auf den Erfolg des Unternehmens	Multiple Regression	7.1.3.2
H_{11}	Wenn Familienunternehmen für die Erreichung der jeweils verfolgten Internationalisierungsziele Beziehungen und Netzwerke nutzen, dann wirkt sich dies positiv auf die Zielerreichung aus	Kreuztabellenanalyse	7.1.4.2
H_{12}	Wenn Sozialkapital einen Beitrag zum Internationalisierungserfolg leistet, dann sind diese Unternehmen erfolgreicher im Vergleich zu den Unternehmen die kein Sozialkapital nutzen	Kreuztabellenanalyse	7.1.4.4
H_{13}	Je höher und intensiver Sozialkapital von Familienunternehmen genutzt wird, desto erfolgreicher ist das Unternehmen	Clusteranalyse	7.3

Tabelle 6: Hypothesenübersicht
Quelle: Eigene Darstellung

6. Empirische Untersuchung

6.1 Stichprobe und Abbildung der untersuchten Familienunternehmen

6.1.1 Das deutsche verarbeitende Gewerbe

6.1.1.1 Branchenbeschreibung

Bevor auf die empirische Studie näher eingegangen wird, soll zunächst das deutsche verarbeitende Gewerbe genauer betrachtet werden, da dieses als Basis dieser empirischen Untersuchung dient. Grundsätzlich lassen sich die verschiedenen Gewerbe in unterschiedliche Wirtschaftszweige einteilen. Wie bereits in Kapitel 2.2.2.1 dargelegt, soll in dieser Arbeit die Klassifikation der Wirtschaftszweige gemäß der Einteilung des statistischen Bundesamtes aus dem Jahr 2008 erfolgen. Bei dieser Einteilung werden die verschiedenen Wirtschaftszweige in die Abschnitte A-U klassifiziert (vgl. Statistisches Bundesamt, 2008, S. 17–18). Von diesen 21 unterschiedlichen Wirtschaftszweigen findet sich in Abschnitt C das verarbeitende Gewerbe. Dem verarbeitenden Gewerbe gehören wiederum insgesamt 24 verschiedene Industriezweige an (vgl. Statistisches Bundesamt, 2008, S. 69). Dabei reicht die Spanne von der Herstellung von Nahrungs- und Futtermitteln bis hin zur Herstellung von Fahrzeugen und Möbeln (vgl. Statistisches Bundesamt, 2008, S. 78–101).[59]

Beim verarbeitenden Gewerbe lassen sich je nach zugrundeliegender Definition des Begriffs Familienunternehmen und der verwendeten Klassifikation der Wirtschaftszweige zwischen 75% und 96% der Unternehmen als Familienunternehmen identifizieren (vgl. Gottschalk et al., 2011, S. 26; Haunschild & Wolter, 2010, S. 14). Unabhängig von der vorliegenden Diskrepanz ist die Aussage erlaubt, dass Familienunternehmen in diesem Wirtschaftszweig stark vertreten sind. So stellen Familienunternehmen des verarbeitenden Gewerbes mit einer Beschäftigungsanzahl von ≥50 Mitarbeitern im Vergleich zu den anderen Wirtschaftszweigen den prozentual größten Anteil (vgl. Gottschalk et al., 2011, S. 28–29). Mit knapp 7 Mio.

[59] Die 24 Industriezweige des verarbeitenden Gewerbes werden in folgende Produktionsbereiche unterteilt: Herstellung von Nahrungs- und Futtermitteln; Getränkeherstellung; Tabakverarbeitung; Herstellung von Textilien; Herstellung von Bekleidung; Herstellung von Leder, Lederwaren und Schuhen; Herstellung von Holz-, Flecht-, Korb- und Korkwaren (ohne Möbel); Herstellung von Papier, Pappe und Waren daraus; Herstellung von Druckerzeugnissen; Vervielfältigung von bespielten Ton-, Bild- und Datenträgern; Kokerei und Mineralölverarbeitung; Herstellung von chemischen Erzeugnissen; Herstellung von pharmazeutischen Erzeugnissen; Herstellung von Gummi- und Kunststoffwaren; Herstellung von Glas und Glaswaren, Keramik, Verarbeitung von Steinen und Erden; Metallerzeugung und -bearbeitung; Herstellung von Metallerzeugnissen; Herstellung von Datenverarbeitungsgeräten, elektronischen und optischen Erzeugnissen; Herstellung von elektrischen Ausrüstungen; Maschinenbau; Herstellung von Kraftwagen und Kraftwagenteilen; Sonstiger Fahrzeugbau; Herstellung von Möbeln; Herstellung von sonstigen Waren; Reparatur und Installation von Maschinen und Ausrüstungen (vgl. Statistisches Bundesamt, 2008, S. 78–101).

Beschäftigten waren im Jahre 2011 im verarbeitenden Gewerbe 17,4% aller in Deutschland registrierten Erwerbstätigen beschäftigt (vgl. Statistisches Bundesamt, 2010; Statistisches Bundesamt, 2012a).[60]

Insgesamt hat das verarbeitende Gewerbe für die Jahre 2010 und 2011 Umsätze von rund 1,75 Bill. EUR erwirtschaftet (vgl. Statistisches Bundesamt, 2010, Statistisches Bundesamt, 2011). Dabei hat der Fahrzeugbau mit 20,5% gefolgt von Maschinenbau (12,5%), der Chemieindustrie (10,6%), der Ernährungsindustrie (9,6%) und der Elektrotechnikindustrie (9,2%) am meisten zum Gesamtumsatz dieses Wirtschaftszweiges beigetragen (vgl. Statistisches Bundesamt, 2012c). Für den nachhaltigen wirtschaftlichen Erfolg des Unternehmens ist die solide Ausstattung mit Eigenkapital erforderlich (vgl. Trautvetter, 2011, S. 3). Im Jahr 2010 lag die durchschnittliche Eigenkapitalquote für das verarbeitende Gewerbe bei 28,6% (vgl. Deutsche Bundesbank, 2012).

6.1.1.2 Eignung des Wirtschaftszweiges für die empirische Studie

Durch die Eingrenzung auf einen bestimmten Wirtschaftszweig sollen die Aussagen der empirischen Untersuchung zusätzlich verbessert werden. Diese Studie basiert auf einer Befragung von Familienunternehmen aus dem verarbeitenden Gewerbe. Dieser Wirtschaftszweig hat bzgl. Größe und Bedeutung bei der Internationalisierung wegen der globalen Ausrichtung vieler Unternehmen eine hervorgehobene Stellung. Aufgrund der in dieser Arbeit festgelegten Definition von Familienunternehmen ist auch eine gewisse Unternehmensgröße von Bedeutung. Das verarbeitende Gewerbe eignet sich dabei besonders, da innerhalb dieses Wirtschaftszweiges kleine Unternehmen eher seltener zu finden sind (vgl. Hausch, 2004, S. 92–93). Zudem sind international tätige Familienunternehmen tendenziell größer und generieren einen höheren Umsatz als rein nationale Unternehmen. Darüber hinaus sind Familienunternehmen des verarbeitenden Gewerbes insgesamt stärker international tätig als Unternehmen aus anderen Wirtschaftszweigen (vgl. Commerzbank, 2000, S. 36; Hausch, 2004, S. 94). So betrug bspw. die Exportquote für Unternehmen des verarbeitenden Gewerbes im Jahr 2011 durchschnittlich 46,3% (vgl. Statistisches Bundesamt, 2012b). Durch diese stärkere internati-

[60] Die erfasste Anzahl der Beschäftigten variiert je nach Erhebung. Bei der zugrundliegenden Anzahl wurden alle Unternehmen ab einem Beschäftigen herangezogen. Werden nur die Unternehmen betrachtet, die eine Beschäftigungszahl von ≥20 haben, so liegt für das Jahr 2011 die Anzahl der Beschäftigten im verarbeitenden Gewerbe bei knapp 6 Mio. Personen (vgl. Statistisches Bundesamt, 2011). Trotz der Diskrepanz zeigen die Zahlen grundsätzlich die Bedeutung des verarbeitenden Gewerbes in Deutschland auf.

onale Ausrichtung kann auch davon ausgegangen werden, dass soziales Kapital für die Internationalisierung im Vergleich zu anderen Wirtschaftszweigen eine größere Bedeutung hat.

Familienunternehmen des verarbeitenden Gewerbes weisen im Vergleich zu anderen Branchen die längste Marktpräsenz auf. Im Jahre 2001 betrug das Durchschnittsalter der Unternehmen des verarbeitenden Gewerbes knapp 54 Jahre. Dagegen lag das Durchschnittsalter bspw. im Baugewerbe bei 38 Jahren. Deshalb können Unternehmen im verarbeitenden Gewerbe auf eine besonders lange Tradition zurückblicken (vgl. Ernst & Young & BDI, 2001, S. 59). Des Weiteren kann angenommen werden, dass mit einer durchschnittlichen Eigenkapitalquote bei den Unternehmen des verarbeitenden Gewerbes von 28,6%, eine Finanzierung der Internationalisierung in der Vergangenheit möglich war und auch in Zukunft sein wird.

Für die in dieser Arbeit festgesetzten Ziele eignet es sich daher, den Fokus auf Familienunternehmen des verarbeitenden Gewerbes zu legen. Zudem stellen Unternehmen des verarbeitenden Gewerbes einen „repräsentativen Wirtschaftszweig deutscher mittelständischer Familienunternehmen" dar (Ulrich, 2011, S. 169).

6.1.2 Ablauf und Vorgehen der Datenerhebung

Bei empirischen Studien sind der Ablauf und das Vorgehen der Datenerhebung festzulegen und zu beschreiben. Dabei stellt die *Grobkonzeptualisierung* der Datenerhebung den ersten Schritt bei einer empirischen Untersuchung dar. Hierbei soll ein grundlegendes Verständnis für die zu untersuchenden Fragestellungen erlangt werden. Dazu können neben der Literaturrecherche auch erste Expertengespräche hilfreich sein (vgl. Homburg & Giering, 1996, S. 12; Knöpfler, 2009, S. 102). In der vorliegenden Untersuchung wurde zunächst mit verschiedenen Familienunternehmern die Relevanz des Themengebietes in Bezug auf Theorie und Praxis diskutiert. Es wurde festgestellt, dass aus Sicht der Familienunternehmen ein großes Interesse an dem ausgewählten Forschungsthema besteht. Des Weiteren wurde eine Strategie überlegt die darauf abzielt, von den Geschäftsführern der Familienunternehmen eine hohe Bereitschaft zur Teilnahme an einer solchen Befragung zu erreichen. Soweit es möglich war, sollte eine persönliche Beziehung zu den Geschäftsführern aufgebaut werden. Dadurch wird die Bereitschaft und Motivation zur Teilnahme erhöht und die Qualität der Antworten nimmt zu. Eine solche Motivation ist äußerst wichtig, da Geschäftsführer über wenig Zeit verfügen und zudem in der Befragung interne Informationen preisgeben sollen (vgl. Knöpfler, 2009, S. 104). Zudem können Familienunternehmen äußerst verschlossen agieren, sobald es um Transparenz des Unternehmens geht. Daher ist es besonders aufwendig, Familienunternehmen für eine solche empirische Untersuchung zu gewinnen (vgl. Schwass, 2007, S. 122). Persönliche Beziehungen und ein großes persönliches Netzwerk sind in diesem Falle sehr hilfreich.

Für die empirische Untersuchung wurde ein eigener Fragebogen konzipiert. Dem Fragebogen wurde ein Begleitschreiben vorangestellt, in dem auf die praxisrelevante Bedeutung des Themas, Anmerkungen zum Ausfüllen des Fragebogens und auf die anonyme Behandlung der Daten hingewiesen wurde (s. Anhang 2). Insgesamt bestand der Fragebogen aus 25 Fragen, die eine Reihe von Unterfragen enthielten (s. Anhang 3). Der Fragebogen selbst gliederte sich in die folgenden drei Bereiche:

1. Allgemeine Fragen zum Familienunternehmen
2. Fragen zu Beziehungen und Netzwerken
3. Fragen zur Bedeutung von Sozialkapital beim Internationalisierungsprozess

Im Anschluss an den Fragebogen konnten die Teilnehmer freiwillig ihre Kontaktdaten angeben, um nach Abschluss der Untersuchung die Ergebnisse zu erhalten. Zudem bestand die Möglichkeit, an einer Verlosung teilzunehmen. Die Erfassung und Speicherung dieser Daten erfolgte getrennt vom Fragebogen, sodass die Gewährleistung der Anonymität beim beantworten des Fragebogens gegeben war.

Nach der Grobkonzeptualisierung des Projektes und des Fragebogens folgte im Zeitraum von Dezember 2010 bis Januar 2011 ein *Pretest*. Dabei wurde bei insgesamt 10 Experten bzw. Familienunternehmen der Fragebogen auf Verständlichkeit und Eignung getestet. Ziel des Pretests war speziell die Überprüfung folgender Aspekte (Schnell, Hill & Esser, 2011, S. 340):

- Verständnis der Fragen durch den Befragten
- Schwierigkeit der Fragen für den Befragten
- Ausreichende Variationen der Antworten
- Interesse und Aufmerksamkeit des Befragten gegenüber den Fragen
- Effekte der Frageanordnung
- Dauer der Befragung
- Interesse des Befragten gegenüber der gesamten Befragung
- Belastung des Befragten durch die Befragung

Diese Aspekte wurden mit den am Pretest teilnehmenden Experten bzw. Unternehmen diskutiert. Nach dem Pretest wurden einzelne Fragen zusammengefasst, Formulierungen der Fragen und Antworten geändert sowie die Reihenfolge der Fragen verändert. Besonders auffallend war die Tatsache, dass einige Probanden des Pretests hohen Wert auf die Gewährleistung der Anonymität gelegt haben. Sie sahen die Anonymität mit dem beim Pretest vorliegenden Fragebogen nicht gewährleistet, da bspw. durch die Kombination der Fragen nach dem Bundesland (F1_1), dem Gründungsjahr (F1_2), der Mitarbeiterzahl (F1_4), des Umsatzes (F1_6) und der Branchenzugehörigkeit (F1_3) leicht Rückschlüsse auf das jeweilige Familienunternehmen gezogen werden könnten. Diese Skepsis und Zurückhaltung ist bei Familienunternehmen besonders charakteristisch, da Familienunternehmen die Öffentlichkeit eher scheuen und Informationen über das Unternehmen nicht preisgeben wollen. Dieses charakteristische Merkmal der Familienunternehmen wurde hiermit erneut bestätigt.

Um die Anonymität bei dieser Befragung zu gewährleisten, wurden für die im Pretest kritisch angemerkten Fragen, mit Ausnahme der Fragen zur Branchenzugehörigkeit (F1_3), allgemeine Antworten gewählt, so dass keine konkreten Personen, Jahreszahlen oder Umsätze sondern nur allgemeine Größenordnungen oder Einteilungen angegeben werden sollten.[61] Dadurch konnte das Problem der fehlenden Anonymität behoben werden, da nun Rückschlüsse auf ein bestimmtes Unternehmen kaum möglich sind. Der im Anhang 3 abgedruckte Fragebogen ist das Ergebnis einer konstruktiven und kritischen Diskussion mit den am Pretest teilnehmenden Managern und Unternehmern.

Im Anschluss an den Pretest erfolgte die *Datenerhebung* für das Forschungsprojekt. Im Zeitraum von Februar bis August 2011 wurden international tätige Familienunternehmen aus dem verarbeitenden Gewerbe kontaktiert. Bei den angesprochenen Familienunternehmen handelte es sich zum einen um Familienunternehmen, zu denen durch den Autor oder durch Dritte bereits persönliche Kontakte bestanden. Des Weiteren dienten Angaben aus dem „Lexikon der deutschen Familienunternehmen" (Langenscheidt & May, 2009) und dem „Lexikon der deutschen Weltmarktführer" (Langenscheidt & Venohr, 2010) zur Auswahl der zu kontaktierenden Familienunternehmen. Mit Hilfe der Hoppenstedt Hochschuldatenbank wurde zusätz-

[61] Der Grund weshalb keine Branchen als Antwortmöglichkeiten im Fragebogen vorgegeben wurden, ist zum einen in der Länge des Fragebogens zu sehen. Das Ausfüllen des Fragebogens dauert in etwa 30 Minuten. Werden dann noch 24 zum verarbeitenden Gewerbe zugehörende Industriezweige angegeben, so würde sich die Beantwortung des Fragebogens nochmals verlängern. Die Kategorisierung der Branchen wurde im Anschluss an die Befragung im Rahmen der Auswertung selbst vorgenommen.

lich die Branchenzugehörigkeit und die Eigentümerstruktur der Unternehmen überprüft (vgl. Hoppenstedt-Hochschuldatenbank, 2011). Somit wurde sichergestellt, dass die angesprochenen Unternehmen zum Kreis der Familienunternehmen und des verarbeitenden Gewerbes gehörten. Bzgl. der Rechtsform der Unternehmen wurde bei der empirischen Untersuchung keine Einschränkung gemacht. Die Ansprechpartner der Unternehmen wurden über Angaben aus der Hoppenstedt Hochschuldatenbank und der jeweiligen Firmenhomepage ermittelt. Soweit dies möglich war wurden die Geschäftsführer der Familienunternehmen kontaktiert. Die Kontaktaufnahme erfolgte per Telefon, per Email oder im Rahmen eines persönlichen Gespräches.

Erfolgte die Kontaktaufnahme per Email, so wurde zunächst eine Informationsemail an die entsprechende Kontaktperson geschickt, in der das Projekt und der Autor kurz vorgestellt wurden. Zugleich wurde um die Erlaubnis gebeten, den Link zum Online-Fragebogen per Email oder auf Wunsch auch die Print-Version des Fragebogens per Post versenden zu dürfen. Dieses stufenweise Vorgehen wurde von vielen Ansprechpartnern begrüßt und dürfte auch die Rücklaufquote positiv beeinflusst haben. In dem Begleitschreiben zum Fragebogen wurde um die Bearbeitung des Fragebogens bis zu einem angegebenen Termin gebeten. Der Rückgabetermin war so festgelegt, damit ein Zeitfenster von 2-3 Wochen zur Bearbeitung des Fragebogens zur Verfügung stand. Eine Erinnerung der Unternehmen war im Falle der Nichtbeantwortung nicht möglich, da aufgrund der Anonymität eine Kontrolle und Überprüfung durch den Autor nicht möglich war.

Insgesamt wurden 848 Familienunternehmen angesprochen. Von den antwortenden Firmen hatten 88 Unternehmen die Print-Version des Fragebogens per Post gewünscht. Neben dem Fragebogen und dem Anschreiben lag ein frankierter Rückumschlag zur Rückgabe des bearbeiteten Fragebogens bei.[62] Wurde die Online-Version des Fragebogens bevorzugt, so wurde das Begleitschreiben mit dem Link zum Online-Fragebogen per Email versendet (vgl. Anhang 2). Der Online-Fragebogen wurde in der Zeit von Februar bis August 2011 insgesamt 200-mal angeklickt bzw. aufgerufen und von 87 Personen bzw. Unternehmen komplett ausgefüllt. Per Post gingen dem Autor 49 beantwortete Fragebögen zu. Zudem wurden die Unterlagen 10-

[62] Um die Anonymität der Befragung zu gewährleisten, wurde neben dem Rückumschlag für den Fragebogen, ein weiterer kleiner Rückumschlag für die Kontaktdaten beigelegt. Sollte der Bearbeiter an den Ergebnissen der Studie interessiert sein und/oder an der Verlosung teilnehmen wollen, konnte er die Daten separat verschicken. Hierdurch erhielt der Autor zwar die persönlichen Angaben des Bearbeiters, aber ein Rückschluss auf den beantworteten Fragebogen war nicht möglich.

mal zurückgesendet, mit dem Hinweis, dass der Fragebogen zu umfangreich sei und deshalb keine Beantwortung der Fragen möglich war. Drei vollständig ausgefüllte Online-Fragebögen mussten nachträglich ausgeschlossen werden, da durch die Frage nach der Branche (F1_3) festgestellt wurde, dass diese Unternehmen nicht zum produzierenden Gewerbe zählten.[63] Vier per Post erhaltene Fragebögen wurden wegen unvollständiger Bearbeitung ebenfalls von der Analyse ausgeschlossen. Für die im Rahmen dieser Arbeit vorgesehene Analyse standen damit 129 beantwortete Fragebögen zur Verfügung. Diese vorliegenden Angaben und Daten wurden in das Programm SPSS Version 19.0 übertragen und für die Auswertung vorbereitet.[64] Wird die Zahl der auswertbaren Fragebögen auf die Zahl der angesprochenen 848 Unternehmen bezogen, so ergibt sich eine Rücklaufquote von 15,2%. Unter Berücksichtigung des Umfangs des Fragebogens sowie der eher zurückhaltenden Art von Familienunternehmen Daten an Dritte preiszugeben, kann das Ergebnis als überdurchschnittlich hoch angesehen werden.

6.1.3 Zusammensetzung der Stichprobe

Grundlage für diese empirische Untersuchung ist damit eine Stichprobe aus 129 vorliegenden Fragebögen. Zusätzlich haben 99 Bearbeiter des Fragebogens ihre persönlichen Kontaktdaten in einem separaten Fragebogen angegeben, um die Ergebnisse der Studie zu erhalten und/oder an der Verlosung teilzunehmen. Das entspricht einem Anteil von 76,7% aller ausgefüllten Fragebögen. Damit wird ein hohes Interesse an den Ergebnissen der Studie signalisiert. Von den 99 angegebenen persönlichen Kontaktdaten waren 84 der Geschäftsführung bzw. den Eigentümern des Familienunternehmens zuzuordnen. Damit erfolgte die Bearbeitung des Fragebogens fast ausschließlich durch den Personenkreis, der aufgrund seiner Position und Stellung einen umfassenden Einblick in die Geschicke des Unternehmens hat und die maßgebenden Entscheidungen trifft. Dies spricht für eine hohe Verlässlichkeit und Vertrauenswürdigkeit der durch die Befragung erhaltenen Daten und Angaben.

Die im Rahmen der Untersuchung erhaltenen Angaben über die Branchenzugehörigkeit (F1_3) wurden wegen der Übersichtlichkeit zu logisch zusammenhängenden Wirtschaftsbereichen auf einem höheren Abstraktionsniveau zusammengefasst (vgl. Anhang 4). Aufgrund

[63] Es handelte sich bei diesen Fällen um Unternehmen der Dienstleistungsbranche, welche den Link zum Online-Fragebogen möglicherweise durch Dritte erhalten haben.

[64] Fragebögen welche online ausgefüllt wurden, konnten direkt durch Excel in SPSS transformiert werden. Die Daten der ausgefüllten Fragebögen, welche per Post erhalten wurden, wurden manuell in SPSS eingegeben. Zudem wurden zur Vorbereitung für die Auswertung die Variablenlabels, Wertelabels und die fehlenden Werte definiert.

der Tatsache, dass viele Firmen nicht nur einem Industriezweig innerhalb des verarbeitenden Gewerbes angehören, ist eine Unterteilung in 24 verschiedene Branchen problematisch. Des Weiteren ist es aus Sicht der Statistik nicht sinnvoll, bei einer Grundgesamtheit von 129 Unternehmen eine Aufgliederung in 24 Industriezweige vorzunehmen. Deswegen sollen die Angaben über die Industriezweige in vier Branchen aggregiert werden. Diese sind die Metall- und Elektroindustrie, die Konsumgüterindustrie, die chemische Industrie und die sonstige Industrie. Die folgende Tabelle zeigt die jeweilige Branchenzugehörigkeit der analysierten Familienunternehmen in dieser Umfrage.

Branchenzugehörigkeit aggregiert	Häufigkeit	Prozent	Kumulierte Prozente
1 Metall- und Elektroindustrie	59	45,7	45,7
2 Konsumgüterindustrie	29	22,5	68,2
3 Chemische Industrie	28	21,7	89,9
4 Sonstige Industrie	13	10,1	100,0
Gesamt	129	100,0	

Tabelle 7: Branchenzugehörigkeit der Unternehmen (F1_3_DICH)
Quelle: Eigene Darstellung

Wie Tabelle 7 zeigt, ordnen sich 45,7% der Familienunternehmen der Metall- und Elektroindustrie zu, in der sich u.a. auch der Maschinenbau und die Automobilindustrie wiederfinden. Des Weiteren gehören 22,5% bzw. 21,7% der Familienunternehmen aus der Stichprobe der Konsumgüter- bzw. der chemischen Industrie an. Bei 10,1% der Unternehmen war eine Zuordnung zu diesen drei Gruppen nicht möglich. Diese Unternehmen wurden deshalb den sonstigen Industrien zugeordnet.

Neben den Branchen unterscheiden sich die Familienunternehmen auch in der Größe, dem Unternehmensstandort und dem Gründungsjahr. Die Größe des Unternehmens wird dabei durch die Anzahl der Mitarbeiter und des Umsatzes wiedergegeben. Bei der Anzahl der Mitarbeiter ergibt sich folgendes Bild:

Anzahl Mitarbeiter (Gesamt)	Häufigkeit	Prozent	Kumulierte Prozente
1 < 500	58	45,0	45,0
2 500-1000	25	19,3	64,3
3 1001-2000	13	10,1	74,4
4 > 2000	33	25,6	100,0
Gesamt	129	100,0	

Tabelle 8: Anzahl der Mitarbeiter der Unternehmen (F1_4)
Quelle: Eigene Darstellung

Anteil Mitarbeiter im Ausland (% von Gesamt)	Häufigkeit	Prozent	Kumulierte Prozente
1 < 5%	33	25,6	25,6
2 5-15%	28	21,7	47,3
3 16-30%	21	16,3	63,6
4 > 30%	47	36,4	100,0
Gesamt	129	100,0	

Tabelle 9: Anteil der Mitarbeiter im Ausland (F1_5)
Quelle: Eigene Darstellung

Die Tabellen 8 und 9 zeigen die Anzahl der Mitarbeiter im Unternehmen sowie den Anteil der ausländischen Mitarbeiter an der Gesamtzahl der Mitarbeiter von den an der Stichprobe beteiligten Unternehmen. Dabei stellen 45,0% der Unternehmen KMU dar, da sie weniger als 500 Mitarbeiter besitzen. Weitere 29,4% der Unternehmen haben zwischen 500-2000 Mitarbeiter. Ein Viertel der Unternehmen (25,6%) besitzt sogar über 2000 Mitarbeiter. Bei Betrachtung des Anteils der Mitarbeiter im Ausland zeigt sich, dass dieser bei 25,6% der Unternehmen kleiner als 5% in Bezug auf die Gesamtmitarbeiterzahl ist. Bei 38% der Unternehmen liegt dieser Anteil zwischen 5% und 30% und bei 36,4% der Unternehmen liegt der Anteil der Mitarbeiter im Ausland sogar bei über 30%.

Ein ähnliches Bild ergibt sich auch bei Betrachtung des Umsatzes der Unternehmen. Die folgenden Tabellen zeigen den erreichten Gesamtumsatz für das Jahr 2010 sowie den Anteil des Auslandsumsatzes am Gesamtumsatz der an der Studie beteiligten Unternehmen.

Umsatz 2010 (Gesamt in Mio. EUR)	Häufigkeit	Prozent	Kumulierte Prozente
1 < 50	30	23,3	23,3
2 50-100	32	24,8	48,1
3 101-200	21	16,3	64,3
4 > 200	46	35,7	100,0
Gesamt	129	100,0	

Tabelle 10: Umsatz der Unternehmen in 2010 (F1_6)
Quelle: Eigene Darstellung

Anteil Auslandsumsatz am Gesamtumsatz	Häufigkeit	Prozent	Kumulierte Prozente
1 < 5%	4	3,1	3,1
2 5-15%	9	7,0	10,1
3 16-30%	24	18,6	28,7
4 > 30%	92	71,3	100,0
Gesamt	129	100,0	

Tabelle 11: Anteil des Auslandsumsatzes am Gesamtumsatz (F1_7)
Quelle: Eigene Darstellung

Wie Tabelle 10 zeigt, erreichen 23,3% der Unternehmen erreichen einen Jahresumsatz von weniger als 50 Mio. EUR. Weitere 41,1% der Unternehmen haben im Jahr 2010 einen Umsatz zwischen 50 und 200 Mio. EUR erwirtschaftet. Mehr als 200 Mio. EUR erwirtschafteten 35,7% der Unternehmen. Bei der Betrachtung der Tabelle 11 zeigt sich, dass bei mehr als zwei Drittel der Unternehmen (71,3%) der Anteil des Auslandsumsatzes mehr als 30% vom Gesamtumsatz des Unternehmens beträgt. Dies deutet auf eine hohe Internationalisierung der an der Umfrage beteiligten Familienunternehmen hin. Lediglich 28,7% der Unternehmen erwirtschafteten im Ausland maximal 30% des Gesamtumsatzes.

Aufgrund der vom Autor sichergestellten Anonymität bei der durchgeführten Befragung, wurde bei der Ermittlung des Hauptsitzes des Unternehmens lediglich um die Angabe der Lage in Deutschland nach den 4 Regionen gebeten. Dabei ergibt sich folgendes Bild:

Hauptsitz des Unternehmens in Deutschland (Region)	Häufigkeit	Prozent	Kumulierte Prozente
1 Süden	60	46,5	46,5
2 Westen	49	38,0	84,5
3 Osten	1	0,8	85,3
4 Norden	19	14,7	100,0
Gesamt	129	100,0	

Tabelle 12: Hauptsitz der Unternehmen nach Regionen (F1_1)
Quelle: Eigene Darstellung

Wie aus Tabelle 12 zu entnehmen ist, haben 60 der 129 an dieser Studie teilnehmenden Unternehmen (46,5%) ihren Unternehmenshauptsitz im Süden Deutschlands. Insgesamt 38,0% der Unternehmen haben ihren Hauptsitz im Westen, gefolgt von 14,7% der Unternehmen aus dem Norden. Lediglich 1 Unternehmen (0,8%) aus der Studie hat den Hauptsitz im Osten Deutschlands. Diese Daten entsprechen ansatzweise auch der Verteilung der Familienunternehmen in Deutschland aus Abbildung 7.

Bei der Analyse der Gründungsjahre der Unternehmen ergibt sich folgendes Bild:

Gründung des Unternehmens	Häufigkeit	Prozent	Kumulierte Prozente
1 vor 1915	62	48,1	48,1
2 1915-1945	21	16,2	64,3
3 nach 1945	46	35,7	100,0
Gesamt	129	100,0	

Tabelle 13: Gründungsjahr der Unternehmen (F1_2)
Quelle: Eigene Darstellung

Gemäß Tabelle 13 sind knapp die Hälfte der Unternehmen (48,1%) vor 1915 gegründet worden. Somit weisen die an der Studie teilnehmenden Unternehmen eine lange Firmentradition auf. Zudem wurden insgesamt 35,7% der Unternehmen nach dem 2. Weltkrieg, also nach 1945 gegründet. Bei 16,2% der Unternehmen war das Gründungsjahr zwischen 1915 und 1945. Die Übersicht über die Zusammensetzung der Stichprobe hat insgesamt gezeigt, dass die an dieser Studie teilnehmenden Familienunternehmen unterschiedlichen Größenklassen, Branchen, Standorten und Gründungsjahren angehören.

6.2 Methodische Grundlagen der Datenanalyse

6.2.1 Problematik der Erfassung von Sozialkapital

6.2.1.1 Bisher verwendete Messmethoden zu Sozialkapital

Wie in den letzten Kapiteln bereits deutlich wurde, ist soziales Kapital ein schwer messbares Konstrukt. Im Vergleich zu Finanzkapital und den anderen Kapitalformen stellt soziales Kapital die am schlechtesten messbare Form dar (vgl. Riemer, 2005, S. 162). Dabei unterscheiden sich die bisher verwendeten Methoden zur Messung von Sozialkapital teilweise erheblich (vgl. Grüb, 2007, S. 131). Eine einheitliche Messung von Sozialkapital ist bis heute nicht gegeben. Hierin ist insgesamt auch eine der großen Schwächen des Sozialkapitalkonzepts zu sehen (vgl. Fukuyama, 2000, S. 98–99). Im Folgenden werden daher bisher verwendete Methoden zur Messung von Sozialkapital aufgezeigt, um einen besseren Überblick über die verschiedenen Messmethoden zu erhalten.

In der Netzwerkforschung existieren drei unterschiedliche Messmethoden, um ein Netzwerk sowie die daraus resultierenden Ressourcen zu messen. Die Netzwerkeinbindung von Individuen wird in Befragungen oftmals durch den sogenannten „Namensgenerator" vorgenommen (Fischer, 1977, S. 15; Franzen & Pointner, 2007, S. 74). Hierbei soll der Befragte Personen nennen, mit denen er über wichtige Dinge und Probleme spricht. Zu jeder genannten Person können dann weitere Informationen, wie z.B. Alter oder Berufsposition, erhoben werden. Aus diesen Angaben lassen sich dann wichtige Kennzahlen der strukturellen Dimension von Sozialkapital, wie z.B. Multiplexität oder Netzwerkgröße, errechnen (vgl. Franzen & Pointner, 2007, S. 74). Eine Weiterentwicklung des „Namensgenerators" stellt der „Positionsgenerator" dar (Lin & Dumin, 1986). Hierbei wird den Befragten eine Liste mit 20 unterschiedlichen Berufen vorgegeben. Ziel ist es anhand der verschiedenen Berufe zu überprüfen, ob im

Bekannten-, Freundes- und/oder Familienkreis Beziehungen und Netzwerke zu diesen Gruppen bestehen (vgl. Lin & Dumin, 1986, S. 371; Franzen & Pointner, 2007, S. 74). Dabei wird oft kritisiert, dass gerade die Verfügbarkeit von Ressourcen bei der Befragung nicht berücksichtigt wird. Diesen Kritikpunkt greifen Gaag/Snijder in ihrem „Ressourcengenerator" auf (2004). Hierbei wird gefragt, inwieweit durch den Bekannten-, Freundes- und/oder Familienkreis verschiedene Ressourcen erhalten werden können (vgl. Gaag & Snijders, 2004, S. 199–213; Franzen & Pointner, 2007, S. 75).

Des Weiteren wird in empirischen Studien zur Unterscheidung zwischen starken und schwachen Beziehungen oftmals auf die Häufigkeit der Treffen in Form von z.B. Besprechungen, Treffen oder Small Talks abgezielt (vgl. Kaiser, 2007, S. 142). Zudem hat sich für die Messung von „Networking" die aufgewendete Zeit zur Initiierung und Pflege von Kontakten gewährleistet (vgl. Reese & Aldrich, 1995, S. 130–131; Preisendörfer, 2007, S. 281). Weiterhin lassen sich formelle Beziehungen und Netzwerke (z.B. Vereine) prinzipiell leichter erfassen als informelle (vgl. Grüb, 2007, S. 82). Nach Gabriel erreicht man eine Operationalisierung der Variable „Partizipation", indem man sich auf die Mitgliedschaften innerhalb von Verbänden und Vereinen etc. beschränkt (vgl. 2002, S. 42). In vielen Studien und Untersuchungen wird Sozialkapital daher auch durch die Anzahl von Mitgliedschaften in Vereinen, Organisationen etc. sowie durch das soziale Vertrauen gemessen (vgl. Birchmeier, 2002, S. 51).

In der qualitativen empirischen Befragung von Maurer wurde soziales Kapital durch mehrere verschiedene Fragen abgebildet. Dabei wurden die Kontakte zu Personen, Unternehmen bzw. Organisationen ermittelt. Die jeweiligen Beziehungen wurden genauer analysiert, indem die Gründe, der Ursprung, die Steuerung und die Gestaltung der Beziehungen erfasst wurden (vgl. Maurer, 2003, S. 206–208). So wurde bspw. die Stärke einer Beziehung durch die Kommunikationshäufigkeit gemessen (vgl. Maurer, Bartsch, Ebers & Knöpfler, 2007, S. 13–14). Des Weiteren wurde die Art der Ressourcenflüsse thematisiert. Hierbei sollte angegeben werden, was konkret über die verschiedenen Beziehungen ausgetauscht wurde (vgl. Maurer, 2003, S. 207).

Die Fragen zur Messung von Sozialkapital in der empirischen Arbeit von Knöpfler beziehen sich u.a. auf die Heterogenität und Anzahl der Partnerunternehmen, die Stärke und das Vertrauen der Beziehungen mit den Projektmitarbeitern der Partnerunternehmen sowie auf ähnliche Denkmuster bzw. gemeinsame Ziele der Projektmitarbeiter bzw. der Projektunternehmen.

Die Messung von Sozialkapital erfolgte dabei anhand einer fünfstufigen Intervallskala sowie durch die Angabe von Prozentwerten (vgl. Knöpfler, 2009, S. 183–184). Auch in der Untersuchung von Yli-Renko, Autio & Tontti wurde internes soziales Kapital anhand von Aussagen über das Vorhandensein und der Qualität von Beziehungen mit einer fünfstufigen Likert-Skala gemessen (vgl. 2002, S. 293). Externes Sozialkapital wurde anhand der jeweiligen individuellen Kontakte des Gründers sowie des Managements gemessen. Zusätzlich wurden verschiedene Beziehungen und Netzwerke in Bezug auf die Wichtigkeit des Internationalisierungsprozesses bewertet. Des Weiteren wurde nach dem Anteil von engen kooperativen Kunden sowie Zulieferern, gemessen an der Gesamtzahl der Kunden bzw. Zulieferern des Unternehmens, gefragt (vgl. Yli-Renki et al., 2002, S. 290–294).

Die drei Dimensionen von Sozialkapital wurden in der Arbeit von Presutti, Boari & Fratocchi durch die Netzwerkverbindungen (strukturelle Dimension), die Qualität der Beziehungen (relationale Dimension) sowie durch die soziale Interaktion (kognitive Dimension) ermittelt (vgl. 2007, S. 31). Die Variable Vertrauen, welche ein Teil der relationalen Dimension ist, stellt einen elementaren Bestandteil von sozialen Beziehungen und des gesamten Sozialkapitalkonzepts dar. Zudem ist Vertrauen das Ergebnis von vergangenen Erfahrungen (vgl. Seligman, 2000, S. 13). Die Messung von Vertrauen in Institutionen und andere Personen wird in verschiedenen Studien häufig durch einen Indikator des World Values Survey (WVS) bestimmt (vgl. World Values Survey, 1990, S. 7; Brehm & Rahn, 1997, S. 1007; Gabriel et al., 2002, S. 57). Dabei wurde in der Erhebung des WVS folgende Frage gestellt: „Generally speaking, would you say that most people can be trusted or that you can't be too careful in dealing with people?" (World Values Survey, 1990, S. 7; World Values Survey, 1995, S. 3; World Values Survey, 2000, S. 3; World Values Survey, 2005, S. 3). Als Antworten konnte zwischen „Most people can be trusted" oder „Can't be too careful" ausgewählt werden (World Values Survey, 1990, S. 7; World Values Survey, 1995, S. 3; World Values Survey, 2000, S. 3; World Values Survey, 2005, S. 3). Untersucht man das Vertrauen auf Unternehmensebene, so kann die empirische Untersuchung von Tsai & Ghoshal herangezogen werden (vgl. 1998). Diese beiden Autoren untersuchten den Aspekt Vertrauen, indem sie zum einen nach der Einhaltung von Versprechen verschiedener Geschäftsbereiche des Unternehmens fragten. Zum anderen wurde das Vertrauen an sich, in Bezug auf verschiedene Geschäftsbereiche, thematisiert und überprüft (vgl. Tsai & Ghoshal, 1998, S. 469–470).

Zusammenfassend lässt sich feststellen, dass Sozialkapital je nach Fragestellung, Themengebiet und sozialwissenschaftlicher Disziplin unterschiedlich gemessen wurde. Allen unterschiedlichen Ansätzen gemeinsam ist jedoch, dass sie grundsätzlich etwas mit der Messung von Beziehungen und Netzwerken zu tun haben und die Art der Beziehungsstruktur auf das jeweilige Forschungsthema angepasst ist.

6.2.1.2 Die Messung von Sozialkapital in dieser Arbeit

Wie im vorherigen Kapitel dargestellt wurde, stellt die Messung von Sozialkapital ein teilweise uneinheitliches Gebilde dar. Deshalb muss die Messung von Sozialkapital auf das in dieser Arbeit zugrundeliegende Forschungsthema zugeschnitten werden. Soziales Kapital wird in dieser Arbeit daher durch unterschiedliche Fragen im Fragebogen zu Beziehungen und Netzwerken im Allgemeinen als auch zur Bedeutung von Sozialkapital während des Internationalisierungsprozesses von Familienunternehmen abgebildet und „messbar“ gemacht.

Die Operationalisierung der einzelnen Variablen zur Messung von Sozialkapital orientiert sich in dieser Arbeit zum einen an den bisher in der Literatur verwendeten Überlegungen und Methoden zur Messung von Sozialkapital. Wie aus dem vorherigen Kapitel bekannt ist, hat sich bspw. für die Inanspruchnahme von Sozialkapital die Betrachtung der aufgewendeten Zeit für den Aufbau und die Pflege von Beziehungen in empirischen Arbeiten etabliert (vgl. Reese & Aldrich, 1995, S. 130–131; Preisendörfer, 2007, S. 281). Hierzu wurde deshalb in Frage 7B[65] des Fragebogens nach dem aufgewendeten Zeitaufwand - gemessen an der Arbeitszeit - für den Aufbau und die Pflege von Beziehungen gefragt. Eine getrennte Betrachtung von Aufbau und Pflege von Beziehungen wurde aufgrund der Ergebnisse des Pretests verworfen. Zum anderen wurden auf Basis von Plausibilitätsüberlegungen speziell auf das Thema zugeschnittene Variablen bzw. Fragen zu Sozialkapital beim Internationalisierungsprozess von Familienunternehmen konstruiert und während des Pretests auf ihre Sinnhaftigkeit überprüft. Die verschiedenen Fragen dienen dazu, soziales Kapital zu operationalisieren und messbar zu machen. Insgesamt wird die Inanspruchnahme bzw. Nutzung von Sozialkapital beim Internationalisierungsprozess von Familienunternehmen durch mehrere Fragen im Fragebogen abgebildet und mit Hilfe von verschiedenen Skalen gemessen. Die Höhe bzw.

[65] Die Großbuchstaben hinter der Fragenummer zeigen die jeweilige Teilfrage innerhalb einer Frage an. A steht dabei für die erste Teilfrage der jeweiligen Frage und ist im Fragebogen als erste Antwortspalte erkennbar. Für B und C gelten die Anmerkungen entsprechend.

Inanspruchnahme und Nutzung von Sozialkapital wird in dieser Arbeit mit Hilfe der Clusteranalyse, welche in Kapitel 7.3 ausführlich erläutert wird, dargestellt. Eine ausführliche Betrachtung und Erläuterung der einzelnen Fragen soll an dieser Stelle daher nicht vorweggenommen werden.

Auch die Fragen zu den Ausprägungen der drei Dimensionen von Sozialkapital (strukturelle, relationale und kognitive Dimension) wurden auf das Thema der Internationalisierung von Familienunternehmen zugeschnitten. Hierzu wurden in Frage 24 des Fragebogens die jeweiligen Aspekte der drei verschiedenen Dimensionen von Sozialkapital zu den Anfängen und bei erfolgter Internationalisierung thematisiert und gemessen. Zusätzlich geht die Frage 23 des Fragebogens speziell auf das Thema Vertrauen ein. Diese Frage wurde in Anlehnung an den WVS speziell auf dieses Forschungsthema zugeschnitten. Hierbei wurde gefragt, ob man im wirtschaftlichen Umfeld auf die Richtigkeit der Informationen von seinen Beziehungen und Netzwerken vertrauen kann. Zudem wurde nach dem Vertrauen in das wirtschaftliche Umfeld von Unternehmen im Heimatland sowie im Ausland gefragt. In dieser Arbeit wird Vertrauen somit verstärkt auf den wirtschaftlichen Kontext bezogen.

6.2.2 Messtheoretische Grundlagen und Verfahrensweise

6.2.2.1 Erläuterungen zum Fragebogen

Die Hypothesen und Ergebnisse der empirischen Arbeit wurden mit Hilfe verschiedener Auswertungsmethoden getestet, analysiert und ausgewertet. Im Folgenden werden zunächst wichtige Hinweise und Vorgehensweisen zur Analyse der Ergebnisse aufgezeigt und erläutert. Grundsätzlich erfolgte die Beantwortung der Fragen des Fragebogens durch unterschiedliche Skalen. Dabei wurde bei geschlossenen Fragen eine zwei-, drei-, vier- oder fünfstufige Likert-Skala verwendet. Hierbei gab es Fragen (Fragen 8A/B/C, 10A, 13A, 14A, 15A des Fragebogens) die nur mit „ja" bzw. „nein" beantwortet werden konnten. Zusätzlich bestand bei Frage 15A die Möglichkeit mit „keine Angabe" zu antworten. Dies war nach den Erkenntnissen des Pretests notwendig, da Fragen zur Finanzierung von Familienunternehmen ausgesprochen zurückhaltend beantwortet werden.

Bei der Frage 7B, welche den Zeitaufwand für den Aufbau und die Pflege von Beziehungen thematisiert, wurde eine dreistufige Likert-Skala mit den Einteilungen „gering", „mittel" und

„groß" gewählt. Eine Unterteilung in eine fünfstufige Skala oder einer Angabe in Prozent der Arbeitszeit wurde aufgrund der Ergebnisse aus dem Pretest verworfen. Des Weiteren wurde bei Frage 21 des Fragebogens über die Entwicklung des Umsatzes und des Wachstums der Mitarbeiter im Ausland eine vierstufige Skala (Einteilung in „Rückgang, konstant", „Anstieg < 25%", „Anstieg 25-50%", „Anstieg > 50%") verwendet. Eine detailliertere Einteilung wurde auch hier als nicht sinnvoll angesehen.

Für den überwiegenden Teil der Fragen (Fragen 5, 6, 7A, 9A/B, 10B, 11A/B/C, 12, 13B, 14B, 15B, 16, 17, 18, 19, 20A/B, 22, 23, 24A/B, 25 des Fragebogens) wurde eine fünfstufige Skala verwendet. Dabei wurden je nach Fragestellung als Antwort vier verschiedene Skaleneinteilungen („trifft gar nicht zu – trifft voll zu"; „gar nicht geeignet – sehr gut geeignet"; „gar nicht – voll und ganz"; „sehr unwichtig – sehr wichtig") angeboten. Bei Frage 4 über die Entwicklung des Unternehmenserfolges der Periode 2008-2010 kam eine fünfstufige Einteilung, welche von „Rückgang/konstant" bis „Anstieg > 20%" reichte, zur Anwendung. Auch bei dieser Frage wurde den Unternehmen die Möglichkeit gegeben mit „keine Angabe" zu antworten. Der Wertebereich der Antworten bei einer fünfstufigen Skala besteht daher aus den Zahlen 1 (starke Ablehnung) bis 5 (starke Zustimmung). Des Weiteren wurde der Fragebogen so konzipiert, dass die Werte bzw. Inhalte der drei-, vier- und fünfstufigen Skalen von links nach rechts wachsen bzw. größer wurden. Somit ist eine Einheitlichkeit im Fragebogen gegeben.

Bei der Beantwortung der Frage 11 war eine Festlegung zu berücksichtigen. Die Unternehmen können anhand einer fünfstufigen Ratingskala beurteilen, inwieweit sie das jeweilige Internationalisierungsziel verfolgt haben (F11A), inwieweit diese Ziele erreicht wurden (F11B) und ob für die Zielerreichung Beziehungen und Netzwerke hilfreich waren (F11C). Da Ziele nur erreicht werden können, wenn diese auch entsprechend verfolgt werden, war die Beantwortung des jeweiligen Items in Frage 11B und 11C nur möglich, wenn zuvor die Frage 11A mit mindestens „trifft teilweise zu" beantwortet wurde. Sollten Unternehmen gewisse Ziele nicht verfolgen und die Frage 11A mit „trifft gar nicht zu" bzw. „trifft eher nicht zu" beantwortet haben, so war die Beantwortung des jeweiligen Items in Frage 11B und 11C aufgrund einer Einstellung beim Online-Fragebogen nicht mehr möglich.

6.2.2.2 Fehlerbalkendiagramm, Histogramm und Korrelationskoeffizient

Wurden Fragen im Fragebogen deskriptiv ausgewertet, so wurden die Ergebnisse u.a. mit einem Fehlerbalkendiagramm dargestellt. Damit lassen sich die Mittelwerte sowie die Streuung der Mittelwerte entsprechend der jeweils berechneten Standardabweichungen aus den Messwerten graphisch darstellen (vgl. Sachs & Hedderich, 2006, S. 73; Hedderich & Sachs, 2012, S. 83). In dieser Arbeit werden die Fehlerbalkendiagramme mit einem 95%-Konfidenzintervall (95% CI) dargestellt. Die Mittelwerte werden dabei durch einen Kreis markiert. Die vertikalen Linien stellen das 95%-Konfidenzintervall für den Mittelwert in der Grundgesamtheit dar. Damit kann graphisch gezeigt werden, dass der Mittelwert der Grundgesamtheit der jeweiligen Frage mit einer 95%igen Wahrscheinlichkeit zwischen den beiden Querbalken zu finden ist.

Des Weiteren wird die jeweilige Werteverteilung der Variablen in dieser Arbeit als Histogramm dargestellt. Dadurch werden die Häufigkeiten der Einzelwerte in grafischer Form wiedergegeben (vgl. Brosius, 2011, S. 390). Zusätzlich wird in diesen Abbildungen der Verlauf der theoretischen Verteilung als Normalverteilung eingezeichnet. Histogramm und Normalverteilung haben die gleichen Mittelwerte und Standardabweichungen (vgl. Brosius, 2011, S. 374).

Bei der Berechnung von Korrelationen zwischen ordinalskalierten Fragen bzw. Variablen wurde auf den Rangkorrelationskoeffizienten nach Spearman (r_{sp}) zurückgegriffen.[66] Die Berechnung von Spearman-Rho stellt das am häufigsten verwendete Verfahren bei der Analyse von ordinalskalierten Variablen dar. Dabei kann der Korrelationskoeffizient nach Spearman Werte zwischen -1 und +1 annehmen (vgl. Raab, Unger & Unger, 2009, S. 225; Bortz & Schuster, 2010, S. 178–179). Das Vorzeichen gibt somit die Richtung eines Zusammenhanges wieder (vgl. Duller, 2007, S. 130). Die in dieser Arbeit berechneten Korrelationskoeffizienten lassen sich wie folgt interpretieren:

[66] Zur Definition des Rangkorrelationskoeffizient Spearman Rho s. u.a. Cramer & Kamps (2008, S. 114–115).

Wert von r_{sp}	Interpretation
$r_{sp} = 0$	Kein Zusammenhang
$0 < \vert r_{sp} \vert \leq 0{,}3$	Schwacher Zusammenhang
$0{,}3 < \vert r_{sp} \vert \leq 0{,}7$	Mittlerer Zusammenhang
$0{,}7 < \vert r_{sp} \vert \leq 1$	Starker Zusammenhang
$\vert r_{sp} \vert = 1$	Vollständiger Zusammenhang

Tabelle 14: Interpretation des Korrelationskoeffizienten nach Spearman Rho
Quelle: in Anlehnung an Duller (2007, S. 131)

Wie Tabelle 14 zeigt, lassen sich je nach Höhe des Korrelationskoeffizienten verschieden starke Zusammenhänge zwischen den Variablen feststellen. Diese lassen sich in keinen, einen schwachen, einen mittleren, einen starken oder einen vollständigen Zusammenhang einteilen. Dabei sollen die jeweiligen Grenzen nicht als fixe Punkte betrachtet werden, sondern vielmehr als eine Interpretationshilfe für verschiedene Zusammenhänge dienen. Je stärker ein Zusammenhang zwischen den Variablen besteht, desto näher liegt der Wert bei +/-1 (vgl. Duller, 2007, S. 131).

6.2.2.3 Dichotomisierung von Variablen

Bei manchen Fragen kann es sinnvoll sein, Variablen zu dichotomisieren und somit die Ausprägung der Variablen auf nur noch zwei Möglichkeiten zu reduzieren statt den gesamten Wertebereich zu betrachten (vgl. Fromm, 2011, S. 114). Durch eine Dichotomisierung können die ordinalskalierten Variablen auf binäre Variablen überführt werden. Auf der einen Seite kann durch die Reduzierung auf eine zweistufige Skala ein Informationsverlust der Variablen entstehen, da eine feinere Unterteilung aufgrund der Dichotomisierung wegfällt. Auf der anderen Seite kann durch eine Dichotomisierung die Komplexität der Variablen reduziert werden. Eine Dichotomisierung gewisser Variablen sollte allerdings nur in Anspruch genommen werden, wenn dies sowohl aus theoretischer als auch aus inhaltlicher Sicht zu begründen ist.

Auch in dieser Arbeit werden verschiedene Variablen für die Auswertung dichotomisiert. Dabei wird bei der Dichotomisierung von Variablen mit einer fünfstufigen Skala wie folgt vorgegangen. Die Antworten der Kategorie „1“ und „2“ bzw. „4“ und „5“ können bei einer fünfstufigen Skala zum einen als Ablehnung und zum anderen als Zustimmung gewertet werden. Es stellt sich jedoch die Frage, zu welcher Kategorie die Antwortmöglichkeit „3“ („trifft teilweise zu“/„teilweise geeignet“/„teilweise wichtig“/„eher ja“) bei einer Skala von 1-5 einzuordnen ist. Würde man die verschiedenen Antwortkategorien der Antwortmöglichkeit „3“ vom Sinn her als Zustimmung betrachten, so würde auf diese Weise die eindeutige Zustimmung der beiden Antwortkategorien „4“ und „5“ verwässert und nicht mehr als deutliche Zustimmung betrachtet werden. In dieser Arbeit wird daher die „strengere Ansicht“ verfolgt, was bedeutet, dass die Antworten „1“, „2“ und „3“ (z.B. „trifft gar nicht zu“/„trifft eher nicht zu“/„trifft teilweise zu“) auf einer fünfstufigen Skala zu einer Kategorie (z.B. „(eher) nicht zutreffend“) zusammengefasst werden. Auf der anderen Seite werden bei einer Dichotomisierung die Antwortkategorien „4“ und „5“ (z.B. „trifft eher zu“/“trifft voll zu“) ebenfalls zu einer neuen Kategorie (z.B. „(voll) zutreffend“) zusammengefasst.

Darüber hinaus wird diese Art der Dichotomisierung gewählt, da für weitere statistische Untersuchungen relativ gleichmäßig verteilte Gruppen vorteilhaft und notwendig sind. Würde man die Antwortkategorie „3“ als Zustimmung zählen, so würde in den konkreten Fällen ein sehr deutliches Ungleichgewicht, bezogen auf die Fallzahl in den beiden Gruppen, bestehen. Die durch die Dichotomisierung entstehenden relativ gleichmäßig verteilten Kategorien können im Anschluss für weitere statistische Tests (z.B. Test nach Fisher) herangezogen werden. Die Dichotomisierung von Variablen wird in dieser Arbeit neben deskriptiven Darstellung von Ergebnissen und der Kategorisierung von Kontrollvariablen vor allem bei der Kreuztabellenanalyse verwendet, auf die im nächsten Kapitel näher eingegangen werden soll.

6.2.2.4 Kreuztabellenanalyse

In dieser Arbeit wird die Kreuztabellenanalyse für die Fragen 11B und 11C sowie für die Fragen 20A und 20B verwendet, um den Zusammenhang zwischen zwei Fragen zu überprüfen. Hierbei ist zu berücksichtigen, dass für Fragen mit einer fünfstufigen Skala bei einer Kreuztabelle insgesamt 10 Zellen entstehen würden. Dies würde auf der einen Seite zu detaillierten Ergebnissen führen, jedoch auf der anderen Seite eine sinnvolle Interpretation der Ergebnisse erschweren. Zudem besteht die Gefahr, bei einer Fallzahl von N=129 innerhalb der 10 Zellen viele leere Zellen zu erhalten. Daher ist es sinnvoll, die Variablen für die Kreuztabellen zu dichotomisieren, so dass insgesamt vier Zellen in der Kreuztabelle entstehen. Dabei hat die zuvor beschriebene Vorgehensweise für die Dichotomisierung von Variablen auch in Bezug auf die Kreuztabellenanalyse bestand.

Im Gegensatz zu der in Kapitel 6.2.2.3 beschriebenen Vorgehensweise wird bei Frage 11A ausnahmsweise für die dazugehörigen Kreuztabellen die Antwortkategorie 3 „trifft teilweise zu“ als Zustimmung bewertet. Durch dieses Vorgehen wird für die Kreuztabellen eine größere Fallzahl erreicht und die Aussagen werden sicherer. Zudem wird für die Variablen der Fragen 11B/C in den Kreuztabellen selbst wieder die übliche Vorgehensweise dieser Arbeit angewendet, bei der nur die Antwortkategorien 4 „zum Großteil“ und 5 „voll und ganz“ als Zustimmung gelten. Im konkreten Fall wird für die Fragen 11B und 11C wie folgt vorgegangen. Die Antworten aus Frage 11B werden in die beiden Gruppen „Ziele nicht (ganz) erreicht“ (im Fragebogen die Antworten 1 „gar nicht“, 2 „eher nicht“ oder 3 „eher ja“ angekreuzt) und „Ziele ganz erreicht“ (im Fragebogen die Antworten 4 „zum Großteil“ oder 5 „voll und ganz“ angekreuzt) zusammengefasst. Des Weiteren werden die Antworten der Frage 11C in „Beziehungen und Netzwerke (eher) nicht hilfreich“ (im Fragebogen die Antworten 1 „gar nicht“, 2 „eher nicht“ oder 3 „eher ja“ angekreuzt) und „Beziehungen und Netzwerke hilfreich“ (im Fragebogen die Antworten 4 „zum Großteil“ oder 5 „voll und ganz“ angekreuzt) dichotomisiert.

Für die Kreuztabellen in Frage 20A werden die Antwortkategorien in die beiden Gruppen „Erfolg (eher) negativ“ (im Fragebogen die Antworten 1 „trifft gar nicht zu“, 2 „trifft eher nicht zu“ und 3 „trifft teilweise zu“) und „Erfolg positiv“ (im Fragebogen die Antworten 4 „trifft eher zu“ und 5 „trifft voll zu“) zusammengefasst. Des Weiteren werden die Antworten der Frage 20B in „SK (eher) kein Beitrag“ (im Fragebogen die Antworten 1-3 „gar nicht“, „eher nicht“ oder „eher ja“ angekreuzt) und „SK positiver Beitrag“ (im Fragebogen die Antworten 4 „zum Großteil“ oder 5 „voll und ganz“ angekreuzt) dichotomisiert. Somit kann im Anschluss für jedes Internationalisierungsziel die jeweilige Kreuztabelle mit den dichotomisierten Antworten aus Frage 11B und 11C sowie aus Frage 20A und 20B berechnet werden. Dabei wird die Art der Prozentuierung so gewählt, dass die Summe der Spalte („Beziehungen und Netzwerke (eher) nicht hilfreich“ bzw. „Beziehungen und Netzwerke hilfreich“ und „SK (eher) kein Beitrag“ bzw. „SK positiver Beitrag“) jeweils 100% ergibt. Diese Wahl ist für Frage 11 darin zu begründen, dass gerade überprüft werden soll, ob die Gruppe der Unternehmen, in denen Beziehungen und Netzwerke genutzt wurden und hilfreich waren, auch einen häufigeren bzw. höheren Internationalisierungserfolg im Sinne der Zielerreichung ausweisen können. In Frage 20 ist dies damit zu begründen, dass hier überprüft werden soll, ob die Gruppe der Unternehmen, in denen Sozialkapital einen positiven Beitrag geleistet hat, auch insgesamt erfolgreicher waren. Da aufgrund der Dichotomisierung vier Felder in der

Kreuztabelle entstehen, wurde zur Überprüfung der Signifikanz der Ergebnisse der exakte Test nach Fisher verwendet. Dabei soll dem exakten Test nach Fisher bei einer vier-Felder-Tafel gegenüber dem Chi^2-Test immer Vorzug gegeben werden (vgl. Kuckartz, Rädiker, Ebert & Schehl, 2010, S. 208).

6.2.2.5 Multivariate Analysemethoden

Zusätzlich wird neben uni- und bivariaten Analyseverfahren auch auf multivariate Analysemethoden zurückgegriffen. Dabei wird zum einen mit verschiedenen multiplen Regressionsgleichungen der simultane Einfluss mehrerer Einflussgrößen (unabhängige Variablen) auf die abhängige Variable untersucht. Hierbei können sich Variablen als bedeutsam erweisen, während sie bei Einzelbetrachtung keinen Zusammenhang mit der abhängigen Variable zeigen (vgl. Bortz, 2005, S. 457–461). Bei den insgesamt vier aufgestellten multiplen Regressionsgleichungen in dieser Arbeit werden zudem die in Kapitel 6.2.4 dargestellten Kontrollvariablen berücksichtigt, um zugleich einen möglichen Einfluss von externen Faktoren zu überprüfen. Die vier verschiedenen multiplen Regressionsgleichungen werden in dieser Arbeit in den Kapiteln 7.1.3.2, 7.1.3.5, 7.1.3.6 und 7.1.3.7 aufgezeigt und diskutiert.

Des Weiteren wird in dieser Arbeit ein Modell zum vorliegenden Forschungsthema entwickelt. Die Entwicklung eines Modells lässt sich daraus begründen, dass die Kombination der drei Themengebiete Sozialkapital, Familienunternehmen und Internationalisierungsprozess als neuartig angesehen werden kann und diese Kombination in der Forschung bislang nicht ausreichend berücksichtigt wurde. Mit der Entwicklung eines Modells wird insgesamt das Ziel verfolgt, unter einer Vielzahl von möglichen erfolgswirksamen Variablen diejenigen Variablen zu finden, welche aus statistischer, inhaltlicher und logischer Sicht den Erfolg der Unternehmen beeinflussen. Um dieses Ziel zu erreichen, wurde deshalb auf die explorative Forschungsmethodik bei der Entwicklung eines Modells zurückgegriffen. Dieses Vorgehen wird auch als hypothesengenerierender Ansatz bezeichnet (vgl. Büchter & Henn, 2005, S. 288; Mayer, 2008, S. 36). Zum Ende des Kapitels 7.2 wird daher auch eine aus den Ergebnissen abgeleitete Hypothese zum Forschungsthema aufgestellt, welche in zukünftigen Forschungsarbeiten berücksichtigt und aufgegriffen werden sollte.

Darüber hinaus wird in Kapital 7.3 mit der Clusteranalyse ein weiteres multivariates Analyseverfahren verwendet. In der Clusteranalyse werden die Untersuchungsobjekte (hier: Familienunternehmen) zu Gruppen bzw. Clustern zusammengefasst, die im Hinblick auf gewisse Eigenschaften eine möglichst homogene Gruppe darstellen (vgl. Backhaus, Erichson, Plinke & Weiber, 2008, S. 391; Bacher, Pöge & Wenzig, 2010, S. 15). Ziel ist es, Gruppen bzw. Cluster zu finden, welche sich möglichst stark voneinander unterscheiden. Die Objekte innerhalb eines Clusters sollen dagegen sehr ähnlich sein (vgl. Hoberg, 2003, S. 37). Dabei existieren eine Vielzahl unterschiedlicher Clusterverfahren, auf die aber hier im Einzelnen nicht weiter eingegangen werden soll (vgl. Backhaus et al., 2008, S. 412).[67]

Der Hintergrund für die Anwendung der Clusteranalyse ist zum einen die Verwendung einer geeigneten Methodik zur Messung von Sozialkapital für die in dieser Studie teilnehmenden Familienunternehmen. Darüber hinaus soll in Hypothese 13 überprüft werden, ob ein positiver Einfluss auf den Erfolg des Unternehmens durch eine höhere Nutzung und Bewertung von Sozialkapital gegeben ist. Hierzu werden die Familienunternehmen in zwei verschiedene Cluster eingeteilt, die sich jeweils durch eine hohe bzw. niedrige Nutzung und Bewertung von Sozialkapital unterscheiden. Eine noch feinere Unterteilung in mehrere Cluster würde dazu führen, dass das ohnehin schon schwer messbare Sozialkapital noch schwieriger zu unterscheiden wäre. Deshalb wird eine höhere Anzahl an Clustern im Rahmen dieser Untersuchung abgelehnt. Zudem erscheint eine Einteilung in mehrere verschiedene Cluster bei einer Fallzahl von N=129 nicht sinnvoll. Unter Berücksichtigung dieser Überlegungen bzgl. der Clusteranzahl wird in dieser Arbeit das partitionierende Verfahren, die sogenannte Clusterzentren-analyse, verwendet (vgl. Brosius, 2011, S. 745; Schendera, 2010, S. 117). Die Clusterzusammensetzung wird dabei durch einen Objektaustausch bestimmt. Die Objekte werden solange in die zwei verschiedenen Gruppen sortiert, bis die beste Lösung im Sinne des festgesetzten Kriteriums gefunden ist. Die mit SPSS gefundenen Cluster können dann mit Hilfe des Mann-Whitney-U-Tests für unabhängige Stichproben auf Signifikanz in Bezug auf den Unternehmenserfolg überprüft werden.

[67] Für eine Übersicht der verschiedenen Verfahren s. u.a. Bacher, Pöge & Wenzig (2010).

6.2.2.6 Beurteilung der Gütekriterien

Die Qualität des Forschungsprozesses kann durch geeignete Gütekriterien beurteilt werden. Dabei vergleichen, erfassen und beurteilen Gütekriterien die Qualität der Daten in dieser Arbeit (vgl. Benner, 2009, S. 18; Berekoven, Eckert & Ellenrieder, 2001, S. 86–89). In der empirischen Sozialforschung werden die verschiedenen Gütekriterien in Maße der Objektivität, der Validität (Gültigkeit) und der Reliabilität (Zuverlässigkeit) eingeteilt (vgl. Berekoven et al., 2001, S. 86–88; Benner, 2009, S. 19; Mayring, 2010, S. 116–117). Folgende Tabelle zeigt und erläutert verschiedene Gütekriterien, die bei quantitativen Befragungen herangezogen werden können.

Gütekriterium	Beschreibung und Erläuterungen
Objektivität	- Messergebnisse sind objektiv, wenn Ergebnisse unabhängig vom Untersuchungsleiter sind - Bezieht sich auf alle Phasen des Forschungsprozesses - Unterscheidung in Durchführungs-, Auswertungs- und Interpretationsobjektivität
Validität	- Validität gilt als gegeben, wenn genau das gemessen wird, was auch gemessen werden soll (Inhaltsvalidität) - Validität wird erfüllt durch Verwendung mehrerer Datenquellen, Aufbau logischer Beweis-ketten, kommunikative Validierung - Konstruktvalidität = Verwendung von geeigneten und angemessenen Datenerhebungsverfahren zur akkuraten Erfassung der Konstrukte - Interne Validität = Gültigkeit der aufgestellten Kausalzusammenhänge und intersubjektive Überprüfbarkeit; Erfüllung durch Vergleichsbildung,, argumentative Validierung, Bildung von Kausalketten - Externe Validität = Notwendige Übertragbarkeit und Anwendbarkeit über den eigentlichen Untersuchungskontext hinaus; Erfüllung durch den Einsatz der Replikations-logik, Offenlegung von Grenzen der Generalisierbarkeit, Vergleich mit der bestehenden Literatur
Reliabilität	- Zuverlässigkeit in Form einer in weiteren Sinne gefassten Wiederholbarkeit und Nachvollziehbarkeit; Erfüllung durch Verfahrensdokumentation, Einsatz von Datenbanken, systematisches Aufzeigen von Widersprüchen - Bezeichnet Ausmaß, in dem wiederholte Messungen eines Objekts mit einem Messinstrument die gleichen Werte ergeben

Tabelle 15: Erläuterung der Gütekriterien
Quelle: Berekoven et al. (2001, S. 86–89); Benner (2009, S. 20); Paier (2010, S. 73); Mayring (2010, S. 116–118)

Die in Tabelle 15 dargelegten Bedingungen für die Erfüllung der Gütekriterien werden in dieser Arbeit für die Überprüfung der Objektivität, der Validität sowie der Reliabilität herangezogen. Die Objektivität der Ergebnisse ist gegeben, da an alle teilnehmenden Unternehmen der gleiche Onlinefragebogen bzw. die Print Version des Fragebogens verschickt wurde. Das Vorgehen unterlag dabei einer standardisierten Prozedur. Zudem kann man annehmen, dass die Ergebnisse unabhängig vom Autor bzw. der durchführenden Person sind, da aufgrund der schriftlichen Befragung keine Einflussmöglichkeiten durch den Autor vorhanden waren. Des Weiteren kann aufgrund der Anwendung von verschiedenen anerkannten statistischen Auswertungsmethoden auch die Auswertungsobjektivität als erfüllt angesehen werden.

Um eine angemessene Validität der Forschungsarbeit zu gewährleisten, wurden bei der empirischen Befragung - soweit dies möglich war - die Geschäftsführer persönlich angesprochen. Wie bereits dargelegt, wurde der Fragebogen in der Mehrzahl der Fälle auch von den Geschäftsführern persönlich ausgefüllt, was für eine hohe Validität spricht. Des Weiteren war die Anonymität durch die Gestaltung des Fragebogens sowie durch die Art und Durchführung der Befragung sichergestellt. Dadurch können Falschaussagen vermieden und zugleich die Bereitschaft zur korrekten Beantwortung der Fragen erhöht werden. Bzgl. der Datenerhebung liegt die Validität somit vor. Bei der Datenerhebung und Datenauswertung bzw. -interpretation wurden verschiedene Programme (z.B. SPSS 19) zur Unterstützung der Komplexitätshandhabung verwendet. Auch dies spricht für eine interne Validität der empirischen Arbeit. Darüber hinaus beziehen sich die Ergebnisse auf deutsche Familienunternehmen des verarbeitenden Gewerbes. Daher liegt eine eingeschränkte externe Validität vor, da die Ergebnisse nicht ohne weiteres auf alle Familienunternehmen übertragen werden können. Allerdings sind die gefundenen signifikanten Ergebnisse zumindest auf alle deutschen Familienunternehmen des verarbeitenden Gewerbes übertragbar. Deshalb sind die Ergebnisse in dieser Hinsicht zum Teil generalisierbar.

Des Weiteren wurden im Rahmen der empirischen Arbeit verschiedene Konstrukte gebildet. Diese haben das Ziel, mehrere einzelne Variablen aus einer oder mehreren verschiedenen Fragen zu einer neuen Variablen bzw. Konstrukt zusammenzufassen. Dabei wird darauf geachtet, dass nur solche Konstrukte gebildet werden, die sowohl inhaltlich als auch statistisch im Sinne einer akzeptablen Reliabilität sinnvoll erscheinen. Zuerst wurde hierzu die interne Konsistenz der Variablen anhand der Reliabilität gemessen. Dabei kann durch die Höhe des Cronbachs-Alpha (α) Wertes die Reliabilität bestimmt werden. Die Werte sollten in der Regel zwischen 0 und 1 liegen. In der Literatur wird die Meinung vertreten, dass der α-Wert mindestens 0,6 betragen sollte (vgl. Hair, Black, Babin & Anderson, 2010, S. 125). Zusätzlich wird mit der korrigierten-Item-Skala-Korrelation die Trennschärfe der Variablen bestimmt. Hierbei können Werte zwischen 0 und 1 erreicht werden. Dabei wird in der Literatur größtenteils die Ansicht vertreten, dass die korrigierte-Item-Skala-Korrelation für jedes Item individuell mindestens ein Wert von 0,3 erreichen sollte (vgl. Bortz & Döring, 2006, S. 220). Items mit Werten von unter 0,3 werden daher in dieser Arbeit ausgeschlossen.

Je höher der berechnete α-Wert ist, desto besser ist auch die Reliabilität der Variablen. Liegt ein akzeptabler α-Wert ($\alpha > 0{,}6$) vor, so kann im nächsten Schritt die neue Variable berechnet werden. Die neu gebildeten Variablen werden dabei anhand des Mittelwertverfahrens berechnet. Dieses Verfahren hat den Vorteil, dass sich die neu gebildete Variable im selben Zahlenraum wie die in die Variable einfließenden Werte befindet. Zudem kann das Verfahren auch bei Fehlen einzelner Werte durchgeführt werden. Bei der Berechnung der neuen Variablen werden die Werte der einzelnen Variablen zur Indexbildung verwendet. Die Summe der einzelnen Werte wird dann durch die Anzahl der Variablen geteilt (vgl. Raithel, 2008, S. 104). Durch dieses Vorgehen kann auch die Zuverlässigkeit der erhobenen Daten bzw. die Reliabilität der Untersuchung als gegeben angesehen werden.

6.2.3 Operationalisierung der abhängigen Variable

6.2.3.1 Zusammensetzung der Erfolgsvariable

Die Messung von Erfolg bzw. die Operationalisierung einer Erfolgsvariablen stellt in zahlreichen Forschungsarbeiten einen zentralen Baustein dar (vgl. Bachmann, 2009, S. 89). Dabei kann die Angabe über den Unternehmenserfolg entweder auf objektiven Daten oder auf der Wahrnehmung des Managements beruhen. Da viele Familienunternehmen KMU darstellen und deshalb in der Regel nur eingeschränkt publikationspflichtig sind, können die in Umfragen gemachten Angaben zu Gewinn oder Umsatz nur schwer validiert werden (vgl. Jager, 2010, S. 159). Darüber hinaus ist aufgrund der Anonymität der Umfrage eine Validierung der Erfolgskennzahlen nicht möglich. Der Erfolg des Unternehmens wird deshalb in dieser Arbeit durch die in den Fragen 4, 20A und 21 des Fragebogens gemachten Angaben operationalisiert. Die in Kapitel 3.1.3.2 dargestellten Messgrößen zur Abbildung des Unternehmenserfolges dienen hierbei als Grundlage.

Zunächst thematisiert die Frage 4 des Fragebogens die Entwicklung von Unternehmens- und Erfolgskennzahlen für die Jahre 2008 bis 2010. Da in dieser Arbeit der Internationalisierungsprozess von Familienunternehmen analysiert wird, ist es sinnvoll, auch auf prozessbezogene Erfolgsmaße zurückzugreifen, weil hierdurch ein nicht stichtagbezogener Zustand verwendet wird (vgl. Bode, 2009, S. 151–152). Hierzu wurden in Frage 4 des Fragebogens sechs quantitative Erfolgsmaßstäbe bewertet, welche neben der Entwicklung des EBIT, Umsatzes (Inland & Ausland), ROI (Inland & Ausland) auch die Veränderung des Marktanteils im Ausland berücksichtigte.

Des Weiteren wurden die Ergebnisse aus Frage 20A bei der Erfolgsvariable mitberücksichtigt. Die Aussagen zum Internationalisierungserfolg des Unternehmens beziehen sich hierbei auf die Wettbewerbsfähigkeit, den Marktanteil, die Internationalisierung im Allgemeinen sowie auf die subjektive Zufriedenheit des Managements bzgl. der Entwicklung der Internationalisierung des Unternehmens. Dadurch ist es möglich, auch ein externes Validierungskriterium für die Erfolgsmessung zu generieren und zu berücksichtigen (vgl. Jager, 2010, S. 160). Allerdings ist in diesem Zusammenhang auch zu erwähnen, dass die Einschätzung des Managements bzw. der ausfüllenden Person zur Zielerreichung überwiegend subjektiv erfolgt (vgl. Bode, 2009, S. 152).

Zusätzlich beinhaltet Frage 21 eine weitere Messung des Unternehmenserfolges. Dabei wurde nach einer Schätzung des Prozentanteils am Gesamtumsatz, welcher im Zuge der Internationalisierung durch neue Kunden gewonnen wurde bzw. durch Bestandskunden, die im Zuge der Internationalisierung gehalten werden konnten, gefragt. Zudem wurde die Veränderung des Mitarbeiterwachstums im Ausland als weitere Erfolgsgröße herangezogen.

Die abhängige Variable Erfolg wird in dieser Arbeit durch die beschriebenen Inhalte und Variablen der Fragen 4, 20A und 21 des Fragebogens abgebildet. Die folgende Tabelle zeigt die Zusammensetzung und Berechnung des Konstrukts Erfolg.

Indikator	**Variable**	**Korrigierte Item-Skala-Korrelation**
Gewinnentwicklung (EBIT Gesamtunternehmen) des Unternehmens in der Periode 2008-2010	F4_1	0,651
Entwicklung der (Gesamtkapital-)Rentabilität des Unternehmens in der Periode 2008-2010	F4_2	0,660
Umsatzentwicklung im Ausland in der Periode 2008-2010	F4_3	0,782
Umsatzentwicklung des Gesamtunternehmens in der Periode 2008-2010	F4_4	0,744
Entwicklung des ROI im Ausland in der Periode 2008-2010	F4_5	0,713
Veränderung des Marktanteils im Ausland (für Hauptprodukte) in der Periode 2008-2010	F4_6	0,569
Durch die Internationalisierung sind wir wettbewerbsfähiger geworden	F20_1a	0,613
Durch die Internationalisierung haben wir unseren Marktanteil signifikant erhöhen können	F20_2a	0,634

Indikator	Variable	Korrigierte Item-Skala-Korrelation
Die Internationalisierung ist erfolgreicher als die unserer Wettbewerber	F20_3a	0,408
Die Internationalisierung ist für das Familienunternehmen ein voller Erfolg	F20_4a	0,525
Ich betrachte die Entwicklung der Internationalisierung des Familienunternehmens als vollen Erfolg	F20_5a	0,513
Prozent des Gesamtumsatzes, welcher im Zuge der Internationalisierung durch neue Kunden in den letzten 10 Jahren gewonnen wurde	F21_1	0,584
Prozent des Gesamtumsatzes, welcher durch Bestandskunden, die im Zuge der Internationalisierung in den letzten 10 Jahren gehalten werden konnten, erreicht wurde	F21_2	0,332
Mitarbeiterwachstum im Ausland in den letzten 10 Jahren	F21_3	0,575
Konstrukt: „Erfolg des Familienunternehmens"; N=74; $\alpha = 0,900$		

Tabelle 16: Konstrukt für Erfolg des Familienunternehmens (F4_20A_21)
Quelle: Eigene Darstellung

Wie Tabelle 16 zeigt, beinhaltet das Erfolgskonstrukt insgesamt 14 verschiedene Indikatoren bzw. Variablen. Die Variable Erfolg kann somit als eine sehr breit aufgestellte Erfolgsvariable angesehen werden. Positiv ist dabei zu bewerten, dass Erfolg nicht nur an Bilanzkennzahlen des Unternehmens festgemacht wird. Berechnet man die interne Konsistenz der aggregierten Erfolgsvariable, so ergibt sich für N=74 ein α-Wert von 0,900 sowie eine korrigierte Item-Skala-Korrelation von mindestens 0,322 für jedes Item individuell. Die interne Konsistenz der Variablen kann daher durch diese hohe Reliabilität als gegeben angesehen werden. Aus diesem Grund können die 14 Variablen mit Hilfe des Mittelwertverfahrens zur aggregierten Erfolgsvariable F4_20A_21 zusammengefasst werden. Die Zusammensetzung und Verteilung der abhängigen Variable Erfolg zeigt folgende Abbildung.

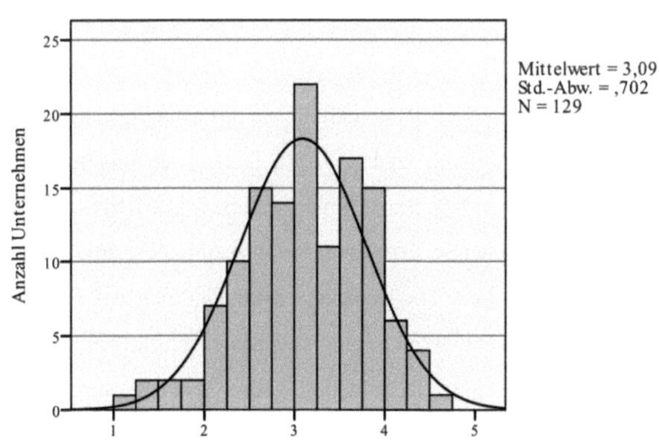

Abbildung 22: Höhe des Erfolgs der Unternehmen (F4_20A_21)
Quelle: Eigene Darstellung

Wie in Abbildung 22 zu sehen ist, gleicht die Verteilung der Erfolgsvariable annähernd einer Normalverteilung (Einzelwerte der aggregierten Variable s. Anhang 5). Die Skala der aggregierten Erfolgsvariable reicht dabei von 1 (nicht erfolgreich) bis 5 (sehr erfolgreich). Der Mittelwert beträgt 3,09 mit einer Standardabweichung (SD) von 0,702. Je höher der erreichte Wert des Unternehmens bei dieser Variable ist, desto höher ist auch der Erfolg. Knapp 8% der Unternehmen erreichen bei dieser Variable einen Wert von >4 und sind somit als sehr erfolgreich einzustufen. Dagegen erreichen 6% der Unternehmen einen Wert von ≤ 2. Diese Unternehmen sind demnach als nicht erfolgreich zu charakterisieren (vgl. Anhang 5).

6.2.3.2 Bewertung der abhängigen Variable aus statistischer Sicht

Wie bereits im vorherigen Kapitel dargestellt, besitzen die 14 Indikatoren der aggregierten Erfolgsvariable eine gute Reliabilität. Allerdings bezieht sich die Berechnung des Cronbachs-Alphas auf nur 74 Unternehmen (57,4%). Von den 129 teilnehmenden Familienunternehmen der Studie konnten 55 Unternehmen (42,6%) bei der Berechnung der Reliabilität nicht berücksichtigt werden. Dies ergibt sich daraus, dass Unternehmen bei mindestens einer einzelnen Frage aus Frage 4 mit „keine Angabe" geantwortet haben oder bei einer der Fragen 20A bzw. 21 die Antwort verweigerten. Auch wenn die Anonymität der Befragung durch den Autor zugesichert war und auch keine absoluten Erfolgskennzahlen angegeben werden mussten, wurden Teile der Frage 4 mit „keine Angabe" beantwortet. Die meisten fehlenden Angaben lagen bei der Frage nach der Entwicklung des ROI im Ausland (F4_5) vor (vgl. Anhang 6).

Da Familienunternehmen generell eine zurückhaltende Informationspolitik verfolgen, in der Öffentlichkeit zurückhaltend agieren und sensible Daten nur ungern preisgeben, ist es nachvollziehbar, dass Antworten zur Frage 4 verweigert wurden. Es kann aber auch nicht ausgeschlossen werden, dass gewisse Erfolgskennzahlen zum Zeitpunkt der Befragung nicht zugänglich bzw. unbekannt waren. Die generelle Zurückhaltung der Familienunternehmen gegenüber der Preisgabe von sensiblen Unternehmensdaten wurde bereits während des Pretests ermittelt. Bei der Bewertung der fehlenden Angaben zum Unternehmenserfolg ist davon auszugehen, dass die Verteilung der Antworten bei den Fragen 4, 20A, 21 identisch mit der Gruppe der Unternehmen ist, bei denen alle Angaben vorliegen. In dieser Arbeit wird daher die Annahme gesetzt, dass bei beiden Gruppen (gültige Fälle und ausgeschlossene

Fälle) die gleiche Verteilung vorliegt und damit die geringere Grundgesamtheit als nicht problematisch angesehen wird. Dadurch werden in der aggregierten Variable F4_20A_21 auch die Fälle berücksichtigt, in denen die Reliabilität nicht berechnet werden konnte.

Diese Annahme lässt sich auch statistisch bestätigen. Hierzu wurde zuerst die Anzahl der fehlenden Werte für die Variable F4_20A_21 ermittelt.

Anzahl fehlender Werte bei den Fragen 4, 20A und 21 (insgesamt)	Häufigkeit	Prozent	Kumulierte Prozente
0	74	57,4	57,4
1	20	15,5	72,9
2	18	13,9	86,8
3	9	7,0	93,8
4	1	0,8	94,6
5	2	1,5	96,1
6	5	3,9	100,0
Gesamt	129	100,0	

Tabelle 17: Anzahl fehlender Werte der Erfolgsvariable (F4_20A_21_Missing)
Quelle: Eigene Darstellung

Tabelle 17 zeigt die jeweiligen Häufigkeiten der fehlenden Werte in den für die Erfolgsvariable herangezogen Fragen 4, 20A und 21. Dabei zeigt die linke Spalte die Anzahl von fehlenden Werten an. Wie bereits dargelegt ist, weisen die Antworten für die Fragen 4, 20A und 21 bei 74 Unternehmen (57,4%) keine fehlenden Werte auf. 20 Unternehmen (15,5%) haben die Antwort in einem Fall nicht gegeben. Insgesamt wurden maximal sechs Antworten innerhalb der Fragen 4, 20A und 21 von den Unternehmen verweigert. Dies war bei fünf Unternehmen (3,9%) der Fall. Für die Berechnung weiterer statistischer Tests wurde die Variable, die die Anzahl der gültigen und fehlenden Werte wiedergibt, dichotomisiert (F4_20A_21_Missing_DICH). Hierzu wurden die Unternehmen in zwei Gruppen eingeteilt. Diese Gruppen unterscheiden sich in Gruppe 1 (74 Unternehmen (57,4%) ohne fehlende Werte) und Gruppe 2 (55 Unternehmen (42,6%) mit fehlenden Werten).

Mit Hilfe des nichtparametrischen Mann-Whitney-U-Tests ist zu überprüfen, ob sich die beiden Gruppen (1 und 2) in den einzelnen Variablen der Fragen 4, 20A und 21 signifikant unterscheiden. Sollten sich die beiden Gruppen signifikant unterscheiden, so würden sich mit den einzelnen Variablen der Erfolgsvariable, Signifikanzen ($p<0,05$) feststellen lassen. Die Ergebnisse für den Mann-Whitney-U-Test finden sich in der folgenden Tabelle.

Statistik	F4_1	F4_2	F4_3	F4_4	F4_5	F4_6	F20_1 a	F20_2 a	F20_3 a	F20_4 a	F20_5 a	F21_1	F21_2	F21_3
Mann-Whitney-U	1165,0	1157,5	1422,0	1642,5	219,50	878,50	1836,0	1990,5	1841,5	1565,5	1665,5	1937,0	2002,0	1977,0
Wilcoxon-W	3940,0	3932,5	4197,0	4417,5	2994,5	3653,5	4611,0	3530,5	3381,5	4340,5	4440,5	3477,0	4777,0	4752,0
Z	-1,748	-,453	-1,722	-,719	-1,725	-,965	-1,039	-,222	-,966	-2,391	-1,886	-,497	-,171	-,288
Asymptotische Signifikanz (2-seitig)	**,081**	**,651**	**,085**	**,472**	**,085**	**,334**	**,299**	**,824**	**,334**	**,017**	**,059**	**,619**	**,864**	**,773**

Tabelle 18: Korrelation zwischen F4_20A_21_Missing_DICH und Erfolgsvariablen
Quelle: Eigene Darstellung

Wie aus Tabelle 18 zu erkennen ist, liegt nur bei Variable F20_4a eine asymptotische Signifikanz ($p<0.05$) vor. Bei allen anderen Variablen liegen keine Signifikanzen vor. Von den insgesamt 14 Tests kann ein signifikantes Ergebnis als Zufall interpretiert und gedeutet werden. Die grundsätzliche Aussage, dass keine Unterscheidung zwischen den beiden Gruppen vorliegt, kann dadurch nicht widerlegt werden. Die für die Erfolgsvariable gesetzte Annahme kann demnach auch als statistisch korrekt angesehen werden. Die mit dem Mittelwertverfahren berechnete aggregierte Erfolgsvariable F4_20A_21 setzt sich im Folgenden somit aus der im vorherigen Kapitel dargestellten Struktur mit N=129 zusammen.

6.2.4 Operationalisierung der Kontrollvariablen

Nachdem im vorherigen Kapitel die Zusammensetzung und Berechnung der abhängigen Variable Erfolg ausführlich erläutert wurde, wird im Folgenden auf die Operationalisierung der in dieser Arbeit berücksichtigten Kontrollvariablen eingegangen. Dabei werden mehrere Kontrollvariablen berücksichtigt, die möglicherweise einen Einfluss auf die Ergebnisse ausüben können. Hierbei wurden neben den in der Literatur häufig verwendeten Kontrollvariablen, wie z.B. die Unternehmensgröße, auch speziell auf Familienunternehmen bezogene Variablen berücksichtigt. Dabei finden sich die Fragen zu den in dieser Arbeit verwendeten Kontrollvariablen in den Fragen 1 und 2 des Fragebogens.

Familienunternehmen sind in ganz Deutschland zu finden. Wie in Kapitel 2.2.2.2 zu sehen ist, lassen sich jedoch gewisse regionale Schwerpunkte von deutschen Familienunternehmen erkennen. Möglicherweise hat der geographische Standort des Hauptsitzes eines Familienunternehmens Einfluss auf die Internationalisierung sowie auf das soziale Kapitel des Unternehmens. Die Region des Hauptsitzes eines Familienunternehmens (F1_1) soll deshalb als Kontrollvariable herangezogen werden. Wie bereits in Kapitel 6.1.3 dargelegt, liegt eine ungleiche Verteilung des Hauptsitzes der Unternehmen über die einzelnen Regionen (Nord, Süd, West, Ost) vor. Um den Hauptsitz des Unternehmens als Kontrollvariable verwenden zu können, werden die Regionen Westen, Osten und Norden zusammengefasst. Damit werden letztendlich die Unternehmen in die Regionen „Süden“ (Baden-Württemberg/Bayern) und „Mitte und Norden“ (alle restlichen Bundesländer) eingeteilt. Die zusammengefasste Kontrollvariable F1_1_DICH setzt sich dabei wie folgt zusammen.

Unterteilung der Unternehmen bzgl. Hauptsitz des Unternehmens	**Häufigkeit**	**Prozent**	**Kumulierte Prozente**
1 Süden	60	46,5	46,5
2 Mitte und Norden	69	53,5	100,0
Gesamt	129	100,0	

Tabelle 19: Hauptsitz der Unternehmen dichotomisiert (F1_1_DICH)
Quelle: Eigene Darstellung

Wie Tabelle 19 zeigt, liegt nach der Dichotomisierung der Variable eine relativ gleichmäßige Verteilung in „südliche“ und „nördliche“ Unternehmen vor. Im Süden von Deutschland haben dabei 46,5% der Unternehmen ihren Hauptsitz. Dagegen haben 53,5% der Unternehmen ihren Hauptsitz in der Mitte und im Norden Deutschlands. Diese relativ gleichmäßige Verteilung ist auch aus statistischer Sicht für die Nutzung einer Kontrollvariable zu begrüßen.

Zudem wird das Alter des Familienunternehmens als Kontrollvariable berücksichtigt. Ältere und etablierte Familienunternehmen können im Vergleich zu jüngeren Familienunternehmen höhere Erfahrungswerte besitzen. Dies kann sich auch auf den Unternehmenserfolg und die Internationalisierung auswirken (vgl. Jager, 2010, S. 162). Das Alter des Familienunternehmens wird in dieser Arbeit durch die Variable F1_2 abgebildet. Dabei wird das Gründungsjahr, wie bereits in Kapitel 6.1.3 dargelegt, durch drei Zeitperioden (vor 1915/1915-1945/nach 1945) abgebildet. Auch die Antworten dieser Frage werden aus statistischen Überlegungen in zwei Zeitperioden zusammengefasst. Dabei wird bei der aggregierten Kontrollvariable F1_2_DICH zwischen Unternehmen mit einem Gründungsjahr vor 1915 bzw. ab 1915 unterschieden. Folgende Tabelle zeigt die Verteilung der Variable.

Unterteilung der Unternehmen bzgl. Gründungsjahr	Häufigkeit	Prozent	Kumulierte Prozente
1 vor 1915	62	48,1	48,1
2 ab 1915	67	51,9	100,0
Gesamt	129	100,0	

Tabelle 20: Gründungsjahr der Unternehmen dichotomisiert (F1_2_DICH)
Quelle: Eigene Darstellung

Wie Tabelle 20 zeigt, können 62 Familienunternehmen (48,1%) auf eine besonders lange Firmengeschichte verweisen, da sie bereits vor 1915 gegründet wurden. Dagegen wurden 67 Familienunternehmen (51,9%) gemäß dieser Befragung nach 1915 gegründet.

Sozialkapital kann in unterschiedlichen Branchen verschieden ausgeprägt sein (vgl. Knöpfler, 2009, S. 133). Die Branchenzugehörigkeit wird deshalb auch in dieser Arbeit als weitere Kontrollvariable berücksichtigt. Wie aus Kapitel 6.1.3 bereits bekannt ist, wurden die in Frage F1_3 gemachten Angaben über die Branchenzugehörigkeit in vier Gruppen (Metall- und Elektroindustrie, Konsumgüterindustrie, chemische Industrie, sonstige Industrie) innerhalb des verarbeitenden Gewerbes zusammengefasst. Dabei werden die sonstigen Branchen aufgrund der geringen Anzahl und der undefinierten Branchenzugehörigkeit als fehlende Werte definiert. Die folgende Tabelle zeigt die Verteilung der Kontrollvariable F1_3_DICH.

Unterteilung der Unternehmen bzgl. Branchenzugehörigkeit		Häufigkeit	Prozent	Gültige Prozente	Kumulierte Prozente
Gültig	1 Metall- und Elektroindustrie	59	45,7	50,9	50,9
	2 Konsumgüterindustrie	29	22,5	25,0	75,9
	3 Chemische Industrie	28	21,7	24,1	100,0
	Gesamt	116	89,9	100,0	
Fehlend	4 Sonstige Industrie	13	10,1		
	Gesamt	129	100,0		

Tabelle 21: Branchenzugehörigkeit der Unternehmen dichotomisiert (F1_3_DICH)
Quelle: Eigene Darstellung

Wie aus Tabelle 21 zu entnehmen ist, gehören der Kontrollvariable F1_3_DICH die Hälfte der Unternehmen (50,9%) der Metall- und Elektroindustrie, 25,0% der Konsumgüterindustrie und 24,1% der Chemieindustrie an.

Des Weiteren wird die Unternehmensgröße als Kontrollvariable berücksichtigt. Es kann angenommen werden, dass größere Familienunternehmen tendenziell einen einfacheren und zugleich kostengünstigeren Zugang zu Ressourcen haben. Zudem kann sich die Unternehmensgröße auch auf die Internationalisierung auswirken. Dabei wird die Unternehmensgröße durch die Anzahl der Mitarbeiter und durch die Höhe des Umsatzes operationalisiert (vgl. Carpenter & Fredrickson, 2001, S. 539; Knöpfler, 2009, S. 132–133; Jager, 2010, S. 161–162). Die Verteilung über die Anzahl der Mitarbeiter (F1_4) sowie des Firmenumsatzes 2010 (F1_6) wurde bereits in Kapitel 6.1.3 einzeln dargestellt (vgl. Tabelle 7 und 9). Die Unternehmensgröße soll in dieser Arbeit als aggregierte Kontrollvariable, bestehend aus der Mitarbeiterzahl und Unternehmensgröße, zusammengefasst und verwendet werden. Hierzu wurde zunächst die Reliabilität der beiden Variablen berechnet.

Indikator	**Variable**	**Korrigierte Item-Skala-Korrelation**
Anzahl Mitarbeiter (Gesamt)	F1_4	0,834
Umsatz 2010 (Gesamt in Mio. EUR)	F1_6	0,834
Konstrukt: „Unternehmensgröße"; N=129; α= 0,914		

Tabelle 22: Konstrukt für Größe der Unternehmen (F1_Faktor1)
Quelle: Eigene Darstellung

Wie aus Tabelle 22 zu entnehmen ist, besitzen die beiden Variablen mit einem α-Wert von 0,914 sowie einer korrigierten Item-Skala-Korrelation von 0,834 für jedes Item individuell eine hohe interne Konsistenz. Die zwei Variablen lassen sich im Anschluss mit Hilfe des Mittelwertverfahrens zu der aggregierten Variable F1_Faktor1 zusammenfassen. Die folgende Tabelle zeigt die Verteilung der aggregierten Variable (Einzelwerte der aggregierten Variable s. Anhang 7).

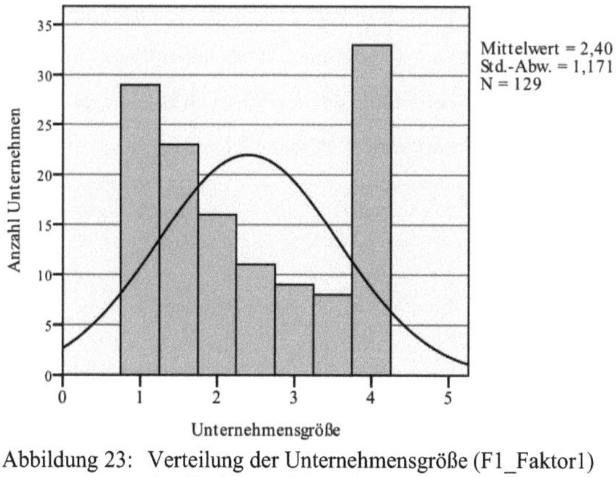

Abbildung 23: Verteilung der Unternehmensgröße (F1_Faktor1)
Quelle: Eigene Darstellung

Abbildung 23 gibt die Verteilung der Unternehmensgröße wieder. Dabei reicht die Skala von 1 (kleine Unternehmen) bis 4 (große Unternehmen). Es ist erkennbar, dass in etwa die Hälfte der Unternehmen den kleinen bzw. den großen Unternehmen zuzuordnen sind. Der Mittelwert der aggregierten Variable F1_Faktor1 liegt bei 2,4 mit einer SD von 1,171.

Des Weiteren wird in dieser Arbeit eine speziell auf Familienunternehmen bezogene Kontrollvariable berücksichtigt. Dabei handelt es sich um den Umfang des Familieneinflusses im Familienunternehmen. Der Familieneinfluss wird durch die Frage 2 des Fragebogens abgebildet und anhand des SFI gemessen (vgl. Kapitel 2.1.4.3). Die Frage 2_1 misst auf einer vierstufigen Skala (≤50%/51-75%/76-99%/100%) die Höhe des von der Familie gehaltenen Unternehmensanteils.[68] Dabei besitzen knapp 90% der Familienunternehmen einen 100%igen Anteil am Unternehmen (vgl. Anhang 8). In den Fragen F2_2 und F2_3 wurde nach der Präsenz von Familienangehörigen in Kontrollgremien (falls Kontrollgremium vorhanden) sowie nach der Präsenz von Familienangehörigen im Management gefragt. Durch die genaue Angabe der Personenanzahl konnte der Familieneinfluss hier jeweils exakt bestimmt werden. Ermittelt man den Durchschnitt aus den vorliegenden Werten, so hält die Familie im Schnitt 97% der Unternehmensanteile (vgl. Anhang 8). Des Weiteren haben 70% der Familienunternehmen ein Kontrollorgan. Bei diesen Unternehmen liegt in den Kontrollgremien ein Familieneinfluss von durchschnittlich 47% vor (vgl. Anhang 9). Dagegen liegt der Familieneinfluss in der Geschäftsführung im Schnitt bei 52% (vgl. Anhang 10). Durchschnittlich ist daher in jedem zweiten Unternehmen die Familie in einem vorhandenen Kontrollgremium und in der Geschäftsführung eines Familienunternehmens eingebunden. Die Summe der drei einzelnen Werte ergibt dabei den jeweiligen gesamten Familieneinfluss im Unternehmen. Die folgende Abbildung zeigt die Verteilung des Familieneinflusses bei den an dieser Studie teilnehmenden Unternehmen (Einzelwerte s. Anhang 11).

[68] Aufgrund der Hinweise aus dem Pretest wurden in Frage 2_1 statt der exakten Prozentwerte nur Zahlenbereiche bzw. Kategorien verwendet. Sollten Unternehmen die Kategorien „51-75%" bzw. „76-99%" angekreuzt haben, so wurde für die weitere Berechnung immer der niedrigste mögliche Wert der beiden Kategorien (51% bzw. 76%) verwendet. Bei insgesamt 129 Unternehmen war dies bei 14 Unternehmen (10,9%) der Fall. Damit stellt diese Vorgehensweise eine ebenfalls eher „strengere" Variante dar und gewährleistet ein einheitliches Vorgehen in dieser Arbeit. Die Berechnung des SFI ist somit ohne Probleme möglich.

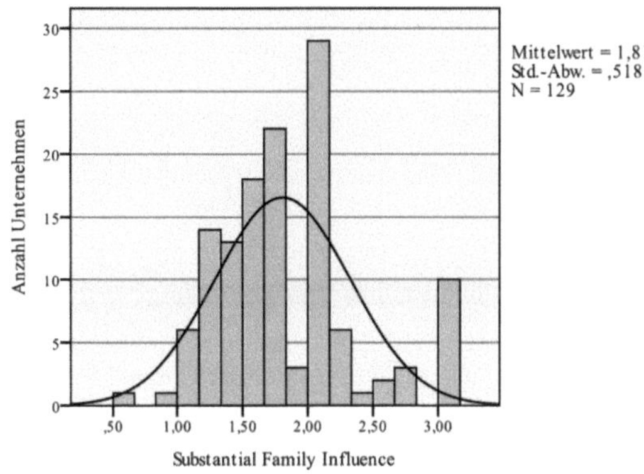

Abbildung 24: Umfang des SFI der Unternehmen (F2_SFI)
Quelle: Eigene Darstellung

Wie Abbildung 24 zeigt, liegen die meisten Werte des SFI zwischen den Werten 1 und 2. Dabei kann der Familieneinfluss jeweils einen Wert zwischen 0,51 (geringer Familieneinfluss) und 3,00 (großer Familieneinfluss) einnehmen.[69] Im Mittel erreichen die Unternehmen einen Wert des SFI von 1,81 mit einer SD von 0,518. In dieser Arbeit werden somit insgesamt fünf Kontrollvariablen (F1_Faktor1, F1_1_DICH, F1_2_DICH, F1_3_DICH, F2_SFI) berücksichtigt.

[69] Sollten keine Familienmitglieder in Kontrollgremien bzw. im Management vorhanden sein (Wert=0) und die Familie zumindest die Mehrheit der Unternehmensanteile (Wert=0,51) besitzen, dann wird der niedrigste Wert von 0,51 erreicht. Familienunternehmen in denen die Familie eine Minderheit besitzt, wurden bei der Umfrage nicht berücksichtigt. Daher liegt die erreichbare Spanne bei 0,51 bis 3,00. Von einem klassischen Familienunternehmen wird dann gesprochen, wenn der SFI $\geq$ 1 beträgt (vgl. Kapitel 2.1.4.3). In dieser Arbeit beträgt der SFI bei zwei Unternehmen 0,64 bzw. 0,84 (vgl. Anhang 11). Diese beiden Unternehmen werden in dieser Arbeit jedoch auch als Familienunternehmen berücksichtigt, da der geringe Wert dadurch zustande kommt, dass Familienmitglieder erst vor kurzem aus dem Management geschieden sind. Die Struktur und die Sichtweise eines Familienunternehmens werden bei diesen Unternehmen deshalb als gegeben angesehen.

7. Darstellung und Diskussion der Ergebnisse der empirischen Untersuchung

7.1 Abbildung und Interpretation der Ergebnisse

7.1.1 Familienunternehmenstypische Besonderheiten bei der Internationalisierung

7.1.1.1 Familieneinfluss und Erfolg des Unternehmens

Die Familie eines Unternehmens ist in vielen Fällen ein wesentlicher Baustein für den Erfolg eines Familienunternehmens. Jedoch kann ein zu hoher Einfluss der Familie auch negative Auswirkungen haben. Dies ist dann z.B. der Fall, wenn der Geschäftsführung nicht die besten und geeignetsten Personen angehören, sondern Mitglieder der Familie nur aufgrund ihrer Familienzugehörigkeit im Management vertreten sind. Die Höhe des Familieneinflusses im Unternehmen kann anhand des SFI dargestellt und gemessen werden (vgl. Kapitel 2.1.4.3). Wie bereits gezeigt, werden die einzelnen Parameter des SFI in Frage 2 des Fragebogens ermittelt. Zusätzlich beschäftigt sich die Frage 3 des Fragebogens mit dem Thema der Zuständigkeiten bzw. Verantwortlichkeiten bei den einzelnen Phasen der Internationalisierung des Familienunternehmens. Dabei sollte in dieser offen gestellten Frage angegeben werden, welcher Personenkreis (z.B. Geschäftsführung, Beirat, Aufsichtsrat, Anteilseigner)[70] für die Initiierung der Internationalisierung sowie für die Bewertung, Festlegung und Implementierung der Konzepte und Strategien zur Internationalisierung zuständig war bzw. ist. Darüber hinaus soll in Hypothese 1 der mögliche Zusammenhang zwischen dem Einfluss der Familie bzw. der Familienmitglieder auf den Unternehmenserfolg überprüft werden. Hierzu wurden die Korrelationen zwischen dem von der Familie gehaltenen Unternehmensanteil (F2_1), dem Familieneinfluss in Kontrollgremien (F2_2_Prozent) und im Management (F2_3_Prozent), dem SFI (F2_SFI) sowie dem Familieneinfluss in den einzelnen Phasen des Internationalisierungsprozesses (F3_1_FE_Initiierung, F3_2_FE_Bewertung, F3_3_FE_Festlegung, F3_4_FE_Implementierung) mit dem Unternehmenserfolg (F4_20A_21) berechnet.

Zunächst soll auf den Familieneinfluss in den einzelnen Phasen des Internationalisierungsprozesses eingegangen werden. Zur Berechnung des Familieneinflusses wurde wie folgt vorgegangen: Wurden bei Frage 3 als Antwort Begriffe oder Angaben verwendet, welche direkt zu

[70] Da es sich bei Frage 3 des Fragebogens um eine offene Frage handelte, wurden auch andere Bezeichnungen und Ausdrücke bei der Beantwortung dieser Frage verwendet. In ihrer Bedeutung lassen sich die Bezeichnungen und Ausdrücke jedoch diesen vier Begriffen zuordnen.

einer Kategorie des SFI (Familieneinfluss an den Kapitalanteilen[71], im Kontrollorgan[72] oder in der Geschäftsführung[73]) zugeordnet werden konnten, so konnten diese Werte direkt für die einzelnen Phasen der Internationalisierung übernommen werden. Wurde mehr als nur ein Verantwortlicher angegeben (z.B. Beirat und Geschäftsführung), so wurden die jeweiligen Werte des Familieneinflusses addiert und durch die Anzahl der angegebenen Verantwortlichen geteilt.[74] Konnte die Zuständigkeit bei der Internationalisierung jedoch aufgrund ungenauer Angaben nicht konkret einem Organ zugeordnet werden, so wurde der Familieneinfluss als nicht vorhanden bewertet. Diese eher vorsichtigere Einstufung bzw. Vorgehensweise steht damit im Einklang mit der bisherigen und grundsätzlichen Handhabung von Bewertungen in dieser Arbeit. Im Anhang 12 befinden sich die Berechnungen im Einzelnen. Berechnet man die Höhe des Familieneinflusses innerhalb der vier Phasen der Internationalisierung, so ergibt sich folgendes Bild.

Familieneinfluss (FE)	Initiierung	Bewertung	Festlegung	Implementierung
FE = 0%	9,3%	6,2%	10,9%	20,2%
1%≤FE≤50%	45,7%	50,4%	51,9%	50,3%
51%≤FE≤99%	12,4%	14,7%	11,6%	7,8%
FE = 100%	32,6%	28,7%	25,6%	21,7%
Ø FE	58,1%	56,6%	51,2%	44,5%

Tabelle 23: Höhe des Familieneinflusses in den Phasen der Internationalisierung
Quelle: Eigene Darstellung

Wie aus Tabelle 23 zu erkennen ist, nimmt der durchschnittliche Familieneinfluss von der strategischen Planung bis hin zur operativen Umsetzung während des Internationalisierungsprozesses ab und sinkt von 58,1% auf 44,5%. Bei der Initiierung der Internationalisierung ist das Engagement der Familie mit 58,1% im Vergleich zu den anderen Phasen am höchsten. Das bedeutet, dass die Familie in mehr als der Hälfte der Unternehmen die Internationalisie-

[71] Bei den Antworten wurden z.B. die Begriffe Anteilseigner oder Eigentümer verwendet.

[72] Bei den Antworten wurden die Begriffe Aufsichtsrat und Beirat verwendet.

[73] Bei den gemachten Angaben wurden neben dem Begriff der Geschäftsführung (GF) z.B. auch die Begriffe Vorstand, Geschäftsleitung (GL), CEO und Management verwendet. Diese wurden als identisch angesehen.

[74] Ein Beispiel soll diese Vorgehensweise verdeutlichen. Im Fragebogen wurde als Antwort angegeben, dass für die Festlegung der Konzepte und Strategien zur Internationalisierung die Geschäftsführung, der Beirat und die Anteilseigner verantwortlich waren. Nach der Berechnung des SFI liegen folgende Werte für den Familieneinfluss vor. Anteile=100%, Beirat=33% und Geschäftsführung=50%. Für die weitere Berechnung wird vereinfachend angenommen, dass die Position des Anteilseigners, des Kontrollorgans und des Managements gleichbedeutend sind. Damit berechnet sich der Familieneinfluss für die Festlegung der Strategien wie folgt: (1,00+0,33+0,50)/3=0,61. Der Familieneinfluss beträgt in diesem Beispiel 61% bei der Festlegung der Konzepte und Strategien zur Internationalisierung.

rung initiiert und erste Ideen und Vorschläge zur Internationalisierung des Unternehmens einbringt. Betrachtet man die einzelne Verteilung der Werte, so fällt auf, dass in knapp 10% der Unternehmen gar kein Familieneinfluss bei der Initiierung der Internationalisierung gegeben ist. Für 32,6% der Unternehmen wird ein Einfluss von 100% erreicht. Bei insgesamt 45,0% der Familienunternehmen ist ein Familieneinfluss von über 50% bei der Initiierung der Internationalisierung vorhanden.

Bei der Bewertung der Konzepte und Strategien zur Internationalisierung liegt der durchschnittliche Familieneinfluss mit 56,6% fast genauso hoch wie bei der Phase der Initiierung. Familienmitglieder sind demnach auch bei der Bewertung der Konzepte und Strategien zur Internationalisierung stark eingebunden. Betrachtet man die Verteilung im Einzelnen, so liegt bei 6,2% der Unternehmen bei der Bewertung der Internationalisierungsstrategien gar kein Familieneinfluss vor. Dagegen liegt in 43,4% der Familienunternehmen ein Familieneinfluss von über 50% vor. Auch in dieser Phase liegt bei etwas mehr als ein Viertel der Unternehmen (28,7%) ein 100%iger Einfluss der Familie vor.

Werden Konzepte und Strategien zur Internationalisierung festgelegt, so liegt der Einfluss der Familie bei durchschnittlich 51,2%. Die Familie ist auch bei der Entscheidung und Festlegung der Internationalisierung unverändert eingebunden. Im Einzelnen fällt auf, dass in dieser Phase zur Internationalisierung der Anteil der Familienunternehmen mit keinem Familieneinfluss auf 10,9% steigt und zugleich der Anteil der Unternehmen mit einem 100%igen Familieneinfluss auf 25,6% sinkt.

Dieser Trend ist auch bei der Phase der Implementierung von Strategien und Konzepten zur Internationalisierung erkennbar. Der durchschnittliche Familieneinfluss sinkt in dieser Phase insgesamt betrachtet auf nur noch 44,5%. Betrachtet man die Werte zum Familieneinfluss bei der Implementierung von Internationalisierungsstrategien im Einzelnen, so fällt auf, dass der Anteil der Unternehmen mit keinem Familieneinfluss auf 20,2% steigt. Zudem sinkt der Anteil von Unternehmen in denen ein 100%iger Familieneinfluss bei der Implementierung gegeben ist, auf nur noch 21,7%. Die Untersuchung zeigt, dass die Familie, vertreten in den drei Ebenen Anteilseigner, Aufsichtsorgan und Management, die Verantwortung und Zuständigkeit im Laufe des Internationalisierungsprozesses über die hier dargestellten vier Phasen zunehmend an Dritte abgibt. Das Ergebnis zeigt auch, dass bei strategisch wichtigen Positionierungen eines Unternehmens - wie dies bei einer Internationalisierung der Fall ist - der Einfluss der Familie ein typisches Merkmal der Familienunternehmen ist.

Bei Berechnung der Korrelationen zwischen den einzelnen zuvor aufgezeigten Variablen und dem Erfolg des Unternehmens (F4_20A_21) zeigt sich folgendes Bild.

			F4_20A_21 Erfolg des Unternehmens
Spearman-Rho	F2_1 Höhe des von der Familie gehaltenen Unternehmensanteils	Korrelationskoeffizient	,038
		Sig. (2-seitig)	,670
		N	129
	F2_2_Prozent Familieneinfluss in Kontrollgremien (in Prozent)	Korrelationskoeffizient	,013
		Sig. (2-seitig)	,902
		N	90
	F2_3_Prozent Familieneinfluss im Management (in Prozent)	Korrelationskoeffizient	-,229**
		Sig. (2-seitig)	,009
		N	129
	F2_SFI Substantial Family Influence	Korrelationskoeffizient	-,109
		Sig. (2-seitig)	,220
		N	129
	F3_1_FE_Initiierung Familieneinfluss bei Initiierung Internationalisierung	Korrelationskoeffizient	-,127
		Sig. (2-seitig)	,151
		N	129
	F3_2_FE_Bewertung Familieneinfluss bei Bewertung der Strategien zur Internationalisierung	Korrelationskoeffizient	-,110
		Sig. (2-seitig)	,216
		N	129
	F3_3_FE_Festlegung Familieneinfluss bei Festlegung der Strategien zur Internationalisierung	Korrelationskoeffizient	-,183*
		Sig. (2-seitig)	,038
		N	129
	F3_4_FE_Implementierung Familieneinfluss bei Implementierung der Strategien zur Internationalisierung	Korrelationskoeffizient	-,169
		Sig. (2-seitig)	,055
		N	129

Signifikanz: ** $p < 0{,}01$; * $p < 0{,}05$

Tabelle 24: Korrelation zwischen Familieneinfluss und Erfolg
Quelle: Eigene Darstellung

Wie in Tabelle 24 dargestellt, besteht zwischen dem Familieneinfluss im Management (F2_3_Prozent) und dem Erfolg des Unternehmens (F4_20A_21) ein schwacher negativer Zusammenhang (r_{sp}=-0,229). Der Zusammenhang zwischen den beiden Variablen ist dabei auf dem 1%-Niveau signifikant. Aufgrund des negativen Vorzeichens liegt somit ein gegenläufiger Zusammenhang zwischen den beiden Variablen vor. Das bedeutet, dass Familienunternehmen, in denen ein geringerer Familieneinfluss im Management vorhanden ist, erfolgreicher sind als diejenigen Familienunternehmen, in denen ein hoher Familieneinfluss im Management vorliegt. Der gefundene signifikant schwache Zusammenhang stellt einen von vielen Einflussfaktoren für den Erfolg des Unternehmens dar. 5,2% ($-0{,}229^2$) der Varianz der

Variable Erfolg lassen sich auf den Familieneinfluss im Management zurückführen. Für die Höhe des von der Familie gehaltenen Unternehmensanteils (F2_1_Prozent), dem Familieneinfluss im Beirat (F2_2_Prozent) und dem SFI (F2_SFI) lässt sich dagegen kein Zusammenhang mit dem Erfolg des Unternehmens feststellen.

Betrachtet man die einzelnen Phasen der Internationalisierung, so existiert zwischen dem Familieneinfluss bei Festlegung der Strategien zur Internationalisierung (F3_3_FE_Festlegung) und dem Unternehmenserfolg (F4_20A_21) ein schwacher signifikant ($p<0.05$) negativer Zusammenhang (r_{sp}=-0,183). Es lässt sich daher festhalten, dass Unternehmen, in denen der Familieneinfluss während der Festlegung der Internationalisierungsstrategie relativ hoch ist, einen niedrigeren Erfolg ausweisen als Unternehmen mit geringerem Familieneinfluss. Zu den anderen Phasen der Internationalisierung lassen sich dagegen keine signifikanten Zusammenhänge feststellen. Da die beiden gefundenen signifikanten Ergebnisse negativ korreliert sind und zwischen dem SFI und dem Unternehmenserfolg kein signifikanter positiver Zusammenhang festgestellt werden konnte, wird die Hypothese 1 verworfen. Die Höhe des Familieneinflusses im Unternehmen hat demnach keinen positiven Einfluss auf den Erfolg des Unternehmens.

7.1.1.2 Austausch in speziellen Netzwerken und Organisationen

Zum Austausch von Erfahrungen, Strategien und/oder Problemen der Internationalisierung können Unternehmen bzw. Unternehmer bestehende Beziehungen und Netzwerke nutzen. In den vorherigen Kapiteln dieser Arbeit sind die verschiedenen Möglichkeiten zum Austausch erläutert und dargestellt worden. Bei Frage 6 des Fragebogens wurde nach der Eignung zum Austausch von Erfahrungen sowie bei Frage 8 nach dem Bekanntheitsgrad und dem Umfang der Nutzung von speziellen Netzwerken und Organisationen für Familienunternehmen gefragt. Die Verteilung der Antworten bei Frage 6 zeigt das folgende Fehlerbalkendiagramm.

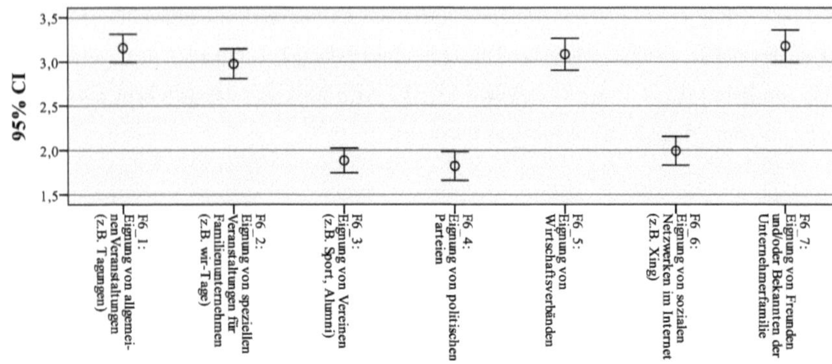

Abbildung 25: Beurteilung der Möglichkeiten zum Erfahrungsaustausch (N=129)
Quelle: Eigene Darstellung

Abbildung 25 zeigt, dass sich die Vertrauensbereiche der Variablen F6_1/2/5/7 sowie die der Variablen F6_3/4/6 jeweils überschneiden und somit in zwei verschiedene Gruppen eingeteilt werden können. Während die ersten vier Variablen bei der Antwortkategorie 3 „teilweise geeignet“ liegen, befinden sich die anderen drei Variablen bei der Kategorie 2 „eher nicht geeignet“. Familienunternehmen bzw. Familienunternehmer halten allgemeine Veranstaltungen (z.B. Tagungen und Workshops), spezielle Veranstaltungen für Familienunternehmen (z.B. „wir-Tage“), Wirtschaftsverbände sowie Freunde und Bekannte der Unternehmerfamilie für den Austausch von Erfahrungen, Strategien und/oder Problemen der Internationalisierung am geeignetsten. Dagegen werden Vereine, politische Parteien und soziale Netzwerke im Internet als ungeeignet empfunden. Die Annahme, dass sich Familienunternehmer z.B. auf dem Golfplatz, im Rotary Club oder in anderen Vereinen über die Internationalisierung ihres Unternehmens austauschen, wird hier nicht bestätigt. Interessant ist auch die Tatsache, dass spezielle Veranstaltungen für Familienunternehmen im Vergleich zu allgemeinen Veranstaltungen als nicht geeigneter empfunden werden. Während 37% der Unternehmen allgemeine Veranstaltungen für den Austausch als gut bzw. sehr gut geeignet empfinden, sind es bei speziellen Veranstaltungen für Familienunternehmen nur noch 30% (vgl. Anhang 13).

In Deutschland existieren unterschiedliche Netzwerke und Organisationen, welche sich speziell auf die Bedürfnisse von Familienunternehmen konzentriert haben (vgl. Kapitel 5.2.2.1). Bei Frage 8 des Fragebogens wurde nach der Bekanntheit bestimmter Organisationen und

Netzwerke sowie deren Nutzung gefragt.[75] Das Ergebnis der Befragung bzgl. Bekanntheit der verschiedenen Netzwerke und Organisationen (Frage 8A des Fragebogens), der Nutzung der verschiedenen Netzwerke und Organisationen im Allgemeinen (Frage 8B des Fragebogens) und der Nutzung dieser Netzwerke und Organisationen für Themen der Internationalisierung (Frage 8C des Fragebogens) zeigt folgende Abbildung.

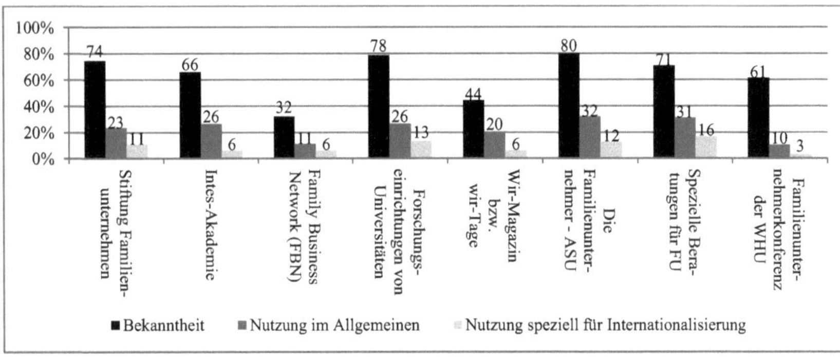

Abbildung 26: Bekanntheit und Nutzung von Netzwerken/Organisationen (N=129)
Quelle: Eigene Darstellung

Abbildung 26 zeigt, dass Familienunternehmen die Familienunternehmer-ASU (80%), Forschungseinrichtungen von Universitäten (78%), die Stiftung Familienunternehmen (74%), spezielle Beratungen für Familienunternehmen (71%), die Intes-Akademie (66%) sowie die Familienunternehmerkonferenz der WHU (61%) mehrheitlich kennen. Lediglich die „wir-Tage" und das FBN werden von nur 44% bzw. 32% der Familienbetriebe gekannt. Im Durchschnitt kennen jeweils 63% der Familienunternehmen die aufgeführten Netzwerke und Organisationen (vgl. Anhang 13).

Des Weiteren erkennt man, dass die einzelnen Netzwerke bzw. Organisationen von 10% bis 32% der Familienunternehmen genutzt werden. Dabei werden die Familienunternehmer-ASU (32%) und spezielle Beratungen für Familienunternehmen (31%) von den Familienunternehmen am häufigsten genutzt. Dagegen werden das FBN (11%) sowie die Familienunterneh-

[75] In Frage 8 des Fragebogens wurde bei der Online-Version des Fragebogens ein Filter eingebaut. Wurde eine Antwort innerhalb der 1. Spalte („Kennen" von Netzwerken oder Organisationen) mit „Nein" beantwortet, so wurden die anderen Antworten für die 2. („Nutzung" der Netzwerke und Organisationen) und 3. Spalte („Nutzen" bei Themen der Internationalisierung) ebenfalls auf „Nein" festgesetzt. Gleiches gilt für den Fall, dass eine Antwort in der 1. Spalte noch mit „Ja" beantwortet wurde, die Antwort in der 2. Spalte aber mit „Nein" gewertet wurde. Die Antwort für die 3. Spalte wurde in diesem Fall ebenfalls automatisch mit „Nein" festgesetzt. Diese Vorgehensweise wurde auch bei der Print-Version des Fragebogens berücksichtigt.

merkonferenz der WHU (10%) am seltensten von Familienbetrieben in Anspruch genommen. Durchschnittlich nutzt fast ein Viertel der Familienunternehmen bzw. Familienunternehmer (23%) aktiv einzelne Netzwerke und Organisationen (vgl. Anhang 13). Wenn Familienunternehmen bzw. Familienunternehmer einzelne spezielle Netzwerke und Organisationen für Familienunternehmen kennen, dann werden diese im Schnitt von 36% der Unternehmen auch genutzt (vgl. Anhang 13).

Von besonderem Interesse ist darüber hinaus die Frage, ob diese Netzwerke und Organisationen auch für Themen der Internationalisierung von den Familienunternehmen genutzt werden. Abbildung 26 zeigt, dass Familienunternehmen spezielle Netzwerke und Organisationen zum Austausch über Themen der Internationalisierung nur im geringen Umfang nutzen. So geben 16% der Familienunternehmen an, dass sie spezielle Beratungen für Familienunternehmen bei Themen der Internationalisierung in Anspruch nehmen. Des Weiteren werden Forschungseinrichtungen von Universitäten (13%) sowie die Familienunternehmer-ASU (12%) noch am häufigsten zum Austausch über Themen der Internationalisierung herangezogen. Dagegen werden die Intes-Akademie, das FBN, die „wir-Tage“ und die Familienunternehmerkonferenz der WHU nur von 6% bzw. 3% der Unternehmen für Themen der Internationalisierung genutzt. Im Durchschnitt nutzen lediglich 9% der Familienunternehmen die einzelnen Netzwerke und Organisationen für Themen der Internationalisierung (vgl. Anhang 13). Kennt ein Unternehmen die einzelnen Netzwerke und Organisationen, so werden diese in 15% der Fälle bei Themen der Internationalisierung angesprochen und genutzt (vgl. Anhang 13). Für den Fall, dass Unternehmen die einzelnen Netzwerke und Organisationen nicht nur kennen sondern auch bereits nutzen, dann werden in 41% der Fälle diese Kontakte auch bei Themen der Internationalisierung in Anspruch genommen (vgl. Anhang 13).

Neben den vorgegebenen Antwortmöglichkeiten aus Frage 8 des Fragebogens bestand für die Unternehmen auch die Möglichkeit, weitere Netzwerke und Organisationen anzugeben. Hierbei wurden im Allgemeinen Alumnivereine, Unternehmer der Branche, Unternehmerverbände, marktspezifische Organisationen sowie im Spezifischen der Stifterverband, die WTSH (Wirtschaftsförderung und Technologietransfer Schleswig Holstein GmbH), die IPA (International Packaging Association) und Linkedin genannt. Ohne im Detail auf die einzelnen Netzwerke und Organisationen einzugehen, werden die zusätzlich genannten Netzwerke und Organisationen auch zum Austausch von speziellen Themen der Internationalisierung von den Unternehmen genutzt. Es zeigt sich jedoch, dass Familienunternehmen spezielle Netzwerke und Organisationen für Familienunternehmen in vielen Fällen kennen, diese bei Themen zur Internationalisierung des Unternehmens nur im geringen Umfang einbinden und nutzen.

7.1.1.3 Familienunternehmenstypische Eigenschaften bei der Internationalisierung

Familienunternehmen zeichnen sich durch spezielle Eigenschaften und Besonderheiten bei der Internationalisierung aus (vgl. Kapitel 3.2). Dies gilt möglicherweise auch bei der Entscheidungsfindung für Strategien zur Internationalisierung. In Teilen der Frage 12 des Fragebogens (F12_5 bis F12_10) wurde speziell auf mögliche Besonderheiten der Internationalisierung von Familienunternehmen eingegangen. Darüber hinaus überprüft die Hypothese 3 den Zusammenhang zwischen familienunternehmenstypischen Eigenschaften bei der Internationalisierung und dem Erfolg des Unternehmens. Um die Hypothese testen zu können, wurden zunächst die Antworten der sechs einzelnen Fragen zu einer aggregierten Variable (F12_Faktor1) zusammengefasst, um eine ganzheitliche Aussage über familienunternehmenstypische Eigenschaften bei der Internationalisierung treffen zu können. Darauf aufbauend kann der mögliche Einfluss auf den Unternehmenserfolg mit einer Korrelationsanalyse überprüft werden. Zum Ende dieses Kapitels werden noch weitere Aspekte und Ergebnisse zur Thematik der Internationalisierung von Familienunternehmen betrachtet und aufgezeigt.

Für die Abbildung des theoretischen Konstrukts der familienunternehmenstypischen Eigenschaften bei der Internationalisierung wurden die in der folgenden Tabelle dargestellten Indikatoren verwendet.

Indikator	Variable	Korrigierte Item-Skala-Korrelation
Auf professionelle Marktanalysen wurde bei der Strategieentwicklung verzichtet	F12_5	0,468
Bei der Entscheidung zur Internationalisierung hat der persönliche Background des Unternehmers (z.B. Ausbildung, Sprachkenntnisse) eine Rolle gespielt	F12_6	0,458
Bei der Entscheidung zur Internationalisierung haben die persönlichen Auslandserfahrungen (z.B. Urlaub) des Managements/der Eigentümer eine Rolle gespielt	F12_7	0,453
Internationalisierungsstrategien werden in Familienunternehmen eher „aus dem Bauch" heraus getroffen	F12_8	0,678
Die Internationalisierung beruht auf dem persönlichen Ehrgeiz des Unternehmers bzw. der Unternehmerfamilie	F12_9	0,672
Entscheidungen zur Internationalisierung werden oftmals emotional/ informell getroffen	F12_10	0,638
Konstrukt: „FU-typische Eigenschaften bei der Internationalisierung"; N=129; α= 0,799		

Tabelle 25: Konstrukt für familienunternehmenstypische Eigenschaften (F12_Faktor1)
Quelle: Eigene Darstellung

Tabelle 25 zeigt, dass bei Berechnung der Reliabilität für die Variablen F12_5 bis F12_10 ein α-Wert von 0,799 sowie eine korrigierte Item-Skala-Korrelation von mindestens 0,453 für jedes Item individuell erreicht wird. Diese sechs Variablen erreichen somit eine gute Reliabilität und lassen sich mit Hilfe des Mittelwertverfahrens zur aggregierten Variable F12_Faktor1 zusammenfassen. Betrachtet man die Verteilung der einzelnen Werte des Konstrukts, so ergibt sich folgende Abbildung (Einzelwerte der aggregierten Variable s. Anhang 14).

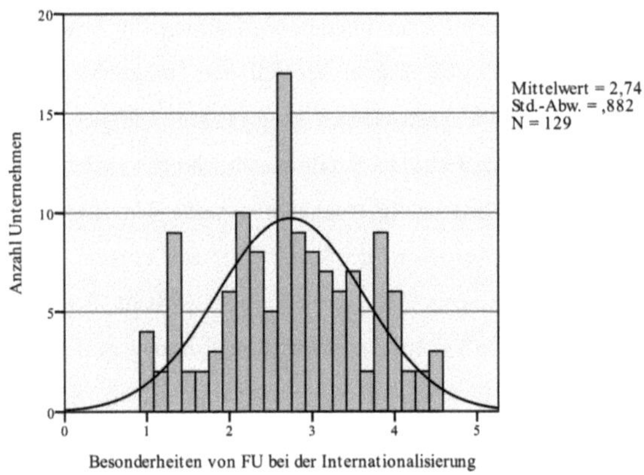

Abbildung 27: Umfang von FU-typischen Eigenschaften (F12_Faktor1)
Quelle: Eigene Darstellung

Wie aus Abbildung 27 zu entnehmen ist, entspricht die Verteilung der Variable F12_Faktor1 weitgehend einer Normalverteilung. Der Mittelwert der aggregierten Variable beträgt 2,74 mit einer SD von 0,882. Auf einer Skala von 1-5 liegt der Schnitt deshalb bei der Antwortkategorie „trifft teilweise zu". Familienunternehmenstypische Besonderheiten sind bei der Internationalisierung für Familienunternehmen somit teilweise vorhanden.

Bei Betrachtung der einzelnen Variablen des Konstrukts F12_Faktor1 zeigt sich, dass der persönliche Background des Unternehmers (z.B. Ausbildung und Sprachkenntnisse) bei der Entscheidung zur Internationalisierung die höchste Zustimmung erreicht. Für insgesamt 43% der Unternehmen hat der Background des Unternehmers eine beeinflussende Rolle gespielt (vgl. F12_6, Anhang 14). Zudem geben über ein Drittel der Familienunternehmen (37%) an, dass die Internationalisierung auf dem persönlichen Ehrgeiz des Unternehmers bzw. der Unternehmerfamilie beruht (vgl. F12_9, Anhang 14). Überraschend ist auch die Tatsache, dass 34% der Familienunternehmen auf professionelle Marktanalysen bei der Strategieentwicklung zur Internationalisierung verzichten (vgl. F12_5, Anhang 14). Des Weiteren geben 15% der

Familienbetriebe an, dass Entscheidungen zur Internationalisierung oftmals informell und emotional getroffen werden (vgl. F12_10, Anhang 14). Zudem werden bei rund ein Viertel der Unternehmen (26%) Internationalisierungsstrategien aus „dem Bauch heraus" getroffen (vgl. F12_8, Anhang 14). Außerdem beeinflussen die persönlichen Auslandserfahrungen des Managements bei knapp ein Viertel der Unternehmen (24%) die Entscheidung zur Internationalisierung (vgl. F12_7, Anhang 14).

Um nun die Hypothese 3 testen zu können, wurde die Korrelation zwischen der aggregierten Variable F12_Faktor1 und der Erfolgsvariable F4_20A_21 berechnet. Darüber hinaus wurden die Korrelationen zwischen der Variable F12_Faktor1 und den Kontrollvariablen berechnet. Hierbei zeigt sich folgendes Bild:

			F4_20A_21 Erfolg des Unternehmens	**F1_Faktor1** Unternehmensgröße	**F1_1_DICH** Hauptsitz des Unternehmens	**F1_2_DICH** Gründung des Unternehmens	**F1_3_DICH** Branchenzugehörigkeit	**F2_SFI** Substantial Family Influence
Spearman-Rho	**F12_Faktor1** Besonderheiten von FU bei der Internationalisierung	Korrelationskoeffizient	-,244**	-,349**	-,152	,131	-,039	,115
		Sig. (2-seitig)	,005	,000	,086	,140	,675	,194
		N	129	129	129	129	116	129

Signifikanz: ** p < 0,01; * p < 0,05

Tabelle 26: Korrelation zwischen F12_Faktor1 und Erfolgs- und Kontrollvariablen
Quelle: Eigene Darstellung

Wie die Korrelationsanalyse in Tabelle 26 zeigt, liegt zwischen den beiden Variablen F12_Faktor1 und F4_20A_21 ein schwacher negativer Zusammenhang (r_{sp}=-0,244) auf einem 1%igen Signifikanzniveau (p=0,005) vor. Dieser schwache negative Zusammenhang besagt, dass durch familienunternehmenstypische Eigenschaften bei der Internationalisierung 5,95% ($-0,244^2$) der abhängigen Variable Erfolg erklärt werden können. Zudem bedeutet der gefundene signifikante negative Zusammenhang, dass sich familienunternehmenstypische Eigenschaften bei der Internationalisierung negativ auf den Erfolg des Unternehmens auswirken. Demnach ist der Erfolg des Unternehmens tendenziell höher, wenn nicht die zuvor angesprochenen familienunternehmenstypischen Eigenschaften bei der Internationalisierung vorliegen. Des Weiteren liegt ein mittlerer negativer Zusammenhang (r_{sp}=-0,349) zwischen der aggregierten Variable F12_Faktor1 und der Kontrollvariable der Unternehmensgröße F1_Faktor1 vor. Dieser Zusammenhang ist auf einem 1%-Niveau (p<0.01) signifikant. Es kann daraus der Zusammenhang abgeleitet werden, dass die beschriebenen familienunternehmenstypischen Eigenschaften bei der Internationalisierung eher für kleinere Unternehmen zutreffen. Bei größeren Unternehmen sind die Strukturen tendenziell professioneller und Entscheidungen zur Internationalisierung durchlaufen einen strukturierten Prozess. Weitere Korrelationen liegen mit anderen Kontrollvariablen nicht vor. Insgesamt betrachtet wird die Hypothese 3 abgelehnt, da eine signifikant negative Korrelation zwischen familienunternehmenstypischen Eigenschaften bei der Internationalisierung und dem Unternehmenserfolg vorliegt. Familienunternehmenstypische Eigenschaften wirken sich somit bei der Internationalisierung eher negativ auf den Erfolg aus.

Neben den familienunternehmenstypischen Eigenschaften bei der Internationalisierung kann auch die Reputation des Unternehmens bzw. der Familie bei der Internationalisierung von Bedeutung sein. So können z.B. durch den Ruf und das Ansehen der Unternehmerfamilie sowie des Unternehmens Beziehungen bei der Internationalisierung beeinflusst werden. Mit den Fragen F12_15 und F12_16 wurde die Reputation des Unternehmens bzw. der Familie thematisiert. Um einen ganzheitlichen Überblick bzgl. der Reputation zu erhalten, wurden die beiden Indikatoren zu einer aggregierten Variable zusammengefasst. Die folgende Tabelle zeigt die Zusammensetzung des Konstrukts.

Indikator	**Variable**	**Korrigierte Item-Skala-Korrelation**
Ruf und Ansehen des FU sind für den Aufbau von externen Beziehungen hilfreich	F12_15	0,578
Ruf und Ansehen der Unternehmerfamilie spielen für das Vertrauen in Beziehungen eine wichtige Rolle	F12_16	0,578
Konstrukt: „Ruf und Ansehen des FU bzw. der Unternehmerfamilie“; N=129; $\alpha = 0,731$		

Tabelle 27: Konstrukt über Ruf/Ansehen der Familie/des Unternehmens (F12_Faktor4)
Quelle: Eigene Darstellung

Wie aus Tabelle 27 zu entnehmen ist, besitzen die beiden Variablen F12_15 und F12_16 mit einem α-Wert von 0,731 eine gute interne Konsistenz. Die beiden Variablen werden deshalb mit Hilfe des Mittelwertverfahrens zu der aggregierten Variable F12_Faktor4 zusammengefasst. Betrachtet man die Verteilung des Konstrukts über Ruf und Ansehen der Familie bzw. des Unternehmens, so ergibt sich folgende Abbildung.

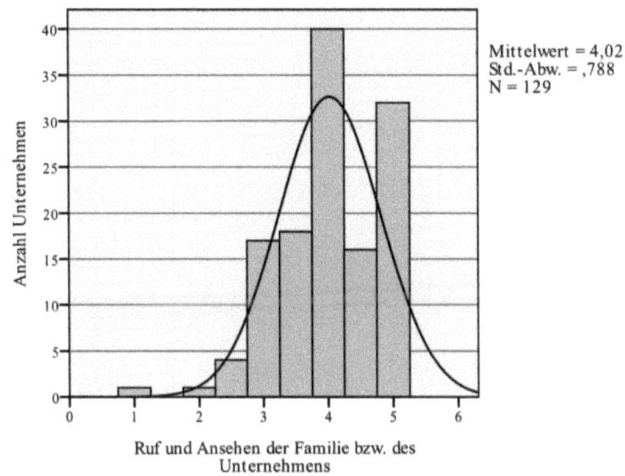

Abbildung 28: Höhe der Bedeutung von Ruf/Ansehen der Familie/ des Unternehmens (F12_Faktor4)
Quelle: Eigene Darstellung

Wie in Abbildung 28 dargestellt, liegt eine Rechtsverteilung der Werte vor (Einzelwerte der aggregierten Variable s. Anhang 15). Der Mittelwert der aggregierten Variable beträgt 4,02 mit einer SD von 0,788. Bei einer Skala von 1-5 liegt der Durchschnitt daher bei der Ausprägung „trifft eher zu". Der Ruf und das Ansehen des Unternehmens und der Unternehmerfamilie werden demnach für Beziehungen bei der Internationalisierung als wichtig angesehen. Zudem kann dadurch das Vertrauen innerhalb der Beziehungen erhöht werden. Betrachtet man die beiden Variablen im Einzelnen, so zeigt sich, dass Familienunternehmen die Reputation des Unternehmens und der Unternehmerfamilie als äußerst wichtigen Punkt betrachten. 79% der Unternehmen geben an, dass ein guter Ruf und gutes Ansehen des Familienunternehmens für den Aufbau von externen Beziehungen bei der Internationalisierung hilfreich ist (vgl. F12_15, Anhang 15). Darüber hinaus spielen für 75% der Unternehmen der Ruf und das Ansehen der Unternehmerfamilie für das Vertrauen innerhalb von Beziehungen eine wichtige Rolle (vgl. F12_16, Anhang 15).

Neben den bereits dargestellten Besonderheiten von Familienunternehmen soll im Folgenden auf weitere Aspekte zur Internationalisierung von Familienunternehmen eingegangen werden. Hierzu wurden verschiedene Aussagen zur Internationalisierung von Familienunternehmen aus den Fragen 12 und 25 des Fragebogens analysiert und deskriptiv ausgewertet. Die Ergebnisse der Aussagen werden mit Hilfe des Fehlerbalkendiagramms in der folgenden Abbildung dargestellt.

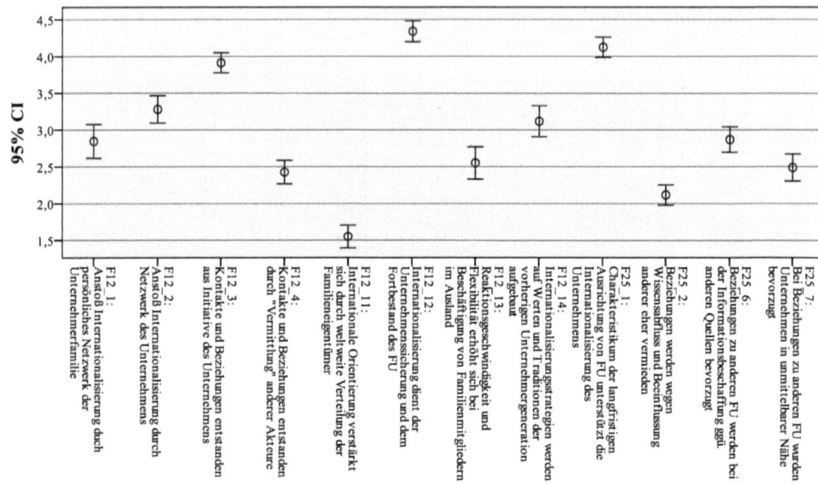

Abbildung 29: Bewertung verschiedener Aussagen zur Internationalisierung (N=129)
Quelle: Eigene Darstellung

Wie Abbildung 29 zeigt, werden die verschiedenen Aspekte zur Internationalisierung des Familienunternehmens sehr unterschiedlich bewertet. Im Schnitt reichen die Vertrauensbereiche der Antworten von 1,4 („trifft gar nicht zu") bis zu 4,5 („trifft voll zu"). Dabei lassen sich gewisse Überschneidungen sowie signifikante Unterschiede zwischen den jeweiligen Vertrauensbereichen der einzelnen Variablen feststellen. So ist zum einen zwischen den Variablen F12_1 und F12_2 ein Unterschied festzustellen. Während bei mehr als der Hälfte der Unternehmen (53%) die Erfahrungen aus dem Netzwerk des Unternehmens den Anstoß zur Internationalisierung gegeben haben, kam bei knapp ein Drittel der Unternehmen (36%) der Anstoß durch Erfahrungen des persönlichen Netzwerks der Unternehmerfamilie (vgl. Anhang 16). Insgesamt haben demnach Beziehungen und Netzwerke oftmals einen Anstoß zur Internationalisierung des Familienunternehmens gegeben. In diesem Zusammenhang ist auch die Entstehung von Kontakten und Beziehungen des Unternehmens interessant. Hier zeigt sich, dass die Variable F12_3 gegenüber der Variable F12_4 eine deutlich höhere Zustimmung erreicht. So geben 76% der Familienbetriebe an, dass die bestehenden Kontakte und Beziehungen des Unternehmens auf die Initiative des Unternehmens zurückzuführen sind (vgl. F12_3, Anhang 16). Dagegen sind neue Beziehungen und Kontakte nur bei 13% der Unternehmen durch die „Vermittlung" anderer Akteure erreicht worden (vgl. F12_4, Anhang 16). Dies kann als ein Indiz gewertet werden, dass Familienunternehmen bei der Auswahl ihrer

Beziehungen und Netzwerke selbst aktiv sind. Somit können die Unternehmen selbst entscheiden, welche Beziehungen und Netzwerke sie für sinnvoll erachten.

Die größte Ablehnung liegt dagegen bei Variable F12_11 vor. Eine verstärkte internationale Orientierung von Familienunternehmen wird nicht dadurch erreicht, dass Familieneigentümer weltweit geographisch verteilt sind. Lediglich bei 5% der Familienunternehmen wird die internationale Orientierung dadurch verstärkt (vgl. F12_11, Anhang 16). Dies kann auch als Hinweis angesehen werden, dass operativ tätige Familienmitglieder den Heimatstandort als Arbeitsplatz bevorzugen. Dagegen sind ca. ein Viertel der Unternehmen (27%) der Meinung, dass sich die Reaktionsgeschwindigkeit und Flexibilität strategischer Entscheidungen erhöht, wenn Familienmitglieder in ausländischen Tochtergesellschaften beschäftigt sind (vgl. F12_13, Anhang 16). Des Weiteren sind 44% der Familienbetriebe der Ansicht, dass Internationalisierungsstrategien (bewusst) auf den Werten und Traditionen der vorherigen Unternehmergeneration aufbauen (vgl. F12_14, Anhang 16). Zudem ist in Abbildung 29 zu erkennen, dass sich die Vertrauensbereiche der Variablen F12_12 und F25_1 überschneiden und im Vergleich zu den anderen Variablen die größte Zustimmung erhalten. Für 84% der Familienunternehmen dient die Internationalisierung als Unternehmenssicherung und damit auch als Fortbestand des Unternehmens als Familienunternehmen (vgl. F12_12, Anhang 16). Neben den Internationalisierungszielen aus Kapitel 3.1.2.3 stellt dies somit eines der obersten Ziele der Internationalisierung von Familienunternehmen dar. Des Weiteren sehen 87% der Unternehmen das Charakteristikum der langfristigen Ausrichtung von Familienunternehmen als eine Unterstützung bei der Internationalisierung an (vgl. F25_1, Anhang 16).

Durch die verschiedenen Eigenschaften von Familienunternehmen könnte vermutet werden, dass Familienunternehmen Beziehungen eher vermeiden, da dadurch Wissensabfluss drohen kann und Familienunternehmen zudem keinen Einfluss von anderen Personen akzeptieren möchten. Diese Zurückhaltung teilen jedoch 74% der Unternehmen nicht (vgl. F25_2, Anhang 16). Familienunternehmen stehen daher Beziehungen und Netzwerken generell offen gegenüber. Dabei werden Beziehungen zu anderen Familienunternehmen bei der Informationsbeschaffung zur Internationalisierung gegenüber anderen Quellen von 30% der Unternehmen bevorzugt (vgl. F25_6, Anhang 16). Bei dieser Aussage lässt sich zudem ein schwach negativer (r_{sp}=-0,181) signifikanter ($p<0.05$) Zusammenhang mit der Unternehmensgröße feststellen (vgl. Anhang 16). Daraus kann geschlossen werden, dass besonders kleinere Familienunternehmen Beziehungen zu anderen Familienunternehmen bei der Informationsbeschaffung zur Internationalisierung bevorzugen. Existieren Beziehungen zu anderen Familienunternehmen, so spielt die Entfernung der Unternehmen eine eher untergeordnete Rolle. Nur knapp 20% der Familienunternehmen geben an, Beziehungen zu Unternehmen in unmittelbarer Nähe zu bevorzugen (vgl. F25_7, Anhang 16).

7.1.2 Bewertung der drei Dimensionen von Sozialkapital bei der Internationalisierung

7.1.2.1 Bewertung von Vertrauen als Basis von Beziehungen

Sozialkapital kann in drei verschiedene Dimensionen eingeteilt werden (vgl. Kapitel 4.1.4). Dabei spielt das Thema Vertrauen innerhalb der relationalen Dimension eine wichtige Rolle. Die Frage 23 des Fragebogens geht auf das Thema Vertrauen und Normen ein. Im Folgenden werden die Antworten zu dieser Frage zunächst deskriptiv und im Anschluss aggregiert betrachtet. Die Verteilung der Antworten zeigt folgende Abbildung.

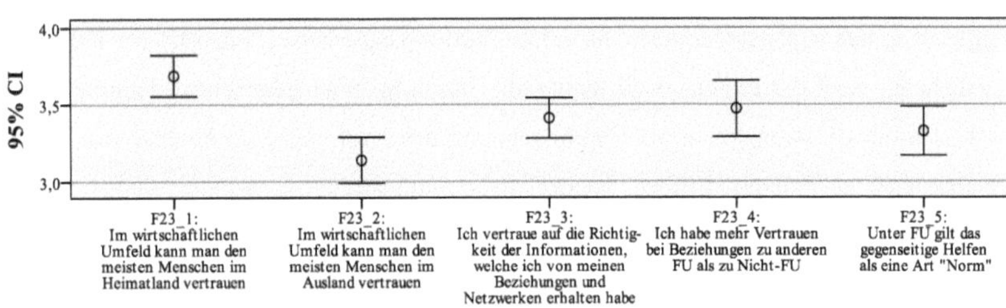

Abbildung 30: Bewertung von Vertrauen und Normen (N=129)
Quelle: Eigene Darstellung

Abbildung 30 zeigt, dass die Vertrauensbereiche der Antworten zum Thema Vertrauen und Normen zwischen den Werten 3,0 („trifft teilweise zu“) und 3,8 („trifft eher zu“) liegen. Vertrauen und Normen sind daher insgesamt zwei nicht zu vernachlässigende Aspekte. Zudem erkennt man, dass zwischen den Variablen F23_1 und F23_2 der größte Unterschied besteht, welcher sich auch auf die Grundgesamtheit übertragen lässt. Familienunternehmen haben demnach im wirtschaftlichen Umfeld mehr Vertrauen zu Menschen aus dem Heimatland als zu Menschen aus dem Ausland. Betrachtet man die einzelnen Antworten genauer, so fällt auf, dass knapp die Hälfte der Familienbetriebe (47%) auf die Richtigkeit der Informationen, welche sie von ihren Beziehungen und Netzwerken erhalten hat, vertraut (vgl. F23_3, Anhang 17). Interessant ist die Aussage, dass die Mehrheit der Familienunternehmen (58%) bei Beziehungen zu anderen Familienunternehmen ein scheinbar größeres Vertrauen hat, als dies bei Beziehungen zu Nicht-Familienunternehmen der Fall ist (vgl. F23_4, Anhang 17). Zudem gilt für knapp die Hälfte der Unternehmen (47%) das gegenseitige Helfen zwischen Familienunternehmen bzw. Familienunternehmern als eine Art „Norm" (vgl. F23_5, Anhang 17).

Des Weiteren werden die fünf einzelnen Fragen zu einer aggregierten Variable zusammengefasst, um Vertrauen und Normen ganzheitlich betrachten zu können. Das Konstrukt „Vertrauen und Normen" lässt sich durch die fünf zuvor aufgezeigten Variablen abbilden.

Indikator	Variable	Korrigierte Item-Skala-Korrelation
Im wirtschaftlichen Umfeld kann man den meisten Menschen im Heimatland vertrauen	F23_1	0,576
Im wirtschaftlichen Umfeld kann man den meisten Menschen im Ausland vertrauen	F23_2	0,383
Ich vertraue auf die Richtigkeit der Informationen, welche ich von meinen Beziehungen und Netzwerken erhalten habe	F23_3	0,460
Ich habe mehr Vertrauen bei Beziehungen zu anderen Familienunternehmen als zu Nicht-Familienunternehmen	F23_4	0,323
Unter Familienunternehmen gilt das gegenseitige Helfen als eine Art „Norm"	F23_5	0,412
Konstrukt: „Vertrauen und Normen"; N=129; α= 0,666		

Tabelle 28: Konstrukt über Vertrauen und Normen (F23_Faktor1)
Quelle: Eigene Darstellung

Tabelle 28 zeigt die Berechnung der Reliabilität für die fünf verschiedenen Indikatoren. Dabei wird für diese Variablen ein α-Wert von 0,666 erreicht. Die Variablen erreichen daher eine noch akzeptable interne Konsistenz. Mit Hilfe des Mittelwertverfahrens kann deshalb die aggregierte Variable F23_Faktor1 berechnet und abgebildet werden. Die Verteilung der Werte zeigt folgende Abbildung (Einzelwerte der aggregierten Variable s. Anhang 17).

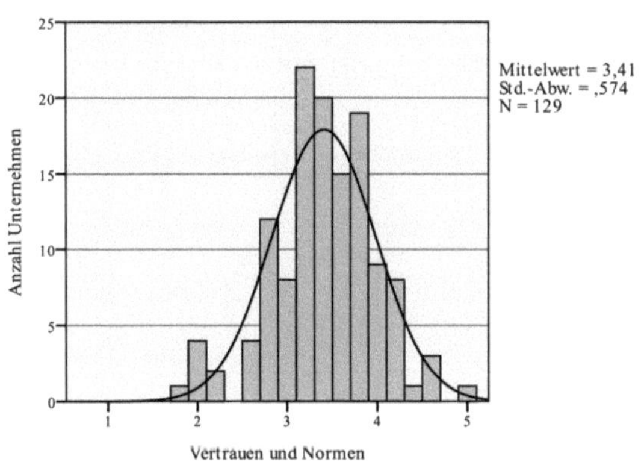

Abbildung 31: Höhe der Bedeutung von Vertrauen und Normen (F23_Faktor1)
Quelle: Eigene Darstellung

Wie aus Abbildung 31 zu entnehmen ist, liegt eine starke Häufung von Werten zwischen 3 („trifft teilweise zu") und 4 („trifft eher zu") vor. Der Mittelwert der aggregierten Variable F23_Faktor1 beträgt 3,41 mit einer SD von 0,574. Bei einer Skala von 1-5 liegt dies zwischen den Ausprägungen „trifft teilweise zu" und „trifft eher zu". Vertrauen und Normen werden von Familienunternehmen im wirtschaftlichen Umfeld demnach größtenteils als wichtig und zutreffend empfunden.

7.1.2.2 Ausprägung und Wirkung der strukturellen Dimension

Beziehungen und Netzwerke des Unternehmens können im Verlauf einer Internationalisierung unterschiedliche Eigenschaften, Ziele und Aufgaben einnehmen. Auch die Inhalte der drei Dimensionen von Sozialkapital können zu unterschiedlichen Internationalisierungszeitpunkten verschiedene Ausprägungen aufweisen (vgl. Kapitel 5.1.2). Im Rahmen dieser Arbeit wurden deshalb die einzelnen Dimensionen von Sozialkapital rückblickend zu Beginn der Internationalisierung sowie zum heutigen Zeitpunkt, d.h. nach erfolgter Internationalisierung durch Frage 24 des Fragebogens bewertet. Zudem gehen auch die Hypothesen 4a, b und c auf diese Thematik ein. In diesem Kapitel richtet sich der Fokus auf die strukturelle Dimension von Sozialkapital. Hierbei soll die Hypothese 4a untersucht werden. Um die Hypothese 4a zu überprüfen, wird zunächst die Verteilung der Antworten für die strukturelle Dimension von Sozialkapital in Form eines Fehlerbalkendiagramms zu Beginn der Internationalisierung (F24_1a bis F24_4a) sowie nach erfolgter Internationalisierung (F24_1b bis F24_4b) dargestellt. Im Anschluss daran werden die einzelnen Variablen aggregiert betrachtet, um einen möglichen signifikanten Unterschied zwischen den beiden aggregierten Variablen feststellten zu können. Die folgende Abbildung zeigt zunächst das Fehlerbalkendiagramm für die einzelnen Variablen.

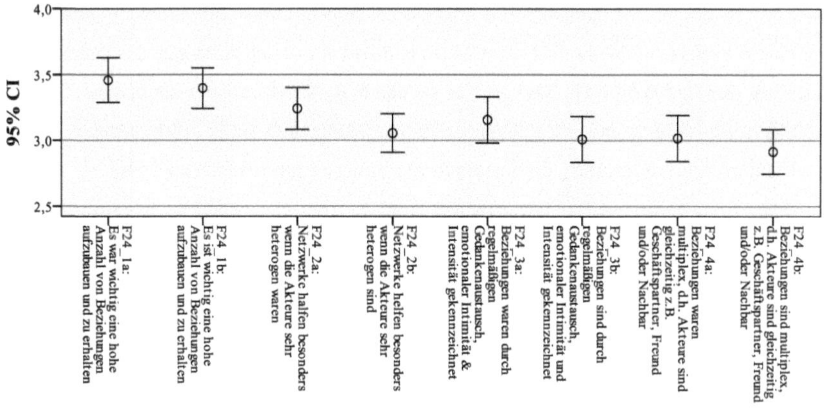

Abbildung 32: Bewertung der strukturellen Dimension von Sozialkapital (N=129)
Quelle: Eigene Darstellung

Wie Abbildung 32 zeigt, liegen die Ausprägungen der Antworten zur strukturellen Dimension von Sozialkapital zwischen den Werten 2,7 („trifft teilweise zu") und 3,6 („trifft eher zu"). Dabei erkennt man, dass sich die Mittelwerte und Vertrauensbereiche der einzelnen Indikatoren kaum unterscheiden. Betrachtet man die einzelnen Variablen der strukturellen Dimension genauer, so zeigt sich, dass Familienunternehmen es für wichtig halten, eine möglichst hohe Anzahl von Beziehungen aufzubauen und zu erhalten. Sowohl zu Beginn der Internationalisierung (54%) als auch nach erfolgter Internationalisierung (47%) wird eine hohe Anzahl von Beziehungen und Netzwerken von knapp der Hälfte der Unternehmen als wichtig eingestuft (vgl. F24_1a/1b, Anhang 18). Zudem bewerten 41% der Familienunternehmen zum Zeitpunkt der Anfänge der Internationalisierung bzw. 27% bei erfolgter Internationalisierung Netzwerke als hilfreich, wenn die Akteure sehr heterogen sind (vgl. F24_2a/2b, Anhang 18). Hierbei können durch unterschiedliche Tätigkeiten und Erfahrungen verschiedene Sichtweisen und Impulse entstehen, die für das Familienunternehmen positiv sein können. Des Weiteren sind 40% der Familienunternehmen der Ansicht, dass Beziehungen zu Beginn der Internationalisierung durch einen regelmäßigen Gedankenaustausch, einer emotionalen Intimität und Intensität gekennzeichnet sind. Bei erfolgter Internationalisierung sind es dagegen nur noch 31% (vgl. F24_3a/3b, Anhang 18). Als letzter Punkt der strukturellen Dimension wird die Multiplexität von Beziehungen thematisiert. Für 34% der Familienunternehmen sind die Akteure, mit denen zu Beginn der Internationalisierung Beziehungen eingegangen werden, gleichzeitig Geschäftspartner, Freunde und/oder Nachbarn. Bei erfolgter Internationalisierung trifft dies dagegen auf nur noch 28% der Unternehmen zu (vgl. F24_4a/4b, Anhang 18).

Wie bereits bekannt ist, lässt sich das theoretische Konstrukt der „strukturellen Dimension" durch die Variablen F24_1a, F24_2a, F24_3a und F24_4a zu den Anfängen der Internationalisierung bzw. durch F24_1b, F24_2b, F24_3b und F24_4b bei erfolgter Internationalisierung abbilden. Bei Berechnung der Reliabilität für die Indikatoren Größe, Heterogenität, Stärke und Multiplexität zum Anfang der Internationalisierung ergibt sich folgendes Bild.

Indikator	**Variable**	**Korrigierte Item-Skala-Korrelation**
Es war wichtig eine möglichst hohe Anzahl von Beziehungen aufzubauen und zu erhalten	F24_1a	0,340
Netzwerke halfen besonders wenn die Akteure sehr heterogen sind	F24_2a	0,545
Beziehungen waren durch regelmäßigen Gedankenaustausch, einer emotionalen Intimität und Intensität gekennzeichnet	F24_3a	0,535
Beziehungen waren multiplex, d.h. Akteure waren gleichzeitig z.B. Geschäftspartner, Freund und/oder Nachbar	F24_4a	0,498
Konstrukt: „Strukturelle Dimension von Sozialkapital, Anfang der Internationalisierung"; N=129; α= 0,693		

Tabelle 29: Konstrukt der strukturellen Dimension von SK zu Beginn der Int. (F24A_Faktor1)
Quelle: Eigene Darstellung

Tabelle 29 zeigt, dass bei Berechnung der Reliabilität zum Anfang der Internationalisierung ein α-Wert von 0,693 sowie eine korrigierte Item-Skala-Korrelation von mindestens 0,340 für jedes Item individuell erreicht wird. Die vier Variablen erreichen daher eine noch akzeptable Reliabilität und können zur aggregierten Variable F24A_Faktor1 zusammengefasst werden. Dabei ergibt sich für die strukturelle Dimension zum Anfang der Internationalisierung folgende Verteilung (Einzelwerte der aggregierten Variable s. Anhang 18).

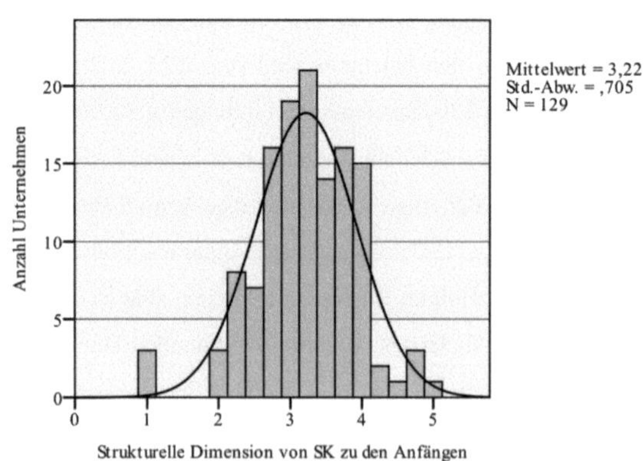

Abbildung 33: Höhe der strukturellen Dimension von SK zu Beginn der Int. (F24A_Faktor1)
Quelle: Eigene Darstellung

Wie in Abbildung 33 zu sehen ist, liegt eine starke Häufung der Antworten zwischen den Werten 3 („trifft teilweise zu“) und 4 („trifft eher zu“) vor. Der Mittelwert der aggregierten Variable beträgt 3,22 mit einer SD von 0,705. Im Schnitt wird die strukturelle Dimension zu Beginn der Internationalisierung daher mit „trifft teilweise zu“ bewertet.

Neben der Berechnung der aggregierten Variable F24A_Faktor1 wird auch die Reliabilität für die Variablen der strukturellen Dimension von Sozialkapital bei erfolgter Internationalisierung berechnet. Hierbei ergibt sich folgendes Bild.

Indikator	**Variable**	**Korrigierte Item-Skala-Korrelation**
Es ist wichtig eine möglichst hohe Anzahl von Beziehungen aufzubauen und zu erhalten	F24_1b	0,353
Netzwerke helfen besonders wenn die Akteure sehr heterogen sind	F24_2b	0,529
Beziehungen sind durch regelmäßigen Gedankenaustausch, einer emotionalen Intimität und Intensität gekennzeichnet	F24_3b	0,480
Beziehungen sind multiplex, d.h. Akteure sind gleichzeitig z.B. Geschäftspartner, Freund und/oder Nachbar	F24_4b	0,562
Konstrukt: „Strukturelle Dimension von Sozialkapital, Erfolgte Internationalisierung“; N=129; α= 0,694		

Tabelle 30: Konstrukt der strukturellen Dimension von SK nach erfolgter Int. (F24B_Faktor1)
Quelle: Eigene Darstellung

Wie Tabelle 30 zeigt, ist auch hier durch einen α-Wert von 0,694 sowie durch eine korrigierte Item-Skala-Korrelation von mindestens 0,353 für jedes Item individuell die interne Konsistenz der Variablen F24_1b, F24_2b, F24_3b und F24_4b gegeben. Die vier Variablen erreichen somit eine akzeptable Reliabilität und können daher mit Hilfe des Mittelwertverfahrens zur aggregierten Variable F24B_Faktor1 zusammengefasst werden. Dabei zeigt sich bei der Berechnung der aggregierten Variable folgendes Bild (Einzelwerte der aggregierten Variable s. Anhang 18).

Wie aus Abbildung 34 zu entnehmen ist, gleicht die Verteilung der Variable einer Normalverteilung. Dabei häufen sich die einzelnen Werte um den Wert von 3 („trifft teilweise zu“). Der Mittelwert der Variable F24B_Faktor1 beträgt 3,09 mit einer SD von 0,67. Bei einer Skala von 1-5 wird die Ausprägung der strukturellen Dimension bei erfolgter Internationalisierung daher ebenfalls im Schnitt mit „trifft teilweise zu“ bewertet.

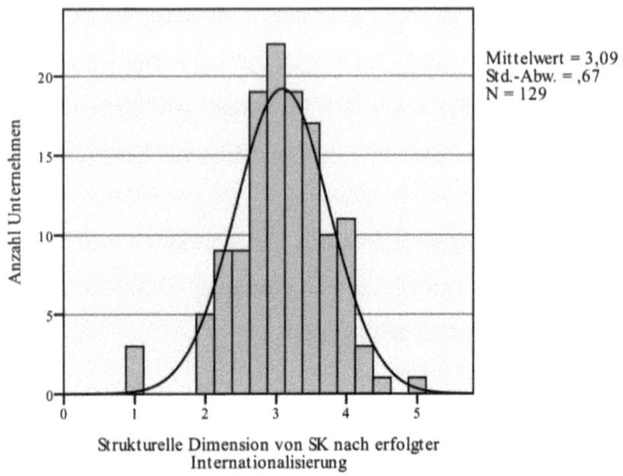

Abbildung 34: Höhe der strukturellen Dimension von SK nach erfolgter Int. (F24B_Faktor1)
Quelle: Eigene Darstellung

Wie bereits durch das Fehlerbalkendiagramm in Abbildung 32 und durch die Darstellung der einzelnen Ergebnisse gezeigt wurde, werden die einzelnen Variablen der strukturellen Dimension zu Beginn der Internationalisierung im Vergleich zu einer bereits erfolgten Internationalisierung etwas höher bewertet. Zudem konnte auch bei Betrachtung der aggregierten Variablen F24A_Faktor1 und F24B_Faktor1 festgestellt werden, dass der Mittelwert der strukturellen Dimension von Sozialkapital bei erfolgter Internationalisierung im Vergleich zu den Anfängen der Internationalisierung etwas geringer ausfällt. Ob zwischen den beiden aggregierten Variablen ein signifikanter Unterschied vorliegt, kann nun mit Hilfe des Wilcoxon-Tests für abhängige Stichproben untersucht werden. Dabei stellt man fest, dass die Unterschiede zwischen den beiden aggregierten Variablen F24A_Faktor1 und F24B_Faktor1 auf einem 1%-Niveau (p=0,002) signifikant sind (vgl. Anhang 18).

Die strukturelle Dimension von Sozialkapital wird demnach zu Beginn einer Internationalisierung höher bewertet als bei einer erfolgten Internationalisierung. Innerhalb der strukturellen Dimension zeigt sich also, dass die Ausprägungen der Größe, der Heterogenität, der Stärke und der Multiplexität zum Anfang der Internationalisierung höher bewertet werden als bei einer bereits erfolgten Internationalisierung. Damit kann die Hypothese 4a bestätigt werden.

7.1.2.3 Ausprägung und Wirkung der relationalen Dimensionen

Dieses Kapitel geht auf die Ausprägungen und Wirkungen der relationalen Dimension von Sozialkapital ein. Die Überprüfung der Hypothese 4b erfolgt analog der Vorgehensweise wie im vorherigen Kapitel. Hierzu wird zunächst die Verteilung der Antworten für die relationale Dimension von Sozialkapital in Form eines Fehlerbalkendiagramms zu den Anfängen der Internationalisierung (F24_5a bis F24_9a) sowie nach erfolgter Internationalisierung (F24_5b bis F24_9b) dargestellt.

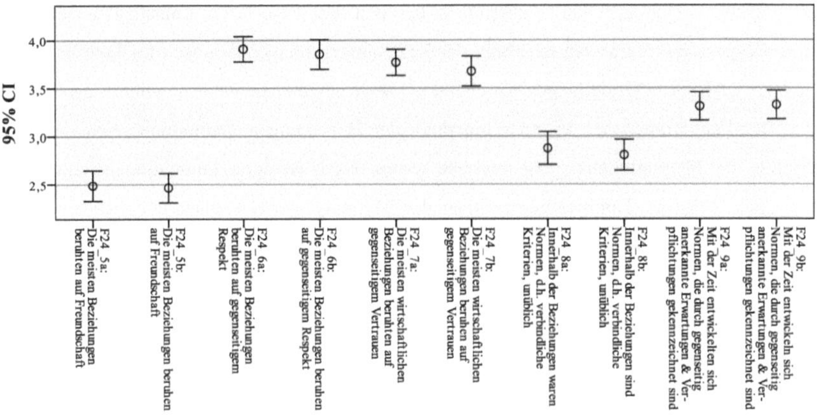

Abbildung 35: Bewertung der relationalen Dimension von Sozialkapital (N=129)
Quelle: Eigene Darstellung

Wie in Abbildung 35 zu sehen ist, zeigt sich innerhalb der relationalen Dimension ein sehr uneinheitliches Bild bei der Bewertung der einzelnen Ausprägungen. So liegen die Vertrauensbereiche der einzelnen Variablen zwischen den Werten 2,3 („trifft eher nicht zu") und 4,1 („trifft eher zu"). Dabei erkennt man aufgrund von Überschneidungen der Vertrauensbereiche verschiedene Gruppierungen. So beruhen Beziehungen zum Anfang der Internationalisierung und bei erfolgter Internationalisierung (F24_5a/5b) nur im geringen Maße auf Freundschaften. Dagegen liegen die Vertrauensbereiche für die Variablen F24_8a, F24_8b, F24_9a und F24_9b zwischen 2,6 und 3,4 und somit in der Kategorie „trifft teilweise zu". Zudem erkennt man, dass Familienunternehmen der Ansicht sind, dass Beziehungen sowohl zu Beginn als auch nach erfolgter Internationalisierung auf gegenseitigem Respekt (F24_6a/6b) und Vertrauen (F24_7a/7b) beruhen. Bei diesen Variablen liegen die Vertrauensbereiche zwischen den Werten 3,5 und 4,1 und somit bei der Kategorie „trifft eher zu".

Betrachtet man die einzelnen Aussagen genauer, so beruhten Beziehungen zum Anfang der Internationalisierung bei nur 13% der Familienunternehmen auf Freundschaft. Nach erfolgter Internationalisierung trifft dies auf nur noch 10% der Unternehmen zu (vgl. F24_5a/5b, Anhang 19). Dagegen beruhten bzw. beruhen Beziehungen bei knapp drei Viertel der Familienunternehmen (77% zum Anfang der Internationalisierung bzw. 73% nach erfolgter Internationalisierung) auf gegenseitigem Respekt (vgl. F24_6a/6b, Anhang 19). Des Weiteren geben knapp zwei Drittel der Familienunternehmen (67% zu Beginn der Internationalisierung bzw. 62% nach erfolgter Internationalisierung) an, dass die meisten wirtschaftlichen Beziehungen auf gegenseitigem Vertrauen beruhten bzw. beruhen (vgl. F24_7a/7b, Anhang 19). Gegenseitiger Respekt und Vertrauen innerhalb der Beziehungen können demnach für Familienunternehmen und deren Beziehungen als charakteristisch angesehen werden. Zudem geben 26% der Familienunternehmen an, dass innerhalb der Beziehungen verbindliche Kriterien zum Anfang der Internationalisierung unüblich waren. Nach erfolgter Internationalisierung sind nur noch 21% der Familienunternehmen der Meinung, dass Normen unüblich sind (vgl. F24_8a/8b, Anhang 19). Zusätzlich geben 40% bzw. 43% der Familienunternehmen an, dass sich mit der Zeit Normen entwickelt haben bzw. entwickeln, die durch gegenseitig anerkannte Erwartungen und Verpflichtungen gekennzeichnet sind (vgl. F24_9a/9b, Anhang 19). Familienunternehmen bewerten Beziehungen demnach auch als Verpflichtung, welche auf dem Prinzip von Leistung und Gegenleistung beruht.

Wie bereits bekannt ist, lässt sich das theoretische Konstrukt der relationalen Dimension durch die Variablen F24_5a, F24_6a, F24_7a, F24_8a und F24_9a zum Anfang der Internationalisierung bzw. durch F24_5b, F24_6b, F24_7b, F24_8b und F24_9b nach erfolgter Internationalisierung abbilden. Bei Berechnung der Reliabilität zum Anfang der Internationalisierung ergibt sich folgendes Bild.

Indikator	Variable	Korrigierte Item-Skala-Korrelation
Die meisten Beziehungen beruhten auf Freundschaft	F24_5a	0,220
Die meisten Beziehungen beruhten auf gegenseitigem Respekt	F24_6a	0,541
Die meisten wirtschaftlichen Beziehungen beruhten auf gegenseitigem Vertrauen	F24_7a	0,556
Innerhalb der Beziehungen waren Normen, d.h. verbindliche Kriterien, unüblich	F24_8a	0,329
Mit der Zeit entwickelten sich Normen, die durch gegenseitig anerkannte Erwartungen und Verpflichtungen gekennzeichnet sind	F24_9a	0,448
Konstrukt: „Relationale Dimension von Sozialkapital, Anfang der Internationalisierung“; N=129; $\alpha_{\text{mit F24\_5a}}$= 0,651; $\alpha_{\text{ohne F24\_5a}}$= 0,688		

Tabelle 31: Konstrukt der relationalen Dimension von SK zu Beginn der Int. (F24A_Faktor2_neu)
Quelle: Eigene Darstellung

Wie aus Tabelle 31 zu entnehmen ist, wird zu Beginn der Internationalisierung ein α-Wert von 0,651 erreicht. Allerdings liegt die Variable F24_5a mit einer korrigierten-Item-Skala Korrelation von 0,220 unter dem geforderten Wert von 0,3. Die interne Konsistenz ist daher nicht gegeben. Deshalb wird diese Variable bei der Aggregation der Variablen ausgeschlossen. Durch den Ausschluss dieser Variable erhöht sich der α-Wert auf 0,688. Die übrigen vier Variablen erreichen damit eine noch akzeptable Reliabilität und können mit Hilfe des Mittelwertverfahrens zu einer aggregierten Variable zusammengefasst werden. Bei Berechnung der aggregierten Variable F24A_Faktor2_neu ergibt sich folgende Verteilung der Werte (Einzelwerte der aggregierten Variable s. Anhang 19).

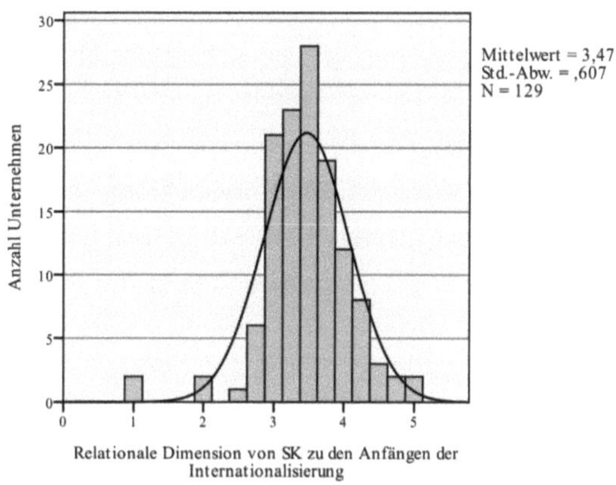

Abbildung 36: Höhe der relationalen Dimension von SK zu Beginn der Int. (F24A_Faktor2_neu)
Quelle: Eigene Darstellung

Wie in Abbildung 36 dargestellt, liegt eine starke Häufung der Werte zwischen 3 („trifft teilweise zu") und 4 („trifft eher zu") vor. Der Mittelwert der aggregierten Variable beträgt 3,47 mit einer SD von 0,607. Bei einer Skala von 1-5, liegt der Mittelwert demnach zwischen den Ausprägungen „trifft teilweise zu" und „trifft eher zu". Im Vergleich zur strukturellen Dimension von Sozialkapital wird die relationale Dimension zu Beginn der Internationalisierung im Schnitt etwas höher bewertet.

Neben der Berechnung der aggregierten Variable F24A_Faktor2_neu für die relationale Dimension zum Anfang der Internationalisierung wird nach dem gleichen Prinzip die Reliabilität für die Variablen nach erfolgter Internationalisierung überprüft.

Indikator	Variable	Korrigierte Item-Skala-Korrelation
Die meisten Beziehungen beruhen auf Freundschaft	F24_5b	0,262
Die meisten Beziehungen beruhen auf gegenseitigem Respekt	F24_6b	0,599
Die meisten wirtschaftlichen Beziehungen beruhen auf gegenseitigem Vertrauen	F24_7b	0,639
Innerhalb der Beziehungen sind Normen, d.h. verbindliche Kriterien, unüblich	F24_8b	0,319
Mit der Zeit entwickeln sich Normen, die durch gegenseitig anerkannte Erwartungen und Verpflichtungen gekennzeichnet sind	F24_9b	0,501
Konstrukt: „Relationale Dimension von Sozialkapital, Erfolgte Internationalisierung"; N=129; $\alpha_{\text{mit F24\_5b}}$= 0,701; $\alpha_{\text{ohne F24\_5b}}$= 0,728		

Tabelle 32: Konstrukt der relationalen Dimension von SK nach erfolgter Int. (F24B_Faktor2_neu)
Quelle: Eigene Darstellung

Wie Tabelle 32 zeigt, wird auch nach erfolgter Internationalisierung die Variable F24_5b aufgrund einer korrigierten Item-Skala-Korrelation von 0,262 bei der Abbildung der relationalen Dimension ausgeschlossen. Die übrigen vier Variablen erreichen mit einem α-Wert von 0,728 sowie einer korrigierten Item-Skala-Korrelation von mindestens 0,319 für jedes Item individuell eine ausreichende interne Konsistenz. Die Variablen können daher mit Hilfe des Mittelwertverfahrens zur aggregierten Variable F24B_Faktor2_neu zusammengefasst werden. Dabei ergibt sich folgende Verteilung (Einzelwerte der aggregierten Variable s. Anhang 19).

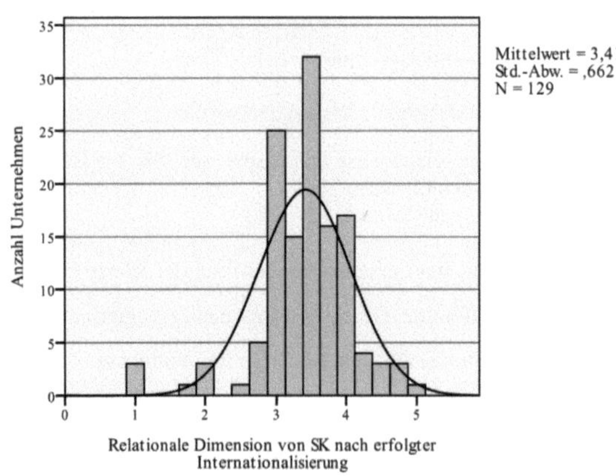

Abbildung 37: Höhe der relationalen Dimension von SK nach erfolgter Int. (F24B_Faktor2_neu)
Quelle: Eigene Darstellung

Wie aus Abbildung 37 zu entnehmen ist, liegt auch hier eine starke Häufung der Werte zwischen 3 („trifft teilweise zu") und 4 („trifft eher zu") vor. Der Mittelwert der aggregierten Variable beträgt 3,41 mit einer SD von 0,662. Bei einer Skala von 1-5 liegt der Wert somit zwischen den Ausprägungen „trifft teilweise zu“ und „trifft eher zu“. Auch nach erfolgter Internationalisierung wird die relationale Dimension von Sozialkapital im Vergleich zur strukturellen Dimension etwas höher bewertet.

Wie bereits durch das Fehlerbalkendiagramm und durch die Darstellung der einzelnen Ergebnisse gezeigt wurde, lassen sich zwischen den Bewertungen der einzelnen Variablen der relationalen Dimension zu Beginn und nach erfolgter Internationalisierung nur geringfügige Unterschiede feststellen. Zudem konnte bei Betrachtung der aggregierten Variablen F24A_Faktor2_neu und F24B_Faktor2_neu festgestellt werden, dass der Mittelwert der relationalen Dimension von Sozialkapital zum Anfang der Internationalisierung im Vergleich zu einer bereits erfolgten Internationalisierung fast identisch ist (3,47 vs. 3,41). Ob zwischen den beiden aggregierten Variablen ein signifikanter Unterschied vorliegt, kann nun mit Hilfe des Wilcoxon-Tests für abhängige Stichproben untersucht werden. Dabei stellt man fest, dass die Unterschiede zwischen den beiden aggregierten Variablen F24A_Faktor2_neu und F24B_Faktor2_neu nicht signifikant ($p=0,159$) sind (vgl. Anhang 19). Der Unterschied der beiden aggregierten Variablen ist daher zu klein und nicht auf die Grundgesamtheit übertragbar. Innerhalb der relationalen Dimension von Sozialkapital gibt es demnach zwischen der Bewertung zum Anfang der Internationalisierung und nach erfolgter Internationalisierung keinen Unterschied. Insgesamt betrachtet kann die Hypothese 4b somit bestätigt werden.

7.1.2.4 Ausprägung und Wirkung der kognitiven Dimension

Die dritte Dimension von Sozialkapital stellt die kognitive Dimension dar, auf die im Folgenden näher eingegangen werden soll. Zudem soll nach der gleichen Vorgehensweise wie in den beiden vorherigen Kapiteln in diesem Kapitel die Hypothese 4c überprüft werden. Hierzu wird zunächst die Verteilung der Antworten für die kognitive Dimension von Sozialkapital in Form eines Fehlerbalkendiagramms zu Beginn der Internationalisierung (F24_10a bis F24_12a) sowie nach erfolgter Internationalisierung (F24_10b bis F24_12b) dargestellt.

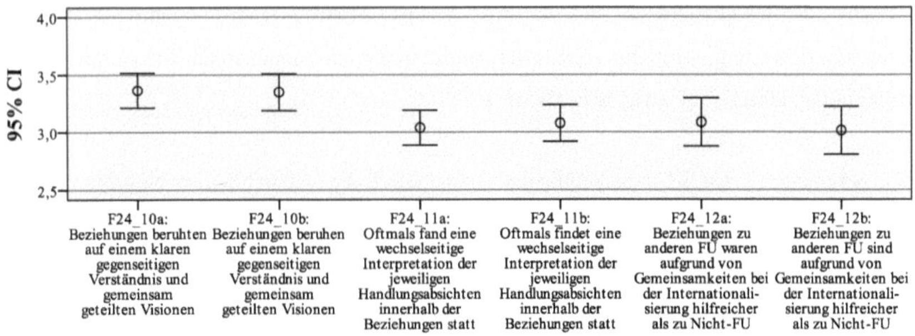

Abbildung 38: Bewertung der kognitiven Dimension von Sozialkapital (N=129)
Quelle: Eigene Darstellung

Wie in Abbildung 38 dargestellt, liegen die Vertrauensbereiche der Antworten zur kognitiven Dimension zwischen den Werten 2,8 („trifft teilweise zu") und 3,5 („trifft eher zu"). Dabei erkennt man, dass die Werte vergleichbar mit der strukturellen Dimension von Sozialkapital sind und sich die Mittelwerte und Vertrauensbereiche zwischen den einzelnen Indikatoren kaum unterscheiden. Betrachtet man die einzelnen Variablen der kognitiven Dimension genauer, so zeigt sich, dass für einen großen Anteil der Familienunternehmen (48% zu Beginn der Internationalisierung bzw. 47% nach erfolgter Internationalisierung) Beziehungen auf einem klaren gegenseitigen Verständnis und gemeinsam geteilten Visionen beruhten und beruhen (vgl. F24_10a/10b, Anhang 20). Zudem sind 26% bzw. 29% der Unternehmen der Ansicht, dass innerhalb der Beziehungen oftmals eine wechselseitige Interpretation der jeweiligen Handlungsabsichten stattfand bzw. stattfindet (vgl. F24_11a/11b, Anhang 20). Auffällig ist zudem, dass über 40% der Familienunternehmen (43% zu Beginn der Internationalisierung bzw. 41% nach erfolgter Internationalisierung) der Auffassung sind, dass Beziehungen zu anderen Familienunternehmen aufgrund von Gemeinsamkeiten bei der Internationalisierung hilfreicher sind als zu Nicht-Familienunternehmen (vgl. F24_12a/12b, Anhang 20). Eine eindeutige Unterscheidung zwischen den zwei Internationalisierungszeitpunkten lässt sich bei der kognitiven Dimension jedoch nicht feststellen.

Das theoretische Konstrukt der kognitiven Dimension wurde durch die Variablen F24_10a, F24_11a und F24_12a zum Anfang der Internationalisierung bzw. durch F24_10b, F24_11b und F24_12b nach erfolgter Internationalisierung im Fragebogen abgebildet. Die folgende Tabelle zeigt die Berechnung der Reliabilität der verschiedenen Indikatoren zu Beginn der Internationalisierung.

Indikator	Variable	Korrigierte Item-Skala-Korrelation
Die Beziehungen beruhten auf einem klaren gegenseitigen Verständnis und gemeinsam geteilten Visionen	F24_10a	0,452
Oftmals fand eine wechselseitige Interpretation der jeweiligen Handlungsabsichten innerhalb der Beziehungen statt	F24_11a	0,490
Beziehungen zu anderen FU waren aufgrund von Gemeinsamkeiten bei der Internationalisierung hilfreicher als zu Nicht-FU	F24_12a	0,372
Konstrukt: „Kognitive Dimension von Sozialkapital, Anfang der Internationalisierung"; N=129; α= 0,615		

Tabelle 33: Konstrukt der kognitiven Dimension von SK zu Beginn der Int. (F24A_Faktor3)
Quelle: Eigene Darstellung

Aus Tabelle 33 ist zu entnehmen, dass zum Anfang der Internationalisierung ein α-Wert von 0,615 sowie eine korrigierte Item-Skala-Korrelation von mindestens 0,372 für jedes Item individuell erreicht wird. Die drei Variablen erreichen daher eine gerade noch akzeptable Reliabilität und können mit Hilfe des Mittelwertverfahrens zur aggregierten Variable F24A_Faktor3 zusammengefasst werden. Bei Berechnung der aggregierten Variable ergibt sich folgende Verteilung der Werte (Einzelwerte der aggregierten Variable s. Anhang 20).

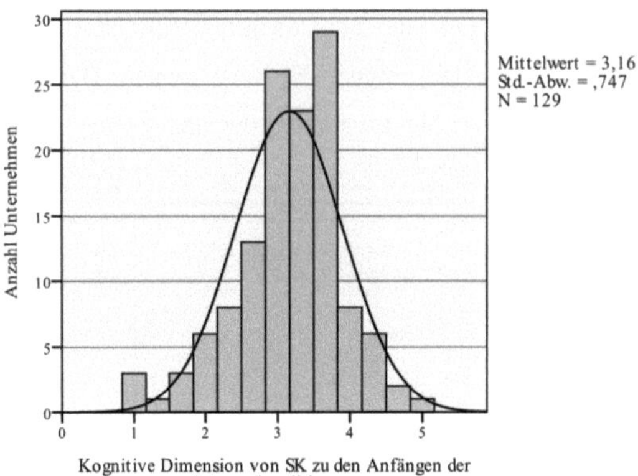

Abbildung 39: Höhe der kognitiven Dimension von SK zu Beginn der Int. (F24A_Faktor3)
Quelle: Eigene Darstellung

Wie in Abbildung 39 zu sehen ist, liegt bei der kognitiven Dimension zu Beginn der Internationalisierung eine starke Häufung zwischen den Werten 3 („trifft teilweise zu") und 4 („trifft eher zu") vor. Der Mittelwert der aggregierten Variable F24A_Faktor3 beträgt 3,16 mit einer SD von 0,747. Bei einer Skala von 1-5, liegt der Mittelwert somit nahe der Ausprägung „trifft teilweise zu". Betrachtet man die drei verschiedenen Dimensionen von Sozialkapital zu Beginn der Internationalisierung, so wird die kognitive Dimension am niedrigsten bewertet.

Neben der Berechnung der aggregierten Variable F24A_Faktor3 für die kognitive Dimension zum Anfang der Internationalisierung, wird nach dem gleichen Prinzip die Reliabilität für die Variablen nach erfolgter Internationalisierung berechnet.

Indikator	Variable	Korrigierte Item-Skala-Korrelation
Die Beziehungen beruhen auf einem klaren gegenseitigen Verständnis und gemeinsam geteilten Visionen	F24_10b	0,492
Oftmals findet eine wechselseitige Interpretation der jeweiligen Handlungsabsichten innerhalb der Beziehungen statt	F24_11b	0,525
Beziehungen zu anderen FU sind aufgrund von Gemeinsamkeiten bei der Internationalisierung hilfreicher als zu Nicht-FU	F24_12b	0,301
Konstrukt: „Kognitive Dimension von Sozialkapital, Erfolgte Internationalisierung"; N=129; α= 0,616		

Tabelle 34: Konstrukt der kognitiven Dimension von SK nach erfolgter Int. (F24B_Faktor3)
Quelle: Eigene Darstellung

Wie Tabelle 34 zeigt, liegt auch hier mit einem α-Wert von 0,616 sowie einer korrigierten Item-Skala-Korrelation von mindestens 0,301 für jedes Item individuell eine interne Konsistenz der Variablen F24_10b, F24_11b und F24_12b vor. Die drei Variablen erreichen daher eine gerade noch akzeptable Reliabilität und können mit Hilfe des Mittelwertverfahrens zur aggregierten Variable F24B_Faktor3 zusammengefasst werden. Dabei zeigt sich folgende Verteilung für die aggregierte Variable (Einzelwerte der aggregierten Variable s. Anhang 20).

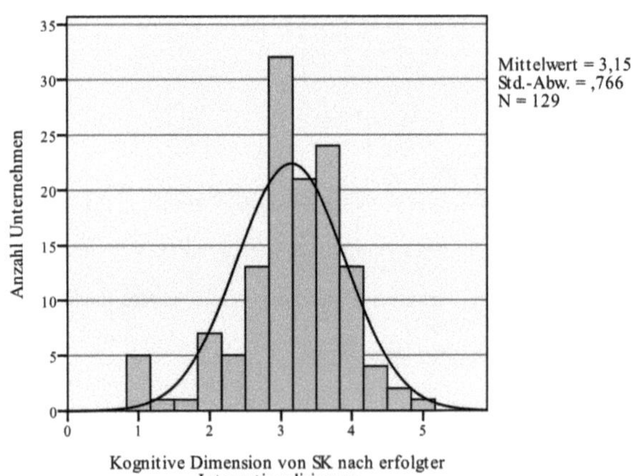

Abbildung 40: Höhe der kognitiven Dimension von SK nach erfolgter Int. (F24B_Faktor3)
Quelle: Eigene Darstellung

Wie aus Abbildung 40 zu entnehmen ist, liegt auch hier eine Häufung der Werte zwischen 3 („trifft teilweise zu“) und 4 („trifft eher zu“) vor. Für die aggregierte Variable F24B_Faktor3 beträgt der Mittelwert 3,15 mit einer SD von 0,766. Bei einer Skala von 1-5 wird die Ausprägung der kognitiven Dimension bei erfolgter Internationalisierung daher im Schnitt mit „trifft teilweise zu“ bewertet.

Wie bereits durch das Fehlerbalkendiagramm und durch die Darstellung der einzelnen Ergebnisse in diesem Kapitel gezeigt wurde, lassen sich zwischen den Bewertungen der einzelnen Variablen der kognitiven Dimension zu Beginn und nach erfolgter Internationalisierung nur geringfügige Unterschiede feststellen. Zudem konnte bei Betrachtung der aggregierten Variablen F24A_Faktor3 und F24B_Faktor3 festgestellt werden, dass der Mittelwert der kognitiven Dimension von Sozialkapital zum Anfang der Internationalisierung im Vergleich zu einer bereits erfolgten Internationalisierung fast identisch ist (3,16 vs. 3,15). Ob zwischen den beiden aggregierten Variablen ein signifikanter Unterschied vorliegt, kann ebenfalls mit Hilfe des Wilcoxon-Tests für abhängige Stichproben untersucht werden. Dabei stellt man fest, dass der Unterschied zwischen den beiden aggregierten Variablen F24A_Faktor3 und F24B_Faktor3 nicht signifikant (p=0,481) ist (vgl. Anhang 20). Der Unterschied der beiden aggregierten Variablen ist daher zu klein und nicht auf die Grundgesamtheit übertragbar. Innerhalb der kognitiven Dimension von Sozialkapital gibt es demnach zwischen der Bewertung zu Beginn der Internationalisierung und nach erfolgter Internationalisierung keinen Unterschied. Insgesamt betrachtet kann die Hypothese 4c somit bestätigt werden.

7.1.3 Wirkungen von Sozialkapital auf Internationalisierungsprozess

7.1.3.1 Nutzen durch Beziehungen und Netzwerke

Beziehungen und Netzwerke können für Familienunternehmen nützlich sein. Dies dürfte auch bei der Internationalisierung eines Unternehmens der Fall sein. In Frage 5 sowie in Teilen der Frage 25 des Fragebogens wurde nach dem Nutzen von Beziehungen und Netzwerken für das Unternehmen gefragt. Die Auswertung der Antworten über den Nutzen von Beziehungen und Netzwerken für das Unternehmen zeigt das folgende Fehlerbalkendiagramm.

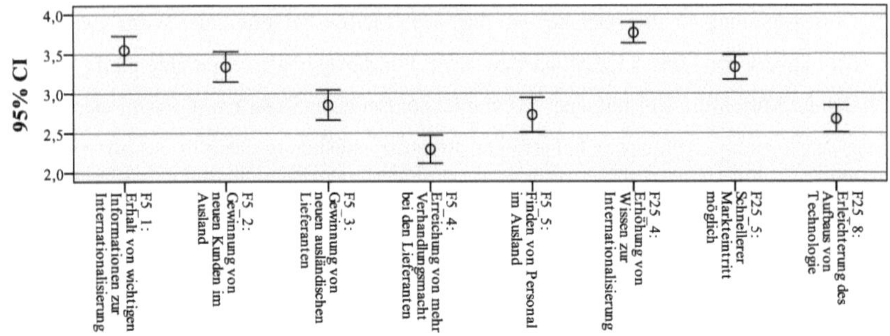

Abbildung 41: Bewertung des Nutzens durch Beziehungen und Netzwerke (N=129)
Quelle: Eigene Darstellung

Aus Abbildung 41 ist zu entnehmen, dass die Vertrauensbereiche der Antworten zwischen 2,1 („trifft eher nicht zu“) und 3,9 („trifft eher zu“) liegen und sich für diese Variablen kein einheitliches Bild ergibt. Dabei lassen sich die verschiedenen Variablen in drei Bereiche einteilen. Zum einen können die Inhalte der Variablen F5_1, F5_2, F25_4 und F25_5 als eher zutreffend interpretiert werden, da die Vertrauensbereiche bei diesen Antworten zwischen den Werten 3,2 und 3,9 liegen. Familienunternehmen sind demnach überwiegend der Ansicht, dass durch soziales Kapital das Wissen zur Internationalisierung erhöht werden kann (69%), wichtige Informationen zur Internationalisierung erhalten werden können (54%), ein schnellerer Markteintritt möglich ist (50%) und neue Kunden im Ausland gewonnen (46%) werden (vgl. Anhang 21). Dagegen liegen die Vertrauensbereiche der Variablen F5_3, F5_5 und F25_8 zwischen 2,5 und 3,1 und somit niedriger als bei den zuvor genannten Variablen. Gemäß der Auswertung lassen sich durch soziales Kapital neue ausländische Lieferanten (24%) sowie neues Personal im Ausland finden (28%) (vgl. F5_3/5, Anhang 21). Zudem sind 23% der Familienunternehmen der Ansicht, dass Sozialkapital den Aufbau von Technologie erleichtert (vgl. F25_8, Anhang 21). Dagegen liegt der Vertrauensbereich für die Variable F5_4 zwischen 2,1 und 2,5. Lediglich 11% der Familienunternehmen sind der Meinung, durch soziales Kapital eine höhere Verhandlungsmacht bei den Lieferanten erreicht zu haben (vgl. Anhang 21).

Wie bereits dargelegt, bilden die fünf Indikatoren aus Frage 5 (F5_1, F5_2, F5_3, F5_4 und F5_5) sowie die drei Variablen aus Frage 25 (F25_4, F25_5 und F25_8) thematisch die Einschätzung über den Nutzen von Beziehungen und Netzwerken für Familienunternehmen ab. Um diese Variablen aggregiert zu betrachten, wurde die interne Konsistenz der Variablen überprüft.

Indikator	**Variable**	**Korrigierte Item-Skala-Korrelation**
Erhalt von wichtigen Informationen zur Internationalisierung	F5_1	0,559
Gewinnung von neuen Kunden im Ausland	F5_2	0,602
Gewinnung von neuen ausländischen Lieferanten	F5_3	0,386
Erreichung von mehr Verhandlungsmacht bei den Lieferanten	F5_4	0,525
Finden von Personal im Ausland	F5_5	0,554
Durch Aufbau von Beziehungen kann das Wissen zur Internationalisierung erhöht werden	F25_4	0,474
Durch SK ist ein schnellerer Markteintritt möglich	F25_5	0,434
SK erleichtert den Aufbau von Technologie	F25_8	0,373
Konstrukt: „Nutzen durch Sozialkapital"; N=129; α=0,782		

Tabelle 35: Konstrukt des Nutzens durch Sozialkapital (F5_Faktor1)
Quelle: Eigene Darstellung

Wie Tabelle 35 zeigt, liegt für diese Variablen mit einem α-Wert von 0,782 und einer korrigierten Item-Skala-Korrelation von mindestens 0,373 für jedes Item individuell eine gute Reliabilität vor. Die acht Variablen können daher mit Hilfe des Mittelwertverfahrens zur aggregierten Variable F5_Faktor1 zusammengefasst werden. Die Verteilung der neuen aggregierten Variable zeigt folgende Abbildung (Einzelwerte der aggregierten Variable s. Anhang 21).

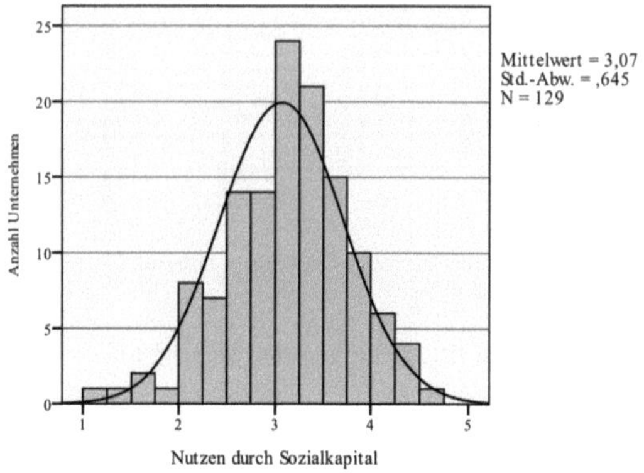

Abbildung 42: Höhe des Nutzens durch Sozialkapital (F5_Faktor1)
Quelle: Eigene Darstellung

Wie in Abbildung 42 dargestellt, gleicht die Verteilung der aggregierten Variable F5_Faktor1 einer Normalverteilung. Der Mittelwert der Variable liegt bei 3,07 mit einer SD von 0,645. Bei einer Skala von 1-5 liegt die Bewertung des Nutzens von Beziehungen und Netzwerken daher bei „trifft teilweise zu". Insgesamt geben etwas mehr als die Hälfte der Familienunternehmen an, dass Beziehungen und Netzwerke zumindest teilweise von Nutzen für das Unternehmen sind.

7.1.3.2 Bewertung des Einflusses von Sozialkapital auf Internationalisierungsprozess

Der Internationalisierungsprozess von Unternehmen gliedert sich in die Phasen Strategieentwicklung, Entscheidungsprozess sowie Implementierung. Der Einfluss von Sozialkapital auf diese Phasen wurde durch Teile der Frage 16 (F16_1/2/3/7/8) und durch Frage 18 (F18_1/2/3) des Fragebogens aufgegriffen. Zusätzlich soll die Hypothese 10, die einen Zusammenhang zwischen dem Einfluss von Sozialkapital auf den Internationalisierungsprozess und dem Erfolg des Unternehmens sieht, überprüft werden. Hierzu wurde zunächst deskriptiv die Aussage und Einschätzung von Familienunternehmen überprüft, ob Sozialkapital die einzelnen Phasen des Internationalisierungsprozesses beeinflusst. Zudem wird mit Hilfe einer multiplen Regressionsgleichung der mögliche Einfluss auf den Unternehmenserfolg geprüft. Die folgende Abbildung zeigt zunächst das Fehlerbalkendiagramm für die acht Variablen.

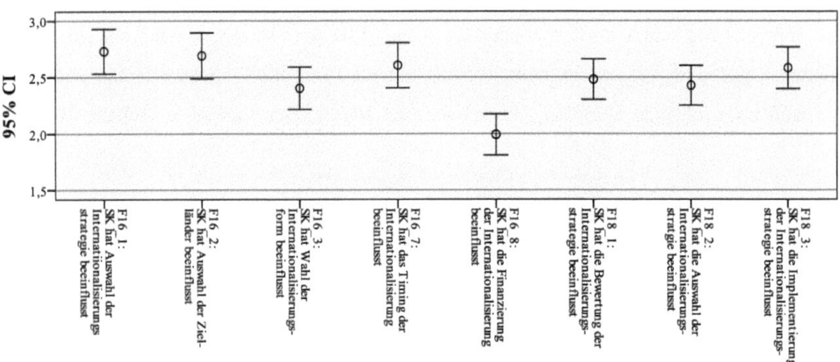

Abbildung 43: Beurteilung des Einflusses von SK auf Prozess der Int. (N=129)
Quelle: Eigene Darstellung

Wie in Abbildung 43 dargestellt, liegen die Vertrauensbereiche der acht Variablen zwischen den Werten 1,8 („trifft eher nicht zu“) und 2,9 („trifft teilweise zu“). Dabei fällt auch auf, dass sich die Vertrauensbereiche der vorliegenden Variablen, mit Ausnahme der Variable F16_8, überschneiden und somit in eine Kategorie zusammengefasst werden können. Die Vertrauensbereiche dieser sieben Variablen liegen dabei zwischen 2,2 und 2,9 und damit etwas näher an der Kategorie „trifft teilweise zu“. Bei Betrachtung der einzelnen Variablen sagt maximal ein Viertel der Familienunternehmen, dass soziales Kapital die Auswahl der Internationalisierungsstrategie (25%), die Auswahl der Zielländer (24%), die Wahl der Internationalisierungsform (17%), das Timing der Internationalisierung (24%) sowie die Bewertung (18%), Auswahl (14%) und Implementierung der Internationalisierungsstrategie (19%) beeinflusst hat (vgl. F16_1/2/3/7; F18_1/2/3, Anhang 22). Wie im Fehlerbalkendiagramm dargestellt, hat soziales Kapital die Finanzierung eher nicht beeinflusst. Lediglich 9% der Familienunternehmen geben an, dass Sozialkapital die Finanzierung der Internationalisierung beeinflusst hat (vgl. F16_8, Anhang 22). Bei univariater Betrachtung vertreten Familienbetriebe somit die Einschätzung, dass Sozialkapital die einzelnen Prozessschritte der Internationalisierung nur in geringem Maße beeinflusst.

Neben der univariaten Betrachtung der Variablen soll im Folgenden auch der mögliche Einfluss von Sozialkapital während der einzelnen Phasen des Internationalisierungsprozesses auf den Unternehmenserfolg mit Hilfe einer multiplen Regressionsgleichung überprüft werden. Hierzu wurden die acht zuvor beschriebenen Variablen sowie die Kontrollvariablen der Arbeit als unabhängige Variablen herangezogen. Die abhängige Erfolgsvariable wird durch die Variable F4_20A_21 abgebildet. Dabei ergibt sich folgende Regressionsgleichung:

Erfolg (F4_20A_21) = b_0 + b_1 SK beeinflusst Auswahl Strategie (F16_1) + b_2 SK beeinflusst Auswahl Zielländer (F16_2) + b_3 SK beeinflusst Wahl Internationalisierungsform (F16_3) + b_4 SK beeinflusst Timing (F16_7) + b_5 SK beeinflusst Finanzierung (F16_8) + b_6 SK beeinflusst Bewertung Strategie (F18_1) + b_7 SK beeinflusst Festlegung Strategie (F18_2) + b_8 SK beeinflusst Implementierung Strategie (F18_3) + b_9 Familieneinfluss (F2_SFI) + b_{10} Unternehmensgröße (F1_Faktor1) + b_{11} Unternehmensstandort (F1_1_DICH) + b_{12} Gründung des Unternehmens (F1_2_DICH) + b_{13} Branche (F1_3_DICH) + b_{14} Familieneinfluss (F2_SFI) + ε

Bei Berechnung der Regressionsgleichung wird ein R^2 von 0,229 erreicht (vgl. Anhang 22). Somit können 22,9% der Varianz der Variable des Unternehmenserfolges durch die unabhängigen Variablen erklärt werden. Zusätzlich sagen die unabhängigen Variablen die abhängige Variable signifikant ($p<0.01$) voraus (vgl. Anhang 22). Bei Betrachtung der Koeffizienten stellt man fest, dass nur die Kontrollvariable F1_Faktor1 (Unternehmensgröße) die abhängige Variable F4_20A_21 signifikant ($p<0.01$) vorhersagt. Dabei beträgt der Beta-Wert für diese Variable 0,452 (vgl. Anhang 22). Ein Zusammenhang zwischen der Beeinflussung der einzelnen Phasen des Internationalisierungsprozesses durch Sozialkapital und dem Unternehmenserfolg konnte nicht gefunden werden. Die Hypothese 10 wird deshalb verworfen.

7.1.3.3 Analyse und Prognose des internationalen Umfelds

Während der Analyse und Prognose des internationalen Umfelds ist der Erhalt von Informationen von großer Bedeutung. In Frage 9A des Fragebogens wurde nach der Wichtigkeit von Informationen für die Analyse und Prognose des internationalen Umfelds gefragt. Darüber hinaus wurde durch Frage 9B überprüft, in welchem Umfang Familienbetriebe diese Informationen durch ihre Beziehungen und Netzwerke erhalten haben. Auf diese Thematik geht auch die Hypothese 6 ein, indem überprüft werden soll, ob Familienbetriebe durch die Nutzung von Beziehungen und Netzwerken während der Analyse und Prognose des internationalen Umfelds erfolgreicher sind. Um diese Hypothese zu testen, wurden die Antworten zu den Fragen 9A und 9B deskriptiv dargestellt, aggregiert betrachtet und mit Hilfe der bivariaten Analyse auf Signifikanz hin überprüft. Die Ergebnisse aus Frage 9A, zeigt die folgende Darstellung.

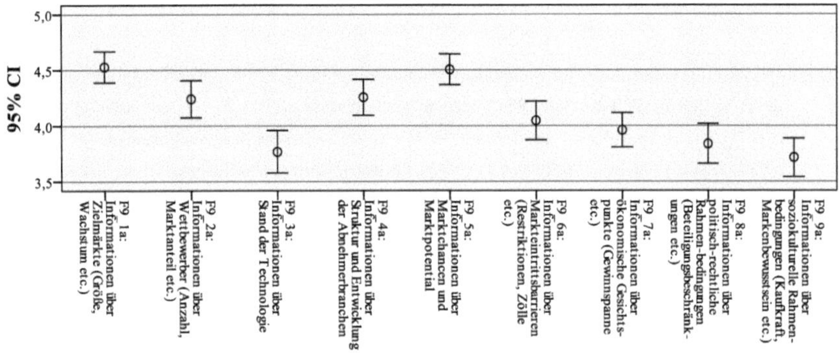

Abbildung 44: Beurteilung der Bedeutung von Infos zur Internationalisierung (N=129)
Quelle: Eigene Darstellung

Wie Abbildung 44 zeigt, liegen die Vertrauensbereiche der verschiedenen Antworten aus Frage 9A des Fragebogens zwischen den Werten 3,6 („eher wichtig“) und 4,7 („sehr wichtig“). Zudem erkennt man, dass die Variablen F9_1a/5a im Vergleich zu den Variablen F9_3a/6a/7a/8a/9a wichtiger bewertet werden, da zwischen diesen beiden Gruppen keine Überschneidungen der Vertrauensbereiche vorliegen. Generell gilt, dass Familienunternehmen den Erhalt von verschiedenen Informationen bei der Analyse und Prognose des internationalen Umfelds als wichtig einstufen. Betrachtet man die Variablen im Einzelnen, so werden die Informationen über Zielmärkte (90%) sowie über Marktchancen und Marktpotentiale (92%) als am wichtigsten eingestuft (vgl. F9_1a/5a, Anhang 23). Weiterhin werden Informationen über die Struktur und Entwicklung der Abnehmerbranchen (84%), der Wettbewerber (82%), der Markteintrittsbarrieren (73%), die ökonomischen Gesichtspunkte (73%) sowie die politisch-rechtlichen (68%) und soziokulturellen Rahmenbedingungen (67%) eines Ziellandes von mehr als zwei Drittel der Familienunternehmen als eher wichtig bzw. sehr wichtig eingestuft (vgl. F9_2a/4a/6a/7a/8a/9a, Anhang 23). Auch die Informationen über den Stand der Technologie werden noch von insgesamt 64% der Familienunternehmen als wichtig empfunden (vgl. F9_3a, Anhang 23).

Darüber hinaus zeigt die folgende Abbildung die Verteilung der Vertrauensbereiche für die Variablen aus Frage 9B.

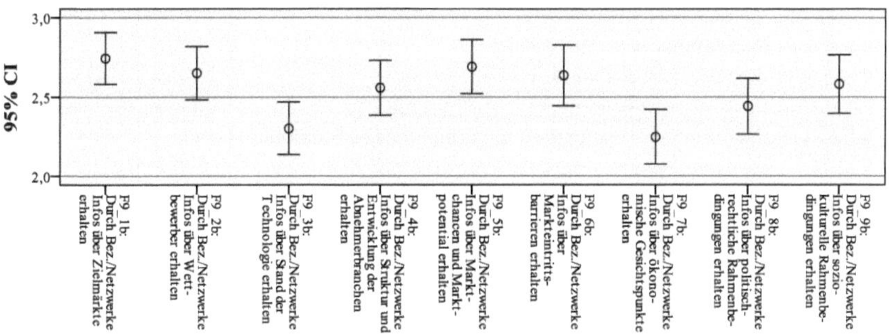

Abbildung 45: Beurteilung der Infobeschaffung durch Beziehungen/Netzwerke (N=129)
Quelle: Eigene Darstellung

Wie aus Abbildung 45 zu entnehmen ist, liegen die Vertrauensbereiche der Variablen aus Frage 9B zwischen den Werten 2,1 („eher nicht“) und 2,9 („eher ja“) und damit im Vergleich zu Frage 9A bei einer fünfstufigen Skala deutlich niedriger. Familienunternehmen erhalten die erforderlichen Informationen bei der Analyse und Prognose des internationalen Umfelds nur im geringen Umfang durch ihre bestehenden Beziehungen und Netzwerke. Betrachtet man die neun Variablen im Einzelnen, so zeigt sich, dass knapp ein Viertel der Familienunternehmen ihre Informationen über Zielmärkte (23%), Markteintrittsbarrieren (22%) sowie über soziokulturelle Rahmenbedingungen eines Landes (21%) durch bestehende Beziehungen und Netzwerke erhalten haben (vgl. F9_1b/6b/9b, Anhang 23). Für den Erhalt von Informationen über Wettbewerber (20%), Marktpotentiale (19%), Struktur und Entwicklung der Abnehmerbranchen (17%), politisch-rechtliche Rahmenbedingungen (15%), Stand der Technologie (11%) sowie Informationen zu ökonomischen Gesichtspunkten (11%) spielen Beziehungen und Netzwerke des Unternehmens nur noch eine untergeordnete Rolle (vgl. F9_2b/3b/4b/5b/7b/8b, Anhang 23).

Um einen ganzheitlichen Überblick zum Thema Wichtigkeit von Informationen bei der Analyse und Prognose des internationalen Umfelds zu erhalten, werden die neun Variablen von Frage 9A des Fragebogens zu einer aggregierten Variable bzw. Konstrukt zusammengefasst. Die einzelnen Indikatoren und Variablen sind in der folgenden Tabelle aufgelistet.

Indikator	**Variable**	**Korrigierte Item-Skala-Korrelation**
Informationen über Zielmärkte (Größe, Wachstum etc.)	F9_1a	0,846
Informationen über Wettbewerber (Anzahl, Marktanteil etc.)	F9_2a	0,846
Informationen über den Stand der Technologie	F9_3a	0,861
Informationen über die Struktur und Entwicklung der Abnehmerbranchen	F9_4a	0,846
Informationen über Marktchancen und Marktpotential	F9_5a	0,834
Informationen über Markteintrittsbarrieren (Restriktionen, Zölle etc.)	F9_6a	0,847
Informationen über ökonomische Gesichtspunkte (Gewinnspanne etc.)	F9_7a	0,851
Informationen über politisch-rechtliche Rahmenbedingungen (Beteiligungsbeschränkungen etc.)	F9_8a	0,837
Informationen über soziokulturelle Rahmenbedingungen (Kaufkraft, Markenbewusstsein etc.)	F9_9a	0,859
Konstrukt: „Informationen bei Analyse und Prognose des internationalen Umfelds"; N=129; α= 0,862		

Tabelle 36: Konstrukt über Informationen bei Analyse/Prognose des Umfelds (F9A)
Quelle: Eigene Darstellung

Wie in Tabelle 36 dargestellt, umfassen die Variablen F9_1a bis F9_9a inhaltlich die Bedeutung von Informationen bei der Analyse und Prognose des internationalen Umfelds für das Unternehmen. Durch einen α-Wert von 0,862 liegt für diese neun Variablen eine gute interne Konsistenz vor. Die Variablen können mit Hilfe des Mittelwertverfahrens zur aggregierten Variable F9A zusammengefasst werden. Betrachtet man die Verteilung des gesamten Konstrukts, so ergibt sich folgendes Bild (Einzelwerte der aggregierten Variable s. Anhang 23).

Wie aus Abbildung 46 zu entnehmen ist, liegt eine stark nach rechts verschobene Verteilung der Werte der Variable F9A vor. Der Mittelwert der aggregierten Variable beträgt 4,09 mit einer SD von 0,653. Auf einer Skala von 1-5 liegt der Schnitt der Beurteilung verschiedener Informationen bei der Analyse und Prognose des internationalen Umfelds somit bei „eher wichtig". Zusammenfassend kann festgehalten werden, dass Familienunternehmen Informationen bei der Analyse und Prognose des internationalen Umfelds als wichtig einstufen.

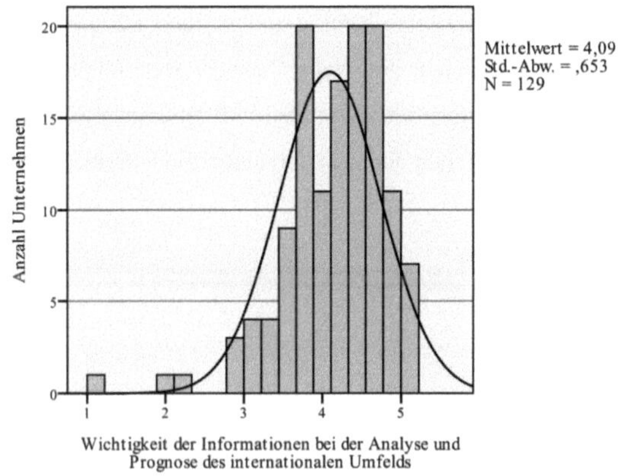

Abbildung 46: Höhe der Bedeutung von Infos bei Analyse/Prognose des Umfelds (F9A)
Quelle: Eigene Darstellung

Auch die neun Variablen aus Frage 9B des Fragebogens werden zu einer aggregierten Variable zusammengefasst. Die folgende Tabelle gibt einen Überblick über die einbezogenen Indikatoren und Variablen.

Indikator	Variable	Korrigierte Item-Skala-Korrelation
Informationen über Zielmärkte (Größe, Wachstum etc.) durch Beziehungen/Netzwerke erhalten	F9_1b	0,879
Informationen über Wettbewerber (Anzahl, Marktanteil etc.) durch Beziehungen/Netzwerke erhalten	F9_2b	0,884
Informationen über den Stand der Technologie durch Beziehungen/Netzwerke erhalten	F9_3b	0,887
Informationen über die Struktur und Entwicklung der Abnehmerbranchen durch Beziehungen/Netzwerke erhalten	F9_4b	0,881
Informationen über Marktchancen und Marktpotential durch Beziehungen/Netzwerke erhalten	F9_5b	0,874
Informationen über Markteintrittsbarrieren (Restriktionen, Zölle etc.) durch Beziehungen/Netzwerke erhalten	F9_6b	0,880
Informationen über ökonomische Gesichtspunkte (Gewinnspanne etc.) durch Beziehungen/Netzwerke erhalten	F9_7b	0,880
Informationen über politisch-rechtliche Rahmenbedingungen (Beteiligungsbeschränkungen etc.) durch Beziehungen/Netzwerke erhalten	F9_8b	0,882
Informationen über soziokulturelle durch Beziehungen/Netzwerke erhalten Rahmenbedingungen (Kaufkraft, Markenbewusstsein etc.)	F9_9b	0,877
Konstrukt: „Informationen durch Beziehungen und Netzwerke erhalten"; N=129; α= 0,892		

Tabelle 37: Konstrukt über erhaltende Infos durch Beziehungen/Netzwerke (F9B)
Quelle: Eigene Darstellung

Gemäß Tabelle 37 erklären die Variablen F9_1b bis F9_9b inwieweit Informationen bei der Analyse und Prognose des internationalen Umfelds für das Familienunternehmen durch bestehende Beziehungen und Netzwerke bereitgestellt wurden. Für diese neun Variablen liegt mit einem α-Wert von 0,892 eine sehr gute Reliabilität vor, weshalb diese Variablen mit Hilfe des Mittelwertverfahrens zur aggregierten Variable F9B zusammengefasst werden. Die Verteilung dieses Konstrukts ergibt sich aus dem folgenden Bild (Einzelwerte der aggregierten Variable s. Anhang 23).

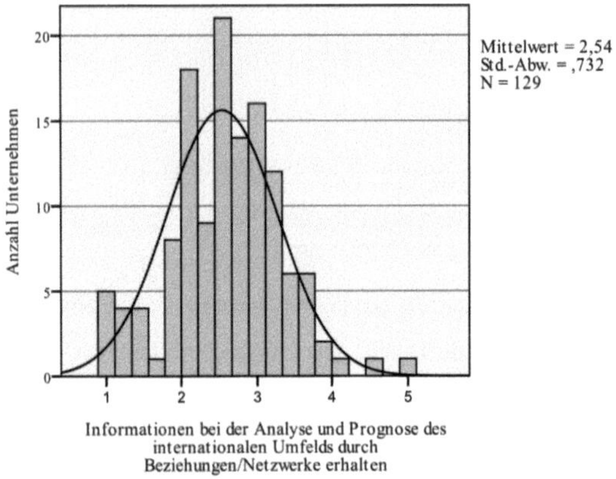

Abbildung 47: Umfang der erhaltenen Infos durch Beziehungen/Netzwerke (F9B)
Quelle: Eigene Darstellung

Wie Abbildung 47 zeigt, liegt eine leicht nach links verschobene Verteilung der Werte von Variable F9B vor. Der Mittelwert dieser Variable beträgt 2,54 mit einer SD von 0,732. Bei einer Skala von 1-5 liegt die Beurteilung, ob Informationen bei der Analyse und Prognose des internationalen Umfelds durch Beziehungen und Netzwerke erhalten worden sind, im Mittel zwischen den Antwortkategorien „eher nicht" und „eher ja". Die aggregierte Variable verdeutlicht somit die bereits durch das Fehlerbalkendiagramm dargestellte Bewertung. Zudem ist durch die Darstellung erkennbar, dass Beziehungen und Netzwerke im Rahmen der Analyse und Prognose des internationalen Umfelds von Familienunternehmen genutzt werden.

Die aggregierte Variable F9B kann nun für die Überprüfung der Hypothese 6 herangezogen werden. Um diese Hypothese zu testen, wurde die Korrelation zwischen der aggregierten Variable F9B und der Erfolgsvariable F4_20A_21 berechnet. Hierbei lässt sich jedoch kein signifikantes Ergebnis (p=0,469) feststellen (vgl. Anhang 23). Da zwischen den beiden Variablen kein signifikanter Zusammenhang zu erkennen ist, wird die Hypothese 6 somit verworfen. Familienunternehmen sind demnach nicht erfolgreicher, wenn sie in der Phase der Analyse und Prognose des internationalen Umfelds Beziehungen und Netzwerke nutzen.

7.1.3.4 CSR in FU und der Einfluss von Beziehungen und Netzwerken

CSR kann für Familienunternehmen ein wichtiges unternehmerisches Instrument darstellen und bewusst in die Unternehmensstrategie mit einfließen (vgl. Kapitel 3.2.3). Dabei können auch Beziehungen und Netzwerke des Unternehmens bzw. des Unternehmers Einfluss auf CSR in Familienunternehmen ausüben. Die Thematik von CSR in Familienunternehmen war Inhalt der Frage 22 des Fragebogens. Im Folgenden sollen die Ergebnisse der verschiedenen Aspekte zu CSR deskriptiv dargestellt werden. Die Verteilung der Antworten zu den einzelnen Fragen von CSR in Familienunternehmen zeigt das folgende Fehlerbalkendiagramm.

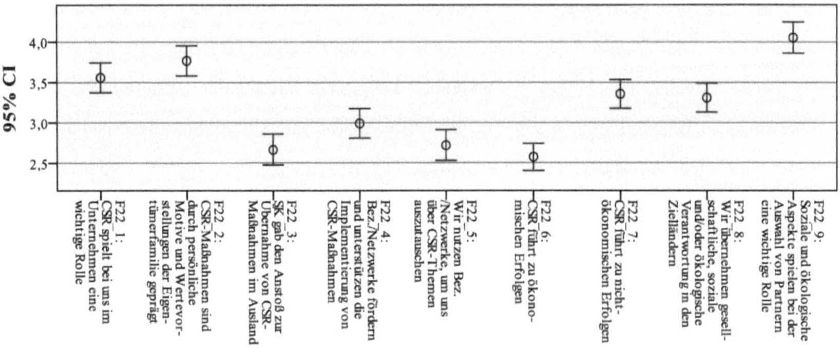

Abbildung 48: Bewertung von CSR und Sozialkapital in Familienunternehmen (N=129)
Quelle: Eigene Darstellung

Aus Abbildung 48 ist zu entnehmen, dass die Mittelwerte der Vertrauensbereiche bei den Aussagen zu CSR zwischen 2,6 („trifft teilweise zu“) und 4,1 („trifft eher zu“) liegen. Dabei lassen sich in der vorliegenden Abbildung verschiedene Überschneidungen und Unterschiede zwischen den Vertrauensbereichen erkennen, auf die im Folgenden eingegangen werden soll. Die Variablen F22_1 und F22_2 können als zutreffende Aussagen betrachtet werden. So spielt für 58% der Familienunternehmen CSR im Allgemeinen eine wichtige Rolle. Zudem sind CSR-Maßnahmen bei 68% der Familienunternehmen durch persönliche Motive und Wertevorstellungen der Eigentümerfamilie(n) geprägt (vgl. F22_1/2, Anhang 24). Diese hohe Zahl belegt den bewussten bzw. unbewussten Einfluss der Eigentümer auf das Familienunternehmen. Darüber hinaus übernehmen eine Vielzahl von Familienbetrieben (43%) gesellschaftliche, soziale und/oder ökologische Verantwortung auch in den Zielländern (vgl. F22_8, Anhang 24). Zudem erkennt man, dass Familienunternehmen besonders bei der Auswahl von Partnern im Ausland auf soziale und ökologische Aspekte, wie z.B. Verzicht auf Kinderarbeit, achten. Dies trifft für 77% der Familienunternehmen zu (vgl. F22_9, Anhang 24).

Des Weiteren erkennt man in Abbildung 48 einen Unterschied zwischen den Vertrauensbereichen der beiden Variablen F22_6 und F22_7. Hierbei vertritt knapp die Hälfte der Familienunternehmen (47%) die Ansicht, dass CSR zu nicht-ökonomischen Erfolgen, wie z.B. dem Aufbau positiver Reputation, führt. Dagegen sind nur 15% der Familienunternehmen der Meinung, dass CSR auch zu ökonomischen Erfolgen, wie z.B. einer Steigerung finanzieller Performance, führt (vgl. F22_6/7, Anhang 24). Da sich die beiden Vertrauensbereiche der Variablen nicht überschneiden kann der dargestellte Unterschied somit auch mit 95%iger Wahrscheinlichkeit auf die Grundgesamtheit übertragen werden.

Weiterhin zeigt sich, dass sich die Vertrauensbereiche der Variablen F22_3, F22_4 und F22_5 überschneiden. Die Variablen lassen sich somit als eine Gruppe betrachten, die bei der Kategorie „trifft teilweise zu" liegen. Dabei geben knapp ein Viertel der Familienunternehmen (23%) an, dass Beziehungen und Netzwerke den Anstoß zur Übernahme gesellschaftlicher, sozialer und/oder ökologischer Verantwortung im Ausland gegeben haben. Zudem fördern und unterstützen Beziehungen und Netzwerke in 31% der Familienunternehmen die Implementierung von CSR-Maßnahmen. Außerdem werden in 25% der Fälle Beziehungen und Netzwerke für den Austausch von CSR-Themen genutzt (vgl. F22_3/4/5, Anhang 24).

Des Weiteren werden die Fragen zu CSR und Familienunternehmen sowie die Fragen zu CSR, Sozialkapital und Familienunternehmen zu jeweils aggregierten Variablen zusammengefasst, um die CSR-Thematik ganzheitlich zu betrachten. Zum einen wird das Konstrukt, welches CSR in Familienunternehmen abbildet, durch vier Variablen der Frage 22 abgebildet. Folgende Tabelle zeigt die Zusammensetzung der Variablen.

Indikator	**Variable**	**Korrigierte Item-Skala-Korrelation**
CSR spielt bei uns im Unternehmen (weltweit) eine wichtige Rolle	F22_1	0,656
CSR-Maßnahmen sind durch persönliche Motive und Wertevorstellungen der Eigentümerfamilie(n) geprägt	F22_2	0,715
Wir übernehmen gesellschaftliche, soziale und/oder ökologische Verantwortung in den Zielländern	F22_8	0,692
Soziale und ökologische Aspekte (z.B. Verzicht auf Kinderarbeit) spielen bei der Auswahl von Partnern im Ausland eine wichtige Rolle	F22_9	0,751
Konstrukt: „CSR im Familienunternehmen"; N=129; α= 0,761		

Tabelle 38: Konstrukt über CSR in Familienunternehmen (F22_Faktor1)
Quelle: Eigene Darstellung

Wie Tabelle 38 zeigt, thematisieren die vier Indikatoren aus Frage 22 (F22_1, F22_2, F22_8 und F22_9) die Bedeutung von CSR in Familienunternehmen. Um diese Variablen aggregiert zu betrachten, wurde zunächst die interne Konsistenz der Variablen überprüft. Mit einem α-Wert von 0,761 besitzen diese vier Variablen eine gute Reliabilität. Aus diesem Grund können die Variablen mit Hilfe des Mittelwertverfahrens zur aggregierten Variable F22_Faktor1 zusammengefasst werden. Die Verteilung der neuen aggregierten Variable zeigt folgende Abbildung (Einzelwerte der aggregierten Variable s. Anhang 24).

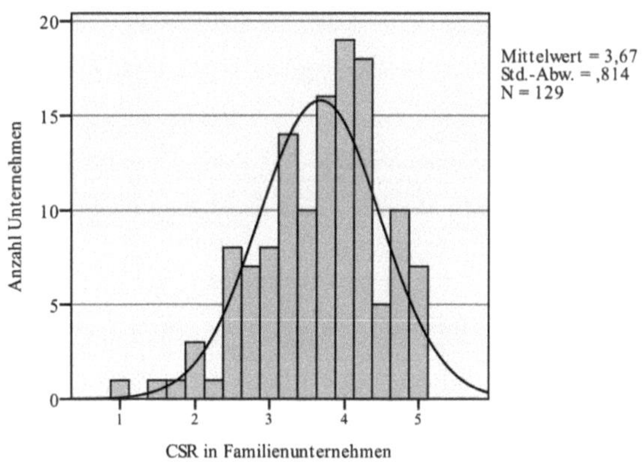

Abbildung 49: Höhe der Bedeutung von CSR in Familienunternehmen (F22_Faktor1)
Quelle: Eigene Darstellung

Abbildung 49 zeigt eine nach rechts verschobene Verteilung der Werte. Der Mittelwert der aggregierten Variable F22_Faktor1 beträgt 3,67 mit einer SD von 0,814. Auf einer Skala von 1-5 liegt die Bewertung von CSR in Familienunternehmen daher bei „trifft eher zu". Die Verteilung zeigt, dass CSR in Familienunternehmen als wichtig empfunden wird und auch bei der Internationalisierung eine Berücksichtigung findet.

Zum anderen wird mit drei Variablen aus Frage 22 ein Konstrukt gebildet, welches die Themen CSR, Sozialkapital und Familienunternehmen miteinander verknüpft. Die folgende Tabelle zeigt die Zusammensetzung des Konstrukts.

Indikator	Variable	Korrigierte Item-Skala-Korrelation
Beziehungen und Netzwerke gaben den Anstoß zur Übernahme gesellschaftlicher, sozialer und/oder ökologischer Maßnahmen im Ausland	F22_3	0,580
Beziehungen und Netzwerke fördern und unterstützen die Implementierung von CSR-Maßnahmen	F22_4	0,772
Wir nutzen Beziehungen/Netzwerke um uns über CSR-Themen auszutauschen	F22_5	0,595
Konstrukt: „CSR und Sozialkapital"; N=129; α= 0,800		

Tabelle 39: Konstrukt über CSR und Sozialkapital (F22_Faktor2)
Quelle: Eigene Darstellung

Wie aus Tabelle 39 zu entnehmen ist, erreichen die drei Variablen einen α-Wert von 0,800 sowie eine korrigierte Item-Skala-Korrelation von mindestens 0,580 für jedes Item individuell erreicht wird. Die Variablen besitzen daher eine gute Reliabilität und können mit Hilfe des Mittelwertverfahrens zur aggregierten Variable F22_Faktor2 zusammengefasst werden. Die Verteilung der neuen aggregierten Variable F22_Faktor2 zeigt folgende Abbildung (Einzelwerte der aggregierten Variable s. Anhang 24).

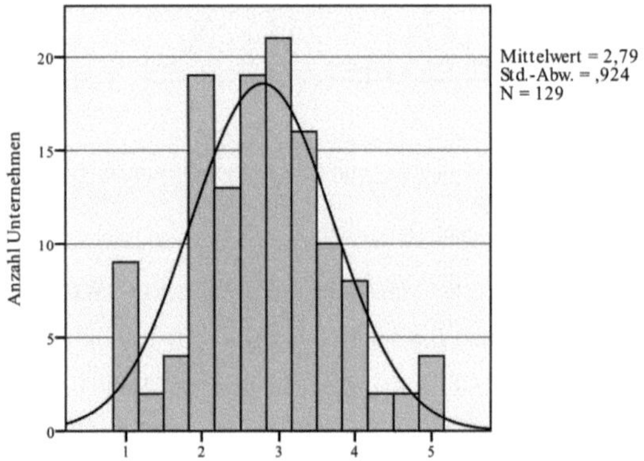

Abbildung 50: Höhe der Bedeutung von SK auf CSR in FU (F22_Faktor2)
Quelle: Eigene Darstellung

Gemäß Abbildung 50 liegt eine leicht nach links verschobene Verteilung der Werte der aggregierten Variable F22_Faktor2 vor. Dabei beträgt der Mittelwert der aggregierten Variable 2,79 mit einer SD von 0,924. Auf einer Skala von 1-5 liegt der Mittelwert somit nahe der Ausprägung „trifft teilweise zu". Wie bereits bei der deskriptiven Betrachtung der Variablen gezeigt wurde, beeinflussen Beziehungen und Netzwerke in einem gewissen Umfang auch CSR-Themen in Familienunternehmen. Damit wird deutlich, dass soziales Kapital auch auf die spezielle Thematik von CSR in Familienunternehmen einwirken kann.

7.1.3.5 Bewertung von Lobbying und business-government-relations bei der Internationalisierung

Lobbying und business-government-relations können bei der Internationalisierung für Familienunternehmen ein wichtiges Instrument darstellen (vgl. Kapitel 4.2.1.2). So können Lobbyingaktivitäten sowie gute Beziehungen zu Behörden und Regierungsstellen speziell in Ländern mit anderen Kulturen und Gegebenheiten für Unternehmen von Vorteil sein. Durch Frage 17 des Fragebogens wurde die Einschätzung zu verschiedenen Aussagen zum Thema Lobbying und business-government-relations ermittelt. Darüber hinaus soll durch die Überprüfung der Hypothese 8 der Zusammenhang zwischen Lobbying, business-government-relations und dem Erfolg des Unternehmens ermittelt werden. Hierzu wurden zunächst die einzelnen Aussagen deskriptiv ausgewertet. Im Anschluss daran wurden die verschiedenen Variablen aggregiert betrachtet, um mit Hilfe einer multiplen Regressionsgleichung den möglichen Einfluss auf den Unternehmenserfolg zu überprüfen. Die folgende Abbildung zeigt zunächst das Fehlerbalkendiagramm für die sieben Variablen.

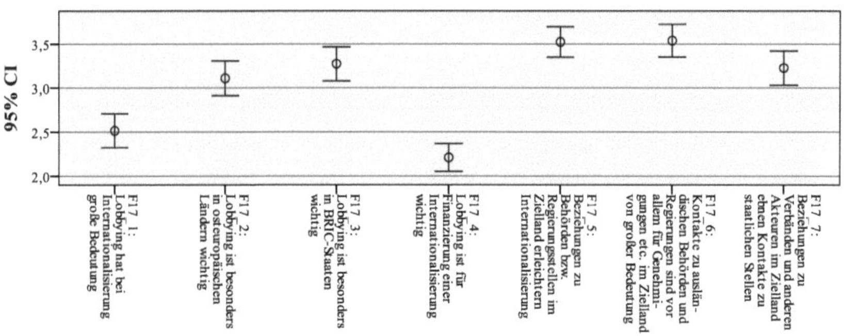

Abbildung 51: Bedeutung von Lobbying/business-government-relations in FU (N=128)
Quelle: Eigene Darstellung

Wie aus Abbildung 51 zu entnehmen ist, liegen je nach Fragestellung für die Aspekte Lobbying und business-government-relations unterschiedliche Bewertungen vor. Die Vertrauensbereiche der Variablen liegen bei einer Skala von 1-5 im Schnitt zwischen 2,1 („trifft eher nicht zu") und 3,7 („trifft eher zu"). Betrachtet man die Vertrauensbereiche für den Aspekt Lobbying, so lassen sich die Variablen in verschiedene Bereiche einteilen. Während der Mittelwert für die Bedeutung von Lobbying bei der Internationalisierung bei 2,5 liegt und nur von 20% der Familienbetriebe als wichtig bzw. sehr wichtig eingestuft wird, wird Lobbying in den BRIC-Staaten und in den osteuropäischen Ländern von 43% bzw. 38% als wichtig empfunden (vgl. F17_1/2/3, Anhang 25). Zudem erkennt man, dass die Variable F17_4 im

Schnitt als eher nicht zutreffend bewertet wird. So schätzen nur 9% der Familienunternehmen die Bedeutung von Lobbying für die Finanzierung der Internationalisierung als wichtig ein (vgl. Anhang 25). Diese Einschätzung entspricht dem Ergebnis der Frage über den Einfluss von Sozialkapital auf die Finanzierung der Internationalisierung (vgl. Kapitel 7.1.3.2).

Des Weiteren überschneiden sich auch die Vertrauensbereiche der Variablen F17_5/6/7 zum Thema business-government-relations. Betrachtet man die Ergebnisse der drei Variablen im Einzelnen, so sind für 59% der Familienunternehmen Beziehungen zu ausländischen Behörden und Regierungen vor allem für Genehmigungen im Zielland von großer Bedeutung (vgl. F17_6, Anhang 25). Der Erhalt von Genehmigungen im Zielland stellt somit eines der wichtigsten Gründe für business-government-relations dar. Zudem sind 56% der Familienunternehmen der Ansicht, dass Beziehungen zu Behörden bzw. Regierungsstellen im Zielland die Internationalisierung insgesamt erleichtern (vgl. F17_5, Anhang 25). Des Weiteren vertritt knapp die Hälfte der Familienunternehmen (45%) die Meinung, dass durch Beziehungen zu Verbänden und anderen Akteuren im Zielland, Kontakte zu staatlichen Stellen geebnet werden können (vgl. F17_7, Anhang 25).

Schießich werden die jeweiligen Variablen zum Thema Lobbying bzw. business-government-relations zu jeweils einer aggregierten Variable zusammengefasst, um die beiden Aspekte ganzheitlich betrachten zu können. Das Konstrukt, welches die Bedeutung von Lobbying in Familienunternehmen wiedergibt, wird durch vier Indikatoren aus Frage 17 abgebildet. Einen Überblick hierzu zeigt folgende Tabelle.

Indikator	Variable	Korrigierte Item-Skala-Korrelation
Lobbying hat bei der Internationalisierung eine große Bedeutung	F17_1	0,824
Lobbying ist besonders in osteuropäischen Ländern wichtig	F17_2	0,765
Lobbying ist besonders in den BRIC-Staaten wichtig	F17_3	0,796
Lobbying ist für die Finanzierung einer Internationalisierung wichtig	F17_4	0,879
Konstrukt: „Bedeutung von Lobbying in Familienunternehmen“; N=128; α= 0,859		

Tabelle 40: Konstrukt über Bedeutung von Lobbying in FU (F17_Faktor1)
Quelle: Eigene Darstellung

Wie aus Tabelle 40 zu entnehmen ist, erreichen die vier Variablen einen α-Wert von 0,859 sowie eine korrigierte Item-Skala-Korrelation von mindestens 0,765 für jedes Item individuell. Die Variablen besitzen daher eine gute Reliabilität und können mit Hilfe des Mittelwertverfahrens zur aggregierten Variable F17_Faktor1 zusammengefasst werden. Die Verteilung der Werte dieses Konstrukts ergibt sich aus folgender Abbildung (Einzelwerte der aggregierten Variable s. Anhang 25).

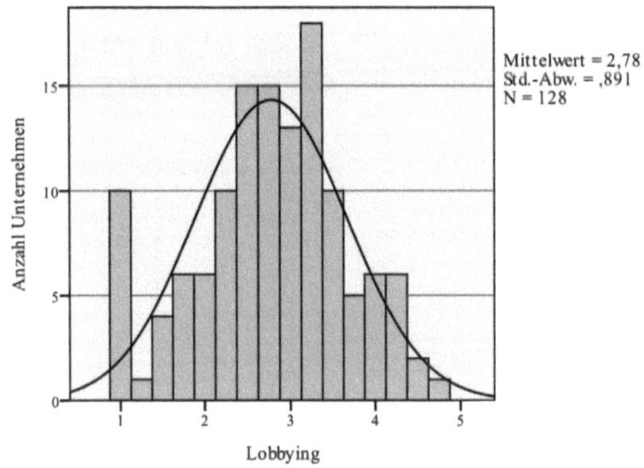

Abbildung 52: Höhe der Bedeutung von Lobbying in FU (F17_Faktor1)
Quelle: Eigene Darstellung

Gemäß Abbildung 52 entspricht die Verteilung der aggregierten Variable mit Ausnahme einer Anhäufung der Werte bei 1 einer Normalverteilung. Für 8% der Unternehmen hat Lobbying demnach keine Bedeutung. Der Mittelwert der Variable F17_Faktor1 beträgt 2,78 mit einer SD von 0,891. Bei einer Skala von 1-5 liegt die Bewertung von Lobbying in Familienunternehmen daher im Mittel bei „trifft teilweise zu".

Daneben wird das Konstrukt, welches die Bedeutung von business-government-relations bei Familienunternehmen wiedergibt, durch die folgenden Indikatoren aus Frage 17 abgebildet.

Indikator	**Variable**	**Korrigierte Item-Skala-Korrelation**
Beziehungen zu Behörden bzw. Regierungsstellen im Zielland erleichtern die Internationalisierung	F17_5	0,849
Kontakte zu ausländischen Behörden und Regierungen sind vor allem für Genehmigungen etc. im Zielland von großer Bedeutung	F17_6	0,800
Beziehungen zu Verbänden und anderen Akteuren im Zielland ebnen Kontakte zu staatlichen Stellen	F17_7	0,896
Konstrukt: „Bedeutung von business-government-relations in Familienunternehmen"; N=128; α= 0,894		

Tabelle 41: Konstrukt über Bedeutung von business-government-relations (F17_Faktor2)
Quelle: Eigene Darstellung

Tabelle 41 zeigt, dass die Variablen F17_5/6/7 inhaltlich die Bedeutung von business-government-relations in Familienunternehmen thematisieren. Um diese Variablen aggregiert zu betrachten, wurde zunächst die interne Konsistenz der Variablen überprüft. Mit einem α-Wert von 0,894 besitzen diese drei Variablen eine gute Reliabilität. Die Variablen können daher zur aggregierten Variable F17_Faktor2 zusammengefasst werden. Betrachtet man die Verteilung der Werte des Konstrukts, so ergibt sich folgende Abbildung (Einzelwerte der aggregierten Variable s. Anhang 25).

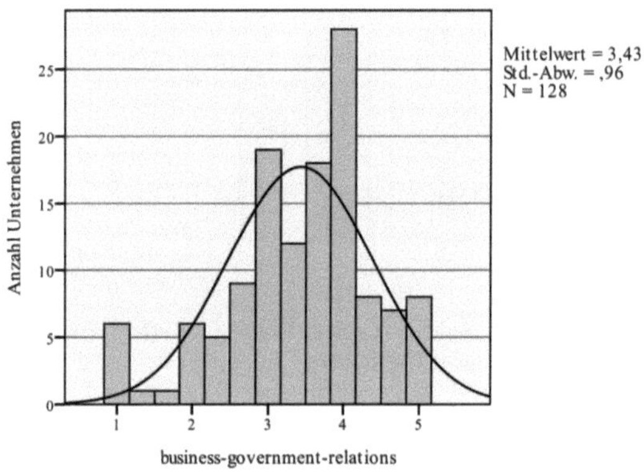

Abbildung 53: Höhe der Bedeutung von business-government-relations (F17_Faktor2)
Quelle: Eigene Darstellung

Abbildung 53 zeigt im Vergleich zu Lobbying eine leicht nach rechts verschobene Verteilung für die Werte der aggregierten Variable F17_Fakor2. Für lediglich 5% der befragten Unternehmen haben business-governement-relations keine Bedeutung. Der Mittelwert der aggregierten Variable beträgt 3,43 mit einer SD von 0,960. Auf einer Skala von 1-5 liegt der Mittelwert demnach zwischen den Antwortkategorien „trifft teilweise zu“ und „trifft eher zu“. Dieses Ergebnis zeigt, dass Familienunternehmen business-government-relations eine etwas höhere Bedeutung beimessen als dem Lobbying. Lobbying als auch business-government-relations werden von Familienunternehmen zumindest teilweise als wichtig angesehen und entsprechend genutzt.

Neben der deskriptiven Darstellung der Variablen soll im Folgenden auch der mögliche Einfluss von Lobbying und business-government-relations auf den Unternehmenserfolg mit Hilfe einer multiplen Regressionsgleichung überprüft werden. Hierzu wurden die beiden aggregierten Variablen F17_Faktor1 und F17_Faktor2 sowie die Kontrollvariablen der Arbeit als unabhängige Variablen herangezogen. Die abhängige Erfolgsvariable wird durch die Variable F4_20A_21 abgebildet. Für die Regressionsgleichung ergibt sich folgendes Bild:

Erfolg (F4_20A_21) = b_0 + b_1 Lobbying (F17_Faktor1) + b_2 business-government-relations (F17_Faktor2) + b_3 Unternehmensgröße (F1_Faktor1) + b_4 Unternehmensstandort (F1_1_DICH) + b_5 Gründung des Unternehmens (F1_2_DICH) + b_6 Branche (F1_3_DICH) + b_7 Familieneinfluss (F2_SFI) + ε

Bei Berechnung der Regressionsgleichung wird ein R^2 von 0,237 erreicht (vgl. Anhang 25). Somit können 23,7% der Varianz der Variable des Unternehmenserfolges durch die unabhängigen Variablen erklärt werden. Zusätzlich sagen die unabhängigen Variablen die abhängige Variable signifikant ($p<0.01$) voraus (vgl. Anhang 25). Bei Betrachtung der einzelnen Koeffizienten stellt man fest, dass nur die Kontrollvariable F1_Faktor1 (Unternehmensgröße) die abhängige Variable F4_20A_21 signifikant ($p<0.01$) vorhersagt. Dabei beträgt der Beta-Wert für diese Variable 0,443 (vgl. Anhang 25). Ein Zusammenhang zwischen Lobbying und business-government-relations mit dem Unternehmenserfolg konnte bei dieser Untersuchung nicht gefunden werden. Die Hypothese 8 wird daher verworfen.

7.1.3.6 Inanspruchnahme von in- und ausländischen Organisationen

Im Zuge der Internationalisierung nutzen Familienunternehmen Beziehungen und Netzwerke. Dabei steht den Familienunternehmen eine Reihe von in- und ausländischen Organisationen zur Verfügung (vgl. Kapitel 5.2.2.2). Diese gewähren Hilfen und Unterstützungen oder liefern Informationen für die Internationalisierung. Durch Frage 10A des Fragebogens wurde der Umfang der Nutzung von in- und ausländischen Organisationen durch die Familienunternehmen ermittelt. Gleichzeitig wurde durch Frage 10B die Bedeutung der verschiedenen Organisationen für den Internationalisierungsprozess abgefragt. Darüber hinaus soll durch Überprüfung der Hypothese 9 ein möglicher Zusammenhang zwischen der Nutzung von privaten, staatlichen sowie halbstaatlichen Organisationen im In- und Ausland und dem Erfolg des Unternehmens ermittelt werden. Um die Hypothese zu testen, wurde zunächst deskriptiv auf den Nutzungsumfang und mit Hilfe eines Fehlerbalkendiagramms auf die Bedeutung für den Internationalisierungsprozess der verschiedenen Organisationen eingegangen. Zudem wird mit Hilfe einer multiplen Regressionsgleichung der mögliche Einfluss auf den Unternehmenserfolg geprüft. Die folgende Abbildung geht auf die unterschiedliche Nutzung der einzelnen Organisationen ein.

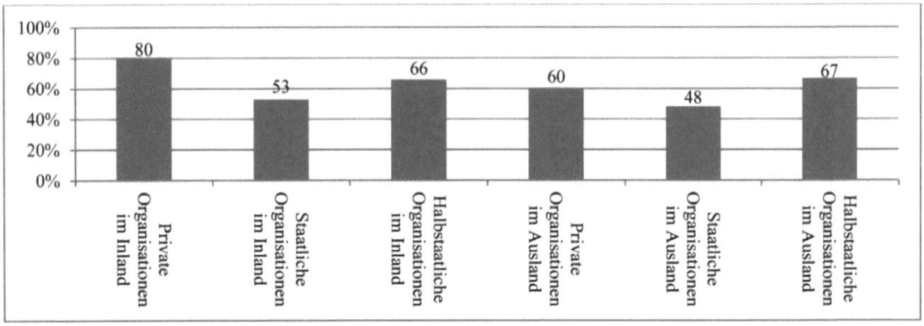

Abbildung 54: Umfang der Nutzung von in- und ausländischen Organisationen (N=129)
Quelle: Eigene Darstellung

Wie aus Abbildung 54 zu entnehmen ist, nutzen 80% der Familienunternehmen private Organisationen im Inland. Damit stellt dieser Organisationstyp, zu denen u.a. Fachverbände und private Berater inkl. deren Netzwerke gehören, die von Familienunternehmen am häufigsten genutzte Plattform dar. Private Organisationen im Ausland werden dagegen nur noch von 60% der Unternehmen genutzt. Bei den staatlichen Organisationen (z.B. Bundesagentur für Außenwirtschaft) zeigt sich ein ausgeglicheneres Bild. So nutzen 53% der befragten Familienunternehmen staatliche Organisationen im Inland und 48% der Familienunternehmen entsprechende Organisationen im Ausland. Halbstaatliche Organisationen (z.B. AHK) werden sowohl im Inland als auch im Ausland von zwei Drittel der Familienunternehmen (66% im Inland bzw. 67% im Ausland) bei dem Internationalisierungsprozess eingebunden. Staatliche Organisationen haben damit im Vergleich zu den anderen Organisationstypen die geringste Nutzungshäufigkeit.

Die folgende Abbildung gibt die Verteilung der Antworten der Frage 10B des Fragebogens wieder, bei der die Bedeutung der verschiedenen Organisationen für den Internationalisierungsprozess ermittelt wurde.

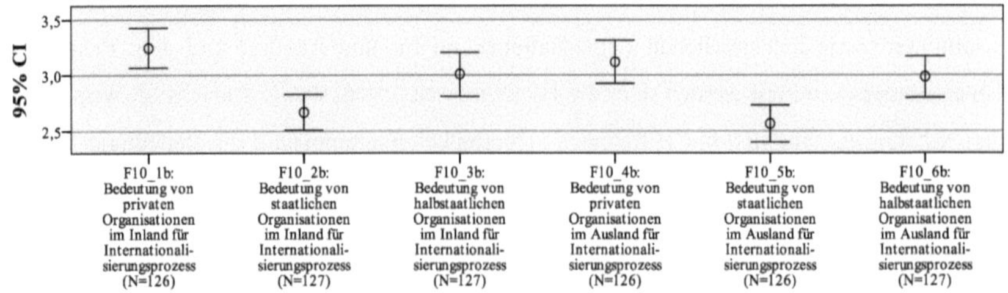

Abbildung 55: Bedeutung von Organisationen für Internationalisierungsprozess
Quelle: Eigene Darstellung

Gemäß Abbildung 55 liegen die Vertrauensbereiche der einzelnen Variablen zwischen 2,4 („eher unwichtig") und 3,4 („teilweise wichtig"). Dabei überschneiden sich die Vertrauensbereiche innerhalb der Variablen F10_1b/3b/4b/6b sowie der Variablen F10_2b/5b. Zudem wird den ersten vier genannten Variablen im Vergleich zu beiden anderen Variablen eine höhere Bedeutung beigemessen. Betrachtet man die Variablen im Einzelnen, so stellt man fest, dass die privaten Organisationen im Inland und im Ausland von 41% bzw. 40% der Familienunternehmen als eher wichtig bzw. sehr wichtig für den Internationalisierungsprozess bewertet werden (vgl. F10_1b/4b, Anhang 26). Halbstaatliche Organisationen werden von einem Drittel der Familienunternehmen (34% im Inland und 32% im Ausland) als wichtig eingestuft (vgl. F10_3b/7b, Anhang 26). Dagegen werden staatliche Organisationen nur von wenigen Familienunternehmen (18% im Inland und 16% im Ausland) als wichtig für die Internationalisierung bewertet (vgl. F10_2b/5b, Anhang 26). Damit haben die privaten und halbstaatlichen Organisationen im In- bzw. Ausland im Vergleich zu staatlichen Organisationen für den Internationalisierungsprozess eine höhere Bedeutung und Wichtigkeit eingenommen.

Im Folgenden wird der mögliche Einfluss der Nutzung von Organisationen im In- und Ausland auf den Unternehmenserfolg mit Hilfe einer multiplen Regressionsgleichung überprüft. Hierzu werden die sechs Variablen aus Frage 10A sowie die in dieser Arbeit verwendeten Kontrollvariablen als unabhängige Variablen herangezogen. Die abhängige Variable wird dabei durch die Variable F4_20A_21 abgebildet. Es ergibt sich folgende Regressionsgleichung:

Erfolg (F4_20A_21) = b_0 + b_1 Private Organisationen im Inland (F10_1a) + b_2 Staatliche Organisationen im Inland (F10_2a) + b_3 Halbstaatliche Organisationen im Inland (F10_3a) + b_4 Private Organisationen im Ausland (F10_4a) + b_5 Staatliche Organisationen im Ausland (F10_5a) + b_6 Halbstaatliche Organisationen im Ausland (F10_6a) + b_7 Unternehmensgröße (F1_Faktor1) + b_8 Unternehmensstandort (F1_1_DICH) + b_9 Gründung des Unternehmens (F1_2_DICH) + b_{10} Branche (F1_3_DICH) + b_{11} Familieneinfluss (F2_SFI) + ε

Bei Berechnung der Regressionsgleichung wird ein R^2 von 0,267 erreicht (vgl. Anhang 26). Somit können 26,7% der Varianz der Variable des Unternehmenserfolges durch die unabhängigen Variablen erklärt werden. Zusätzlich sagen die unabhängigen Variablen die abhängige Variable signifikant ($p<0.01$) voraus (vgl. Anhang 26). Betrachtet man die Koeffizienten so stellt man fest, dass die Variable F10_1a (Nutzung privater Organisationen im Inland) ($p<0.05$) sowie die Kontrollvariable F1_Faktor1 (Unternehmensgröße) ($p<0.01$) die abhängige Variable F4_20A_21 signifikant vorhersagen (vgl. Anhang 26). Dabei betragen die Beta-

Werte für diese Variablen 0,196 bzw. 0,448 (vgl. Anhang 26). Die Nutzung von privaten Organisationen im Inland trägt somit, wenn auch nur in einem gewissen Umfang, zur Vorhersage der abhängigen Variable bei. Für die anderen Organisationen konnte jedoch kein Zusammenhang festgestellt werden. Insgesamt wird die Hypothese 9 deshalb nur teilweise bestätigt.

7.1.3.7 Bedeutung von Sozialkapital in Zielländern

Im Rahmen der Strategieentwicklung zur Internationalisierung haben Unternehmen darüber zu entscheiden, in welche Länder und Regionen sie die operative Ausrichtung des Unternehmens vorantreiben möchten (vgl. Kapitel 3.1.2.4.2). Durch Frage 13A des Fragebogens wurden die Länder und Regionen ermittelt, in denen die Familienunternehmen bereits heute operativ tätig sind. Mit Frage 13B des Fragebogens wurde zudem nach der jeweiligen Bedeutung von Sozialkapital in diesen Ländern und Regionen gefragt. Darüber hinaus soll die Hypothese 7, die einen Zusammenhang zwischen der Bedeutung von Sozialkapital und der kulturellen Distanz der Zielländer und -regionen zu Deutschland sieht, überprüft werden. Hierzu werden zunächst die Ergebnisse der Frage 13 deskriptiv dargestellt. Zudem wird mit Hilfe einer multiplen Regressionsgleichung der Einfluss einer operativen Tätigkeit in den BRIC-Staaten auf den Unternehmenserfolg überprüft. Des Weiteren wird für die Überprüfung der Hypothese 7 die Kogut-Singh-Distanz herangezogen und ein möglicher Zusammenhang mit der Bedeutung von Sozialkapital auf bivariater Ebene überprüft. Die folgende Abbildung zeigt zunächst die Länder und Regionen in denen die befragten Familienbetriebe bereits heute operativ tätig sind.

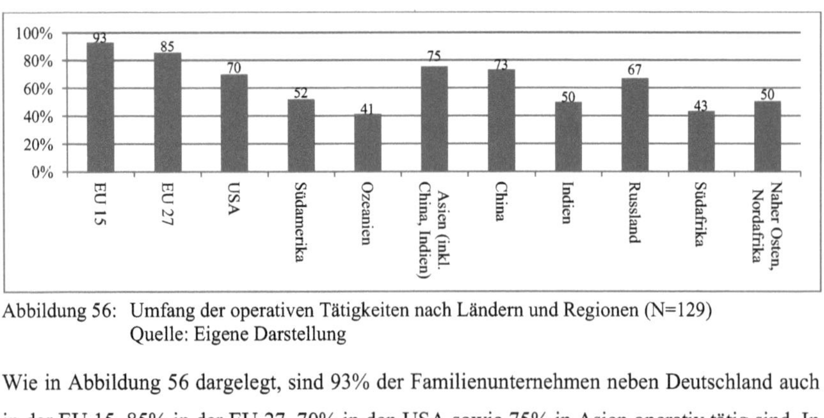

Abbildung 56: Umfang der operativen Tätigkeiten nach Ländern und Regionen (N=129)
Quelle: Eigene Darstellung

Wie in Abbildung 56 dargelegt, sind 93% der Familienunternehmen neben Deutschland auch in der EU 15, 85% in der EU 27, 70% in den USA sowie 75% in Asien operativ tätig sind. In

Ozeanien (41%) und Südafrika (43%) sind deutsche Familienunternehmen dagegen am seltensten anzutreffen. Jedes zweite deutsche Familienunternehmen ist darüber hinaus in Indien (50%), im Nahen Osten bzw. Nordafrika (50%) und in Südamerika (52%) operativ tätig. In Russland sind bereits zwei Drittel der Familienunternehmen (67%) operativ tätig. In China sind es sogar bereits 73%. Die Ergebnisse zeigen, dass deutsche Familienunternehmen des verarbeitenden Gewerbes international bereits sehr aktiv sind. Besonders in China, den USA und Russland sind bereits heute viele deutsche Familienunternehmen aus dem verarbeitenden Gewerbe außerhalb der EU vertreten.

Nachdem aufgezeigt wurde in welchen Ländern und Regionen Familienunternehmen operativ tätig sind, wird im Folgenden auf bivariater Ebene überprüft, ob zwischen dem Erfolg des Unternehmens und der Tätigkeit in einzelnen Ländern und Regionen ein signifikanter Zusammenhang besteht. Dabei lassen sich zwischen den Variablen F13_2a (EU27), F13_4a (Südamerika), F13_5a (Ozeanien), F13_7a (China) und dem Unternehmenserfolg (F4_20A_21) jeweils schwache bis mittlere Zusammenhänge ($0{,}233 \leq r_{sp} \leq 0{,}391$) auf dem 1%-Niveau ($p<0.01$) finden (vgl. Anhang 27). Zudem bestehen auch signifikant ($p<0.05$) schwache Zusammenhänge ($0{,}214 \leq r_{sp} \leq 0{,}226$) zwischen den Variablen F13_6a (Asien), F13_9a (Russland) und dem Erfolg des Unternehmens (F4_20A_21) (vgl. Anhang 27). Auf bivariater Ebene sind Familienunternehmen daher erfolgreicher, wenn sie in einem dieser Länder und Regionen operativ tätig sind. Darüber hinaus liegen zwischen der Kontrollvariable der Unternehmensgröße (F1_Faktor1) und den Ländern Südamerika (F13_4a), China (F13_7a) und Indien (F13_8a) schwache bis mittlere Zusammenhänge ($0{,}245 \leq r_{sp} \leq 0{,}344$) auf einem 1%igen-Signifikanzniveau vor (vgl. Anhang 27). Auch für die EU27 und Ozeanien liegen schwache Zusammenhänge ($0{,}178 \leq r_{sp} \leq 0{,}193$) auf einem 5%igen-Signifikanzniveau vor (vgl. Anhang 27). Es zeigt sich daher, dass in diesen Ländern und Regionen eher größere Familienunternehmen operativ tätig sind.

Neben der deskriptiven und bivariaten Betrachtung der Variablen soll im Folgenden konkret auf die BRIC-Staaten eingegangen werden.[76] Der mögliche Einfluss einer operativen Tätigkeit in den BRIC-Staaten auf den Erfolg des Unternehmens wird mit Hilfe einer multiplen Regressionsgleichung überprüft. Hierzu werden die vier Variablen der BRIC-Staaten (F13_4a, F13_7a, F13_8a, F13_9a) mit den Kontrollvariablen als unabhängige Variablen

[76] Der Fragebogen hat in Frage 13 Brasilien nicht als einzelnes Land berücksichtigt. Deshalb sollen anstelle des Landes Brasilien die Ergebnisse von Südamerika für die Berechnung herangezogen werden.

herangezogen. Die abhängige Variable wird dabei durch die Variable F4_20A_21 abgebildet. Die Regressionsgleichung lautet wie folgt:

Erfolg (F4_20A_21) = b_0 + b_1 Südamerika (F13_4a) + b_2 Russland (F13_9a) + b_3 Indien (F13_8a) + b_4 China (F13_7a) + b_5 Unternehmensgröße (F1_Faktor1) + b_6 Unternehmensstandort (F1_1_DICH) + b_7 Gründung des Unternehmens (F1_2_DICH) + b_8 Branche (F1_3_DICH) + b_9 Familieneinfluss (F2_SFI) + ε

Bei Berechnung der Regressionsgleichung wird ein R^2 von 0,328 erreicht (vgl. Anhang 27). Somit können 32,8% der Varianz der Variable des Unternehmenserfolges durch die angegebenen unabhängigen Variablen erklärt werden. Zusätzlich sagen die unabhängigen Variablen die abhängige Variable signifikant ($p<0.01$) voraus (vgl. Anhang 27). Betrachtet man die Koeffizienten so stellt man fest, dass die Variable F13_7a (China) ($p<0.01$), F13_8a (Indien) ($p<0.05$) sowie die Kontrollvariable F1_Faktor1 (Unternehmensgröße) ($p<0.01$) die abhängige Variable F4_20A_21 signifikant vorhersagen (vgl. Anhang 27). Dabei beträgt der standardisierte Regressionskoeffizient für China 0,403, für Indien -0,217 und für die Unternehmensgröße 0,340 (vgl. Anhang 27). Die drei unabhängigen Variablen tragen mit einem unterschiedlichen relativen Anteil zur Vorhersage der abhängigen Variable bei. Es wird deutlich, dass eine operative Tätigkeit in China positiv auf den Unternehmenserfolg wirkt. Dagegen ist eine zeitgleiche operative Tätigkeit in Indien eher erfolgsmindernd für das Unternehmen. Der signifikante Einfluss der Unternehmensgröße ist möglicherweise auch dadurch zu erklären, dass eher größere Unternehmen in den BRIC-Staaten operativ tätig sind. Bei der Betrachtung der Ergebnisse konnte jedoch keine Signifikanz für alle BRIC-Staaten festgestellt werden. Diese Untersuchung zeigt, dass eine operative Tätigkeit in allen BRIC-Staaten den Erfolg des Unternehmens nicht erhöht. Dagegen beeinflusst eine operative Tätigkeit in China den Erfolg des Unternehmens positiv.

Des Weiteren wurde die Bedeutung von Sozialkapital in den einzelnen Ländern bzw. Regionen durch Frage 13B ermittelt. Die Verteilung der Antworten zeigt folgende Abbildung.

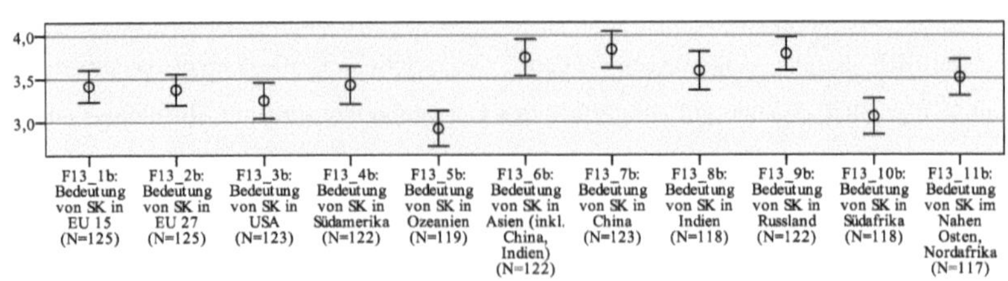

Abbildung 57: Bedeutung von Sozialkapital in Zielländern und -regionen
Quelle: Eigene Darstellung

Wie Abbildung 57 zeigt, wird die Bedeutung von Sozialkapital in den Zielländern bzw. -regionen unterschiedlich hoch eingestuft und bewertet. Die Vertrauensbereiche der Antworten liegen bei einer Skala von 1-5 zwischen 2,7 („teilweise wichtig") und 4,1 („eher wichtig"). Die Mittelwerte der Grundgesamtheit liegen demnach zwischen den Kategorien „teilweise wichtig" und „eher wichtig". Am niedrigsten wird dabei die Bedeutung von Sozialkapital in Ozeanien und in Südafrika, am höchsten in China und Russland bewertet. Betrachtet man die Variablen im Einzelnen, so sind 70% der Unternehmen der Ansicht, dass soziales Kapital für eine Geschäftstätigkeit in China und Russland eher wichtig bzw. sehr wichtig ist (vgl. F13_7b/9b, Anhang 27). Bei einer Betrachtung von Asien insgesamt liegt die Quote bei 67% (vgl. F13_6b, Anhang 27). Für Indien und Südamerika reduziert sich die Quote auf 60% bzw. 53% (vgl. F13_4b/8b, Anhang 27). In den restlichen Ländern zeigt sich ein sehr uneinheit-liches Bild. Während die Bedeutung von Sozialkapital im Nahen Osten und Nordafrika von 59% der Unternehmen als wichtig eingestuft wird, fällt die Quote für die EU15 und EU27 auf 49% bzw. 45% (F13_1b/2b/11b, vgl. Anhang 27). Für die USA liegt die Quote bei 43% (vgl. F13_3b, Anhang 27). Die Bedeutung von Sozialkapital in Südafrika wird dagegen nur von 37% der Unternehmen als wichtig bzw. sehr wichtig eingeschätzt (vgl. F13_10b, Anhang 27). Für Ozeanien reduziert sich dieser Wert auf nur noch 27% (vgl. F13_5b, Anhang 27).

Neben der deskriptiven Darstellung der Ergebnisse zur Bedeutung von Sozialkapital in den Zielländern und -regionen wird auch auf den möglichen Zusammenhang zwischen den kulturellen Distanzen zu Deutschland und der Bedeutung von Sozialkapital eingegangen. Hierzu wurden die kulturellen Distanzen zu Deutschland mit Hilfe der Kogut-Singh-Distanz operationalisiert (vgl. Kapitel 3.1.2.4.2). Im Rahmen dieser Arbeit wurde die Bedeutung von Sozialkapital in 11 Ländern und Regionen ermittelt. Wurden die Kulturdistanzen von Deutschland zu Regionen (z.B. Südamerika) berechnet, so wurde die Summe der Zahlenwerte der jeweiligen Dimension aus den zu der Region gehörenden Ländern gebildet und durch die Anzahl der Länder geteilt.[77] Somit konnte eine korrekte Bewertung für eine Region durchgeführt werden. Die vorliegenden und berechneten Daten wurden dann in die Formel 2 der Arbeit eingesetzt. Für die in Frage 13 des Fragebogens aufgeführten 11 Länder und Regionen wurden auf diesem Wege die jeweiligen kulturellen Distanzen ermittelt (vgl. Anhang 1). Schließlich wurden

[77] Kulturdimensionen von Hofstede liegen nicht für alle Länder der Welt vor. Bei Berechnung der kulturellen Distanz nach Kogut-Singh, wurde deshalb für Regionen auf die zur Verfügung stehenden Daten der Länder zurückgegriffen. Die Daten zu den wesentlichen Ländern und Regionen sind jedoch bei Hofstede vorhanden. Es kann deshalb angenommen werden, dass durch das Fehlen einzelner weniger Länder die Grundaussage des Ergebnisses nicht beeinflusst wird.

die jeweiligen Mittelwerte, die sich aus den in Frage 13B abgegebenen Bewertungen über die Bedeutung von Sozialkapital der einzelnen Länder und Regionen durch Berechnung ergeben, abgebildet. Die folgende Tabelle zeigt das Ergebnis der berechneten Werte.

Zielland und -regionen	Kulturdistanz zu Deutschland (KD_zu_D)	Bedeutung von Sozialkapital (F13B_MW)
EU 15	0,37	3,45
EU 27	0,47	3,38
USA	0,48	3,25
Südamerika	1,74	3,43
Ozeanien	0,31	2,91
Asien	1,90	3,77
China	2,75	3,85
Indien	1,51	3,59
Russland	3,34	3,78
Südafrika	0,24	3,08
Naher Osten, Nordafrika	1,83	3,51

EU 15: Belgien, Dänemark, Deutschland, Finnland, Frankreich, Griechenland, Großbritannien, Irland, Italien, Luxemburg, Malta, Niederlande, Norwegen, Österreich, Portugal, Schweden, Schweiz, Spanien
EU 27: Belgien, Bulgarien, Dänemark, Deutschland, Estland, Finnland, Frankreich, Griechenland, Großbritannien, Irland, Italien, Kroatien, Luxemburg, Malta, Niederlande, Norwegen, Österreich, Polen, Portugal, Rumänien, Schweden, Schweiz, Serbien, Slowakei, Slowenien, Spanien, Tschechien, Ungarn
Südamerika: Argentinien, Brasilien, Chile, Ecuador, Kolumbien, Peru, Surinam, Uruguay, Venezuela
Ozeanien: Australien, Neuseeland
Asien: Bangladesch, China, Hong Kong, Indien, Indonesien, Japan, Malaysia, Pakistan, Philippinen, Russland, Singapur, Südkorea, Taiwan, Thailand, Vietnam
Naher Osten, Nordafrika: Westafrika (GH, NG, SL), Arabische Staaten (EG, IQ, KW, LB, SA),Ostafrika (ET, KE, TZ, ZM)

Tabelle 42: Kulturelle Distanz und Bedeutung von Sozialkapital
Quelle: Eigene Darstellung

Tabelle 42 zeigt die berechneten Distanzmaße sowie die Bedeutung von Sozialkapital in verschiedenen Ländern und Regionen. Dabei gibt die Höhe des Wertes in der zweiten Spalte die Kulturdistanz zu Deutschland nach Kogut-Singh wieder. Je höher der Wert ist, desto höher ist auch der kulturelle Unterschied zu Deutschland. In der dritten Spalte sind die Mittelwerte der Bewertung über die Bedeutung von Sozialkapital in den einzelnen Ländern und Regionen wiedergegeben. Dabei können die Werte zwischen 1 (geringe Bedeutung) und 5 (sehr hohe Bedeutung) liegen. Bei Analyse der einzelnen Werte zeigt sich, dass zwischen Deutschland und Südafrika die geringste Kulturdistanz vorliegt. Dagegen ist die kulturelle Distanz zu Russland am größten. Bezüglich der Bedeutung von Sozialkapital wird diese für Ozeanien am geringsten und für China am höchsten eingeschätzt.

Mit den vorliegenden Daten wurde die Korrelationen zwischen den beiden dargestellten Variablen F13B_MW und KD_zu_D berechnet. Hierbei erkennt man, dass zwischen den beiden Variablen ein starker Zusammenhang (r_{sp}=0,882) auf einem 1%igen-Signifikanzniveau ($p<0.01$) vorliegt (vgl. Anhang 27). Die Bedeutung von Sozialkapital ist daher von der kulturellen Distanz zu Deutschland abhängig. Je größer die kulturelle Distanz der Zielländer und -regionen zu Deutschland ist, desto größer wird auch die Bedeutung von Sozialkapital für die Unternehmen. Die Aussage der Hypothese 7 kann somit bestätigt werden.

7.1.3.8 Bedeutung von Sozialkapital bei unterschiedlichen Internationalisierungsformen

Im Rahmen der Strategieentwicklung zur Internationalisierung ist auch die Internationalisierungsform festzulegen. Dabei stehen Familienunternehmen verschiedene Formen des Auslandsengagements zur Verfügung (vgl. Kapitel 3.1.2.4.3). Durch Frage 14A des Fragebogens wurde die Nutzung der verschiedenen Internationalisierungsformen ermittelt. Darüber hinaus soll die Hypothese 2, die einen Zusammenhang zwischen der Wahl der Internationalisierungsform bei Familienunternehmen und der Abgabe von Mitspracherechten sieht, überprüft werden. Hierzu wurde zunächst deskriptiv auf die Nutzung der verschiedenen Internationalisierungsformen eingegangen bevor diese im Anschluss kategorisiert und statistisch überprüft werden. Zudem wurde die Bewertung über die Bedeutung der einzelnen Internationalisierungsformen im Allgemeinen (Frage 14B) und in Bezug auf Sozialkapital (F16_4/5/6) deskriptiv betrachtet. Die folgende Abbildung geht zunächst auf die Verteilung der von Familienunternehmen gewählten Internationalisierungsformen ein.

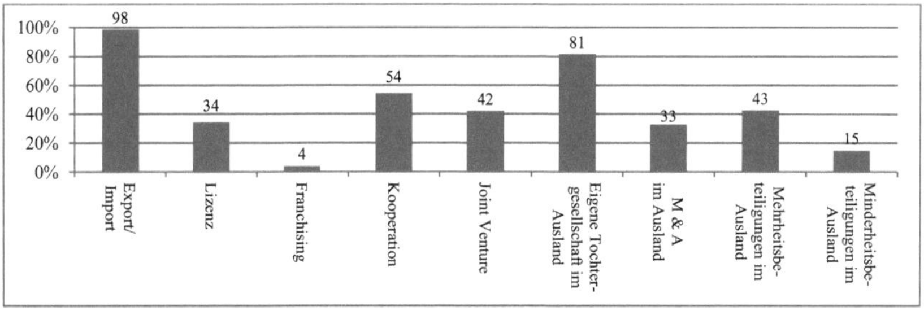

Abbildung 58: Umfang der Nutzung von Internationalisierungsformen (N=129)
Quelle: Eigene Darstellung

Wie Abbildung 58 zeigt, besitzen Familienunternehmen gewisse Präferenzen bei der Wahl der Internationalisierungsformen. Die am häufigsten genutzten Formen stellen der Ex-/Import (98%), eigene Tochtergesellschaften im Ausland (81%) sowie Kooperationen (54%) dar. Franchising (4%) und Minderheitsbeteiligungen im Ausland (15%) werden dagegen am seltensten genutzt. Lizenzen und M&A im Ausland nutzen ein Drittel der Familienunternehmen (34% bzw. 33%). Joint Ventures (42%) und Mehrheitsbeteiligungen im Ausland (43%) weisen etwas mehr als 40% der Familienunternehmen aus. Des Weiteren fällt auf, dass Mehrheitsbeteiligungen im Vergleich zu Minderheitsbeteiligungen im Ausland fast dreimal so häufig anzutreffen sind. Das deutet darauf hin, dass Familienunternehmen Formen der internationalen Tätigkeit bevorzugen, bei denen sie weniger Mitspracherechte abgeben müssen.

Um diese Überlegungen statistisch zu überprüfen, wurden zunächst die Häufigkeiten der Nutzung verschiedener Internationalisierungsformen unter Berücksichtigung der Abgabe von Mitspracherechten berechnet. Hierzu wurden die Internationalisierungsformen Ex-/Import, Lizenz, Franchising, Kooperation, eigene Tochtergesellschaft im Ausland, M&A und Mehrheitsbeteiligungen im Ausland als Internationalisierungsformen betrachtet, in denen keine bzw. wenige Mitspracherechte abgegeben werden müssen (Variable F14_keineAbgabe).[78] Dagegen werden Joint Ventures und Minderheitsbeteiligungen im Ausland als Internationalisierungsformen eingestuft, bei denen Mitspracherechte in größerem Umfang abgegeben werden müssen (Variable F14_Abgabe). Bei diesen zwei Internationalisierungsformen, bei denen Mitspracherechte abgegeben werden müssen, nutzen 30% der Familienbetriebe eine und 13% der Unternehmen beide Formen (vgl. Anhang 28). Damit haben 43% der Familienunternehmen Internationalisierungsformen gewählt, bei denen Mitspracherechte abgegeben werden mussten (vgl. Anhang 28). Auf der anderen Seite nutzen fast alle Familienunternehmen (99%) Internationalisierungsformen, bei denen keine oder nur geringe Rechte an Dritte abgegeben werden müssen (vgl. Anhang 28). Im Einzelnen haben knapp 9% der Unternehmen eine, 19% der Familienunternehmen zwei, 19% der Unternehmen drei, 26% der Familienbetriebe vier sowie 19% bzw. 8% insgesamt fünf bzw. sechs verschiedene Internationalisierungsformen ohne Abgabe von Mitspracherechten in Anspruch genommen (vgl. Anhang 28).

[78] Bei M&A soll der engen Definition gefolgt werden, bei der es sich um eine Komplettübernahme bzw. um eine Mehrheitsbeteiligung handelt (vgl. Meckl, 2010, S. 21). Streng genommen sind auch bei Mehrheitsbeteiligungen und Kooperationen Mitspracherechte abzugeben. Allerdings sind diese in der Regel geringer als bei JV und Minderheitsbeteiligungen weshalb sie nicht in diese Kategorie fallen sollen. Würde man M&A, Mehrheitsbeteiligungen und Kooperationen trotzdem zu Internationalisierungsformen zählen, in denen Mitspracherechte abgegeben werden müssen, so würde sich das Ergebnis nicht ändern.

Um die beiden Variablen F14_keineAbgabe und F14_Abgabe statistisch miteinander vergleichen zu können, wurde zunächst die Anzahl der genutzten Internationalisierungsformen mit Abgabe von Mitspracherechte mit 3,5 multipliziert (Variable F14_Abgabe_neu, s. Anhang 28). Dies ist dadurch zu begründen, dass bei den Internationalisierungsformen in denen Mitspracherechte abgegeben werden müssen, insgesamt zwei Formen vorliegen. Dagegen liegen bei den Formen ohne Abgabe von Mitspracherechten insgesamt sieben verschiedene Formen vor. Diese beiden Gruppen (Variablen F14_keineAbgabe und F14_Abgabe_neu) können nun mit Hilfe des t-Tests für gepaarte Stichproben statistisch überprüft werden. Hierbei stellt man ein hoch signifikantes Ergebnis ($p<0.01$) fest (vgl. Anhang 28). Die beiden Gruppen unterscheiden sich daher signifikant voneinander. Dies wird auch bei Betrachtung der Mittelwerte deutlich. So liegt auf der einen Seite bei den Formen ohne Abgabe von Mitspracherechten ein Mittelwert von 3,47 vor (vgl. Anhang 28). Auf der anderen Seite beträgt der Wert für die Formen mit Abgabe von Mitspracherechten nur noch 1,98 (vgl. Anhang 28). Somit kann neben dem bereits zuvor dargestellten deskriptiven Ergebnis auch statistisch belegt werden, dass Familienunternehmen bei der Internationalisierung insgesamt Internationalisierungsformen bevorzugen, in denen sie keine bzw. wenige Mitspracherechte abgeben müssen. Damit liegt eine Bestätigung der Hypothese 2 vor.

Berechnet man die Korrelationen der einzelnen Internationalisierungsformen mit den Kontrollvariablen, so zeigt sich, dass bei den strategischen Investitionen jeweils signifikante ($p<0,01$) mittlere Zusammenhänge ($0,302 \leq r_{sp} \leq 0,516$) mit der Unternehmensgröße (F1_Faktor1) vorliegen (vgl. Anhang 28). Dies deutet darauf hin, dass strategische Investitionen speziell von größeren Unternehmen in Anspruch genommen werden. Des Weiteren erkennt man, dass zwischen dem Familieneinfluss (F2_SFI) und den strategischen Investitionen, mit Ausnahme der eigengegründeten Tochtergesellschaft im Ausland, jeweils negative signifikant schwache bzw. mittlere Zusammenhänge ($-0,138 \leq r_{sp} \leq -0,359$) auf dem 5%igen bzw. 1%igen-Signifikanzniveau vorliegen (vgl. Anhang 28). Daraus kann abgeleitet werden, dass bei Unternehmen mit einem größeren Familieneinfluss Internationalisierungsformen bevorzugt werden, in denen wenige Mitspracherechte abgegeben werden müssen. Sind dagegen verstärkt externe Akteure im Unternehmen aktiv, dann sind diese auch offener gegenüber Internationalisierungsformen bei denen Mitspracherechte an Dritte abgegeben werden müssen. Dieses Ergebnis steht im Zusammenhang mit den typischen Merkmalen und Charakteristika von Familienunternehmen und bestätigt die Besonderheit von Familienunternehmen.

Neben der Frage nach der Nutzung verschiedener Internationalisierungsformen sollte durch Frage 14B auch die Bedeutung der einzelnen Internationalisierungsformen für Familienunternehmen im Allgemeinen ermittelt werden. Die folgende Abbildung zeigt die Verteilung der Ergebnisse.

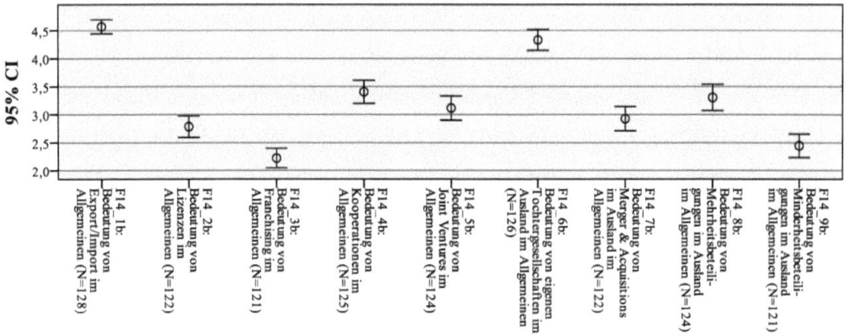

Abbildung 59: Bedeutung der Internationalisierungsformen bei Familienunternehmen
Quelle: Eigene Darstellung

Wie Abbildung 59 zeigt, liegen die Vertrauensbereiche der einzelnen Variablen zwischen den Werten 2,1 („eher unwichtig“) und 4,7 („sehr wichtig“). Dabei lassen sich gewisse Gruppierungen und Überschneidungen der Vertrauensbereiche erkennen. So werden die Variablen F14_1b und F14_6b bzgl. Wichtigkeit am höchsten eingestuft. Hierbei geben 93% bzw. 83% der Familienunternehmen an, dass der Ex-/Import sowie eine eigene Tochtergesellschaft im Ausland für das Familienunternehmen im Allgemeinen eher wichtig bzw. sehr wichtig sind (vgl. F14_1b/6b, Anhang 28). Des Weiteren lassen sich die Variablen F14_4b/5b/7b/8b aufgrund der Überschneidungen der Vertrauensbereiche in eine weitere Gruppe zusammenfassen. Hierbei wird die Bedeutung von Kooperationen, Joint Ventures, M&A und Mehrheitsbeteiligungen im Allgemeinen von Familienunternehmen als teilweise wichtig bewertet. Zudem überschneiden sich auch die Vertrauensbereiche der beiden Variablen F14_3b und F14_9b. Franchising und Minderheitsbeteiligungen werden von Familienunternehmen gemäß den vorliegenden Daten als eher unwichtig eingestuft. Weiterhin lassen sich Lizenzen (F14_2b) aufgrund von mehreren Überschneidungen der Vertrauensbereiche zu keiner eindeutigen Gruppierung zuordnen. Für ein Fünftel der Unternehmen (21%) haben Lizenzen eine eher wichtige bzw. sehr wichtige Bedeutung (vgl. F14_2b, Anhang 28).

Im Folgenden soll auf die Bedeutung von Sozialkapital bei den verschiedenen Internationalisierungsformen eingegangen werden. Wie bereits aus Kapitel 3.1.2.4.3 bekannt ist, lassen sich die verschiedenen Formen der Auslandstätigkeit in Handelsbeziehungen, Auslandsbeziehungen ohne Kapitalbeteiligung und strategische Investitionen einteilen. Teile der Frage 16 des Fragebogens (F16_4, F16_5, F16_6) geht u.a. auf die Bedeutung von Sozialkapital bei den drei unterschiedlichen Formen der Auslandstätigkeit ein. Das Ergebnis der Befragung zeigt die folgende Abbildung.

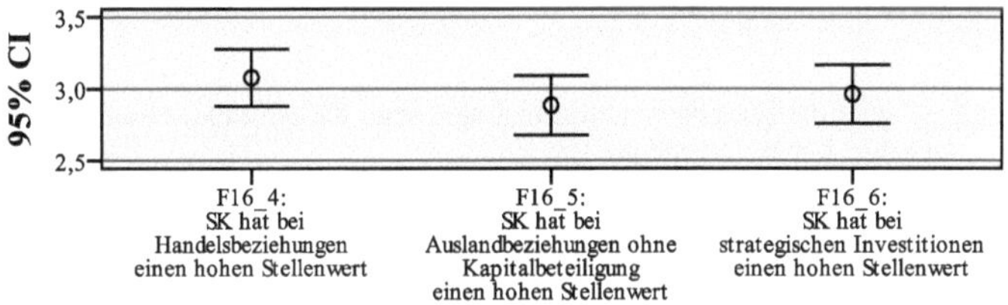

Abbildung 60: Bedeutung von Sozialkapital bei Internationalisierungsformen (N=129)
Quelle: Eigene Darstellung

Aus Abbildung 60 ist zu entnehmen, dass sich die Mittelwerte der drei Variablen zwischen den Werten 2,9 und 3,1 innerhalb der Vertrauensbereiche befinden und somit bei der Antwortkategorie „trifft teilweise zu" liegen. Aufgrund der Überschneidungen der Vertrauensbereiche kann für die drei Variablen kein signifikanter Unterschied festgestellt werden. Sozialkapital besitzt daher bei den verschiedenen Internationalisierungsformen einen als „teilweise" gekennzeichneten hohen Stellenwert. Damit nimmt Sozialkapital sowohl bei der Wahl der Internationalisierungsform als auch bei den einzelnen Formen eine gewisse Bedeutung ein.

7.1.3.9 Einfluss von Sozialkapital bei der Finanzierung

Zur Finanzierung der Internationalisierung stehen Familienunternehmen verschiedene Möglichkeiten offen (vgl. Kapitel 3.1.2.4.5). Durch Frage 15A des Fragebogens wurde die Nutzung der verschiedenen Finanzierungsformen ermittelt. Darüber hinaus wurde durch Frage 15B des Fragebogens die Bedeutung von Beziehungen und Netzwerken beim Abschluss der Finanzierung zur Internationalisierung erfragt. Die beiden Fragen werden deskriptiv ausgewertet. Die folgende Abbildung zeigt zunächst die Ergebnisse der Frage 15A.

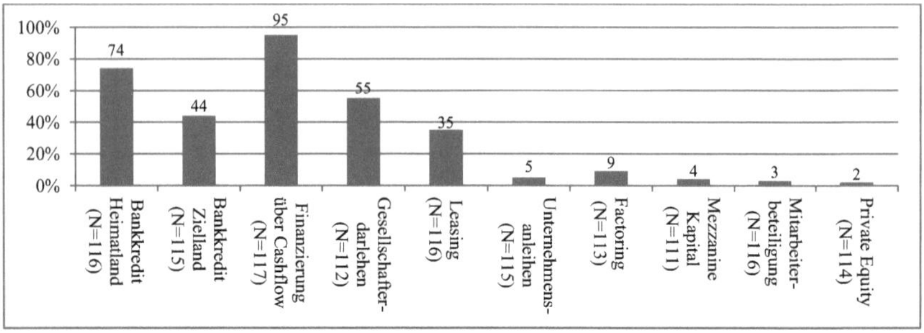

Abbildung 61: Umfang der Nutzung von Finanzierungsformen für Internationalisierung
Quelle: Eigene Darstellung

Wie Abbildung 61 zeigt, finanzieren Familienunternehmen die Internationalisierung am häufigsten über Cashflow (95%). Des Weiteren werden Bankkredite im Heimatland (74%) deutlich häufiger genutzt wie Bankkredite im Zielland (44%). Zudem werden Gesellschafterdarlehen bei über der Hälfte der Familienbetriebe (55%) als Finanzierungsinstrument der Internationalisierung herangezogen. Die Eigentümer finanzieren somit die Internationalisierung des Unternehmens auch häufig aus ihrem Privatvermögen mit. Zudem wird Leasing bei ca. ein Drittel der Familienunternehmen (35%) als Finanzierungsquelle herangezogen. Die restlichen Finanzierungsformen (Anleihen, Factoring, Mezzanine Kapital, Mitarbeiterbeteiligung und Private Equity) spielen so gut wie keine Rolle bei der Finanzierung der Internationalisierung und werden nur von 2% bis 9% der Familienunternehmen genutzt. Die Ablehnung gegenüber diesen Finanzierungsformen kann für Familienunternehmen als typisch angesehen werden. Besonders bei Unternehmensanleihen kann die Zurückhaltung darin begründet sein, dass wichtige Unternehmensinformationen (z.B. Jahresabschluss) veröffentlicht werden müssen. Auch bei Private Equity werden Mitspracherechte an externe Dritte abgegeben, was der grundsätzlichen Haltung von Familienbetrieben widerspricht. Dieses Ergebnis unterstreicht einmal mehr die typischen und charakteristischen Merkmale von Familienunternehmen. Zusätzlich zeigen die unterschiedlichen Fallzahlen, dass nicht alle Familienunternehmen bereit waren, diese Frage zu beantworten.

Das folgende Fehlerbalkendiagramm gibt die Einschätzung der Familienunternehmen über die Bedeutung von Beziehungen und Netzwerken beim Abschluss der Finanzierung für die jeweiligen Finanzierungsformen wieder.

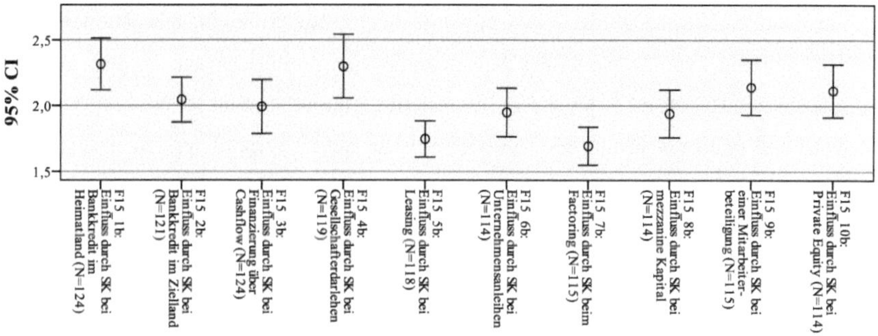

Abbildung 62: Bedeutung von Beziehungen/Netzwerke beim Finanzierungsabschluss
Quelle: Eigene Darstellung

Abbildung 62 zeigt, dass der Einfluss von Sozialkapital beim Abschluss der Finanzierung zur Internationalisierung in allen Fällen als eher gering betrachtet wird. Die Mittelwerte innerhalb der Vertrauensbereiche liegen dabei zwischen 1,7 und 2,3 was der Kategorie „eher nicht“ entspricht. Zudem lassen sich mit Ausnahme der Variablen F15_1b/4b und F15_5b/7b keine signifikanten Unterschiede zwischen den Variablen feststellen, da sich die Vertrauensbereiche der anderen verschiedenen Variablen überschneiden. Somit wird der Einfluss von Sozialkapital bei Bankkrediten im Heimatland und bei Gesellschafterdarlehen höher eingeschätzt, als dies bei Leasing und Factoring der Fall ist. Im Allgemeinen kann trotz einzelner Ausnahmen festgestellt werden, dass soziales Kapital bei der Finanzierung der Internationalisierung eine eher untergeordnete Rolle spielt.

7.1.4 Wirkung von Beziehungen und Netzwerken auf Unternehmens- und Internationalisierungserfolg

7.1.4.1 Beziehungen und Zeitaufwand

Ein Familienunternehmen hat Akteure (Eigentümer, Familie, Geschäftsführung, Kontrollorgane, Mitarbeiter), die einem Feld des „Drei-Kreise-Modells“ zugeordnet werden können (vgl. Kapitel 2.1.2). Allen unterschiedlichen Interessen zum Trotz haben die verschiedenen Akteure im Allgemeinen die Optimierung des Erfolgs des Unternehmens zum Ziel. Dabei können auch Beziehungen der einzelnen Akteure zu externen Fachleuten für den Erfolg einer Internationalisierung von großer Bedeutung sein. Hierzu wurde durch Frage 7A des Fragebogens zunächst nach der Relevanz der Beziehungen der verschiedenen Akteure für den Erfolg der Internationalisierung gefragt.[79] Zudem wurde durch Frage 7B des Fragebogens der jeweilige aufgebrachte Zeitaufwand für den Aufbau und Pflege von Beziehungen ermittelt. Darüber hinaus soll die Hypothese 5, die einen Zusammenhang zwischen dem jeweils aufgebrachten Zeitaufwand und dem Erfolg des Unternehmens herstellt, überprüft werden. Hierzu wird zunächst deskriptiv auf die Relevanz verschiedener Beziehungen sowie dem Aufwand für den Aufbau und Pflege von Beziehungen eingegangen. Zudem wird der mögliche Zusammenhang zwischen dem Zeitaufwand und dem Erfolg des Unternehmens bivariat überprüft. Die folgende Abbildung geht zunächst auf die Bewertung von Beziehungen und Kontakten von am Familienunternehmen beteiligten Akteuren zu externen Fachleuten für den Erfolg des Unternehmens ein.

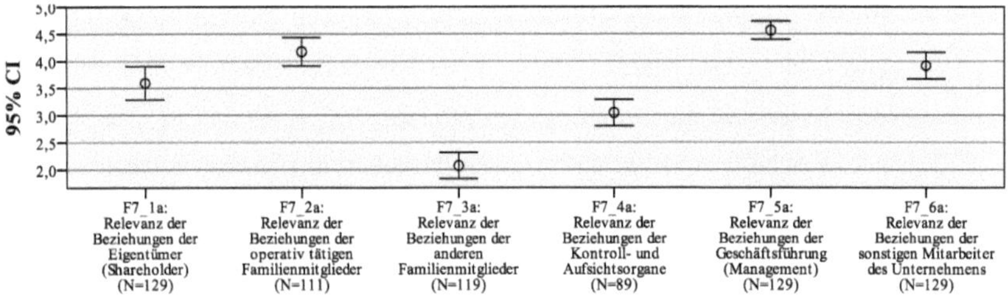

Abbildung 63: Relevanz von Beziehungen für den Erfolg der Internationalisierung
Quelle: Eigene Darstellung

Wie in Abbildung 63 dargestellt, liegen die Vertrauensbereiche der Antworten zwischen den Werten von 1,8 („eher unwichtig") und 4,7 („sehr wichtig"). Zudem erkennt man, dass sich die Vertrauensbereiche der einzelnen Variablen teilweise überschneiden und somit eine Kategorisierung möglich ist. Die Auswertung zeigt, dass Beziehungen der Geschäftsführung (F7_5a) für den Erfolg der Internationalisierung als am wichtigsten bewertet werden. So schätzen 91% der Familienunternehmen diese Beziehungen für den Erfolg als eher wichtig bzw. sehr wichtig ein (vgl. Anhang 29). Des Weiteren lassen sich die Variablen F7_1a/2a/6a aufgrund von Überschneidungen der Vertrauensbereiche in eine Gruppe zusammenfassen. Familienunternehmen schätzen die Beziehungen der Eigentümer, der operativ tätigen Familienmitglieder sowie der sonstigen Mitarbeiter des Unternehmens im Schnitt als eher wichtig

[79] Für die Fragen F7_2, F7_3 und F7_4 liegen unterschiedlich hohe Fallzahlen vor, da bei diesen Fragen keine zwingende Beantwortung nötig war. Dies liegt daran, dass nicht alle Familienunternehmen operativ tätige Familienmitglieder besitzen (F7_2) bzw. überhaupt andere Familienmitglieder haben (F7_3). Zudem haben einige Unternehmen keine Kontroll- und Aufsichtsorgane (F7_4) im Unternehmen. Überprüft wurden diese Angaben mit Hilfe der Frage 2, bei der die Anzahl der Familienmitglieder im Management und in Kontrollgremien angeben wurde. Sollten aus Frage 7 Antworten vorliegen, die nicht mit der bei Frage 2 gemachten Antworten übereinstimmten, so wurden diese Antworten bei Frage 7 gelöscht.

ein. Im Vergleich dazu werden die Beziehungen der Kontroll- und Aufsichtsorgane (F7_4a) für den Internationalisierungserfolg als nur noch teilweise wichtig betrachtet. Die Beziehungen der anderen Familienmitglieder werden dagegen als eher unwichtig eingestuft. Nur 6% der Familienunternehmen stufen diese Beziehungen als wichtig ein (vgl. F7_3a, Anhang 29).

Neben der Bewertung von Beziehungen verschiedener am Unternehmen beteiligten Akteure für den Internationalisierungserfolg spielt auch der aufgewendete Zeitaufwand für den Aufbau und Pflege der Beziehungen eine wichtige Rolle. Die Verteilung der Antworten von Frage 7B zeigt folgende Abbildung.

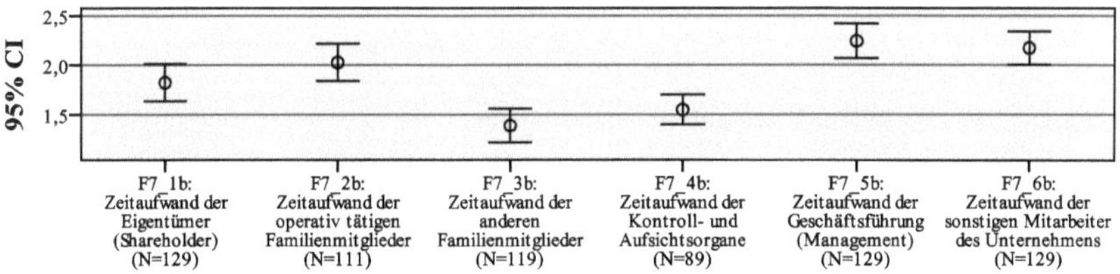

Abbildung 64: Zeitaufwand für den Aufbau und Pflege von Beziehungen
Quelle: Eigene Darstellung

Wie aus Abbildung 64 zu entnehmen ist, liegen die Vertrauensbereiche der Antworten bei einer Skala von 1-3 zwischen den Werten 1,2 („gering") und 2,4 („mittel"). Auch hier lassen sich die Variablen aufgrund von Überschneidungen der Vertrauensbereiche in verschiedene Gruppen einteilen. So lässt sich der Zeitaufwand für die drei Variablen F7_2b/5b/6b in die Kategorie „mittelhoch" einordnen. Dagegen wird der Zeitaufwand für die beiden Variablen F7_3b/4b als „gering" bewertet. Der aufgebrachte Zeitaufwand für den Aufbau und Pflege von Beziehungen ist bei operativ tätigen Familienmitgliedern, der Geschäftsführung und den sonstigen Mitarbeitern des Unternehmens im Vergleich zu den anderen Familienmitgliedern und den Kontroll- und Aufsichtsorganen signifikant höher. Dagegen kann die Variable F7_1b aufgrund von mehreren Überschneidungen der Vertrauensbereiche in keine der beiden Gruppen eingeordnet werden. Nichtsdestotrotz lässt sich auch hier feststellen, dass der Zeitaufwand der Eigentümer des Unternehmens (F7_1b) geringer ist als der des Managements (F7_5b). Im Vergleich zum Zeitaufwand der anderen Familienmitglieder (F7_3b) ist dieser jedoch auch signifikant höher.

Des Weiteren lassen sich gewisse Ähnlichkeiten bei den beiden Abbildungen 63 und 64 erkennen. Berechnet man die Korrelationen zwischen den einzelnen Variablen von Frage 7A und 7B, so lassen sich hier jeweils signifikante ($p<0.01$) Zusammenhänge feststellen (vgl. Anhang 29). Zwischen der Einschätzung über die Wichtigkeit von Beziehungen einzelner Akteure des Unternehmens für den Erfolg der Internationalisierung und dem damit verbundenen Zeitaufwand für den Aufbau und die Pflege von Beziehungen besteht jeweils ein mittlerer Zusammenhang ($0{,}309 \leq r_{sp} \leq 0{,}617$). Zwischen der Frage 7A und 7B liegt somit eine Multikollinearität vor.

Darüber hinaus ist auch ein möglicher Zusammenhang zwischen dem aufgebrachten Zeitaufwand für den Aufbau und die Pflege von Beziehungen und dem Erfolg des Unternehmens zu prüfen. Hierzu wurden die Korrelationen zwischen den Variablen F7_1b bis F7_6b mit der Erfolgsvariable F4_20A_21 berechnet. Das Ergebnis zeigt folgende Tabelle.

			F4_20A_21 Erfolg des Unternehmens
Spearman-Rho	F7_1b Zeitaufwand der Eigentümer (Shareholder) für Aufbau und Pflege von Beziehungen	Korrelationskoeffizient	-,076
		Sig. (2-seitig)	,390
		N	129
	F7_2b Zeitaufwand der operativ tätigen Familienmitglieder für Aufbau und Pflege von Beziehungen	Korrelationskoeffizient	-,038
		Sig. (2-seitig)	,696
		N	111
	F7_3b Zeitaufwand der anderen Familienmitglieder für Aufbau und Pflege von Beziehungen	Korrelationskoeffizient	,003
		Sig. (2-seitig)	,971
		N	119
	F7_4b Zeitaufwand der Kontroll- und Aufsichtsorgane für Aufbau und Pflege von Beziehungen	Korrelationskoeffizient	-,114
		Sig. (2-seitig)	,288
		N	89
	F7_5b Zeitaufwand der Geschäftsführung (Management) für Aufbau und Pflege von Beziehungen	Korrelationskoeffizient	,097
		Sig. (2-seitig)	,276
		N	129
	F7_6b Zeitaufwand der sonstigen Mitarbeiter des Unternehmens für Aufbau und Pflege von Beziehungen	Korrelationskoeffizient	,115
		Sig. (2-seitig)	,196
		N	129

Tabelle 43: Korrelation zwischen Zeitaufwand und Erfolg
Quelle: Eigene Darstellung

Wie in Tabelle 43 darlegt, lassen sich auf bivariater Ebene keine signifikanten Korrelationen zwischen dem Zeitaufwand einzelner am Unternehmen beteiligter Akteure und dem Erfolg des Unternehmens feststellen. Somit besteht kein direkter Zusammenhang zwischen der aufgewendeten Zeit von am Familienunternehmen beteiligten Akteuren für den Aufbau und Pflege von Beziehungen und dem Unternehmenserfolg. Hypothese 5 wird daher abgelehnt.

7.1.4.2 Erreichung der Internationalisierungsziele

Wie bereits in Kapitel 3.1.2.3 dargelegt, gibt es eine Reihe von möglichen Zielen und Motiven, die ein Familienunternehmen mit der Internationalisierung verfolgen kann. Hierzu wurde durch Frage 11 des Fragebogens die Art der Zielverfolgung, der Umfang der Zielerreichung sowie der Einfluss von Beziehungen und Netzwerken auf das Erreichen der Ziele ermittelt. Darüber hinaus soll in der einseitig gerichteten Hypothese 11 der mögliche Zusammenhang zwischen der Nutzung von Beziehungen und Netzwerken und der Zielerreichung der Internationalisierungsziele überprüft werden. Hierzu wurde zunächst deskriptiv auf die Bewertung der unterschiedlichen Internationalisierungsziele eingegangen. Des Weiteren wird mit Hilfe der Kreuztabellenanalyse der mögliche Zusammenhang zwischen den einzelnen Variablen aus den Fragen 11B und 11C überprüft. Die folgende Abbildung geht zunächst auf die Verteilung der Vertrauensbereiche der einzelnen Internationalisierungsziele der Unternehmen ein.

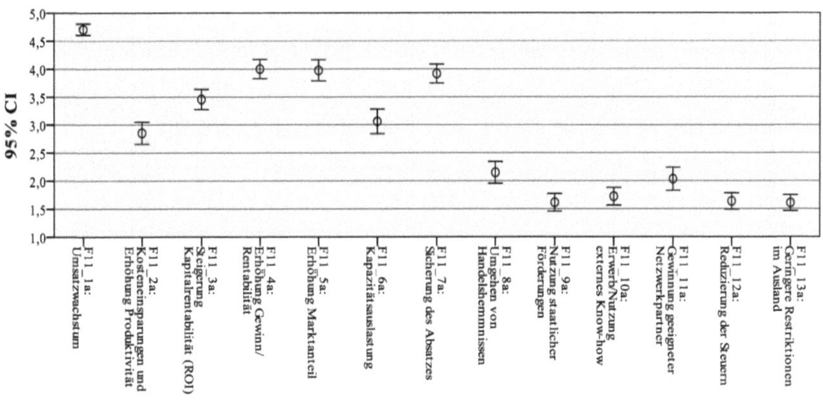

Abbildung 65: Bedeutung der Internationalisierungsziele von FU (N=129)
Quelle: Eigene Darstellung

Wie aus Abbildung 65 zu erkennen ist, lassen sich deutliche Unterschiede zwischen den einzelnen Variablen feststellen. Dabei reicht die Verteilung der Vertrauensbereiche der einzelnen Internationalisierungsziele von 1,4 („trifft gar nicht zu") bis 4,8 („trifft voll zu"). Man erkennt, dass für Familienunternehmen die Generierung von Umsatzwachstum (F11_1a) das mit Abstand wichtigste Ziel einer Internationalisierung darstellt. 95% der Unternehmen verfolgen dieses Ziel mit einer Internationalisierung (vgl. Anhang 30). Des Weiteren lassen sich die Variablen F11_4a/5a/7a aufgrund von Überschneidungen der Vertrauensbereiche in eine Gruppe zusammenfassen. Insgesamt stellen somit die Erhöhung des Gewinns, der Rentabilität und des Marktanteils sowie die Sicherung des Absatzes wichtige Internationalisierungsziele von Familienunternehmen dar. Diese drei Ziele werden von ca. drei Viertel der Unternehmen verfolgt (vgl. Anhang 30). Zudem lässt sich die Variable F11_3a (Steigerung Kapitalrentabilität) zwischen den Kategorien 3 („trifft teilweise zu") und 4 („trifft eher zu") einordnen. Knapp die Hälfte der Familienunternehmen verfolgt dieses Ziel (vgl. Anhang 30). Des Weiteren lassen sich die beiden Variablen F11_2a und F11_6a aufgrund der Überschneidung der beiden Vertrauensbereiche in eine weitere Gruppe zusammenfassen. Somit werden Kosteneinsparungen, die Erhöhung von Produktivität sowie die Kapazitätsauslastung von Familienunternehmen teilweise als Gründe für eine Internationalisierung gesehen. 26% bzw. 40% der Unternehmen verfolgen diese Ziele (vgl. Anhang 30). Diese sieben zuvor genannten Internationalisierungsziele stellen auch die Hauptmotive für eine Internationalisierung bei Familienunternehmen dar. Im Vergleich dazu spielen die Ziele Umgehen von Handelshemmnissen (F11_8a), Nutzung staatlicher Förderungen (F11_9a), Erwerb/Nutzung externes Know-how (F11_10a), Gewinnung geeigneter Netzwerkpartner (F11_11a), Reduzierung der Steuern (F11_12a) sowie geringere Restriktionen im Ausland (F11_13a) für Familienunternehmen bei der Internationalisierung eine untergeordnete Rolle. Nur 2% bis 16% der Unternehmen bewerten diese Ziele als eher zutreffend bzw. voll zutreffend (vgl. Anhang 30).

Zusätzlich bestand bei der Befragung die Möglichkeit, noch weitere Internationalisierungsziele anzugeben. Nur ein Unternehmen machte hierzu Angaben. Die Internationalisierung dieses Unternehmens erfolgte überwiegend deshalb, weil der Heimatmarkt ein stagnierender Markt war. Dieses Ziel kann auch mit den im Fragebogen angegebenen Zielen wie der Kapazitätsauslastung, der Sicherung des Absatzes sowie der Steigerung von Umsatz und Gewinn in Verbindung gebracht werden. Weitere Internationalisierungsziele wurden von den in dieser Studie teilnehmenden Familienunternehmen nicht genannt. Es kann deshalb davon ausgegangen werden, dass die im Fragebogen aufgeführten Internationalisierungsziele die Ziele deutscher Familienunternehmen des verarbeitenden Gewerbes abdecken. Die Befragung zeigt, dass Familienunternehmen mit der Internationalisierung vor allem finanzwirtschaftliche Ziele verfolgen, die das langfristige Überleben des Unternehmens sicherstellen sollen. Dazu gehören die Steigerung des Umsatzes, des Gewinns/der Rentabilität sowie die Sicherung des Absatzes. Die Einsparung von Kosten bzw. die Erhöhung der Produktivität haben bei der Internationalisierung der Familienunternehmen dagegen keine erste Priorität.

Nachdem die von Familienunternehmen verfolgten Internationalisierungsziele dargelegt wurden, wird im Folgenden auf die Kreuztabellenanalyse der jeweils dichotomisierten Variablen aus Frage 11B (Umfang der Zielerreichung) und 11C (Einfluss von Beziehungen und Netzwerke) eingegangen. Für das Internationalisierungsziel der Generierung von Umsatzwachstum ergibt sich mit den dichotomisierten Variablen der Frage 11B/C folgende Kreuztabelle.

Umsatzwachstum			F11_1c_DICH Unterteilung Unternehmen bei denen SK hilfreich/nicht hilfreich zur Zielerreichung war		
			0 Bez./Netzwerke (eher) nicht hilfreich	1 Bez./Netzwerke hilfreich	Gesamt
F11_1b_DICH Unterteilung Unternehmen mit positiver bzw. negativer "Zielerreichung"	0 Ziele nicht (ganz) erreicht	Anzahl	28	3	31
		% innerhalb von F11_1c_DICH	28,0%	11,1%	24,4%
	1 Ziele ganz erreicht	Anzahl	72	24	96
		% innerhalb von F11_1c_DICH	**72,0%**	**88,9%**	75,6%
Gesamt		Anzahl	100	27	127
		% innerhalb von F11_1c_DICH	100,0%	100,0%	100,0%

Tabelle 44: Kreuztabelle für Internationalisierungsziel „Umsatzwachstum“
Quelle: Eigene Darstellung

Gemäß Tabelle 44 haben drei Viertel der Unternehmen (75,6%), die Umsatzwachstum mindestens teilweise als Internationalisierungsziel verfolgten, dieses Ziel auch erreicht. Waren Beziehungen und Netzwerke bei dem Auslandsengagement hilfreich, so haben 88,9% der Familienunternehmen das Internationalisierungsziel des Umsatzwachstums erfolgreich umgesetzt. Waren dagegen Beziehungen und Netzwerke nicht hilfreich, so haben nur noch 72,0% der Unternehmen den Umsatz entsprechend dem Ziel gesteigert. Ob zwischen diesen beiden Kategorien ein signifikanter Unterschied vorliegt wurde mit Hilfe des exakten Tests nach Fisher überprüft. Es zeigt sich, dass der Zusammenhang der beiden dichotomisierten Variablen miteinander nicht signifikant ($p=0{,}054$) ist (vgl. Anhang 30). Unternehmen sind bei dem Internationalisierungsziel Umsatzwachstum nicht erfolgreicher, wenn sie bei der Internationalisierung Beziehungen und Netzwerke genutzt haben.

Für das Internationalisierungsziel einer Kosteneinsparung bzw. einer Steigerung der Produktivität ergibt sich für die beiden dichotomisierten Variablen folgende Kreuztabelle.

Kosteneinsparungen/ Steigerung Produktivität			F11_2c_DICH Unterteilung Unternehmen bei denen SK hilfreich/nicht hilfreich zur Zielerreichung war		
			0 Bez./Netzwerke (eher) nicht hilfreich	1 Bez./Netzwerke hilfreich	Gesamt
F11_2b_DICH Unterteilung Unternehmen mit positiver bzw. negativer "Zielerreichung"	0 Ziele nicht (ganz) erreicht	Anzahl	33	2	35
		% innerhalb von F11_2c_DICH	45,8%	40,0%	45,5%
	1 Ziele ganz erreicht	Anzahl	39	3	42
		% innerhalb von F11_2c_DICH	**54,2%**	**60,0%**	54,5%
Gesamt		Anzahl	72	5	77
		% innerhalb von F11_2c_DICH	100,0%	100,0%	100,0%

Tabelle 45: Kreuztabelle für Internationalisierungsziel „Kosteneinsparung/Produktivität“
Quelle: Eigene Darstellung

Tabelle 45 zeigt, dass etwa die Hälfte der Unternehmen (54,5%), die eine Steigerung der Produktivität und Senkung der Kosten als Internationalisierungsziel mindestens teilweise verfolgten, dieses Ziel auch erreicht haben. Des Weiteren haben 60,0% der Unternehmen, bei denen Beziehungen und Netzwerke hilfreich waren, auch gleichzeitig das Internationalisierungsziel der Kosteneinsparung und Erhöhung der Produktivität ganz erreicht. Im Vergleich dazu haben 54,2% der Unternehmen auch ohne Hilfe von Beziehungen und Netzwerken Kosten eingespart und die Produktivität erhöht. Überprüft man den Zusammenhang der beiden Variablen miteinander, so lässt sich bei diesem Internationalisierungsziel kein signifikantes Ergebnis (p=0,587) finden (vgl. Anhang 30). Deshalb sind auch bei diesem Internationalisierungsziel Unternehmen nicht erfolgreicher, wenn Beziehungen und Netzwerke genutzt wurden.

Bei Berechnung der Kreuztabelle der dichotomisierten Variablen für das Internationalisierungsziel der Steigerung des ROI ergibt sich folgendes Bild.

Steigerung Kapitalrentabilität			F11_3c_DICH Unterteilung Unternehmen bei denen SK hilfreich/nicht hilfreich zur Zielerreichung war		
			0 Bez./Netzwerke (eher) nicht hilfreich	1 Bez./Netzwerke hilfreich	Gesamt
F11_3b_DICH Unterteilung Unternehmen mit positiver bzw. negativer "Zielerreichung"	0 Ziele nicht (ganz) erreicht	Anzahl	60	1	61
		% innerhalb von F11_3c_DICH	63,2%	14,3%	59,8%
	1 Ziele ganz erreicht	Anzahl	35	6	41
		% innerhalb von F11_3c_DICH	**36,8%**	**85,7%**	40,2%
Gesamt		Anzahl	95	7	102
		% innerhalb von F11_3c_DICH	100,0%	100,0%	100,0%

Tabelle 46: Kreuztabelle für Internationalisierungsziel „Steigerung Kapitalrentabilität“
Quelle: Eigene Darstellung

Gemäß Tabelle 46 haben weniger als die Hälfte der Familienunternehmen (40,2%) das Internationalisierungsziel erreicht, wenn sie dieses Ziel mindestens teilweise verfolgt haben. Waren Beziehungen und Netzwerke hilfreich, so konnten 85,7% der Unternehmen eine Steigerung des ROI erreichen. Waren dagegen Beziehungen und Netzwerke eher nicht hilfreich, so haben nur noch 36,8% der Unternehmen das Internationalisierungsziel erreicht. Bei Überprüfung des Zusammenhangs der beiden dichotomisierten Variablen miteinander lässt sich ein signifikantes Ergebnis auf dem 5%-Niveau (p=0,016) feststellen (vgl. Anhang 30). Somit sind Beziehungen und Netzwerke für die Steigerung des ROI hilfreich und erfolgsfördernd gewesen.

Für eine Erhöhung des Gewinns und eine Verbesserung der Rentabilität ergibt sich für die beiden dichotomisierten Variablen dieses Internationalisierungsziels folgende Kreuztabelle.

Erhöhung Gewinn/Rentabilität			F11_4c_DICH Unterteilung Unternehmen bei denen SK hilfreich/nicht hilfreich zur Zielerreichung war		
			0 Bez./Netzwerke (eher) nicht hilfreich	1 Bez./Netzwerke hilfreich	Gesamt
F11_4b_DICH Unterteilung Unternehmen mit positiver bzw. negativer "Zielerreichung"	0 Ziele nicht (ganz) erreicht	Anzahl	53	2	55
		% innerhalb von F11_4c_DICH	51,5%	14,3%	47,0%
	1 Ziele ganz erreicht	Anzahl	50	12	62
		% innerhalb von F11_4c_DICH	**48,5%**	**85,7%**	53,0%
Gesamt		Anzahl	103	14	117
		% innerhalb von F11_4c_DICH	100,0%	100,0%	100,0%

Tabelle 47: Kreuztabelle für Internationalisierungsziel „Erhöhung Gewinn/Rentabilität“
Quelle: Eigene Darstellung

Wie Tabelle 47 zeigt, konnte etwas mehr als die Hälfte der Familienunternehmen (53,0%) im Rahmen der Internationalisierung den Gewinn und die Rentabilität verbessern und somit das Internationalisierungsziel erreichen. Waren Beziehungen und Netzwerke hilfreich, so haben 85,7% der Unternehmen den Gewinn und die Rentabilität steigern können. Im Vergleich dazu wurde dieses Internationalisierungsziel von nur noch 48,5% der Unternehmen ganz erreicht, wenn Beziehungen und Netzwerke eher nicht hilfreich waren. Bei Überprüfung des Zusammenhangs der beiden dichotomisierten Variablen miteinander lässt sich ein hoch signifikantes Ergebnis ($p<0.01$) feststellen (vgl. Anhang 30). Waren Beziehungen und Netzwerke für die Erhöhung des Gewinns und der Rentabilität hilfreich, so war auch das Ergebnis dieser Zielerreichung erfolgreicher.

Bei dem Internationalisierungsziel einer Erhöhung des Marktanteils ergibt sich bei Berechnung der Kreuztabelle der dichotomisierten Variablen folgendes Bild.

Erhöhung Marktanteil			F11_5c_DICH Unterteilung Unternehmen bei denen SK hilfreich/nicht hilfreich zur Zielerreichung war		Gesamt
			0 Bez./Netzwerke (eher) nicht hilfreich	1 Bez./Netzwerke hilfreich	
F11_5b_DICH Unterteilung Unternehmen mit positiver bzw. negativer "Zielerreichung"	0 Ziele nicht (ganz) erreicht	Anzahl	42	4	46
		% innerhalb von F11_5c_DICH	45,7%	18,2%	40,4%
	1 Ziele ganz erreicht	Anzahl	50	18	68
		% innerhalb von F11_5c_DICH	**54,3%**	**81,8%**	59,6%
Gesamt		Anzahl	92	22	114
		% innerhalb von F11_5c_DICH	100,0%	100,0%	100,0%

Tabelle 48: Kreuztabelle für Internationalisierungsziel „Erhöhung Marktanteil“
Quelle: Eigene Darstellung

Tabelle 48 zeigt, dass 59,6% der Unternehmen, die dieses Ziel mindestens teilweise verfolgt haben, eine Erhöhung des Marktanteils durch die umgesetzte Internationalisierung auch erreicht haben. Waren Beziehungen und Netzwerke hilfreich, so haben 81,8% der Unternehmen dieses Internationalisierungsziel ganz erreicht. Waren dagegen Beziehungen und Netzwerke eher nicht hilfreich, so haben lediglich 54,3% der Unternehmen den Marktanteil erhöhen können. Überprüft man den Zusammenhang der beiden dichotomisierten Variablen miteinander, so lässt sich ein signifikantes Ergebnis ($p<0.05$) feststellen (vgl. Anhang 30). Wenn Familienunternehmen Beziehungen und Netzwerke genutzt haben und diese hilfreich waren, dann wurde die Erhöhung des Marktanteils mit größerem Erfolg erreicht.

Eine Verbesserung der Kapazitätsauslastung kann als weiteres Internationalisierungsziel von Familienunternehmen verfolgt werden. Für die beiden dichotomisierten Variablen der Frage 11B/C ergibt sich für dieses Internationalisierungsziel folgende Kreuztabelle.

Kapazitätsauslastung			F11_6c_DICH Unterteilung Unternehmen bei denen SK hilfreich/nicht hilfreich zur Zielerreichung war		Gesamt
			0 Bez./Netzwerke (eher) nicht hilfreich	1 Bez./Netzwerke hilfreich	
F11_6b_DICH Unterteilung Unternehmen mit positiver bzw. negativer "Zielerreichung"	0 Ziele nicht (ganz) erreicht	Anzahl	30	3	33
		% innerhalb von F11_6c_DICH	42,3%	37,5%	41,8%
	1 Ziele ganz erreicht	Anzahl	41	5	46
		% innerhalb von F11_6c_DICH	**57,7%**	**62,5%**	58,2%
Gesamt		Anzahl	71	8	79
		% innerhalb von F11_6c_DICH	100,0%	100,0%	100,0%

Tabelle 49: Kreuztabelle für Internationalisierungsziel „Kapazitätsauslastung“
Quelle: Eigene Darstellung

Wie aus Tabelle 49 zu entnehmen ist, haben die Unternehmen, die dieses Ziel mindestens teilweise verfolgten, in 58,2% der Fälle eine ausreichende Kapazitätsauslastung erreicht. Dabei ist der prozentuale Unterschied der Zielerreichung mit oder ohne Nutzung von Beziehungen und Netzwerken sehr gering. So haben 62,5% der Unternehmen dieses Internationalisierungsziel mit der Unterstützung von Beziehungen und Netzwerken erfolgreich erreicht. Waren dagegen Beziehungen und Netzwerke eher nicht hilfreich, so haben immerhin noch 57,7% der Unternehmen eine zufriedene Kapazitätsauslastung erreicht. Da dieser Unterschied sehr gering ist, lässt sich auch zwischen den beiden Kategorien kein signifikantes Ergebnis feststellen (vgl. Anhang 30). Beziehungen und Netzwerke sind demnach für die Erreichung einer ausreichenden Kapazitätsauslastung bei der Internationalisierung nicht hilfreich.

Die Sicherung des Absatzes stellt ein weiteres Internationalisierungsziel dar. Bei Berechnung der Kreuztabelle der beiden dichotomisierten Variablen ergibt sich folgendes Bild.

Sicherung des Absatzes			F11_7c_DICH Unterteilung Unternehmen bei denen SK hilfreich/nicht hilfreich zur Zielerreichung war		Gesamt
			0 Bez./Netzwerke (eher) nicht hilfreich	1 Bez./Netzwerke hilfreich	
F11_7b_DICH Unterteilung Unternehmen mit positiver bzw. negativer "Zielerreichung"	0 Ziele nicht (ganz) erreicht	Anzahl	32	3	35
		% innerhalb von F11_7c_DICH	34,8%	15,0%	31,3%
	1 Ziele ganz erreicht	Anzahl	60	17	77
		% innerhalb von F11_7c_DICH	**65,2%**	**85,0%**	68,8%
Gesamt		Anzahl	92	20	112
		% innerhalb von F11_7c_DICH	100,0%	100,0%	100,0%

Tabelle 50: Kreuztabelle für Internationalisierungsziel „Sicherung des Absatzes“
Quelle: Eigene Darstellung

Tabelle 50 zeigt, dass etwa zwei Drittel der Unternehmen (68,8%), die die Sicherung des Absatzes als Internationalisierungsziel mindestens mit „trifft teilweise zu“ verfolgten, dieses Ziel auch erreichen konnten. 85,0% der Unternehmen, die dieses Internationalisierungsziel erreicht haben gaben an, dass Beziehungen und Netzwerke gleichzeitig als hilfreich beurteilt wurden. Wurden dagegen Beziehungen und Netzwerke für die Zielerreichung nicht als hilfreich eingestuft, so haben 65,2% der Unternehmen den Absatz sichern können. Überprüft man den Zusammenhang der beiden dichotomisierten Variablen miteinander, so lässt sich kein signifikantes Ergebnis feststellen (vgl. Anhang 30). Unternehmen waren bei der Sicherung des Absatzes demnach nicht erfolgreicher, wenn sie Beziehungen und Netzwerke genutzt haben. Für das Umgehen von Handelshemmnissen als mögliches Internationalisierungsziel ergibt sich für die beiden dichotomisierten Variablen folgende Kreuztabelle.

Umgehen von Handelshemmnissen			F11_8c_DICH Unterteilung Unternehmen bei denen SK hilfreich/nicht hilfreich zur Zielerreichung war		
			0 Bez./Netzwerke (eher) nicht hilfreich	1 Bez./Netzwerke hilfreich	Gesamt
F11_8b_DICH Unterteilung Unternehmen mit positiver bzw. negativer "Zielerreichung"	0 Ziele nicht (ganz) erreicht	Anzahl	19	1	20
		% innerhalb von F11_8c_DICH	55,9%	14,3%	48,8%
	1 Ziele ganz erreicht	Anzahl	15	6	21
		% innerhalb von F11_8c_DICH	**44,1%**	**85,7%**	51,2%
Gesamt		Anzahl	34	7	41
		% innerhalb von F11_8c_DICH	100,0%	100,0%	100,0%

Tabelle 51: Kreuztabelle für Internationalisierungsziel „Umgehen Handelshemmnissen"
Quelle: Eigene Darstellung

Wie Tabelle 51 zeigt, hat die Hälfte der Familienunternehmen (51,2%), die dieses Internationalisierungsziel mindestens teilweise verfolgten, dieses Ziel auch erreicht. Wurden Beziehungen und Netzwerke genutzt und als hilfreich bewertet, dann haben 85,7% der Unternehmen dieses Internationalisierungsziel auch ganz erreicht. Waren dagegen Beziehungen und Netzwerke eher nicht hilfreich, so haben nur noch 44,1% der Unternehmen die Umgehung von Handelshemmnissen erfolgreich umgesetzt. Überprüft man den Zusammenhang der beiden Variablen miteinander, so lässt sich auch bei diesem Internationalisierungsziel kein signifikantes Ergebnis (p=0,053) finden (vgl. Anhang 30). Beziehungen und Netzwerke sind demnach für das Umgehen von Handelshemmnissen bei der Internationalisierung nicht hilfreich.

Die Nutzung staatlicher Förderungen kann ein weiteres Internationalisierungsziel der Unternehmen sein. Für die beiden dichotomisierten Variablen ergibt sich folgende Kreuztabelle.

Nutzung staatlicher Förderungen			F11_9c_DICH Unterteilung Unternehmen bei denen SK hilfreich/nicht hilfreich zur Zielerreichung war		
			0 Bez./Netzwerke (eher) nicht hilfreich	1 Bez./Netzwerke hilfreich	Gesamt
F11_9b_DICH Unterteilung Unternehmen mit positiver bzw. negativer "Zielerreichung"	0 Ziele nicht (ganz) erreicht	Anzahl	12	2	14
		% innerhalb von F11_9c_DICH	92,3%	40,0%	77,8%
	1 Ziele ganz erreicht	Anzahl	1	3	4
		% innerhalb von F11_9c_DICH	**7,7%**	**60,0%**	22,2%
Gesamt		Anzahl	13	5	18
		% innerhalb von F11_9c_DICH	100,0%	100,0%	100,0%

Tabelle 52: Kreuztabelle für Internationalisierungsziel „Nutzung staatl. Förderungen"
Quelle: Eigene Darstellung

Aus Tabelle 52 ist zu entnehmen, dass 22,2% der Unternehmen, die dieses Internationalisierungsziel im Fragebogen mit mindestens „trifft teilweise zu“ beantwortet haben, die Nutzung von staatlichen Förderungen auch erreichen konnten. Wurden Beziehungen und Netzwerke genutzt und als hilfreich bewertet, so wurde dieses Internationalisierungsziel von 60,0% der Familienunternehmen erreicht. Waren dagegen Beziehungen und Netzwerke für die Zielerreichung eher nicht hilfreich, so haben nur noch 7,7% der Unternehmen dieses Internationalisierungsziel erfolgreich umgesetzt. Überprüft man den Zusammenhang der beiden Variablen miteinander, so lässt sich ein signifikantes Ergebnis ($p<0.05$) feststellen (vgl. Anhang 30). Die Nutzung von staatlichen Förderungen ist somit erfolgreicher, wenn Beziehungen und Netzwerke genutzt werden.

Der Erwerb bzw. die Nutzung von externem Know-how ist ein weiteres mögliches Ziel bei der Internationalisierung. Bei Berechnung der Kreuztabelle ergibt sich folgendes Bild.

Erwerb/Nutzung externes Know-how			F11_10c_DICH Unterteilung Unternehmen bei denen SK hilfreich/nicht hilfreich zur Zielerreichung war		
			0 Bez./Netzwerke (eher) nicht hilfreich	1 Bez./Netzwerke hilfreich	Gesamt
F11_10b_DICH Unterteilung Unternehmen mit positiver bzw. negativer "Zielerreichung"	0 Ziele nicht (ganz) erreicht	Anzahl	10	1	11
		% innerhalb von F11_10c_DICH	62,5%	33,3%	57,9%
	1 Ziele ganz erreicht	Anzahl	6	2	8
		% innerhalb von F11_10c_DICH	**37,5%**	**66,7%**	42,1%
Gesamt		Anzahl	16	3	19
		% innerhalb von F11_10c_DICH	100,0%	100,0%	100,0%

Tabelle 53: Kreuztabelle für Internationalisierungsziel „Erwerb/Nutzung Know-how“
Quelle: Eigene Darstellung

Tabelle 53 zeigt, dass 42,1% der Familienunternehmen, bei denen der Erwerb und die Nutzung von externem Know-how als Internationalisierungsziel mindestens teilweise verfolgt wurde, dieses Ziel auch erreichen konnten. Wenn Beziehungen und Netzwerke genutzt wurden und hilfreich waren, so haben 66,7% der Familienunternehmen dieses Internationalisierungsziel erreicht. Waren dagegen Beziehungen und Netzwerke eher nicht hilfreich, so haben nur 37,5% der Unternehmen externes Know-how erworben und genutzt. Überprüft man den Zusammenhang der beiden Variablen miteinander, so lässt sich auch bei diesem Internationalisierungsziel kein signifikantes Ergebnis ($p=0,376$) finden (vgl. Anhang 30). Beziehungen und Netzwerke sind für die Umsetzung des Ziels Erwerb und Nutzung von externem Know-how nicht von Vorteil.

Die Gewinnung geeigneter Netzwerkpartner, wie es z.B. für die Umsetzung eines Joint Ventures erforderlich ist, kann ein weiteres Internationalisierungsziel sein. Für die beiden dichotomisierten Variablen ergibt sich folgende Kreuztabelle.

Gewinnung geeigneter Netzwerkpartner			F11_11c_DICH Unterteilung Unternehmen bei denen SK hilfreich/nicht hilfreich zur Zielerreichung war: 0 Bez./Netzwerke (eher) nicht hilfreich	1 Bez./Netzwerke hilfreich	Gesamt
F11_11b_DICH Unterteilung Unternehmen mit positiver bzw. negativer "Zielerreichung"	0 Ziele nicht (ganz) erreicht	Anzahl	16	1	17
		% innerhalb von F11_11c_DICH	53,3%	11,1%	43,6%
	1 Ziele ganz erreicht	Anzahl	14	8	22
		% innerhalb von F11_11c_DICH	**46,7%**	**88,9%**	56,4%
Gesamt		Anzahl	30	9	39
		% innerhalb von F11_11c_DICH	100,0%	100,0%	100,0%

Tabelle 54: Kreuztabelle für Internationalisierungsziel „Gewinnung Netzwerkpartner"
Quelle: Eigene Darstellung

In Tabelle 54 erkennt man, dass 56,4% der Unternehmen, die für die Internationalisierung geeignete Netzwerkpartner finden wollten, diese auch gewinnen konnten. Wenn Beziehungen und Netzwerke genutzt wurden und hilfreich waren, dann wurde dieses Ziel von 88,9% der Unternehmen erreicht. Waren Beziehungen und Netzwerke eher nicht hilfreich, so haben nur noch 46,7% der Unternehmen geeignete Netzwerkpartner gefunden. Bei der Überprüfung des Zusammenhangs der beiden dichotomisierten Variablen lässt sich ein signifikantes Ergebnis ($p<0.05$) feststellen (vgl. Anhang 30). Familienunternehmen sind somit erfolgreicher bei der Erreichung dieses Internationalisierungsziels, wenn Beziehungen und Netzwerke genutzt wurden.

Für das Internationalisierungsziel der Reduzierung von Steuern ergibt sich für die beiden dichotomisierten Variablen folgende Kreuztabelle.

Reduzierung von Steuern			F11_12c_DICH Unterteilung Unternehmen bei denen SK hilfreich/nicht hilfreich zur Zielerreichung war: 0 Bez./Netzwerke (eher) nicht hilfreich	1 Bez./Netzwerke hilfreich	Gesamt
F11_12b_DICH Unterteilung Unternehmen mit positiver bzw. negativer "Zielerreichung"	0 Ziele nicht (ganz) erreicht	Anzahl	11	1	12
		% innerhalb von F11_12c_DICH	78,6%	50,0%	75,0%
	1 Ziele ganz erreicht	Anzahl	3	1	4
		% innerhalb von F11_12c_DICH	**21,4%**	**50,0%**	25,0%
Gesamt		Anzahl	14	2	16
		% innerhalb von F11_12c_DICH	100,0%	100,0%	100,0%

Tabelle 55: Kreuztabelle für Internationalisierungsziel „Reduzierung Steuern"
Quelle: Eigene Darstellung

Wie Tabelle 55 zeigt, haben 25,0% der Unternehmen, die dieses Internationalisierungsziel mit mindestens „trifft teilweise zu“ verfolgten, eine Reduzierung der Steuern auch umgesetzt. Wurden Beziehungen und Netzwerke genutzt und waren diese hilfreich, so haben 50,0% der Familienunternehmen dieses Internationalisierungsziel ganz erreicht. Wurden dagegen Beziehungen und Netzwerke nicht als hilfreich beurteilt, so haben dieses Ziel 21,4% der Unternehmen erreicht. Überprüft man den Zusammenhang der beiden Variablen miteinander, so lässt sich für dieses Internationalisierungsziel kein signifikantes Ergebnis (p=0,450) finden (vgl. Anhang 30). Somit sind auch bei diesem Internationalisierungsziel Unternehmen nicht erfolgreicher, selbst wenn sie Beziehungen und Netzwerke nutzten und als hilfreich einstuften.

Geringere Restriktionen im Ausland als im Heimatland ist ein weiteres Internationalisierungsziel. Für die beiden dichotomisierten Variablen ergibt sich folgende Kreuztabelle.

Geringere Restriktionen im Ausland			F11_13c_DICH Unterteilung Unternehmen bei denen SK hilfreich/nicht hilfreich zur Zielerreichung war		
			0 Bez./Netzwerke (eher) nicht hilfreich	1 Bez./Netzwerke hilfreich	Gesamt
F11_13b_DICH Unterteilung Unternehmen mit positiver bzw. negativer "Zielerreichung"	0 Ziele nicht (ganz) erreicht	Anzahl	12	1	13
		% innerhalb von F11_13c_DICH	80,0%	33,3%	72,2%
	1 Ziele ganz erreicht	Anzahl	3	2	5
		% innerhalb von F11_13c_DICH	**20,0%**	**66,7%**	27,8%
Gesamt		Anzahl	15	3	18
		% innerhalb von F11_13c_DICH	100,0%	100,0%	100,0%

Tabelle 56: Kreuztabelle für Internationalisierungsziel „geringere Restriktionen“
Quelle: Eigene Darstellung

Aus Tabelle 56 kann man entnehmen, dass 27,8% der Familienunternehmen, die dieses Ziel mindestens teileweise verfolgten, dieses Ziel auch erreichten. Des Weiteren haben 66,7% der Familienunternehmen dieses Internationalisierungsziel erreicht, wenn Beziehungen und Netzwerke gleichzeitig genutzt und hilfreich waren. Wurden dagegen Beziehungen und Netzwerke eher als nicht hilfreich eingeordnet, so haben nur 20,0% der Unternehmen dieses Ziel erreicht. Bei Überprüfung des Zusammenhangs der beiden dichotomisierten Variablen miteinander lässt sich jedoch kein signifikantes Ergebnis (p=0,172) feststellen (vgl. Anhang 30). Geringere Restriktionen im Ausland werden daher nicht einfacher und erfolgreicher erreicht, wenn Beziehungen und Netzwerke genutzt werden.

Die Ergebnisse der 13 Kreuztabellen erzeugen kein einheitliches Bild. Insgesamt liegen fünf signifikante Ergebnisse vor, bei denen die jeweiligen Ziele signifikant erfolgreicher umgesetzt und erreicht wurden, wenn Beziehungen und Netzwerke genutzt und als hilfreich für die Zielerreichung beurteilt wurden. Zudem wurde bei zwei Zielen das 5%ige-Signifikanzniveau nur leicht verfehlt. Wenn Familienunternehmen mit der Internationalisierung die Steigerung der Kapitalrentabilität, die Erhöhung des Gewinns, die Erhöhung des Marktanteils, die Nutzung von staatlichen Förderungen sowie die Gewinnung geeigneter Netzwerkpartner verfolgten, dann waren die Unternehmen erfolgreicher, wenn sie Beziehungen und Netzwerke nutzten. Aufgrund der vorliegenden Ergebnisse kann jedoch nicht für alle Ziele ein signifikanter Zusammenhang zwischen der Zielerreichung und dem Einfluss von Beziehungen und Netzwerken festgestellt werden. Die Hypothese 11 wird deshalb nur teilweise bestätigt.

7.1.4.3 Beziehungen zu verschiedenen Akteuren

Beziehungen und Netzwerke können den Internationalisierungserfolg positiv beeinflussen. Dabei können Familienunternehmen zu einer Vielzahl unterschiedlicher Akteure Beziehungen und Netzwerke pflegen (vgl. Kapitel 4.2.1.4). Die Bewertung der Wichtigkeit von Beziehungen und Netzwerken für den Erfolg der Internationalisierung von Familienunternehmen war Inhalt der Frage 19 des Fragebogens. Folgende Abbildung zeigt die Vertrauensbereiche der Antworten.

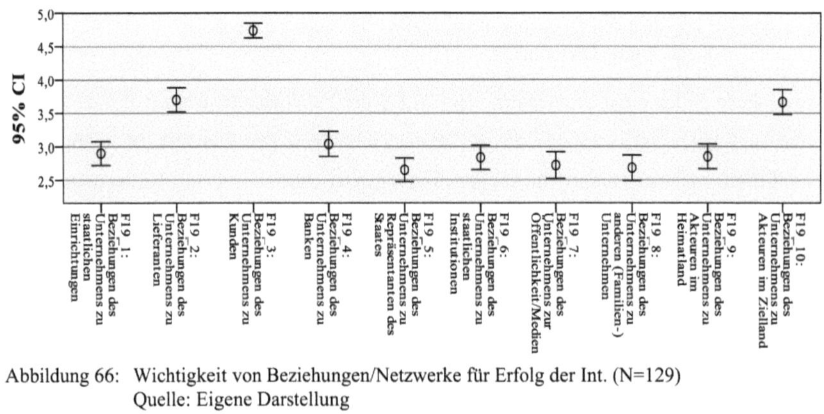

Abbildung 66: Wichtigkeit von Beziehungen/Netzwerke für Erfolg der Int. (N=129)
Quelle: Eigene Darstellung

Wie Abbildung 66 zeigt, wird die Wichtigkeit der verschiedenen Beziehungen und Netzwerke des Unternehmens für den Internationalisierungserfolg unterschiedlich hoch bewertet. Dabei reichen die Vertrauensbereiche der einzelnen Beziehungen und Netzwerke von 2,5 („teilweise wichtig") bis 4,8 („sehr wichtig"). Man erkennt, dass die Beziehungen und Netzwerke zu Kunden des Familienunternehmens (F19_3) für den Erfolg der Internationalisierung die wichtigste Position einnimmt. 95% der Familienunternehmen bewerten diese Beziehungen als „eher wichtig" bzw. „sehr wichtig" um erfolgreich bei einer Internationalisierung zu sein (vgl. Anhang 31). Des Weiteren werden Beziehungen und Netzwerke zu Lieferanten (F19_2) sowie zu Akteuren im Zielland (F19_10) als wichtig angesehen. Die Vertrauensbereiche dieser beiden Antworten liegen bei einer fünfstufigen Skala im Schnitt zwischen 3,5 und 4,0 und somit bei der Kategorie „eher wichtig". Zudem zeigt die Abbildung, dass Beziehungen und Netzwerke zu Akteuren im Zielland (F19_10) im Vergleich zu Akteuren im Heimatland (F19_9) für den Erfolg einer Internationalisierung wichtiger eingestuft werden. Während 61% der Familienunternehmen die Beziehungen zu Akteuren im Zielland für den Erfolg der Internationalisierung als wichtig bewerten, so sind es im Vergleich dazu bei Akteuren im Heimatland nur noch 29% (vgl. Anhang 31). Des Weiteren werden Beziehungen und Netzwerke zu Banken von 35% der Familienunternehmen für den Erfolg der Internationalisierung als wichtig eingestuft (vgl. F19_4, Anhang 31). Damit hält ein Großteil der Familienunternehmen Beziehungen und Netzwerke zu ihren Stakeholdern (Kunden, Lieferanten und Banken) für eine erfolgreiche Internationalisierung als wichtig bzw. sehr wichtig. Die Beziehungen zu staatlichen Einrichtungen (F19_1), Repräsentanten des Staates (F19_5), staatlichen Institutionen (F19_6), Öffentlichkeit/Medien (F19_7) sowie zu anderen (Familien-)Unternehmen (F19_8) werden für den Internationalisierungserfolg von den befragten Unternehmen als „teilweise wichtig" eingestuft. Im Mittel werden diese Beziehungen von knapp einem Viertel der Familienunternehmen für wichtig gehalten (vgl. Anhang 31). Besonders Beziehungen zu staatlichen Einrichtungen, Institutionen und Personen können - wie das Thema Lobbying und business-government-relations schon gezeigt hat - je nach Aufgabenstellung eine wichtige Bedeutung für das Unternehmen einnehmen.

Betrachtet man die Korrelationen der einzelnen Beziehungen mit den in dieser Arbeit verwendeten Kontrollvariablen, so zeigt sich, dass bei den Beziehungen und Netzwerken zu staatlichen Einrichtungen (F19_1), Repräsentanten und Institutionen des Staates (F19_5, F19_6) jeweils schwache Zusammenhänge ($0{,}216 \leq r_{sp} \leq 0{,}261$) mit der Unternehmensgröße (F1_Faktor1) vorliegen (vgl. Anhang 31). Diese sind auf dem 5%-Niveau für die Variablen

F19_1 (p=0,012) und F19_5 (p=0,014) sowie auf dem 1%-Niveau für die Variable F19_6 (p=0,003) signifikant (vgl. Anhang 31). Weitere relevante Signifikanzen mit den Kontrollvariablen liegen für die Variablen der Frage 19 nicht vor. Die gefundenen schwachen Zusammenhänge mit der Unternehmensgröße können auch dadurch begründet sein, dass im Vergleich zu kleineren Unternehmen die größeren Familienunternehmen Beziehungen zu staatlichen Einrichtungen, Institutionen und Repräsentanten des Staates häufiger suchen und nutzen. Die grundsätzliche Aussage, dass Beziehungen und Netzwerke für den Erfolg der Internationalisierung wichtig sind, bleibt aber auch für kleinere Familienunternehmen bestehen.

Die Ergebnisse der Befragung zeigen, dass Beziehungen und Netzwerke zu verschiedenen Partnern und Akteuren für eine erfolgreiche Internationalisierung von einem Großteil der Familienunternehmen als wichtig eingestuft werden. Dies bestätigt die Annahme, dass Sozialkapital einen positiven Einfluss auf den Erfolg des Unternehmens hat. Auch wenn diese Beurteilungen für jedes Zielland möglicherweise unterschiedlich ausfallen, so dürfte jedoch die aufgestellte Grundaussage weiterhin ihre Gültigkeit behalten.

7.1.4.4 Beitrag von Sozialkapital zum Internationalisierungserfolg

Die vorherigen Kapitel haben dargelegt, dass soziales Kapital einen positiven Einfluss auf die Erreichung der Internationalisierungsziele sowie auf den Erfolg der Internationalisierung haben kann. Ergänzend dazu ermittelt Frage 20 des Fragebogens den Internationalisierungserfolg des Unternehmens und den möglichen Beitrag von Sozialkapital zu diesem Erfolg. Durch Überprüfung der einseitig gerichteten Hypothese 12 soll ermittelt werden, ob ein positiver Zusammenhang zwischen dem Internationalisierungserfolg und dem Beitrag von Sozialkapital besteht. Hierzu wurden die jeweiligen Variablen aus Frage 20 dichotomisiert und mit Hilfe der Kreuztabellenanalyse ausgewertet.

Die Variable F20_1 ermittelt die Verbesserung der Wettbewerbsfähigkeit des Unternehmens durch die Internationalisierung. Bei Berechnung der Kreuztabelle mit den dichotomisierten Variablen für Frage 20_1 ergibt sich folgendes Bild.

Wettbewerbsfähigkeit			F20_1b_DICH Unterteilung Unternehmen bei denen SK (eher) keinen bzw. einen Beitrag zum Internationalisierungserfolg (Wettbewerbsfähigkeit) geleistet hat		Gesamt
			0 SK (eher) kein Beitrag	1 SK positiver Beitrag	
F20_1a_DICH Unterteilung Unternehmen mit (eher) keinem bzw. positiven Internationalisierungserfolg (Wettbewerbsfähigkeit)	0 (eher) kein Erfolg	Anzahl	17	0	17
		% innerhalb von F20_1b_DICH	15,6%	0%	13,2%
	1 Erfolg positiv	Anzahl	92	20	112
		% innerhalb von F20_1b_DICH	**84,4%**	**100,0%**	86,8%
Gesamt		Anzahl	109	20	129
		% innerhalb von F20_1b_DICH	100,0%	100,0%	100,0%

Tabelle 57: Kreuztabelle für Beurteilung der Wettbewerbsfähigkeit
Quelle: Eigene Darstellung

Wie aus Tabelle 57 zu entnehmen ist, haben 86,8% der Familienunternehmen eine Steigerung der Wettbewerbsfähigkeit durch die Internationalisierung erreicht. Wurde Sozialkapital von den Familienunternehmen zur Verbesserung der Wettbewerbsfähigkeit genutzt, so hat dies in allen Fällen zu einer positiven Entwicklung geführt. War dagegen kein Beitrag von Sozialkapital vorhanden, dann erreichten immer noch 84,4% der Unternehmen einen positiven Internationalisierungserfolg. Ob zwischen diesen beiden Kategorien ein signifikanter Unterschied vorliegt, wurde mit Hilfe des exakten Tests nach Fisher überprüft. Dabei zeigt sich, dass der Zusammenhang der beiden dichotomisierten Variablen miteinander signifikant ($p<0.05$) ist (vgl. Anhang 32). Familienunternehmen sind demnach durch die Internationalisierung wettbewerbsfähiger, vor allem dann, wenn sie Sozialkapital nutzen und zur Steigerung der Wettbewerbsfähigkeit einsetzen.

Des Weiteren wurde der Internationalisierungserfolg anhand einer signifikanten Steigerung des Marktanteils operationalisiert. Die folgende Tabelle zeigt die Kreuztabelle der dichotomisierten Variablen.

Erhöhung Marktanteil			F20_2b_DICH Unterteilung Unternehmen bei denen SK (eher) keinen bzw. einen Beitrag zum Internationalisierungserfolg (Erhöhung Marktanteil) geleistet hat		Gesamt
			0 SK (eher) kein Beitrag	1 SK positiver Beitrag	
F20_2a_DICH Unterteilung Unternehmen mit (eher) negativen bzw. positiven Internationalisierungserfolg (Erhöhung Marktanteil)	0 Erfolg (eher) negativ	Anzahl	39	1	40
		% innerhalb von F20_2b_DICH	33,6%	7,7%	31,0%
	1 Erfolg positiv	Anzahl	77	12	89
		% innerhalb von F20_2b_DICH	**66,4%**	**92,3%**	69,0%
Gesamt		Anzahl	116	13	129
		% innerhalb von F20_2b_DICH	100%	100%	100%

Tabelle 58: Kreuztabelle für Beurteilung des Marktanteils
Quelle: Eigene Darstellung

Die Tabelle 58 zeigt, dass 69% der Unternehmen den Marktanteil durch die Internationalisierung signifikant erhöhen konnten. Bei 31% der Familienbetriebe war dies eher nicht der Fall. Wurde Sozialkapital bei der Internationalisierung zur Steigerung des Marktanteils von den Unternehmen genutzt, so erreichten 92,3% der Unternehmen eine positive Entwicklung. Lag dagegen kein Beitrag durch Sozialkapital vor, so erreichten 66,4% der Unternehmen ebenfalls noch eine Steigerung des Marktanteils. Überprüft man den Zusammenhang der beiden Variablen miteinander, so lässt sich auch für die Steigerung des Marktanteils ein signifikantes Ergebnis ($p<0.05$) finden (vgl. Anhang 32). Durch die Nutzung von Sozialkapital erreichen Familienunternehmen bei der Internationalisierung somit eine Steigerung des Marktanteils.

Die Variable F20_3 stellt die Frage, ob die Internationalisierung des Unternehmens erfolgreicher ist als die der Wettbewerber. Die folgende Kreuztabelle zeigt die Werte für die beiden dichotomisierten Variablen.

Erfolgreicher als Wettbewerber			F20_3b_DICH Unterteilung Unternehmen bei denen SK (eher) keinen bzw. einen Beitrag zum Internationalisierungserfolg (erfolgreicher als Wettbewerber) geleistet hat		Gesamt
			0 SK (eher) kein Beitrag	1 SK positiver Beitrag	
F20_3a_DICH Unterteilung Unternehmen mit (eher) negativen bzw. positiven Internationalisierungserfolg (erfolgreicher als Wettbewerber)	0 Erfolg (eher) negativ	Anzahl	61	5	66
		% innerhalb von F20_3b_DICH	55,0%	27,8%	51,2%
	1 Erfolg positiv	Anzahl	50	13	63
		% innerhalb von F20_3b_DICH	**45,0%**	**72,2%**	48,8%
Gesamt		Anzahl	111	18	129
		% innerhalb von F20_3b_DICH	100%	100%	100%

Tabelle 59: Kreuztabelle für Beurteilung der Int. im Vergleich zum Wettbewerber
Quelle: Eigene Darstellung

Gemäß Tabelle 59 vertritt knapp die Hälfte der Familienunternehmen (48,8%) die Ansicht, dass die Internationalisierung des Unternehmens erfolgreicher ist als die der Wettbewerber. Hat Sozialkapital einen Beitrag zu diesem Internationalisierungserfolg geleistet, dann waren die Unternehmen in 72,2% der Fälle im Vergleich zu den Wettbewerbern bei der Internationalisierung erfolgreicher. Lag dagegen kein Beitrag von Sozialkapital vor, dann war für 45,0% der Unternehmen die Internationalisierung erfolgreicher als die der Wettbewerber. Auch hier lässt sich zwischen den beiden Kategorien ein signifikanter Unterschied ($p<0.05$) feststellen (vgl. Anhang 32). Familienunternehmen sind demnach bei der Internationalisierung erfolgreicher als ihre Wettbewerber, wenn sie Sozialkapital nutzen und Beziehungen und Netzwerke einen Beitrag zum Internationalisierungserfolg leisten.

Die Variable F20_4 untersucht, ob die Internationalisierung für das Unternehmen einen Erfolg darstellt. Bei Berechnung der Kreuztabelle mit den dichotomisierten Variablen ergibt sich folgendes Bild.

Internationalisierung als voller Erfolg			F20_4b_DICH Unterteilung Unternehmen bei denen SK (eher) keinen bzw. einen Beitrag zum Internationalisierungserfolg (voller Erfolg) geleistet hat		Gesamt
			0 SK (eher) kein Beitrag	1 SK positiver Beitrag	
F20_4a_DICH	0	Anzahl	28	1	29
Unterteilung Unternehmen mit (eher) negativen bzw. positiven Internationalisierungserfolg (voller Erfolg)	Erfolg (eher) negativ	% innerhalb von F20_4b_DICH	25,7%	5,0%	22,5%
	1	Anzahl	81	19	100
	Erfolg positiv	% innerhalb von F20_4b_DICH	**74,3%**	**95,0%**	77,5%
Gesamt		Anzahl	109	20	129
		% innerhalb von F20_4b_DICH	100%	100%	100%

Tabelle 60: Kreuztabelle für Beurteilung der Internationalisierung
Quelle: Eigene Darstellung

Tabelle 60 zeigt, dass ca. drei Viertel der Familienunternehmen (77,5%) die Internationalisierung für das Unternehmen als vollen Erfolg bewerten. 22,5% der Unternehmen geben dagegen an, dass die Internationalisierung für das Familienunternehmen eher keinen Erfolg darstellt. Wurde Sozialkapital für den Erfolg der Internationalisierung genutzt, so erreichten die Unternehmen in 95,0% der Fälle auch einen positiven Internationalisierungserfolg. Im Vergleich dazu erreichten 74,3% der Unternehmen ebenfalls einen positiven Internationalisierungserfolg, obwohl soziales Kapital keinen Beitrag zum Erfolg der Internationalisierung geleistet hat. Überprüft man den Zusammenhang der beiden Variablen miteinander, so lässt sich auch bei dieser Betrachtung zum Internationalisierungserfolg ein signifikantes Ergebnis ($p<0.05$) finden (vgl. Anhang 32). Durch die Nutzung und den Beitrag von Sozialkapital ist für Familienunternehmen die Internationalisierung in erhöhtem Umfang ein voller Erfolg.

Die letzte Variable F20_5 beschäftigt sich mit der subjektiven Einschätzung des Bearbeiters des Fragebogens bzgl. der Entwicklung des Erfolgs bei der Internationalisierung des Familienunternehmens. Bei Berechnung der Kreuztabelle mit den beiden dichotomisierten Variablen ergibt sich folgende Zusammensetzung.

<table>
<tr><td colspan="3" rowspan="2">Persönliche Einschätzung zum Internationalisierungserfolg</td><td colspan="2">F20_5b_DICH
Unterteilung Unternehmen bei denen SK (eher) keinen bzw. einen Beitrag zum Internationalisierungserfolg (persönliche Einschätzung) geleistet hat</td><td rowspan="2">Gesamt</td></tr>
<tr><td>0
SK (eher) kein Beitrag</td><td>1
SK positiver Beitrag</td></tr>
<tr><td rowspan="4">F20_5a_DICH
Unterteilung Unternehmen mit (eher) negativen bzw. positiven Internationalisierungserfolg (persönliche Einschätzung)</td><td rowspan="2">0
Erfolg (eher) negativ</td><td>Anzahl</td><td>28</td><td>0</td><td>28</td></tr>
<tr><td>% innerhalb von F20_5b_DICH</td><td>25,9%</td><td>0%</td><td>21,7%</td></tr>
<tr><td rowspan="2">1
Erfolg positiv</td><td>Anzahl</td><td>80</td><td>21</td><td>101</td></tr>
<tr><td>% innerhalb von F20_5b_DICH</td><td>74,1%</td><td>100%</td><td>78,3%</td></tr>
<tr><td colspan="2" rowspan="2">Gesamt</td><td>Anzahl</td><td>108</td><td>21</td><td>129</td></tr>
<tr><td>% innerhalb von F20_5b_DICH</td><td>100%</td><td>100%</td><td>100%</td></tr>
</table>

Tabelle 61: Kreuztabelle für Beurteilung der subjektiven Einschätzung zum Erfolg
Quelle: Eigene Darstellung

Wie aus Tabelle 61 zu entnehmen ist, bewerten 78,3% der Personen, die den Fragebogen beantwortet haben, die Entwicklung der Internationalisierung des Unternehmens als vollen Erfolg. Wenn Sozialkapital einen Beitrag zum Internationalisierungserfolg geleistet hat, dann wurde in allen Fällen die Internationalisierung als voller Erfolg für das Unternehmen bewertet. Im Vergleich dazu wurde in 74,1% der Fälle eine positive Bewertung bzgl. des Internationalisierungserfolges abgegeben, obwohl eher kein Beitrag durch Sozialkapital für den Erfolg der Internationalisierung vorhanden war. Auch zwischen diesen beiden Kategorien lässt sich ein signifikanter Unterschied ($p<0.01$) feststellen (vgl. Anhang 32). Unter Berücksichtigung der subjektiven Einschätzung der bearbeitenden Personen des Fragebogens kann festgestellt werden, dass Familienunternehmen durch die Nutzung und den Beitrag von Sozialkapital bei der Entwicklung der Internationalisierung erfolgreicher sind.

Wie bei den fünf Kreuztabellen zu erkennen ist, liegen jeweils signifikante Unterschiede zwischen den beiden Kategorien vor. Für diese fünf Erfolgsgrößen konnte gezeigt werden, dass soziales Kapital einen positiven Einfluss auf den Internationalisierungserfolg ausübt. Familienunternehmen sind bei der Internationalisierung somit erfolgreicher wenn sie soziales Kapital nutzen. Aufgrund der dargestellten Ergebnisse kann die Hypothese 12 insgesamt bestätigt werden.

7.2 Entwicklung eines Modells zum Forschungsthema

7.2.1 Einbezogene Indikatoren bzw. Variablen für das Modell

Aufgrund des explorativen Charakters des für diese Arbeit zugrundeliegenden Forschungsthemas wurde für die Entwicklung eines Modells auf das Verfahren der schrittweisen Regression zurückgegriffen (vgl. Urban & Mayerl, 2011, S. 112–113). Die bei der schrittweisen Regression in SPSS verwendeten Variablen werden durch die Fragen zum Internationalisierungsprozess von Familienunternehmen und zum Thema Sozialkapital im Fragebogen abgebildet. Dabei wurden nur solche Variablen des Fragebogens berücksichtigt, die aus theoretischer, inhaltlicher und/oder praxisbezogener Sicht Einfluss auf den Erfolg eines Unternehmens ausüben können. Zudem wurden teilweise die in den vorherigen Kapiteln dargestellten aggregierten Variablen als unabhängige Variablen herangezogen. Jedoch wurden aggregierte Variablen nur verwendet, wenn diese neben einer akzeptablen Reliabilität auch inhaltlich plausibel waren. Dabei wurden die Variablen entweder einzeln berücksichtigt oder aggregiert verwendet, jedoch nicht beide gleichzeitig. Diese Handhabung wird als richtig angesehen, da ansonsten die Gefahr bestünde, dass einzelne Variablen doppelt in der Analyse verwendet werden und somit ein stärkeres Gewicht erhalten würden. Für die schrittweise Regression wurden im Einzelnen folgende Variablen verwendet:

Beschreibung der unabhängigen Variable	Variablenname bzw. Frage im Fragebogen
Eignung von verschiedenen Beziehungen und Netzwerken zum Austausch von Erfahrungen und Strategien bei der Internationalisierung	F6_1, F6_2, F6_3, F6_4, F6_5, F6_6, F6_7
Zeitaufwand der am Unternehmen beteiligten Akteure für den Aufbau und Pflege von Beziehungen	F7_1b, F7_2b, F7_3b, F7_4b, F7_5b, F7_6b
Nutzung von Organisationen für Themen der Internationalisierung	F8_1c, F8_2c, F8_3c, F8_4c, F8_5c, F8_6c, F8_7c, F8_8c
Wichtigkeit von Informationen bei der Analyse und Prognose des internationalen Umfelds	F9A
Einfluss von Beziehungen und Netzwerken für den Erhalt von Informationen bei der Analyse und Prognose des internationalen Umfelds	F9B
Inanspruchnahme von in- und ausländischen Organisationen im Zuge der Internationalisierung	F10_1a, F10_2a, F10_3a, F10_4a, F10_5a, F10_6a

Beschreibung der unabhängigen Variable	Variablenname bzw. Frage im Fragebogen
Ziele und Motive von Familienunternehmen bei der Internationalisierung	F11_1a, F11_2a, F11_3a, F11_4a, F11_5a, F11_6a, F11_7a, F11_8a, F11_9a, F11_10a, F11_11a, F11_12a, F11_13a
Familienunternehmenstypische Besonderheiten bei der Internationalisierung	F12_Faktor1
Ruf und Ansehen der Familie bzw. des Unternehmens	F12_Faktor4
Zielländer und Regionen bei der Internationalisierung von Familienunternehmen	F13_1a, F13_2a, F13_3a, F13_4a, F13_5a, F13_6a, F13_7a, F13_8a, F13_9a, F13_10a, F13_11a
Formen des Auslandsengagements von Familienunternehmen	F14_1a, F14_2a, F14_3a, F14_4a, F14_5a, F14_6a, F14_7a, F14_8a, F14_9a
Finanzierungformen zur Internationalisierung der Familienunternehmen	F15_1a, F15_2a, F15_3a, F15_4a, F15_5a, F15_6a, F15_7a, F15_8a, F15_9a, F15_10a
Bedeutung von Lobbying und business-government-relations bei der Internationalisierung	F17_Faktor1, F17_Faktor2
CSR und Sozialkapital	F22_Faktor1, F22_Faktor2
Vertrauen	F23_Faktor1
Kontrollvariablen: Unternehmensgröße, Hauptsitz des Unternehmens, Gründung des Unternehmens, Branchenzugehörigkeit, Familieneinfluss im Unternehmen	F1_Faktor1, F1_1_DICH, F1_2_DICH, F1_3_DICH, F2_SFI

Tabelle 62: Berücksichtigte Indikatoren für die Entwicklung eines Modells
Quelle: Eigene Darstellung

Wie aus Tabelle 62 zu entnehmen ist, werden 16 verschiedene Themengruppen mit den entsprechenden unabhängigen Variablen für die Entwicklung eines Modells berücksichtigt. Es kann angenommen werden, dass der Austausch von Erfahrungen, Strategien und/oder Problemen der Internationalisierung bei Kontakten auf verschiedenen Ebenen (z.B. Veranstaltungen, Vereinen, Parteien, Verbänden, im Internet oder bei Freunden der Unternehmerfamilie) Einfluss auf den Internationalisierungserfolg haben kann. Deshalb werden alle bei Frage 6 des Fragebogens angegebenen Möglichkeiten (F6_1 bis F6_6) für die Regressionsanalyse berücksichtigt.

Des Weiteren werden durch Frage 7B Beziehungen und Kontakte verschiedener am Unternehmen beteiligter Akteure zu externen Fachleuten für den Erfolg der Internationalisierung bewertet. Hier darf aus theoretischer Sicht angenommen werden, dass der jeweils aufgebrachte Zeitaufwand einen direkten Einfluss auf den Erfolg des Unternehmens haben könnte. Deshalb werden diese Variablen (F7_1b bis F7_6b) ebenfalls mit in die Analyse einbezogen. Aus inhaltlicher Sicht könnte man auch die Variablen aus Frage 7A, die die verschiedenen Beziehungen der am Unternehmen beteiligten Akteure für den Internationalisierungserfolg bewertet, berücksichtigen. Diese werden jedoch aufgrund der vorhandenen Multikollinearität zwischen der Frage 7A und 7B nicht für das Modell hinzugezogen (vgl. Anhang 29). Auch die Nutzung von speziellen Netzwerken und Organisationen für Familienunternehmen kann bei einem Austausch zu Themen der Internationalisierung für das Unternehmen einen Nutzen bringen. Da dies auch einen Einfluss auf den Erfolg des Unternehmens haben kann, werden diese Variablen (F8_1c bis F8_8c) bei der Regressionsanalyse mitberücksichtigt.

Für die Analyse und Prognose des internationalen Umfelds ist es für Familienunternehmen wichtig entsprechende Informationen zur Internationalisierung zu erhalten. Durch Frage 9A wurde die Wichtigkeit verschiedener Informationen bei der Analyse und Prognose des internationalen Umfelds ermittelt. Zudem wurde durch Frage 9B erfasst, inwieweit diese Informationen durch Beziehungen bzw. Netzwerke erhalten wurden. Da die thematischen Inhalte der Fragen 9A und 9B sehr detailliert sind und die Variablen eine hohe interne Konsistenz erreichen, werden die aggregierten Variablen F9A und F9B für die Regressionsanalyse mit einbezogen (vgl. Kapitel 7.1.3.3). Des Weiteren werden die einzelnen Variablen der Frage 10A (F10_1a bis F10_6a) bei der schrittweisen Regression mit berücksichtigt. Hier kann angenommen werden, dass die Inanspruchnahme von in- und ausländischen privaten, staatlichen und/oder halbstaatlichen Organisationen einen positiven Effekt auf den Erfolg des Unternehmens haben kann.

Der Internationalisierungsprozess eines Unternehmens wird durch Ziele und Motive des Familienunternehmens angestoßen. Aufgrund der Tatsache, dass eine Zusammenfassung verschiedener Ziele aus inhaltlichen und statistischen Gründen nicht möglich ist, werden alle einzelnen Variablen von Frage 11A (F11_1a bis F11_13a) mit in die Analyse eingebunden. Des Weiteren können auch familientypische Besonderheiten der Unternehmen bei der Internationalisierung einen Einfluss auf den Erfolg des Unternehmens haben. Daher wird die aggregierte Variable F12_Faktor1 (vgl. Kapitel 7.1.1.3) bei der Regressionsanalyse mit berücksichtigt. Auch der Ruf und das Ansehen eines Unternehmens können indirekt einen Einfluss auf den Unternehmenserfolg haben. Die aggregierte Kennzahl F12_Faktor4 (vgl. Kapitel 7.1.1.3) soll daher ebenfalls als mögliche erfolgswirksame Variable Berücksichtigung finden.

Im Rahmen der Strategieentwicklung des Internationalisierungsprozesses werden die Zielländer (Frage 13), die Formen der Auslandstätigkeit (Frage 14) sowie die Finanzierung der Internationalisierung (Frage 15) thematisiert und festgelegt. Es ist davon auszugehen, dass diese Entscheidungen den künftigen Erfolg des Unternehmens mitbestimmen werden. So kann bspw. die Wahl der Zielländer und Regionen, in denen Familienunternehmen operativ tätig sind (F13_1a bis F13_11a), den Erfolg des Unternehmens beeinflussen. Das gleiche gilt auch für die Nutzung von unterschiedlichen Internationalisierungs- und Finanzierungsformen (F14_1a bis F14_9a bzw. F15_1a bis F15_11a). Für die schrittweise Regression werden die Variablen der Frage 13A, der Frage 14A bzw. der Frage 15A einzeln verwendet, da dies aus inhaltlichen Gründen sinnvoll ist. Eine Zusammenfassung von Variablen könnte sonst zu Informationsverlusten führen.

Des Weiteren kann angenommen werden, dass auch Lobbying und business-government-relations (Frage 17) bei der Internationalisierung einen Einfluss auf den Erfolg des Unternehmens ausüben können. Da die Variablen für Lobbying (F17_1 bis F17_4) und business-government-relations (F17_5 bis F17_7) eine hohe interne Konsistenz besitzen (vgl. Kapitel 7.1.3.5), werden für die Regressionsanalyse die aggregierten Variablen F17_Faktor1 und F17_Faktor2 verwendet. Zudem werden aus inhaltlichen Gründen auch die aggregierten Variablen F22_Faktor1 und F22_Faktor2 (vgl. Kapitel 7.1.3.4), welche die Themen CSR bzw. Einfluss von Sozialkapital auf CSR in Familienunternehmen thematisieren, der schrittweisen Regression hinzugefügt. Bei diesen beiden aggregierten Variablen kann ebenfalls angenommen werden, dass ein Zusammenhang durch den Einfluss von CSR bzw. von Sozialkapital auf CSR mit dem Erfolg des Unternehmens besteht. Weiterhin spielt der Aspekt Vertrauen innerhalb der Beziehungen und Netzwerke eine wichtige Rolle. Hierzu wurde in Kapitel 7.1.2.1 die aggregierte Variable F23_Faktor1 gebildet. Vertrauen ist Grundlage von Sozialkapital und wird möglicherweise auch den Unternehmenserfolg indirekt beeinflussen. Daher soll diese Variable auch bei der Regressionsgleichung berücksichtigt werden.

Die letzten Variablen, welche der schrittweisen Regression hinzugefügt werden, sind aus Kapitel 6.2.4 bekannt und stellen die fünf Kontrollvariablen zur Unternehmensgröße (F1_Faktor1), zum Hauptsitz des Unternehmens (F1_1_DICH), zur Gründung des Unternehmens (F1_2_DICH), zur Branchenzugehörigkeit (F1_3_DICH) und zum Familieneinfluss im Unternehmen (F2_SFI) dar. Im folgenden Kapitel wird nun auf das Ergebnis des Modells eingegangen.

7.2.2 Ergebnis des Modells

Wie bereits dargestellt, wurde für die Modellfindung die schrittweise Regression verwendet. Bei dieser Vorgehensweise und Berechnung eines Modells werden mehrere unterschiedliche Modelle als mögliche Lösungen durch SPSS dargestellt. Es werden dabei diejenigen Variablen durch SPSS ausgewählt, die das Gütekriterium maximieren. Die Variablen werden bei jedem Schritt gemäß F-Wahrscheinlichkeit und t-Test (Signifikanzniveau: 95%) auf Annahme oder Ausschluss geprüft. Der Prüfprozess wird solange fortgesetzt, bis für keine Variable mehr die Möglichkeit der Aufnahme bzw. des Ausschlusses existiert (vgl. Brosius, 2011, S. 588). Im Rahmen dieser Arbeit wurden durch SPSS insgesamt 9 aufeinander aufbauende Modelle als mögliche Lösungen ermittelt (vgl. Anhang 33). Aus diesen verschiedenen möglichen Modellen, wurde das am besten „passende" Modell ausgewählt. Für diese Arbeit wurde das Modell 6 bestimmt, da dieses Modell zum einen inhaltlich plausibel ist und zugleich interessante neue Ansätze für zukünftige Untersuchungen liefert. Die Koeffizienten sowie die statistischen Kennzahlen des Modells zeigt die folgende Tabelle.

Modell	Nicht standardisierte Koeffizienten		Standardisier-teKoeffizienten	T	Sig.
	Regressions-koeffizientB	Standard-fehler	Beta		
6 (Konstante)	1,100	,216		5,087	,000
F1_Faktor1 Unternehmensgröße	,203	,055	,339	3,677	,001
F14_7a Nutzung M&A im Ausland	,601	,125	,434	4,808	,000
F13_7a Operativ tätig in China	,462	,119	,307	3,895	,000
F10_1a Nutzung private Organisationen im Inland	,606	,140	,349	4,329	,000
F13_9a Operativ tätig in Russland	,386	,109	,273	3,542	,001
F10_6a Nutzung halbstaatliche Organisationen im Ausland	,291	,110	,212	2,653	,011

Tabelle 63: Koeffizienten des Modells
Quelle: Eigene Darstellung

Wie Tabelle 63 erkennen lässt, werden insgesamt sechs unabhängige Variablen bei diesem Modell berücksichtigt. Dabei zeigt das entwickelte Modell im Einzelnen, dass Familienunternehmen erfolgreich sind, wenn sie:

- Merger & Acquisitions im Ausland nutzen,
- in China und Russland operativ tätig sind,
- private Organisationen im Inland im Zuge der Internationalisierung nutzen,

- halbstaatliche Organisationen im Ausland im Zuge der Internationalisierung nutzen und
- eine zunehmende Unternehmensgröße besitzen (Kontrollvariable).

Das Modell zeigt, dass eine operative Tätigkeit in China und Russland die größte Wahrscheinlichkeit für einen Erfolg des Familienunternehmens besitzt. Für deutsche Unternehmen wird es zunehmend schwerer, Wachstum in Europa zu generieren. Die BRIC-Staaten bzw. Teile der BRIC-Staaten gewinnen daher zunehmend an Interesse und Einfluss auf den Unternehmenserfolg. Für Familienunternehmen kann es daher lohnenswert sein, Investitionen in diese Länder zu tätigen. In diesem Zusammenhang ist auch die Entscheidung bzgl. der zu bestimmenden Internationalisierungsform interessant. Das hier entwickelte Modell zeigt, dass sich die Nutzung von M&A positiv auf den Erfolg der Unternehmen auswirkt. Auch in den Ländern China und Russland kann eine solche Internationalisierungsform von Vorteil sein. Wie in Kapitel 3.1.2.4.3 dargestellt, kann durch eine solche Form u.a. ein schnelles Wachstum generiert werden. Zudem besteht die Möglichkeit von dem vorhandenen Know-how des Zielunternehmens zu profitieren. Des Weiteren weisen China und Russland größere kulturelle Distanzen zu Deutschland auf (vgl. Kapitel 7.1.3.7). Eine Geschäftstätigkeit in diesen Ländern ist demnach oft mit Anpassungsproblemen verbunden. Durch M&A kann daher das Risiko einer Geschäftstätigkeit im Ausland minimiert werden.

Die Inanspruchnahme von Hilfen bei der Internationalisierung ist sinnvoll. Hier empfiehlt es sich auf private Organisationen im Inland zurückzugreifen. Das Modell zeigt, dass durch die Nutzung von Fachverbänden, privaten Beratern und deren Netzwerke sowie Wirtschaftsprüfern im Inland ein positiver Effekt auf den Erfolg des Unternehmens erreicht werden kann. Private Organisationen im Inland können somit für Unternehmen wichtige Ansprechpartner bei der Internationalisierung sein. Zudem zeigt das Modell, dass die Nutzung von halbstaatlichen Organisationen im Ausland einen positiven Einfluss auf die abhänge Erfolgsvariable hat. Hier können z.B. Unterstützungen und Hilfen der Auslandshandelskammern einen positiven Beitrag zum Erfolg des Unternehmens leisten. Durch die Nutzung von Beziehungen zu privaten Organisationen im Inland sowie halbstaatlichen Organisationen im Ausland kann das Wissen und die Kenntnis über eine Internationalisierung erhöht und verbreitet werden. Dieses kann insbesondere bei der Internationalisierung in Länder wie China und Russland von Bedeutung sein. Zusätzlich können diese in- und ausländischen Organisationen auch bei der Planung und Umsetzung von M&A-Transaktionen Unterstützungen und Hilfen bereitstellen.

Des Weiteren übt die Unternehmensgröße Einfluss auf die abhängige Variable Erfolg aus. Eine konkrete Größenangabe ist jedoch nur schwer auszumachen. Betrachtet man die Variable der Unternehmensgröße genauer, so kann argumentiert werden, dass die Unternehmen mindestens 500 Mitarbeiter besitzen und einen jährlichen Umsatz von mindestens 50 Mio. EUR erwirtschaften. Aufgrund dieser Größenordnung dürfte das Modell eher nicht für KMU gelten. Berücksichtigt man die bisher in das Modell einbezogenen unabhängigen Variablen, so scheint die Unternehmensgröße eine logische Folge davon zu sein. Die Nutzung von M&A sowie die Internationalisierung nach China und Russland dürften für größere Familienunternehmen erheblich leichter zu realisieren sein als dies für kleinere Unternehmen der Fall ist. Zudem können erfolgreiche Unternehmen leichter wachsen, was ebenfalls für die Berücksichtigung der Unternehmensgröße in dem Modell spricht.

Die standardisierten Beta-Koeffizienten (s. Tabelle 63) zeigen den Erklärungsgehalt der einzelnen Variablen für das Modell an. Hierbei zeigt sich, dass die Variable F14_7a (Nutzung M&A im Ausland) den größten Beta-Wert aufweist und somit von allen im Modell berücksichtigten Variablen den größten Erklärungsgehalt besitzt. Dagegen leistet die Variable F10_6a (Nutzung von halbstaatlichen Organisationen im Ausland) den geringsten Beitrag zur Erklärung des Unternehmenserfolgs.

Betrachtet man die statistischen Kennzahlen für das multiple Regressionsmodell mit der abhängigen Variable F4_20A_21 sowie den sechs unabhängigen Variablen, so ergibt sich folgendes Ergebnis.

Modell	R	R-Quadrat	Korrigiertes R-Quadrat	Standardfehler des Schätzers
6	0,860	0,740	0,706	0,36884

Tabelle 64: Statistische Kennzahlen des ausgewählten Modells
Quelle: Eigene Darstellung

Wie aus Tabelle 64 zu entnehmen ist, wurden für die verschiedenen Modelle die Kennzahlen R, R-Quadrat, korrigiertes R-Quadrat und der Standardfehler des Schätzers berechnet. Die Kennzahl „korrigiertes R-Quadrat“ gibt dabei die Aussagekraft des aufgestellten Modells wieder (vgl. Urban & Mayerl, 2011, S. 96–97). Somit können 70,6% der Varianz der Variable des Unternehmenserfolges (F4_20A_21) durch die sechs beschriebenen unabhängigen Variablen erklärt werden.

7.2.3 Bewertung der Leistungsfähigkeit des Modells

Nachdem im vorherigen Kapitel das Ergebnis des Modells zum vorliegenden Forschungsthema dargelegt wurde, soll an dieser Stelle auf die Bewertung der Leistungsfähigkeit des Modells eingegangen werden. Wie bereits ausgeführt, wurde die Kombination der drei Themen Internationalisierungsprozess, Familienunternehmen und Sozialkapital in der vorliegenden Forschung bislang nicht berücksichtigt. In der Wissenschaft ist bis dato kein Modell zu erkennen, welches die drei verschiedenen Themenkomplexe beinhaltet. Somit stellt der für die Entwicklung dieses Modells gewählte quantitativ-explorative Forschungsansatz unter Verwendung einer schrittweisen Regression sowie den bereits erwähnten Voraussetzungen eine akzeptable Vorgehensweise dar.

Das Ergebnis des Modells zeigt, dass die Ergebnisvariablen sehr praxisnah eingestuft werden können. Des Weiteren kann positiv festgehalten werden, dass das entwickelte Modell eine hohe statistische Erklärungskraft für den Unternehmenserfolg besitzt. Hierbei ist auch positiv zu bewerten, dass bei der Modellauswahl bewusst darauf verzichtet wurde, ein Modell auszuwählen, welches auf der einen Seite zwar eine noch höhere statistische Aussagekraft besitzt (ausgedrückt durch einen höheren korrigierten R-Quadrat-Wert), auf der anderen Seite jedoch inhaltlich nicht mehr stimmig erscheint. Daher wurde nicht das Modell mit dem höchsten korrigierten R-Quadrat-Wert (Modell 9, s. Anhang 33) der schrittweisen Regression verwendet, sondern vielmehr ein inhaltlich stimmiges und sinnvolles Modell ausgewählt. Des Weiteren wurde auch bei den der schrittweisen Regression zur Verfügung gestellten Variablen auf eine inhaltliche Konsistenz geachtet. Dadurch sind neben dem Modell auch die möglichen unabhängigen Variablen thematisch und inhaltlich zueinander abgestimmt.

Nichtsdestotrotz müssen auch normative Aussagen über die Leistungsfähigkeit des in Kapitel 7.2.2 aufgestellten Modells getroffen werden. Das aufgestellte Modell ist mit den im Rahmen dieser Arbeit ermittelten Daten als gültig anzusehen. Diese Daten beruhen auf den Antworten der 129 deutschen Familienunternehmen des verarbeitenden Gewerbes, welche den Fragebogen beantwortet hatten. Das Modell ist deshalb nicht als allgemeingültig anzusehen. Vielmehr ist das Ergebnis des Modells auf diese Arbeit beschränkt und kann als ein möglicher Erklärungsvorschlag für den Erfolg eines Familienunternehmens angesehen werden. Zukünftige Forschung sollte diesen Ansatz aufgreifen und anhand neuer empirischer Untersuchungen die Richtigkeit der Aussagen bestätigen bzw. falsifizieren. Auf Basis der vorliegenden Ergebnisse wird die folgende Hypothese aufgestellt:

H: Wenn Familienunternehmen für eine Internationalisierung M&A nutzen, in China und Russland operativ tätig werden, Informationen beim Internationalisierungsprozesses über private Organisationen im Inland bzw. halbstaatliche Organisationen im Ausland erhalten und bzgl. der Unternehmensgröße keine KMU darstellen, dann wirkt sich dies positiv auf den Erfolg des Unternehmens aus.

Das aufgestellte Modell ist trotz aller möglichen Einschränkungen und Schwächen interessant und stellt brauchbare und neue Ansätze für den Unternehmenserfolg von Familienunternehmen bereit. Damit sind die Ergebnisse des Modells sowohl aus inhaltlicher als auch aus praxisorientierter Sicht plausibel und logisch. Es ist nun Aufgabe zukünftiger Forschung, dieses Thema erneut aufzugreifen, zu überprüfen und zu bewerten.

7.3 Datenaufbereitung und Darstellung der Clusteranalyse

7.3.1 Operationalisierung der einbezogenen Variablen

In den vorherigen Kapiteln wurden die Ergebnisse der Unternehmensbefragung präsentiert. In diesem Kapitel soll die Vorgehensweise und Operationalisierung der für die Clusteranalyse verwendeten Variablen erläutert werden. Wie bereits in Kapitel 6.2.1 dargelegt, ist die Messung des Einflusses von Sozialkapital bei einem Internationalisierungsprozess mit einigen Problemen verbunden. Der in dieser Arbeit verwendete Fragebogen ermittelt bei einer Reihe von Fragen den Umfang der Nutzung von Beziehungen und Netzwerken. Die Bewertung der Nutzung von Sozialkapital spielt bei der Clusteranalyse eine wichtige Rolle. Für die Clusteranalyse werden daher die Fragen 5, 7B, 8B, 8C, 9B, 10A, 11C, 19, 20B und 23 sowie Teile der Fragen 16, 22, 24 und 25 des Fragebogens herangezogen. Auf Basis der Antworten soll der Umfang der Nutzung sowie die Bewertung von Sozialkapital dargestellt werden. Über die Clusteranalyse werden zwei Cluster gebildet, die jeweils die Höhe bzw. Intensität der Nutzung sowie die Bewertung von Sozialkapital wiedergeben. Auf die einzelnen Fragen und Konstrukte, die bei der Clusteranalyse berücksichtigt werden, wird auch im folgenden Kapitel eingegangen.

Die meisten Antwortkategorien der Fragen des Fragebogens bestanden aus einer fünfstufigen Skala (vgl. Kapitel 6.2.2.1). Jede Frage des Fragebogens setzte sich aus einer Reihe von Einzelfragen bzw. Variablen zusammen. Die Antwort einer Einzelfrage kann gemäß der fünfstufigen Skala zu einem entsprechenden Wert zwischen eins und fünf zugeordnet werden. So verfuhr man bei allen anderen Einzelfragen analog. Dadurch kann für jede Frage die Summe aus den so ermittelten Bewertungen der Einzelfragen gebildet werden. Fasst man diese Ergebnisse zu einer Gesamtdarstellung für jede Frage bzw. für jedes Konstrukt in einem Diagramm zusammen, so erhält man eine Verteilung, die die Zahl der Unternehmen in Bezug auf den Umfang bzw. die Intensität der Nutzung von Sozialkapital abbildet. Sollten die Antworten von Fragen im Fragebogen jedoch aus einer zwei- bzw. dreistufigen Skala bestehen, so wurden die Antworten auf eine fünfstufige Skala gestreckt. Damit soll der verzerrenden Gewichtung von einzelnen Variablen entgegengewirkt werden. Zugleich dient diese Vorgehensweise der Vereinheitlichung des hier angewendeten Verfahrens.

Um eine korrekte Bewertung und Gleichheit der Variablen zu gewährleisten, wurde bei den für die Clusteranalyse verwendeten Fragen mit einer zweistufigen Skala im Fragebogen (Antwortkategorie „Nein", "Ja" in Frage 8B, 8C und 10A) wie folgt vorgegangen. Für den Fall, dass die Antwort im Fragebogen mit „Nein" ausfiel, wurde der neue Wert für die weitere Berechnung der Clusteranalyse auf „0"[80] festgesetzt. Wurde dagegen bei der Frage mit „Ja" geantwortet, so wurde der neue Wert auf „5" festgelegt. Die neue Bewertung wird als legitim und richtig angesehen, da die Nutzung von Beziehungen und Netzwerken, der höchsten Bewertung auf einer fünfstufigen Skala entspricht. Neben der Anpassung der Antwortkategorien bei einer zweistufigen Skala, wurde auch die Antwortkategorie der Frage mit einer dreistufigen Skala (Antwortkategorie „gering", „mittel", „groß" in Frage 7B) umgeändert und für die Clusteranalyse angepasst. Hierbei wurde für die Antwortkategorie „gering" der Wert „1", für die Antwortkategorie „mittel" der Wert „3" und für die Antwortmöglichkeit „groß" der Wert „5" festgelegt. Wurde der Zeitaufwand für den Aufbau und die Pflege von Beziehungen und Netzwerken als „groß" eingestuft, so entspricht diese Bewertung ebenfalls der höchsten Bewertung auf einer fünfstufigen Skala. Insgesamt kann somit durch die angepassten und veränderten Skalen eine faire und gleichgewichtete Bewertung der einzelnen Variablen ermöglicht werden. Zudem stehen diese im Einklang mit der bei der Dichotomisierung gewählten Vorgehensweise.

[80] Der Wert 0 war bei einer fünfstufigen Skala nicht vorhanden. Jedoch wurde in diesem Fall der Wert 0 gewählt, da bei einer Antwort mit „Nein" eine klare Ablehnung für die Inanspruchnahme von Sozialkapital gegeben wurde. Somit wäre der Wert 1 nicht korrekt gewesen.

Darüber hinaus existieren noch weitere Besonderheiten, die bei der Operationalisierung zu berücksichtigen sind. Dies betrifft die Handhabung der fehlenden Werte in den Fragen 7B und 11C. Wie bereits aus den vorherigen Kapiteln bekannt ist, kommen die fehlenden Werte in diesen beiden Fragen dadurch zustande, dass nicht alle Familienunternehmen über die in Frage 7B angegebenen Akteure (z.B. Kontroll- und Aufsichtsorgan) verfügen. Dagegen entstehen die fehlenden Werte in Frage 11C dadurch, dass Familienunternehmen unterschiedliche Internationalisierungsziele verfolgen. Die in dieser Arbeit gewählte Lösung und Vorgehensweise für die Handhabung der fehlenden Werte wird im folgenden Kapitel im Rahmen der jeweiligen Fragen aufgegriffen und diskutiert. An dieser Stelle soll deshalb nicht weiter auf die Problematik eingegangen werden.

7.3.2 Verteilung der einbezogenen Konstrukte

Nachdem die Grundlagen und das Vorgehen bei der Clusteranalyse erläutert wurden, wird im Folgenden auf die für die Clusteranalyse einbezogenen Fragen bzw. Konstrukte eingegangen und die Verteilung der ermittelten Werte für die einzelnen Fragen und Inhalte graphisch dargestellt. Als erstes werden die Antworten der Frage 7B bei der Clusteranalyse berücksichtigt. Dabei ist zu beachten, dass sowohl die Variablen der Frage 7A als auch die der Frage 7B für die Clusteranalyse herangezogen werden könnten, da sich beide Fragen inhaltlich direkt bzw. indirekt auf die Nutzung von Sozialkapital beziehen. Wie bereits in Kapitel 7.1.4.1 dargelegt, lassen sich bei der Berechnung der Korrelationen zwischen den einzelnen Variablen von Frage 7A und Frage 7B jeweils signifikante ($p<0.01$) mittlere Zusammenhänge ($0,309 \leq r_{sp} \leq 0,617$) feststellen (vgl. Anhang 29). Würde man beide Fragen mit in die Clusteranalyse einbeziehen, so würde die Gefahr der Multikollinearität bestehen. Dadurch könnte ein verzerrtes und nicht korrektes Ergebnis entstehen. Aufgrund der Tatsache, dass die Angabe über den Zeitaufwand der verschiedenen am Unternehmen beteiligten Akteure für den Aufbau und die Pflege von Beziehungen und Netzwerken direkt etwas über den Umfang der Nutzung und Höhe von Sozialkapital aussagt, soll die Frage 7B und nicht die Frage 7A bei der Clusteranalyse berücksichtigt werden.

Wie bereits erwähnt, werden die jeweiligen Antworten der Variablen aus Frage 7B auf eine fünfstufige Skala gestreckt. Darüber hinaus muss bei dieser Frage für die Clusteranalyse eine weitere Besonderheit berücksichtigt werden. Wie in Kapitel 7.1.4.1 dargelegt, liegen bei den

Variablen F7_2b, F7_3b und F7_4b unterschiedliche Fallzahlen vor, da nicht alle an dieser Studie teilnehmenden Familienunternehmen weitere Familienmitglieder bzw. operativ tätige Familienmitglieder und/oder Kontroll- und Aufsichtsorgane besitzen. Somit wäre es möglich, dass bei der Berechnung der Summen der einzelnen Variablen aus Frage 7B ein verzerrendes Ergebnis durch die unterschiedliche Anzahl von Akteuren im Unternehmen zustande kommen könnte. Zudem würden die Unternehmen mit fehlenden Werten bei der Clusteranalyse nicht berücksichtigt, was die Fallzahl insgesamt deutlich mindern würde. Um für die Frage 7B eine faire Bewertung vorzunehmen, wurde die Anzahl der fehlenden Werte für die Frage 7B berechnet (vgl. Anhang 34). Da bei der Frage 7B sechs verschiedene am Unternehmen beteiligte Akteure bewertet werden sollten, kann nun die Anzahl der gültigen Antworten ermittelt werden. Dabei ergibt sich folgendes Bild.

Häufigkeit der Antworten in Frage 7	**Häufigkeit**	**Prozent**	**Kumulierte Prozente**
4	8	6,2	6,2
5	52	40,3	46,5
6	69	53,5	100,0
Gesamt	129	100,0	

Tabelle 65: Anzahl der Antworten bei Frage 7B (F7B_Akteure)
Quelle: Eigene Darstellung

Wie Tabelle 65 zeigt, haben 53,5% der Unternehmen die Frage 7B komplett beantwortet. Bei 40,3% der Unternehmen wurden Bewertungen für fünf am Unternehmen beteiligte Akteure abgegeben. Lediglich 6,2% der Unternehmen haben Bewertungen für vier Einzelfragen vorgenommen. Die durchschnittliche Anzahl an Bewertungen für die Frage 7B liegt insgesamt bei 5,47 (vgl. Anhang 34). Für eine korrekte Bewertung der Frage 7B wurde deshalb folgende Rechnung mit Hilfe von SPSS durchgeführt.

```
F7B_Gesamt_neu = SUM (F7_1b_neu,F7_2b_neu,F7_3b_neu,F7_4b_neu,F7_5b_neu,F7_6b_neu)
F7B_Akteure = 6 - F7B_Missings
F7B_Zeitaufwand_neu = F7B_Gesamt_neu / F7B_Akteure
F7B_Zeitaufwand_neu_genau = F7B_Zeitaufwand_neu * 5,47
```

Formel 3: Berechnung der Variable F7B_Zeitaufwand_neu_genau
Quelle: Eigene Darstellung

Wie die Formel 3 zeigt, wurde zuerst die Summe aus den Bewertungen der einzelnen Variablen aus Frage 7B gebildet. Dabei wurden die auf eine fünfstufige Skala gestreckten einzelnen Werte für die Berechnung verwendet. Der durchschnittliche Zeitaufwand für jedes Unternehmen (F7B_Zeitaufwand_neu) setzt sich aus der zuvor berechneten Gesamtsumme und der

Division der jeweils abgegebenen Antworten in Frage 7B (F7B_Akteure, s. Tabelle 65) zusammen. Im Anschluss daran wird dieser Wert mit der durchschnittlichen Anzahl von Bewertungen multipliziert. Durch diese Verfahrensschritte wurde für diese Frage eine angemessene und faire Bewertung erreicht. Die Verteilung der neu berechneten Variable F7B_Zeitauf-wand_neu_genau zeigt folgende Abbildung (Einzelwerte s. Anhang 34).

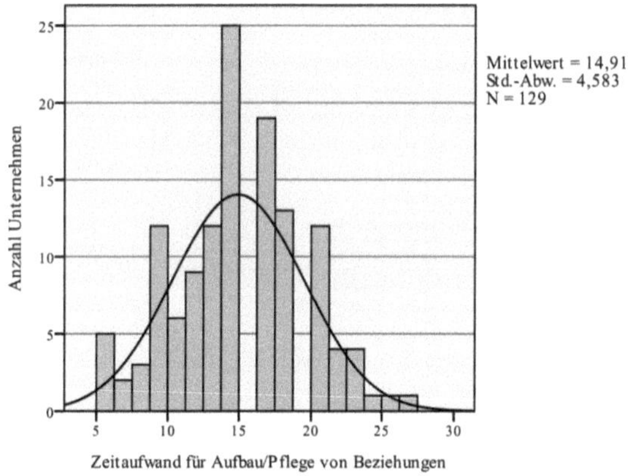

Abbildung 67: Zeitaufwand für Aufbau und Pflege von Beziehungen (Frage 7B)
Quelle: Eigene Darstellung

Wie Abbildung 67 andeutet, werden bei der Bewertung der Frage 7B Werte zwischen 5,47 und 27,35 erreicht. Der Mittelwert dieses Konstrukts erreicht einen Wert von 14,91 mit einer SD von 4,583. Die Höhe des erreichten Wertes sagt gleichzeitig auch etwas über den Aufwand für Aufbau und Pflege von Beziehungen und damit über die Nutzung von Sozialkapital im Unternehmen aus. Je höher der Wert ist, desto höher ist auch die Nutzung von sozialem Kapital durch Akteure des Unternehmens.

Des Weiteren werden die Bewertungen der Fragen 8B und 8C in die Clusteranalyse einbezogen. Wie in Kapitel 7.1.1.2 gezeigt, werden spezialisierte Netzwerke und Organisationen der Familienunternehmen in unterschiedlichem Maße genutzt. Sowohl die Nutzung von speziellen Netzwerken und Organisationen für allgemeine Themen (Frage 8B) als auch für das spezielle Thema Internationalisierung (Frage 8C) sagt etwas über den Umfang der Nutzung von Sozialkapital eines Unternehmens aus. Für die Analyse wurde deshalb aus inhaltlichen Überlegungen sowohl die Frage 8B als auch die Frage 8C mit einbezogen. Dadurch können Unternehmen einen höheren Wert erreichen, wenn sie Netzwerke und Organisationen nicht nur für allgemeine Themen nutzen sondern auch für Themen der Internationalisierung in

Anspruch nehmen. Wie bereits erwähnt, wird die zweistufige Skala auf eine fünfstufige Skala gestreckt um eine korrekte Bewertung vornehmen zu können. Je höher die Summe der Bewertung bei den beiden Fragen ist, desto höher ist auch die Nutzung von speziellen Netzwerken und Organisationen der Familienunternehmen. Die folgende Abbildung zeigt die Verteilung der erreichten Werte für die Frage 8B (Einzelwerte s. Anhang 34).

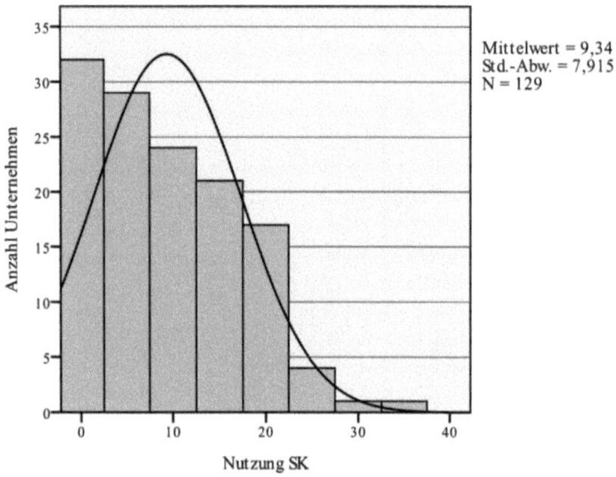

Abbildung 68: Umfang der Nutzung von Netzwerken im Allgemeinen (Frage 8B)
Quelle: Eigene Darstellung

Wie aus Abbildung 68 zu entnehmen ist, nehmen die erreichten Werte für die Frage 8B kontinuierlich ab. Da bei dieser Frage neun Einzelfragen berücksichtigt wurden, lagen die insgesamt erreichbaren Werte zwischen 0 und 45. Der Mittelwert für diese Variable liegt bei 9,34 mit einer SD von 7,915. Dabei erreichen nur 5% der Unternehmen einen Wert von ≥ 20 (vgl. Anhang 34). Je höher der erreichte Wert für das Unternehmen ist, desto höher war auch die Nutzung von Sozialkapital.

Wie für Frage 8B, gelten die gleichen Überlegungen auch für Frage 8C. Bei der Berechnung der einzelnen Werte ergibt sich folgendes Bild (Einzelwerte s. Anhang 34).

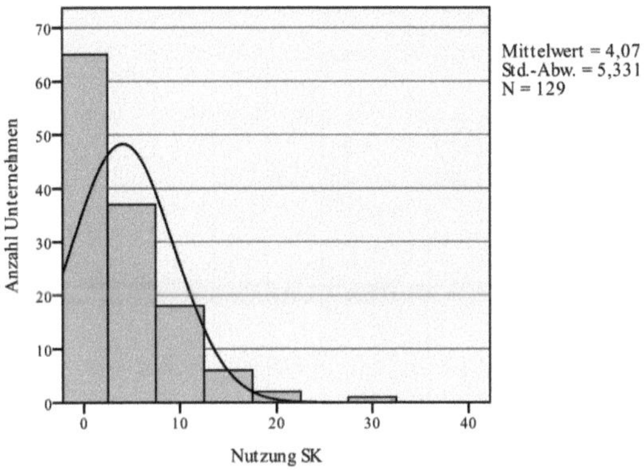

Abbildung 69: Umfang der Nutzung von Netzwerken für Int. (Frage 8C)
Quelle: Eigene Darstellung

Wie Abbildung 69 zeigt, erreicht die Mehrzahl der Unternehmen für diese Variable einen Wert von 0. Dies kommt dadurch zustande, da die Mehrzahl der Unternehmen keine speziellen Netzwerke und Organisationen für Themen zur Internationalisierung nutzt. Auch bei dieser Frage konnten insgesamt Werte zwischen 0 und 45 erreicht werden. Der Mittelwert für diese Variable liegt bei 4,07 mit einer SD von 5,331 und damit deutlich niedriger als bei Frage 8B. Dabei erreicht nur 1% der Unternehmen einen Wert von ≥ 20 (vgl. Anhang 34). Je höher der erreichte Wert für das Unternehmen ist, desto höher war auch die Nutzung von Sozialkapital bei der Internationalisierung.

Auch die Frage 10A ermittelt den Umfang der Nutzung von Sozialkapital bei der Internationalisierung. Wie bereits in Kapitel 7.1.3.6 dargelegt, nutzen Familienbetriebe bei der Internationalisierung die privaten, staatlichen und/oder halbstaatlichen Organisationen im In- und Ausland in unterschiedlicher Intensität. Auch in diesem Falle wurden die Antworten der zweistufigen Skala für die Clusteranalyse auf eine fünfstufige Skala gestreckt. Die Verteilung der erreichten Werte für Frage 10A zeigt folgende Abbildung (Einzelwerte s. Anhang 34).

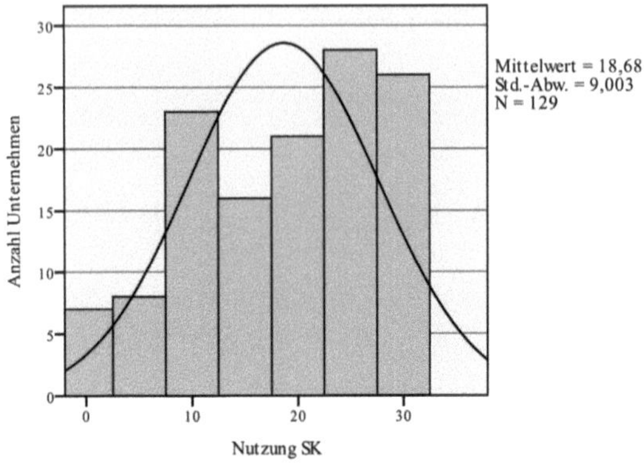

Abbildung 70: Umfang der Nutzung von in-/ausländischen Organisationen (Frage 10A)
Quelle: Eigene Darstellung

Aus Abbildung 70 ist zu entnehmen, dass bei der Bewertung der Frage 10A insgesamt Werte zwischen 0 und 30 erreicht werden. Diese Werte stellen zugleich auch die mini- bzw. maximal erreichbaren Werte für dieses Konstrukt dar. Der Mittelwert liegt bei 18,68 mit einer SD von 9,003. Dabei erreicht ein Viertel der Unternehmen den maximal erreichbaren Wert von 30 (vgl. Anhang 34). Je höher der erreichte Wert für die Unternehmen ist, desto öfter und intensiver wurde Sozialkapital bei der Internationalisierung von den Unternehmen genutzt.

Des Weiteren werden die Aussagen aus Frage 9B bei der Clusteranalyse berücksichtigt. Wie das Kapitel 7.1.3.3 gezeigt hat, erhalten Familienunternehmen Informationen im Rahmen der Analyse und Prognose des internationalen Umfelds in unterschiedlichem Umfang durch ihre Beziehungen und Netzwerke. Sollten Familiengesellschaften einzelne oder mehrere Informationen bei der Analyse und Prognose des internationalen Umfelds durch Beziehungen und Netzwerke erhalten haben, so deutet eine hohe Bewertung der einzelnen Variablen auf der fünfstufigen Skala auch auf eine intensive Nutzung von Sozialkapital im Unternehmen hin. Die Verteilung der Variable F9B_Gesamt, welche sich aus den Summen der Werte der einzelnen Variablen von Frage 9B zusammensetzt, zeigt folgende Abbildung (Einzelwerte s. Anhang 34).

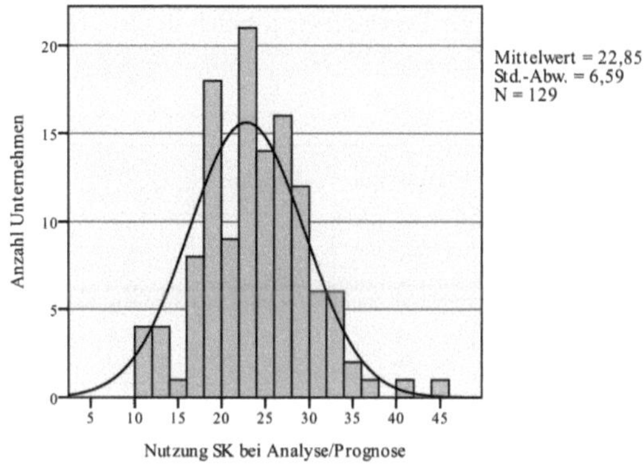

Abbildung 71: Umfang der Nutzung von SK bei Analyse/Prognose (Frage 9B)
Quelle: Eigene Darstellung

Abbildung 71 zeigt, dass bei der Bewertung der Frage 9B die erreichten Werte zwischen 9 und 45 liegen. Da bei diesem Konstrukt neun Einzelfragen berücksichtigt wurden, ist die Stufe 45 auch gleichzeitig der maximal erreichbare Wert. Ein Drittel der Unternehmen erreichen einen Wert von ≥ 27 erreicht (vgl. Anhang 34). Der Mittelwert für dieses Konstrukt liegt bei 22,85 mit einer SD von 6,59. Die Höhe des erreichten Wertes sagt gleichzeitig auch etwas über die Nutzung von Sozialkapital im Unternehmen aus. Je höher der Wert ist, desto höher und intensiver ist auch die Nutzung von sozialem Kapital zum Erhalt von bestimmten Informationen, die im Rahmen der Analyse und Prognose des internationalen Umfelds wichtig waren.

Des Weiteren werden die Antworten der Frage 11C bei der Clusteranalyse berücksichtigt. Die Auswertung dieser Variablen gibt Auskunft darüber, ob Beziehungen und Netzwerke bei der Zielerreichung hilfreich waren. Die Summe der Variablen aus Frage 11C soll daher auch bei der Clusteranalyse mitberücksichtigt werden. Hierbei muss jedoch eine weitere Besonderheit berücksichtigt werden. Für die Bewertung der Frage 11C liegen unterschiedliche Fallzahlen vor, da die Familienunternehmen nicht alle zur Auswahl stehenden Internationalisierungsziele im gleichen Umfang verfolgten. Somit wäre es möglich, dass bei Berechnung der Summen der einzelnen Variablen aus Frage 11C ein verzerrendes Ergebnis durch die unterschiedliche Anzahl von verfolgten Internationalisierungszielen zustande kommen könnte. Um die Frage 11C richtig bewerten zu können, wurde wie folgt vorgegangen. Zuerst wurde die Anzahl der fehlenden Werte für die Frage 11C berechnet (vgl. Anhang 34). Da in Frage 11C insgesamt 13 verschiedene Internationalisierungsziele bewertet werden sollten, kann sowohl die Anzahl der gültigen Antworten als auch der Durchschnitt ermittelt werden. Dabei ergibt sich folgendes Bild.

Anzahl der Antworten in Frage 11 C		Häufigkeit	Prozent	Gültige Prozente	Kumulierte Prozente
Gültig	1	1	0,8	0,8	0,8
	2	1	0,8	0,8	1,6
	3	4	3,1	3,1	4,7
	4	5	3,9	3,9	8,6
	5	18	14,0	14,1	22,7
	6	26	20,2	20,3	43,0
	7	30	23,3	23,4	66,4
	8	24	18,6	18,8	85,2
	9	8	6,2	6,3	91,4
	10	4	3,1	3,1	94,5
	11	3	2,3	2,3	96,9
	12	1	0,8	0,8	97,7
	13	3	2,3	2,3	100,0
	Gesamt	128	99,2	100,0	
Fehlend	System	1	0,8		
	Gesamt	129	100,0		

Tabelle 66: Anzahl der Antworten bei Frage 11C (F11C_Ziele)
Quelle: Eigene Darstellung

Wie in Tabelle 66 zu erkennen ist, verfolgen lediglich 2,3% der Familienunternehmen alle 13 im Fragebogen aufgelisteten Internationalisierungsziele. Bei knapp ein Viertel der Unternehmen (23,4%) werden mit der Internationalisierung insgesamt sieben der auszuwählenden Internationalisierungsziele verfolgt. Durchschnittlich verfolgen Familienunternehmen mit einer Internationalisierung insgesamt 6,87 Internationalisierungsziele (vgl. Anhang 34). Um mit diesen Ergebnissen eine korrekte Bewertung der Frage 11C im Rahmen der Clusteranalyse zu erreichen, wurde folgende Berechnung in SPSS durchgeführt.

```
F11C_Gesamt_neu = SUM(F11_1c_neu,F11_2c_neu,F11_3c_neu,F11_4c_neu,F11_5c_neu,
                      F11_6c_neu,F11_7c_neu,F11_8c_neu,F11_9c_neu,F11_10c_neu,
                      F11_11c_neu,F11_12c_neu,F11_13c_neu)
F11C_Ziele = 13 - F11C_Missings
F11C_SchnittZiele_neu = F11C_Gesamt_neu / F11C_Ziele
F11C_SchnittZiele_neu_genau = F11C_SchnittZiele_neu * 6,87
```

Formel 4: Berechnung der Variable F11C_SchnittZiele_neu_genau
Quelle: Eigene Darstellung

Wie die Formel 4 zeigt, wurde zunächst die Summe aus den vorliegenden Antworten der Frage 11C ermittelt. Der durchschnittliche Wert bzgl. der Nutzung von Beziehungen bei der Zielerreichung von Internationalisierungszielen setzt sich aus der zuvor berechneten Gesamtsumme und der Division der jeweils abgegebenen Antworten in Frage 11C (F11C_Ziele, s. Tabelle 66) zusammen. Das erhaltene Ergebnis wiederum wurde für eine korrekte Bewertung mit der durchschnittlichen Anzahl von Internationalisierungszielen aller Unternehmen (6,87) multipliziert. Durch dieses Verfahren wurde für diese Frage eine korrekte und faire Bewertung erreicht. Die Verteilung der neu berechneten Variable F11C_SchnittZiele_neu_genau zeigt die folgende Abbildung (Einzelwerte s. Anhang 34).

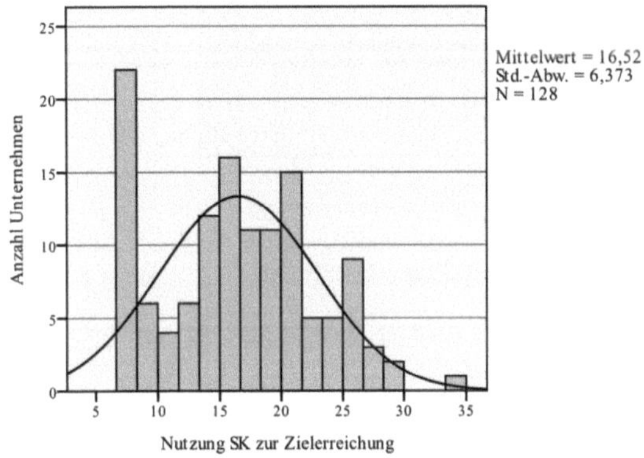

Abbildung 72: Umfang der Nutzung von SK zur Zielerreichung (Frage 11C)
Quelle: Eigene Darstellung

Wie Abbildung 72 andeutet, werden bei der Bewertung der Frage 11C Werte zwischen 6,87 und 34,35 erreicht, die zugleich die mini- bzw. maximal erreichbaren Werte für dieses Konstrukt darstellen. Gemäß der Analyse erreichen 10,9% der Unternehmen den minimal zu erreichbaren Wert, was zugleich bedeutet, dass bei diesen Unternehmen Beziehungen und Netzwerke für die Zielerreichung nicht hilfreich waren (vgl. Anhang 34). Der Mittelwert für diese Variable liegt bei 16,52 mit einer SD von 6,373. Je höher der ermittelte Wert liegt, desto häufiger waren Beziehungen und Netzwerke hilfreich, die Internationalisierungsziele des jeweiligen Unternehmens zu erreichen. Der errechnete Wert gibt somit Auskunft über die Intensität und den Erfolg durch Sozialkapital im Unternehmen.

Des Weiteren sollen die Fragen F12_1 und F12_2 bei der Clusteranalyse berücksichtigt werden. Den Anstoß zur Internationalisierung eines Unternehmens kann durch Erfahrungen aus dem Netzwerk der Unternehmerfamilie bzw. des Unternehmens erfolgt sein. Sollte dies der Fall sein, so wurde soziales Kapital im Unternehmen genutzt. Je höher dabei der erreichte Wert aus den Summen der beiden einzelnen Fragen ist, desto höher war die Nutzung von Sozialkapital im Unternehmen. Fasst man die abgegebenen Werte der beiden einzelnen Fragen zusammen, so ergibt sich für dieses Konstrukt folgendes Bild (Einzelwerte s. Anhang 34).

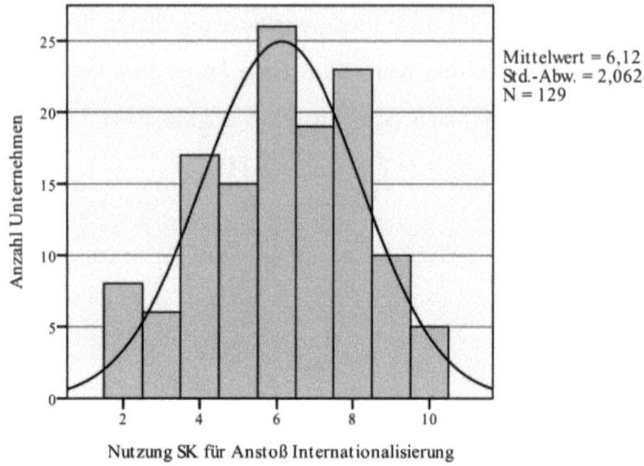

Abbildung 73: Umfang der Nutzung von SK für Anstoß der Int. (Frage 12_1/2)
Quelle: Eigene Darstellung

Abbildung 73 zeigt, dass bei der Analyse über die Nutzung von Netzwerken für den Anstoß zur Internationalisierung des Unternehmens die ermittelten Werte zwischen 2 und 10 liegen. Diese Werte stellen zugleich auch die mini- bzw. maximal erreichbaren Werte dar. Der Mittelwert dieses Konstrukts beträgt 6,12 mit einer SD von 2,062.

Des Weiteren werden Teile der Frage 16 für die Clusteranalyse herangezogen. Durch die Fragen F16_4, F16_5 und F16_6 wird die Bedeutung von Sozialkapital bei den verschiedenen Internationalisierungsformen bewertet. Damit wird durch diese Fragen indirekt eine Angabe über die Nutzung von Sozialkapital gemacht. Fasst man die bei der Befragung erhaltenen Werte der drei Fragen zusammen, so ergibt sich für dieses Konstrukt folgendes Bild (Einzelwerte s. Anhang 34).

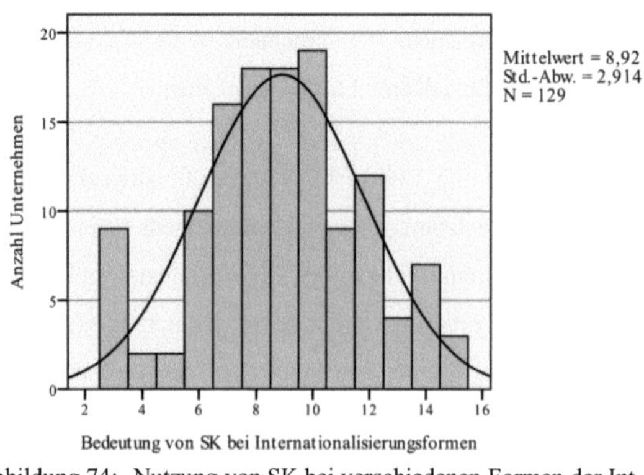

Abbildung 74: Nutzung von SK bei verschiedenen Formen der Int. (Frage 16_4/5/6)
Quelle: Eigene Darstellung

Abbildung 74 zeigt, dass bei der Bewertung des Stellenwerts von Sozialkapital bei den unterschiedlichen Internationalisierungsformen Werte zwischen 3 und 15 erreicht werden. Diese Werte stellen zugleich auch die mini- bzw. maximal erreichbaren Werte dar. Der Mittelwert dieses Konstrukts beträgt 8,92 mit einer SD von 2,914. Dabei erreichen 10% der Unternehmen einen Wert von ≤ 5 (vgl. Anhang 33). Je höher der erreichte Wert für die Unternehmen ist, desto höher war der Stellenwert von Sozialkapital bei den verschiedenen Internationalisierungsformen und damit auch die Nutzung von Sozialkapital im Unternehmen.

Weiterhin sollen die Antworten der Frage 19 des Fragebogens bei der Clusteranalyse berücksichtigt werden. Wie bereits in Kapitel 7.1.4.3 dargelegt, haben Beziehungen des Unternehmens zu verschiedenen Akteuren bzw. Gruppen für den Internationalisierungserfolg eine erhebliche Bedeutung. Wenn diese Beziehungen als wichtig oder unwichtig beurteilt werden, dann kann daraus auch eine direkte Aussage über die Nutzung von Sozialkapital im Unternehmen abgeleitet werden. Sollten Unternehmen eher wenige oder gar keine Beziehungen und Netzwerke für die Internationalisierung nutzen, so würden die Antworten im unteren Bereich der fünfstufigen Skala aus Frage 19 liegen. Dagegen beurteilen Familienunternehmen bei einer hohen abgegebenen Bewertung Beziehungen als wichtig und nutzen soziales Kapital auch erfolgreich. Betrachtet man die Summe der Bewertungen aus Frage 19, so zeigt sich folgendes Bild (Einzelwerte s. Anhang 34).

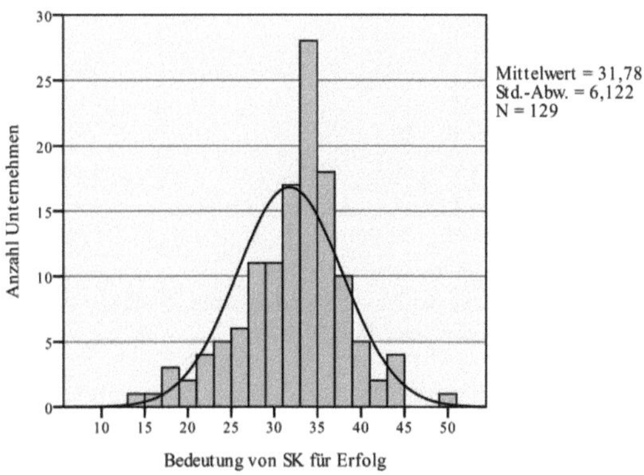

Abbildung 75: Umfang der Bedeutung von Beziehungen für Erfolg (Frage 19)
Quelle: Eigene Darstellung

Aus Abbildung 75 ist zu entnehmen, dass Werte zwischen 14 und 50 erreicht werden. Da bei diesem Konstrukt zehn Einzelfragen berücksichtigt werden, liegt der mini- bzw. maximal erreichbare Wert bei 10 bzw. bei 50. Der Mittelwert für dieses Konstrukt beträgt 31,78 mit einer SD von 6,122. Dabei erreichen 14% der Unternehmen einen Wert von ≤ 25 (vgl. Anhang 34). Je höher der erreichte Wert für die Unternehmen ist, desto höher war auch die Nutzung von Sozialkapital im Unternehmen.

Zusätzlich fließen die Antworten der Frage 20B des Fragebogens in die Clusteranalyse mit ein. Dabei kann auch soziales Kapital einen Beitrag zum Unternehmenserfolg leisten (vgl. Kapitel 7.1.4.4). Die Höhe des Beitrags von Sozialkapital zum Internationalisierungserfolg sagt auch etwas über den Umfang der Nutzung von Sozialkapital aus. Für den Fall, dass die Familienunternehmen kein bzw. wenig Sozialkapital genutzt hätten, so wären die Antworten bzgl. des Beitrags von Sozialkapital zum Internationalisierungserfolg auf der fünfstufigen Skala entsprechend gering eingestuft worden. Auf der anderen Seite sagt eine hohe Bewertung bzgl. des Beitrags von Sozialkapital zum Erfolg auch etwas über eine erhöhte Nutzung von Sozialkapital aus. Ermittelt man die Summe der Bewertungen aus Frage 20B, so ergibt dies das folgende Bild (Einzelwerte s. Anhang 34).

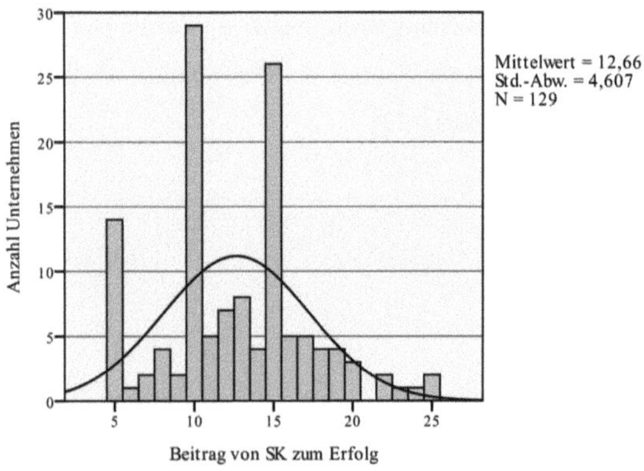

Abbildung 76: Umfang der Nutzung von SK zum Erfolg der Int. (Frage 20B)
Quelle: Eigene Darstellung

Abbildung 76 zeigt, dass bei der Bewertung dieses Konstrukts Werte zwischen 5 und 25 erreicht werden. Diese Werte stellen zugleich auch die mini- und maximal erreichbaren Werte dar. Der Mittelwert dieses Konstrukts beträgt 12,66 mit einer SD von 4,607. Es fällt auf, dass die Werte 5, 10 und 15 häufig erreicht werden. Über die Hälfte der Unternehmen (53,6%) erreicht einen dieser Werte (vgl. Anhang 34). Je höher dabei der erreichte Wert für die Unternehmen ist, desto höher war auch die Nutzung von Sozialkapital im Unternehmen.

Des Weiteren werden Teile der Frage 22 bei der Clusteranalyse mitberücksichtigt. Wie das Konstrukt F22_Faktor2 gezeigt hat, spielt Sozialkapital auch bei der Diskussion und Umsetzung von CSR-Maßnahmen im Rahmen der Internationalisierung eine Rolle (vgl. Kapitel 7.1.3.4). Die drei Fragen F22_3, F22_4 und F22_5 sollen deshalb mit in die Analyse einfließen, da die Höhe der Bewertung auch als Indiz für die Höhe der Nutzung von Sozialkapital herangezogen werden kann. Fasst man nun die abgegebenen Bewertungen der drei einzelnen Fragen zusammen, so ergibt sich folgendes Bild (Einzelwerte s. Anhang 34).

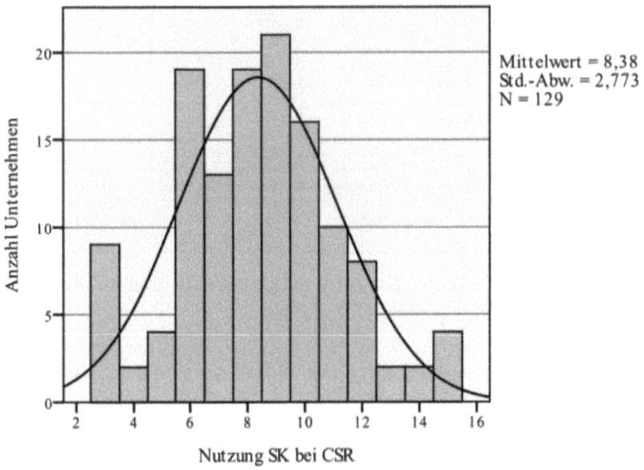

Abbildung 77: Umfang der Nutzung von Sozialkapital bei CSR (Frage 22_3/4/5)
Quelle: Eigene Darstellung

Abbildung 77 zeigt, dass bei der Bewertung der Nutzung von Sozialkapital im Rahmen von CSR-Maßnahmen die Werte zwischen 3 und 15 liegen. Diese Werte stellen zugleich auch die mini- und maximal erreichbaren Werte dar. Dabei beträgt der Mittelwert dieses Konstrukts 8,38 mit einer SD von 2,773. Ein Drittel der Unternehmen erreicht dabei einen Wert von ≥ 10 (vgl. Anhang 34). Je höher die Summe der Werte aus den drei Fragen ist, desto höher war auch der Umfang der Nutzung von Sozialkapital im Unternehmen.

Zudem werden aus Frage 24 die Teilfragen F24_13a und F24_13b mit in die Clusteranalyse einbezogen. Bei diesen Fragen wurde auf einer fünfstufigen Skala die Wichtigkeit von großen und weitvernetzten Netzwerken für die Internationalisierung des Familienunternehmens zu Beginn bzw. nach erfolgter Internationalisierung aus heutiger Sicht bewertet. Für den Fall, dass die Familienbetriebe kein bzw. nur wenig Sozialkapital genutzt hätten, dann wären die Antworten der beiden Fragen im unteren Bereich auf der fünfstufigen Skala eingestuft worden. Auf der anderen Seite sagt eine hohe Bewertung bzgl. der Wichtigkeit eines großen und weitvernetzten Netzwerks auch etwas über die Nutzung von Sozialkapital aus. Betrachtet man Summe der Bewertungen für die beiden Fragen, so ergibt sich folgendes Bild (Einzelwerte s. Anhang 34).

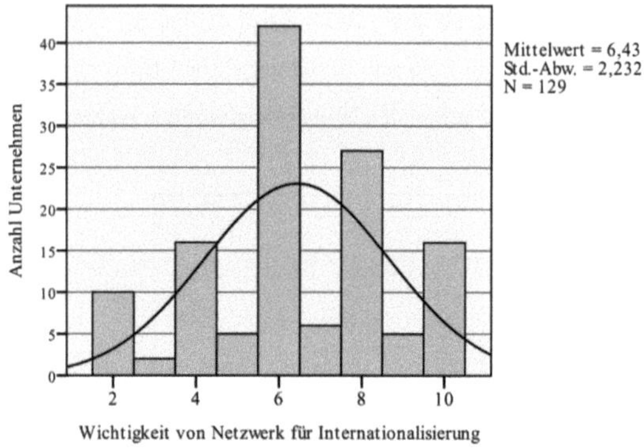

Abbildung 78: Umfang der Nutzung von Netzwerke für Int. (Frage 24_13)
Quelle: Eigene Darstellung

Abbildung 78 zeigt, dass bei der Bewertung der Nutzung von Netzwerke im Rahmen der Internationalisierung Werte zwischen 2 und 10 erreicht werden. Diese Werte stellen zugleich auch die mini- und maximal erreichbaren Werte dar. Der Mittelwert dieses Konstrukts beträgt 6,43 mit einer SD von 2,232. Ein Drittel der Unternehmen erreichen dabei einen Wert von 6 (vgl. Anhang 34). Je höher die Summe der Werte aus den beiden Einzelfragen ist, desto höher war auch die Nutzung von Sozialkapital im Unternehmen.

Weiterhin soll die Frage 25_2 bei der Clusteranalyse Berücksichtigung finden. Mit der Frage wurde geprüft, ob Beziehungen aufgrund eines möglichen Wissensabflusses vermieden werden. Da diese Frage negativ formuliert war, wird diese Frage für die Clusteranalyse positiv formuliert.[81] Demgemäß gehen Familienunternehmen Beziehungen ein, da kein Wissensabfluss befürchtet wird. Die Bewertung dieser Aussage sagt auch etwas über die Nutzung von Sozialkapital aus. Deshalb soll diese Frage ebenfalls berücksichtigt werden soll. Die Bewertung der Antworten zeigt folgende Abbildung (Einzelwerte s. Anhang 34).

[81] Antwortkategorien wurden wie folgt geändert: 1 („trifft gar nicht zu“) wird zu 5 („trifft voll zu“). 2 („trifft eher nicht zu“) wird zu 4 („trifft eher zu“) und 3 („trifft teilweise zu“) bleibt 3 („trifft teilweise zu“).

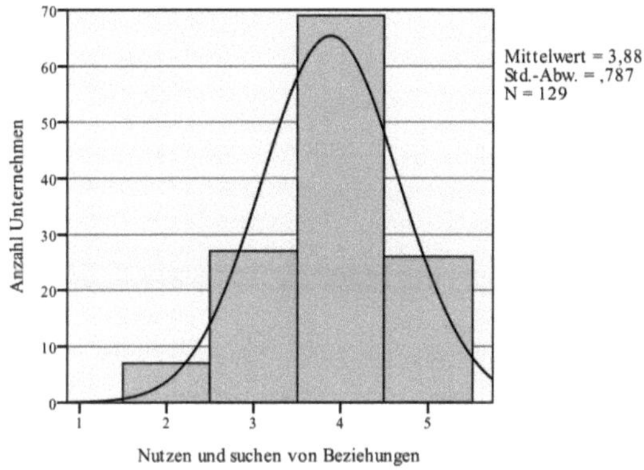

Abbildung 79: Nutzung von Beziehungen ohne Bedenken Wissensabfluss (Frage 25_2)
Quelle: Eigene Darstellung

Wie in Abbildung 79 zeigt, sucht und nutzt die Mehrzahl der Unternehmen Beziehungen. Einen möglichen Wissensabfluss befürchten sie dabei nicht. Der Mittelwert dieser Variable liegt bei 3,88 mit einer SD von 0,787. Je höher der Wert ist, desto positiver und offener beurteilen die Unternehmen ihre Beziehungen. Im übertragenen Sinne nutzen Unternehmen damit auch entsprechend häufiger und intensiver soziales Kapital.

Neben den bisher dargelegten Aspekten über die Nutzung von Sozialkapital spielt das Vertrauen als weiteres Thema eine wichtige Rolle. Wie bereits in Kapitel 7.1.2.1 dargelegt, stellt Vertrauen die Basis von Beziehungen dar. Bei der Frage nach der Nutzung von Sozialkapital muss deshalb auch das Thema Vertrauen mitberücksichtigt werden. Deshalb werden die Inhalte und Antworten aus Frage 23 des Fragebogens ebenfalls bei der Clusteranalyse berücksichtigt. Fasst man die abgegebenen Werte der fünf Fragen zusammen, so ergibt sich folgendes Bild (Einzelwerte s. Anhang 34).

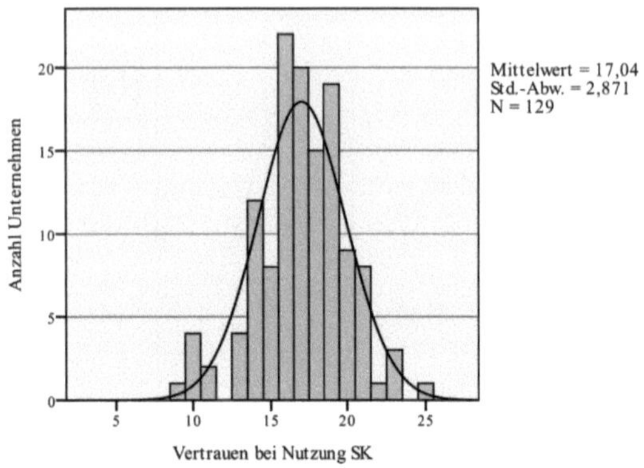

Abbildung 80: Umfang von Vertrauen bei Nutzung Sozialkapital (Frage 23)
Quelle: Eigene Darstellung

Abbildung 80 zeigt, dass bei der Bewertung des Konstrukts Vertrauen die Werte zwischen 9 und 25 liegen. Da bei diesem Konstrukt insgesamt fünf Einzelfragen berücksichtigt werden, liegt der mini- bzw. maximal erreichbare Wert bei 5 bzw. 25. Der Mittelwert für dieses Konstrukt beträgt 17,04 mit einer SD von 2,871. Dabei erreichen knapp ein Drittel der Unternehmen (31,8%) einen Wert von ≥ 19 (vgl. Anhang 34). Je höher der erreichte Wert für die Unternehmen ist, desto höher ist die Bedeutung und Bewertung von Vertrauen, was wiederum mit der Höhe von Sozialkapital in Verbindung gebracht werden kann.

Die 14 Fragen mit den dazugehörigen 83 Teilfragen bilden die Nutzung von Beziehungen und Netzwerken bzw. Sozialkapital für diese Arbeit sehr gut ab. Aufgrund der logischen und plausiblen Überlegungen zu den einzelnen Variablen, kann die getroffene Auswahl der Variablen als legitim und richtig betrachtet werden. Die folgende Tabelle zeigt einen zusammenfassenden Überblick der einzelnen Variablen, welche für die Clusteranalyse herangezogen werden.

Frage im Fragebogen	Beschreibung	Erreichbare Werte
Frage 7B (F7_1b, F7_2b, F7_3b, F7_4b, F7_5b, F7_6b)	Zeitaufwand für Aufbau und Pflege von Beziehungen	$5{,}47 \leq$ F7B_Zeitaufwand_neu_genau $\leq 27{,}35$
Frage 8B (F8_1b, F8_2b, F8_3b, F8_4b, F8_5b, F8_6b, F8_7b, F8_8b, F8_9b)	Nutzung von Beziehungen und Netzwerken im Allgemeinen	$0 \leq$ F8B_Gesamt ≤ 45
Frage 8C (F8_1c, F8_2c, F8_3c, F8_4c, F8_5c, F8_6c, F8_7c, F8_8c, F8_9c)	Nutzung von Beziehungen und Netzwerken für die Internationalisierung	$0 \leq$ F8C_Gesamt ≤ 45
Frage 9B (F9_1b, F9_2b, F9_3b, F9_4b, F9_5b, F9_6b, F9_7b, F9_8b, F9_9b)	Erhalt von Informationen bei der Analyse des internationalen Umfelds durch Beziehungen	$9 \leq$ F9B_Gesamt ≤ 45
Frage 10A (F10_1a, F10_2a, F10_3a, F10_4a, F10_5a, F10_6a)	Nutzung von in- und ausländischen Organisationen	$0 \leq$ F10A_Gesamt ≤ 30

Frage im Fragebogen	Beschreibung	Erreichbare Werte
Frage 11 C (F11_1c, F11_2c, F11_3c, F11_4c, F11_5c, F11_6c, F11_7c, F11_8c, F11_9c, F11_10c, F11_11c, F11_12c, F11_13c)	Nutzung von Beziehungen und Netzwerken bei der Erreichung von Internationalisierungszielen	6,87 ≤ F11C_SchnittZiele_neu_genau ≤ 34,35
Frage 12 (F12_1, F12_2)	Nutzung von Netzwerken der Unternehmerfamilie bzw. des Unternehmens für Anstoß der Internationalisierung	2 ≤ F12_1_2_Gesamt ≤ 10
Frage 16 (F16_4, F16_5, F16_6)	Bedeutung von Sozialkapital bei den Internationalisierungsformen	3 ≤ F16_Formen_Gesamt ≤ 15
Frage 19 (19_1, F19_2, F19_3, F19_4, F19_5, F19_6, F19_7, F19_8, F19_9, F19_10)	Bewertung von Beziehungen für den Erfolg der Internationalisierung	10 ≤ F19_Gesamt ≤ 50
Frage 20B (F20_1b, F20_2b, F20_3b, F20_4b, F20_5b)	Höhe des Beitrags von Sozialkapital zum Erfolg des Unternehmens	5 ≤ F20B_Gesamt ≤ 25
Frage 22 (F22_3, F22_4, F22_5)	Nutzung Beziehungen und Netzwerke für CSR	3 ≤ F22_3_4_5_Gesamt ≤ 15
Frage 23 (F23_1, F23_2 F23_3, F23_4, F23_5)	Bewertung von Vertrauen für Beziehungen und Netzwerke	5 ≤ F23_Gesamt ≤ 25
Frage 24 (F24_13a, F24_13b)	Wichtigkeit des Netzwerks für die Internationalisierung	2 ≤ F24_13_Gesamt ≤ 10
Frage 25 (F25_2)	Suchen von Beziehungen	1 ≤ F25_2_neu_Gesamt ≤ 5

Tabelle 67: Übersicht der einbezogenen Variablen bei der Clusteranalyse
Quelle: Eigene Darstellung

Tabelle 67 gibt einen Überblick über die verwendeten Fragen und Variablen des Fragebogens für die Clusteranalyse. Neben der Auflistung der einzelnen Fragen im Fragebogen sowie der Beschreibung des Inhalts der neu gebildeten Variablen bzw. Konstrukte zeigt die dritte Spalte die jeweils möglichen erreichbaren Werte der einzelnen neuen Variablen. So können bspw. für Variable F9B_Gesamt Werte zwischen 9 und 45 erreicht werden. Die jeweiligen Werte geben dabei u.a. Auskunft über die Höhe der Nutzung von Sozialkapital bei der Internationalisierung. Je höher der Wert ist, desto höher ist der Umfang der Nutzung von Sozialkapital im Unternehmen. Diese 14 Konstrukte bzw. Variablen dienen als Grundlage für die Clusteranalyse, welche im folgenden Kapitel durchgeführt wird.

7.3.3 Durchführung der Clusterzentrenanalyse

Wie bereits in Kapitel 7.3.1 dargelegt, wird in dieser Arbeit das Verfahren der Clusterzentrenanalyse angewendet. Dabei sollen die Cluster in sich möglichst homogen und untereinander möglichst heterogen sein (vgl. Brosius, 2011, S. 745). Die Clusterzentrenanalyse wird mit Hilfe des Programms SPSS Version 19 durchgeführt und berechnet. Im Anschluss daran wird mit Hilfe des Mann-Whitney-U-Tests für unabhängige Stichproben überprüft, ob sich der

Unternehmenserfolg in Bezug auf die beiden Cluster unterscheidet. Dabei dient die in Kapitel 6.2.3 dargestellte Erfolgsvariable F4_20A_21 als abhängige Variable.

Bei der Durchführung und Berechnung der Clusterzentrenanalyse werden zunächst die anfänglichen Clusterzentren berechnet (vgl. Anhang 35). Die anfänglichen Clusterzentren dienen jedoch nur für einen ersten Überblick der beiden Cluster. Im Anschluss an die Berechnung der anfänglich und willkürlich vorgegebenen Clusterzentren erfolgt die Iteration. Die Iteration wird solange durchgeführt, bis sich eine endgültige Clusterlösung ergibt. Das Iterationsprotokoll zeigt dabei die Änderungen in den Clusterzentren, welche bei jeder Iteration während der Clusterbildung entstehen (vgl. Anhang 35). Dabei werden die Fälle bzw. die Unternehmen den beiden Clustern neu zugeordnet, was gleichzeitig eine Änderung der Mittelwerte bedeutet (vgl. Schendera, 2010, S. 138). Wie aus Anhang 35 zu entnehmen ist, ändern sich die Clusterzentren mit jedem Rechendurchgang. Im Rahmen der 11. Iteration ist das Konvergenzkriterium und somit die endgültige Clusterlösung erreicht. Die folgende Abbildung gibt die Zentroiden der 2-Cluster-Lösung an (s. auch Anhang 35).

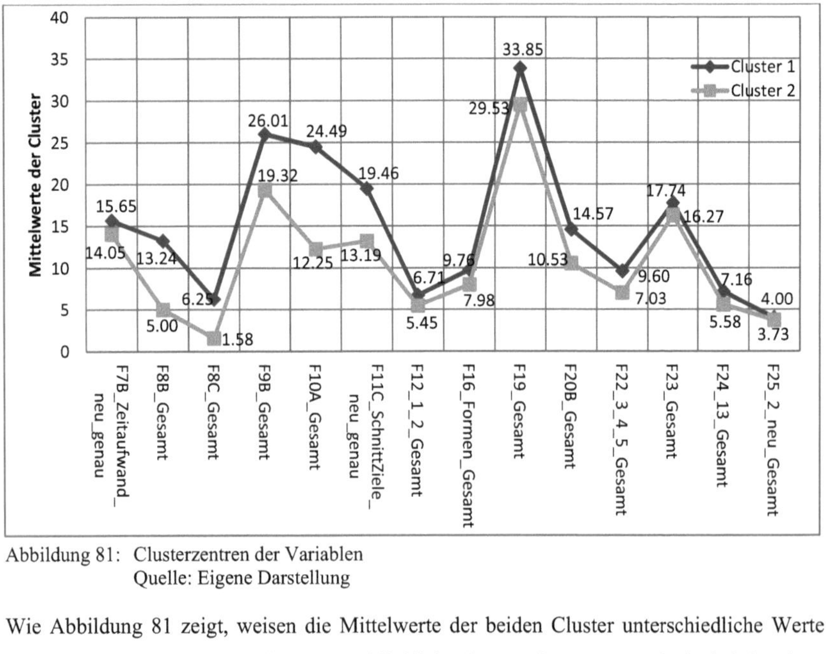

Abbildung 81: Clusterzentren der Variablen
Quelle: Eigene Darstellung

Wie Abbildung 81 zeigt, weisen die Mittelwerte der beiden Cluster unterschiedliche Werte aus. Damit liegen für beide Cluster ausschließlich relevante Daten zugrunde (vgl. Schendera,

2010, S. 140). Des Weiteren ist zu erkennen, dass die Clusterzentren der jeweiligen Variablen bzw. Konstrukte aus Cluster 1 stets größer sind als diejenigen aus Cluster 2. Die jeweiligen Werte sagen dabei etwas über die Höhe bzw. Intensität der Nutzung von Sozialkapital im Unternehmen aus. Je höher der jeweilige Wert ist, desto höher war auch die Bewertung der befragten Familienunternehmen bzgl. der Nutzung von Sozialkapital im Unternehmen. Es zeigt sich, dass die Unternehmen aus Cluster 1 einen deutlich höheren Umfang an Sozialkapital nutzen als die Unternehmen aus Cluster 2. Die Nutzung von Sozialkapital ist demnach bei den Familienunternehmen aus Cluster 1 höher. In diesem Zusammenhang ist auch die Frage nach der Anzahl der Unternehmen in den beiden Clustern von Interesse. Die folgende Tabelle zeigt hierzu die Ränge der Clusteranalyse, welche sich auf die Erfolgsvariable F4_20A_21 beziehen.

	Cluster	N	Mittlerer Rang	Rangsumme
F4_20A_21	1	68	69,57	4731,00
Erfolg des Unternehmens, Fragen 4, 20A und 21	2	60	58,75	3525,00
	Gesamt	128		

Tabelle 68: Ränge der Clusteranalyse
Quelle: Eigene Darstellung

Gemäß Tabelle 68, gehören dem Cluster 1 insgesamt 68 Familienunternehmen an. Bei Cluster 2 sind es 60 Familienunternehmen.[82] Die Anzahl der Unternehmen ist damit in den beiden Cluster weitgehend gleich, was ebenfalls als positiv für die Bewertung anzusehen ist. Die Tabelle zeigt auch, dass die Familienunternehmen aus Cluster 1 einen höheren mittleren Rang sowie eine höhere Rangsumme im Vergleich zu den Familienunternehmen aus Cluster 2 aufweisen. Da bei den beiden Clustern eine unterschiedliche Fallzahl vorliegt, ist ausschließlich der mittlere Rang von Belang. Die Analyse zeigt, dass die Familienunternehmen aus Cluster 1 erfolgreicher sind als die Unternehmen aus Cluster 2.

Im nächsten Schritt ist zu prüfen, ob zwischen den in beiden Clustern enthaltenen Unternehmen ein signifikanter Unterschied in Bezug auf den Erfolg vorliegt. Es stellt sich also die Frage, ob eine höhere Nutzung und Bewertung von Sozialkapital auch positiv auf den Erfolg des Unternehmens wirkt. Die Nullhypothese lautet daher, dass der Erfolg der Familienunternehmen im Hinblick auf die Bewertung der Nutzung von Sozialkapital gleich hoch ist. Ob der

[82] Es liegen insgesamt 128 gültige Fälle vor. 1 Fall wird als fehlend gezählt. Dies ist dem Umstand geschuldet, dass in Frage 11C ein fehlender Wert vorliegt. Deswegen fällt 1 Unternehmen aus dieser Analyse heraus.

Unterschied der Clusterzentren signifikant ist und demnach auf die Grundgesamtheit übertragbar ist, wird - wie bereits dargelegt - mit Hilfe des Mann-Whitney-U-Tests für unabhängige Stichproben überprüft.[83] Da die Hypothese 13 eine gerichtete Hypothese ist, ist hier das einseitige Signifikanzniveau zugrunde zu legen. Dabei ergibt sich gemäß Berechnung, dass ein Zusammenhang zwischen einer höheren Nutzung von Sozialkapital und dem Erfolg des Unternehmen auf einem 5%igen Signifikanzniveau (p=0,049) vorhanden ist (s. Anhang 35). Die beiden Cluster unterscheiden sich daher signifikant voneinander. Die Nullhypothese wird daher abgelehnt.

Zusätzlich lassen sich die beiden Cluster graphisch darstellen. Hierzu wurde zunächst die Summe aus den für die Clusteranalyse einbezogenen Variablen gebildet und in Abhängigkeit mit der Erfolgsvariable gesetzt. Das Ergebnis zeigt folgende Abbildung.

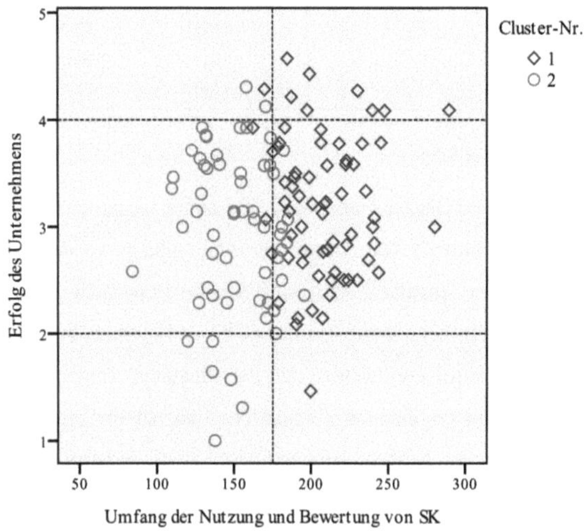

Abbildung 82: Verteilung der Cluster
Quelle: Eigene Darstellung

[83] Der Mann-Whitney-U-Test wurde dem T-Test vorgezogen, da der T-Test nur für intervallskalierte Variablen gilt. Da die Höhe der Nutzung von Sozialkapital sehr schwer einzuteilen ist, kann nicht davon ausgegangen werden, dass dabei Intervallskalierungen möglich sind. Vielmehr lassen sich nur grobe Einteilungen vornehmen, die aussagen, ob mehr oder weniger Beziehungen und Netzwerke (Sozialkapital) genutzt wurden. Die Verwendung des Mann-Whitney-U-Tests kann daher als richtig angesehen werden, auch wenn eine Verwendung des T-Tests noch vertretbar wäre. Der Mann-Whitney-U-Test ist auf jeden Fall der „strengere" Test. Das Ergebnis des T-Tests würde bei der in dieser Arbeit verwendeten Fragestellung deutlich höher - bezogen auf die Signifikanz - ausfallen als dies beim Mann-Whitney-U-Test der Fall ist.

Wie Abbildung 82 zeigt, liegen die Unternehmen aus Cluster 1 im rechten Bereich des Schaubilds, während die Unternehmen aus Cluster 2 im linken Bereich zu finden sind. Durch die Abbildung wird deutlich, dass die Unternehmen aus Cluster 1 mehr soziales Kapital nutzen als die Unternehmen aus Cluster 2. Das Schaubild zeigt aber auch, dass die Unternehmen, die besonders erfolgreich waren (Erfolgsangabe ≥ 4) weitgehend dem Cluster 1 angehören, die sich durch verstärkte Nutzung von Sozialkapital auszeichnen. Umgekehrt gehören überwiegend die Unternehmen, die keinen ausgeprägten Erfolg aufweisen (Erfolgsvariable ≤ 2), dem Cluster 2 an. Diese Gruppe nutzt soziales Kapital in geringerem Umfang. Ein Zusammenhang zwischen der Nutzung von Sozialkapital und dem Erfolg des Unternehmens kann aus dieser Darstellung abgeleitet werden.

7.3.4 Interpretation der Ergebnisse der Clusteranalyse

In dieser Arbeit wurde der Umfang der Nutzung, die Bewertung und Inanspruchnahme von Sozialkapital durch mehrere Fragen im Fragebogen abgebildet und mit Hilfe der Clusteranalyse messbar gemacht und dargestellt. Diese Vorgehensweise kann für das schwer messbare Sozialkapital als angemessen und korrekt betrachtet werden. Durch diesen Ansatz ist es möglich, soziales Kapital in eine ordinalskalierte Einteilung mit einer hohen bzw. niedrigeren Nutzung von Sozialkapital einzuteilen. Hierbei zeigt sich, dass in dem ersten Cluster 68 Familienunternehmen zusammengefasst werden, die sich durch eine hohe Nutzung und Bewertung von Sozialkapital auszeichnen. Dagegen werden im zweiten Cluster 60 Familienunternehmen zusammengefasst, welche sich jeweils durch eine niedrigere Nutzung und Bewertung von Sozialkapital charakterisieren lassen. Diese relativ gleichmäßige Verteilung der Familienunternehmen auf beide Cluster, spricht ebenfalls für die Güte der hier gefundenen Lösung. Wie das Ergebnis des Mann-Whitney-U-Tests gezeigt hat, unterscheiden sich die beiden Gruppen bzw. Cluster, bezogen auf den Erfolg des Unternehmens, signifikant (p=0,049) voneinander. Mit einer Wahrscheinlichkeit von 4,9% kann davon ausgegangen werden, dass zwischen den beiden Gruppen kein Unterschied besteht. Anders ausgedrückt, kann man mit einer 95,1%iger Wahrscheinlichkeit davon ausgehen, dass sich die Unternehmen in den beiden Clustern signifikant voneinander unterscheiden. Die Nullhypothese mit der Aussage, dass der Erfolg der Familienunternehmen - unabhängig von der unterschiedlichen Nutzung von Sozialkapital - gleich hoch ist, wird daher verworfen. Auf Basis der durch die Befragung erhaltenen Daten kann ein Zusammenhang zwischen einer stärkeren und intensiveren Nutzung von Sozialkapital (Cluster 1) und einem höheren Erfolg des Familienunternehmens (hier ausgedrückt durch einen höheren mittleren Rang) festgestellt werden. Die Hypothese 13 der Arbeit kann somit bestätigt werden. Familienbetriebe, bei denen mehr soziales Kapital vorhanden ist bzw. genutzt wird, sind gemäß der bei dieser Arbeit verwendeten Datenbasis erfolgreicher als Familienunternehmen, bei denen Sozialkapital weniger vorhanden ist bzw. genutzt wird. Eine intensivere und umfangreichere Nutzung von Sozialkapital hat gemäß der statistischen Analyse von 128 Unternehmen einen positiven Einfluss auf den Erfolg eines Familienunternehmens.

Die Verteilung der einzelnen Konstrukte in Abbildung 81 zeigt, dass der Unterschied zwischen den beiden Clustern besonders bei den Aspekten zur Nutzung von speziellen Netzwerken und Organisationen für Familienunternehmen (F8B/F8C) sowie bei der Nutzung von staatlichen, halbstaatlichen und privaten Organisationen im Zuge der Internationalisierung (F10A) am größten ausfällt. Dieser Unterschied dürfte auch durch die Verwendung einer zweistufigen Skala bei der Frage 8B, 8C und 10A mit begründet sein. Darüber hinaus zeigt die Analyse, dass der Unterschied zwischen den beiden Clustern bei dem Punkt der Nutzung von Beziehungen und Netzwerken bei der Informationsbeschaffung (F9B) sowie für die Erreichung der Internationalisierungsziele (F11C) relativ groß ist. Diese Ergebnisse deuten darauf hin, dass die erfolgreicheren Familienunternehmen aus Cluster 1 viel stärker und häufiger Beziehungen, Netzwerke und Organisationen bei der Internationalisierung nutzen als die weniger erfolgreicheren Familienunternehmen aus Cluster 2. Auch wenn bei den restlichen Konstrukten bzw. Variablen der Unterschied zwischen den beiden Clustern jeweils geringer ausfällt, so lässt sich insgesamt die Aussage ableiten, dass in Cluster 2 stets geringere Werte für die Nutzung von Sozialkapital vorhanden sind. Dieser Unterschied ist für die beiden Konstrukte F7B_Zeitaufwand_neu_genau und F25_2_neu_Gesamt auf dem 5%-Niveau und für die restlichen Konstrukte auf dem 1%-Niveau in Bezug auf den Erfolg des Unternehmens signifikant (vgl. Anhang 35).

Des Weiteren ist bei den dargestellten Ergebnissen festzuhalten, dass zwischen den beiden Clustern und den Kontrollvariablen kein Zusammenhang besteht (vgl. Anhang 35). Die beiden Cluster können demnach nicht durch die Unternehmensgröße, das Unternehmensalter, die Branchenzugehörigkeit oder den Unternehmensstandort charakterisiert werden. Die Tatsache, dass diese Variablen keinen signifikanten Einfluss ausüben, spricht ebenfalls für den hier gefundenen Zusammenhang zwischen der Nutzung von Sozialkapital und dem Erfolg von Familienunternehmen. Nichtsdestotrotz muss bei dem hier gefundenen Ergebnis auch erwähnt werden, dass der Erfolg eines Unternehmens nicht allein von der Nutzung von Sozialkapital abhängig ist. Der Unternehmenserfolg setzt sich aus vielen Faktoren zusammen, von denen soziales Kapital ein wichtiger Parameter darstellt. Grundsätzlich kann aufgrund der vorliegenden Daten der Befragung festgehalten, dass eine intensivere und häufigere Nutzung von Beziehungen und Netzwerken für den Erfolg von deutschen Familienunternehmen aus dem verarbeitenden Gewerbe eine erhebliche Bedeutung hat. Darüber hinaus ist auch Vertrauen ein wichtiger Faktor für den Erfolg des Unternehmens. Ein hohes Maß an Vertrauen in einem wirtschaftlichen Umfeld hat ebenfalls Einfluss auf das Sozialkapital und den Erfolg des Unternehmens. Zusammenfassend kann festgehalten werden, dass die Nutzung von Sozialkapital während der Internationalisierung bei Familienunternehmen einen Erfolgsfaktor darstellt und die Nutzung von Beziehungen und Netzwerke den Erfolg bei Familienunternehmen positiv beeinfluss kann.

7.4 Übersicht über bestätigte und nicht bestätigte Hypothesen

Nachdem die Ergebnisse der empirischen Untersuchung dargestellt wurden, sollen in diesem Kapitel das Ergebnis des Tests der Hypothesen zusammenfassend wiedergegeben werden. Die folgende Tabelle gibt einen Überblick über bestätigte, nicht bestätigte sowie über teilweise bestätigte Hypothesen dieser Arbeit. Zusätzlich werden bei den nicht bestätigten bzw. teilweise bestätigten Hypothesen die jeweils ermittelten Wirkungen und Aussagen dargestellt. Außerdem werden die unabhängige und abhängige Variable der jeweiligen Hypothese aufgezeigt.

Hypothese	Unabhängige Variable	Abhängige Variable	Bestätigt/ nicht bestätigt	Wirkung, Aussage
H_1	Einfluss Familienmitglieder auf Unternehmen	*Erfolg des Unternehmens*	Nicht bestätigt	Ergebnis signifikant negativ; FU mit geringerem Familieneinfluss im Management sind erfolgreicher
H_2	Formen des Auslandsengagements	Mitspracherechte bei Formen der Auslandstätigkeit	Bestätigt	-
H_3	Familienunternehmenstypische Eigenschaften bei der Internationalisierung	*Erfolg des Unternehmens*	Nicht bestätigt	Ergebnis signifikant negativ; Familienunternehmenstypische Eigenschaften bei der Internationalisierung wirken negativ auf den Unternehmenserfolg
H_{4a}	Beginn der Internationalisierung und erfolgte Internationalisierung	Strukturelle Dimensionen von Sozialkapital	Bestätigt	-

Hypothese	Unabhängige Variable	Abhängige Variable	Bestätigt/ nicht bestätigt	Wirkung, Aussage
H_{4b}	Beginn der Internationalisierung und erfolgte Internationalisierung	Relationale Dimension von Sozialkapital	Bestätigt	-
H_{4c}	Beginn der Internationalisierung und erfolgte Internationalisierung	Kognitive Dimension von Sozialkapital	Bestätigt	-
H_5	Zeitaufwand für Aufbau und Pflege von Beziehungen und Netzwerke	*Erfolg des Unternehmens*	Nicht bestätigt	Keine signifikante Wirkung feststellbar
H_6	Erhalt von Informationen durch Bez./Netzwerke bei Analyse und Prognose des int. Umfelds	*Erfolg des Unternehmens*	Nicht bestätigt	Keine signifikante Wirkung feststellbar
H_7	Kulturelle Unterschiede der Zielländer und -regionen	Bedeutung von Sozialkapital	Bestätigt	-
H_8	Lobbying und business-government-relations	*Erfolg des Unternehmens*	Nicht bestätigt	Keine signifikante Wirkung feststellbar
H_9	Nutzung von in- und ausländischen Organisationen	*Erfolg des Unternehmens*	Teilweise bestätigt	Nutzung von privaten Organisationen im Inland signifikant positiv
H_{10}	Einfluss von Sozialkapital auf einzelne Elemente des Internationalisierungsprozesses	*Erfolg des Unternehmens*	Nicht bestätigt	Keine signifikante Wirkung feststellbar
H_{11}	Nutzung von Beziehungen und Netzwerken für die Erreichung der Internationalisierungsziele	Erfolg der Int. durch Zielerreichung	Teilweise bestätigt	Durch Beziehungen und Netzwerke können einzelne Internationalisierungsziele erfolgreicher erreicht werden
H_{12}	Beitrag von Sozialkapital	Erfolg der Internationalisierung	Bestätigt	-
H_{13}	Höhe und Intensität von Sozialkapital	*Erfolg des Unternehmens*	Bestätigt	-

Tabelle 69: Übersicht über bestätigte und nicht bestätigte Hypothesen
Quelle: Eigene Darstellung

Gemäß Tabelle 69 werden in dieser Arbeit von den acht Hypothesen, welche die Wirkung auf die abhängige Variable des Unternehmenserfolges (F4_20A_21) untersuchen, insgesamt nur eine Hypothese (H_{13}) bestätigt. In diesem Fall wird der Zusammenhang zwischen der Höhe und Intensität der Nutzung von Sozialkapital und dem Erfolg des Unternehmens verifiziert. Dagegen können bei den Hypothesen über „Einfluss der Familienmitglieder auf das Unternehmen" (H_1), „familienunternehmenstypische Eigenschaften bei Internationalisierung" (H_3), „Zeitaufwand für Aufbau und Pflege von Beziehungen" (H_5), „Informationen durch Beziehungen und Netzwerke bei Analyse und Prognose des internationalen Umfelds" (H_6), „Lobbying und business-government-relations" (H_8), sowie „Einfluss von Sozialkapital auf einzelne Elemente des Internationalisierungsprozesses" (H_{10}) keine Zusammenhänge mit dem Erfolg des Unternehmens festgestellt werden. Bei Hypothese 1 und 3 kann sogar ein signifikant negativer Zusammenhang mit dem Unternehmenserfolg festgestellt werden. Diese sechs Hypothesen werden deshalb alle verworfen.

Bei der Hypothese 9 kann ein Zusammenhang mit dem Erfolg des Unternehmens teilweise bestätigt werden. Durch die Nutzung von in- und ausländischen Organisationen im Zuge der Internationalisierung lassen sich gewisse Zusammenhänge mit dem Unternehmenserfolg feststellen. Darüber hinaus lässt sich für die Erreichung von gewissen Internationalisierungszielen ein positiver Effekt durch die Inanspruchnahme und Nutzung von Beziehungen und Netzwerken (H_{11}) feststellen. Die Hypothese 11 wird deshalb ebenfalls teilweise bestätigt.

Des Weiteren werden sechs weitere Hypothesen (H_2, H_{4a}, H_{4b}, H_{4c}, H_7, H_{12}) in dieser Arbeit bestätigt. So ergab der Test, dass Familienunternehmen bei der Internationalisierung Internationalisierungsformen bevorzugen, bei denen sie wenig Mitspracherechte abgeben müssen (H_2). Auch bei Betrachtung des Sozialkapitalkonstruktes konnte bei der strukturellen Dimension von Sozialkapital eine höhere Bewertung zum Anfang der Internationalisierung im Vergleich zu einer erfolgten Internationalisierung nachgewiesen werden (H_{4a}). Zudem konnte für die relationale (H_{4b}) und kognitive (H_{4c}) Dimension von Sozialkapital kein signifikanter Unterschied zwischen den beiden Internationalisierungszeitpunkten gefunden werden. Zusätzlich konnte gezeigt werden, dass die Bedeutung von Sozialkapital von der kulturellen Entfernung des Ziellandes bzw. -region abhängig ist. Je kulturell entfernter diese Länder und Regionen in Bezug auf Deutschland sind, desto größer ist auch die Bedeutung von Sozialkapital (H_7). Des Weiteren wurde bestätigt, dass soziales Kapital einen positiven Beitrag zum Internationalisierungserfolg von Familienunternehmen leistet (H_{12}).

7.5 Handlungsempfehlungen für Familienunternehmen

Auf Basis der theoretischen Ausführungen und empirisch ermittelten Ergebnissen über die Bedeutung von Sozialkapital beim Internationalisierungsprozess von Familienunternehmen, sollen in diesem Kapitel Handlungsempfehlungen für Familienbetriebe abgeleitet werden. Diese richten sich an Familienunternehmen sowie an Familienunternehmer selbst. Diese Empfehlungen können für Unternehmen, welche eine Internationalisierung planen oder aber bereits international aktiv sind, hilfreich sein. Zum anderen können diese Überlegungen auch von dritter Seite aufgegriffen werden und in künftige Analysen und Forschungsarbeiten einfließen.

Die Internationalisierung ist auch für Familienunternehmen ein komplexer Prozess. Familienunternehmen sollten die Internationalisierung als eine Chance für das Wachsen des Unternehmens verstehen, dass den Erfolg des Unternehmens sichern soll. Für die Internationalisierung ist es zunächst wichtig, dass eine globale Denkweise im Unternehmen verankert ist. So zeigt sich auch, dass Entscheidungen zur Internationalisierung in Familienunternehmen oft unprofessionell getroffen werden. Daher ist es wichtig, dass auch Familienunternehmen professionelle Marktanalysen durchführen und Entscheidungen nicht nur auf emotionaler Ebene treffen. Auch wenn der Unternehmer in Familienunternehmen üblicherweise eine Hauptrolle bei der Zukunftssicherung hat, so muss darauf geachtet werden, dass Entscheidungen nicht nur aufgrund seines persönlichen Backgrounds und seiner persönlichen Auslandserfahrungen getroffen werden. Die bei Familienunternehmen nicht ganz seltene Art, Entscheidungen zur Internationalisierung „aus dem Bauch heraus" zu treffen, sollte nur in einem begrenzten Umfang erfolgen oder vermieden werden. Erfolgreiche Familienunternehmen zeichnen sich dadurch aus, dass sie Strategien und Entscheidungen zur Internationalisierung strukturiert und professionell entwickeln und treffen, sowie ein ausgeglichenes Verhältnis von professioneller Analyse und unternehmerischem Gespür besitzen. Zudem ist es wichtig, dass viele Akteure des Unternehmens bei einer Internationalisierung mit einbezogen werden. So kann u.a. gemeinsam analysiert werden, welche Auswirkungen die Internationalisierung auf das Unternehmen haben kann. Die getroffenen Entscheidungen lassen sich dann auch leichter im Team vollumfänglich umsetzen.

Darüber hinaus hat sich gezeigt, dass ein zu hoher Familieneinfluss im Management auf den Unternehmenserfolg negativ wirken kann. Daraus eine Empfehlung zur Reduzierung des Familieneinflusses im Unternehmen abzuleiten, würde allerdings zu weit gehen. Das Engagement und die Leistungsbereitschaft der Unternehmer sind eines der Charakteristika und Erfolgsfaktoren von Familienunternehmen. Vielmehr soll damit verdeutlicht werden, dass Familienunternehmen bzw. Familienunternehmer sich gegenüber externen Meinungen und Ratschlägen nicht verschließen sollten. So kann es bspw. auch für Familiengesellschaften förderlich sein, ein extern besetztes Aufsichts- bzw. Kontrollorgan im Unternehmen zu etablieren, um neutrale Meinungen, die nicht an persönliche Familieninteressen gebunden sind, zu erhalten. In diesem Zusammenhang kann es für Familienunternehmen auch sinnvoll sein, bei

Nachfolgeregelungen darauf zu achten, dass Familienmitglieder nicht automatisch in das Management rücken, sondern die für die Stelle und das Unternehmen geeignetsten Kandidaten ausgewählt werden.

Ein direkter Zusammenhang zwischen der Nutzung von speziellen Netzwerken und Organisationen für Familienunternehmen und dem Unternehmenserfolg konnte nicht belegt werden. Es hat sich jedoch gezeigt, dass diese speziellen Netzwerke und Organisationen einigen Familienunternehmen unbekannt sind. Darüber hinaus nutzen maximal ein Drittel der Familienunternehmen diese speziellen Netzwerke und Organisationen. Für Themen der Internationalisierung werden diese noch seltener genutzt. Hier ist deshalb noch viel Potenzial vorhanden. Familienunternehmen sollten sich deshalb mit den verschiedenen speziellen Netzwerken und Organisationen auseinandersetzen und diese Plattformen neben dem Informationsaustausch oder Networking auch für Themen der Internationalisierung nutzen.

Wie das aufgestellte Modell gezeigt hat, sind Familienunternehmen erfolgreich, wenn sie in China und Russland operativ tätig sind und neben privaten Organisationen im Inland sowie halbstaatlichen Organisationen im Ausland auch M&A nutzen. Natürlich ist eine Internationalisierung nach China und Russland nicht für jedes Unternehmen geeignet. Ab einer gewissen Unternehmensgröße sollten Familienunternehmen jedoch die Möglichkeiten eines Engagements in den BRIC-Staaten und vor allem in China und Russland genau prüfen. Diese Märkte werden in Zukunft das nötige Wachstum der Familienunternehmen ermöglichen. Zusätzlich sollten Familienunternehmen auch offen für Neues sein. Dies betrifft zum einen die Wahl des Ziellandes, zum anderen auch die Form des Auslandsengagements. Auch hier können Internationalisierungsformen, in denen Mitspracherechte an Dritte abgegeben werden, die Internationalisierung des Familienunternehmens erleichtern und die erfolgreiche Umsetzung sicherstellen. Zusätzlich kann ein bereits etablierter Partner vor Ort, der die Marktverhältnisse und die Strukturen kennt, von Bedeutung sein. Je kulturunterschiedlicher die Zielländer und -regionen im Vergleich zu Deutschland sind, desto wichtiger ist es für Familienunternehmen, auch über die Ressource Sozialkapital zu verfügen.

Eine Familiengesellschaft besitzt aufgrund der vorhandenen Charakteristika und Struktur auch Zugang zu den Beziehungen und Netzwerke der Familienunternehmen. Dies stellt für das Unternehmen eine mögliche Ressource dar. Beziehungen sind für eine erfolgreiche Internationalisierung besonders wichtig. Der Aufbau vertrauensvoller Beziehungen zu Kunden und

Lieferanten sowie zu Akteuren im Zielland gehört dazu. Vor dem Hintergrund der Kundennähe als ein spezifisches Merkmal von Familienunternehmen ist besonders darauf zu achten, dass das Unternehmen die Beziehungen zu seinen Kunden auch bei einer Internationalisierung aufbaut und pflegt. Für den Aufbau von weiteren Beziehungen und der Festigung von bestehenden Beziehungen sollte die Unternehmerfamilie Vertrauen aufbauen und auf einen guten Ruf und auf Ansehen achten. Zudem hat es sich gezeigt, dass die von den Familienunternehmen verfolgten Internationalisierungsziele mit Hilfe von Sozialkapital in vielen Fällen einfacher und erfolgreicher erreicht werden konnten. Mit Hilfe der Clusteranalyse wurde gezeigt, dass die Höhe des sozialen Kapitals tendenziell einen positiven Einfluss auf den Unternehmenserfolg hat. Familienunternehmen sollten deshalb auch in Ihre Beziehungen und Netzwerke investieren und während des Internationalisierungsprozesses die verschiedenen Netzwerke und Organisationen nutzen. Sozialkapital kann dann einen Beitrag zum Unternehmenserfolg leisten.

Im Zuge der Internationalisierung sollten Familienunternehmen Angebote auf Hilfe und Unterstützung durch vorhandene Beziehungen und Netzwerke nutzen. Es hat sich gezeigt, dass sich ein positiver Nutzen für Familienunternehmen ergibt, wenn private Organisationen im Inland, wie z.B. Fachverbände, private Berater und deren Netzwerke sowie Wirtschaftsprüfer einbezogen werden. Bei einer Internationalisierung sollten Familienunternehmen deshalb auf die von diesen Organisationen bereitgestellten Unterstützungen und Hilfen zurückgreifen. Darüber hinaus sollten Familienunternehmen die individuellen Erfahrungen mit den einzelnen privaten, staatlichen und halbstaatlichen Organisationen im In- und Ausland bewerten. Hierdurch kann sich schnell zeigen, welche Netzwerke, Organisationen und Strukturen für die künftige Entwicklung des Unternehmens hilfreich und nützlich sind. Die von den Organisationen erhaltenen Informationen und mitgeteilten Erfahrungen sollten aktiv genutzt und als Unterstützung verstanden werden. Zusätzlich sollten sich Familienunternehmen aktiv bemühen, ausländische Beziehungen und Netzwerke im Zielland aufzubauen, da diese speziell in kulturunterschiedlichen Ländern von besonderer Bedeutung sind. Auch wenn die Aspekte Lobbying und business-government-relations keinen direkten Einfluss auf den Erfolg des Unternehmens ausgeübt haben, so ist es wichtig, diese besonderen Beziehungen und Netzwerkstrukturen nicht ganz zu vernachlässigen. Bei einer Internationalisierung in die BRIC-Staaten kommt bspw. der Lobbyarbeit für Genehmigungen eine wichtige Rolle zu.

Grundsätzlich muss man jedoch auch festhalten, dass es für eine erfolgreiche Internationalisierung eines Familienunternehmens „kein Patentrezept“ gibt (Schwass, 2007, S. 28). Die aufgestellten Handlungsempfehlungen sind somit keine Garantie für eine erfolgreiche Internationalisierung. Sie können aber ein wesentlicher Beitrag zur Auseinandersetzung über Internationalisierungs- sowie Sozialkapitalthemen sein, die die Entscheidungen bei einer Internationalisierung absichert.

8. Schlussbetrachtung

8.1 Zusammenfassung der Ergebnisse

Die Zielsetzung dieser Arbeit war zum einen, die Bedeutung und den Einfluss von Sozialkapital auf die einzelnen Elemente des Internationalisierungsprozesses in Familienunternehmen zu untersuchen. Zum anderen sollte die Bedeutung der strukturellen, relationalen und kognitiven Dimension von Sozialkapital zu Beginn als auch bei erfolgter Internationalisierung überprüft werden. Darüber hinaus sollte ermittelt werden, ob Familienunternehmen mit einer hohen Bewertung und Nutzung von Sozialkapital erfolgreicher sind als die Familienunternehmen, bei denen nur wenig soziales Kapital vorhanden ist bzw. genutzt wird.

Um die genannten Ziele zu erreichen, wurde eine quantitative empirische Untersuchung bei 129 deutschen Familienunternehmen aus dem verarbeitenden Gewerbe durchgeführt. Mit den erhobenen Daten konnte die empirische Realität untersucht und ausgewertet werden. Dabei wurden Hypothesen theoriegeleitet mittels verschiedener Auswertungsmethoden überprüft und ausgewertet sowie Ergebnisse zu einzelnen Fragen deskriptiv dargestellt. Weiterhin wurde auf die explorative Forschungsmethodik zurückgegriffen, um ein Modell zur Bedeutung von Sozialkapital beim Internationalisierungsprozess von Familienunternehmen aufzustellen.

Bei der Analyse der jeweiligen empirischen Ergebnisse zeigten sich viele interessante Aspekte. So konnte ermittelt werden, dass der durchschnittliche Familieneinfluss in Höhe von 58% bei der Initiierung der Internationalisierung ein starkes Engagement der Familie signalisiert. Auch in der Phase der Bewertung und Festlegung der Internationalisierungsstrategie liegt der durchschnittliche Familieneinfluss bei knapp über 50%, bevor er schließlich in der Phase der Implementierung der Internationalisierungsstrategie auf durchschnittlich 44% abfällt. Darüber hinaus hat sich gezeigt, dass ein hoher Familieneinfluss im Management negativ auf den Unternehmenserfolg wirkt.

Des Weiteren konnte gezeigt werden, dass familienunternehmenstypische Eigenschaften bei einer Internationalisierung (z.B. Internationalisierung abhängig vom Background des Unternehmers; Entscheidungsfindung „aus dem Bauch" heraus) teilweise auch bei deutschen Familienunternehmen des verarbeitenden Gewerbes anzutreffen sind. Sollten Familienunternehmen diese typischen Eigenschaften besitzen, dann wirkt sich dies wiederum negativ auf den Erfolg des Unternehmens aus. Auch bei der Wahl der Internationalisierungsformen konnte ein typisches Charakteristikum von Familienunternehmen bestätigt werden. So bevorzugen Familienunternehmen im Allgemeinen Internationalisierungsformen, bei denen sie keine bzw. nur wenige Mitspracherechte an Dritte (z.B. eigengegründete Tochtergesellschaft; Mehrheitsbeteiligung im Ausland) abgeben müssen. Am häufigsten sind deutsche Familienunternehmen des verarbeitenden Gewerbes in den europäischen Ländern, den USA sowie China und Russland operativ tätig. Dabei wird die Internationalisierung am häufigsten über Cashflow, Bankkredite vom Heimatland und Gesellschafterdarlehen finanziert. Zudem ist deutlich geworden, dass Familienunternehmen mit der Internationalisierung die Unternehmenssicherung und somit auch den Fortbestand des Unternehmens als Familienunternehmen bezwecken. Die Generierung von Umsatzwachstum stellt das mit Abstand wichtigste Ziel von Familienunternehmen bei einer Internationalisierung dar.

Die befragten Familienunternehmen sind der Meinung, dass sich durch die Nutzung von Beziehungen und Netzwerken das Wissen zur Internationalisierung erhöhen kann. Im Rahmen der Analyse und Prognose des internationalen Umfelds erhalten bspw. knapp ein Viertel der Unternehmen Informationen über Zielmärkte und Markteintrittsbarrieren durch ihre Beziehungen und Netzwerke. Wenn Familienunternehmer sich über Erfahrungen, Strategien und/ oder Probleme der Internationalisierung austauschen wollen, dann halten sie allgemeine und spezielle Veranstaltungen für Familienunternehmen, Wirtschaftsverbände sowie Freunde und Bekannte der Unternehmerfamilie dafür am geeignetsten. Die Befragung zeigte auch, dass Familienunternehmen mehrheitlich spezielle Netzwerke oder Organisationen für Familienunternehmen (z.B. Familienunternehmer-ASU oder Stiftung Familienunternehmen) kennen, diese jedoch im Allgemeinen sowie speziell für Themen der Internationalisierung nur wenig nutzen. Zudem geben oftmals Beziehungen und Netzwerke der Unternehmerfamilie einen Anstoß zur Internationalisierung des Unternehmens. Zusätzlich konnte festgestellt werden, dass Beziehungen und Netzwerke auch einen gewissen Einfluss auf CSR-Themen des Unternehmens ausüben.

Des Weiteren spielt ein guter Ruf und ein gutes Ansehen des Unternehmens und der Unternehmerfamilie für Beziehungen mit externen Akteuren bei der Internationalisierung eine wichtige Rolle. Dadurch kann auch das Vertrauen innerhalb von Beziehungen erhöht werden. Außerdem konnte festgestellt werden, dass Familienunternehmen ein deutlich höheres Vertrauen zu Akteuren des Heimatlandes besitzen als zu den Akteuren, die im Ausland sind. Zudem konnte bei Betrachtung der drei Dimensionen von Sozialkapital für den Fall der strukturellen Dimension gezeigt werden, dass die strukturelle Dimension zu Beginn einer Internationalisierung im Vergleich zu einer erfolgten Internationalisierung höher bewertet wird. Der Unterschied zwischen den beiden Zeitpunkten ist signifikant. Für die relationale und kognitive Dimension von Sozialkapital konnte dagegen kein signifikanter Unterschied zwischen den beiden Zeitpunkten festgestellt werden.

Im Rahmen der Internationalisierung nutzen über drei Viertel der Unternehmen private Organisationen im Inland. Private Organisationen im Ausland sowie halbstaatliche und staatliche Organisationen im In- bzw. Ausland werden dagegen deutlich seltener in Anspruch genommen. Hierbei konnte festgestellt werden, dass sich bspw. durch die Nutzung von inländischen Fachverbänden und privaten Beratern sowie deren Netzwerke bei einer Internationalisierung der Erfolg des Unternehmens erhöht. Zusätzlich konnte gezeigt werden, dass soziales Kapital auch bei der Wahl der Internationalisierungsform eine Bedeutung hat. Dagegen spielt soziales Kapital bei der Finanzierung der Internationalisierung so gut wie keine Rolle. Darüber hinaus ist die Bedeutung von Sozialkapital in den jeweiligen Zielländern und -regionen von der kulturellen Distanz zu Deutschland, im Sinne der Kogut-Singh-Distanz, abhängig. Dabei wird soziales Kapital in den Zielländern und -regionen mit größer werdender kultureller Distanz für Unternehmen immer wichtiger.

Lobbying und business-government-relations werden von Familienunternehmen bei der Internationalisierung nur teilweise als wichtig angesehen. Zudem konnte kein signifikanter Zusammenhang zwischen Lobbying, business-government-relations und dem Unternehmenserfolg nachgewiesen werden. Dagegen werden Beziehungen und Netzwerke der im Unternehmen eingebundenen Akteure, mit Ausnahme der Familienmitglieder ohne Tätigkeit im Unternehmen, für den Unternehmenserfolg als wichtig angesehen. Allerdings konnte auf bivariater Ebene kein direkter signifikanter Zusammenhang zwischen dem Zeitaufwand für den Aufbau und die Pflege von Beziehungen und dem Erfolg des Unternehmens festgestellt werden. Allerdings hat sich bei der Analyse auch gezeigt, dass Familienunternehmen bei knapp der Hälfte der vorgegebenen Internationalisierungsziele eine signifikant höhere Zielerreichung dieser Ziele erlangen, wenn eine Unterstützung durch Beziehungen und Netzwerke vorliegt. Durch die Nutzung und Inanspruchnahme von Beziehungen und Netzwerke werden Internationalisierungsziele der Familienunternehmen mit höherer Sicherheit erreicht. Für eine erfolgreiche Internationalisierung schätzen Familienbetriebe gute Beziehungen und Netzwerke zu Kunden und Lieferanten des Unternehmens sowie zu Akteuren im Zielland als besonders wichtig ein. Schließlich konnte ein Zusammenhang zwischen Sozialkapital und dem Internationalisierungserfolg von Familienunternehmen festgestellt werden. Soziales Kapital hat einen positiven Einfluss auf den Erfolg der Internationalisierung von Familienunternehmen.

Zusätzlich wurde mit Hilfe der Clusteranalyse die Nutzung und Inanspruchnahme von Sozialkapital im jeweiligen Familienunternehmen durch die Einbeziehung verschiedener Fragen des Fragebogens dargestellt und operationalisiert. Dabei wurden für die Clusterbildung die vorliegenden Bewertungen von 14 Konstrukten bzw. 83 Einzelfragen aus dem Fragebogen berücksichtigt. Mit Hilfe der Clusterzentrenanalyse konnte ein signifikanter Unterschied zwischen den zwei Clustern, die sich bzgl. der Intensität der Nutzung von Sozialkapital unterscheiden, festgestellt werden. Dadurch konnte ein signifikanter Zusammenhang zwischen einer stärkeren und intensiveren Nutzung, Bewertung sowie Inanspruchnahme von Sozialkapital und einem höheren Unternehmenserfolg nachgewiesen werden.

Des Weiteren wurde ein Modell über die Bedeutung von Sozialkapital beim Internationalisierungsprozess von Familienunternehmen mit Hilfe der explorativen Forschungsmethodik aufgestellt. Nach diesem Modell sind Familienunternehmen im Durchschnitt dann erfolgreich, wenn sie M&A im Ausland nutzen, in China und Russland operativ tätig sind, Informationen im Rahmen der Internationalisierung über private Organisationen im Inland sowie halbstaatlichen Organisationen im Ausland erhalten und zudem eine gewisse Unternehmensgröße besitzen. Mit diesen sechs unabhängigen Variablen konnten insgesamt 70,6% der Varianz bei der abhängigen Variable „Erfolg“ ausgedrückt werden.

Zusammenfassend kann festgehalten werden, dass Sozialkapital auch für deutsche Familienunternehmen aus dem verarbeitenden Gewerbe eine gewinnbringende Ressource darstellen kann. Diese Ressource sollten Familienunternehmen auch in Zukunft verstärkt bei der Internationalisierung berücksichtigen und eine Nutzung der speziell für Familienunternehmen angebotenen Netzwerke und Organisationen in Betracht ziehen.

8.2 Kritische Würdigung und Implikationen für weitere Forschung

Der Überblick über den Forschungsstand hat gezeigt, dass der Forschungsbedarf für die in dieser Arbeit gewählte Thematik sehr groß ist. Die vorliegende empirische Untersuchung ist die erste ihrer Art, welche die drei Themen Internationalisierungsprozess, Familienunternehmen aus Deutschland und Sozialkapital miteinander vereint. Somit leistet diese Arbeit, mit den verschiedenen aufgestellten und getesteten Hypothesen sowie der Entwicklung eines Modells zum Forschungsthema, einen wichtigen Beitrag zur Sozialkapital- und Familienunternehmensforschung. Die vorhandenen Forschungslücken konnten durch die empirische Untersuchung aufgegriffen und verkleinert werden. Die durch diese Arbeit ermittelten Ergebnisse stoßen aber auch neue Fragen an. Damit kann die vorliegende Arbeit einen Beitrag für weitere vertiefende Forschungen zu diesem Themengebiet leisten.

Durch die Übertragung der Sozialkapitaltheorie auf den Internationalisierungsprozess von Familienunternehmen konnte diese Arbeit das Vorhandensein von sozialem Kapital im Unternehmen während der einzelnen Phasen des Internationalisierungsprozesses verdeutlichen und aufzeigen. Um die einzelnen Forschungsfragen beantworten zu können, wurde in dieser Arbeit eine quantitative Befragung mit 129 deutschen Familienunternehmen aus dem verarbeitenden Gewerbe durchgeführt. Es liegt somit eine ausreichende Grundgesamtheit vor. Nichtsdestotrotz könnte eine noch größere Fallzahl möglicherweise zu anderen Ergebnissen führen. Darüber hinaus könnten künftige Studien auch von einer qualitativen Forschungsmethodik Gebrauch machen. Schließlich könnten die vorliegenden Ergebnisse dahingehend überprüft werden, ob diese auch bei anderen Wirtschaftszweigen bzw. Branchen Bestand haben. Interessant wäre zudem eine Untersuchung, bei der die Ergebnisse von Familienunternehmen aus verschiedenen Ländern gegenübergestellt werden. Die bei dieser Studie befragten Unternehmen hatten ihren Hauptsitz letztlich in allen Regionen von Deutschland. Der Anteil der Familienunternehmen, die in den ostdeutschen Bundesländern beheimatet waren, war jedoch gering. Möglichweise ergeben sich auch innerhalb Deutschlands unterschiedliche Ergebnisse, da bspw. die ostdeutschen Bundesländer nach dem zweiten Weltkrieg anderen politischen und wirtschaftlichen Rahmenbedingungen unterlagen, als z.B. im Westen. Zukünftige Studien könnten deshalb verstärkt auf mögliche Unterschiede zwischen den einzelnen Regionen Deutschlands eingehen.

Familienunternehmen zeichnen sich durch besondere Charakteristika und Eigenschaften aus. So können Familienunternehmen im Vergleich zu Nicht-Familienunternehmen bspw. auf besondere Netzwerke und Organisationen zurückgreifen. Familienunternehmer erhalten auf diese Weise einen exklusiven Zugang zu gewissen Netzwerken und Organisationen. Zusätzlich können Beziehungen und Netzwerke durch Freunde und Bekannte der Unternehmerfamilie bestehen, die auf eine lange gemeinsame Tradition und Verbindung beruhen. Diese Struktur ist bei Nicht-Familienunternehmen nicht so ausgeprägt. Es wäre deshalb interessant, die Gemeinsamkeiten und Unterschiede zwischen Familienunternehmen und Nicht-Familienunternehmen bei den Themen Internationalisierungsprozess und Sozialkapital herauszuarbeiten.

Bei dieser Arbeit wurde die Internationalisierung als ein ganzheitlicher Prozess gesehen. Dabei wurde von einem idealtypischen Internationalisierungsprozess ausgegangen. Aufgrund der Rahmenbedingungen dieser Arbeit konnte nicht detaillierter und genauer auf die Gestaltung sowie auf die Inhalte der einzelnen Beziehungen und Netzwerke in den einzelnen Phasen des Internationalisierungsprozesses eingegangen werden. Dies könnte bei künftigen Studien aufgegriffen werden. Ebenso könnten künftige Studien noch genauer auf die einzelnen Beziehungen und Netzwerke in den jeweiligen Zielländern und -regionen eingehen.

Diese Arbeit untersucht die Inhalte der drei Dimensionen von Sozialkapital zu Beginn einer Internationalisierung als auch nach erfolgter Internationalisierung. Damit wurden die Dimensionen von Sozialkapital zeitpunktbezogen betrachtet. Eine andere Zeiteinteilung wurde bei dieser Arbeit aus verschiedenen Gründen nicht gewählt. Dabei weisen die an der Umfrage teilnehmenden Unternehmen unterschiedliche Gründungsjahre auf. Nicht bekannt sind dagegen die jeweiligen konkreten Internationalisierungszeitpunkte der Unternehmen. Es wäre deshalb eine Aufgabe einer neuen Untersuchung zu prüfen, ob die Bewertung der drei Dimensionen von Sozialkapital auch von den jeweils konkreten Internationalisierungszeitpunkten abhängig ist.

Die Nachfolgeproblematik ist ein zentrales Problem bei Familienunternehmen. Übernimmt die nachfolgende Generation die aktive bzw. passive Führung des Unternehmens, so stellt sich die Frage, wie mit den bestehenden Beziehungen und Netzwerken des Unternehmens und des ausscheidenden Unternehmers umgegangen werden soll. Diese können sicherlich weiter genutzt werden und werden so quasi „geerbt". Allerdings wäre es auch denkbar, dass die neue Generation eine andere Einschätzung und Auffassung zum Thema Sozialkapital vertritt, weshalb bereits vorhandene Beziehungen vernachlässigt werden und ganz neue Beziehungen und Netzwerke aufgebaut werden. Die mögliche „Vererbung" von Beziehungen und Netzwerken innerhalb von Familienunternehmen ist ein interessanter Aspekt, der bei künftigen Forschungen aufgegriffen werden könnte.

Im Rahmen dieser Arbeit wurde ein Modell über die Bedeutung von Sozialkapital beim Internationalisierungsprozess von Familienunternehmen mit Hilfe der explorativen Forschungsmethodik aufgestellt. Das dargestellte Ergebnis kann als sehr praxisrelevant angesehen werden. Zudem besitzt das Modell einen hohen statistischen Erklärungsgehalt für die abhängige Variable Erfolg. Das Ergebnis des Modells muss allerdings auch dahingehend eingeschränkt werden, dass dies zunächst nur für die in dieser Studie teilnehmenden Familienunternehmen als gültig anzusehen ist. Die aufgestellte Hypothese sollte daher im Rahmen künftiger Forschungsprojekte erneut aufgegriffen und überprüft werden.

Die Themen Sozialkapital, Familienunternehmen und Internationalisierung bieten auch in Zukunft ein interessantes und spannendes Spektrum an offenen Fragen, die im Rahmen von weiteren wissenschaftlichen Arbeiten beantwortet werden können.

Anhangsverzeichnis

Anhang 1: Ermittlung der Kogut-Singh-Distanz für Länder und Regionen

Länder und Regionen	PDI	IDV	MAS	UAI	PDI zu D (PDI$_j$ – PDI$_D$)/V$_i$	IDV zu D (IDV$_j$ – IDV$_D$)/V$_i$	MAS zu D (MAS$_j$ – MAS$_D$)/V$_i$	UAI zu D (UAI$_j$ – UAI$_D$)/V$_i$	Summe Distanzen	*Distanzmaß KD*
Ägypten	70	25	45	80	2,647	3,283	1,387	0,446	7,763	***1,94***
Arabische Emirate	90	25	50	80	6,538	3,283	0,805	0,446	11,071	***2,77***
Argentinien	49	46	56	86	0,424	0,821	0,315	0,873	2,432	***0,61***
Äthiopien	70	20	65	55	2,647	4,111	0,003	0,198	6,960	***1,74***
Australien	36	90	61	51	0,002	0,984	0,079	0,388	1,453	***0,36***
Bangladesch	80	20	55	60	4,376	4,111	0,381	0,050	8,917	***2,23***
Belgien	65	75	54	94	1,945	0,119	0,453	1,665	4,182	***1,05***
Brasilien	69	38	49	76	2,498	1,565	0,909	0,240	5,212	***1,30***
Bulgarien	70	30	40	85	2,647	2,548	2,127	0,792	8,114	***2,03***
Chile	63	23	28	86	1,694	3,603	4,542	0,873	10,713	***2,68***
China	80	2	66	30	4,376	7,863	0,000	2,426	14,665	***3,67***
Costa Rica	35	15	21	86	0,000	5,032	6,370	0,873	12,275	***3,07***
Dänemark	18	74	16	23	0,625	0,091	7,864	3,493	12,073	***3,02***
Deutschland	35	67	66	65	/	/	/	/	/	/
Ecuador	78	8	63	67	3,996	6,478	0,028	0,008	10,510	***2,63***
El Salvador	66	19	40	94	2,077	4,288	2,127	1,665	10,156	***2,54***
Estland	40	60	30	60	0,054	0,091	4,077	0,050	4,272	***1,07***
Finnland	33	63	26	59	0,009	0,030	5,033	0,071	5,143	***1,29***
Frankreich	68	71	43	86	2,354	0,030	1,664	0,873	4,921	***1,23***
Ghana	80	15	40	65	4,376	5,032	2,127	0,000	11,535	***2,88***
Griechenland	60	35	57	112	1,351	1,906	0,255	4,374	7,885	***1,97***
Großbritannien	35	89	66	35	0,000	0,901	0,000	1,782	2,683	***0,67***
Guatemala	95	6	37	101	7,780	6,925	2,646	2,566	19,917	***4,98***
Hong Kong	68	25	57	29	2,354	3,283	0,255	2,566	8,457	***2,11***
Indien	77	48	56	40	3,812	0,672	0,315	1,238	6,036	***1,51***
Indonesien	78	14	46	48	3,996	5,228	1,258	0,572	11,054	***2,76***
Iran	58	41	43	59	1,143	1,258	1,664	0,071	4,137	***1,03***
Irak	95	30	70	85	7,780	2,548	0,050	0,792	11,170	***2,79***
Irland	28	70	68	35	0,106	0,017	0,013	1,782	1,917	***0,48***
Israel	13	54	47	81	1,046	0,315	1,136	0,507	3,003	***0,75***
Italien	50	76	70	75	0,486	0,151	0,050	0,198	0,885	***0,22***
Jamaika	45	39	68	13	0,216	1,459	0,013	5,354	7,042	***1,76***
Japan	54	46	95	92	0,780	0,821	2,646	1,443	5,690	***1,42***
Kanada	39	80	52	48	0,035	0,315	0,617	0,572	1,538	***0,38***
Kolumbien	67	13	64	80	2,213	5,427	0,013	0,446	8,098	***2,02***
Kroatien	73	33	40	80	3,121	2,151	2,127	0,446	7,844	***1,96***
Kuwait	90	25	40	80	6,538	3,283	2,127	0,446	12,392	***3,10***
Libanon	75	40	65	50	3,458	1,357	0,003	0,446	5,263	***1,32***

Länder und Regionen	PDI	IDV	MAS	UAI	PDI zu D (PDI$_j$ – PDI$_D$)/V$_i$	IDV zu D (IDV$_j$ – IDV$_D$)/V$_i$	MAS zu D (MAS$_j$ – MAS$_D$)/V$_i$	UAI zu D (UAI$_j$ – UAI$_D$)/V$_i$	Summe Distanzen	*Distanzmaß KD*
Luxemburg	40	60	50	70	0,054	0,091	0,805	0,050	1,000	***0,25***
Malaysia	104	26	50	36	10,289	3,128	0,805	1,665	15,888	***3,97***
Malta	56	59	47	96	0,953	0,119	1,136	1,903	4,111	***1,03***
Marokko	70	25	53	68	2,647	3,283	0,532	0,018	6,480	***1,62***
Mexiko	81	30	69	82	4,573	2,548	0,028	0,572	7,721	***1,93***
Neuseeland	22	79	58	49	0,365	0,268	0,201	0,507	1,341	***0,34***
Niederlande	38	80	14	53	0,019	0,315	8,506	0,285	9,125	***2,28***
Nigeria	80	30	60	55	4,376	2,548	0,113	0,198	7,235	***1,81***
Norwegen	31	69	8	50	0,035	0,007	10,582	0,446	11,070	***2,77***
Österreich	11	55	79	70	1,245	0,268	0,532	0,050	2,094	***0,52***
Pakistan	55	14	50	70	0,864	5,228	0,805	0,050	6,947	***1,74***
Panama	95	11	44	86	7,780	5,836	1,523	0,873	16,012	***4,00***
Peru	64	16	42	87	1,818	4,840	1,812	0,958	9,428	***2,36***
Philippinen	94	32	64	44	7,523	2,280	0,013	0,873	10,689	***2,67***
Polen	68	60	64	93	2,354	0,091	0,013	1,552	4,010	***1,00***
Portugal	63	27	31	104	1,694	2,978	3,854	3,012	11,537	***2,88***
Rumänien	90	30	42	90	6,538	2,548	1,812	1,238	12,135	***3,03***
Russland	93	39	36	95	7,270	1,459	2,831	1,782	13,343	***3,34***
Schweden	31	71	5	29	0,035	0,030	11,705	2,566	14,336	***3,58***
Sambia	60	35	40	50	1,351	1,906	2,127	0,446	5,828	***1,46***
Saudi Arabien	95	25	60	80	7,780	3,283	0,113	0,446	11,622	***2,91***
Schweiz	34	68	70	58	0,002	0,002	0,050	0,097	0,151	***0,04***
Serbien	86	25	43	92	5,621	3,283	1,664	1,443	12,012	***3,00***
Singapur	74	20	48	8	3,287	4,111	1,019	6,433	14,851	***3,71***
Sierra Leone	70	20	40	50	2,647	4,111	2,127	0,446	9,330	***2,33***
SlowakischeRepublik	104	52	110	51	10,289	0,419	6,090	0,388	17,186	***4,30***
Slowenien	71	27	19	88	2,801	2,978	6,949	1,047	13,775	***3,44***
Spanien	57	51	42	86	1,046	0,476	1,812	0,873	4,208	***1,05***
Südkorea	60	18	39	85	1,351	4,468	2,293	0,792	8,904	***2,23***
Südafrika	49	65	63	49	0,424	0,007	0,028	0,507	0,966	***0,24***
Surinam	85	47	37	92	5,403	0,744	2,646	1,443	10,236	***2,56***
Tansania	70	25	40	50	2,647	3,283	2,127	0,446	8,502	***2,13***
Taiwan	58	17	45	69	1,143	4,652	1,387	0,032	7,215	***1,80***
Thailand	64	20	34	64	1,818	4,111	3,221	0,002	9,152	***2,29***
Trinidad & Tobago	47	16	58	55	0,311	4,840	0,201	0,198	5,551	***1,39***
Tschechien	57	58	57	74	1,046	0,151	0,255	0,160	1,612	***0,40***
Türkei	66	37	45	85	2,077	1,675	1,387	0,792	5,931	***1,48***
Ungarn	46	80	88	82	0,262	0,315	1,523	0,572	2,671	***0,67***
Uruguay	61	36	38	100	1,461	1,788	2,466	2,426	8,141	***2,04***
Venezuela	81	12	73	76	4,573	5,630	0,154	0,240	10,596	***2,65***

Länder und Regionen	**PDI**	**IDV**	**MAS**	**UAI**	**PDI zu D** (PDI$_j$ – PDI$_D$)/V$_i$	**IDV zu D** (IDV$_j$ – IDV$_D$)/V$_i$	**MAS zu D** (MAS$_j$ – MAS$_D$)/V$_i$	**UAI zu D** (UAI$_j$ – UAI$_D$)/V$_i$	**Summe Distanzen**	***Distanzmaß KD***
Vereinigte Staaten	40	91	62	46	0,054	1,072	0,050	0,715	1,891	***0,47***
Vietnam	70	20	40	30	2,647	4,111	2,127	2,426	11,311	***2,83***
Westafrika (GH, NG, SL)	77	20	46	54	3,812	4,111	1,258	0,240	9,421	***2,36***
Arabische Staaten (EG, IQ, KW, LB, SA)	80	38	52	68	4,376	1,565	0,617	0,018	6,576	***1,64***
Ostafrika (ET, KE, TZ, ZM)	64	27	41	52	1,818	2,978	1,966	0,335	7,096	***1,77***
EU 15	41,833	64,444	45,111	66,667	0,101	0,012	1,373	0,006	1,491	***0,37***
EU 27	52,071	57,679	48,036	71,25	0,630	0,162	1,015	0,077	1,884	***0,47***
Südamerika	68,556	26,556	50	83,333	2,433	3,044	0,805	0,666	6,948	***1,74***
Ozeanien	29	84,5	59,5	50	0,078	0,570	0,133	0,446	1,226	***0,31***
Asien	73,933	24,067	52,067	53,333	3,276	3,430	0,611	0,270	7,586	***1,90***
Naher Oster, Nordafrika	73,667	28,333	46,333	58	3,231	2,782	1,217	0,097	7,327	***1,83***
Varianz ohne Ländergruppen	473,74	550,38	328,66	519,16						
Varianz mit Ländergruppen	462,71	537,35	317,89	505,02						

PDI = Power Distance
IDV = Individualism vs. collectivism
MAS = Masculinity vs. femininity
UAI = Uncertainty avoidance
KD = Kulturdistanz zu Deutschland

Anhang 2: Anschreiben zum Online-Fragebogen

UNIVERSITÄT BAYREUTH

Lehrstuhl für Internationales Management

Prof. Dr. Reinhard Meckl

Bayreuth, Juni 2011

Fragebogen zur Bedeutung von Sozialkapital beim Internationalisierungsprozess von Familienunternehmen

Sehr geehrte Damen und Herren,

im Rahmen eines Forschungsprojekts am Lehrstuhl für Internationales Management an der Universität Bayreuth führen wir, unter der Projektleitung von Stephan Prym, eine **empirische Untersuchung** über die Bedeutung von Sozialkapital (Beziehungen und Netzwerke) beim Internationalisierungsprozess deutscher Familienunternehmen des verarbeitenden Gewerbes durch.

Prof. Dr. Reinhard Meckl
Universität Bayreuth
Lehrstuhl Internationales Management
Universitätsstraße 30
D-95440 Bayreuth

Tel. +49 (0)921 554861
Fax +49 (0)921 554862
Email reinhard.meckl@uni-bayreuth.de

Ziel ist, die Bedeutung von Beziehungen und Netzwerken bei der Entscheidung und Umsetzung des Internationalisierungsprozesses zu ermitteln. Es soll überprüft werden, ob Familienunternehmen durch die Nutzung von Beziehungen und Netzwerken erfolgreicher sind als jene Familienunternehmen, die weniger in Sozialkapital „investieren". Ebenso soll die Bedeutung von Corporate Social Responsibility (CSR) bei der Internationalisierung ermittelt werden.

Wir bitten Sie um Unterstützung und Beteiligung Ihres Unternehmens an dieser Befragung, damit unternehmerisch interessante Fragen eine Antwort finden.

Alle Angaben, die Sie in dieser Umfrage machen, werden streng **vertraulich** behandelt und **anonymisiert** ausgewertet. Das Ausfüllen des Fragebogens wird ca. 20-30 min. in Anspruch nehmen. Sie würden uns sehr helfen, wenn sie den Fragebogen bis zum **17. Juli 2011** bearbeiten. Für Fragen zum Forschungsprojekt bzw. zum Fragebogen stehen wir Ihnen jederzeit zur Verfügung.

Dipl.-Kfm. Stephan Prym
Schienerbergstr. 28
D-78224 Singen

Tel. +49 (0)160 96226484
Fax +49 (0)7731 922452
Email stephan.prym@t-online.de

Die wichtigsten Untersuchungsergebnisse stellen wir Ihnen mit Abschluss des Forschungsprojekts auf Wunsch gerne zur Verfügung. Zusätzlich werden unter allen Teilnehmern drei fränkische Weinpakete verlost. Hierzu geben Sie bitte nach Abschluss des Fragebogens Ihre Kontaktdaten in das dafür vorgesehene Feld an.

Für Ihre Unterstützung danken wir Ihnen sehr herzlich!

Sollten Sie den Fragebogen online beantworten möchten, so geben Sie bitte folgende Adresse ein:

www.meineumfrage.com/bayreuth Der Zugangscode lautet: **Sozialkapital**

Mit freundlichen Grüßen

Prof. Dr. Reinhard Meckl Dipl.-Kfm. Stephan Prym

Anhang 3: Fragebogen der Studie

UNIVERSITÄT BAYREUTH **Lehrstuhl für Internationales Management**
Prof. Dr. Reinhard Meckl

Fortschritt: %

Sehr geehrte Damen und Herren,

bitte geben Sie hier den Zugangscode zum Fragebogen ein. Diesen finden Sie in meinem Anschreiben bzw. in meiner E-Mail.

Zugangscode: ABSCHICKEN

UNIVERSITÄT BAYREUTH **Lehrstuhl für Internationales Management**
Prof. Dr. Reinhard Meckl

Fortschritt: 0%

Online - Fragebogen zum Thema „Bedeutung von Sozialkapital beim Internationalisierungsprozess von Familienunternehmen"

Sehr geehrte Damen und Herren,

im Rahmen eines Forschungsprojekts wird die Bedeutung von Sozialkapital bei der Internationalisierung deutscher Familienunternehmen untersucht. Dabei sind wir auf Ihre Mithilfe angewiesen. Der Fragebogen gliedert sich in **drei Bereiche**:

- Teil A: Allgemeine Fragen zum Familienunternehmen
- Teil B: Fragen zu Beziehungen und Netzwerken
- Teil C: Fragen zum Internationalisierungsprozess

Alle Ihre Angaben werden **anonym** und streng vertraulich behandelt. Eine Weitergabe an Dritte ist ausgeschlossen.

Wir danken Ihnen sehr herzlich für Ihre Unterstützung!

Prof. Dr. Reinhard Meckl   Dipl.-Kfm. Stephan Prym

Bei Fragen stehen wir Ihnen sehr gerne zur Verfügung.

Prof. Dr. Reinhard Meckl
reinhard.meckl@uni-bayreuth.de

Dipl.-Kfm. Stephan Prym
stephan.prym@t-online.de

FRAGEBOGEN STARTEN »

UNIVERSITÄT BAYREUTH **Lehrstuhl für Internationales Management** Prof. Dr. Reinhard Meckl

Fortschritt: 6%

Bitte lesen Sie alle Fragen aufmerksam durch. Klicken Sie dann anschließend die zutreffende Antwort an bzw. geben bei einem freien Textfeld die Antwort ein.

Beantworten Sie die Fragen auf Basis Ihrer vorliegenden Kenntnisse. Klicken Sie auf „Weiter", wenn Sie alle Fragen des jeweiligen Abschnitts beantwortet haben.

Drei wichtige Begriffe, die in der Umfrage von Bedeutung sind, sollen kurz erläutert werden:

- **Sozialkapital** stellt eine Ressource dar, welche durch persönliche sowie geschäftliche Beziehungen und Netzwerke gekennzeichnet ist.
- **Beziehungen** stellen Kontakte zu anderen Akteuren dar. Unter einem **Netzwerk** versteht man eine Vielzahl von Akteuren, die durch Beziehungen untereinander verbunden sind. Netzwerke stellen somit Beziehungs- und Vermittlungsgeflechte dar.
- **CSR** (Corporate Social Responsibility) bedeutet die Übernahme freiwilliger gesellschaftlicher, sozialer und/oder ökologischer Verantwortung, die über gesetzliche Bestimmungen hinausgehen.

« ZURÜCK WEITER »

UNIVERSITÄT BAYREUTH **Lehrstuhl für Internationales Management** Prof. Dr. Reinhard Meckl

Fortschritt: 12%

A) Allgemeine Fragen zum Familienunternehmen (Fragen 1-4)

1) Daten zu Ihrem Unternehmen:

Hauptsitz des Unternehmens in Deutschland (Region)	○ Süd	○ West	○ Ost	○ Nord
Gründung des Unternehmens	○ vor 1915	○ 1915-1945	○ nach 1945	
Branche(n) des Unternehmens				
Anzahl Mitarbeiter (Gesamt)	○ < 500	○ 500-1000	○ 1001-2000	○ > 2000
Anteil Mitarbeiter im Ausland (Angabe in % von Gesamt)	○ < 5%	○ 5-15%	○ 16-30%	○ > 30%
Umsatz 2010 (Gesamt in Mio. EUR)	○ < 50	○ 50-100	○ 101-200	○ > 200
Anteil Auslandsumsatz am Gesamtumsatz	○ < 5%	○ 5-15%	○ 16-30%	○ > 30%

2) Wie groß ist der Einfluss der Familie im Unternehmen?

Höhe des von der Familie gehaltenen Unternehmensanteil	○ < 50%	○ 50-75%	○ 76-99%	○ 100%
Präsenz von Familienangehörigen in Kontrollgremien (falls Kontrollgremium vorhanden)			___ Personen von insgesamt ___	
Präsenz von Familienangehörigen im Management (der Holding)			___ Personen von insgesamt ___	

3) Wer war bzw. ist für die Internationalisierung des Familienunternehmens zuständig und verantwortlich? [Bitte Angabe wie z.B. Geschäftsführung, Beirat, Aufsichtsrat, Anteilseigner]

Initiierung der Internationalisierung	
Bewertung der Konzepte/Strategien zur Internationalisierung	
Festlegung der Konzepte/Strategien zur Internationalisierung	
Implementierung der Konzepte/Strategien der Internationalisierung	

4) Bewerten Sie den Erfolg ihres Unternehmens in den letzten drei Jahren:

Wie erfolgreich war ihr Unternehmen in der Periode 2008-2010 bzgl. ...	Rückgang/ konstant	Anstieg 1-5%	Anstieg 6-10%	Anstieg 11-20%	Anstieg >20%	keine Angabe
Gewinnentwicklung (EBIT Gesamtunternehmen)	○	○	○	○	○	○
Entwicklung der (Gesamtkapital-)Rentabilität	○	○	○	○	○	○
Umsatzentwicklung im Ausland	○	○	○	○	○	○
Umsatzentwicklung Gesamtunternehmen	○	○	○	○	○	○
Entwicklung des ROI im Ausland	○	○	○	○	○	○
Veränderung des Marktanteils im Ausland (für Hauptprodukte)	○	○	○	○	○	○

B) Beziehungen und Netzwerke (Fragen 5-8)

5) Bewerten Sie folgende Aussagen:

Durch Beziehungen und Netzwerke konnte das Unternehmen...	trifft gar nicht zu	trifft eher nicht zu	trifft teilweise zu	trifft eher zu	trifft voll zu
wichtige Informationen zur Internationalisierung erhalten	○	○	○	○	○
neue Kunden im Ausland gewinnen	○	○	○	○	○
neue ausländische Lieferanten gewinnen	○	○	○	○	○
mehr Verhandlungsmacht bei den Lieferanten erreichen	○	○	○	○	○
Personal im Ausland finden	○	○	○	○	○

6) Inwieweit ist der Austausch von Erfahrungen, Strategien und/oder Problemen der Internationalisierung geeignet in/bei...

	gar nicht geeignet	eher nicht geeignet	teilweise geeignet	gut geeignet	sehr gut geeignet
allgemeinen Veranstaltungen (z.B. Tagungen, Workshops, Weiterbildungen)	○	○	○	○	○
speziellen Veranstaltungen für Familienunternehmen (z.B. „Wir-Tage")	○	○	○	○	○
Vereinen (z.B. Sport, Alumni)	○	○	○	○	○
politischen Parteien	○	○	○	○	○
Wirtschaftsverbänden	○	○	○	○	○
sozialen Netzwerken im Internet (z.B. Xing)	○	○	○	○	○
Freunden und/oder Bekannten der Unternehmerfamilie	○	○	○	○	○

7) Bewerten Sie die Beziehungen und Kontakte folgender Akteure zu externen Fachleuten für den Erfolg der Internationalisierung. Geben Sie zudem an, welchen Aufwand diese schätzungsweise für den Aufbau und Pflege von Beziehungen betreiben. [Aufwand gemessen an der Arbeitszeit]

	Relevanz für den Erfolg der Internationalisierung					Aufwand für den Aufbau und Pflege von Beziehungen		
Beziehung der...	sehr unwichtig	eher unwichtig	teilweise wichtig	eher wichtig	sehr wichtig	gering	mittel	groß
Eigentümer (Shareholder)								
operativ tätigen Familienmitglieder								
anderen Familienmitglieder								
Kontroll- und Aufsichtsorgane								
Geschäftsführung (Management)								
sonstigen Mitarbeiter des Unternehmens								

8) Welche Netzwerke oder Organisationen für Familienunternehmen sind Ihnen bekannt? Welche nutzen Sie aktiv? Nutzen Sie diese zum Austausch über Themen der Internationalisierung?

	Kennen?		Wird genutzt?		Nutzen für Themen der Internationalisierung?	
Netzwerke oder Organisationen	ja	nein	ja	nein	ja	nein
Stiftung Familienunternehmen						
Intes-Akademie						
Family Business Network (FBN)						
Forschungseinrichtungen von Universitäten (z.B. Witten)						
Wir-Magazin bzw. Wir-Tage						
Die Familienunternehmer - ASU						
Beratungen spezialisiert auf Familienunternehmen						
Familienunternehmerkonferenz der WHU						
Sonstige:						

C) Fragen zum Internationalisierungsprozess (Fragen 9-25)

9) Beurteilen Sie Informationen bei Analyse und Entwicklungsprognose des internationalen Umfelds bzgl. ihrer Wichtigkeit. Geben Sie ferner an, inwiefern Ihr Unternehmen diese Informationen durch Beziehungen/Netzwerke erhalten hat.

	Wichtigkeit					Durch Beziehungen/Netzwerke erhalten?				
Informationen über...	sehr unwichtig	eher unwichtig	teilweise wichtig	eher wichtig	sehr wichtig	gar nicht	eher nicht	eher ja	zum Großteil	voll und ganz
Zielmärkte (Größe, Wachstum etc.)										
Wettbewerber (Anzahl, Marktanteil etc.)										
Stand der Technologie										
Struktur und Entwicklung der Abnehmerbranchen										
Marktchancen und Marktpotential										
Markteintrittsbarrieren (Restriktionen, Zölle etc.)										
ökonomische Gesichtspunkte (Gewinnspanne etc.)										
politisch-rechtliche Rahmenbedingungen (Beteiligungsbeschränkungen etc.)										
soziokulturelle Rahmenbedingungen (Kaufkraft, Markenbewusstsein etc.)										

10) Welche in- und ausländischen Organisationen, Strukturen oder Hilfen haben Sie im Zuge der Internationalisierung genutzt? Wie beurteilen Sie deren Bedeutung für den Internationalisierungsprozess, unabhängig davon, ob Sie diese genutzt haben?

	In Anspruch genommen?		Bedeutung für Internationalisierungsprozess				
	ja	nein	sehr unwichtig	eher unwichtig	teilweise wichtig	eher wichtig	sehr wichtig
Private Organisationen im Inland (z.B. Fachverbände, private Berater und deren Netzwerke, Wirtschaftsprüfer)							
Staatliche Organisationen im Inland (z.B. Bundesagentur für Außenwirtschaft, Handelsförderstellen, Wirtschaftsverbände)							
Halbstaatliche Organisationen im Inland (z.B. Industrie- und Handelskammern)							
Private Organisationen im Ausland (z.B. Fachverbände, private Berater und deren Netzwerke)							
Staatliche Organisationen im Ausland (z.B. Bundesagentur für Außenwirtschaft, Handelsförderstellen, Botschaften)							
Halbstaatliche Organisationen im Ausland (z.B. Auslandshandelskammern)							

11) Welche Ziele verfolgte Ihr Unternehmen bei der Internationalisierung? Geben Sie außerdem an, inwiefern Sie die Ziele erreicht haben und ob Beziehungen und Netzwerke dabei hilfreich waren?

	Mögliche Ziele der Internationalisierung					Ziele erreicht?					Waren Beziehungen und Netzwerke hilfreich?				
	trifft gar nicht zu	trifft eher nicht zu	trifft teilweise zu	trifft eher zu	trifft voll zu	gar nicht	eher nicht	eher ja	zum Großteil	voll und ganz	gar nicht	eher nicht	eher ja	zum Großteil	voll und ganz
Umsatzwachstum															
Kosteneinsparungen/ Produktivität															
Steigerung Kapitalrentabilität (ROI)															
Erhöhung Gewinn/Rentabilität															
Erhöhung Marktanteil															
Kapazitätsauslastung															
Sicherung des Absatzes															
Umgehen von Handelshemmnissen															
Nutzung staatlicher Förderungen															
Erwerb/Nutzung externes Know-how															
Gewinnung geeigneter Netzwerkpartner z.B. für Joint Venture															
Reduzierung der Steuern															
Geringere Restriktionen im Ausland															
Sonstige:															

12) Welche Aussagen zur Internationalisierung treffen auf Ihr Unternehmen zu?

	trifft gar nicht zu	trifft eher nicht zu	trifft teilweise zu	trifft eher zu	trifft voll zu
Den Anstoß zur Internationalisierung gaben Erfahrungen aus dem persönlichen Netzwerk der Unternehmerfamilie					
Den Anstoß zur Internationalisierung gaben Erfahrungen aus dem Netzwerk des Unternehmens					
Bestehende Kontakte und Beziehungen entstanden aus Initiative des Unternehmens					
Bestehende Kontakte und Beziehungen des Unternehmens entstanden Großteils durch „Vermittlung" anderer Akteure					
Auf professionelle Marktanalysen wurde bei der Strategieentwicklung verzichtet					
Bei der Entscheidung zur Internationalisierung hat der persönliche Background des Unternehmers (z.B. Ausbildung, Sprachkenntnisse) eine Rolle gespielt					
Bei der Entscheidung zur Internationalisierung haben die persönlichen Auslandserfahrungen (z.B. Urlaub) des Managements/der Eigentümer eine Rolle gespielt					
Internationalisierungsstrategien werden in Familienunternehmen eher „aus dem Bauch" heraus getroffen					
Die Internationalisierung beruht auf dem persönlichen Ehrgeiz des Unternehmers bzw. der Unternehmerfamilie					
Entscheidungen zur Internationalisierung werden oftmals emotional und informell getroffen					
Die internationale Orientierung wird durch die weltweite geographische Verteilung von Familieneigentümern verstärkt					
Die Internationalisierung dient der Unternehmenssicherung und somit dem Fortbestand des Familienunternehmens					
Sind Familienmitglieder in ausländischen Werken beschäftigt, so erhöht sich die Reaktionsgeschwindigkeit sowie die Flexibilität strategischer Entscheidungen (Falls nicht vorhanden, geben Sie eine Schätzung ab)					
Internationalisierungsstrategien werden (bewusst) auf den Werten und Traditionen der vorherigen Unternehmergenerationen aufgebaut					
Ruf und Ansehen des Familienunternehmens sind für den Aufbau von externen Beziehungen hilfreich					
Ruf und Ansehen der Unternehmerfamilie spielen für das Vertrauen in Beziehungen eine wichtige Rolle					

13) In welchen Ländern und Regionen sind sie operativ tätig? Bewerten Sie außerdem die Bedeutung von Beziehungen und Netzwerken (Sozialkapital) in diesen Ländern und Regionen, unabhängig davon, ob Sie in diesen operativ tätig sind.

	Operativ tätig?		Bedeutung von Sozialkapital?				
	ja	nein	sehr unwichtig	eher unwichtig	teilweise wichtig	eher wichtig	sehr wichtig
EU 15 (vor EU-Erweiterung 2004)							
EU 27							
USA							
Südamerika							
Ozeanien (Australien, Neuseeland etc.)							
Asien (inkl. China, Indien)							
China							
Indien							
Russland							
Südafrika							
Naher Osten, Nordafrika							

14) Welche Formen der Auslandstätigkeit nutzt Ihr Unternehmen? Beurteilen Sie zudem die Bedeutung der jeweiligen Form für Familienunternehmen, unabhängig davon, ob Sie diese auch nutzen.

	Nutzen Sie?		Bedeutung für Familienunternehmen im Allgemeinen?				
	ja	nein	sehr unwichtig	eher unwichtig	teilweise wichtig	eher wichtig	sehr wichtig
Export/Import	○	○	○	○	○	○	○
Lizenz	○	○	○	○	○	○	○
Franchising	○	○	○	○	○	○	○
Kooperation	○	○	○	○	○	○	○
Joint Venture	○	○	○	○	○	○	○
Eigene Tochtergesellschaft im Ausland	○	○	○	○	○	○	○
Merger & Acquisitions im Ausland	○	○	○	○	○	○	○
Mehrheitsbeteiligungen im Ausland	○	○	○	○	○	○	○
Minderheitsbeteiligungen im Ausland	○	○	○	○	○	○	○

15) Welche Finanzierungsformen zur Internationalisierung wurden in Anspruch genommen? Bewerten Sie außerdem die Bedeutung von Beziehungen und Netzwerken (Sozialkapital) beim Abschluss der Finanzierung, unabhängig davon, ob Sie diese auch nutzen.

	Nutzen Sie?			Einfluss durch Sozialkapital?				
	ja	nein	keine Angabe	gar nicht	eher nicht	eher ja	zum Großteil	voll und ganz
Bankkredit Heimatland	○	○	○	○	○	○	○	○
Bankkredit Zielland	○	○	○	○	○	○	○	○
Finanzierung über Cashflow	○	○	○	○	○	○	○	○
Gesellschafterdarlehen	○	○	○	○	○	○	○	○
Leasing	○	○	○	○	○	○	○	○
Unternehmensanleihen	○	○	○	○	○	○	○	○
Factoring	○	○	○	○	○	○	○	○
Mezzanine Kapital	○	○	○	○	○	○	○	○
Mitarbeiterbeteiligung	○	○	○	○	○	○	○	○
Private Equity	○	○	○	○	○	○	○	○
Sonstige:	○	○	○	○	○	○	○	○

16) Betrachten Sie nun die Strategieentwicklung zur Internationalisierung Ihres Unternehmens und bewerten Sie folgende Aussagen:

	trifft gar nicht zu	trifft eher nicht zu	trifft teilweise zu	trifft eher zu	trifft voll zu
Sozialkapital hat die Auswahl der Internationalisierungsstrategie beeinflusst	○	○	○	○	○
Sozialkapital hat die Auswahl der Zielländer beeinflusst	○	○	○	○	○
Sozialkapital hat die Wahl der Internationalisierungsform beeinflusst	○	○	○	○	○
Sozialkapital hat bei Handelsbeziehungen (Export/Import) einen hohen Stellenwert	○	○	○	○	○
Sozialkapital hat bei Auslandsbeziehungen ohne Kapitalbeteiligung (Lizenz, Franchising, Kooperation) einen hohen Stellenwert	○	○	○	○	○
Sozialkapital hat bei strategischen Investitionen (eigene Tochtergesellschaft, M&A, Joint Venture, Minderheitsbeteiligungen) einen hohen Stellenwert	○	○	○	○	○
Sozialkapital hat das Timing der Internationalisierung beeinflusst	○	○	○	○	○
Sozialkapital hat die Finanzierung der Internationalisierung beeinflusst	○	○	○	○	○

17) Bewerten Sie die Bedeutung von Lobbying und Beziehungen zu staatlichen Stellen (government relations) für die Internationalisierung, unabhängig davon, ob Sie Lobbying betreiben.

	trifft gar nicht zu	trifft eher nicht zu	trifft teilweise zu	trifft eher zu	trifft voll zu
Lobbying hat bei der Internationalisierung eine große Bedeutung					
Lobbying ist besonders in den osteuropäischen Ländern wichtig					
Lobbying ist besonders in den BRIC-Staaten (Brasilien, Russland, Indien und China) wichtig					
Lobbying ist für die Finanzierung einer Internationalisierung wichtig					
Beziehungen zu Behörden bzw. Regierungsstellen im Zielland erleichtern die Internationalisierung					
Kontakte zu ausländischen Behörden und Regierungen sind vor allem für Genehmigungen etc. im Zielland von großer Bedeutung					
Beziehungen zu Verbänden und anderen Akteuren im Zielland ebnen Kontakte zu staatlichen Stellen					

18) Betrachten Sie den Entscheidungsprozess zur Internationalisierung sowie die Implementierung der Internationalisierungsstrategie und bewerten Sie folgende Aussagen:

	trifft gar nicht zu	trifft eher nicht zu	trifft teilweise zu	trifft eher zu	trifft voll zu
Sozialkapital hat die Bewertung der Internationalisierungsstrategie beeinflusst					
Sozialkapital hat die Auswahl und Festlegung der Internationalisierungsstrategie beeinflusst					
Sozialkapital hat die Implementierung der Internationalisierungsstrategie beeinflusst					

19) Bewerten Sie folgende Aussagen:

Für den Erfolg der Internationalisierung sind Beziehungen des Unternehmens zu...	sehr unwichtig	eher unwichtig	teilweise wichtig	eher wichtig	sehr wichtig
staatlichen Einrichtungen					
Lieferanten					
Kunden					
Banken					
Repräsentanten des Staates					
staatlichen Institutionen					
Öffentlichkeit/Medien					
anderen (Familien-) Unternehmen					
Akteuren im Heimatland					
Akteuren im Zielland					

20) Inwiefern treffen folgende Aussagen zum Internationalisierungserfolg auf ihr Unternehmen zu? Hat Sozialkapital dazu beigetragen erfolgreich zu sein?

	Bewertung Internationalisierungserfolg					Beitrag durch Sozialkapital?				
	trifft gar nicht zu	trifft eher nicht zu	trifft teilweise zu	trifft eher zu	trifft voll zu	gar nicht	eher nicht	eher ja	zum Großteil	voll und ganz
Durch die Internationalisierung sind wir wettbewerbsfähiger geworden										
Durch die Internationalisierung haben wir unseren Marktanteil signifikant erhöhen können										
Die Internationalisierung ist erfolgreicher als die unserer Wettbewerber										
Die Internationalisierung ist für das Familienunternehmen ein voller Erfolg										
Ich betrachte die Entwicklung der Internationalisierung des Familienunternehmens als vollen Erfolg										

21) Betrachten Sie die letzten 10 Jahre der Internationalisierung. Geben Sie eine Schätzung ab.

	Rückgang/ konstant	Anstieg < 25%	Anstieg 25-50%	Anstieg > 50%
Prozent des Gesamtumsatzes, welcher im Zuge der Internationalisierung durch neue Kunden gewonnen wurde				
Prozent des Gesamtumsatzes, welcher durch Bestandskunden, die im Zuge der Internationalisierung gehalten werden konnten, erreicht wurde				
Mitarbeiterwachstum im Ausland				

22) Bewerten Sie folgende Aussagen:

	trifft gar nicht zu	trifft eher nicht zu	trifft teilweise zu	trifft eher zu	trifft voll zu
Corporate Social Responsibility (CSR) spielt bei uns im Unternehmen (weltweit) eine wichtige Rolle					
CSR-Maßnahmen sind durch persönliche Motive und Wertevorstellungen der Eigentümerfamilie(n) geprägt					
Beziehungen und Netzwerke (Sozialkapital) gaben den Anstoß zur Übernahme gesellschaftlicher, sozialer und/oder ökologischer Maßnahmen im Ausland					
Beziehungen und Netzwerke fördern und unterstützten die Implementierung von CSR-Maßnahmen					
Wir nutzen Beziehungen/Netzwerke, um uns über CSR-Themen auszutauschen					
CSR führt zu ökonomischen Erfolgen (z.B. Steigerung finanzieller Performance, Kostensenkung)					
CSR führt zu nicht-ökonomischen Erfolgen (z.B. Aufbau positiver Reputation, Risikovermeidung, Produktinnovationen)					
Wir übernehmen gesellschaftliche, soziale und/oder ökologische Verantwortung in den Zielländern					
Soziale und ökologische Aspekte (z.B. Verzicht auf Kinderarbeit) spielen bei der Auswahl von Partnern im Ausland eine wichtige Rolle					

23) Bewerten Sie folgende Aussagen:

	trifft gar nicht zu	trifft eher nicht zu	trifft teilweise zu	trifft eher zu	trifft voll zu
Im wirtschaftlichen Umfeld kann man den meisten Menschen im Heimatland vertrauen					
Im wirtschaftlichen Umfeld kann man den meisten Menschen im Ausland vertrauen					
Ich vertraue auf die Richtigkeit der Informationen, welche ich von meinen Beziehungen und Netzwerken erhalten habe					
Ich habe mehr Vertrauen bei Beziehungen zu anderen Familienunternehmen bzw. -unternehmern als zu Nicht-Familienunternehmen					
Unter Familienunternehmen gilt das gegenseitige Helfen als eine Art „Norm"					

24) Betrachten Sie rückblickend die <u>Anfänge der Internationalisierung</u> und den heutigen Zustand nach <u>erfolgter Internationalisierung</u> des Unternehmens. Bewerten Sie hierzu folgende Aussagen.

	Anfänge der Internationalisierung					Erfolgte Internationalisierung				
	trifft gar nicht zu	trifft eher nicht zu	trifft teilweise zu	trifft eher zu	trifft voll zu	trifft gar nicht zu	trifft eher nicht zu	trifft teilweise zu	trifft eher zu	trifft voll zu
Es war bzw. ist wichtig eine möglichst hohe Anzahl von Beziehungen aufzubauen und zu erhalten										
Netzwerke halfen bzw. helfen besonders wenn die Akteure sehr heterogen (z.B. Erfahrungen, Tätigkeiten, Interessen, Alter) sind										
Beziehungen waren bzw. sind durch regelmäßigen Gedankenaustausch, einer emotionalen Intimität und Intensität gekennzeichnet										
Beziehungen waren bzw. sind multiplex, d.h. Akteure sind gleichzeitig z.B. Geschäftspartner, Freund und/oder Nachbar										
Die meisten Beziehungen beruhten bzw. beruhen auf Freundschaft										
Die meisten Beziehungen beruhten bzw. beruhen auf gegenseitigem Respekt										
Die meisten wirtschaftlichen Beziehungen beruhten bzw. beruhen auf gegenseitigem Vertrauen										
Innerhalb der Beziehungen waren bzw. sind Normen, d.h. verbindliche Kriterien, unüblich										
Mit der Zeit entwickelten bzw. entwickeln sich Normen, die durch gegenseitig anerkannte Erwartungen und Verpflichtungen gekennzeichnet sind										
Die Beziehungen beruhten bzw. beruhen auf einem klaren gegenseitigen Verständnis und gemeinsam geteilten Visionen										
Oftmals fand bzw. findet eine wechselseitige Interpretation der jeweiligen Handlungsabsichten innerhalb der Beziehungen statt										
Beziehungen zu anderen Familienunternehmen waren bzw. sind aufgrund von Gemeinsamkeiten bei der Internationalisierung hilfreicher als zu Nicht-Familienunternehmen										
Ein großes und weitvernetztes Netzwerk war bzw. ist für die Internationalisierung des Familienunternehmens wichtig										

25) Inwiefern treffen diese Aussagen auf Ihr Unternehmen zu?

	trifft gar nicht zu	trifft eher nicht zu	trifft teilweise zu	trifft eher zu	trifft voll zu
Das Charakteristikum der langfristigen Ausrichtung von Familienunternehmen unterstützt die Internationalisierung des Unternehmens	○	○	○	○	○
Beziehungen werden eher vermieden, da Wissensabfluss drohen kann und man von keinem anderen beeinflusst werden möchte	○	○	○	○	○
Die Bedeutung von Sozialkapital nimmt im Laufe der Internationalisierung ab	○	○	○	○	○
Durch den Aufbau von Beziehungen kann das Wissen zur Internationalisierung erhöht werden	○	○	○	○	○
Durch Sozialkapital ist ein schnellerer Markteintritt möglich	○	○	○	○	○
Beziehungen zu anderen Familienunternehmen bzw. -unternehmern werden bei der Informationsbeschaffung zur Internationalisierung ggü. anderen Quellen bevorzugt	○	○	○	○	○
Bei Beziehungen zu anderen Familienunternehmen wurden Unternehmen in unmittelbarer Nähe bevorzugt	○	○	○	○	○
Sozialkapital erleichtert den Aufbau von Technologie	○	○	○	○	○
Durch Sozialkapital nimmt der Einfluss der Banken auf das Familienunternehmen zu	○	○	○	○	○

« ZURÜCK FRAGEBOGEN ABSCHICKEN »

UNIVERSITÄT BAYREUTH **Lehrstuhl für Internationales Management** Prof. Dr. Reinhard Meckl

Fortschritt: 100%

Vielen Dank für Ihre Unterstützung!

Ja, ich möchte über die Ergebnisse der Studie informiert werden bzw. an der Verlosung teilnehmen!

Diese persönlichen Daten werden getrennt von Ihrem Fragebogen gespeichert. Es kann keine Verknüpfung zu Ihren Antworten hergestellt werden, so dass die Anonymität gesichert ist. Eine Weitergabe der Daten an Dritte wird ausgeschlossen. Nach Abschluss der Befragung werden die Daten vernichtet.

Anrede: ○ Frau ○ Herr
Name des Unternehmens:
Name Bearbeiter:
Name der Abteilung des Bearbeiters:
E-Mail:
Weitere Anmerkungen (falls gewünscht):

☑ **Ja,** ich möchte über das Ergebnis der Studie informiert werden.
☑ **Ja,** ich möchte an der Verlosung der drei fränkischen Weinpakete teilnehmen.

Nur die Gewinner werden benachrichtigt. Der Rechtsweg ist ausgeschlossen.

ABSCHICKEN

Nein, ich möchte weder die Ergebnisse der Studie erhalten noch an der Verlosung teilnehmen. Fensterbitte schließen.

Anhang 4: Brancheneinteilung der Studie

WZ 2008 Code	WZ 2008 - Bezeichnung	Aggregierte Industriezweige
24	Metallerzeugung und -bearbeitung	**Metall- und Elektroindustrie**
25	Herstellung von Metallerzeugnissen	
26	Herstellung von Datenverarbeitungsgeräten, elektronischen und optischen Erzeugnissen	
27	Herstellung von elektrischen Ausrüstungen	
28	Maschinenbau	
29	Herstellung von Kraftwagen und Kraftwagenteilen	
30	Sonstiger Fahrzeugbau	
33	Reparatur und Installation von Maschinen und Ausrüstungen	
10	Herstellung von Nahrungs- und Futtermitteln	**Konsumgüterindustrie**
11	Getränkeherstellung	
12	Tabakverarbeitung	
13	Herstellung von Textilien	
14	Herstellung von Bekleidung	
15	Herstellung von Leder, Lederwaren und Schuhen	
18	Herstellung von Druckerzeugnissen; Vervielfältigung von bespielten Ton-, Bild- und Datenträgern	
31	Herstellung von Möbeln	
17	Herstellung von Papier, Pappe und Waren daraus	**Chemische Industrie**
19	Kokerei und Mineralölverarbeitung	
20	Herstellung von chemischen Erzeugnissen	
21	Herstellung von pharmazeutischen Erzeugnissen	
22	Herstellung von Gummi- und Kunststoffwaren	
23	Herstellung von Glas und Glaswaren, Keramik, Verarbeitung von Steinen und Erden	
16	Herstellung von Holz-, Flecht-, Korb- und Korkwaren (ohne Möbel)	**Sonstige Industrie**
32	Herstellung von sonstigen Waren	

Anhang 5: Einzelwerte der Erfolgsvariable (F4_20A_21)

F4_20A_21

Bewertung Erfolg des Unternehmens	Häufigkeit	Prozent	Kumulierte Prozente
1,00	1	0,8	0,8
1,31	1	0,8	1,6
1,46	1	0,8	2,3
1,57	1	0,8	3,1
1,64	1	0,8	3,9
1,93	2	1,6	5,4
2,00	1	0,8	6,2
2,08	1	0,8	7,0
2,14	3	2,3	9,3
2,21	2	1,6	10,9
2,29	4	3,1	14,0
2,31	1	0,8	14,7
2,36	3	2,3	17,1
2,43	2	1,6	18,6
2,50	5	3,9	22,5
2,54	1	0,8	23,3
2,57	3	2,3	25,6
2,58	1	0,8	26,4
2,67	1	0,8	27,1
2,69	1	0,8	27,9
2,71	3	2,3	30,2
2,75	2	1,6	31,8
2,77	2	1,6	33,3
2,79	2	1,6	34,9
2,83	1	0,8	35,7
2,85	1	0,8	36,4
2,86	2	1,6	38,0
2,92	2	1,6	39,5
2,93	2	1,6	41,1
3,00	6	4,7	45,7
3,07	3	2,3	48,1
3,08	1	0,8	48,8
3,13	2	1,6	50,4
3,14	5	3,9	54,3
3,18	1	0,8	55,0
3,21	2	1,6	56,6
3,23	2	1,6	58,1
3,29	1	0,8	58,9
3,31	2	1,6	60,5
3,33	1	0,8	61,2
3,36	1	0,8	62,0
3,38	1	0,8	62,8
3,42	2	1,6	64,3
3,46	3	2,3	66,7
3,50	3	2,3	69,0
3,55	1	0,8	69,8
3,57	4	3,1	72,9
3,58	3	2,3	75,2
3,62	1	0,8	76,0
3,64	1	0,8	76,7
3,67	1	0,8	77,5
3,70	1	0,8	78,3
3,71	2	1,6	79,8
3,75	1	0,8	80,6
3,78	2	1,6	82,2
3,79	3	2,3	84,5
3,83	1	0,8	85,3
3,85	1	0,8	86,0
3,86	1	0,8	86,8
3,91	1	0,8	87,6

Bewertung Erfolg des Unternehmens	Häufigkeit	Prozent	Kumulierte Prozente
3,93	5	3,9	91,5
4,08	1	0,8	92,2
4,09	3	2,3	94,6
4,13	1	0,8	95,3
4,21	1	0,8	96,1
4,27	1	0,8	96,9
4,29	1	0,8	97,7
4,31	1	0,8	98,4
4,43	1	0,8	99,2
4,57	1	0,8	100,0
Gesamt	129	100,0	

Anhang 6: Anzahl der Antworten bei Frage 4, 20A und 21

Statistiken zu Frage 4, 20A und 21

Anzahl Antworten		F4_1	F4_2	F4_3	F4_4	F4_5	F4_6	F20_1a	F20_2a	F20_3a	F20_4a	F20_5a	F21_1	F21_2	F21_3
N	Gültig	113	107	121	122	83	101	129	129	129	129	129	129	129	129
	Fehlend	16	22	8	7	46	28	0	0	0	0	0	0	0	0

Anhang 7: Einzelwerte für die Variable der Unternehmensgröße (F1_Faktor1)

F1_Faktor1

Unternehmens-größe	Häufigkeit	Prozent	Kumulierte Prozente
1,00	29	22,5	22,5
1,50	23	17,8	40,3
2,00	16	12,4	52,7
2,50	11	8,5	61,2
3,00	9	7,0	68,2
3,50	8	6,2	74,4
4,00	33	25,6	100,0
Gesamt	129	100,0	

Anhang 8: Höhe des Kapitalanteils der Familie am Unternehmen (F2_1_Prozent)

F2_1_Prozent

Kapitalanteil der Familie	Häufigkeit	Prozent	Kumulierte Prozente
1 51-75%	4	3,1	3,1
2 76-99%	10	7,8	10,9
3 100%	115	89,1	100,0
Gesamt	129	100,0	

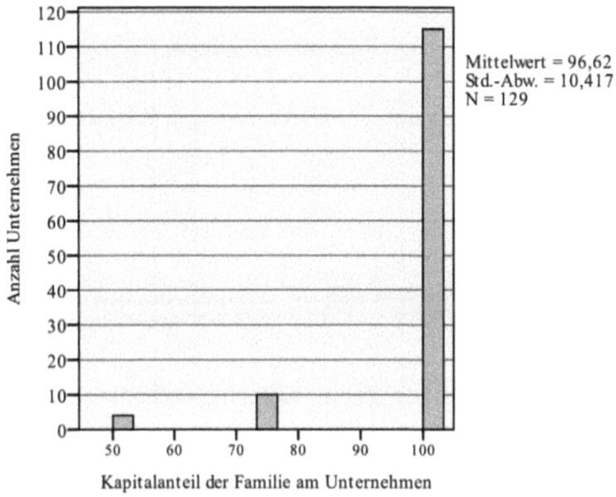

Anhang 9: Höhe des Familieneinflusses in Kontrollgremien (F2_2_Prozent)

F2_2_Prozent

Familieneinfluss in Kontrollgremien (in %)	Häufigkeit	Prozent	Gültige Prozente	Kumulierte Prozente
Gültig 0	16	12,4	17,8	17,8
13,33	1	0,8	1,1	18,9
15,38	1	0,8	1,1	20,0
16,67	1	0,8	1,1	21,1
20,00	5	3,9	5,6	26,7
22,22	1	0,8	1,1	27,8
25,00	4	3,1	4,4	32,2
28,57	2	1,6	2,2	34,4
33,33	10	7,8	11,1	45,6
40,00	8	6,2	8,9	54,4
50,00	9	7,0	10,0	64,4
57,14	3	2,3	3,3	67,8
60,00	2	1,6	2,2	70,0
66,67	5	3,9	5,6	75,6
75,00	2	1,6	2,2	77,8
100,00	20	15,5	22,2	100,0
Gesamt	90	69,8	100,0	
Fehlend System	39	30,2		
Gesamt	129	100,0		

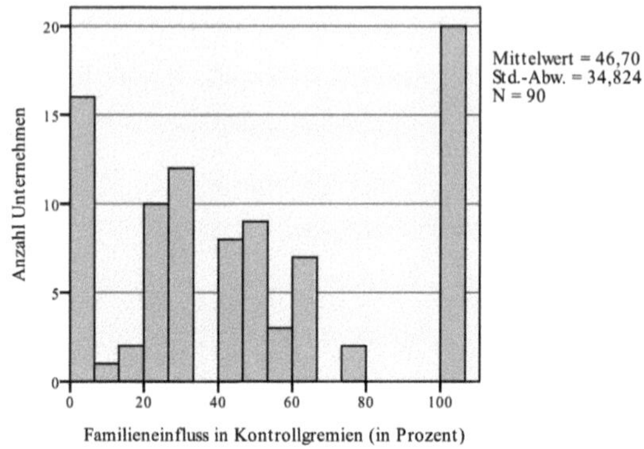

Anhang 10: Höhe des Familieneinflusses im Management (F2_3_Prozent)

F2_3_Prozent

Familieneinfluss im Management (in %)	Häufigkeit	Prozent	Kumulierte Prozente
0	19	14,7	14,7
12,50	1	0,8	15,5
14,29	2	1,6	17,1
16,67	3	2,3	19,4
20,00	4	3,1	22,5
22,22	1	0,8	23,3
25,00	10	7,8	31,0
30,00	2	1,6	32,6
33,33	14	10,9	43,4
40,00	6	4,7	48,1
50,00	18	14,0	62,0
66,67	7	5,4	67,4
75,00	5	3,9	71,3
100,00	37	28,7	100,0
Gesamt	129	100,0	

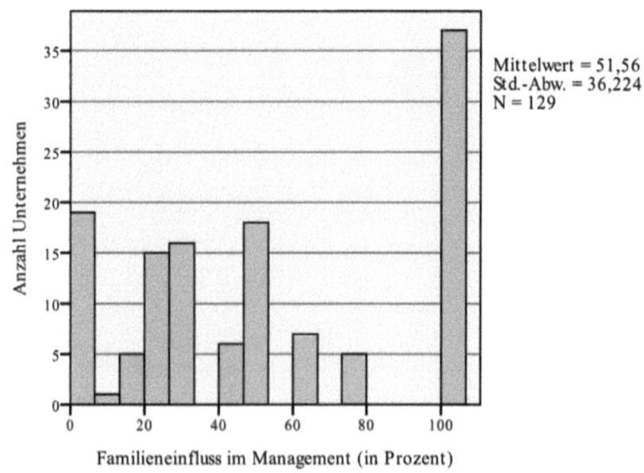

Anhang 11: Einzelwerte für die Variable Substantial Family Influence (F2_SFI)

F2_SFI

Höhe des SFI	Häufigkeit	Prozent	Kumulierte Prozente
0,64	1	0,8	0,8
0,84	1	0,8	1,6
1,00	3	2,3	3,9
1,09	3	2,3	6,2
1,17	1	0,8	7,0
1,20	1	0,8	7,8
1,25	5	3,9	11,6
1,26	1	0,8	12,4
1,30	2	1,6	14,0
1,33	4	3,1	17,1
1,35	1	0,8	17,8
1,40	7	5,4	23,3
1,43	1	0,8	24,0
1,44	1	0,8	24,8
1,45	1	0,8	25,6
1,47	1	0,8	26,4
1,49	1	0,8	27,1
1,50	10	7,8	34,9
1,51	2	1,6	36,4
1,54	1	0,8	37,2
1,57	2	1,6	38,8
1,58	1	0,8	39,5
1,60	1	0,8	40,3
1,65	1	0,8	41,1
1,67	9	7,0	48,1
1,73	2	1,6	49,6
1,75	3	2,3	51,9
1,76	2	1,6	53,5
1,83	6	4,7	58,1
1,90	2	1,6	59,7
1,92	1	0,8	60,5
2,00	26	20,2	80,6
2,07	1	0,8	81,4
2,09	1	0,8	82,2
2,14	1	0,8	82,9
2,20	1	0,8	83,7
2,25	1	0,8	84,5
2,27	1	0,8	85,3
2,33	3	2,3	87,6
2,40	1	0,8	88,4
2,50	2	1,6	89,9
2,75	1	0,8	90,7
2,76	2	1,6	92,2
3,00	10	7,8	100,0
Gesamt	129	100,0	

Anhang 12: Familieneinfluss in den einzelnen Phasen der Internationalisierung

Verantwortliche für Initiierung der Internationalisierung F3_1	Verantwortliche für Bewertung der Internationalisierung F3_2	Verantwortliche für Festlegung der Internationalisierung F3_3	Verantwortliche für Implementierung der Internationalisierung F3_4	Anteile F2_1	Beirat F2_2	GF F2_3	SUMME SFI	Initiierung	Bewertung	Festlegung	Implementierung
Geschäftsführung	Geschäftsführung	Geschäftsführung	Geschäftsführung	1,00	0,00	1,00	**2,00**	1,00	1,00	1,00	1,00
GL und Führungskreis	GL und Führungskreis	GL und Führungskreis	Führungskreis mit jeweiliger Abteilung	1,00	0,00	1,00	**2,00**	0,50	0,50	0,50	0,00
Geschäftsführung + Anteilseigner	Anteilseigner	Geschäftsführung + Anteilseigner	Geschäftsführung / Management	1,00	1,00	0,00	**2,00**	0,50	1,00	0,50	0,00
Geschäftsführung	Geschäftsführung	Geschäftsführung	Geschäftsführung	1,00	0,00	1,00	**2,00**	1,00	1,00	1,00	1,00
Geschäftsführung	Geschäftsführung	Geschäftsführung	Geschäftsführung	1,00	0,40	0,33	**1,73**	0,33	0,33	0,33	0,33
Geschäftsführung+ Beirat	Geschäftsführung+ Beirat	Geschäftsführung+ Beirat	Geschäftsführung+ Beirat	1,00	0,33	0,33	**1,67**	0,33	0,33	0,33	0,33
GF	AR	GF	GF	1,00	0,40	0,25	**1,65**	0,25	0,40	0,25	0,25
GF	Beirat	GF	GF	1,00	0,40	0,50	**1,90**	0,50	0,40	0,50	0,50
Geschäftsführung	Geschäftsführung, Beirat	Geschäftsführung, Beirat, Anteilseigner	Geschäftsführung	1,00	0,57	0,00	**1,57**	0,00	0,29	0,52	0,00
GF	GF & Beirat	GF & Beirat	GF	1,00	0,40	0,33	**1,73**	0,33	0,37	0,37	0,33
GF	GF und Management	GF und Management	GF und Management	1,00	0,20	1,00	**2,20**	1,00	0,50	0,50	0,50
Geschäftsführung	Geschäftsführung	Geschäftsführung	Geschäftsführung	1,00	0,00	0,67	**1,67**	0,67	0,67	0,67	0,67
Geschäftsführung	Geschäftsführung und Beirat	Geschäftsführung	Geschäftsführung	1,00	0,00	1,00	**2,00**	1,00	0,50	1,00	1,00
Geschäftsführung	Geschäftsführung	Geschäftsführung und Management	Geschäftsführung und Management	1,00	0,00	0,40	**1,40**	0,40	0,40	0,20	0,20
Geschäftsführung	Geschäftsführung	Geschäftsführung	Geschäftsführung	1,00	0,00	0,40	**1,40**	0,40	0,40	0,40	0,40
Eigentümer, Geschäftsführung	Beirat, Eigentümer	Eigentümer, Geschäftsführung	Geschäftsführung	1,00	0,50	0,33	**1,83**	0,67	0,75	0,67	0,33
Geschäftsführung	Beirat	Geschäftsführung	Geschäftsführung	1,00	0,60	0,67	**2,27**	0,67	0,60	0,67	0,67
Geschäftsführung	Geschäftsführung	Geschäftsführung	Geschäftsführung	1,00	0,00	1,00	**2,00**	1,00	1,00	1,00	1,00
Geschäftsführung, Anteilseigner	Beirat	Geschäftsführung, Beirat, Aufsichtsrat	Geschäftsführung	1,00	0,40	0,00	**1,40**	0,50	0,40	0,20	0,00
phGs	phGs	phGs	phGs	1,00	0,00	1,00	**2,00**	1,00	1,00	1,00	1,00
Gesellschafter	Gesellschafter + Geschäftsführer	Gesellschafter + Geschäftsführer	Gesellschafter + Geschäftsführer	1,00	1,00	1,00	**3,00**	1,00	1,00	1,00	1,00
geschäftsführender Gesellschafter	Niederlassungsleiter und Geschäftsführung	geschäftsführender Gesellschafter	Niederlassungsleiter und Geschäftsführung	1,00	0,33	1,00	**2,33**	1,00	0,50	1,00	0,50
Geschäftsführung	Geschäftsführung	Geschäftsführung	Geschäftsführung	1,00	0,00	0,25	**1,25**	0,25	0,25	0,25	0,25
Geschäftsführung	Beirat	Geschäftsführung	Geschäftsführung	1,00	1,00	0,33	**2,33**	0,33	1,00	0,33	0,33
Geschäftsführung (GF)	GF	GF	GF	0,76	0,00	0,33	**1,09**	0,33	0,33	0,33	0,33
Geschäftsführung	Geschäftsführung	Geschäftsführung	Geschäftsführung	0,76	1,00	1,00	**2,76**	1,00	1,00	1,00	1,00
gesch.fhrg	dito	dito	dito	1,00	0,00	0,50	**1,50**	0,50	0,50	0,50	0,50
Geschäftsführung	Geschäftsführung	Geschäftsführung	Geschäftsführung	1,00	0,00	0,50	**1,50**	0,50	0,50	0,50	0,50
Geschäftsführung	Beirat / Geschäftsführung	Geschäftsführung / Beirat / Gesellschafter	Geschäftsführung	1,00	0,33	0,50	**1,83**	0,50	0,42	0,61	0,50
Vorstand, Geschäftsführung	Vorstand, Geschäftsführung, Aufsichtsrat	Vorstand, Geschäftsführung	Geschäftsführung	1,00	0,00	0,50	**1,50**	0,50	0,25	0,50	0,50
Geschäftsführung	s.o.	s.o.	s.o.	1,00	0,00	0,50	**1,50**	0,50	0,50	0,50	0,50
GF	GF	GF	GF	0,76	1,00	1,00	**2,76**	1,00	1,00	1,00	1,00
CEO	Aufsichtsrat	CEO	CEO	1,00	0,67	0,00	**1,67**	0,00	0,67	0,00	0,00
Geschäftsführung	Geschäftsführung	Geschäftsführung und Management	Geschäftsführung und Management	1,00	0,00	0,50	**1,50**	0,50	0,50	0,25	0,25
Geschäftsleitung, Aufsichtsrat	Geschäftsleitung, Aufsichtsrat	Geschäftsleitung, Aufsichtsrat	Geschäftsleitung, Aufsichtsrat	1,00	1,00	1,00	**3,00**	1,00	1,00	1,00	1,00
Anteilseigner/ Geschäftsführung	ebenso	ebenso	ebenso	1,00	0,00	0,67	**1,67**	0,83	0,83	0,83	0,83
Geschäftsführung/ Anteilseigner	dto.	dto.	Exportabteilung	1,00	0,00	0,17	**1,17**	0,58	0,58	0,58	0,00

Verantwortliche für Initiierung der Internationalisierung F3_1	Verantwortliche für Bewertung der Internationalisierung F3_2	Verantwortliche für Festlegung der Internationalisierung F3_3	Verantwortliche für Implementierung der Internationalisierung F3_4	Anteile F2_1	Beirat F2_2	GF F2_3	SUMME SFI	Initiierung	Bewertung	Festlegung	Implementierung
Geschäftsführung	Aufsichtsrat/ Anteilseigner	Geschäftsführung	Geschäftsführung	1,00	0,33	0,00	**1,33**	0,00	0,67	0,00	0,00
Geschäftsführung	Geschäftsführung, Aufsichtsrat, Beirat	Geschäftsführung	Geschäftsführung	0,76	0,00	0,33	**1,09**	0,33	0,17	0,33	0,33
Geschäftsführer = 80% - Anteilseigner	GF	GF	GF	0,76	0,40	0,33	**1,49**	0,33	0,33	0,33	0,33
1986 Geschäftsführung	Export / Geschäftsführung	Export / Geschäftsführung	Export / Geschäftsführung	1,00	1,00	0,40	**2,40**	0,40	0,20	0,20	0,20
Geschäftsführung	Geschäftsführung/ Aufsichtsrat	Geschäftsführung/ Aufsichtsrat	Geschäftsleitung/ Regionalmanagement	1,00	0,20	0,20	**1,40**	0,20	0,20	0,20	0,10
Geschäftsführung, bereits seit Jahrzehnten	GF	GF	GF	1,00	0,67	0,17	**1,83**	0,17	0,17	0,17	0,17
Vorstand/Beirat	Vorstand	Vorstand	Vorstand	1,00	0,50	0,50	**2,00**	0,50	0,50	0,50	0,50
Geschäftsführung	Geschäftsführung, Beirat	Geschäftsführung, Beirat	Geschäftsführung	1,00	0,40	0,50	**1,90**	0,50	0,45	0,45	0,50
Geschäftsführung	Geschäftsführung und Mitgesellschafter	Geschäftsführung	Geschäftsführung	1,00	0,00	0,50	**1,50**	0,50	0,75	0,50	0,50
Anteilseigner, Geschäftsführung	Geschäftsführung	Geschäftsführung , Exportleitung	Geschäftsführung, Exportleitung	1,00	0,40	0,20	**1,60**	0,60	0,20	0,10	0,10
Geschäftsführung	Geschäftsführung	Geschäftsführung	Geschäftsführung	1,00	0,67	0,25	**1,92**	0,25	0,25	0,25	0,25
GF/Beirat	GF/Beirat	GF/Beirat	GF	1,00	0,50	0,00	**1,50**	0,25	0,25	0,25	0,00
Eigentümer	Beirat	GF	GF	1,00	0,00	0,25	**1,25**	1,00	0,00	0,25	0,25
Geschäftsführung	GF	GF	GF	1,00	0,00	0,00	**1,00**	0,00	0,00	0,00	0,00
GF	Gesellschafter	GF	GF	0,51	0,25	0,33	**1,09**	0,33	0,51	0,33	0,33
Geschäftsführung	Geschäftsführung/ Aufsichtsrat	Geschäftsführung/ Aufsichtsrat	Geschäftsführung/ Aufsichtsrat	1,00	0,33	0,00	**1,33**	0,00	0,17	0,17	0,17
Geschäftsführung	Geschäftsführung / Gesellschafter	Geschäftsführung	Geschäftsführung	1,00	0,00	0,75	**1,75**	0,75	0,88	0,75	0,75
Geschäftsführung des jeweiligen Bereiches	Gemeinsam	Jeweilige Geschäftsführung	Gemeinsam	1,00	0,57	0,50	**2,07**	0,50	0,50	0,50	0,50
GF	GF	GF	GF	1,00	0,00	1,00	**2,00**	1,00	1,00	1,00	1,00
geschäftsführender Gesellschafter	Geschäftsführung, Beirat	Geschäftsleitung	Geschäftsleitung, Bereichsleiter	1,00	0,00	0,40	**1,40**	1,00	0,20	0,40	0,20
GF	GF	GF	GF	1,00	0,25	1,00	**2,25**	1,00	1,00	1,00	1,00
GF	GF	GF	GF	1,00	0,00	1,00	**2,00**	1,00	1,00	1,00	1,00
GF	GF	GF	GF	1,00	0,00	0,25	**1,25**	0,25	0,25	0,25	0,25
GF	GF Beirat	GF	GF Management Team	1,00	0,00	0,67	**1,67**	0,67	0,33	0,67	0,33
Geschäftsführung und Gesellschafter	Geschäftsführung und Gesellschafter	Geschäftsführung und Gesellschafter	Geschäftsführung und Gesellschafter	0,76	0,00	0,75	**1,51**	0,76	0,76	0,76	0,76
Geschäftsführung, Anteilseigner	Anteilseigner, Beirat	Geschäftsführung, Anteilseigner, Beirat	Geschäftsführung	1,00	1,00	1,00	**3,00**	1,00	1,00	1,00	1,00
Geschäftsführung	Beirat	Geschäftsführung	Geschäftsführung	1,00	0,75	0,00	**1,75**	0,00	0,75	0,00	0,00
Geschäftsführung/ Geschäftsleitung	Geschäftsführung/ Geschäftsleitung	Geschäftsführung/ Geschäftsleitung	Geschäftsführung und leitung/Bereichsleitung	1,00	1,00	1,00	**3,00**	1,00	1,00	1,00	1,00
Geschäftsleitung	Geschäftsleitung unter Mithilfe Mitarbeiter	Geschäftsleitung unter Mithilfe Mitarbeiter	Geschäftsleitung + entsprechende Abteilung	1,00	0,00	1,00	**2,00**	1,00	0,50	0,50	0,50
Geschäftsführung (GF)	GF	GF und Beirat	GF	1,00	0,17	0,17	**1,33**	0,17	0,17	0,17	0,17
Geschäftsführung	Strategieteam	Geschäftsführung + Exportleiter	Exportleiter	1,00	1,00	1,00	**3,00**	1,00	0,00	0,50	0,00
Geschäftsführung/ GF	GF	GF	GF	1,00	0,29	0,25	**1,54**	0,25	0,25	0,25	0,25
Geschäftsführung	Geschäftsführung	Geschäftsführung	Geschäftsführung	1,00	1,00	0,33	**2,33**	0,33	0,33	0,33	0,33
Geschäftsführung	Geschäftsführung/ Beirat	Geschäftsführung	Geschäftsführung	1,00	0,22	0,22	**1,44**	0,22	0,22	0,22	0,22
Geschäftsführung und Gesellschafterkreis	s.o.	s.o.	Geschäftsführung und Auslandspartner (freie Vertreter)	1,00	1,00	1,00	**3,00**	1,00	1,00	1,00	0,50
Geschäftsführender Gesellschafter	Verwaltungsrat, geschäftsführender Gesellschafter	Chief Sales Officer	Marktverantwortliche, Marketingleitung, Int. Kommunikation	0,76	0,60	0,40	**1,76**	1,00	0,80	0,00	0,00
GF	GF	GF	GF	1,00	1,00	1,00	**3,00**	1,00	1,00	1,00	1,00
Anteilseigner	Anteilseigner	Anteilseigner	Anteilseigner	1,00	0,00	1,00	**2,00**	1,00	1,00	1,00	1,00

Verantwortliche für Initiierung der Internationalisierung F3_1	Verantwortliche für Bewertung der Internationalisierung F3_2	Verantwortliche für Festlegung der Internationalisierung F3_3	Verantwortliche für Implementierung der Internationalisierung F3_4	Anteile F2_1	Beirat F2_2	GF F2_3	SUMME SFI	Initiierung	Bewertung	Festlegung	Implementierung
Geschäftsführung / Gesellschafter	Arbeitsgruppe	Geschäftsführung	Geschäftsführung / Gesellschafter	1,00	0,00	1,00	**2,00**	1,00	0,00	1,00	1,00
Geschäftsführung	Geschäftsführung	Geschäftsführung	Vertriebsleitung	0,76	0,67	0,67	**2,09**	0,67	0,67	0,67	0,00
Unternehmensleitung, Beirat, Gesellschafterausschuss	Unternehmensleitung, Beirat	Unternehmensleitung	Unternehmensleitung	1,00	0,20	0,00	**1,20**	0,40	0,10	0,00	0,00
Geschäftsführung	Geschäftsführung	Geschäftsführung	Geschäftsführung	1,00	1,00	1,00	**3,00**	1,00	1,00	1,00	1,00
GF-Ges.	GF-Ges.	GF-Ges.	alle GF's	1,00	1,00	0,75	**2,75**	1,00	1,00	1,00	0,75
Geschäftsführung und Gesellschafter	Geschäftsführung und Gesellschafter	Geschäftsführung, Regionalorganisationen, Unternehmensplanung	Geschäftsführung, Regionalorganisationen, Unternehmensplanung	1,00	0,00	0,00	**1,00**	0,50	0,50	0,00	0,00
Geschäftsführung	Geschäftsführung	Geschäftsführung	Geschäftsführung	1,00	0,00	0,00	**1,00**	0,00	0,00	0,00	0,00
GF	GF	GF mit relevanten Ressortleitern	GF mit relevanten Ressortleitern	1,00	0,00	0,67	**1,67**	0,67	0,67	0,33	0,33
Beirat	Beirat	Geschäftsführung	Geschäftsführung	1,00	0,33	0,25	**1,58**	0,33	0,33	0,25	0,25
Geschäftsführung	Geschäftsführung	Geschäftsführung	Geschäftsführung	1,00	0,00	0,30	**1,30**	0,30	0,30	0,30	0,30
GF	GF	GF	GF / Vertrieb	1,00	0,57	0,00	**1,57**	0,00	0,00	0,00	0,00
Geschäftsführung	Geschäftsführung	Geschäftsführung	Geschäftsführung	1,00	0,33	0,50	**1,83**	0,50	0,50	0,50	0,50
Vorstand	Vorstand / Aufsichtsrat	Vorstand	Vorstand	1,00	0,33	0,33	**1,67**	0,33	0,33	0,33	0,33
Geschäftsführender Gesellschafter	Geschäftsführender Gesellschafter	Geschäftsführer / CEO	Geschäftsführer / CEO	1,00	0,20	0,20	**1,40**	1,00	1,00	0,20	0,20
GF	GF / Gesellschafter	GF / Gesellschafter	GF	1,00	0,00	1,00	**2,00**	1,00	1,00	1,00	1,00
GF	GF	GF + Direktor Int. Business	GF + Direktor Int. Business	1,00	0,00	1,00	**2,00**	1,00	1,00	0,50	0,50
Geschäftsführender Gesellschafter	Geschäftsführender Gesellschafter	Geschäftsführender Gesellschafter	Geschäftsführender Gesellschafter	1,00	0,00	1,00	**2,00**	1,00	1,00	1,00	1,00
Geschäftsführung	Geschäftsführung	Geschäftsführung	Geschäftsführung	1,00	0,50	0,50	**2,00**	0,50	0,50	0,50	0,50
Geschäftsführung	Geschäftsführung	Vertriebsleiter	Vertriebsleiter	1,00	1,00	1,00	**3,00**	1,00	1,00	0,00	0,00
Geschäftsführung	Geschäftsführung	Geschäftsführung	Exportleitung	1,00	0,00	1,00	**2,00**	1,00	1,00	1,00	0,00
GF, Anteilseigner	GF, Anteilseigner	GF, Anteilseigner	GF, Anteilseigner	1,00	0,00	0,67	**1,67**	0,83	0,83	0,83	0,83
GL = AE	GL	GL	GL	1,00	0,00	1,00	**2,00**	1,00	1,00	1,00	1,00
GF	GF, Beirat	GF, Beirat	GF	1,00	0,00	0,30	**1,30**	0,30	0,15	0,15	0,30
Geschäftsführung	Geschäftsführung	Geschäftsführung	Geschäftsführung	1,00	0,00	0,50	**1,50**	0,50	0,50	0,50	0,50
Geschäftsführung	GF	GF	GF	1,00	1,00	0,00	**2,00**	0,00	0,00	0,00	0,00
GF	GF - Beirat	GF	GF	1,00	0,50	0,50	**2,00**	0,50	0,50	0,50	0,50
Geschäftsführung	GF	GF	GF	1,00	0,00	0,75	**1,75**	0,75	0,75	0,75	0,75
Geschäftsführender Gesellschafter	Geschäftsführender Gesellschafter mit vor Ort	Geschäftsführender Gesellschafter mit restlicher GF	GF vor Ort	1,00	1,00	0,14	**2,14**	1,00	1,00	0,57	0,14
Geschäftsführung	Beirat	Geschäftsführung	Geschäftsführung	1,00	0,29	0,14	**1,43**	0,14	0,29	0,14	0,14
Bei Unternehmensgründung	integriert	integriert	integriert	0,51	0,00	0,13	**0,64**	0,21	0,21	0,21	0,21
GF + AE	GF + AE	GF + AE	GF + AE	1,00	0,00	0,25	**1,25**	0,63	0,63	0,63	0,63
Inhaber und Gründer	Inhaber und GF	heute GF -> Verwaltungsrat	GF	1,00	0,67	0,00	**1,67**	1,00	0,50	0,00	0,00
Geschäftsführung	Geschäftsführung	Geschäftsführung zusammen mit Beirat	Geschäftsführung	1,00	0,13	0,33	**1,47**	0,33	0,33	0,23	0,33
Geschäftsführung	Beirat	GF/Beirat	GF	1,00	1,00	0,00	**2,00**	0,00	1,00	0,50	0,00
GF	GF	GF	GF	1,00	0,33	0,00	**1,33**	0,00	0,00	0,00	0,00
Vorstand (damals noch Familie)	Aufsichtsrat	Vorstand & Aufsichtsrat	Vorstand & Geschäftsführer von TBGen	0,51	0,33	0,00	**0,84**	0,00	0,33	0,17	0,00
GF	GF	GF	GF	1,00	0,00	0,50	**1,50**	0,50	0,50	0,50	0,50

Verantwortliche für Initiierung der Internationalisierung F3_1	**Verantwortliche für Bewertung der Internationalisierung F3_2**	**Verantwortliche für Festlegung der Internationalisierung F3_3**	**Verantwortliche für Implementierung der Internationalisierung F3_4**	**Anteile F2_1**	**Beirat F2_2**	**GF F2_3**	**SUMME SFI**	**Initiierung**	**Bewertung**	**Festlegung**	**Implementierung**
GF	GF	GF	GF	1,00	0,00	1,00	**2,00**	1,00	1,00	1,00	1,00
Anteilseigner	Anteilseigner	GF	GF	0,51	0,00	1,00	**1,51**	0,51	0,51	1,00	1,00
GF	GF/Beirat	GF/Beirat	GF	1,00	0,15	0,20	**1,35**	0,20	0,18	0,18	0,20
GF	Beirat	GF	GF	1,00	0,50	0,33	**1,83**	0,33	0,50	0,33	0,33
Geschäftsführung	Anteilseigner	Anteilseigner	Geschäftsführung	1,00	0,75	0,75	**2,50**	0,75	1,00	1,00	0,75
Geschäftsführung	Geschäftsführung	Geschäftsführung	Geschäftsführung	1,00	0,00	1,00	**2,00**	1,00	1,00	1,00	1,00
GF	GF + Beirat	GF + Beirat	GF	1,00	0,00	0,40	**1,40**	0,40	0,20	0,20	0,40
Geschäftsführung	Geschäftsführung	Geschäftsführung	Geschäftsführung	1,00	0,50	1,00	**2,50**	1,00	1,00	1,00	1,00
Vorstand	AR	AR	Vorstand	1,00	0,50	0,33	**1,83**	0,33	0,50	0,50	0,33
Vorstand	Vorstand	Vorstand	Vorstand	0,76	0,00	1,00	**1,76**	1,00	1,00	1,00	1,00
Geschäftsführung	Geschäftsführung	Geschäftsführung	Geschäftsführung	1,00	0,50	0,50	**2,00**	0,50	0,50	0,50	0,50
GF	GF, Beirat	GF	GF	1,00	0,20	0,25	**1,45**	0,25	0,23	0,25	0,25
GF	GF	GF	GF	1,00	0,00	1,00	**2,00**	1,00	1,00	1,00	1,00
GL	GL	GL	GL	1,00	1,00	1,00	**3,00**	1,00	1,00	1,00	1,00
Vorstand	Auslandsleitung & Vorstand	Auslandsleitung	Vor Ort GF / TG	0,76	0,00	0,50	**1,26**	0,50	0,25	0,00	0,00
GF/Anteilseigner	Anteilseigner	GF/Anteilseigner	GF	1,00	0,25	0,00	**1,25**	0,50	1,00	0,50	0,00
Geschäftsführung/ Geschäftsbereichsleitung	Geschäftsführung/ Beirat	Geschäftsführung	Geschäftsführung/Geschäftsbereichsleitung	1,00	0,25	0,25	**1,50**	0,13	0,25	0,25	0,13
					Summe		**233,18**	**74,93**	**72,94**	**66,09**	**57,38**
					Ø		**1,81**	**0,5808**	**0,5657**	**0,5123**	**0,4447**
								58,08%	**56,57%**	**51,23%**	**44,47%**

F3_1_FE_Initiierung

Familieneinfluss bei der Initiierung der Internationalisierung	Häufigkeit	Prozent	Kumulierte Prozente
,00	12	9,3	9,3
,13	1	0,8	10,1
,14	1	0,8	10,9
,17	2	1,6	12,4
,20	2	1,6	14,0
,21	1	0,8	14,7
,22	1	0,8	15,5
,25	7	5,4	20,9
,30	2	1,6	22,5
,33	14	10,9	33,3
,40	5	3,9	37,2
,50	23	17,8	55,0
,51	1	0,8	55,8
,58	1	0,8	56,6
,60	1	0,8	57,4
,63	1	0,8	58,1
,67	6	4,7	62,8
,75	3	2,3	65,1
,76	1	0,8	65,9
,83	2	1,6	67,4
1,00	42	32,6	100,0
Gesamt	129	100,0	

F3_2_FE_Bewertung

Familieneinfluss bei Bewertung der Strategien zur Internationalisierung	Häufigkeit	Prozent	Kumulierte Prozente
,00	8	6,2	6,2
,10	1	0,8	7,0
,15	1	0,8	7,8
,17	4	3,1	10,9
,18	1	0,8	11,6
,20	5	3,9	15,5
,21	1	0,8	16,3
,22	1	0,8	17,1
,23	1	0,8	17,8
,25	8	6,2	24,0
,29	2	1,6	25,6
,30	1	0,8	26,4
,33	10	7,8	34,1
,37	1	0,8	34,9
,40	5	3,9	38,8
,42	1	0,8	39,5
,45	1	0,8	40,3
,50	21	16,3	56,6
,51	2	1,6	58,1
,58	1	0,8	58,9
,60	1	0,8	59,7
,63	1	0,8	60,5
,67	5	3,9	64,3
,75	4	3,1	67,4
,76	1	0,8	68,2
,80	1	0,8	69,0
,83	2	1,6	70,5
,88	1	0,8	71,3
1,00	37	28,7	100,0
Gesamt	129	100,0	

F3_3_FE_Festlegung

Familieneinfluss bei Festlegung der Strategien zur Internationalisierung	Häufigkeit	Prozent	Kumulierte Prozente
,00	14	10,9	10,9
,10	1	0,8	11,6
,14	1	0,8	12,4
,15	1	0,8	13,2
,17	4	3,1	16,3
,18	1	0,8	17,1
,20	6	4,7	21,7
,21	1	0,8	22,5
,22	1	0,8	23,3
,23	1	0,8	24,0
,25	11	8,5	32,6
,30	1	0,8	33,3
,33	11	8,5	41,9
,37	1	0,8	42,6
,40	2	1,6	44,2
,45	1	0,8	45,0
,50	23	17,8	62,8
,52	1	0,8	63,6
,57	1	0,8	64,3
,58	1	0,8	65,1
,61	1	0,8	65,9
,63	1	0,8	66,7
,67	5	3,9	70,5
,75	2	1,6	72,1
,76	1	0,8	72,9
,83	2	1,6	74,4
1,00	33	25,6	100,0
Gesamt	129	100,0	

F3_4_FE_Implementierung

Familieneinfluss bei Implementierung der Internationalisierungsstrategien	Häufigkeit	Prozent	Kumulierte Prozente
,00	26	20,2	20,2
,10	2	1,6	21,7
,13	1	0,8	22,5
,14	2	1,6	24,0
,17	3	2,3	26,4
,20	5	3,9	30,2
,21	1	0,8	31,0
,22	1	0,8	31,8
,25	9	7,0	38,8
,30	2	1,6	40,3
,33	16	12,4	52,7
,40	2	1,6	54,3
,50	21	16,3	70,5
,63	1	0,8	71,3
,67	2	1,6	72,9
,75	4	3,1	76,0
,76	1	0,8	76,7
,83	2	1,6	78,3
1,00	28	21,7	100,0
Gesamt	129	100,0	

Anhang 13: Ermittelte Werte über den Austausch in speziellen Netzwerken (F6_1/2 und Frage 8)

F6_1

Bewertung von allgemeinen Veranstaltungen	Häufigkeit	Prozent	Kumulierte Prozente
1 gar nicht geeignet	7	5,4	5,4
2 eher nicht geeignet	18	14,0	19,4
3 teilweise geeignet	57	44,2	63,6
4 gut geeignet	42	32,6	96,1
5 sehr gut geeignet	5	3,9	100,0
Gesamt	129	100,0	

F6_2

Bewertung von speziellen Veranstaltungen für FU	Häufigkeit	Prozent	Kumulierte Prozente
1 gar nicht geeignet	10	7,8	7,8
2 eher nicht geeignet	27	20,9	28,7
3 teilweise geeignet	53	41,1	69,8
4 gut geeignet	34	26,4	96,1
5 sehr gut geeignet	5	3,9	100,0
Gesamt	129	100,0	

Netzwerke und Organisationen für Familienunternehmen	Frage 8A: Kennen der Netzwerke/ Organisationen	Frage 8B: Nutzung der Nerzwerke/ Organisationen	Frage 8C: Nutzung der Netzwerke/ Organisationen für Themen Internationalisierung	% von FU die Netzwerke/ Organisationen auch nutzen wenn sie diese kennen (8B/8A)	% von FU die Netzwerke/ Organisationen bei Nutzung auch für Themen Internationalisierung nutzen (8C/8B)	% von FU die Netzwerke/ Organisationen auch für Themen Internationalisierung nutzen wenn sie diese kennen (8C/8A)
Stiftung Familienunternehmen	74,40%	23,30%	10,90%	31,32%	46,78%	14,65%
Intes-Akademie	65,90%	26,40%	6,20%	40,06%	23,48%	9,41%
Family Business Network (FBN)	31,80%	10,90%	6,20%	34,28%	56,88%	19,50%
Forschungseinrichtungen von Universitäten	78,30%	26,40%	13,20%	33,72%	50,00%	16,86%
Wir-Magazin bzw. „wir-Tage“	44,20%	20,20%	6,20%	45,70%	30,69%	14,03%
Die Familienunternehmer - ASU	79,80%	31,80%	12,40%	39,85%	38,99%	15,54%
Spezielle Beratungen für Familienunternehmen	70,50%	31,00%	16,30%	43,97%	52,58%	23,12%
Familienunternehmerkonferenz der WHU	61,20%	10,10%	3,10%	16,50%	30,69%	5,07%
Durchschnitt	**63,26%**	**22,51%**	**9,31%**	**35,67%**	**41,26%**	**14,77%**

Anhang 14: Ermittelte Werte zu familienunternehmenstypischen Besonderheiten (F12_Faktor1, F12_5-10)

F12_Faktor1

Familienunternehmens-typische Besonderheiten bei Internationalisierung	Häufigkeit	Prozent	Kumulierte Prozente
1,00	4	3,1	3,1
1,17	2	1,6	4,7
1,33	9	7,0	11,6
1,50	2	1,6	13,2
1,67	2	1,6	14,7
1,83	3	2,3	17,1
2,00	6	4,7	21,7
2,17	10	7,8	29,5
2,33	8	6,2	35,7
2,50	5	3,9	39,5
2,67	17	13,2	52,7
2,83	9	7,0	59,7
3,00	8	6,2	65,9
3,17	7	5,4	71,3
3,33	6	4,7	76,0
3,50	7	5,4	81,4
3,67	2	1,6	82,9
3,83	9	7,0	89,9
4,00	6	4,7	94,6
4,17	2	1,6	96,1
4,33	2	1,6	97,7
4,50	3	2,3	100,0
Gesamt	129	100,0	

F12_5

Verzicht auf professionelle Marktanalysen	Häufigkeit	Prozent	Kumulierte Prozente
1 trifft gar nicht zu	28	21,7	21,7
2 trifft eher nicht zu	29	22,5	44,2
3 trifft teilweise zu	28	21,7	65,9
4 trifft eher zu	25	19,4	85,3
5 trifft voll zu	19	14,7	100,0
Gesamt	129	100,0	

F12_6

Entscheidung Internationalisierung durch persönlichen Background des Unternehmers beeinflusst	Häufigkeit	Prozent	Kumulierte Prozente
1 trifft gar nicht zu	17	13,2	13,2
2 trifft eher nicht zu	27	20,9	34,1
3 trifft teilweise zu	30	23,3	57,4
4 trifft eher zu	36	27,9	85,3
5 trifft voll zu	19	14,7	100,0
Gesamt	129	100,0	

F12_7

Entscheidung Internationalisierung durch persönliche Auslandserfahrungen des Managements	Häufigkeit	Prozent	Kumulierte Prozente
1 trifft gar nicht zu	43	33,3	33,3
2 trifft eher nicht zu	36	27,9	61,2
3 trifft teilweise zu	19	14,7	76,0
4 trifft eher zu	22	17,1	93,0
5 trifft voll zu	9	7,0	100,0
Gesamt	129	100,0	

F12_8

Strategien zur Internationalisierung „aus dem Bauch" heraus getroffen	Häufigkeit	Prozent	Kumulierte Prozente
1 trifft gar nicht zu	25	19,4	19,4
2 trifft eher nicht zu	33	25,6	45,0
3 trifft teilweise zu	37	28,7	73,6
4 trifft eher zu	25	19,4	93,0
5 trifft voll zu	9	7,0	100,0
Gesamt	129	100,0	

F12_9

Internationalisierung beruht auf Ehrgeiz des Unternehmers/Familie	Häufigkeit	Prozent	Kumulierte Prozente
1 trifft gar nicht zu	20	15,5	15,5
2 trifft eher nicht zu	23	17,8	33,3
3 trifft teilweise zu	39	30,2	63,6
4 trifft eher zu	30	23,3	86,8
5 trifft voll zu	17	13,2	100,0
Gesamt	129	100,0	

F12_10

Entscheidungen zur Internationalisierung oft emotional & informell	Häufigkeit	Prozent	Kumulierte Prozente
1 trifft gar nicht zu	27	20,9	20,9
2 trifft eher nicht zu	48	37,2	58,1
3 trifft teilweise zu	35	27,1	85,3
4 trifft eher zu	11	8,5	93,8
5 trifft voll zu	8	6,2	100,0
Gesamt	129	100,0	

Anhang 15: Ermittelte Werte zu Ruf und Ansehen der Familie/des Unternehmens (F12_Faktor4, F12_15/16)

F12_Faktor4

Bewertung von Ruf und Ansehen der Familie/ des Unternehmens	Häufigkeit	Prozent	Kumulierte Prozente
1,00	1	0,8	0,8
2,00	1	0,8	1,6
2,50	4	3,1	4,7
3,00	17	13,2	17,8
3,50	18	14,0	31,8
4,00	40	31,0	62,8
4,50	16	12,4	75,2
5,00	32	24,8	100,0
Gesamt	129	100,0	

F12_15

Ruf und Ansehen des FU sind für Aufbau von Beziehungen hilfreich	Häufigkeit	Prozent	Kumulierte Prozente
1 trifft gar nicht zu	2	1,6	1,6
2 trifft eher nicht zu	3	2,3	3,9
3 trifft teilweise zu	22	17,1	20,9
4 trifft eher zu	61	47,3	68,2
5 trifft voll zu	41	31,8	100,0
Gesamt	129	100,0	

F12_16

Ruf und Ansehen der Familie spielen für Vertrauen innerhalb von Beziehungen eine wichtige Rolle	Häufigkeit	Prozent	Kumulierte Prozente
1 trifft gar nicht zu	2	1,6	1,6
2 trifft eher nicht zu	6	4,7	6,2
3 trifft teilweise zu	25	19,4	25,6
4 trifft eher zu	54	41,9	67,4
5 trifft voll zu	42	32,6	100,0
Gesamt	129	100,0	

Anhang 16: Ermittelte Werte zur Internationalisierung von Familienunternehmen (F12_1-4, F12_11-14, F25_1/2/6/7)

F12_1

Anstoß zur Internationalisierung durch Erfahrungen persönliches Netzwerk der Unternehmerfamilie	Häufigkeit	Prozent	Kumulierte Prozente
1 trifft gar nicht zu	24	18,6	18,6
2 trifft eher nicht zu	35	27,1	45,7
3 trifft teilweise zu	23	17,8	63,6
4 trifft eher zu	31	24,0	87,6
5 trifft voll zu	16	12,4	100,0
Gesamt	129	100,0	

F12_2

Anstoß zur Internationalisierung durch Erfahrungen aus Netzwerk des Unternehmens	Häufigkeit	Prozent	Kumulierte Prozente
1 trifft gar nicht zu	9	7,0	7,0
2 trifft eher nicht zu	23	17,8	24,8
3 trifft teilweise zu	29	22,5	47,3
4 trifft eher zu	59	45,7	93,0
5 trifft voll zu	9	7,0	100,0
Gesamt	129	100,0	

F12_3

Kontakte/Beziehungen entstanden aus Initiative des Unternehmens	Häufigkeit	Prozent	Kumulierte Prozente
1 trifft gar nicht zu	2	1,6	1,6
2 trifft eher nicht zu	2	1,6	3,1
3 trifft teilweise zu	27	20,9	24,0
4 trifft eher zu	72	55,8	79,8
5 trifft voll zu	26	20,2	100,0
Gesamt	129	100,0	

F12_4

Beziehungen/Kontakte entstanden durch „Vermittlung" anderer	Häufigkeit	Prozent	Kumulierte Prozente
1 trifft gar nicht zu	15	11,6	11,6
2 trifft eher nicht zu	64	49,6	61,2
3 trifft teilweise zu	33	25,6	86,8
4 trifft eher zu	14	10,9	97,7
5 trifft voll zu	3	2,3	100,0
Gesamt	129	100,0	

F12_11

Internationale Orientierung verstärkt sich durch geographische Verteilung der Familienmitglieder	Häufigkeit	Prozent	Kumulierte Prozente
1 trifft gar nicht zu	83	64,3	64,3
2 trifft eher nicht zu	30	23,3	87,6
3 trifft teilweise zu	9	7,0	94,6
4 trifft eher zu	5	3,9	98,4
5 trifft voll zu	2	1,6	100,0
Gesamt	129	100,0	

F12_12

Internationalisierung dient Unternehmenssicherung und dem Fortbestand des FU	Häufigkeit	Prozent	Kumulierte Prozente
1 trifft gar nicht zu	1	0,8	0,8
2 trifft eher nicht zu	1	0,8	1,6
3 trifft teilweise zu	19	14,7	16,3
4 trifft eher zu	40	31,0	47,3
5 trifft voll zu	68	52,7	100,0
Gesamt	129	100,0	

F12_13

Reaktionsgeschwindigkeit und Flexibilität erhöht sich wenn Familienmitglieder in ausländischen Werken beschäftigt sind	Häufigkeit	Prozent	Kumulierte Prozente
1 trifft gar nicht zu	38	29,5	29,5
2 trifft eher nicht zu	23	17,8	47,3
3 trifft teilweise zu	33	25,6	72,9
4 trifft eher zu	29	22,5	95,3
5 trifft voll zu	6	4,7	100,0
Gesamt	129	100,0	

F12_14

Internationalisierungsstrategien bauen auf Werten und Traditionen der vorherigen Generation auf	Häufigkeit	Prozent	Kumulierte Prozente
1 trifft gar nicht zu	14	10,9	10,9
2 trifft eher nicht zu	30	23,3	34,1
3 trifft teilweise zu	28	21,7	55,8
4 trifft eher zu	41	31,8	87,6
5 trifft voll zu	16	12,4	100,0
Gesamt	129	100,0	

F25_1

Charakteristikum der langfristigen Ausrichtung von FU unterstützt die Internationalisierung	Häufigkeit	Prozent	Kumulierte Prozente
1 trifft gar nicht zu	2	1,6	1,6
2 trifft eher nicht zu	3	2,3	3,9
3 trifft teilweise zu	12	9,3	13,2
4 trifft eher zu	72	55,8	69,0
5 trifft voll zu	40	31,0	100,0
Gesamt	129	100,0	

F25_2

Beziehungen werden eher vermieden, da Wissensabfluss drohen kann	Häufigkeit	Prozent	Kumulierte Prozente
1 trifft gar nicht zu	26	20,2	20,2
2 trifft eher nicht zu	69	53,5	73,6
3 trifft teilweise zu	27	20,9	94,6
4 trifft eher zu	7	5,4	100,0
5 trifft voll zu	0	0	100,0
Gesamt	129	100,0	

F25_6

Beziehungen zu anderen FU werden bei der Informationsbeschaffung bevorzugt	Häufigkeit	Prozent	Kumulierte Prozente
1 trifft gar nicht zu	12	9,3	9,3
2 trifft eher nicht zu	34	26,4	35,7
3 trifft teilweise zu	45	34,9	70,5
4 trifft eher zu	35	27,1	97,7
5 trifft voll zu	3	2,3	100,0
Gesamt	129	100,0	

Korrelationen

			F1_Faktor1 Unternehmensgröße
Spearman-Rho	**F25_6** Beziehungen zu anderen FU werden bei der Informationsbeschaffung zur Internationalisierung bevorzugt	Korrelationskoeffizient	-,181*
		Sig. (2-seitig)	,040
		N	129

Signifikanz (zweiseitig): ** p < 0,01; * p < 0,05

F25_7

Bei Beziehungen zu anderen FU werden Unternehmen in unmittelbarer Nähe bevorzugt	Häufigkeit	Prozent	Kumulierte Prozente
1 trifft gar nicht zu	26	20,2	20,2
2 trifft eher nicht zu	41	31,8	51,9
3 trifft teilweise zu	37	28,7	80,6
4 trifft eher zu	23	17,8	98,4
5 trifft voll zu	2	1,6	100,0
Gesamt	129	100,0	

Anhang 17: Ermittelte Werte zu Vertrauen und Normen (F 23_3/4/5, F23_Faktor1)

F23_3

Vertrauen auf die Richtigkeit der Informationen aus den eigenen Beziehungen und Netzwerken	Häufigkeit	Prozent	Kumulierte Prozente
1 trifft gar nicht zu	1	0,8	0,8
2 trifft eher nicht zu	12	9,3	10,1
3 trifft teilweise zu	55	42,6	52,7
4 trifft eher zu	55	42,6	95,3
5 trifft voll zu	6	4,7	100,0
Gesamt	129	100,0	

F23_4

Bei Beziehungen mehr Vertrauen zu anderen FU als zu Nicht-FU	Häufigkeit	Prozent	Kumulierte Prozente
1 trifft gar nicht zu	5	3,9	3,9
2 trifft eher nicht zu	22	17,1	20,9
3 trifft teilweise zu	27	20,9	41,9
4 trifft eher zu	57	44,2	86,0
5 trifft voll zu	18	14,0	100,0
Gesamt	129	100,0	

F23_5

Unter FU gilt das gegenseitige Helfen als eine Art „Norm“	Häufigkeit	Prozent	Kumulierte Prozente
1 trifft gar nicht zu	5	3,9	3,9
2 trifft eher nicht zu	16	12,4	16,3
3 trifft teilweise zu	48	37,2	53,5
4 trifft eher zu	52	40,3	93,8
5 trifft voll zu	8	6,2	100,0
Gesamt	129	100,0	

F23_Faktor1

Bewertung von Vertrauen und Normen	Häufigkeit	Prozent	Kumulierte Prozente
1,80	1	0,8	0,8
2,00	4	3,1	3,9
2,20	2	1,6	5,4
2,60	4	3,1	8,5
2,80	12	9,3	17,8
3,00	8	6,2	24,0
3,20	22	17,1	41,1
3,40	20	15,5	56,6
3,60	15	11,6	68,2
3,80	19	14,7	82,9
4,00	9	7,0	89,9
4,20	8	6,2	96,1
4,40	1	0,8	96,9
4,60	3	2,3	99,2
5,00	1	0,8	100,0
Gesamt	129	100,0	

Anhang 18: Ermittelte Werte zur strukturellen Dimension von Sozialkapital (F24_1a-4a, F24_1b-4b, F24A_Faktor1, F24B_Faktor1)

F24_1a

Es war wichtig eine möglichst hohe Anzahl von Beziehungen aufzubauen und zu erhalten	Häufigkeit	Prozent	Kumulierte Prozente
1 trifft gar nicht zu	6	4,7	4,7
2 trifft eher nicht zu	13	10,1	14,7
3 trifft teilweise zu	41	31,8	46,5
4 trifft eher zu	54	41,9	88,4
5 trifft voll zu	15	11,6	100,0
Gesamt	129	100,0	

F24_1b

Es ist wichtig eine möglichst hohe Anzahl von Beziehungen aufzubauen und zu erhalten	Häufigkeit	Prozent	Kumulierte Prozente
1 trifft gar nicht zu	4	3,1	3,1
2 trifft eher nicht zu	13	10,1	13,2
3 trifft teilweise zu	51	39,5	52,7
4 trifft eher zu	50	38,8	91,5
5 trifft voll zu	11	8,5	100,0
Gesamt	129	100,0	

F24_2a

Netzwerke halfen besonders wenn die Akteure sehr heterogen sind	Häufigkeit	Prozent	Kumulierte Prozente
1 trifft gar nicht zu	8	6,2	6,2
2 trifft eher nicht zu	12	9,3	15,5
3 trifft teilweise zu	56	43,4	58,9
4 trifft eher zu	47	36,4	95,3
5 trifft voll zu	6	4,7	100,0
Gesamt	129	100,0	

F24_2b

Netzwerke helfen besonders wenn die Akteure sehr heterogen sind	Häufigkeit	Prozent	Kumulierte Prozente
1 trifft gar nicht zu	8	6,2	6,2
2 trifft eher nicht zu	15	11,6	17,8
3 trifft teilweise zu	71	55,0	72,9
4 trifft eher zu	32	24,8	97,7
5 trifft voll zu	3	2,3	100,0
Gesamt	129	100,0	

F24_3a

Beziehungen waren durch regelmäßigen Gedankenaustausch, einer emotionalen Intimität und Intensität gekennzeichnet	Häufigkeit	Prozent	Kumulierte Prozente
1 trifft gar nicht zu	7	5,4	5,4
2 trifft eher nicht zu	26	20,2	25,6
3 trifft teilweise zu	45	34,9	60,5
4 trifft eher zu	42	32,6	93,0
5 trifft voll zu	9	7,0	100,0
Gesamt	129	100,0	

F24_3b

Beziehungen sind durch regelmäßigen Gedankenaustausch, einer emotionalen Intimität und Intensität gekennzeichnet	Häufigkeit	Prozent	Kumulierte Prozente
1 trifft gar nicht zu	10	7,8	7,8
2 trifft eher nicht zu	26	20,2	27,9
3 trifft teilweise zu	53	41,1	69,0
4 trifft eher zu	33	25,6	94,6
5 trifft voll zu	7	5,4	100,0
Gesamt	129	100,0	

F24_4a

Beziehungen waren multiplex, d.h. Akteure sind gleichzeitig z.B. Geschäftspartner, Freund und/ oder Nachbar	Häufigkeit	Prozent	Kumulierte Prozente
1 trifft gar nicht zu	9	7,0	7,0
2 trifft eher nicht zu	30	23,3	30,2
3 trifft teilweise zu	46	35,7	65,9
4 trifft eher zu	38	29,5	95,3
5 trifft voll zu	6	4,7	100,0
Gesamt	129	100,0	

F24_4b

Beziehungen sind multiplex, d.h. Akteure sind gleichzeitig z.B. Geschäftspartner, Freund und/ oder Nachbar	Häufigkeit	Prozent	Kumulierte Prozente
1 trifft gar nicht zu	11	8,5	8,5
2 trifft eher nicht zu	29	22,5	31,0
3 trifft teilweise zu	53	41,1	72,1
4 trifft eher zu	32	24,8	96,9
5 trifft voll zu	4	3,1	100,0
Gesamt	129	100,0	

F24A_Faktor1

Bewertung der strukturellen Dimension zum Anfang der Internationalisierung	Häufigkeit	Prozent	Kumulierte Prozente
1,00	3	2,3	2,3
2,00	3	2,3	4,7
2,25	8	6,2	10,9
2,50	7	5,4	16,3
2,75	16	12,4	28,7
3,00	19	14,7	43,4
3,25	21	16,3	59,7
3,50	14	10,9	70,5
3,75	16	12,4	82,9
4,00	15	11,6	94,6
4,25	2	1,6	96,1
4,50	1	0,8	96,9
4,75	3	2,3	99,2
5,00	1	0,8	100,0
Gesamt	129	100,0	

F24B_Faktor1

Bewertung der strukturellen Dimension nach erfolgter Internationalisierung	Häufigkeit	Prozent	Kumulierte Prozente
1,00	3	2,3	2,3
2,00	5	3,9	6,2
2,25	9	7,0	13,2
2,50	9	7,0	20,2
2,75	19	14,7	34,9
3,00	22	17,1	51,9
3,25	19	14,7	66,7
3,50	17	13,2	79,8
3,75	10	7,8	87,6
4,00	11	8,5	96,1
4,25	3	2,3	98,4
4,50	1	0,8	99,2
5,00	1	0,8	100,0
Gesamt	129	100,0	

Ränge

		N	Mittlerer Rang	Rangsumme
F24B_Faktor1 Erfolgte Internationalisierung, Strukturelle Dimension - F24A_Faktor1 Anfang der Internationalisierung, Strukturelle Dimension	Negative Ränge	44[a]	33,23	1462,00
	Positive Ränge	19[b]	29,16	554,00
	Bindungen	66[c]		
	Gesamt	129		

a. F24B_Faktor1 Erfolgte Internationalisierung, Strukturelle Dimension < F24A_Faktor1 Anfang der Internationalisierung, Strukturelle Dimension
b. F24B_Faktor1 Erfolgte Internationalisierung, Strukturelle Dimension > F24A_Faktor1 Anfang der Internationalisierung, Strukturelle Dimension
c. F24B_Faktor1 Erfolgte Internationalisierung, Strukturelle Dimension = F24A_Faktor1 Anfang der Internationalisierung, Strukturelle Dimension

Statistik für Test[b]

	F24B_Faktor1 Erfolgte Internationalisierung, Strukturelle Dimension - **F24A_Faktor1** Anfang der Internationalisierung, Strukturelle Dimension
Z	-3,150[a]
Asymptotische Signifikanz (2-seitig)	,002

a. Basiert auf positiven Rängen.
b. Wilcoxon-Test

Anhang 19: Ermittelte Werte zur relationalen Dimension von Sozialkapital (F24_5a-9a, F24_5b-9b, F24A_Faktor2_neu, F24B_Faktor2_neu)

F24_5a

Die meisten Beziehungen beruhten auf Freundschaft	Häufigkeit	Prozent	Kumulierte Prozente
1 trifft gar nicht zu	18	14,0	14,0
2 trifft eher nicht zu	48	37,2	51,2
3 trifft teilweise zu	47	36,4	87,6
4 trifft eher zu	14	10,9	98,4
5 trifft voll zu	2	1,6	100,0
Gesamt	129	100,0	

F24_5b

Die meisten Beziehungen beruhen auf Freundschaft	Häufigkeit	Prozent	Kumulierte Prozente
1 trifft gar nicht zu	15	11,6	11,6
2 trifft eher nicht zu	55	42,6	54,3
3 trifft teilweise zu	46	35,7	89,9
4 trifft eher zu	10	7,8	97,7
5 trifft voll zu	3	2,3	100,0
Gesamt	129	100,0	

F24_6a

Die meisten Beziehungen beruhten auf gegenseitigem Respekt	Häufigkeit	Prozent	Kumulierte Prozente
1 trifft gar nicht zu	2	1,6	1,6
2 trifft eher nicht zu	2	1,6	3,1
3 trifft teilweise zu	26	20,2	23,3
4 trifft eher zu	75	58,1	81,4
5 trifft voll zu	24	18,6	100,0
Gesamt	129	100,0	

F24_6b

Die meisten Beziehungen beruhen auf gegenseitigem Respekt	Häufigkeit	Prozent	Kumulierte Prozente
1 trifft gar nicht zu	3	2,3	2,3
2 trifft eher nicht zu	6	4,7	7,0
3 trifft teilweise zu	26	20,2	27,1
4 trifft eher zu	66	51,2	78,3
5 trifft voll zu	28	21,7	100,0
Gesamt	129	100,0	

F24_7a

Die meisten wirtschaftlichen Beziehungen beruhten auf gegenseitigem Vertrauen	Häufigkeit	Prozent	Kumulierte Prozente
1 trifft gar nicht zu	2	1,6	1,6
2 trifft eher nicht zu	2	1,6	3,1
3 trifft teilweise zu	39	30,2	33,3
4 trifft eher zu	67	51,9	85,3
5 trifft voll zu	19	14,7	100,0
Gesamt	129	100,0	

F24_7b

Die meisten wirtschaftlichen Beziehungen beruhen auf gegenseitigem Vertrauen	Häufigkeit	Prozent	Kumulierte Prozente
1 trifft gar nicht zu	4	3,1	3,1
2 trifft eher nicht zu	5	3,9	7,0
3 trifft teilweise zu	40	31,0	38,0
4 trifft eher zu	60	46,5	84,5
5 trifft voll zu	20	15,5	100,0
Gesamt	129	100,0	

F24_8a

Innerhalb der Beziehungen waren Normen, d.h. verbindliche Kriterien, unüblich	Häufigkeit	Prozent	Kumulierte Prozente
1 trifft gar nicht zu	8	6,2	6,2
2 trifft eher nicht zu	40	31,0	37,2
3 trifft teilweise zu	47	36,4	73,6
4 trifft eher zu	28	21,7	95,3
5 trifft voll zu	6	4,7	100,0
Gesamt	129	100,0	

F24_8b

Innerhalb der Beziehungen sind Normen, d.h. verbindliche Kriterien, unüblich	Häufigkeit	Prozent	Kumulierte Prozente
1 trifft gar nicht zu	7	5,4	5,4
2 trifft eher nicht zu	43	33,3	38,8
3 trifft teilweise zu	52	40,3	79,1
4 trifft eher zu	22	17,1	96,1
5 trifft voll zu	5	3,9	100,0
Gesamt	129	100,0	

F24_9a

Mit der Zeit entwickelten sich Normen, die durch gegenseitig anerkannte Erwartungen und Verpflichtungen gekennzeichnet sind	Häufigkeit	Prozent	Kumulierte Prozente
1 trifft gar nicht zu	4	3,1	3,1
2 trifft eher nicht zu	12	9,3	12,4
3 trifft teilweise zu	61	47,3	59,7
4 trifft eher zu	44	34,1	93,8
5 trifft voll zu	8	6,2	100,0
Gesamt	129	100,0	

F24_9b

Mit der Zeit entwickeln sich Normen, die durch gegenseitig anerkannte Erwartungen und Verpflichtungen gekennzeichnet sind	Häufigkeit	Prozent	Kumulierte Prozente
1 trifft gar nicht zu	4	3,1	3,1
2 trifft eher nicht zu	13	10,1	13,2
3 trifft teilweise zu	57	44,2	57,4
4 trifft eher zu	47	36,4	93,8
5 trifft voll zu	8	6,2	100,0
Gesamt	129	100,0	

F24A_Faktor2_neu

Bewertung der relationalen Dimension von SK zum Anfang der Internationalisierung	Häufigkeit	Prozent	Kumulierte Prozente
1,00	2	1,6	1,6
2,00	2	1,6	3,1
2,50	1	,8	3,9
2,75	6	4,7	8,5
3,00	21	16,3	24,8
3,25	23	17,8	42,6
3,50	28	21,7	64,3
3,75	19	14,7	79,1
4,00	12	9,3	88,4
4,25	8	6,2	94,6
4,50	3	2,3	96,9
4,75	2	1,6	98,4
5,00	2	1,6	100,0
Gesamt	129	100,0	

F24B_Faktor2_neu

Bewertung der relationalen Dimension von SK nach erfolgter Internationalisierung	Häufigkeit	Prozent	Kumulierte Prozente
1,00	3	2,3	2,3
1,75	1	0,8	3,1
2,00	3	2,3	5,4
2,50	1	0,8	6,2
2,75	5	3,9	10,1
3,00	25	19,4	29,5
3,25	15	11,6	41,1
3,50	32	24,8	65,9
3,75	16	12,4	78,3
4,00	17	13,2	91,5
4,25	4	3,1	94,6
4,50	3	2,3	96,9
4,75	3	2,3	99,2
5,00	1	0,8	100,0
Gesamt	129	100,0	

Ränge

		N	Mittlerer Rang	Rangsumme
F24B_Faktor2_neu Relationale Dimension, Erfolgte Internationalisierung - F24A_Faktor2_neu Relationale Dimension, Anfänge der Internationalisierung	Negative Ränge	27[a]	22,72	613,50
	Positive Ränge	17[b]	22,15	376,50
	Bindungen	85[c]		
	Gesamt	129		

a. F24B_Faktor2_neu Relationale Dimension, Erfolgte Internationalisierung < F24A_Faktor2_neu Relationale Dimension, Anfang der Internationalisierung
b. F24B_Faktor2_neu Relationale Dimension, Erfolgte Internationalisierung > F24A_Faktor2_neu Relationale Dimension, Anfang der Internationalisierung
c. F24B_Faktor2_neu Relationale Dimension, Erfolgte Internationalisierung = F24A_Faktor2_neu Relationale Dimension, Anfang der Internationalisierung

Statistik für Test[b]

	F24B_Faktor2_neu Relationale Dimension, Erfolgte Internationalisierung - **F24A_Faktor2_neu** Relationale Dimension, Anfang der Internationalisierung
Z	-1,409[a]
Asymptotische Signifikanz (2-seitig)	,159

a. Basiert auf positiven Rängen.
b. Wilcoxon-Test

Anhang 20: Ermittelte Werte zur kognitiven Dimension von Sozialkapital (F24_10a-12a, F24_10b-12b, F24A_Faktor3, F24B_Faktor3)

F24_10a

Beziehungen beruhten auf einem klaren gegenseitigen Verständnis und gemeinsam geteilten Visionen	Häufigkeit	Prozent	Kumulierte Prozente
1 trifft gar nicht zu	3	2,3	2,3
2 trifft eher nicht zu	17	13,2	15,5
3 trifft teilweise zu	47	36,4	51,9
4 trifft eher zu	54	41,9	93,8
5 trifft voll zu	8	6,2	100,0
Gesamt	129	100,0	

F24_10b

Beziehungen beruhen auf einem klaren gegenseitigen Verständnis und gemeinsam geteilten Visionen	Häufigkeit	Prozent	Kumulierte Prozente
1 trifft gar nicht zu	5	3,9	3,9
2 trifft eher nicht zu	15	11,6	15,5
3 trifft teilweise zu	49	38,0	53,5
4 trifft eher zu	50	38,8	92,2
5 trifft voll zu	10	7,8	100,0
Gesamt	129	100,0	

F24_11a

Oftmals fand eine wechselseitige Interpretation der jeweiligen Handlungsabsichten innerhalb der Beziehungen statt	Häufigkeit	Prozent	Kumulierte Prozente
1 trifft gar nicht zu	6	4,7	4,7
2 trifft eher nicht zu	22	17,1	21,7
3 trifft teilweise zu	68	52,7	74,4
4 trifft eher zu	27	20,9	95,3
5 trifft voll zu	6	4,7	100,0
Gesamt	129	100,0	

F24_11b

Oftmals findet eine wechselseitige Interpretation der jeweiligen Handlungsabsichten innerhalb der Beziehungen statt	Häufigkeit	Prozent	Kumulierte Prozente
1 trifft gar nicht zu	7	5,4	5,4
2 trifft eher nicht zu	21	16,3	21,7
3 trifft teilweise zu	63	48,8	70,5
4 trifft eher zu	31	24,0	94,6
5 trifft voll zu	7	5,4	100,0
Gesamt	129	100,0	

F24_12a

Beziehungen zu anderen FU waren aufgrund von Gemeinsamkeiten bei der Internationalisierung hilfreicher als zu Nicht-FU	Häufigkeit	Prozent	Kumulierte Prozente
1 trifft gar nicht zu	17	13,2	13,2
2 trifft eher nicht zu	23	17,8	31,0
3 trifft teilweise zu	34	26,4	57,4
4 trifft eher zu	42	32,6	89,9
5 trifft voll zu	13	10,1	100,0
Gesamt	129	100,0	

F24_12b

Beziehungen zu anderen FU sind aufgrund von Gemeinsamkeiten bei der Internationalisierung hilfreicher als zu Nicht-FU	Häufigkeit	Prozent	Kumulierte Prozente
1 trifft gar nicht zu	19	14,7	14,7
2 trifft eher nicht zu	23	17,8	32,6
3 trifft teilweise zu	34	26,4	58,9
4 trifft eher zu	43	33,3	92,2
5 trifft voll zu	10	7,8	100,0
Gesamt	129	100,0	

F24A_Faktor3

Bewertung der kognitiven Dimension zum Anfang der Internationalisierung	Häufigkeit	Prozent	Kumulierte Prozente
1,00	3	2,3	2,3
1,33	1	0,8	3,1
1,67	3	2,3	5,4
2,00	6	4,7	10,1
2,33	8	6,2	16,3
2,67	13	10,1	26,4
3,00	26	20,2	46,5
3,33	23	17,8	64,3
3,67	29	22,5	86,8
4,00	8	6,2	93,0
4,33	6	4,7	97,7
4,67	2	1,6	99,2
5,00	1	0,8	100,0
Gesamt	129	100,0	

F24B_Faktor3

Bewertung der kognitiven Dimension nach erfolgter Internationalisierung	Häufigkeit	Prozent	Kumulierte Prozente
1,00	5	3,9	3,9
1,33	1	0,8	4,7
1,67	1	0,8	5,4
2,00	7	5,4	10,9
2,33	5	3,9	14,7
2,67	13	10,1	24,8
3,00	32	24,8	49,6
3,33	21	16,3	65,9
3,67	24	18,6	84,5
4,00	13	10,1	94,6
4,33	4	3,1	97,7
4,67	2	1,6	99,2
5,00	1	0,8	100,0
Gesamt	129	100,0	

Ränge

		N	Mittlerer Rang	Rangsumme
F24B_Faktor3 Erfolgte Internationalisierung, Kognitive Dimension - F24A_Faktor3 Anfang der Internationalisierung, Kognitive Dimension	Negative Ränge	23[a]	23,02	529,50
	Positive Ränge	20[b]	20,83	416,50
	Bindungen	86[c]		
	Gesamt	129		

a. F24B_Faktor3 Erfolgte Internationalisierung, Kognitive Dimension < F24A_Faktor3 Anfang der Internationalisierung, Kognitive Dimension
b. F24B_Faktor3 Erfolgte Internationalisierung, Kognitive Dimension > F24A_Faktor3 Anfang der Internationalisierung, Kognitive Dimension
c. F24B_Faktor3 Erfolgte Internationalisierung, Kognitive Dimension = F24A_Faktor3 Anfang der Internationalisierung, Kognitive Dimension

Statistik für Test[b]

	F24B_Faktor3 Erfolgte Internationalisierung, Kognitive Dimension - **F24A_Faktor3** Anfang der Internationalisierung, Kognitive Dimension
Z	-,704[a]
Asymptotische Signifikanz (2-seitig)	,481

a. Basiert auf positiven Rängen.
b. Wilcoxon-Test

Anhang 21: Ermittelte Werte zum Nutzen von Beziehungen und Netzwerke (F5_1-5, F25_4/5/8, F5_Faktor1)

F5_1

Erhalt von wichtigen Informationen zur Internationalisierung	Häufigkeit	Prozent	Kumulierte Prozente
1 trifft gar nicht zu	4	3,1	3,1
2 trifft eher nicht zu	15	11,6	14,7
3 trifft teilweise zu	41	31,8	46,5
4 trifft eher zu	44	34,1	80,6
5 trifft voll zu	25	19,4	100,0
Gesamt	129	100,0	

F5_2

Gewinnung von neuen Kunden im Ausland	Häufigkeit	Prozent	Kumulierte Prozente
1 trifft gar nicht zu	5	3,9	3,9
2 trifft eher nicht zu	26	20,2	24,0
3 trifft teilweise zu	39	30,2	54,3
4 trifft eher zu	38	29,5	83,7
5 trifft voll zu	21	16,3	100,0
Gesamt	129	100,0	

F5_3

Gewinnung von neuen ausländischen Lieferanten	Häufigkeit	Prozent	Kumulierte Prozente
1 trifft gar nicht zu	13	10,1	10,1
2 trifft eher nicht zu	36	27,9	38,0
3 trifft teilweise zu	49	38,0	76,0
4 trifft eher zu	19	14,7	90,7
5 trifft voll zu	12	9,3	100,0
Gesamt	129	100,0	

F5_4

Erreichung von mehr Verhandlungsmacht bei den Lieferanten	Häufigkeit	Prozent	Kumulierte Prozente
1 trifft gar nicht zu	29	22,5	22,5
2 trifft eher nicht zu	52	40,3	62,8
3 trifft teilweise zu	34	26,4	89,1
4 trifft eher zu	9	7,0	96,1
5 trifft voll zu	5	3,9	100,0
Gesamt	129	100,0	

F5_5

Finden von Personal im Ausland	Häufigkeit	Prozent	Kumulierte Prozente
1 trifft gar nicht zu	27	20,9	20,9
2 trifft eher nicht zu	30	23,3	44,2
3 trifft teilweise zu	36	27,9	72,1
4 trifft eher zu	23	17,8	89,9
5 trifft voll zu	13	10,1	100,0
Gesamt	129	100,0	

F25_4

Erhöhung von Wissen zur Internationalisierung	Häufigkeit	Prozent	Kumulierte Prozente
1 trifft gar nicht zu	1	0,8	0,8
2 trifft eher nicht zu	5	3,9	4,7
3 trifft teilweise zu	34	26,4	31,0
4 trifft eher zu	72	55,8	86,8
5 trifft voll zu	17	13,2	100,0
Gesamt	129	100,0	

F25_5

Durch Sozialkapital ist ein schnellerer Markteintritt möglich	Häufigkeit	Prozent	Kumulierte Prozente
1 trifft gar nicht zu	3	2,3	2,3
2 trifft eher nicht zu	22	17,1	19,4
3 trifft teilweise zu	39	30,2	49,6
4 trifft eher zu	59	45,7	95,3
5 trifft voll zu	6	4,7	100,0
Gesamt	129	100,0	

F25_8

Sozialkapital erleichtert den Aufbau von Technologie	Häufigkeit	Prozent	Kumulierte Prozente
1 trifft gar nicht zu	15	11,6	11,6
2 trifft eher nicht zu	43	33,3	45,0
3 trifft teilweise zu	42	32,6	77,5
4 trifft eher zu	27	20,9	98,4
5 trifft voll zu	2	1,6	100,0
Gesamt	129	100,0	

F5_Faktor1

Bewertung des Nutzens durch Sozialkapital	Häufigkeit	Prozent	Kumulierte Prozente
1,13	1	0,8	0,8
1,38	1	0,8	1,6
1,63	2	1,6	3,1
1,88	1	0,8	3,9
2,00	5	3,9	7,8
2,13	3	2,3	10,1
2,25	3	2,3	12,4
2,38	4	3,1	15,5
2,50	5	3,9	19,4
2,63	9	7,0	26,4
2,75	11	8,5	34,9
2,88	3	2,3	37,2
3,00	12	9,3	46,5
3,13	12	9,3	55,8
3,25	9	7,0	62,8
3,38	12	9,3	72,1
3,50	8	6,2	78,3
3,63	7	5,4	83,7
3,75	5	3,9	87,6
3,88	5	3,9	91,5
4,00	4	3,1	94,6
4,13	2	1,6	96,1
4,25	4	3,1	99,2
4,50	1	0,8	100,0
Gesamt	129	100,0	

Anhang 22: Ermittelte Werte zum Einfluss von Sozialkapital (F16_1/2/3/7/8, F18_1-3)

F16_1

Sozialkapital hat Auswahl der Internationalisierungsstrategie beeinflusst	Häufigkeit	Prozent	Kumulierte Prozente
1 trifft gar nicht zu	21	16,3	16,3
2 trifft eher nicht zu	33	25,6	41,9
3 trifft teilweise zu	43	33,3	75,2
4 trifft eher zu	24	18,6	93,8
5 trifft voll zu	8	6,2	100,0
Gesamt	129	100,0	

F16_2

Sozialkapital hat Auswahl der Zielländer beeinflusst	Häufigkeit	Prozent	Kumulierte Prozente
1 trifft gar nicht zu	22	17,1	17,1
2 trifft eher nicht zu	37	28,7	45,7
3 trifft teilweise zu	39	30,2	76,0
4 trifft eher zu	21	16,3	92,2
5 trifft voll zu	10	7,8	100,0
Gesamt	129	100,0	

F16_3

Sozialkapital hat Wahl der Internationalisierungsform beeinflusst	Häufigkeit	Prozent	Kumulierte Prozente
1 trifft gar nicht zu	30	23,3	23,3
2 trifft eher nicht zu	42	32,6	55,8
3 trifft teilweise zu	35	27,1	82,9
4 trifft eher zu	19	14,7	97,7
5 trifft voll zu	3	2,3	100,0
Gesamt	129	100,0	

F16_7

Sozialkapital hat Timing der Internationalisierung beeinflusst	Häufigkeit	Prozent	Kumulierte Prozente
1 trifft gar nicht zu	23	17,8	17,8
2 trifft eher nicht zu	43	33,3	51,2
3 trifft teilweise zu	32	24,8	76,0
4 trifft eher zu	24	18,6	94,6
5 trifft voll zu	7	5,4	100,0
Gesamt	129	100,0	

F16_8

Sozialkapital hat die Finanzierung der Internationalisierung beeinflusst	Häufigkeit	Prozent	Kumulierte Prozente
1 trifft gar nicht zu	48	37,2	37,2
2 trifft eher nicht zu	51	39,5	76,7
3 trifft teilweise zu	18	14,0	90,7
4 trifft eher zu	7	5,4	96,1
5 trifft voll zu	5	3,9	100,0
Gesamt	129	100,0	

F18_1

Sozialkapital hat die Bewertung der Internationalisierungsstrategie beeinflusst	Häufigkeit	Prozent	Kumulierte Prozente
1 trifft gar nicht zu	26	20,2	20,2
2 trifft eher nicht zu	39	30,2	50,4
3 trifft teilweise zu	41	31,8	82,2
4 trifft eher zu	22	17,1	99,2
5 trifft voll zu	1	0,8	100,0
Gesamt	129	100,0	

F18_2

Sozialkapital hat die Auswahl der Internationalisierungsstrategie beeinflusst	Häufigkeit	Prozent	Kumulierte Prozente
1 trifft gar nicht zu	25	19,4	19,4
2 trifft eher nicht zu	45	34,9	54,3
3 trifft teilweise zu	41	31,8	86,0
4 trifft eher zu	15	11,6	97,7
5 trifft voll zu	3	2,3	100,0
Gesamt	129	100,0	

F18_3

Sozialkapital hat die Implementierung der Internationalisierungsstrategie beeinflusst	Häufigkeit	Prozent	Kumulierte Prozente
1 trifft gar nicht zu	23	17,8	17,8
2 trifft eher nicht zu	37	28,7	46,5
3 trifft teilweise zu	45	34,9	81,4
4 trifft eher zu	19	14,7	96,1
5 trifft voll zu	5	3,9	100,0
Gesamt	129	100,0	

Modellzusammenfassung

Modell	R	R-Quadrat	Korrigiertes R-Quadrat	Standardfehler des Schätzers
1	,478	,229	,131	,63091

ANOVA

Modell		Quadratsumme	df	Mittel der Quadrate	F	Sig.
1	Regression	12,055	13	,927	2,330	,009
	Nicht standardisierte Residuen	40,601	102	,398		
	Gesamt	52,656	115			

Koeffizienten[a]

Modell	Nicht standardisierte Koeffizienten		Standardisierte Koeffizienten	T	Sig.
	Regressions-koeffizientB	Standardfehler	Beta		
1 (Konstante)	2,573	,395		6,507	,000
F16_1 SK hat Auswahl der Internationalisierungsstrategie beeinflusst	,061	,111	,101	,549	,584
F16_2 SK hat Auswahl der Zielländer beeinflusst	,008	,110	,014	,073	,942
F16_3 SK hat Wahl der Internationalisierungsform beeinflusst	-,095	,095	-,148	-1,001	,319
F16_7 SK hat das Timing der Internationalisierung beeinflusst	,091	,085	,154	1,067	,288
F16_8 SK hat die Finanzierung der Internationalisierung beeinflusst	-5,558E-5	,073	,000	-,001	,999
F18_1 SK hat die Bewertung der Internationalisierungsstrategie beeinflusst	-,064	,127	-,096	-,503	,616
F18_2 SK hat die Auswahl der Internationalisierungsstrategie beeinflusst	-,037	,127	-,056	-,293	,770
F18_3 SK hat die Implementierung der Internationalisierungsstrategie beeinflusst	,004	,089	,006	,045	,964
F1_Faktor1 Unternehmensgröße	,263	,054	,452	4,850	,000
F1_1_DICH Hauptsitz des Unternehmens	-,065	,124	-,048	-,523	,602
F1_2_DICH Gründung des Unternehmens	,147	,126	,109	1,167	,246
F1_3_DICH Branchenzugehörigkeit aggregiert	-,013	,075	-,015	-,167	,868
F2_SFI Substantial Family Influence	-,042	,126	-,032	-,334	,739

a. Abhängige Variable: F4_20A_21 Erfolg des Unternehmens, Fragen 4, 20A und 21

Anhang 23: Ermittelte Werte zur Analyse und Prognose des internationalen Umfelds (F9_1a-9a, F9_1b-9b, F9A, F9B)

F9_1a

Wichtigkeit von Infos über Zielmärkte (Größe, Wachstum etc.)	Häufigkeit	Prozent	Kumulierte Prozente
1 sehr unwichtig	2	1,6	1,6
2 eher unwichtig	1	0,8	2,3
3 teilweise wichtig	10	7,8	10,1
4 eher wichtig	30	23,3	33,3
5 sehr wichtig	86	66,7	100,0
Gesamt	129	100,0	

F9_2a

Wichtigkeit von Infos über Wettbewerber (Anzahl, Marktanteil etc.)	Häufigkeit	Prozent	Kumulierte Prozente
1 sehr unwichtig	3	2,3	2,3
2 eher unwichtig	4	3,1	5,4
3 teilweise wichtig	16	12,4	17,8
4 eher wichtig	42	32,6	50,4
5 sehr wichtig	64	49,6	100,0
Gesamt	129	100,0	

F9_3a

Wichtigkeit von Infos über Stand der Technologie	Häufigkeit	Prozent	Kumulierte Prozente
1 sehr unwichtig	5	3,9	3,9
2 eher unwichtig	12	9,3	13,2
3 teilweise wichtig	30	23,3	36,4
4 eher wichtig	43	33,3	69,8
5 sehr wichtig	39	30,2	100,0
Gesamt	129	100,0	

F9_4a

Wichtigkeit von Infos über Struktur & Entwicklung der Abnehmerbranchen	Häufigkeit	Prozent	Kumulierte Prozente
1 sehr unwichtig	3	2,3	2,3
2 eher unwichtig	3	2,3	4,7
3 teilweise wichtig	15	11,6	16,3
4 eher wichtig	45	34,9	51,2
5 sehr wichtig	63	48,8	100,0
Gesamt	129	100,0	

F9_5a

Wichtigkeit von Infos über Marktchancen und Marktpotential	Häufigkeit	Prozent	Kumulierte Prozente
1 sehr unwichtig	2	1,6	1,6
2 eher unwichtig	2	1,6	3,1
3 teilweise wichtig	6	4,7	7,8
4 eher wichtig	38	29,5	37,2
5 sehr wichtig	81	62,8	100,0
Gesamt	129	100,0	

F9_6a

Wichtigkeit Infos über Markteintritts-barrieren (Restriktionen, Zölle etc.)	Häufigkeit	Prozent	Kumulierte Prozente
1 sehr unwichtig	1	0,8	0,8
2 eher unwichtig	10	7,8	8,5
3 teilweise wichtig	24	18,6	27,1
4 eher wichtig	41	31,8	58,9
5 sehr wichtig	53	41,1	100,0
Gesamt	129	100,0	

F9_7a

Wichtigkeit von Infos über ökonomische Gesichtspunkte (Gewinnspanne etc.)	Häufigkeit	Prozent	Kumulierte Prozente
1 sehr unwichtig	1	0,8	0,8
2 eher unwichtig	6	4,7	5,4
3 teilweise wichtig	28	21,7	27,1
4 eher wichtig	56	43,4	70,5
5 sehr wichtig	38	29,5	100,0
Gesamt	129	100,0	

F9_8a

Wichtigkeit von Infos über politisch-rechtliche Rahmenbedingungen (Beteiligungsbeschränkungen etc.)	Häufigkeit	Prozent	Kumulierte Prozente
1 sehr unwichtig	2	1,6	1,6
2 eher unwichtig	15	11,6	13,2
3 teilweise wichtig	24	18,6	31,8
4 eher wichtig	49	38,0	69,8
5 sehr wichtig	39	30,2	100,0
Gesamt	129	100,0	

F9_9a

Wichtigkeit von Infos über soziokulturelle Rahmenbedingungen (Kaufkraft, Markenbewusstsein etc.)	Häufigkeit	Prozent	Kumulierte Prozente
1 sehr unwichtig	2	1,6	1,6
2 eher unwichtig	18	14,0	15,5
3 teilweise wichtig	22	17,1	32,6
4 eher wichtig	60	46,5	79,1
5 sehr wichtig	27	20,9	100,0
Gesamt	129	100,0	

F9_1b

Durch SK Infos über Zielmärkte (Größe, Wachstum etc.) erhalten	Häufigkeit	Prozent	Kumulierte Prozente
1 gar nicht	9	7,0	7,0
2 eher nicht	47	36,4	43,4
3 eher ja	44	34,1	77,5
4 zum Großteil	26	20,2	97,7
5 voll und ganz	3	2,3	100,0
Gesamt	129	100,0	

F9_2b

Durch SK Infos über Wettbewerber (Anzahl, Marktanteil etc.) erhalten	Häufigkeit	Prozent	Kumulierte Prozente
1 gar nicht	15	11,6	11,6
2 eher nicht	43	33,3	45,0
3 eher ja	45	34,9	79,8
4 zum Großteil	24	18,6	98,4
5 voll und ganz	2	1,6	100,0
Gesamt	129	100,0	

F9_3b

Durch SK Infos über Stand der Technologie erhalten	Häufigkeit	Prozent	Kumulierte Prozente
1 gar nicht	27	20,9	20,9
2 eher nicht	52	40,3	61,2
3 eher ja	36	27,9	89,1
4 zum Großteil	12	9,3	98,4
5 voll und ganz	2	1,6	100,0
Gesamt	129	100,0	

F9_4b

Durch SK Infos über Struktur und Entwicklung der Abnehmerbranchen erhalten	Häufigkeit	Prozent	Kumulierte Prozente
1 gar nicht	17	13,2	13,2
2 eher nicht	49	38,0	51,2
3 eher ja	41	31,8	82,9
4 zum Großteil	18	14,0	96,9
5 voll und ganz	4	3,1	100,0
Gesamt	129	100,0	

F9_5b

Durch SK Infos über Marktchancen und Marktpotential erhalten	Häufigkeit	Prozent	Kumulierte Prozente
1 gar nicht	12	9,3	9,3
2 eher nicht	46	35,7	45,0
3 eher ja	46	35,7	80,6
4 zum Großteil	20	15,5	96,1
5 voll und ganz	5	3,9	100,0
Gesamt	129	100,0	

F9_6b

Durch SK Infos über Markteintritts-barrieren (Zölle etc.) erhalten	Häufigkeit	Prozent	Kumulierte Prozente
1 gar nicht	20	15,5	15,5
2 eher nicht	42	32,6	48,1
3 eher ja	39	30,2	78,3
4 zum Großteil	21	16,3	94,6
5 voll und ganz	7	5,4	100,0
Gesamt	129	100,0	

F9_7b

Durch SK Infos über ökonomische Gesichtspunkte (Gewinnspanne etc.) erhalten	Häufigkeit	Prozent	Kumulierte Prozente
1 gar nicht	29	22,5	22,5
2 eher nicht	57	44,2	66,7
3 eher ja	29	22,5	89,1
4 zum Großteil	10	7,8	96,9
5 voll und ganz	4	3,1	100,0
Gesamt	129	100,0	

F9_8b

Durch SK Infos über politisch-rechtliche Rahmenbedingungen (Beteiligungsbeschränkungen etc.) erhalten	Häufigkeit	Prozent	Kumulierte Prozente
1 gar nicht	20	15,5	15,5
2 eher nicht	56	43,4	58,9
3 eher ja	34	26,4	85,3
4 zum Großteil	14	10,9	96,1
5 voll und ganz	5	3,9	100,0
Gesamt	129	100,0	

F9_9b

Durch SK Infos über soziokulturelle Rahmenbedingungen (Kaufkraft, Markenbewusstsein etc.) erhalten	Häufigkeit	Prozent	Kumulierte Prozente
1 gar nicht	21	16,3	16,3
2 eher nicht	43	33,3	49,6
3 eher ja	38	29,5	79,1
4 zum Großteil	23	17,8	96,9
5 voll und ganz	4	3,1	100,0
Gesamt	129	100,0	

F9A

Wichtigkeit der Informationen bei der Analyse und Prognose des internationalen Umfelds	Häufigkeit	Prozent	Kumulierte Prozente
1,11	1	0,8	0,8
1,89	1	0,8	1,6
2,22	1	0,8	2,3
2,78	2	1,6	3,9
2,89	1	0,8	4,7
3,00	3	2,3	7,0
3,11	1	0,8	7,8
3,22	1	0,8	8,5
3,33	3	2,3	10,9
3,44	3	2,3	13,2
3,56	6	4,7	17,8
3,67	10	7,8	25,6
3,78	10	7,8	33,3
3,89	5	3,9	37,2
4,00	6	4,7	41,9
4,11	5	3,9	45,7
4,22	12	9,3	55,0
4,33	4	3,1	58,1
4,44	16	12,4	70,5
4,56	14	10,9	81,4
4,67	6	4,7	86,0
4,78	5	3,9	89,9
4,89	6	4,7	94,6
5,00	7	5,4	100,0
Gesamt	129	100,0	

F9B

Informationen bei der Analyse und Prognose des internationalen Umfelds durch Beziehungen/ Netzwerke erhalten	Häufigkeit	Prozent	Kumulierte Prozente
1,00	5	3,9	3,9
1,11	2	1,6	5,4
1,22	2	1,6	7,0
1,33	2	1,6	8,5
1,44	2	1,6	10,1
1,67	1	0,8	10,9
1,78	5	3,9	14,7
1,89	3	2,3	17,1
2,00	9	7,0	24,0
2,11	9	7,0	31,0
2,22	6	4,7	35,7
2,33	3	2,3	38,0
2,44	5	3,9	41,9
2,56	16	12,4	54,3
2,67	9	7,0	61,2
2,78	5	3,9	65,1
2,89	10	7,8	72,9
3,00	6	4,7	77,5
3,11	8	6,2	83,7
3,22	4	3,1	86,8
3,33	3	2,3	89,1
3,44	3	2,3	91,5
3,56	4	3,1	94,6
3,67	2	1,6	96,1
3,78	1	0,8	96,9
3,89	1	0,8	97,7
4,11	1	0,8	98,4
4,44	1	0,8	99,2
5,00	1	0,8	100,0
Gesamt	129	100,0	

Korrelationen

			F4_20A_21 Erfolg des Unternehmens
Spearman-Rho	**F9B** Informationen bei der Analyse und Prognose des internationalen Umfelds durch Beziehungen/Netzwerke erhalten	Korrelationskoeffizient	-,064
		Sig. (2-seitig)	,469
		N	129

Anhang 24: Ermittelte Werte zu CSR in Familienunternehmen (F22_1-9; F22_Faktor1)

F22_1

CSR spielt im Unternehmen eine wichtige Rolle	Häufigkeit	Prozent	Kumulierte Prozente
1 trifft gar nicht zu	4	3,1	3,1
2 trifft eher nicht zu	20	15,5	18,6
3 trifft teilweise zu	30	23,3	41,9
4 trifft eher zu	50	38,8	80,6
5 trifft voll zu	25	19,4	100,0
Gesamt	129	100,0	

F22_2

CSR-Maßnahmen sind durch persönliche Motive und Wertevorstellungen der Eigentümerfamilie geprägt	Häufigkeit	Prozent	Kumulierte Prozente
1 trifft gar nicht zu	4	3,1	3,1
2 trifft eher nicht zu	15	11,6	14,7
3 trifft teilweise zu	22	17,1	31,8
4 trifft eher zu	54	41,9	73,6
5 trifft voll zu	34	26,4	100,0
Gesamt	129	100,0	

F22_3

Beziehungen/Netzwerke gaben Anstoß zur Übernahme von CSR-Maßnahmen im Ausland	Häufigkeit	Prozent	Kumulierte Prozente
1 trifft gar nicht zu	22	17,1	17,1
2 trifft eher nicht zu	36	27,9	45,0
3 trifft teilweise zu	41	31,8	76,7
4 trifft eher zu	23	17,8	94,6
5 trifft voll zu	7	5,4	100,0
Gesamt	129	100,0	

F22_4

Beziehungen und Netzwerke fördern und unterstützen die Implementierung von CSR-Maßnahmen	Häufigkeit	Prozent	Kumulierte Prozente
1 trifft gar nicht zu	11	8,5	8,5
2 trifft eher nicht zu	28	21,7	30,2
3 trifft teilweise zu	50	38,8	69,0
4 trifft eher zu	31	24,0	93,0
5 trifft voll zu	9	7,0	100,0
Gesamt	129	100,0	

F22_5

Unternehmen nutzt Beziehungen/ Netzwerke, um sich über CSR-Themen auszutauschen	Häufigkeit	Prozent	Kumulierte Prozente
1 trifft gar nicht zu	17	13,2	13,2
2 trifft eher nicht zu	43	33,3	46,5
3 trifft teilweise zu	37	28,7	75,2
4 trifft eher zu	23	17,8	93,0
5 trifft voll zu	9	7,0	100,0
Gesamt	129	100,0	

F22_6

CSR führt zu ökonomischen Erfolgen	Häufigkeit	Prozent	Kumulierte Prozente
1 trifft gar nicht zu	15	11,6	11,6
2 trifft eher nicht zu	50	38,8	50,4
3 trifft teilweise zu	45	34,9	85,3
4 trifft eher zu	13	10,1	95,3
5 trifft voll zu	6	4,7	100,0
Gesamt	129	100,0	

F22_7

CSR führt zu nicht-ökonomischen Erfolgen	Häufigkeit	Prozent	Kumulierte Prozente
1 trifft gar nicht zu	5	3,9	3,9
2 trifft eher nicht zu	21	16,3	20,2
3 trifft teilweise zu	42	32,6	52,7
4 trifft eher zu	45	34,9	87,6
5 trifft voll zu	16	12,4	100,0
Gesamt	129	100,0	

F22_8

Wir übernehmen gesellschaftliche, soziale und/oder ökologische Verantwortung in den Zielländern	Häufigkeit	Prozent	Kumulierte Prozente
1 trifft gar nicht zu	5	3,9	3,9
2 trifft eher nicht zu	22	17,1	20,9
3 trifft teilweise zu	47	36,4	57,4
4 trifft eher zu	38	29,5	86,8
5 trifft voll zu	17	13,2	100,0
Gesamt	129	100,0	

F22_9

Soziale und ökologische Aspekte spielen bei der Auswahl von Partnern eine wichtige Rolle	Häufigkeit	Prozent	Kumulierte Prozente
1 trifft gar nicht zu	5	3,9	3,9
2 trifft eher nicht zu	10	7,8	11,6
3 trifft teilweise zu	15	11,6	23,3
4 trifft eher zu	42	32,6	55,8
5 trifft voll zu	57	44,2	100,0
Gesamt	129	100,0	

F22_Faktor1

Bewertung von CSR in Familienunternehmen	Häufigkeit	Prozent	Kumulierte Prozente
1,00	1	0,8	0,8
1,50	1	0,8	1,6
1,75	1	0,8	2,3
2,00	3	2,3	4,7
2,25	1	0,8	5,4
2,50	8	6,2	11,6
2,75	7	5,4	17,1
3,00	8	6,2	23,3
3,25	14	10,9	34,1
3,50	10	7,8	41,9
3,75	16	12,4	54,3
4,00	19	14,7	69,0
4,25	18	14,0	82,9
4,50	5	3,9	86,8
4,75	10	7,8	94,6
5,00	7	5,4	100,0
Gesamt	129	100,0	

F22_Faktor2

Einfluss von Sozialkapital auf CSR in Familienunternehmen	Häufigkeit	Prozent	Kumulierte Prozente
1,00	9	7,0	7,0
1,33	2	1,6	8,5
1,67	4	3,1	11,6
2,00	19	14,7	26,4
2,33	13	10,1	36,4
2,67	19	14,7	51,2
3,00	21	16,3	67,4
3,33	16	12,4	79,8
3,67	10	7,8	87,6
4,00	8	6,2	93,8
4,33	2	1,6	95,3
4,67	2	1,6	96,9
5,00	4	3,1	100,0
Gesamt	129	100,0	

Anhang 25: Ermittelte Werte zu Lobbying und business-government-relations (F17_1-7, F17_Faktor1, F17_Faktor2)

F17_1

Lobbying hat bei Internationalisierung große Bedeutung	Häufigkeit	Prozent	Gültige Prozente	Kumulierte Prozente
Gültig 1 trifft gar nicht zu	31	24,0	24,2	24,2
2 trifft eher nicht zu	27	20,9	21,1	45,3
3 trifft teilweise zu	45	34,9	35,2	80,5
4 trifft eher zu	23	17,8	18,0	98,4
5 trifft voll zu	2	1,6	1,6	100,0
Gesamt	128	99,2	100,0	
Fehlend 99 keine Angabe	1	0,8		
Gesamt	129	100,0		

F17_2

Lobbying besonders in osteuropäischen Ländern wichtig	Häufigkeit	Prozent	Gültige Prozente	Kumulierte Prozente
Gültig 1 trifft gar nicht zu	13	10,1	10,2	10,2
2 trifft eher nicht zu	22	17,1	17,2	27,3
3 trifft teilweise zu	44	34,1	34,4	61,7
4 trifft eher zu	36	27,9	28,1	89,8
5 trifft voll zu	13	10,1	10,2	100,0
Gesamt	128	99,2	100,0	
Fehlend 99 keine Angabe	1	0,8		
Gesamt	129	100,0		

F17_3

Lobbying ist besonders in den BRIC-Staaten wichtig	Häufigkeit	Prozent	Gültige Prozente	Kumulierte Prozente
Gültig 1 trifft gar nicht zu	10	7,8	7,8	7,8
2 trifft eher nicht zu	18	14,0	14,1	21,9
3 trifft teilweise zu	45	34,9	35,2	57,0
4 trifft eher zu	37	28,7	28,9	85,9
5 trifft voll zu	18	14,0	14,1	100,0
Gesamt	128	99,2	100,0	
Fehlend 99 keine Angabe	1	0,8		
Gesamt	129	100,0		

F17_4

Lobbying ist für Finanzierung einer Internationalisierung wichtig	Häufigkeit	Prozent	Gültige Prozente	Kumulierte Prozente
Gültig 1 trifft gar nicht zu	28	21,7	21,9	21,9
2 trifft eher nicht zu	57	44,2	44,5	66,4
3 trifft teilweise zu	32	24,8	25,0	91,4
4 trifft eher zu	10	7,8	7,8	99,2
5 trifft voll zu	1	0,8	0,8	100,0
Gesamt	128	99,2	100,0	
Fehlend 99 keine Angabe	1	0,8		
Gesamt	129	100,0		

F17_5

Beziehungen zu Behörden bzw. Regierungsstellen im Zielland erleichtern Internationalisierung		Häufigkeit	Prozent	Gültige Prozente	Kumulierte Prozente
Gültig	1 trifft gar nicht zu	6	4,7	4,7	4,7
	2 trifft eher nicht zu	10	7,8	7,8	12,5
	3 trifft teilweise zu	41	31,8	32,0	44,5
	4 trifft eher zu	53	41,1	41,4	85,9
	5 trifft voll zu	18	14,0	14,1	100,0
	Gesamt	128	99,2	100,0	
Fehlend	99 keine Angabe	1	0,8		
	Gesamt	129	100,0		

F17_6

Kontakte zu ausländischen Behörden/ Regierungen sind für Genehmigungen etc. im Zielland von großer Bedeutung		Häufigkeit	Prozent	Gültige Prozente	Kumulierte Prozente
Gültig	1 trifft gar nicht zu	8	6,2	6,3	6,3
	2 trifft eher nicht zu	11	8,5	8,6	14,8
	3 trifft teilweise zu	33	25,6	25,8	40,6
	4 trifft eher zu	56	43,4	43,8	84,4
	5 trifft voll zu	20	15,5	15,6	100,0
	Gesamt	128	99,2	100,0	
Fehlend	99 keine Angabe	1	0,8		
	Gesamt	129	100,0		

F17_7

Beziehungen zu Verbänden und anderen Akteuren im Zielland ebnen Kontakte zu staatlichen Stellen		Häufigkeit	Prozent	Gültige Prozente	Kumulierte Prozente
Gültig	1 trifft gar nicht zu	13	10,1	10,2	10,2
	2 trifft eher nicht zu	16	12,4	12,5	22,7
	3 trifft teilweise zu	42	32,6	32,8	55,5
	4 trifft eher zu	43	33,3	33,6	89,1
	5 trifft voll zu	14	10,9	10,9	100,0
	Gesamt	128	99,2	100,0	
Fehlend	99 keine Angabe	1	0,8		
	Gesamt	129	100,0		

F17_Faktor1

Bedeutung von Lobbying		Häufigkeit	Prozent	Gültige Prozent	Kumulierte Prozente
Gültig	1,00	10	7,8	7,8	7,8
	1,25	1	0,8	0,8	8,6
	1,50	4	3,1	3,1	11,7
	1,75	6	4,7	4,7	16,4
	2,00	6	4,7	4,7	21,1
	2,25	10	7,8	7,8	28,9
	2,50	15	11,6	11,7	40,6
	2,75	15	11,6	11,7	52,3
	3,00	13	10,1	10,2	62,5
	3,25	18	14,0	14,1	76,6
	3,50	10	7,8	7,8	84,4
	3,75	5	3,9	3,9	88,3
	4,00	6	4,7	4,7	93,0
	4,25	6	4,7	4,7	97,7
	4,50	2	1,6	1,6	99,2
	4,75	1	0,8	0,8	100,0
	Gesamt	128	99,2	100,0	
Fehlend	System	1	0,8		
	Gesamt	129	100,0		

F17_Faktor2

Bedeutung von business-government-relations		Häufigkeit	Prozent	Gültige Prozent	Kumulierte Prozente
Gültig	1,00	6	4,7	4,7	4,7
	1,33	1	0,8	0,8	5,5
	1,67	1	0,8	0,8	6,3
	2,00	6	4,7	4,7	10,9
	2,33	5	3,9	3,9	14,8
	2,67	9	7,0	7,0	21,9
	3,00	19	14,7	14,8	36,7
	3,33	12	9,3	9,4	46,1
	3,67	18	14,0	14,1	60,2
	4,00	28	21,7	21,9	82,0
	4,33	8	6,2	6,3	88,3
	4,67	7	5,4	5,5	93,8
	5,00	8	6,2	6,3	100,0
	Gesamt	128	99,2	100,0	
Fehlend	System	1	0,8		
	Gesamt	129	100,0		

Modellzusammenfassung

Modell	R	R-Quadrat	Korrigiertes R-Quadrat	Standardfehler des Schätzers
1	,487	,237	,187	,61242

ANOVA

Modell		Quadrat-summe	df	Mittel der Quadrate	F	Sig.
1	Regression	12,490	7	1,784	4,757	,000
	Nicht standardisierte Residuen	40,131	107	,375		
	Gesamt	52,621	114			

Koeffizienten[a]

Modell		Nicht standardisierte Koeffizienten		Standardisierte Koeffizienten	T	Sig.
		Regressions-koeffizientB	Standardfehler	Beta		
1	(Konstante)	2,813	,393		7,159	,000
	F17_Faktor1 Lobbying	-,139	,089	-,184	-1,570	,119
	F17_Faktor2 Business-government-relations	,030	,085	,042	,357	,722
	F1_Faktor1 Unternehmensgröße	,260	,053	,443	4,927	,000
	F1_1_DICH Hauptsitz des Unternehmens	-,062	,116	-,046	-,538	,592
	F1_2_DICH Gründung des Unternehmens	,084	,120	,062	,704	,483
	F1_3_DICH Branchenzugehörigkeit	-,002	,070	-,003	-,034	,973
	F2_SFI Substantial Family Influence	-,031	,122	-,023	-,257	,797

a. Abhängige Variable: F4_20A_21 Erfolg des Unternehmens, Fragen 4, 20A und 21

Anhang 26: Ermittelte Werte zur Nutzung und Bedeutung von in- und ausländischen Organisationen (Frage 10)

F10_1b

Bedeutung von privaten Organisationen im Inland für Internationalisierungsprozess		Häufigkeit	Prozent	Gültige Prozente	Kumulierte Prozente
Gültig	1 sehr unwichtig	8	6,2	6,3	6,3
	2 eher unwichtig	17	13,2	13,5	19,8
	3 teilweise unwichtig	50	38,8	39,7	59,5
	4 eher wichtig	38	29,5	30,2	89,7
	5 sehr wichtig	13	10,1	10,3	100,0
	Gesamt	126	97,7	100,0	
Fehlend	99 keine Angabe	3	2,3		
	Gesamt	129	100,0		

F10_2b

Bedeutung von staatlichen Organisationen im Inland für Internationalisierungsprozess		Häufigkeit	Prozent	Gültige Prozente	Kumulierte Prozente
Gültig	1 sehr unwichtig	11	8,5	8,7	8,7
	2 eher unwichtig	45	34,9	35,4	44,1
	3 teilweise unwichtig	48	37,2	37,8	81,9
	4 eher wichtig	21	16,3	16,5	98,4
	5 sehr wichtig	2	1,6	1,6	100,0
	Gesamt	127	98,4	100,0	
Fehlend	99 keine Angabe	2	1,6		
	Gesamt	129	100,0		

F10_3b

Bedeutung von halbstaatlichen Organisationen im Inland für Internationalisierungsprozess		Häufigkeit	Prozent	Gültige Prozente	Kumulierte Prozente
Gültig	1 sehr unwichtig	15	11,6	11,8	11,8
	2 eher unwichtig	23	17,8	18,1	29,9
	3 teilweise unwichtig	46	35,7	36,2	66,1
	4 eher wichtig	32	24,8	25,2	91,3
	5 sehr wichtig	11	8,5	8,7	100,0
	Gesamt	127	98,4	100,0	
Fehlend	99 keine Angabe	2	1,6		
	Gesamt	129	100,0		

F10_4b

Bedeutung von privaten Organisationen im Ausland für Internationalisierungsprozess		Häufigkeit	Prozent	Gültige Prozente	Kumulierte Prozente
Gültig	1 sehr unwichtig	13	10,1	10,3	10,3
	2 eher unwichtig	20	15,5	15,9	26,2
	3 teilweise unwichtig	43	33,3	34,1	60,3
	4 eher wichtig	39	30,2	31,0	91,3
	5 sehr wichtig	11	8,5	8,7	100,0
	Gesamt	126	97,7	100,0	
Fehlend	99 keine Angabe	3	2,3		
	Gesamt	129	100,0		

F10_5b

Bedeutung von staatlichen Organisationen im Ausland für Internationalisierungsprozess		Häufigkeit	Prozent	Gültige Prozente	Kumulierte Prozente
Gültig	1 sehr unwichtig	14	10,9	11,1	11,1
	2 eher unwichtig	50	38,8	39,7	50,8
	3 teilweise unwichtig	42	32,6	33,3	84,1
	4 eher wichtig	17	13,2	13,5	97,6
	5 sehr wichtig	3	2,3	2,4	100,0
	Gesamt	126	97,7	100,0	
Fehlend	99 keine Angabe	3	2,3		
	Gesamt	129	100,0		

F10_6b

Bedeutung von halbstaatlichen Organisationen im Ausland für Internationalisierungsprozess		Häufigkeit	Prozent	Gültige Prozente	Kumulierte Prozente
Gültig	1 sehr unwichtig	11	8,5	8,7	8,7
	2 eher unwichtig	29	22,5	22,8	31,5
	3 teilweise unwichtig	46	35,7	36,2	67,7
	4 eher wichtig	32	24,8	25,2	92,9
	5 sehr wichtig	9	7,0	7,1	100,0
	Gesamt	127	98,4	100,0	
Fehlend	99 keine Angabe	2	1,6		
	Gesamt	129	100,0		

Modellzusammenfassung

Modell	R	R-Quadrat	Korrigiertes R-Quadrat	Standardfehler des Schätzers
1	,517	,267	,189	,60919

ANOVA

Modell		Quadrat-summe	df	Mittel der Quadrate	F	Sig.
1	Regression	14,060	11	1,278	3,444	,000
	Nicht standardisierte Residuen	38,596	104	,371		
	Gesamt	52,656	115			

Koeffizienten[a]

Modell	Nicht standardisierte Koeffizienten: Regressions-koeffizientB	Nicht standardisierte Koeffizienten: Standardfehler	Standardisierte Koeffizienten: Beta	T	Sig.
1 (Konstante)	2,172	,362		6,007	,000
F10_1a Private Organisationen im Inland genutzt	,337	,157	,196	2,155	,033
F10_2a Staatliche Organisationen im Inland genutzt	,016	,143	,012	,113	,910
F10_3a Halbstaatliche Organisationen im Inland genutzt	-,028	,159	-,020	-,176	,861
F10_4a Private Organisationen im Ausland genutzt	,020	,123	,014	,159	,874
F10_5a Staatliche Organisationen im Ausland genutzt	,132	,152	,098	,869	,387
F10_6a Halbstaatliche Organisationen im Ausland genutzt	,047	,174	,033	,269	,789
F1_Faktor1 Unternehmensgröße	,261	,053	,448	4,914	,000
F1_1_DICH Hauptsitz des Unternehmens	-,038	,116	-,028	-,326	,745
F1_2_DICH Gründung des Unternehmens	,079	,117	,058	,671	,504
F1_3_DICH Branchenzugehörigkeit	-5,035E-5	,071	,000	-,001	,999
F2_SFI Substantial Family Influence	-,043	,116	-,033	-,371	,711

a. Abhängige Variable: F4_20A_21 Erfolg des Unternehmens, Fragen 4, 20A und 21

Anhang 27: Ermittelte Werte zu den Zielländern von Familienunternehmen (Frage 13)

Korrelationen

			F4_20A_21 Erfolg des Unternehmens	F1_Faktor1 Unternehmensgröße	F1_1_DICH Hauptsitz des Unternehmens	F1_2_DICH Gründung des Unternehmens	F1_3_DICH Branchenzugehörigkeit	F2_SFI Substantial Family Influence
Spearman-Rho	F13_1a Operativ tätig: EU 15	Korrelationskoeffizient	,164	,049	-,133	-,142	,012	,016
		Sig. (2-seitig)	,063	,584	,132	,109	,895	,857
		N	129	129	129	129	116	129
	F13_2a Operativ tätig: EU 27	Korrelationskoeffizient	,234**	,178*	-,124	,082	-,020	-,041
		Sig. (2-seitig)	,008	,043	,160	,357	,829	,647
		N	129	129	129	129	116	129
	F13_3a Operativ tätig: USA	Korrelationskoeffizient	,155	,096	-,072	-,093	-,183*	-,020
		Sig. (2-seitig)	,079	,279	,415	,296	,049	,820
		N	129	129	129	129	116	129
	F13_4a Operativ tätig: Südamerika	Korrelationskoeffizient	,291**	,344**	,005	-,087	-,274**	-,049
		Sig. (2-seitig)	,001	,000	,955	,327	,003	,581
		N	129	129	129	129	116	129
	F13_5a Operativ tätig: Ozeanien	Korrelationskoeffizient	,233**	,193*	,021	,078	-,212*	,047
		Sig. (2-seitig)	,008	,029	,817	,380	,022	,595
		N	129	129	129	129	116	129
	F13_6a Operativ tätig: Asien (inkl. China, Indien)	Korrelationskoeffizient	,226*	,243**	-,068	-,157	-,173	-,032
		Sig. (2-seitig)	,010	,005	,445	,075	,064	,715
		N	129	129	129	129	116	129
	F13_7a Operativ tätig: China	Korrelationskoeffizient	,391**	,309**	-,010	-,029	-,141	,073
		Sig. (2-seitig)	,000	,000	,913	,747	,131	,408
		N	129	129	129	129	116	129
	F13_8a Operativ tätig: Indien	Korrelationskoeffizient	,171	,245**	-,007	-,007	-,208*	-,074
		Sig. (2-seitig)	,053	,005	,935	,933	,025	,404
		N	129	129	129	129	116	129
	F13_9a Operativ tätig: Russland	Korrelationskoeffizient	,214*	,079	-,099	-,055	-,048	,037
		Sig. (2-seitig)	,015	,375	,265	,537	,607	,675
		N	129	129	129	129	116	129
	F13_10a Operativ tätig: Südafrika	Korrelationskoeffizient	,133	,125	-,093	-,003	-,159	,139
		Sig. (2-seitig)	,134	,157	,297	,976	,087	,116
		N	129	129	129	129	116	129
	F13_11a Operativ tätig: Naher Osten, Nordafrika	Korrelationskoeffizient	,082	,182*	-,086	,007	-,036	-,086
		Sig. (2-seitig)	,357	,039	,332	,933	,703	,331
		N	129	129	129	129	116	129

Signifikanz (zweiseitig): ** $p < 0,01$; * $p < 0,05$

Modellzusammenfassung

Modell	R	R-Quadrat	Korrigiertes R-Quadrat	Standardfehler des Schätzers
1	,573	,328	,271	,57768

ANOVA

Modell		Quadrat-summe	df	Mittel der Quadrate	F	Sig.
1	Regression	17,283	9	1,920	5,754	,000
	Nicht standardisierte Residuen	35,373	106	,334		
	Gesamt	52,656	115			

Koeffizienten[a]

Modell		Nicht standardisierte Koeffizienten		Standardisierte Koeffizienten	T	Sig.
		Regressions-koeffizientB	Standardfehler	Beta		
1	(Konstante)	2,453	,332		7,380	,000
	F13_4a Operativ tätig: Südamerika	-,006	,130	-,004	-,044	,965
	F13_7a Operativ tätig: China	,614	,156	,403	3,922	,000
	F13_8a Operativ tätig: Indien	-,293	,140	-,217	-2,096	,038
	F13_9a Operativ tätig: Russland	,203	,122	,139	1,668	,098
	F1_Faktor1 Unternehmensgröße	,198	,053	,340	3,728	,000
	F1_1_DICH Hauptsitz des Unternehmens	-,006	,109	-,004	-,055	,956
	F1_2_DICH Gründung des Unternehmens	,100	,111	,074	,905	,367
	F1_3_DICH Branchenzugehörigkeit	-,005	,069	-,006	-,074	,941
	F2_SFI Substantial Family Influence	-,159	,114	-,121	-1,393	,167

a. Abhängige Variable: F4_20A_21 Erfolg des Unternehmens, Fragen 4, 20A und 21

F13_1b

Bedeutung von SK in EU 15		Häufigkeit	Prozent	Gültige Prozente	Kumulierte Prozente
Gültig	1 sehr unwichtig	3	2,3	2,4	2,4
	2 eher unwichtig	21	16,3	16,8	19,2
	3 teilweise wichtig	40	31,0	32,0	51,2
	4 eher wichtig	39	30,2	31,2	82,4
	5 sehr wichtig	22	17,1	17,6	100,0
	Gesamt	125	96,9	100,0	
Fehlend	99 keine Angabe	4	3,1		
	Gesamt	129	100,0		

F13_2b

Bedeutung von SK in EU 27		Häufigkeit	Prozent	Gültige Prozente	Kumulierte Prozente
Gültig	1 sehr unwichtig	4	3,1	3,2	3,2
	2 eher unwichtig	18	14,0	14,4	17,6
	3 teilweise wichtig	47	36,4	37,6	55,2
	4 eher wichtig	39	30,2	31,2	86,4
	5 sehr wichtig	17	13,2	13,6	100,0
	Gesamt	125	96,9	100,0	
Fehlend	99 keine Angabe	4	3,1		
	Gesamt	129	100,0		

F13_3b

Bedeutung von SK in USA		Häufigkeit	Prozent	Gültige Prozente	Kumulierte Prozente
Gültig	1 sehr unwichtig	9	7,0	7,3	7,3
	2 eher unwichtig	22	17,1	17,9	25,2
	3 teilweise wichtig	39	30,2	31,7	56,9
	4 eher wichtig	35	27,1	28,5	85,4
	5 sehr wichtig	18	14,0	14,6	100,0
	Gesamt	123	95,3	100,0	
Fehlend	99 keine Angabe	6	4,7		
	Gesamt	129	100,0		

F13_4b

Bedeutung von SK in Südamerika		Häufigkeit	Prozent	Gültige Prozente	Kumulierte Prozente
Gültig	1 sehr unwichtig	11	8,5	9,0	9,0
	2 eher unwichtig	13	10,1	10,7	19,7
	3 teilweise wichtig	34	26,4	27,9	47,5
	4 eher wichtig	41	31,8	33,6	81,1
	5 sehr wichtig	23	17,8	18,9	100,0
	Gesamt	122	94,6	100,0	
Fehlend	99 keine Angabe	7	5,4		
	Gesamt	129	100,0		

F13_5b

Bedeutung von SK in Ozeanien		Häufigkeit	Prozent	Gültige Prozente	Kumulierte Prozente
Gültig	1 sehr unwichtig	14	10,9	11,8	11,8
	2 eher unwichtig	26	20,2	21,8	33,6
	3 teilweise wichtig	47	36,4	39,5	73,1
	4 eher wichtig	21	16,3	17,6	90,8
	5 sehr wichtig	11	8,5	9,2	100,0
	Gesamt	119	92,2	100,0	
Fehlend	99 keine Angabe	10	7,8		
	Gesamt	129	100,0		

F13_6b

Bedeutung von SK in Asien (inkl. China, Indien)		Häufigkeit	Prozent	Gültige Prozente	Kumulierte Prozente
Gültig	1 sehr unwichtig	8	6,2	6,6	6,6
	2 eher unwichtig	9	7,0	7,4	13,9
	3 teilweise wichtig	23	17,8	18,9	32,8
	4 eher wichtig	45	34,9	36,9	69,7
	5 sehr wichtig	37	28,7	30,3	100,0
	Gesamt	122	94,6	100,0	
Fehlend	99 keine Angabe	7	5,4		
	Gesamt	129	100,0		

F13_7b

Bedeutung von SK in China		Häufigkeit	Prozent	Gültige Prozente	Kumulierte Prozente
Gültig	1 sehr unwichtig	8	6,2	6,5	6,5
	2 eher unwichtig	7	5,4	5,7	12,2
	3 teilweise wichtig	22	17,1	17,9	30,1
	4 eher wichtig	44	34,1	35,8	65,9
	5 sehr wichtig	42	32,6	34,1	100,0
	Gesamt	123	95,3	100,0	
Fehlend	99 keine Angabe	6	4,7		
	Gesamt	129	100,0		

F13_8b

Bedeutung von SK in Indien		Häufigkeit	Prozent	Gültige Prozente	Kumulierte Prozente
Gültig	1 sehr unwichtig	10	7,8	8,5	8,5
	2 eher unwichtig	12	9,3	10,2	18,6
	3 teilweise wichtig	25	19,4	21,2	39,8
	4 eher wichtig	40	31,0	33,9	73,7
	5 sehr wichtig	31	24,0	26,3	100,0
	Gesamt	118	91,5	100,0	
Fehlend	99 keine Angabe	11	8,5		
	Gesamt	129	100,0		

F13_9b

Bedeutung von SK in Russland		Häufigkeit	Prozent	Gültige Prozente	Kumulierte Prozente
Gültig	1 sehr unwichtig	5	3,9	4,1	4,1
	2 eher unwichtig	10	7,8	8,2	12,3
	3 teilweise wichtig	22	17,1	18,0	30,3
	4 eher wichtig	55	42,6	45,1	75,4
	5 sehr wichtig	30	23,3	24,6	100,0
	Gesamt	122	94,6	100,0	
Fehlend	99 keine Angabe	7	5,4		
	Gesamt	129	100,0		

F13_10b

Bedeutung von SK in Südafrika		Häufigkeit	Prozent	Gültige Prozente	Kumulierte Prozente
Gültig	1 sehr unwichtig	12	9,3	10,2	10,2
	2 eher unwichtig	24	18,6	20,3	30,5
	3 teilweise wichtig	39	30,2	33,1	63,6
	4 eher wichtig	29	22,5	24,6	88,1
	5 sehr wichtig	14	10,9	11,9	100,0
	Gesamt	118	91,5	100,0	
Fehlend	99 keine Angabe	11	8,5		
	Gesamt	129	100,0		

F13_11b

Bedeutung von SK im Nahen Osten, Nordafrika		Häufigkeit	Prozent	Gültige Prozente	Kumulierte Prozente
Gültig	1 sehr unwichtig	10	7,8	8,5	8,5
	2 eher unwichtig	10	7,8	8,5	17,1
	3 teilweise wichtig	28	21,7	23,9	41,0
	4 eher wichtig	48	37,2	41,0	82,1
	5 sehr wichtig	21	16,3	17,9	100,0
	Gesamt	117	90,7	100,0	
Fehlend	99 keine Angabe	12	9,3		
	Gesamt	129	100,0		

Korrelationen

			KD_zu_D Kulturdistanz von 11 Ländern und Regionen zu Deutschland
Spearman-Rho	F13B_MW Bedeutung von Sozialkapital - MW der 11 Länder und Regionen	Korrelationskoeffizient	,882**
		Sig. (2-seitig)	,000
		N	11

Signifikanz: ** $p < 0,01$; * $p < 0,05$

Anhang 28: Ermittelte Werte zu den Internationalisierungsformen (Frage 14)

F14_keineAbgabe

Nutzung von Formen in denen keine bzw. wenig Mitspracherechte abgegeben werden müssen	Häufigkeit	Prozent	Kumulierte Prozente
0	1	0,8	0,8
1	11	8,5	9,3
2	25	19,4	28,7
3	25	19,4	48,1
4	33	25,6	73,6
5	24	18,6	92,2
6	10	7,8	100,0
7	0	0	100,0
Gesamt	129	100,0	

F14_Abgabe

Nutzung von Formen in denen Mitspracherechte abgegeben werden müssen	Häufigkeit	Prozent	Kumulierte Prozente
0	73	56,6	56,6
1	39	30,2	86,8
2	17	13,2	100,0
Gesamt	129	100,0	

F14_Abgabe_neu

Nutzung von Formen in denen Mitspracherechte abgegeben werden müssen mit 3,5 multipliziert	Häufigkeit	Prozent	Kumulierte Prozente
0	73	56,6	56,6
3,5	39	30,2	86,8
7,0	17	13,2	100,0
Gesamt	129	100,0	

Statistik bei gepaarten Stichproben

		Mittelwert	N	Standard-abweichung	Standardfehler des Mittelwertes
Paaren 1	F14_Abgabe_neu	1,9806	129	2,50734	,22076
	F14_keineAbgabe	3,4729	129	1,44740	,12744

Korrelationen bei gepaarten Stichproben

		N	Korrelation	Signifikanz
Paaren 1	F14_Abgabe_neu & F14_keineAbgabe	129	,441	,000

Test bei gepaarten Stichproben

	Gepaarte Differenzen					T	df	Sig. (2-seitig)
	Mittelwert	Standard-abweichung	Standard-fehler des Mittelwertes	95% Konfidenz-intervall der Differenz				
				Untere	Obere			
F14_Abgabe_neu - F14_keine Abgabe	-1,49225	2,27674	,20046	-1,88888	-1,09561	-7,444	128	,000

Korrelationen

			F1_Faktor1 Unter-nehmens-größe	F1_1_DICH Hauptsitz des Unterneh-mens	F1_2_DICH Gründung des Unterneh-mens	F1_3_DICH Branchen-zugehörig-keit	F2_SFI Substantial Family Influence
Spearman-Rho	F14_1a Nutzung: Export/Import	Korrelations-koeffizient	-,041	,009	,005	-,128	-,026
		Sig. (2-seitig)	,643	,921	,956	,169	,768
		N	129	129	129	116	129
	F14_2a Nutzung: Lizenz	Korrelations-koeffizient	,091	,048	,005	-,146	,008
		Sig. (2-seitig)	,305	,589	,957	,118	,933
		N	129	129	129	116	129
	F14_3a Nutzung: Franchising	Korrelations-koeffizient	,034	,107	,113	,096	-,098
		Sig. (2-seitig)	,702	,229	,203	,308	,269
		N	129	129	129	116	129
	F14_4a Nutzung: Kooperation	Korrelations-koeffizient	,121	,049	-,042	,080	-,083
		Sig. (2-seitig)	,173	,584	,634	,396	,350
		N	129	129	129	116	129
	F14_5a Nutzung: Joint Venture	Korrelations-koeffizient	,516**	,098	-,190*	,001	-,263**
		Sig. (2-seitig)	,000	,268	,031	,993	,003
		N	129	129	129	116	129
	F14_6a Nutzung: Eigene Tochtergesellschaft im Ausland	Korrelations-koeffizient	,437**	,153	-,021	-,131	-,149
		Sig. (2-seitig)	,000	,083	,810	,160	,092
		N	129	129	129	116	129
	F14_7a Nutzung: Merger & Acquisitions im Ausland	Korrelations-koeffizient	,507**	-,015	-,060	-,046	-,183*
		Sig. (2-seitig)	,000	,862	,499	,623	,038
		N	129	129	129	116	129
	F14_8a Nutzung: Mehrheits-beteiligungen im Ausland	Korrelations-koeffizient	,416**	,113	-,143	,001	-,237**
		Sig. (2-seitig)	,000	,204	,105	,993	,007
		N	129	129	129	116	129
	F14_9a Nutzung: Minderheits-beteiligungen im Ausland	Korrelations-koeffizient	,302**	,037	-,126	,158	-,359**
		Sig. (2-seitig)	,001	,680	,156	,090	,000
		N	129	129	129	116	129

Signifikanz (zweiseitig): ** $p < 0,01$; * $p < 0,05$

F14_1b

Bedeutung von Export/Import im Allgemeinen		Häufigkeit	Prozent	Gültige Prozente	Kumulierte Prozente
Gültig	1 sehr unwichtig	1	0,8	0,8	0,8
	2 eher unwichtig	1	0,8	0,8	1,6
	3 teilweise wichtig	7	5,4	5,5	7,0
	4 eher wichtig	31	24,0	24,2	31,3
	5 sehr wichtig	88	68,2	68,8	100,0
	Gesamt	128	99,2	100,0	
Fehlend	99 keine Angabe	1	0,8		
	Gesamt	129	100,0		

F14_2b

Bedeutung von Lizenzen im Allgemeinen		Häufigkeit	Prozent	Gültige Prozente	Kumulierte Prozente
Gültig	1 sehr unwichtig	16	12,4	13,1	13,1
	2 eher unwichtig	27	20,9	22,1	35,2
	3 teilweise wichtig	53	41,1	43,4	78,7
	4 eher wichtig	18	14,0	14,8	93,4
	5 sehr wichtig	8	6,2	6,6	100,0
	Gesamt	122	94,6	100,0	
Fehlend	99 keine Angabe	7	5,4		
	Gesamt	129	100,0		

F14_6b

Bedeutung von eigener ausländischer Tochtergesellschaft im Allgemeinen		Häufigkeit	Prozent	Gültige Prozente	Kumulierte Prozente
Gültig	1 sehr unwichtig	5	3,9	4,0	4,0
	2 eher unwichtig	2	1,6	1,6	5,6
	3 teilweise wichtig	15	11,6	11,9	17,5
	4 eher wichtig	27	20,9	21,4	38,9
	5 sehr wichtig	77	59,7	61,1	100,0
	Gesamt	126	97,7	100,0	
Fehlend	99 keine Angabe	3	2,3		
	Gesamt	129	100,0		

Anhang 29: Ermittelte Werte Ergebnisse zur Bedeutung von Beziehungen für den Erfolg (Frage 7)

F7_3a

Beziehungen der anderen Familienmitglieder	Häufigkeit	Prozent	Gültige Prozente	Kumulierte Prozente
Gültig 1 sehr unwichtig	39	30,2	32,8	32,8
2 eher unwichtig	48	37,2	40,3	73,1
3 teilweise wichtig	25	19,4	21,0	94,1
4 eher wichtig	5	3,9	4,2	98,3
5 sehr wichtig	2	1,6	1,7	100,0
Gesamt	119	92,2	100,0	
Fehlend 99 keine Angabe	10	7,8		
Gesamt	129	100,0		

F7_5a

Beziehungen der Geschäftsführung (Management)	Häufigkeit	Prozent	Kumulierte Prozente
Gültig 1 sehr unwichtig	0	0	0
2 eher unwichtig	3	2,3	2,3
3 teilweise wichtig	9	7,0	9,3
4 eher wichtig	43	33,3	42,6
5 sehr wichtig	74	57,4	100,0
Gesamt	129	100,0	

Korrelationen

			F7_1b Zeitaufwand der Eigentümer (Shareholder)
Spearman-Rho	F7_1a Beziehungen der Eigentümer (Shareholder)	Korrelationskoeffizient	,603**
		Sig. (2-seitig)	,000
		N	129

Signifikanz: ** p < 0,01; * p < 0,05

Korrelationen

			F7_2b Zeitaufwand der operativ tätigen Familienmitglieder
Spearman-Rho	F7_2a Beziehungen der operativ tätigen Familienmitglieder	Korrelationskoeffizient	,481**
		Sig. (2-seitig)	,000
		N	111

Signifikanz: ** p < 0,01; * p < 0,05

Korrelationen

			F7_3b Zeitaufwand der anderen Familienmitglieder
Spearman-Rho	F7_3a Beziehungen der anderen Familienmitglieder	Korrelationskoeffizient	,376**
		Sig. (2-seitig)	,000
		N	119

Signifikanz: ** p < 0,01; * p < 0,05

Korrelationen

			F7_4b Zeitaufwand der Kontroll- und Aufsichtsorgane
Spearman-Rho	**F7_4a** Beziehungen der Kontroll- und Aufsichtsorgane	Korrelationskoeffizient	,460**
		Sig. (2-seitig)	,000
		N	89

Signifikanz: ** p < 0,01; * p < 0,05

Korrelationen

			F7_5b Zeitaufwand der Geschäftsführung (Management)
Spearman-Rho	**F7_5a** Beziehungen der Geschäftsführung (Management)	Korrelationskoeffizient	,309**
		Sig. (2-seitig)	,000
		N	129

Signifikanz: ** p < 0,01; * p < 0,05

Korrelationen

			F7_6b Zeitaufwand der sonstigen Mitarbeiter des Unternehmens
Spearman-Rho	**F7_6a** Beziehungen der sonstigen Mitarbeiter des Unternehmens	Korrelationskoeffizient	,617**
		Sig. (2-seitig)	,000
		N	129

Signifikanz: ** p < 0,01; * p < 0,05

Anhang 30: Ermittelte Werte zu den Zielen der Internationalisierung (Frage 11)

F11_1a

Umsatzwachstum als Internationalisierungsziel	Häufigkeit	Prozent	Kumulierte Prozente
1 trifft gar nicht zu	0	0	0
2 trifft eher nicht zu	1	0,8	0,8
3 trifft teilweise zu	5	3,9	4,7
4 trifft eher zu	25	19,4	24,0
5 trifft voll zu	98	76,0	100,0
Gesamt	129	100,0	

F11_2a

Kosteneinsparungen/Steigerung Produktivität als Internationalisierungsziel	Häufigkeit	Prozent	Kumulierte Prozente
1 trifft gar nicht zu	16	12,4	12,4
2 trifft eher nicht zu	33	25,6	38,0
3 trifft teilweise zu	46	35,7	73,6
4 trifft eher zu	22	17,1	90,7
5 trifft voll zu	12	9,3	100,0
Gesamt	129	100,0	

F11_3a

Steigerung der Kapitalrentabilität (ROI) als Internationalisierungsziel	Häufigkeit	Prozent	Kumulierte Prozente
1 trifft gar nicht zu	3	2,3	2,3
2 trifft eher nicht zu	21	16,3	18,6
3 trifft teilweise zu	42	32,6	51,2
4 trifft eher zu	40	31,0	82,2
5 trifft voll zu	23	17,8	100,0
Gesamt	129	100,0	

F11_4a

Erhöhung Gewinn/Rentabilität als Internationalisierungsziel	Häufigkeit	Prozent	Kumulierte Prozente
1 trifft gar nicht zu	1	0,8	0,8
2 trifft eher nicht zu	9	7,0	7,8
3 trifft teilweise zu	28	21,7	29,5
4 trifft eher zu	42	32,6	62,0
5 trifft voll zu	49	38,0	100,0
Gesamt	129	100,0	

F11_5a

Erhöhung Marktanteil als Internationalisierungsziel	Häufigkeit	Prozent	Kumulierte Prozente
1 trifft gar nicht zu	6	4,7	4,7
2 trifft eher nicht zu	7	5,4	10,1
3 trifft teilweise zu	19	14,7	24,8
4 trifft eher zu	49	38,0	62,8
5 trifft voll zu	48	37,2	100,0
Gesamt	129	100,0	

F11_6a

Kapazitätsauslastung als Internationalisierungsziel	Häufigkeit	Prozent	Kumulierte Prozente
1 trifft gar nicht zu	16	12,4	12,4
2 trifft eher nicht zu	32	24,8	37,2
3 trifft teilweise zu	29	22,5	59,7
4 trifft eher zu	32	24,8	84,5
5 trifft voll zu	20	15,5	100,0
Gesamt	129	100,0	

F11_7a

Sicherung des Absatzes als Internationalisierungsziel	Häufigkeit	Prozent	Kumulierte Prozente
1 trifft gar nicht zu	2	1,6	1,6
2 trifft eher nicht zu	12	9,3	10,9
3 trifft teilweise zu	17	13,2	24,0
4 trifft eher zu	62	48,1	72,1
5 trifft voll zu	36	27,9	100,0
Gesamt	129	100,0	

F11_8a

Umgehen von Handelshemmnissen als Internationalisierungsziel	Häufigkeit	Prozent	Kumulierte Prozente
1 trifft gar nicht zu	46	35,7	35,7
2 trifft eher nicht zu	40	31,0	66,7
3 trifft teilweise zu	25	19,4	86,0
4 trifft eher zu	14	10,9	96,9
5 trifft voll zu	4	3,1	100,0
Gesamt	129	100,0	

F11_9a

Nutzung staatlicher Förderungen als Internationalisierungsziel	Häufigkeit	Prozent	Kumulierte Prozente
1 trifft gar nicht zu	77	59,7	59,7
2 trifft eher nicht zu	34	26,4	86,0
3 trifft teilweise zu	10	7,8	93,8
4 trifft eher zu	7	5,4	99,2
5 trifft voll zu	1	0,8	100,0
Gesamt	129	100,0	

F11_10a

Erwerb/Nutzung externes Know-how als Internationalisierungsziel	Häufigkeit	Prozent	Kumulierte Prozente
1 trifft gar nicht zu	65	50,4	50,4
2 trifft eher nicht zu	44	34,1	84,5
3 trifft teilweise zu	12	9,3	93,8
4 trifft eher zu	7	5,4	99,2
5 trifft voll zu	1	0,8	100,0
Gesamt	129	100,0	

F11_11a

Gewinnung geeigneter Netzwerkpartner z.B. für JV als Internationalisierungsziel	Häufigkeit	Prozent	Kumulierte Prozente
1 trifft gar nicht zu	60	46,5	46,5
2 trifft eher nicht zu	29	22,5	69,0
3 trifft teilweise zu	19	14,7	83,7
4 trifft eher zu	18	14,0	97,7
5 trifft voll zu	3	2,3	100,0
Gesamt	129	100,0	

F11_12a

Reduzierung der Steuern als Internationalisierungsziel	Häufigkeit	Prozent	Kumulierte Prozente
1 trifft gar nicht zu	70	54,3	54,3
2 trifft eher nicht zu	42	32,6	86,8
3 trifft teilweise zu	12	9,3	96,1
4 trifft eher zu	4	3,1	99,2
5 trifft voll zu	1	0,8	100,0
Gesamt	129	100,0	

F11_13a

Geringere Restriktionen im Ausland als Internationalisierungsziel	Häufigkeit	Prozent	Kumulierte Prozente
1 trifft gar nicht zu	74	57,4	57,4
2 trifft eher nicht zu	36	27,9	85,3
3 trifft teilweise zu	16	12,4	97,7
4 trifft eher zu	2	1,6	99,2
5 trifft voll zu	1	0,8	100,0
Gesamt	129	100,0	

Chi-Quadrat-Test für F11_1b_DICH und F11_1c_DICH

	Wert	df	Asymptotische Signifikanz (2-seitig)	Exakte Signifikanz (1-seitig)
Chi-Quadrat nach Pearson	3,287[a]	1	,070	
Kontinuitätskorrektur[b]	2,435	1	,119	
Likelihood-Quotient	3,734	1	,053	
Exakter Test nach Fisher				,054
Zusammenhang linear-mit-linear	3,261	1	,071	
Anzahl der gültigen Fälle	127			

a. 0 Zellen (,0%) haben eine erwartete Häufigkeit kleiner 5. Die minimale erwartete Häufigkeit ist 6,59.
b. Wird nur für eine 2x2-Tabelle berechnet

Chi-Quadrat-Test für F11_2b_DICH und F11_2c_DICH

	Wert	df	Asymptotische Signifikanz (2-seitig)	Exakte Signifikanz (1-seitig)
Chi-Quadrat nach Pearson	,064[a]	1	,800	
Kontinuitätskorrektur[b]	,000	1	1,000	
Likelihood-Quotient	,065	1	,799	
Exakter Test nach Fisher				,587
Zusammenhang linear-mit-linear	,063	1	,801	
Anzahl der gültigen Fälle	77			

a. 2 Zellen (50,0%) haben eine erwartete Häufigkeit kleiner 5. Die minimale erwartete Häufigkeit ist 2,27.
b. Wird nur für eine 2x2-Tabelle berechnet

Chi-Quadrat-Test für F11_3b_DICH und F11_3c_DICH

	Wert	df	Asymptotische Signifikanz (2-seitig)	Exakte Signifikanz (1-seitig)
Chi-Quadrat nach Pearson	6,478[a]	1	,011	
Kontinuitätskorrektur[b]	4,604	1	,032	
Likelihood-Quotient	6,672	1	,010	
Exakter Test nach Fisher				,016
Zusammenhang linear-mit-linear	6,414	1	,011	
Anzahl der gültigen Fälle	102			

a. 2 Zellen (50,0%) haben eine erwartete Häufigkeit kleiner 5. Die minimale erwartete Häufigkeit ist 2,81.
b. Wird nur für eine 2x2-Tabelle berechnet

Chi-Quadrat-Test für F11_4b_DICH und F11_4c_DICH

	Wert	df	Asymptotische Signifikanz (2-seitig)	Exakte Signifikanz (1-seitig)
Chi-Quadrat nach Pearson	6,836[a]	1	,009	
Kontinuitätskorrektur[b]	5,425	1	,020	
Likelihood-Quotient	7,593	1	,006	
Exakter Test nach Fisher				,008
Zusammenhang linear-mit-linear	6,777	1	,009	
Anzahl der gültigen Fälle	117			

a. 0 Zellen (,0%) haben eine erwartete Häufigkeit kleiner 5. Die minimale erwartete Häufigkeit ist 6,58.
b. Wird nur für eine 2x2-Tabelle berechnet

Chi-Quadrat-Test für F11_5b_DICH und F11_5c_DICH

	Wert	df	Asymptotische Signifikanz (2-seitig)	Exakte Signifikanz (1-seitig)
Chi-Quadrat nach Pearson	5,566[a]	1	,018	
Kontinuitätskorrektur[b]	4,484	1	,034	
Likelihood-Quotient	6,061	1	,014	
Exakter Test nach Fisher				,015
Zusammenhang linear-mit-linear	5,518	1	,019	
Anzahl der gültigen Fälle	114			

a. 0 Zellen (,0%) haben eine erwartete Häufigkeit kleiner 5. Die minimale erwartete Häufigkeit ist 8,88.
b. Wird nur für eine 2x2-Tabelle berechnet

Chi-Quadrat-Test für F11_6b_DICH und F11_6c_DICH

	Wert	df	Asymptotische Signifikanz (2-seitig)	Exakte Signifikanz (1-seitig)
Chi-Quadrat nach Pearson	,067[a]	1	,796	
Kontinuitätskorrektur[b]	,000	1	1,000	
Likelihood-Quotient	,067	1	,795	
Exakter Test nach Fisher				,554
Zusammenhang linear-mit-linear	,066	1	,797	
Anzahl der gültigen Fälle	79			

a. 2 Zellen (50,0%) haben eine erwartete Häufigkeit kleiner 5. Die minimale erwartete Häufigkeit ist 3,34.
b. Wird nur für eine 2x2-Tabelle berechnet

Chi-Quadrat-Test für F11_7b_DICH und F11_7c_DICH

	Wert	df	Asymptotische Signifikanz (2-seitig)	Exakte Signifikanz (1-seitig)
Chi-Quadrat nach Pearson	2,993[a]	1	,084	
Kontinuitätskorrektur[b]	2,143	1	,143	
Likelihood-Quotient	3,334	1	,068	
Exakter Test nach Fisher				,067
Zusammenhang linear-mit-linear	2,966	1	,085	
Anzahl der gültigen Fälle	112			

a. 0 Zellen (,0%) haben eine erwartete Häufigkeit kleiner 5. Die minimale erwartete Häufigkeit ist 6,25.
b. Wird nur für eine 2x2-Tabelle berechnet

Chi-Quadrat-Test für F11_8b_DICH und F11_8c_DICH

	Wert	df	Asymptotische Signifikanz (2-seitig)	Exakte Signifikanz (1-seitig)
Chi-Quadrat nach Pearson	4,020[a]	1	,045	
Kontinuitätskorrektur[b]	2,528	1	,112	
Likelihood-Quotient	4,410	1	,036	
Exakter Test nach Fisher				,053
Zusammenhang linear-mit-linear	3,922	1	,048	
Anzahl der gültigen Fälle	41			

a. 2 Zellen (50,0%) haben eine erwartete Häufigkeit kleiner 5. Die minimale erwartete Häufigkeit ist 3,41.
b. Wird nur für eine 2x2-Tabelle berechnet

Chi-Quadrat-Test für F11_9b_DICH und F11_9c_DICH

	Wert	df	Asymptotische Signifikanz (2-seitig)	Exakte Signifikanz (1-seitig)
Chi-Quadrat nach Pearson	5,716[a]	1	,017	
Kontinuitätskorrektur[b]	3,091	1	,079	
Likelihood-Quotient	5,288	1	,021	
Exakter Test nach Fisher				,044
Zusammenhang linear-mit-linear	5,399	1	,020	
Anzahl der gültigen Fälle	18			

a. 3 Zellen (75,0%) haben eine erwartete Häufigkeit kleiner 5. Die minimale erwartete Häufigkeit ist 1,11.
b. Wird nur für eine 2x2-Tabelle berechnet

Chi-Quadrat-Test für F11_10b_DICH und F11_10c_DICH

	Wert	df	Asymptotische Signifikanz (2-seitig)	Exakte Signifikanz (1-seitig)
Chi-Quadrat nach Pearson	,882[a]	1	,348	
Kontinuitätskorrektur[b]	,091	1	,763	
Likelihood-Quotient	,875	1	,350	
Exakter Test nach Fisher				,376
Zusammenhang linear-mit-linear	,835	1	,361	
Anzahl der gültigen Fälle	19			

a. 2 Zellen (50,0%) haben eine erwartete Häufigkeit kleiner 5. Die minimale erwartete Häufigkeit ist 1,26.
b. Wird nur für eine 2x2-Tabelle berechnet

Chi-Quadrat-Test für F11_11b_DICH und F11_11c_DICH

	Wert	df	Asymptotische Signifikanz (2-seitig)	Exakte Signifikanz (1-seitig)
Chi-Quadrat nach Pearson	5,019[a]	1	,025	
Kontinuitätskorrektur[b]	3,449	1	,063	
Likelihood-Quotient	5,688	1	,017	
Exakter Test nach Fisher				,028
Zusammenhang linear-mit-linear	4,891	1	,027	
Anzahl der gültigen Fälle	39			

a. 1 Zellen (25,0%) haben eine erwartete Häufigkeit kleiner 5. Die minimale erwartete Häufigkeit ist 3,92.
b. Wird nur für eine 2x2-Tabelle berechnet

Chi-Quadrat-Test für F11_12b_DICH und F11_12c_DICH

	Wert	df	Asymptotische Signifikanz (2-seitig)	Exakte Signifikanz (1-seitig)
Chi-Quadrat nach Pearson	,762[a]	1	,383	
Kontinuitätskorrektur[b]	,000	1	1,000	
Likelihood-Quotient	,674	1	,412	
Exakter Test nach Fisher				,450
Zusammenhang linear-mit-linear	,714	1	,398	
Anzahl der gültigen Fälle	16			

a. 3 Zellen (75,0%) haben eine erwartete Häufigkeit kleiner 5. Die minimale erwartete Häufigkeit ist ,50.
b. Wird nur für eine 2x2-Tabelle berechnet

Chi-Quadrat-Test für F11_13b_DICH und F11_13c_DICH

	Wert	df	Asymptotische Signifikanz (2-seitig)	Exakte Signifikanz (1-seitig)
Chi-Quadrat nach Pearson	2,714[a]	1	,099	
Kontinuitätskorrektur[b]	,886	1	,347	
Likelihood-Quotient	2,439	1	,118	
Exakter Test nach Fisher				,172
Zusammenhang linear-mit-linear	2,563	1	,109	
Anzahl der gültigen Fälle	18			

a. 3 Zellen (75,0%) haben eine erwartete Häufigkeit kleiner 5. Die minimale erwartete Häufigkeit ist ,83.
b. Wird nur für eine 2x2-Tabelle berechnet

Anhang 31: Ermittelte Werte zur Bedeutung von Beziehungen zu verschiedenen Akteuren (Frage 19)

F19_1

Beziehungen des Unternehmens zu staatlichen Einrichtungen	Häufigkeit	Prozent	Kumulierte Prozente
1 sehr unwichtig	14	10,9	10,9
2 eher unwichtig	26	20,2	31,0
3 teilweise wichtig	53	41,1	72,1
4 eher wichtig	31	24,0	96,1
5 sehr wichtig	5	3,9	100,0
Gesamt	129	100,0	

F19_3

Beziehungen des Unternehmens zu Kunden	Häufigkeit	Prozent	Kumulierte Prozente
1 sehr unwichtig	1	0,8	0,8
2 eher unwichtig	1	0,8	1,6
3 teilweise wichtig	4	3,1	4,7
4 eher wichtig	19	14,7	19,4
5 sehr wichtig	104	80,6	100,0
Gesamt	129	100,0	

F19_4

Beziehungen des Unternehmens zu Banken	Häufigkeit	Prozent	Kumulierte Prozente
1 sehr unwichtig	10	7,8	7,8
2 eher unwichtig	31	24,0	31,8
3 teilweise wichtig	43	33,3	65,1
4 eher wichtig	34	26,4	91,5
5 sehr wichtig	11	8,5	100,0
Gesamt	129	100,0	

F19_5

Beziehungen des Unternehmens zu Repräsentanten des Staates	Häufigkeit	Prozent	Kumulierte Prozente
1 sehr unwichtig	18	14,0	14,0
2 eher unwichtig	37	28,7	42,6
3 teilweise wichtig	51	39,5	82,2
4 eher wichtig	18	14,0	96,1
5 sehr wichtig	5	3,9	100,0
Gesamt	129	100,0	

F19_6

Beziehungen des Unternehmens zu staatlichen Institutionen	Häufigkeit	Prozent	Kumulierte Prozente
1 sehr unwichtig	17	13,2	13,2
2 eher unwichtig	24	18,6	31,8
3 teilweise wichtig	58	45,0	76,7
4 eher wichtig	23	17,8	94,6
5 sehr wichtig	7	5,4	100,0
Gesamt	129	100,0	

F19_7

Beziehungen des Unternehmens zu Öffentlichkeit/Medien	Häufigkeit	Prozent	Kumulierte Prozente
1 sehr unwichtig	20	15,5	15,5
2 eher unwichtig	40	31,0	46,5
3 teilweise wichtig	32	24,8	71,3
4 eher wichtig	30	23,3	94,6
5 sehr wichtig	7	5,4	100,0
Gesamt	129	100,0	

F19_8

Beziehungen des Unternehmens zu anderen (Familien-) Unternehmen	Häufigkeit	Prozent	Kumulierte Prozente
1 sehr unwichtig	16	12,4	12,4
2 eher unwichtig	47	36,4	48,8
3 teilweise wichtig	35	27,1	76,0
4 eher wichtig	24	18,6	94,6
5 sehr wichtig	7	5,4	100,0
Gesamt	129	100,0	

F19_9

Beziehungen des Unternehmens zu Akteuren im Heimatland	Häufigkeit	Prozent	Kumulierte Prozente
1 sehr unwichtig	12	9,3	9,3
2 eher unwichtig	40	31,0	40,3
3 teilweise wichtig	40	31,0	71,3
4 eher wichtig	29	22,5	93,8
5 sehr wichtig	8	6,2	100,0
Gesamt	129	100,0	

F19_10

Beziehungen des Unternehmens zu Akteuren im Zielland	Häufigkeit	Prozent	Kumulierte Prozente
1 sehr unwichtig	8	6,2	6,2
2 eher unwichtig	5	3,9	10,1
3 teilweise wichtig	38	29,5	39,5
4 eher wichtig	49	38,0	77,5
5 sehr wichtig	29	22,5	100,0
Gesamt	129	100,0	

Korrelationen

			F1_Faktor1 Unter-nehmens-größe	F1_1_DICH Hauptsitz des Unter-nehmens	F1_2_DICH Gründung des Unter-nehmens	F1_3_DICH Branchen-zugehörig-keit	F2_SFI Substantial Family Influence
Spe-arman-Rho	F19_1 Beziehungen des Unternehmens zu staatlichen Einrichtungen	Korrelations-koeffizient	,220*	,015	,002	-,040	-,168
		Sig. (2-seitig)	,012	,863	,982	,672	,057
		N	129	129	129	116	129
	F19_2 Beziehungen des Unternehmens zu Lieferanten	Korrelations-koeffizient	-,047	-,010	-,032	,029	-,038
		Sig. (2-seitig)	,594	,911	,718	,759	,666
		N	129	129	129	116	129
	F19_3 Beziehungen des Unternehmens zu Kunden	Korrelations-koeffizient	,116	,158	-,165	-,108	,014
		Sig. (2-seitig)	,192	,075	,062	,247	,874
		N	129	129	129	116	129
	F19_4 Beziehungen des Unternehmens zu Banken	Korrelations-koeffizient	,068	-,045	,021	,058	,001
		Sig. (2-seitig)	,446	,614	,814	,536	,990
		N	129	129	129	116	129
	F19_5 Beziehungen des Unternehmens zu Repräsentanten des Staates	Korrelations-koeffizient	,216*	-,156	-,036	-,106	-,065
		Sig. (2-seitig)	,014	,078	,689	,257	,465
		N	129	129	129	116	129
	F19_6 Beziehungen des Unternehmens zu staatlichen Institutionen	Korrelations-koeffizient	,261**	-,096	-,009	-,026	-,124
		Sig. (2-seitig)	,003	,280	,921	,778	,160
		N	129	129	129	116	129
	F19_7 Beziehungen des Unternehmens zu Öffentlichkeit/Medien	Korrelations-koeffizient	-,059	-,008	-,074	-,112	,138
		Sig. (2-seitig)	,505	,932	,405	,232	,119
		N	129	129	129	116	129
	F19_8 Beziehungen des Unternehmens zu anderen (Familien-) Unternehmen	Korrelations-koeffizient	-,076	-,023	-,129	-,020	,111
		Sig. (2-seitig)	,389	,799	,144	,834	,210
		N	129	129	129	116	129
	F19_9 Beziehungen des Unternehmens zu Akteuren im Heimatland	Korrelations-koeffizient	,054	,006	-,123	-,178	-,029
		Sig. (2-seitig)	,541	,942	,166	,056	,741
		N	129	129	129	116	129
	F19_10 Beziehungen des Unternehmens zu Akteuren im Zielland	Korrelations-koeffizient	,100	,002	-,229**	-,093	-,016
		Sig. (2-seitig)	,258	,986	,009	,322	,857
		N	129	129	129	116	129

Signifikanz: ** $p < 0,01$; * $p < 0,05$

Anhang 32: Ermittelte Werte zum Zusammenhang von Sozialkapital und Erfolg (Frage 20)

Chi-Quadrat-Test für F20_1a_DICH und F20_1b_DICH

	Wert	df	Asymptotische Signifikanz (2-seitig)	Exakte Signifikanz (1-seitig)
Chi-Quadrat nach Pearson	3,593[a]	1	,058	
Kontinuitätskorrektur	2,359	1	,125	
Likelihood-Quotient	6,183	1	,013	
Exakter Test nach Fisher				,046
Zusammenhang linear-mit-linear	3,565	1	,059	
Anzahl der gültigen Fälle	129			

a. 1 Zellen (25,0%) haben eine erwartete Häufigkeit kleiner 5. Die minimale erwartete Häufigkeit ist 2,64.

Chi-Quadrat-Test für F20_2a_DICH und F20_2b_DICH

	Wert	df	Asymptotische Signifikanz (2-seitig)	Exakte Signifikanz (1-seitig)
Chi-Quadrat nach Pearson	3,674[a]	1	,055	
Kontinuitätskorrektur	2,562	1	,109	
Likelihood-Quotient	4,564	1	,033	
Exakter Test nach Fisher				,046
Zusammenhang linear-mit-linear	3,645	1	,056	
Anzahl der gültigen Fälle	129			

a. 1 Zellen (25,0%) haben eine erwartete Häufigkeit kleiner 5. Die minimale erwartete Häufigkeit ist 4,03.

Chi-Quadrat-Test für F20_3a_DICH und F20_3b_DICH

	Wert	df	Asymptotische Signifikanz (2-seitig)	Exakte Signifikanz (1-seitig)
Chi-Quadrat nach Pearson	4,578[a]	1	,032	
Kontinuitätskorrektur	3,555	1	,059	
Likelihood-Quotient	4,705	1	,030	
Exakter Test nach Fisher				,029
Zusammenhang linear-mit-linear	4,543	1	,033	
Anzahl der gültigen Fälle	129			

a. 0 Zellen (,0%) haben eine erwartete Häufigkeit kleiner 5. Die minimale erwartete Häufigkeit ist 8,79.

Chi-Quadrat-Test für F20_4a_DICH und F20_4b_DICH

	Wert	df	Asymptotische Signifikanz (2-seitig)	Exakte Signifikanz (1-seitig)
Chi-Quadrat nach Pearson	4,150[a]	1	,042	
Kontinuitätskorrektur	3,048	1	,081	
Likelihood-Quotient	5,344	1	,021	
Exakter Test nach Fisher				,031
Zusammenhang linear-mit-linear	4,118	1	,042	
Anzahl der gültigen Fälle	129			

a. 1 Zellen (25,0%) haben eine erwartete Häufigkeit kleiner 5. Die minimale erwartete Häufigkeit ist 4,50.

Chi-Quadrat-Test für F20_5a_DICH und F20_5b_DICH

	Wert	df	Asymptotische Signifikanz (2-seitig)	Exakte Signifikanz (1-seitig)
Chi-Quadrat nach Pearson	6,954[a]	1	,008	
Kontinuitätskorrektur	5,512	1	,019	
Likelihood-Quotient	11,361	1	,001	
Exakter Test nach Fisher				,004
Zusammenhang linear-mit-linear	6,900	1	,009	
Anzahl der gültigen Fälle	129			

a. 1 Zellen (25,0%) haben eine erwartete Häufigkeit kleiner 5. Die minimale erwartete Häufigkeit ist 4,56.

Anhang 33: Koeffizienten des Modells zum Forschungsthema

Modellzusammenfassung

Modell	R	R-Quadrat	Korrigiertes R-Quadrat	Standardfehler des Schätzers
1	,572	,327	,314	,56360
2	,657	,432	,409	,52315
3	,732	,535	,507	,47781
4	,795	,632	,602	,42959
5	,837	,701	,669	,39135
6	,860	,740	,706	,36884
7	,875	,765	,730	,35384
8	,887	,786	,748	,34167
9	,897	,805	,765	,33004

Koeffizienten[a]

Modell		Nicht standardisierte Koeffizienten		Standardisierte Koeffizienten		
		Regressions-koeffizientB	Standard-fehler	Beta	T	Sig.
1	(Konstante)	2,240	,185		12,140	,000
	F1_Faktor1 Unternehmensgröße	,343	,068	,572	5,031	,000
2	(Konstante)	2,314	,173		13,377	,000
	F1_Faktor1 Unternehmensgröße	,231	,073	,386	3,173	,003
	F14_7a Nutzung von M&A im Ausland	,515	,168	,372	3,058	,004
3	(Konstante)	2,100	,170		12,326	,000
	F1_Faktor1 Unternehmensgröße	,169	,069	,282	2,437	,018
	F14_7a Nutzung von M&A im Ausland	,515	,154	,372	3,345	,002
	F13_7a Operativ tätig in China	,510	,153	,338	3,337	,002
4	(Konstante)	1,539	,219		7,021	,000
	F1_Faktor1 Unternehmensgröße	,212	,063	,354	3,343	,002
	F14_7a Nutzung von M&A im Ausland	,512	,138	,370	3,700	,001
	F13_7a Operativ tätig in China	,516	,137	,343	3,759	,000
	F10_1a Nutzung privater Organisationen im Inland	,554	,155	,319	3,585	,001
5	(Konstante)	1,177	,227		5,180	,000
	F1_Faktor1 Unternehmensgröße	,226	,058	,377	3,904	,000
	F14_7a Nutzung von M&A im Ausland	,498	,126	,360	3,952	,000
	F13_7a Operativ tätig in China	,491	,125	,326	3,915	,000
	F10_1a Nutzung privater Organisationen im Inland	,678	,146	,391	4,655	,000
	F13_9a Operativ tätig in Russland	,384	,116	,272	3,323	,002
6	(Konstante)	1,100	,216		5,087	,000
	F1_Faktor1 Unternehmensgröße	,203	,055	,339	3,677	,001
	F14_7a Nutzung von M&A im Ausland	,601	,125	,434	4,808	,000
	F13_7a Operativ tätig in China	,462	,119	,307	3,895	,000
	F10_1a Nutzung privater Organisationen im Inland	,606	,140	,349	4,329	,000
	F13_9a Operativ tätig in Russland	,386	,109	,273	3,542	,001
	F10_6a Nutzung halbstaatlicher Organisationen im Ausland	,291	,110	,212	2,653	,011

Modell		Nicht standardisierte Koeffizienten		Standardisierte Koeffizienten	T	Sig.
		Regressions-koeffizientB	Standard-fehler	Beta		
7	(Konstante)	1,889	,407		4,639	,000
	F1_Faktor1 Unternehmensgröße	,190	,053	,317	3,562	,001
	F14_7a Nutzung von M&A im Ausland	,636	,121	,460	5,260	,000
	F13_7a Operativ tätig in China	,511	,116	,340	4,413	,000
	F10_1a Nutzung privater Organisationen im Inland	,634	,135	,365	4,699	,000
	F13_9a Operativ tätig in Russland	,407	,105	,288	3,879	,000
	F10_6a Nutzung halbstaatlicher Organisationen im Ausland	,332	,107	,242	3,106	,003
	F9A Wichtigkeit der Informationen bei der Analyse und Prognose des internationalen Umfelds	-,210	,093	-,169	-2,252	,029
8	(Konstante)	2,002	,397		5,043	,000
	F1_Faktor1 Unternehmensgröße	,216	,053	,361	4,078	,000
	F14_7a Nutzung von M&A im Ausland	,621	,117	,449	5,306	,000
	F13_7a Operativ tätig in China	,524	,112	,348	4,678	,000
	F10_1a Nutzung privater Organisationen im Inland	,693	,133	,399	5,201	,000
	F13_9a Operativ tätig in Russland	,373	,103	,264	3,630	,001
	F10_6a Nutzung halbstaatlicher Organisationen im Ausland	,294	,105	,214	2,809	,007
	F9A Wichtigkeit der Informationen bei der Analyse und Prognose des internationalen Umfelds	-,209	,090	-,168	-2,322	,025
	F11_9a Nutzung staatlicher Förderungen als Internationalisierungsziel	-,108	,052	-,155	-2,082	,043
9	(Konstante)	2,195	,395		5,560	,000
	F1_Faktor1 Unternehmensgröße	,232	,052	,388	4,481	,000
	F14_7a Nutzung von M&A im Ausland	,606	,113	,438	5,351	,000
	F13_7a Operativ tätig in China	,555	,109	,369	5,080	,000
	F10_1a Nutzung privater Organisationen im Inland	,648	,131	,373	4,955	,000
	F13_9a Operativ tätig in Russland	,328	,102	,232	3,233	,002
	F10_6a Nutzung halbstaatlicher Organisationen im Ausland	,310	,102	,226	3,058	,004
	F9A Wichtigkeit der Informationen bei der Analyse und Prognose des internationalen Umfelds	-,274	,093	-,221	-2,963	,005
	F11_9a Nutzung staatlicher Förderungen als Internationalisierungsziel	-,127	,051	-,183	-2,493	,017
	F1_2_DICH Gründung des Unternehmens	,213	,103	,157	2,056	,046

a. Abhängige Variable: F4_20A_21 Erfolg des Unternehmens, Fragen 4, 20A und 21

Anhang 34: Einzelwerte der einbezogenen Konstrukte der Clusteranalyse

F7B_Missings

Anzahl fehlender Werte bei Frage 7B	Häufigkeit	Prozent	Kumulierte Prozente
0	69	53,5	53,5
1	52	40,3	93,8
2	8	6,2	100,0
Gesamt	129	100,0	

F7B_Akteure

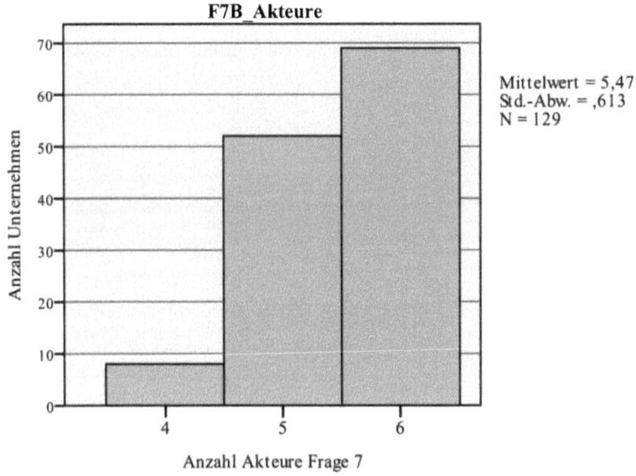

F7B_Zeitaufwand_neu_genau

Zeitaufwand für den Aufbau und Pflege von Beziehungen	Häufigkeit	Prozent	Kumulierte Prozente
5,47	5	3,9	3,9
7,29	2	1,6	5,4
7,66	2	1,6	7,0
8,21	1	0,8	7,8
9,12	6	4,7	12,4
9,85	6	4,7	17,1
10,94	6	4,7	21,7
12,03	9	7,0	28,7
12,76	10	7,8	36,4
13,68	2	1,6	38,0
14,22	9	7,0	45,0
14,59	16	12,4	57,4
16,41	19	14,7	72,1
18,23	5	3,9	76,0
18,60	8	6,2	82,2
20,06	8	6,2	88,4
20,79	4	3,1	91,5
21,88	4	3,1	94,6
22,97	2	1,6	96,1
23,70	2	1,6	97,7
24,62	1	0,8	98,4
25,53	1	0,8	99,2
27,35	1	0,8	100,0

Zeitaufwand für den Aufbau und Pflege von Beziehungen	Häufigkeit	Prozent	Kumulierte Prozente
5,47	5	3,9	3,9
7,29	2	1,6	5,4
7,66	2	1,6	7,0
8,21	1	0,8	7,8
9,12	6	4,7	12,4
9,85	6	4,7	17,1
10,94	6	4,7	21,7
12,03	9	7,0	28,7
12,76	10	7,8	36,4
13,68	2	1,6	38,0
14,22	9	7,0	45,0
14,59	16	12,4	57,4
16,41	19	14,7	72,1
18,23	5	3,9	76,0
18,60	8	6,2	82,2
20,06	8	6,2	88,4
20,79	4	3,1	91,5
21,88	4	3,1	94,6
22,97	2	1,6	96,1
23,70	2	1,6	97,7
24,62	1	0,8	98,4
25,53	1	0,8	99,2
27,35	1	0,8	100,0
Gesamt	129	100,0	

F8B_Gesamt

Nutzung von speziellen Netzwerken und Organisationen (Frage 8B Gesamt)	Häufigkeit	Prozent	Kumulierte Prozente
,00	32	24,8	24,8
5,00	29	22,5	47,3
10,00	24	18,6	65,9
15,00	21	16,3	82,2
20,00	17	13,2	95,3
25,00	4	3,1	98,4
30,00	1	0,8	99,2
35,00	1	0,8	100,0
Gesamt	129	100,0	

F8C_Gesamt

Nutzung von speziellen Netzwerken und Organisationen für Themen der Internationalisierung (Frage 8C Gesamt)	Häufigkeit	Prozent	Kumulierte Prozente
,00	65	50,4	50,4
5,00	37	28,7	79,1
10,00	18	14,0	93,0
15,00	6	4,7	97,7
20,00	2	1,6	99,2
30,00	1	0,8	100,0
Gesamt	129	100,0	

F10A_Gesamt

Inanspruchnahme von privaten, staatlichen und halbstaatlichen Organisationen im In- und Ausland (Frage 10A Gesamt)	Häufigkeit	Prozent	Kumulierte Prozente
,00	7	5,4	5,4
5,00	8	6,2	11,6
10,00	23	17,8	29,5
15,00	16	12,4	41,9
20,00	21	16,3	58,1
25,00	28	21,7	79,8
30,00	26	20,2	100,0
Gesamt	129	100,0	

F9B_Gesamt

Nutzung von Beziehungen und Netzwerken bei Analyse/ Prognose des internationalen Umfelds (Frage 9B Gesamt)	Häufigkeit	Prozent	Kumulierte Prozente
9,00	5	3,9	3,9
10,00	2	1,6	5,4
11,00	2	1,6	7,0
12,00	2	1,6	8,5
13,00	2	1,6	10,1
15,00	1	0,8	10,9
16,00	5	3,9	14,7
17,00	3	2,3	17,1
18,00	9	7,0	24,0
19,00	9	7,0	31,0
20,00	6	4,7	35,7
21,00	3	2,3	38,0
22,00	5	3,9	41,9
23,00	16	12,4	54,3
24,00	9	7,0	61,2
25,00	5	3,9	65,1
26,00	10	7,8	72,9
27,00	6	4,7	77,5
28,00	8	6,2	83,7
29,00	4	3,1	86,8
30,00	3	2,3	89,1
31,00	3	2,3	91,5
32,00	4	3,1	94,6
33,00	2	1,6	96,1
34,00	1	0,8	96,9
35,00	1	0,8	97,7
37,00	1	0,8	98,4
40,00	1	0,8	99,2
45,00	1	0,8	100,0
Gesamt	129	100,0	

F11C_Missings

Anzahl fehlender Werte in Frage 11C	Häufigkeit	Prozent	Kumulierte Prozente
0	3	2,3	2,3
1	1	0,8	3,1
2	3	2,3	5,4
3	4	3,1	8,5
4	8	6,2	14,7
5	24	18,6	33,3
6	30	23,3	56,6
7	26	20,2	76,7
8	18	14,0	90,7
9	5	3,9	94,6
10	4	3,1	97,7
11	1	0,8	98,4
12	1	0,8	99,2
13	1	0,8	100,0
Gesamt	129	100,0	

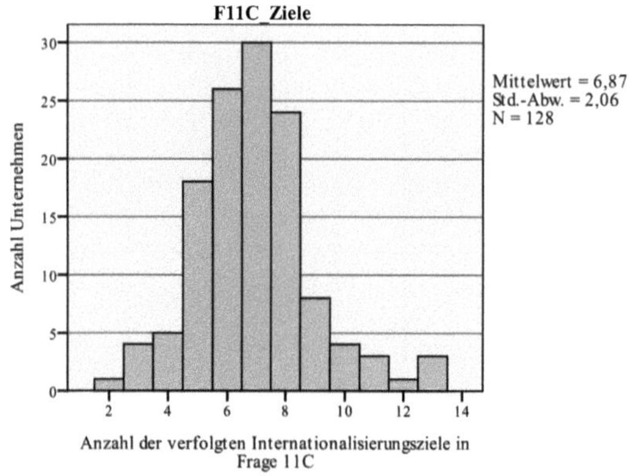

F11C_SchnittZiele_neu_genau

Unterstützung von Beziehungen und Netzwerken bei der Erreichung von Internationalisierungszielen (Frage 11C Gesamt)		Häufigkeit	Prozent	Gültige Prozente	Kumulierte Prozente
Gültig	6,87	14	10,9	10,9	10,9
	7,63	1	0,8	0,8	11,7
	7,73	2	1,6	1,6	13,3
	7,85	2	1,6	1,6	14,8
	8,02	1	0,8	0,8	15,6
	8,24	2	1,6	1,6	17,2
	8,83	2	1,6	1,6	18,8
	9,16	2	1,6	1,6	20,3
	9,62	1	0,8	0,8	21,1

Unterstützung von Beziehungen und Netzwerken bei der Erreichung von Internationalisierungszielen (Frage 11C Gesamt)		Häufigkeit	Prozent	Gültige Prozente	Kumulierte Prozente
	9,92	1	0,8	0,8	21,9
	10,99	1	0,8	0,8	22,7
	11,16	2	1,6	1,6	24,2
	11,45	1	0,8	0,8	25,0
	11,78	2	1,6	1,6	26,6
	12,15	1	0,8	0,8	27,3
	12,60	1	0,8	0,8	28,1
	12,76	2	1,6	1,6	29,7
	13,74	8	6,2	6,3	35,9
	14,60	3	2,3	2,3	38,3
	14,72	1	0,8	0,8	39,1
	15,11	2	1,6	1,6	40,6
	15,46	2	1,6	1,6	42,2
	15,70	3	2,3	2,3	44,5
	16,03	6	4,7	4,7	49,2
	16,32	2	1,6	1,6	50,8
	16,49	1	0,8	0,8	51,6
	17,18	3	2,3	2,3	53,9
	17,67	1	0,8	0,8	54,7
	17,86	3	2,3	2,3	57,0
	18,32	4	3,1	3,1	60,2
	18,65	4	3,1	3,1	63,3
	18,89	1	0,8	0,8	64,1
	19,24	1	0,8	0,8	64,8
	19,47	3	2,3	2,3	67,2
	19,75	2	1,6	1,6	68,8
	20,61	13	10,1	10,2	78,9
	21,47	1	0,8	0,8	79,7
	21,59	1	0,8	0,8	80,5
	21,76	2	1,6	1,6	82,0
	22,57	2	1,6	1,6	83,6
	22,90	1	0,8	0,8	84,4
	24,05	2	1,6	1,6	85,9
	24,54	1	0,8	0,8	86,7
	24,73	2	1,6	1,6	88,3
	25,19	2	1,6	1,6	89,8
	25,42	1	0,8	0,8	90,6
	25,76	3	2,3	2,3	93,0
	26,11	1	0,8	0,8	93,8
	26,50	2	1,6	1,6	95,3
	27,48	3	2,3	2,3	97,7
	29,07	1	0,8	0,8	98,4
	29,77	1	0,8	0,8	99,2
	34,35	1	0,8	0,8	100,0
	Gesamt	128	99,2	100,0	
Fehlend	System	1	0,8		
	Gesamt	129	100,0		

F12_1_2_Gesamt

Anstoß zur Internationalisierung durch Beziehungen und Netzwerke (Frage 12_1/2 Gesamt)	Häufigkeit	Prozent	Kumulierte Prozente
2,00	8	6,2	6,2
3,00	6	4,7	10,9
4,00	17	13,2	24,0
5,00	15	11,6	35,7
6,00	26	20,2	55,8
7,00	19	14,7	70,5
8,00	23	17,8	88,4
9,00	10	7,8	96,1
10,00	5	3,9	100,0
Gesamt	129	100,0	

F16_Formen_Gesamt

Bedeutung von Sozialkapital bei Internationalisierungsformen (Frage 16_4/5/6 Gesamt)	Häufigkeit	Prozent	Kumulierte Prozente
3,00	9	7,0	7,0
4,00	2	1,6	8,5
5,00	2	1,6	10,1
6,00	10	7,8	17,8
7,00	16	12,4	30,2
8,00	18	14,0	44,2
9,00	18	14,0	58,1
10,00	19	14,7	72,9
11,00	9	7,0	79,8
12,00	12	9,3	89,1
13,00	4	3,1	92,2
14,00	7	5,4	97,7
15,00	3	2,3	100,0
3,00	9	7,0	7,0
4,00	2	1,6	8,5
5,00	2	1,6	10,1
6,00	10	7,8	17,8
7,00	16	12,4	30,2
8,00	18	14,0	44,2
9,00	18	14,0	58,1
10,00	19	14,7	72,9
11,00	9	7,0	79,8
12,00	12	9,3	89,1
13,00	4	3,1	92,2
14,00	7	5,4	97,7
15,00	3	2,3	100,0
Gesamt	129	100,0	

F19_Gesamt

Bedeutung von Beziehungen und Netzwerken für Internationalisierungserfolg (Frage 19 Gesamt)	Häufigkeit	Prozent	Kumulierte Prozente
14,00	1	0,8	0,8
15,00	1	0,8	1,6
17,00	1	0,8	2,3
18,00	2	1,6	3,9
19,00	2	1,6	5,4
21,00	1	0,8	6,2

Bedeutung von Beziehungen und Netzwerken für Internationalisierungserfolg (Frage 19 Gesamt)	Häufigkeit	Prozent	Kumulierte Prozente
22,00	3	2,3	8,5
23,00	3	2,3	10,9
24,00	2	1,6	12,4
25,00	2	1,6	14,0
26,00	4	3,1	17,1
27,00	5	3,9	20,9
28,00	6	4,7	25,6
29,00	6	4,7	30,2
30,00	5	3,9	34,1
31,00	7	5,4	39,5
32,00	10	7,8	47,3
33,00	14	10,9	58,1
34,00	14	10,9	69,0
35,00	5	3,9	72,9
36,00	13	10,1	82,9
37,00	6	4,7	87,6
38,00	4	3,1	90,7
39,00	2	1,6	92,2
40,00	3	2,3	94,6
41,00	2	1,6	96,1
43,00	3	2,3	98,4
44,00	1	0,8	99,2
50,00	1	0,8	100,0
Gesamt	129	100,0	

F20B_Gesamt

Beitrag von Sozialkapital zum Internationalisierungs-erfolg (Frage 20B Gesamt)	Häufigkeit	Prozent	Kumulierte Prozente
5,00	14	10,9	10,9
6,00	1	0,8	11,6
7,00	2	1,6	13,2
8,00	4	3,1	16,3
9,00	2	1,6	17,8
10,00	29	22,5	40,3
11,00	5	3,9	44,2
12,00	7	5,4	49,6
13,00	8	6,2	55,8
14,00	4	3,1	58,9
15,00	26	20,2	79,1
16,00	5	3,9	82,9
17,00	5	3,9	86,8
18,00	4	3,1	89,9
19,00	4	3,1	93,0
20,00	3	2,3	95,3
22,00	2	1,6	96,9
23,00	1	0,8	97,7
24,00	1	0,8	98,4
25,00	2	1,6	100,0
Gesamt	129	100,0	

F22_3_4_5_Gesamt

Nutzung von Sozialkapital in Bezug zu CSR (Frage 22_3/4/5 Gesamt)	Häufigkeit	Prozent	Kumulierte Prozente
3,00	9	7,0	7,0
4,00	2	1,6	8,5
5,00	4	3,1	11,6
6,00	19	14,7	26,4
7,00	13	10,1	36,4
8,00	19	14,7	51,2
9,00	21	16,3	67,4
10,00	16	12,4	79,8
11,00	10	7,8	87,6
12,00	8	6,2	93,8
13,00	2	1,6	95,3
14,00	2	1,6	96,9
15,00	4	3,1	100,0
Gesamt	129	100,0	

F24_13_Gesamt

Bedeutung von Netzwerken bei Internationalisierung (Frage 24_13 Gesamt)	Häufigkeit	Prozent	Kumulierte Prozente
2,00	10	7,8	7,8
3,00	2	1,6	9,3
4,00	16	12,4	21,7
5,00	5	3,9	25,6
6,00	42	32,6	58,1
7,00	6	4,7	62,8
8,00	27	20,9	83,7
9,00	5	3,9	87,6
10,00	16	12,4	100,0
Gesamt	129	100,0	

F25_2_umgepolt_Gesamt

Beziehungen werden gesucht und eingegangen (Frage 25_2 Gesamt)	Häufigkeit	Prozent	Kumulierte Prozente
2,00	7	5,4	5,4
3,00	27	20,9	26,4
4,00	69	53,5	79,8
5,00	26	20,2	100,0
Gesamt	129	100,0	

F23_Gesamt

Bedeutung von Vertrauen und Normen (Frage 23 Gesamt)	Häufigkeit	Prozent	Kumulierte Prozente
9,00	1	,8	,8
10,00	4	3,1	3,9
11,00	2	1,6	5,4
13,00	4	3,1	8,5
14,00	12	9,3	17,8
15,00	8	6,2	24,0
16,00	22	17,1	41,1
17,00	20	15,5	56,6
18,00	15	11,6	68,2
19,00	19	14,7	82,9
20,00	9	7,0	89,9
21,00	8	6,2	96,1
22,00	1	,8	96,9
23,00	3	2,3	99,2
25,00	1	,8	100,0
Gesamt	129	100,0	

Anhang 35: Ermittelte Werte der Clusterzentrenanalyse

Anfängliche Clusterzentren

Variablen	Cluster 1	Cluster 2
F7B_Zeitaufwand_neu_genau	9,85	12,03
F8B_Gesamt	,00	35,00
F8C_Gesamt	,00	30,00
F9B_Gesamt	37,00	18,00
F10A_Gesamt	25,00	5,00
F11C_SchnittZiele_neu_genau	27,48	14,60
F12_1_2_Gesamt	9,00	7,00
F16_Formen_Gesamt	6,00	8,00
F19_Gesamt	15,00	30,00
F20B_Gesamt	15,00	10,00
F22_3_4_5_Gesamt	6,00	9,00
F23_Gesamt	16,00	20,00
F24_13_Gesamt	5,00	6,00
F25_2_neu_Gesamt	4,00	3,00

Iterationsprotokoll[a]

Iteration	Änderung in Clusterzentren 1	Änderung in Clusterzentren 2
1	26,782	27,693
2	,702	2,798
3	,318	1,108
4	,984	3,480
5	2,484	5,155
6	2,742	3,814
7	1,752	2,260
8	1,329	1,630
9	,428	,483
10	,289	,321
11	,000	,000

a. Konvergenz wurde aufgrund geringer oder keiner Änderungen der Clusterzentren erreicht. Die maximale Änderung der absoluten Koordinaten für jedes Zentrum ist ,000. Die aktuelle Iteration lautet 11. Der Mindestabstand zwischen den anfänglichen Zentren beträgt 57,808.

Clusterzentren der endgültigen Lösung

Variablen	Cluster 1	Cluster 2
F7B_Zeitaufwand_neu_genau	15,65	14,05
F8B_Gesamt	13,24	5,00
F8C_Gesamt	6,25	1,58
F9B_Gesamt	26,01	19,32
F10A_Gesamt	24,49	12,25
F11C_SchnittZiele_neu_genau	19,46	13,19
F12_1_2_Gesamt	6,71	5,45
F16_Formen_Gesamt	9,76	7,98
F19_Gesamt	33,85	29,53
F20B_Gesamt	14,57	10,53
F22_3_4_5_Gesamt	9,60	7,03
F23_Gesamt	17,74	16,27
F24_13_Gesamt	7,16	5,58
F25_2_neu_Gesamt	4,00	3,73

Statistik für Test

	F4_20A_21 Erfolg des Unternehmens
Mann-Whitney-U	1695,000
Wilcoxon-W	3525,000
Z	-1,648
Asymptotische Signifikanz (1-seitig)	,049

Ränge

Variablen	Cluster	N	Mittlerer Rang	Rangsumme
F7B_Zeitaufwand_neu_genau	1	68	70,62	4802,00
Frage 7B Gesamtbetrachtung	2	60	57,57	3454,00
	Gesamt	128		
F8B_Gesamt	1	68	82,90	5637,50
Frage 8B Gesamtbetrachtung	2	60	43,64	2618,50
	Gesamt	128		
F9B_Gesamt	1	68	81,93	5571,50
Frage 9B Gesamtbetrachtung	2	60	44,74	2684,50
	Gesamt	128		
F10A_Gesamt	1	68	88,19	5997,00
Frage 10A Gesamtbetrachtung	2	60	37,65	2259,00
	Gesamt	128		
F11C_SchnittZiele_genau	1	68	81,97	5574,00
Frage 11C Gesamtbetrachtung	2	60	44,70	2682,00
	Gesamt	128		
F12_1_2_Gesamt	1	68	74,89	5092,50
Frage 12_1_2 Gesamtbetrachtung	2	60	52,73	3163,50
	Gesamt	128		
F16_Formen_Gesamt	1	68	75,13	5108,50
Frage 16 Formen Gesamtbetrachtung	2	60	52,46	3147,50
	Gesamt	128		
F19_Gesamt	1	68	77,30	5256,50
Frage 19 Gesamtbetrachtung	2	60	49,99	2999,50
	Gesamt	128		
F20B_Gesamt	1	68	79,24	5388,00
Frage 20B Gesamtbetrachtung	2	60	47,80	2868,00
	Gesamt	128		
F22_3_4_5_Gesamt	1	68	80,74	5490,00
Frage 22_3_4_5 Gesamtbetrachtung	2	60	46,10	2766,00
	Gesamt	128		
F23_Gesamt	1	68	73,53	5000,00
Frage 23 Gesamtbetrachtung	2	60	54,27	3256,00
	Gesamt	128		
F24_13_Gesamt	1	68	75,85	5158,00
Frage 24_13 Gesamtbetrachtung	2	60	51,63	3098,00
	Gesamt	128		
F25_2_neu_Gesamt_	1	68	70,13	4769,00
Frage 25_2_neu Gesamtbetrachtung	2	60	58,12	3487,00
	Gesamt	128		

Test	F7B_ Zeit-aufwand _r_neu_ genau	F8B_ Ge-samt	F9B_ Ge-samt	F10A _Gesamt	F11C _SchnittZiele_ genau	F12_1 _2_Ge samt	F16_ Formen_ Ge-samt	F19_ Ge-samt	F20B _Gesamt	F22_3 _4_5_ Ge-samt	F23_ Ge-samt	F24_1 3_Ge samt	F25_2 _neu_ Ge-samt
Mann-Whitney-U	1624,0	788,5	854,5	429,0	852,0	1333,5	1317,5	1169,5	1038,0	936,0	1426,0	1268,0	1657,0
Wilcoxon-W	3454,0	2618,5	2684,5	2259,0	2682,0	3163,5	3147,5	2999,5	2868,0	2766,0	3256,0	3098,0	3487,0
Z	-1,993	-6,097	-5,673	-7,813	-5,681	-3,411	-3,472	-4,167	-4,835	-5,310	-2,954	-3,779	-2,012
Asymptotische Signifikanz (2-seitig)	,046	,000	,000	,000	,000	,001	,001	,000	,000	,000	,003	,000	,044

a. Gruppenvariable: Cluster_DISS1 Cluster-Nr. des Falls

Ränge

Variablen	Cluster_DISS1	N	Mittlerer Rang	Rangsumme
F1_Faktor1 Unternehmensgröße	1	68	65,09	4426,00
	2	60	63,83	3830,00
	Gesamt	128		
F1_1_DICH Hauptsitz des Unternehmens	1	68	68,15	4634,00
	2	60	60,37	3622,00
	Gesamt	128		
F1_2_DICH Gründung des Unternehmens	1	68	63,00	4284,00
	2	60	66,20	3972,00
	Gesamt	128		
F1_3_DICH Branchenzugehörigkeit	1	63	57,45	3619,50
	2	52	58,66	3050,50
	Gesamt	115		
F2_SFI Substantial Family Influence	1	68	65,68	4466,00
	2	60	63,17	3790,00
	Gesamt	128		

Statistik für Test[a]

Test	F1_Faktor1 Unternehmens-größe	F1_1_DICH Hauptsitz des Unternehmens	F1_2_DICH Gründung des Unternehmens	F1_3_DICH Branchen-zugehörigkeit	F2_SFI Substantial Family Influence
Mann-Whitney-U	2000,000	1792,000	1938,000	1603,500	1960,000
Wilcoxon-W	3830,000	3622,000	4284,000	3619,500	3790,000
Z	-,195	-1,370	-,563	-,211	-,384
Asymptotische Signifikanz (2-seitig)	,846	,171	,573	,833	,701

a. Gruppenvariable: Cluster_DISS1 Cluster-Nr. des Falls

Literaturverzeichnis

Achleitner, A.-K., Schraml, S. & Klöckner, O. (2008). *Finanzierung von Familienunternehmen - Wie professionell ist die Unternehmensfinanzierung tatsächlich?* München: Center for Entrepreneurial and Financial Studies (CEFS).

Adam, F. & Rončević, B. (2005). Sozialkapital als eine sinnvolle wissenschaftliche Metapher in der Soziologie. In N. Genov (Hrsg.), *Die Entwicklung des soziologischen Wissens. Ergebnisse eines halben Jahrhunderts* (S. 213–238). Wiesbaden: VS Verlag für Sozialwissenschaften.

Adenäuer, C., Hoffmann, M., Wallau, F. & Kayser, G. (2009). *BDI-Mittelstandspanel 2008. Ergebnisse der Mittelstandsbefragung aus Frühjahr und Herbst 2008* (IfM-Materialien Nr. 189). Bonn: Institut für Mittelstandsforschung.

Adler, P. S. & Kwon, S.-W. (2002). Social capital: Prospects for a new concept. *Academy of Management Review, 27* (1), 17–40.

Agndal, H., Chetty, S. & Wilson, H. (2008). Social capital dynamics and foreign market entry. *International Business Review, 17* (6), 663–675.

Aharoni, Y. (1966). *The foreign investment decisions process*. Boston, MA: Harvard Business School Press.

Ahlert, D., Hesse, J. & Kruse, P. (2008). *Internationalisierung von KMU: Erfolgsfaktorenforschung und Benchmarking bei KMU - Abschlussbericht zum Praxisprojekt „Schäper"* (Projektbericht Nr. 21, D. Ahlert (Hrsg.)). Münster: Westfälische Wilhelms-Universität.

Aigner-Hof, T. (2007). *Wertorientierungen der Unternehmenspraxis*. Münster: LIT.

Al-Laham, A. (2008). Internationales Management. In H. Corsten & M. Reiß (Hrsg.), *Betriebswirtschaftslehre* (Bd. 2, 4. Aufl., S. 527–599). München: Oldenbourg.

Altobelli, C. F. (2006). Internationalisierung kleiner und mittelständischer Unternehmen. In R. Berndt (Hrsg.), *Management-Konzepte für kleine und mittlere Unternehmen* (S. 111–128). Berlin: Springer.

Ampenberger, M. (2010). *Unternehmenspolitik in börsennotierten Familienunternehmen. Eine Analyse von Investitions-, Diversifikations- und Kapitalstrukturentscheidungen*. In A.-K. Achleitner & C. Kaserer (Hrsg.), Entrepreneurial and Financial Studies. Dissertation, Technische Universität München, 2009. Wiesbaden: Gabler.

Anderson, A. R., Jack, S. L. & Drakopoulou-Dodd, S. (2005). The Role of Family Members in Entrepreneurial Networks: Beyond the Boundaries of the Family Firm. *Family Business Review, 18* (2), 135–154.

Anderson, O. (1997). Internationalization and Market Entry Mode: A Review of Theories and Conceptual Frameworks. *Management International Review (MIR), 37* (2), 27–42.

Arenius, P. M. (2002). *Creation of Firm-Level Social Capital, Its Exploitation, and the Process of Early Internationalization.* Dissertation, University of Technology Institute of Strategy and International Business Helsinki, 2002/3.

Arnold, R. (2004). Vorwort. In J. Maier (Hrsg.), *Vertrauen und Marktwirtschaft. Die Bedeutung von Vertrauen beim Aufbau marktwirtschaftlicher Strukturen in Osteuropa* (forost Arbeitspapier Nr. 22, S. 5–6). München.

Arregle, J.-L., Hitt, M. A., Sirmon, D. G. & Very, P. (2007). The Development of Organizational Social Capital: Attributes of Family Firms. *Journal of Management Studies, 44* (1), 73–95.

Astrachan, J. H. & Shanker, M. C. (2003). Family Businesses' Contribution to the U.S. Economy: A Closer Look. *Family Business Review, 16* (3), 211–219.

Astrachan, J. H., Klein, S. B. & Smyrnios, K. X. (2001). The F-PEC Scale of Family Influence: A Proposal for Solving the Family Business Definition Problem. In G. Corbetta & D. Montemerlo (Hrsg.), *The Role of Family in Family Business. Book of Research Forum Proceedings of the 12th Annual World Conference of the Family Business Network* (S. 9–24). Rom: Egea.

Astrachan, J. H. , Klein, S. B. & Smyrnios, K. X. (2002). The F-PEC Scale of Family Influence: A Proposal for Solving the Family Business Definition Problem. *Family Business Review, 15* (1), 45–58.

Aulinger, A. (2005). *Entrepreneurship und soziales Kapital. Netzwerke als Erfolgsfaktor wissensintensiver Dienstleistungsunternehmen*. Marburg: Metropolis.

Axelsson, B. & Johanson, J. (1992). Foreign market entry - the textbook vs. the network view. In B. Axelsson & G. Easton (Hrsg.), *Industrial Networks: A New View of Reality* (S. 218–234). London: Routledge.

Bacher, J., Pöge, A. & Wenzig, K. (2010). *Clusteranalyse. Anwendungsorientierte Einführung in Klassifikationsverfahren* (3. Aufl.). München: Oldenbourg.

Bachmann, A. (2009). Subjektive versus objektive Erfolgsmaße. In S. Albers, D. Klapper, U. Konradt, A. Walter & J. Wolf (Hrsg.), *Methodik der empirischen Forschung* (3. Aufl., S. 89–102). Wiesbaden: Gabler.

Backes-Gellner, U. & Huhn, K. (2000). Internationalisierungsformen und ihre Bedeutung für mittelständische Unternehmen. In Gerhard und Lore Kienbaum Stiftung, J. Gutmann & R. Kabst (Hrsg.), *Internationalisierung im Mittelstand.* (S. 175–191). Wiesbaden: Gabler.

Backhaus, K., Erichson, B., Plinke, W. & Weiber, R. (2008). *Multivariate Analysemethoden. Eine anwendungsorientierte Einführung* (12. Aufl.). Berlin: Springer.

Backhaus, K. & Voeth, M. (2010). *Internationales Marketing* (6. Aufl.). Stuttgart: Schäffer-Poeschel.

Badura, B., Greiner, W., Rixgens, P., Ueberle, M. & Behr, M. (2008). *Sozialkapital. Grundlagen von Gesundheit und Unternehmenserfolg*. Berlin: Springer.

Bamberger, I. & Wrona, T. (2002). Ursachen und Verläufe von Internationalisierungsentscheidungen mittelständischer Unternehmen. In K. Macharzina & M.-J. Oesterle (Hrsg.), *Handbuch Internationales Management* (2. Aufl., S. 273–313). Wiesbaden: Gabler.

Barney, J. (1991). Firm Resources and Sustained Competitive Advantage. *Journal of Management, 17* (1), 99–120.

Baron, R. A. & Markman, G. D. (2000). Beyond social capital: How social skills can enhance entrepreneurs' success. *The Academy of Management Executive, 14* (1), 106–116.

Bartlett, C. A. & Ghoshal, S. (1989). *Managing across borders: the transnational solution.* Boston, MA: Harvard Business School Press.

Bartlett, C. A. & Ghoshal, S. (1990). *Internationale Unternehmensführung. Innovation, globale Effizienz, differenziertes Marketing.* Frankfurt am Main: Campus.

Basly, S. (2007). The internationalization of family SME: An organizational learning and knowledge development perspective. *Baltic Journal of Management, 2* (2), 154–180.

Battisti, M. (2008). *Corporate Citizenship. Perspektiven, Dynamiken, Herausforderungen.* Innsbruck: university press.

Baum, J. A. C., Calabrese, T. & Silverman, B. S. (2000). Don't Go It Alone: Alliance Network Composition and Startups' Performance in Canadian Biotechnology. *Strategic Management Journal, 21* (3), 267–294.

Baumanns, R. & Münch, E. (2010). Erfolgreich durch Investitionen in das Sozialkapital - Ein Fallbeispiel. In B. Badura, U. Walter & T. Hehlmann (Hrsg.), *Betriebliche Gesundheitspolitik. Der Weg zur gesunden Organisation* (2. Aufl., S. 165–180). Berlin: Springer.

Baumgartner, B. (2009). *Familienunternehmen und Zukunftsgestaltung. Schlüsselfaktoren zur erfolgreichen Unternehmensnachfolge.* Wiesbaden: Gabler.

Bäurle, I. (1996). *Internationalisierung als Prozeßphänomen. Konzepte, Besonderheiten, Handhabung.* Wiesbaden: Gabler.

Baus, K. (2007). *Die Familienstrategie. Wie Familien ihr Unternehmen über Generationen sichern* (2. Aufl.). Wiesbaden: Gabler.

Becker, U. & Schade, C. (1995). Betriebsformen der Unternehmensberatung. Eine Erklärung auf der Basis der Netzwerktheorie und der Neuen Institutionslehre. *Zeitschrift für betriebswirtschaftliche Forschung, 47* (4), 327–354.

Becker, W. & Ulrich, P. (2009). Mittelstand, KMU und Familienunternehmen in der Betriebswirtschaftslehre. *Wirtschaftswissenschaftliches Studium (WiSt), 38* (1), 2–7.

Becker, W. & Ulrich, P. (2011). Internationalisierung mittelständischer Familienunternehmen - Gründe, Erscheinungsformen, Fallstudien. In F. Keuper & H. A. Schunk (Hrsg.), *Internationalisierung deutscher Unternehmen. Strategien, Instrumente und Konzepte für den Mittelstand* (2. Aufl., S. 51–72). Wiesbaden: Gabler.

Becker, W., Staffel, M. & Ulrich, P. (2008). *Mittelstand und Mittelstandsforschung* (Bamberger Betriebswirtschaftliche Beiträge, Nr. 153). Bamberg: Deloitte Mittelstandsinstitut.

Beckhard, R. & Dyer, W. G. (1983). Managing Continuity in the Family-Owned Business. *Organizational Dynamics, 12* (1), 5–12.

Behr, M. v. (2004). Im Sog der Internationalisierung - Startpunkte, Wege und Ziele kleiner und mittlerer Unternehmen. In M. von Behr & K. Semlinger (Hrsg.), *Internationalisierung kleiner und mittlerer Unternehmen. Neue Entwicklungen bei Arbeitsorganisation und Wissensmanagement* (S. 45–98). Frankfurt am Main: Campus.

Beier, S. (2010). *Markteintritt in China. Zur Bedeutung des Einflusses chinesischer Beziehungsnetzwerke (Guanxi) auf ausgewählte Gestaltungsbereiche internationaler Joint Ventures.* Dissertation, Universität Göttingen, 2009. Aachen: Shaker.

Bendler, A. (2002). *Wissensmanagement im internationalen Vertrieb produzierender Unternehmen.* Dissertation, Technische Universität Darmstadt, 2001. Aachen: Shaker.

Benner, D. P. (2009). *Akquisitionsprozesse bei Familienunternehmen: Ein integrierter Strategieansatz für Unternehmenseigner.* Dissertation, Universität St. Gallen, 2008. Hamburg: Dr. Kovač.

Berekoven, L., Eckert, W. & Ellenrieder, P. (2001). *Marktforschung. Methodische Grundlagen und praktische Anwendung* (9. Aufl.). Wiesbaden: Gabler.

Berger, R. (2008). Pioniergeist, Innovationsfähigkeit und Flexibilität - Wie sich Familienunternehmen erfolgreich neu erfinden. In C. Rödl, W. Scheffler & M. Winter (Hrsg.), *Internationale Familienunternehmen. Recht, Steuern, Bilanzierung, Finanzierung, Nachfolge, Strategien* (S. 387–405). München: Beck.

Berndt, R. & Cansier, A. (2003). Leistungserstellung in der internationalen Unternehmung: Marketing. In W. Breuer & M. Gürtler (Hrsg.), *Internationales Management. Betriebswirtschaftslehre der internationalen Unternehmung* (S. 325–364). Wiesbaden: Gabler.

Berndt, R., Altobelli, C. F. & Sander, M. (1997). *Internationale Marketing-Politik*. Berlin: Springer.

Berndt, R., Altobelli, C. F. & Sander, M. (2005). *Internationales Marketing-Management* (3. Aufl.). Berlin: Springer.

Berthold, F. (2010). *Familienunternehmen im Spannungsfeld zwischen Wachstum und Finanzierung* (Schriften zu Familienunternehmen, Bd. 4, Wittener Institut für Familienunternehmen (Hrsg.)). Lohmar: Josef Eul.

Beyfuß, J., Fuest, W. M., Klös, H.-P., Kroker, R., Lichtblau, K. & Weber, A. (1997). *Globalisierung im Spiegel von Theorie und Empirie* (Beiträge zur Wirtschafts- und Sozialpolitik, Bd. 235). Köln: Institut der Deutschen Wirtschaft.

Biedermann, A. (2007). *Die strategische Bedeutung Sozialen Kapitals. Eine Untersuchung auf der Ebene interorganisationaler Beziehungsnetzwerke*. Hamburg: Dr. Kovač.

Bilhuber Galli, E. & Müller-Stewens, G. (2010). Die Bedeutung des Social Capital für die Strategierealisierung. *Business + Innovation* (1/2010), 10–18.

Birchmeier, U. (2002). Das Sozialkapital – Fakten und Hypothesen. *Die Volkswirtschaft, 75* (8), 51–56.

Bird, B., Welsch, H., Astrachan, J. H. & Pistrui, D. (2002). Family Business Research: The Evolution of an Academic Field. *Family Business Review, 15* (4), 337–350.

Birkner, S., Faust, M., Mohe, M. & Kordon, T. (2010). Beratung über Grenzen: Eine empirische Analyse zur Internationalisierung der Unternehmensberatung. In H. Krcmar, T. Böhmann & R. Sarkar (Hrsg.), *Export und Internationalisierung wissensintensiver Dienstleistungen* (S. 105–144). Lohmar: Josef Eul.

Bischof, J. (2008). Controlling immaterieller Vermögenswerte. In J. Bischof & F. Fredersdorf (Hrsg.), *Controlling immaterieller Vermögenswerte. Intangible Assets erkennen, bewerten und steuern* (S. 13–54). Düsseldorf: Symposion Publishing.

Bluhm, K. & Teufel, B. (2002). Caught in the Net – The Role of Networks in the Internationalisation of SMEs. In European Commission (Hrsg.), *EU Research on social sciences and humanities: National Corporate Cultures and International Competitiveness Strategies - the Challenge of Globalisation for European SMEs* (S. 41-57). Zugriff am 10.02.2012 ftp://ftp.cordis.europa.eu/pub/citizens/docs/final_report_00027_smes.pdf

Bluhm, K., Schmidt, R. & Teufel, B. (2003). Kooperation und Unterstützungsnetzwerke im Internationalisierungsprozess von europäischen kleinen und mittleren Unternehmen - Eine explorative Studie. In H. Hirsch-Kreinsen & M. Wannöffel (Hrsg.), *Netzwerke kleiner Unternehmen. Praktiken und Besonderheiten internationaler Zusammenarbeit* (S. 89–110). Berlin: edition sigma.

Bockholt, F., Brodtmann, T., Häuslschmid, V., Koldau, A., Krebs, S., Steiger, G., Thomin, P., Weltin, M. & Wiesner, M. (2009). Verbandsarbeit - Gemeinsam internationale Chancen nutzen. In F. Keuper & H. A. Schunk (Hrsg.), *Internationalisierung deutscher Unternehmen. Strategien, Instrumente und Konzepte für den Mittelstand* (S. 79–106). Wiesbaden: Gabler.

Bode, A. (2009). *Wettbewerbsvorteile durch internationale Wertschöpfung. Eine empirische Untersuchung deutscher Unternehmen in China* (mir-Edition, A. Al-Laham, J. Engelhard, M. Kutschker, K. Macharzina, M.-J. Oesterle, S. Schmid, M. K. Welge & J. Wolf (Hrsg.)). Dissertation, Technische Universität. Darmstadt, 2009. Wiesbaden: Gabler.

Böllhoff, M. W. (2006). Wachstum von Familienunternehmen - zwischen organischem Wachstum und aktiver Akquisition. In C. G. Böllhoff, W. Krüger & M. Berni (Hrsg.), *Spitzenleistungen in Familienunternehmen. Ein Managementhandbuch* (S. 119–132). Stuttgart: Schäffer-Poeschel.

Bortz, J. (2005). *Statistik für Human- und Sozialwissenschaftler* (6. Aufl.). Heidelberg: Springer.

Bortz, J. & Döring, N. (2006). *Forschungsmethoden und Evaluation. Für Human- und Sozialwissenschaftler* (4. Aufl.). Heidelberg: Springer.

Bortz, J. & Schuster, C. (2010). *Statistik für Human- und Sozialwissenschaftler* (7. Aufl.). Heidelberg: Springer.

Bouncken, R. B. (2010). International Entrepreneurship: Eine empirische Untersuchung von Gründungstreibern, -hemmnissen und -absichten in vier Ländern. *Zeitschrift für KMU und Entrepreneurship, 58* (2), 93–119.

Bourdieu, P. (1983). Ökonomisches Kapital, kulturelles Kapital, soziales Kapital. In R. Kreckel (Hrsg.), *Soziale Ungleichheiten* (Soziale Welt, Sonderband 2, S. 183–198). Göttingen: Schwartz.

Bourdieu, P. (1986). The Forms of Capital. In J. G. Richardson (Hrsg.), *Handbook of theory and research for the sociology of education* (S. 241–258). New York, NY: Greenwood Press.

Bourdieu, P. (1992). *Die verborgenen Mechanismen der Macht* (Schriften zu Politik & Kultur, Bd. 1, M. Steinrücke (Hrsg.)). Hamburg: VSA-Verlag.

Boxman, E. A. W., Graaf, P. M. de & Flap, H. D. (1991). The impact of social and human capital on the income attainment of Dutch managers. *Social Networks, 13* (1), 51–73.

Boyd, B. (2007). *Nachhaltige Unternehmensführung in langlebigen Familienunternehmen - Eine ressourcenorientierte Analyse des norddeutschen Baustoff-Fachhandels*. Dissertation, Universität Flensburg, 2007. Zugriff am 10.10.2011 http://www.zhb-flensburg.de/dissert/boyd/dissertation%20boyd.pdf

Brass, D. J., Butterfield, K. D. & Skaggs, B. C. (1998). Relationships and Unethical Behavior: A Social Network Perspective. The *Academy of Management Review, 23* (1), 14–31.

Braun, B. (2009). *Erfolgreich jenseits der Börse. Was führende Familienunternehmen auszeichnet*. Zürich: Orell Füssli.

Braun, N. (2008). Sozialkapital aus Sicht der Rational Choice Soziologie. In W. Matiaske & G. Grözinger (Hrsg.), *Ökonomie und Gesellschaft* (Jahrbuch 20, Sozialkapital: eine (un)bequeme Kategorie, S. 43–77). Marburg: Metropolis.

Brehm, J. & Rahn, W. (1997). Individual-Level Evidence for the Causes and Consequences of Social Capital. *American Journal of Political Science, 41* (3), 999–1023.

Breinlinger, U. N. (2006). *Situative Corporate Governance: Ein Modell für kleine und mittelgrosse Familienunternehmen in der Schweiz*. Dissertation, Universität St. Gallen, 2006. Zugriff am 17.11.2011 http://www1.unisg.ch/www/edis.nsf/SysLkpByIdentifier/3275/$FILE/dis3275.pdf

Brink, S., Hoffmann, M. & Wallau, F. (2010). *BDI-Mittelstandspanel 2010. Ergebnisse der Mittelstandsbefragung aus Frühjahr und Herbst 2010* (IfM-Materialien Nr. 202). Bonn: Institut für Mittelstandsforschung.

Brockhaus, R. H. (1994). Entrepreneurship and Family Business Research: Comparisons, Critique, and Lessons. *Entrepreneurship Theory and Practice, 19* (1), 25–38.

Brockhaus, R. H. (2004). Family Business Succession: Suggestions for Future Research. *Family Business Review, 17* (2), 165–177.

Brockmann, M. & Hommel, U. (2007a). *Aktive Globalisierung. Chancen für deutsche Familienunternehmen?* Nürnberg: Deloitte.

Brockmann, M. & Hommel, U. (2007b). Internationalisierungsstrategien deutscher Familienunternehmen - Eine empirische Untersuchung der Ursachen und Wirkungen. In M. Glaum, U. Hommel & D. Thomaschewski (Hrsg.), *Internationalisierung und Unternehmenserfolg. Wettbewerb, organisatorischer Wandel und Corporate Governance* (S. 187–213). Stuttgart: Schäffer-Poeschel.

Brockmann, M. & Hommel, U. (2009). Family Ownership and International Investment Decisions - Influence of Country Risks and Experience. In P. Witt (Hrsg.), *Management von Familienunternehmen. Zeitschrift für Betriebswirtschaft* (Special Issue 2/2009, S. 31–61). Wiesbaden: Gabler.

Brosius, F. (2011). *SPSS 19*. Heidelberg: mitp.

Brüderl, J. & Preisendörfer, P. (1998). Network Support and the Success of Newly Founded Businesses. *Small Business Economics, 10* (3), 213–225.

Brush, C. G., Carter, N. M., Greene, P. G., Hart, M. M. & Gatewood, E. (2002). The role of social capital and gender in linking financial suppliers and entrepreneurial firms: a framework for future research. *Venture Capital, 4* (4), 305–323.

Büchter, A. & Henn, H.-W. (2005). *Elementare Stochastik. Eine Einführung in die Mathematik der Daten und des Zufalls*. Berlin: Springer.

Bühler, C. (1999). *Die strukturelle Eingebundenheit neugegründeter Unternehmen*. Dissertation, Universität München, 1999. München: Ludwig-Maximilians-Universität.

Burt, R. S. (1992). *Structural holes. The social structure of competition*. Cambridge, MA: Harvard University Press.

Burt, R. S. (2000). The Network Entrepreneur. In R. Swedberg (Hrsg.), *Entrepreneurship. The social science view* (S. 281–307). Oxford, UK: Oxford University. Press.

Cappuyns, K. (2006). Internationalization of family businesses through strategic alliances: an exploratory study. In P. Z. Poutziouris, K. X. Smyrnios & S. B. Klein (Hrsg.), *Handbook of Research on Family Business* (S. 445–459). Cheltenham, UK: Edward Elgar Publishing.

Carlock, R. S. & Ward, J. L. (2001). *Strategic Planning for the Family Business. Parallel Planning to Unify the Family and Business*. Houndmills, UK: Palgrave.

Carpenter, M. A. & Fredrickson, J. W. (2001). Top management teams, global strategic posture, and the moderating role of uncertainty. *Academy of Management Journal, 44* (3), 533–545.

Carroll, A. B. (1979). A Three-Dimensional Conceptual Model of Corporate Performance. *Academy of Management Review, 4* (4), 497–505.

Carter, B. & McGoldrick, M. (1999). Overview: the expanded family life cycle. In B. Carter & M. McGoldrick (Hrsg.), *The Expanded Family Life Cycle: Individual, Family, and Social Perspectives* (3. Aufl., S. 1–26). Boston, MA: Allyn & Bacon.

Casillas, J. C. & Acedo, F. J. (2007). Evolution of the Intellectual Structure of Family Business Literature: A Bibliometric Study of FBR. *Family Business Review, 20* (2), 141–162.

Casillas, J. C., Acedo, F. J. & Moreno, A. M. (2007). *International entrepreneurship in family businesses*. Cheltenham, UK: Edward Elgar Publishing.

Chell, E. & Baines, S. (2000). Networking, entrepreneurship and micro-business behaviour. *Entrepreneurship & Regional Development, 12* (3), 195–215.

Chetty, S. & Agndal, H. (2007). Social Capital and Its Influence on Changes in Internationalization Mode Among Small and Medium-Sized Enterprises. *Journal of International Marketing, 15* (1), 1–29.

Chowdhury, S. (1998). *Struggle for Power and Influence: a Network Study of Mergers, Acquisitions, Strategic Alliances, & Competition in the Communication, Information and Entertainment Industries*. Pittsburgh, PA: Carnegie Mellon University.

Chrisman, J. J., Chua, J. H. & Litz, R. A. (2004). Comparing the Agency Costs of Family and Non-Family Firms: Conceptual Issues and Exploratory Evidence. *Entrepreneurship Theory and Practice, 28* (4), 335–354.

Chrisman, J. J., Chua, J. H. & Sharma, P. (2003). *Current trends and future directions in family business management studies: Toward a theory of the family firm* (Coleman White Paper Series).

Chrisman, J. J., Chua, J. H. & Steier, L. (2005). Sources and Consequences of Distinctive Familiness: An Introduction. *Entrepreneurship Theory and Practice, 29* (3), 237–247.

Chrisman, J. J., Chua, J. H. & Litz, R. (2003). A unified systems perspective of family firm performance: an extension and integration. *Journal of Business Venturing, 18* (4), 467–472.

Chrisman, J. J., Chua, J. H. & Steier, L. (2003). An introduction to theories of family business. *Journal of Business Venturing, 18* (4), 441–448.

Chua, J. H., Chrisman, J. J. & Sharma, P. (1999). Defining the Family Business by Behavior. *Entrepreneurship Theory and Practice, 23* (4), 19–39.

Chua, J. H., Chrisman, J. J. & Sharma, P. (2003). Succession and Non-succession Concerns of Family Firms and Agency Relationship with Nonfamily Managers. *Family Business Review, 16* (2), 89–108.

Chung, S., Singh, H. & Lee, K. (2000). Complementarity, Status Similarity and Social Capital as Drivers of Alliance Formation. *Strategic Management Journal, 21* (1), 1–22.

Coleman, J. S. (1988). Social Capital in the Creation of Human Capital. *American Journal of Sociology, 94* (S1), 95–120.

Coleman, J. S. (1990). *Foundations of social theory*. Cambridge, MA: Belknap Press of Harvard University Press.

Coleman, J. S. (1991). *Grundlagen der Sozialtheorie* (Handlungen und Handlungssysteme, Bd. 1). München: Oldenbourg.

Cooke, P. & Wills, D. (1999). Small Firms, Social Capital and the Enhancement of Business Performance Through Innovation Programmes. *Small Business Economics, 13* (3), 219–234.

Coviello, N. & Munro, H. (1995). Growing the entrepreneurial firm. Networking for international market development. *European Journal of Marketing, 29* (7), 49–61.

Coviello, N. & Munro, H. (1997). Network Relationships and the Internationalisation Process of Small Software Firms. *International Business Review, 6* (4), 361–386.

Cramer, E. & Kamps, U. (2008). *Grundlagen der Wahrscheinlichkeitsrechnung und Statistik.* (2. Aufl.). Berlin: Springer.

Creed, W. E. D. & Miles, R. E. (1996). Trust in Organizations. A Conceptual Framework Linking Organizational Forms, Managerial Philosophies, and the Opportunity Costs of Controls. In R. M. Kramer & T. R. Tyler (Hrsg.), *Trust in Organizations. Frontiers of Theory and Research* (S. 16–38). Thousand Oaks, CA: Sage Publications.

Crick, D., Bradshaw, R. & Chaudhry, S. (2006). "Successful" internationalising UK family and non-family-owned firms: a comparative study. *Journal of Small Business and Enterprise Development, 13* (4), 498–512.

Cronenbroeck, W. (2004). *Handbuch internationales Projektmanagement*. Berlin: Cornelsen.

Cutura, B. & Kraus, S. (2005). *Internationalisierung von KMU. Am Beispiel des Markteintritts in die Republik Kroatien* (Schriftenreihe innovative betriebswirtschaftliche Forschung und Praxis, Bd. 162). Hamburg: Dr. Kovač.

Dabui, M. (2000). *Postmerger-Management. Zielgerichtete Integration bei Akquisitionen und Fusionen*. Dissertation, Universität München, 1998. Wiesbaden: Deutscher Universitäts-Verlag.

Daily, C. & Thompson, S. (1994). Ownership Structure, Strategic Posture, and Firm Growth: An Empirical Examination. *Family Business Review, 7* (3), 237–249.

Davis, J. A. (2008). Toward a Typology of Family Business Systems. In J. Tàpies & J. L. Ward (Hrsg.), *Family Values and Value Creation. The Fostering of Enduring Values Within Family-Owned Businesses* (S. 127–154). Houndmills, NY: Palgrave Macmillan.

Davis, P. S. & Harveston, P. D. (1998). The Influence of Family on the Family Business Succession Process: a Multi-Generational Perspective. *Entrepreneurship Theory and Practice, 22* (3), 31–53.

Deindl, C. (2005). *Soziale Netzwerke und soziales Kapital. Einfluss auf Lebenszufriedenheit und Vertrauen* (P.AGES 5 - Diskussions-Papier). Zürich: Universität, Forschungsgruppe Arbeit, Generation, Sozialstruktur (AGES).

Dijk, F. v. (1997). *Social Ties and Economic Performance*. Boston, MA: Kluwer Academic Publishers.

Donckels, R. v. & Fröhlich, E. (1990). Sind Familienbetriebe wirklich anders? Europäische STRATOS-Erfahrungen. *Internationales Gewerbearchiv, 38*, 219–235.

Dresewski, F. (2004). *Corporate Citizenship. Ein Leitfaden für das soziale Engagement mittelständischer Unternehmen.* Berlin: Bundesinitiative Unternehmen Partner der Jugend.

Dubini, P. & Aldrich, H. E. (1991). Personal and Extended Networks are Central to the Entrepreneurial Process. *Journal of Business Venturing, 6* (5), 305–313.

Dülfer, E. (2002). Zur Geschichte der internationalen Unternehmenstätigkeit - Eine unternehmerbezogene Perspektive. In K. Macharzina & M.-J. Oesterle (Hrsg.), *Handbuch Internationales Management* (2. Aufl., S. 69–95). Wiesbaden: Gabler.

Dülfer, E. & Jöstingmeier, B. (2008). *Internationales Management in unterschiedlichen Kulturbereichen* (7. Aufl.). München: Oldenbourg.

Duller, C. (2007). *Einführung in die Statistik mit EXCEL und SPSS. Ein anwendungsorientiertes Lehr- und Arbeitsbuch* (2. Aufl.). Heidelberg: Physica.

Dunfee, T. W. & Warren, D. E. (2001). Is Guanxi Ethical? A Normative Analysis of Doing Business in China. *Journal of Business Ethics, 32* (3), 191–204.

Durlauf, S. (2002). On the empirics of social capital. *The Economic Journal, 112* (483), 459–479.

Dyer, W. G. (2006). Examining the "Family Effect" on Firm Performance. *Family Business Review, 19* (4), 253–273.

Dyer, W. G. & Sánchez, M. (1998). Current State of Family Business Theory and Practice as Reflected in Family Business Review 1988–1997. *Family Business Review, 11* (4), 287–295.

Ecker, M. & Heckemüller, C. (2005). M&A als Instrument der strategischen Unternehmensführung für den Mittelstand. *M&A Review, 10*, 421–426.

Eden, H. (2002). Kleine und mittlere Unternehmen im Prozess der Internationalisierung. In U. Krystek & E. Zur (Hrsg.), *Handbuch Internationalisierung. Globalisierung - eine Herausforderung für die Unternehmensführung* (2. Aufl., S. 35–75). Berlin: Springer.

Ehrhardt, O., Nowak, E. & Weber, F.-M. (2006). *'Running in the Family' The Evolution of Ownership, Control, and Performance in German Familyowned Firms, 1903-2003* (Research Paper Series N° 06 – 13). Geneva: Swiss Finance Institute.

Eibelshäuser, B. (2011). *Unternehmensüberwachung als Element der Corporate Governance. Eine Analyse der Aufsichtsratstätigkeit in börsennotierten Unternehmen unter Berücksichtigung von Familienunternehmen.* Dissertation, Goethe-Universität Frankfurt am Main, 2010. Wiesbaden: Gabler.

Eiben, J. (2007). *M&A in deutschen Familienunternehmen. Ergebnisse einer empirischen Befragung.* Vallendar: WHU, Otto Beisheim School of Management.

Eiteman, D. K., Stonehill, A. I. & Moffett, M. H. (1999). *Multinational business finance* (8. Aufl.). Reading, MA: Addison-Wesley.

Ergenzinger, R. & Krulis-Randa, J. S. (2010). Kleine und mittlere Unternehmen in Zeiten der Krise: Muss ein Strategiewandel kommen? In J.-A. Meyer (Hrsg.), *Strategien von kleinen und mittleren Unternehmen* (S. 15–38). Lohmar: Josef Eul.

Eriksson, K., Johanson, J., Majkgard, A. & Scharma, D. (2000). Effect of variation on knowledge accumulation in the internationalization process. *International Studies of Management & Organization, 30* (1), 26–44.

Ernst, D. (1999). *Internationalisierung kleiner und mittlerer Unternehmen. Kooperationsformen und Außenwirtschaftsförderung*. Wiesbaden: Deutscher Universitäts-Verlag.

Ettl, K. (2010). *Unternehmerinnen und Erfolg aus individueller und kontextueller Perspektive* (KMU-Forschung, Nr. 4, F. Welter & A. Pinkwart (Hrsg.)). Dissertation, Universität Siegen, 2009. Frankfurt am Main: Peter Lang.

Fallgatter, M. J. (2007). *Junge Unternehmen. Charakteristika, Potenziale, Dynamik*. Stuttgart: Kohlhammer.

Farnel, F. J. (1994). *Am richtigen Hebel. Strategie und Taktik des Lobbying*. Landsberg/Lech: Verlag Moderne Industrie.

Feldbauer-Durstmüller, B., Wimmer, B. & Duller, C. (2007). Controlling in österreichischen Familienunternehmen – dargestellt am Bundesland Oberösterreich. *Zeitschrift für Planung & Unternehmenssteuerung, 18* (4), 427–443.

Felden, B. & Zumholz, H. (2009). *Managementlehre für Familienunternehmen – Bestandsaufnahme der Forschungs- und Lehraktivitäten im deutschsprachigen Raum* (Working Papers No. 48). Berlin: IMB Institute of Management.

Fernández, I. A. & Gisbert, J. E. V. (2010). *Guanxi Management in Chinese Entrepreneurs: a Network Approach* (Documentos de Trabajo 8/2010). Bilbao: Fundación BBVA. Zugriff am 25.11.2010 http://www.fbbva.es/TLFU/dat/DT_8_2010.pdf

Fernandez, R. M., Castilla, E. J. & Moore, P. (2000). Social Capital at Work: Networks and Employment at a Phone Center. *American Journal of Sociology, 105* (5), 1288–1356.

Fernández, Z. & Nieto, M. J. (2005). Internationalization Strategy of Small and Medium-Sized Family Businesses: Some Influential Factors. *Family Business Review, 18* (1), 77–89.

Fernández, Z. & Nieto, M. J. (2006). Impact of ownership on the international involvement of SMEs. *Journal of International Business Studies, 37* (3), 340–351.

Fischer, C. S. (1977). Perspectives on Community and Personal Relations. In C. S. Fischer, R. M. Jackson, A. C. Stueve, K. Gerson, L. M. Jones & M. Baldassare (Hrsg.), *Network and Places. Social Relations in the Urban Setting* (S. 1–18). New York, NY: The Free Press.

Fischer, J. K. (2008). Finanzierungsstrategien im Zeichen des Ratings - Das Ende der Hausbank? In C. Rödl, W. Scheffler & Winter Michael (Hrsg.), *Internationale Familienunternehmen. Recht, Steuern, Bilanzierung, Finanzierung, Nachfolge, Strategien* (S. 203–215). München: Beck.

Fischer, K. H. (2005). *Lobbying und Kommunikation in der Europäischen Union* (2. Aufl.). Berlin: Berliner Wissenschafts-Verlag.

Flap, H. & Boxman, E. (1999). Getting a Job as a manager. In R. T. A. J. Leenders & S. M. Gabbay (Hrsg.), *Corporate Social Capital and Liability* (S. 197–216). Boston, MA: Kluwer Academic Publishers.

Flören, R. (2001). *Internationalization of Family Business in the Netherlands: Research Results about Implementation of New International Strategies and Barriers to Growth on the International Markets*. Breukelen: University Nyenrode.

Florin, J., Lubatkin, M. H. & Schulze, W. S. (2003). A social capital model of high growth ventures. *Academy of Management Journal, 46* (3), 374–384.

Ford, J. D. & Schellenberg, D. A. (1982). Conceptual issues of linkage in the assessment of organizational performance. *Academy of Management Review, 7* (1), 49–58.

Fournier, C. v. & Danne, S. (2011). *Anders und nicht Artig. Neue Wege der Unternehmens-positionierung*. Wien: Linde.

Franzen, A. & Pointner, S. (2007). Sozialkapital: Konzeptualisierungen und Messungen. In A. Franzen & M. Freitag (Hrsg.), *Sozialkapital. Grundlagen und Anwendungen* (Kölner Zeitschrift für Soziologie und Sozialpsychologie, Sonderheft 47/2007, S. 66-90). Wiesbaden: VS Verlag für Sozialwissenschaften.

Frasl, E. J. & Rieger, H. (2007). Die Wiederentdeckung der Familienunternehmen. In E. J. Frasl & H. Rieger (Hrsg.), *Family Business Handbuch. Zukunftssicherung von Familien-unternehmen über Generationen* (S. 13–17). Wien: Linde.

Freeman, C. (1991). Networks of Innovators: A Synthesis of Research Issues. *Research Policy, 20* (5), 499–514.

Freiling, J. & Simon, M. C. (2006). Internationalisierung von Familienunternehmen - zwischen Heimatverbundenheit und globalen Märkten. In C. G. Böllhoff, W. Krüger & M. Berni (Hrsg.), *Spitzenleistungen in Familienunternehmen. Ein Managementhandbuch* (S. 183–196). Stuttgart: Schäffer-Poeschel.

Fromm, S. (2011). Neue Variablen berechnen. In L. Akremi, N. Baur & S. Fromm (Hrsg.), *Datenanalyse mit SPSS für Fortgeschrittene 1: Datenaufbereitung und uni- und bivariate Statistik* (3. Aufl., S. 109–132). Wiesbaden: VS Verlag für Sozialwissenschaften.

Fuchs, M. (2006). *Sozialkapital, Vertrauen und Wissenstransfer in Unternehmen.* Wiesbaden: Deutscher Universitäts-Verlag.

Fuchs-Gamböck, K. (2006). *Corporate Social Responsibility im Mittelstand. Wie Ihr Unternehmen durch gesellschaftliches Engagement gewinnt.* Heidelberg: Economica.

Fueglistaller, U. & Zellweger, T. (2007). Die volkswirtschaftliche Bedeutung der Familien-unternehmen in der Schweiz. *Schweizer Arbeitgeber, Nr. 15*, 09.August 2007, 30-33.

Fukuyama, F. (1996). *Trust: The social virtues and the creation of prosperity.* New York, NY: Free Press Paperbacks.

Fukuyama, F. (2000). Social Capital. In L. E. Harrison & S. P. Huntington (Hrsg.), *Culture Matters: How values shape human progress* (S. 98–111). New York, NY: Basic Books.

Gaag, M. v. d. & Snijders, T. (2004). Proposals for the measurement of individual social capital. In H. Flap & B. Völker (Hrsg.), *Creation and Returns of Social Capital. A new research program* (S. 199–218). London, UK: Routledge.

Gabbay, S. M. & Leenders, R. T. A. J. (1999). CSC: The Structure of Advantage and Disadvantage. In R. T. A. J. Leenders & S. M. Gabbay (Hrsg.), *Corporate Social Capital and Liability* (S. 2–14). Boston, MA: Kluwer Academic Publishers.

Gabriel, O. W., Kunz, V., Roßteutscher, S. & Deth, J. W. v. (2002). *Sozialkapital und Demo-kratie. Zivilgesellschaftliche Ressourcen im Vergleich.* Wien: WUV Universitäts-Verlag.

Gallo, M. A. & Pont, C. G. (1988). *The family business in the Spanish economy* (Working Paper No. 144). Barcelona: IESE Business School.

Gallo, M. A. & Sveen, J. (1991). Internationalizing the Family Business: Facilitating and Restraining Factors. *Family Business Review, 4* (2), 181–190.

Gallo, M. A., Tàpies, J. & Cappuyns, K. (2004). Comparisn of Family and Nonfamily Business: Financial Logic and Personal Preferences. *Family Business Review, 17* (4), 303–318.

Gatrell, J., Jenkins, H. & Tucker, J. (2001). Family values in family businesses. In G. Corbetta & D. Montemerlo (Hrsg.), *The Role of Family in Family Business. Research Forum Proceedings of the 12th Annual World Conference of the Family Business Network* (S. 164–174). Rom: Egea.

Gelbrich, K. & Müller, S. (2011). *Handbuch internationales Management.* München: Oldenbourg.

Geletkanycz, M. A. & Hambrick, D. C. (1997). The External Ties of Top Executives: Implications for Strategic Choice and Performance. *Administrative Science Quarterly, 42* (4), 654–681.

Germann, H., Raab, S. & Setzer, M. (1999). Messung der Globalisierung: ein Paradoxon. In U. Steger (Hrsg.), *Facetten der Globalisierung. Ökonomische, soziale und politische Aspekte* (S. 1–25). Berlin: Springer.

Gerpott, T. J. (2003). Wettbewerbsstrategien von Geschäftsbereichen industrieller Unternehmen - Eine Synopse des betriebswirtschaftlichen Forschungsstandes. In T. Peske & R. Schrank (Hrsg.), *Strategie, Innovation und Internationalisierung* (S. 15–42). Lohmar: Josef Eul.

Gersick, K. E., Davis, J. A., Hampton, M. M. & Lansberg, I. (1997). *Generation to Generation. Life Cycles of the Family Business.* Boston, MA: Harvard Business School Press.

Ghoshal, S. & Nohria, N. (1993). Horses of Courses: Organizational Forms for Multinational Corporations. *Sloan Management Review, 34* (2), 23–35.

Giesen, B. (1991). Systemtheorie und Funktionalismus. In H. Reimann, B. Giesen, D. Goetze & M. Schmid (Hrsg.), *Basale Soziologie: Theoretische Modelle* (4. Aufl., S. 173–207). Opladen: Westdeutscher Verlag.

Glaum, M. (1996). *Internationalisierung und Unternehmenserfolg* (Neue betriebswirtschaftliche Forschung, Bd. 162). Wiesbaden: Gabler.

Glaum, M. (2007). Internationalisierung und Unternehmenserfolg: Theoretische Grundlagen und empirische Befunde. In M. Glaum, U. Hommel & D. Thomaschewski (Hrsg.), *Internationalisierung und Unternehmenserfolg. Wettbewerb, organisatorischer Wandel und Corporate Governance* (S. 3–29). Stuttgart: Schäffer-Poeschel.

Gottschalk, S., Niefert, M., Licht, G., Hauer, A., Keese, D. & Woywode, M. (2011). *Die volkswirtschaftliche Bedeutung der Familienunternehmen.* München: Stiftung Familienunternehmen.

Graewer, A. (2007). *Strategien und Erfolgsfaktoren der Internationalisierung. Theorie und Praxis am Beispiel von Medienunternehmen.* Saarbrücken: AV Akademiker Verlag.

Granovetter, M. (1973). The strength of weak ties. *American Journal of Sociology, 78* (6), 1360–1380.

Granovetter, M. (1974). *Getting a Job: A Study of Contacts and Careers.* Cambridge, MA: Harvard University Press.

Graves, C. & Thomas, J. (2004). Internationalisation of the family business: a longitudinal perspective. *International Journal of Globalisation and Small Business, 1* (1), 7–27.

Graves, C. & Thomas, J. (2006). Internationalization of Australian Family Businesses: A Managerial Capabilities Perspective. *Family Business Review, 19* (3), 207–224.

Graves, C. & Thomas, J. (2008). Determinants of the Internationalization Pathways of Family Firms: An Examination of Family Influence. *Family Business Review, 21* (2), 151–167.

Grüb, B. (2007). *Sozialkapital als Erfolgsfaktor von Public Private Partnership* (Schriften zur öffentlichen Verwaltung und öffentlichen Wirtschaft Nr. 206). Berlin: BWV Berliner Wissenschafts-Verlag.

Gruber-Mücke, T. (2011). *Internationalisierung in frühen Unternehmensphasen. Eine empirische Analyse der Wachstumsdynamik von Jungunternehmen.* Dissertation, Universität Linz, 2007. Wiesbaden: Gabler.

Gulati, R. (1998). Alliances and Networks. *Strategic Management Journal, 19* (4), 293–317.

Gutberlet, S. & Kern, S. (2007). *Corporate Social Responsibility. Wie verantwortungsbewusst und nachhaltig agieren deutsche Familienunternehmen?* (Forschungspapier Nr. 6). Bonn: INTES Zentrum für Familienunternehmen.

Haas, T. (2010). *State-of-the-Art des Controllings in international tätigen Familienunternehmen. Systemtheoretische Konzeption & empirische Studie.* Dissertation, Universität Linz, 2009. Passau: Wissenschaftsverlag Richard Rothe.

Habbershon, T. G. & Williams, M. L. (1999). A Resource-Based Framework for Assessing the Strategic Advantages of Family Firms. *Family Business Review, 12* (1), 1–25.

Habbershon, T. G., Williams, M. L. & MacMillan, I. C. (2006). A unified systems perspective of family firm performance. In P. Z. Poutziouris, K. X. Smyrnios & S. B. Klein (Hrsg.), *Handbook of Research on Family Business* (S. 67–79). Cheltenham, UK: Edward Elgar Publishing.

Habedank, C. (2006). *Internationalisierung im deutschen Mittelstand. Ein kompetenzorientierter Ansatz zur Erschließung des brasilianischen Marktes.* Dissertation, Technische Universität Darmstadt, 2006. Wiesbaden: Deutscher Universitäts-Verlag.

Hack, A. (2009). Sind Familienunternehmen anders? Eine kritische Bestandsaufnahme des aktuellen Forschungsstands. In P. Witt (Hrsg.), *Management von Familienunternehmen. Zeitschrift für Betriebswirtschaft* (Special Issue 2/2009, S. 1–30). Wiesbaden: Gabler.

Hahn, D. (2006). Strategische Kontrolle. In D. Hahn & B. Taylor (Hrsg.), *Strategische Unternehmungsplanung - Strategische Unternehmungsführung* (9. Aufl., S. 451–164). Berlin: Springer.

Hair, J. F., Black, W. C., Babin, B. J. & Anderson, R. E. (2010). *Multivariate Data Analysis* (7. Aufl.). Upper Saddle River, NJ: Prentice Hall.

Hall, A., Melin, L. & Nordqvist, M. (2001). Entrepreneurship as Radical Change in the Family Business: Exploring the Role of Cultural Patterns. *Family Business Review, 14* (3), 193–208.

Hall, A., Melin, L. & Nordqvist, M. (2006). Understanding strategizing in the family business context. In P. Z. Poutziouris, K. X. Smyrnios & S. B. Klein (Hrsg.), *Handbook of Research on Family Business* (S. 253–268). Cheltenham, UK: Edward Elgar Publishing.

Han, M. (2006). Developing social capital to achieve superior internationalization: A conceptual model. *Journal of International Entrepreneurship, 4* (2-3), 99–112.

Handler, W. C. (1989). Methodological Issues and Considerations in Studying Family Business. *Family Business Review, 2* (3), 257–276.

Hanifan, L. J. (1916). The Rural School Community Center. *The ANNALS of the American Academy of Political and Social Science, 67* (1), 130–138.

Hansen, M. T., Podolny, J. M. & Pfeffer, J. (2001). So many ties, so little time: A task contingency perspective on corporate social capital in organizations. In S. M. Gabbay & R. T. A. J. Leenders (Hrsg.), *Social capital of organizations. Research in the sociology of organizations, Vol. 18*, S. 21–57. Amsterdam: Jai.

Haug, S. (1997). *Sozialkapital. Ein kritischer Überblick über den aktuellen Forschungsstand* (Working papers). Mannheim: Mannheimer Zentrum für Europäische Sozialforschung, Arbeitsbereich II / Nr. 15.

Haug, S. (2000). Vertrauen ist gut, Kontrolle ist besser? Soziales Kapital und moralische Normen im Kommunitarismus. In R. Metze, K. Mühler & K.-D. Opp (Hrsg.), *Normen und Institutionen. Entstehung und Wirkungen* (S. 321–357). Leipzig: Leipziger Universitäts-verlag.

Haunschild, L. & Wolter, H. J. (2010). *Volkswirtschaftliche Bedeutung von Familien- und Frauenunternehmen* (IfM-Materialien Nr. 199). Bonn: Institut für Mittelstandsforschung.

Haunschild, L., Wallau, F., Boerger, S., Macke, M. & Hauser, H.-E. (2010). *Die größten Familienunternehmen in Deutschland* (IfM-Materialien Nr. 192). Bonn: Instititut für Mittelstandsforschung.

Hausch, K. T. (2004). *Corporate Governance im deutschen Mittelstand. Veränderungen externer Rahmenbedingungen und interner Elemente*. Dissertation, Universität Lüneburg, 2003. Wiesbaden: Deutscher Universitäts-Verlag.

Haussmann, H. (2008). Herausforderungen mittlerer Weltmarktführer bei der Internationalisierung in den BRIC-Staaten. In C. Rödl, W. Scheffler & M. Winter (Hrsg.), *Internationale Familienunternehmen. Recht, Steuern, Bilanzierung, Finanzierung, Nachfolge, Strategien* (S. 15–30). München: Beck.

Haussmann, H., Holtbrügge, D., Rygl, D. & Schillo, K. (2006). *Erfolgsfaktoren mittelständischer Weltmarktführer* (Working Paper 3/2006). Erlangen-Nürnberg: Friedrich-Alexander-Universität, Betriebswirtschaftliches Institut.

Heck, R. K., Hoy, F., Poutziouris, P. Z. & Steier, L. (2008). Emerging Paths of Family Entrepreneurship Research. *Journal of Small Business Management, 46* (3), 317–330.

Hedderich, J. & Sachs, L. (2012). *Angewandte Statistik. Methodensammlung mit R* (14. Aufl.). Berlin: Springer.

Heinrich, A. (2004). *Globale Einflussfaktoren auf das Unternehmensverhalten. Die corporate governance des russischen Erdöl- und Erdgassektors*. Dissertation, Universität Berlin, 2003. Münster: LIT.

Hennerkes, B.-H. (1998). *Familienunternehmen sichern und optimieren*. Frankfurt am Main: Campus.

Hennerkes, B.-H. (2004). *Die Familie und ihr Unternehmen. Strategie, Liquidität, Kontrolle*. Frankfurt am Main: Campus.

Hennerkes, B.-H. & Hund, T. (2008). „Familienunternehmen - quo vadis?". In M. Goeke (Hrsg.), *Praxishandbuch Mittelstandsfinanzierung. Mit Leasing, Factoring & Co. unternehmerische Potenziale ausschöpfen* (S. 255–267). Wiesbaden: Gabler.

Hennerkes, B.-H. & Pleister, C. (1999). Einführung. In B.-H. Hennerkes & C. Pleister (Hrsg.), *Erfolgsmodell Mittelstand. 12 Unternehmer geben Einblicke in ihr Denken und Handeln* (S. 11–19). Wiesbaden: Gabler.

Hennig, M. (2006). *Individuen und ihre sozialen Beziehungen*. Wiesbaden: VS Verlag für Sozialwissenschaften.

Henzler, H. (1992). Die Globalisierung von Unternehmen im internationalen Vergleich. *Zeitschrift für Betriebswirtschaft, 62* (2), 83–98.

Hering, E., Pförtsch, W. A. & Wordelmann, P. (2001). *Internationalisierung des Mittelstandes. Strategien zur internationalen Qualifizierung in kleinen und mittleren Unternehmen*. Bielefeld: Bertelsmann.

Hermanns, A. & Wissmeier, U. K. (2002). Strategien der internationalen Marktbearbeitung. In K. Macharzina & M.-J. Oesterle (Hrsg.), *Handbuch Internationales Management* (2. Aufl., S. 417–436). Wiesbaden: Gabler.

Heydenreich-Burck, K. (2010). *Politische Institutionen und Sozialkapital. Ein internationaler Vergleich der Determinanten sozialen Kapitals* (Empirische und methodologische Beiträge zur Sozialwissenschaft Nr. 27). Dissertation, Universität Mainz, 2010. Frankfurt am Main: Peter Lang.

Hilse, H. & Wimmer, R. (2009). Führung in Familienunternehmen. In T. A. Rüsen, A. v. Schlippe & T. Groth (Hrsg.), *Familienunternehmen. Exploration einer Unternehmensform* (Schriften zu Familienunternehmen, Bd. 2, Wittener Institut für Familienunternehmen (Hrsg.), S. 25–45). Lohmar: Josef Eul.

Hiß, S. (2006). *Warum übernehmen Unternehmen gesellschaftliche Verantwortung? Ein soziologischer Erklärungsversuch*. Dissertation, Universität Bamberg, 2005. Frankfurt am Main: Campus.

Hitt, M. A., Lee, H.-U. & Yucel, E. (2002). The importance of social capital to the management of multinational enterprises: Relational networks among Asian and Western firms. *Asia Pacific Journal of Management, 19* (2-3), 353–372.

Hoberg, R. (2003). *Clusteranalyse, Klassifikation und Datentiefe* (Quantitative Ökonomie, Bd. 129). Dissertation, Universität Köln, 2002. Lohmar: Josef Eul.

Hodicová, R. (2007). *Psychische Distanz und Internationalisierung von KMU. Empirische Untersuchung am Beispiel des sächsisch-tschechischen Grenzraumes*. Dissertation, Universität Chemnitz, 2006. Wiesbaden: Deutscher Universitäts-Verlag.

Hofbauer, E. & Pernsteiner, H. (2008). Bewertungsfragen von nicht börsennotierten Familienunternehmen. In B. Feldbauer-Durstmüller, H. Pernsteiner, R. Rohatschek & M. Tumpel (Hrsg.), *Familienunternehmen* (S. 139–165). Wien: Linde.

Hofstede, G. H. (1980). *Culture's consequences. International differences in work-related values*. Beverly Hills, CA: Sage Publications.

Hofstede, G. H. (1983). National Cultures in Four Dimensions. A Research-based Theory of Cultural Differences among Nations. *International Studies of Management & Organization, 13* (1/2), 46–74.

Hofstede, G. H. (1991). *Cultures and Organizations. Software of the mind*. London: McGraw-Hill.

Hofstede, G. H., Hofstede, G. J. & Minkov, M. (2010). *Cultures and Organizations. Software of the mind* (3. Aufl.). New York: McGraw-Hill.

Hohn, S. (2008). *Public Marketing. Marketing-Management für den öffentlichen Sektor* (2. Aufl.). Wiesbaden: Gabler.

Holona, F. (2007). *Strategieimplementierung und Implementierungskontrolle in Familienunternehmen* (Forschungspapier Nr. 7). Bonn: INTES Zentrum für Familienunternehmen.

Holtbrügge, D. (2005). *Die Lerntheorie der Internationalisierung von Johanson/Vahlne. Grundzüge, empirische Relevanz und Kritik* (Working Paper 3/2005). Erlangen-Nürnberg: Friedrich-Alexander-Universität, Betriebswirtschaftliches Institut.

Holtbrügge, D. & Puck, J. F. (2005). *Geschäftserfolg in China. Strategien für den größten Markt der Welt*. Berlin: Springer.

Holtzbrinck, D. v. (2000). Zukunftssicherung von Familiengesellschaften unter besonderer Berücksichtigung von Medienunternehmen. In P. Hommelhoff, R. Schmidt-Diemitz & W. Sigle (Hrsg.), *Familiengesellschaften. Festschrift für Walter Sigle zum 70. Geburtstag* (S. 33–42). Köln: Schmidt.

Holzborn, A. (2006). *Corporate Social Responsibility in kleinen und mittleren Unternehmen. Grundlagen - Instrumente - Perspektiven*. Saarbrücken: VDM Verlag Dr. Müller.

Homburg, C. & Giering, A. (1996). Konzeptionalisierung und Operationalisierung komplexer Konstrukte. *Marketing - Zeitschrift für Forschung und Praxis, 18* (1), 5–24.

Hoy, F. & Sharma, P. (2006). Navigating the family business education maze. In P. Z. Poutziouris, K. X. Smyrnios & S. B. Klein (Hrsg.), *Handbook of Research on Family Business* (S. 11–24). Cheltenham, UK: Edward Elgar Publishing.

Hungenberg, H. (2004). *Strategisches Management in Unternehmen. Ziele - Prozesse - Verfahren* (3. Aufl.). Wiesbaden: Gabler.

Iliou, C. D. (2004). *Die Nutzung von Corporate Governance in mittelständischen Familienunternehmen*. Dissertation, Universität Witten/Herdecke, 2004. Berlin: Logos.

Inkpen, A. & Tsang, E. (2005). Social capital, networks, and knowledge transfer. *Academy of Management Review, 30* (1), 146–165.

Iwu-Egwuonwu, R. C. (2010). *Does Corporate Social Responsibility (CSR) Impact on Firm Performance? A Literature Evidence.* Zugriff am 27.06.2011 http://papers.ssrn.com/sol3 /papers.cfm?abstract_id=1659586

Jacobsen, L. K. (2003). *Bestimmungsfaktoren für Erfolg im Entrepreneurship. Entwicklung eines umfassenden theoretischen Modells.* Dissertation, Freie Universität Berlin, 2003.

Jager, M. (2010). *Dynamische Prozesse der Internationalisierung. Theoriegeleitete empirische Analyse familiengeführter KMU* (Handel und Internationales Marketing, B. Swoboda & T. Foscht (Hrsg.)). Dissertation, Universität Trier, 2009. Wiesbaden: Gabler.

Jahrmann, F.-U. (2007). *Außenhandel* (Kompendium der praktischen Betriebswirtschaft, 12, Aufl., K. Olfert (Hrsg.)). Ludwigshafen (Rhein): Kiehl Friedrich.

Jans, M. (2011). *Sozialkapital und Personalwirtschaft. Ein Modell zur Erklärung der Wirkungen des Beziehungs- und Organisationskapitals auf personalwirtschaftliche Funktionszusammenhänge* (Schriftenreihe Empirische Personal- und Organisations-forschung, Bd. 47). Dissertation, Universität Duisburg-Essen, 2010. München: Rainer Hampp.

Jansen, D. (2002). Netzwerkansätze in der Organisationsforschung. In J. Allmendinger & T. Hinz (Hrsg.), *Organisationssoziologie* (Kölner Zeitschrift für Soziologie und Sozialpsychologie, Sonderheft 42/2002, S. 88–118). Opladen: Westdeutscher Verlag.

Jansen, D. (2006). *Einführung in die Netzwerkanalyse. Grundlagen, Methoden, Forschungsbeispiele* (3. Aufl.). Wiesbaden: VS Verlag für Sozialwissenschaften.

Jansen, D. & Diaz-Bone, R. (2011). Netzwerkstrukturen als soziales Kapital. In J. Weyer (Hrsg.), *Soziale Netzwerke. Konzepte und Methoden der sozialwissenschaftlichen Netzwerkforschung* (2. Aufl., S. 73–108). München: Oldenbourg.

Jansen, D. & Wald, A. (2007). Netzwerktheorien. In A. Benz, S. Lütz, U. Schimank & G. Simonis (Hrsg.), *Handbuch Governance* (S. 188–199). Wiesbaden: VS Verlag für Sozialwissenschaften.

Jaskiewicz, P. (2006). *Performance-Studie börsennotierter Familienunternehmen in Deutschland, Frankreich und Spanien* (FGF-Entrepreneurship-Research-Monographien, Bd. 56, H. Klandt, N. Szyperski, M. Frese, J. Brüderl, R. Sternberg, U. Braukmann & L. T. Koch (Hrsg.)). Dissertation, European Business School Oestrich-Winkel, 2006. Lohmar: Josef Eul.

Jenkins, H. (2004). A Critique of Conventional CSR Theory: An SME Perspective. *Journal of General Management, 29* (4), 37–57.

Jensen, M. C. & Meckling, W. H. (1976). Theory of the firm: Managerial behavior, agency costs and ownership structure. *Journal of Financial Economics, 3* (4), 305–360.

Johanson, J. & Mattsson, L.-G. (1986). International Marketing and Internationalization Process - A Network Approach. In P. W. Turnbull & S. J. Paliwoda (Hrsg.), *Research in international marketing* (S. 234–265). London, UK: Croom Helm.

Johanson, J. & Mattsson, L.-G. (1988). Internationalization in Industrial Systems - A Network Approach. In N. Hood & J.-E. Vahlne (Hrsg.), *Strategies in Global Competition* (Selected Papers from the Prince Bertil Symposium at the Institute of International Business, S. 287–314). London, UK: Croom Helm.

Johanson, J. & Vahlne, J.-E. (1977). The internationalization process of the firm - a model of knowledge development and increasing foreign market commitments. *Journal of International Business Studies, 8* (1), 23–32.

Kaiser, S. (2007). Sozialkapital in der betriebswirtschaftlichen Forschung: Status quo und Zukunft. In R. Lang & A. Schmidt (Hrsg.), *Individuum und Organisation. Neue Trends eines organisationswissenschaftlichen Forschungsfeldes* (S. 131–155). Wiesbaden: Deutscher Universitäts-Verlag.

Kale, P., Singh, H. & Perlmutter, H. (2000). Learning and protection of proprietary assets in strategic alliances: Building relational capital. *Strategic Management Journal, 21* (3), 217–237.

Kandrova, D. (2007). *Internationalisierung von Beratungsunternehmen. Die Rolle sozialer Netzwerkbeziehungen*. Saarbrücken: VDM Verlag.

Karagozoglu, N. & Lindell, M. (1998). Internationalization of Small and Medium-Sized Technology-Based Firms: An Exploratory Study. *Journal of Small Business Management, 36* (1), 44–59.

Katsikeas, C. S., Leonidou, L. C. & Morgan, N. A. (2000). Firm-Level export performance assessment: Review, evaluation, and development. *Journal of the Academy of Marketing Science, 28* (4), 493–511.

Katzer, B. (2009). *Erfolgspotentiale in Familienunternehmen. Eine sozialkapitaltheoretische Sichtweise. Universität Köln.*

Kayser, G. & Wallau, F. (2002). Industrial Family Businesses in Germany - Situation and Future. *Family Business Review, 15* (2), 111–115.

Klaußner, A. (2009). *Phasenangepasste Führung von Wachstumsunternehmen. Eine empirische Untersuchung im deutschsprachigen Raum* (FGF-Entrepreneurship-Research-Monographien, Bd. 66, H. Klandt, N. Szyperski, M. Frese, J. Brüderl, R. Sternberg, U. Braukmann & L. T. Koch (Hrsg.)). Dissertation, European Business School Oestrich-Winkel, 2007. Lohmar: Josef Eul.

Klein, S. B. (2000). Family Businesses in Germany: Significance and Structure. *Family Business Review, 13* (3), 157–181.

Klein, S. B. (2003). *Family Business Research in German Publications 1990-2000* (INSEAD Working Paper 2003/05/IIFE).

Klein, S. B. (2008a). Embeddedness of Owner-Managers: The Moderating Role of Values. In J. Tàpies & J. L. Ward (Hrsg.), *Family Values and Value Creation. The Fostering of Enduring Values Within Family-Owned Businesses* (S. 155–165). Houndmills, UK: Palgrave Macmillan.

Klein, S. B. (2008b). Internationale Familienunternehmen - Definition und Selbstbild. In C. Rödl, W. Scheffler & M. Winter (Hrsg.), *Internationale Familienunternehmen. Recht, Steuern, Bilanzierung, Finanzierung, Nachfolge, Strategien* (S. 1–14). München: Beck.

Klein, S. B. (2010). *Familienunternehmen. Theoretische und empirische Grundlagen* (Reihe: Family Business, Bd. 1, 3. Aufl., S. B. Klein, P. Jaskiewicz, P. May & A. v. Schlippe (Hrsg.)). Lohmar: Josef Eul.

Klein, S. B., Astrachan, J. & Smyrnios, K. (2005). The F-PEC Scale of Family Influence: Construction, Validation, and Further Implications for Theory. *Entrepreneurship Theory and Practice, 29* (3), 321–339.

Kneidinger, B. (2010). *Facebook und Co. Eine soziologische Analyse von Interaktionsformen in Online Social Networks*. Wiesbaden: VS Verlag für Sozialwissenschaften.

Knoke, D. (1999). Organizational Networks and Corporate Social Capital. In R. T. A. J. Leenders & S. M. Gabbay (Hrsg.), *Corporate Social Capital and Liability* (S. 17–42). Boston, MA: Kluwer Academic Publishers.

Knöpfler, S. (2009). *Soziales Kapital in interorganisationalen Projekten. Eine empirische Studie des interorganisationalen Wissenserwerbs im deutschen Maschinen- und Anlagenbau*. Dissertation, Universität Köln, 2008. Köln: Kölner Wissenschaftsverlag.

Koeberle-Schmid, A. (2008). *Family Business Governance: Aufsichtsgremium und Familienrepräsentanz*. Dissertation, WHU – Otto-Beisheim-Hochschule Vallendar, 2008. Wiesbaden: Gabler.

Koeberle-Schmid, A., Brockhoff, K. & Witt, P. (2009). Performanceimplikationen von Aufsichtsgremien in deutschen Familienunternehmen. In P. Witt (Hrsg.), *Management von Familienunternehmen. Zeitschrift für Betriebswirtschaft* (Special Issue 2/2009, S. 83–111). Wiesbaden: Gabler.

Kogut, B. & Singh, H. (1988). The Effect of National Culture on the Choice of Entry Mode. *Journal of International Business Studies, 19* (3), 411–432.

Koka, B. R. & Prescott, J. E. (2002). Strategic alliances as social capital: A multidimensional view. *Strategic Management Journal, 23* (9), 795–816.

Kontinen, T. & Ojala, A. (2010). The internationalization of family businesses: A review of extant research. *Journal of Family Business Strategy, 1* (2), 97–107.

Kontinen, T. & Ojala, A. (2011a). International Opportunity Recognition among Small and Medium-Sized Family Firms. *Journal of Small Business Management, 49* (3), 490–514.

Kontinen, T. & Ojala, A. (2011b). Network ties in the international opportunity recognition of family SME. *International Business Review, 20* (4), 440–453.

Kontinen, T. & Ojala, A. (2012). Social capital in the international operations of family SMEs. *Journal of Small Business and Enterprise Development, 19* (1), 39–55.

Koob, D. (2007). *Sozialkapital zur Sprache gebracht. Eine bedeutungstheoretische Perspektive auf ein sozialwissenschaftliches Begriffs- und Theorieproblem.* Göttingen: Universitätsverlag.

Kormann, H. (2011). *Zusammenhalt der Unternehmerfamilie. Verträge, Vermögensmanagement, Kommunikation.* Berlin: Springer.

Kotler, P. & Bliemel, F. (2001). *Marketing-Management. Analyse, Planung und Verwirklichung* (10. Aufl.). Stuttgart: Schäffer-Poeschel.

Kraatz, M. (1998). Learning by association? Interorganizational networks and adaptation to environmental change. *Academy of Management Journal, 41* (6), 621–643.

Krämer, W. (2006). Allianzen und Kooperationen mit Familienunternehmen - zwischen Kooperationen und virtuellen Netzwerken. In C. G. Böllhoff, W. Krüger & M. Berni (Hrsg.), *Spitzenleistungen in Familienunternehmen. Ein Managementhandbuch* (S. 137–146). Stuttgart: Schäffer-Poeschel.

Kriesi, H. (2007). Sozialkapital. Eine Einführung. In A. Franzen & M. Freitag (Hrsg.), *Sozialkapital. Grundlagen und Anwendungen* (Kölner Zeitschrift für Soziologie und Sozialpsychologie, Sonderheft 47/2007, S. 23–46). Wiesbaden: VS Verlag für Sozialwissenschaften.

Kröll, A.-M. (2003). *Interorganisationale Netzwerke. Nutzung Sozialen Kapitals für Markteintrittsstrategien.* Dissertation, Universität St. Gallen, 2003. Wiesbaden: Deutscher Universitäts-Verlag.

Krystek, U. & Zur, E. (2002). Unternehmenskultur, Strategie und Akquisition. In U. Krystek & E. Zur (Hrsg.), *Handbuch Internationalisierung. Globalisierung - eine Herausforderung für die Unternehmensführung* (2. Aufl., S. 777–792). Berlin: Springer.

Kubon-Gilke, G., Sturn, R. & Held, M. (2005). Ökonomik des Vertrauens - Stellenwert von Vertrauen in der Ökonomik. In M. Held, G. Kubon-Gilke & R. Sturn (Hrsg.), *Normative und institutionelle Grundfragen der Ökonomik. Reputation und Vertrauen* (Jahrbuch, Bd. 4, S. 7–33). Marburg: Metropolis.

Kuckartz, U., Rädiker, S., Ebert, T. & Schehl, J. (2010). *Statistik. Eine verständliche Einführung.* Wiesbaden: VS Verlag für Sozialwissenschaften Wiesbaden.

Kutschker, M. & Schmid, S. (2008). *Internationales Management* (6. Aufl.). München: Oldenbourg.

Langenscheidt, F. & May, P. (2009) *Lexikon der deutschen Familienunternehmen.* Wiesbaden: Gabler.

Langenscheidt, F. & Venohr, B. (2010). *Lexikon der deutschen Weltmarktführer.* Wiesbaden: Gabler.

Lansberg, I. S. (1983). Managing Human Resources in Family Firms: The Problem of Institutional Overlap. *Organizational Dynamics, 12* (1), 39–46.

Larson, A. & Starr, J. A. (1993). A Network Model of Organization Formation. *Entrepreneurship Theory and Practice, 17* (2), 5–15.

Leana, C. R. & Buren, H. J. v. (1999). Organizational Social Capital and Employment Practices. *Academy of Management Review, 24* (3), 538–555.

Lewicki, R. J. & Bunker, B. B. (1996). Developing and Maintaining Trust in Work Relationships. In R. M. Kramer & T. R. Tyler (Hrsg.), *Trust in Organizations. Frontiers of Theory and Research* (S. 114–139). Thousand Oaks, CA: Sage Publications.

Liikanen, E. (2000). Europäische Unternehmenspolitik: Neue Rahmenbedingungen für Familienunternehmen in Europa. *Unternehmermagazin, 48* (9), 28–31.

Lin, N. (2001). Building a Network Theory of Social Capital. In N. Lin, K. Cook & R. S. Burt (Hrsg.), *Social capital. Theory and research* (S. 3–30). New York, NY: Aldine de Gruyter.

Lin, N. & Dumin, M. (1986). Access to occupations through social ties. *Social Networks, 8* (4), 365–385.

Lindstrand, A., Melén, S. & Nordman, E. R. (2011). Turning social capital into business: A study of the internationalization of biotech SMEs. *International Business Review, 20* (2), 194–212.

Littunen, H. & Hyrsky, K. (2000). The early entrepreneurial stage in Finnish family and nonfamily firms. *Family Business Review, 13* (1), 41–54.

Löser, B. (2000). *Internationalisierung mittelständischer Produktionsunternehmen durch strategische Netzwerke*. Dissertation, Universität St. Gallen, 1999. Aachen: Shaker.

Lucks, K. & Meckl, R. (2002). *Internationale Mergers & Acquisitions. Der prozessorientierte Ansatz*. Berlin: Springer.

Lumpkin, G. T., Brigham, K. H. & Moss, T. W. (2010). Long-term orientation: Implications for the entrepreneurial orientation and performance of family businesses. *Entrepreneurship & Regional Development, 22* (3-4), 241–264.

Lyman, A. R. (1991). Customer Service: Does Family Ownership Make a Difference? *Family Business Review, 4* (3), 303–324.

Macharzina, K. & Wolf, J. (2008). *Unternehmensführung. Das internationale Managementwissen* (6. Aufl.). Wiesbaden: Gabler.

Mandl, I. (2008). *Overview of Family Business Relevant Issues* (Final Report). Wien: Austrian Institute for SME Research.

Manev, I. M., Gyoshev, B. S. & Manolova, T. S. (2005). The role of human and social capital and entrepreneurial orientation for small business performance in a transitional economy. *International Journal of Entrepreneurship and Innovation Management, 5* (3/4), 298–318.

Marbach, J. H. (2008). Netzwerk und Sozialkapital. Dynamische Zusammenhänge im Licht von Paneldaten der Umfrageforschung. In C. Stegbauer (Hrsg.), *Netzwerkanalyse und Netzwerktheorie. Ein neues Paradigma in den Sozialwissenschaften* (S. 347–358). Wiesbaden: VS Verlag für Sozialwissenschaften.

Martin, T., Ruda, W. & Pfeffer, M. (2002). Risikomanagement in Familienunternehmen – Unternehmenskrisen und das Risikomanagementsystem nach KonTraG. *MER Journal for Management and Development, 4* (1), 44–52.

Mast, C. (2010). *Unternehmenskommunikation. Ein Leitfaden* (4. Aufl.). Stuttgart: UTB.

Matiaske, W. (1999). *Soziales Kapital in Organisationen. Eine tauschtheoretische Studie.* München: Rainer Hampp.

Matiaske, W. (2005). Soziales Kapital in sozioökonomischer Perspektive. In M. Moldaschl (Hrsg.), *Immaterielle Ressourcen. (Nachhaltigkeit und Unternehmensführung und Arbeit I*, Bd. 3, S. 69–94). München: Rainer Hampp.

Maurer, I. (2003). *Soziales Kapital als Erfolgsfaktor junger Unternehmen. Eine Analyse der Gestaltung und Entwicklungsdynamik der Netzwerke von Biotechnologie Start-Ups.* Wiesbaden: Westdeutscher Verlag.

Maurer, I. & Ebers, M. (2006). Dynamics of Social Capital and Their Performance Implications: Lessons from Biotechnology Start-ups. *Administrative Science Quarterly, 51* (2), 262–292.

Maurer, I., Bartsch, V., Ebers, M. & Knöpfler, S. (2007). *Learning in Project-Based Organizations: How Project Members' Social Capital Affects Effective Knowledge Transfer and Organizational Performance* (23rd EGOS Colloquium in Vienna).

May, P. (2008a). Familienunternehmen erfolgreich führen. In P. May & G. Rieder (Hrsg.), *Familienunternehmen heute - Jahrbuch 2009* (S. 12–24). Bonn: INTES-Akademie für Familienunternehmen.

May, P. (2008b). Familienunternehmen: Nicht nur anders, sondern besser - Grundzüge einer Managementtheorie für Familienunternehmen. In C. Rödl, W. Scheffler & M. Winter (Hrsg.), *Internationale Familienunternehmen. Recht, Steuern, Bilanzierung, Finanzierung, Nachfolge, Strategien.* (S. 417–429). München: Beck.

May, P. (2009). Familienunternehmen erfolgreich führen - Von der Inhaber-Strategie zur Unternehmens-Strategie. In P. Witt (Hrsg.), *Management von Familienunternehmen. Zeitschrift für Betriebswirtschaft* (Special Issue 2/2009, S. 113–125). Wiesbaden: Gabler.

May, P. (2012). *Erfolgsmodell Familienunternehmen. Das Strategie-Buch.* Hamburg: Murmann.

Mayer, H. O. (2008). *Interview und schriftliche Befragung* (4. Aufl.). München: Oldenbourg.

Mayerhofer, W., Grusch, L. & Mertzbach, M. (2008). *Corporate Social Responsibility. Einfluss auf die Einstellung zu Unternehmen und Marken* (Empirische Marketingforschung, Bd. 19, G. Schweiger (Hrsg.)). Wien: Facultas.

Mayring, P. (2010). *Qualitative Inhaltsanalyse. Grundlagen und Techniken* (11. Aufl.). Weinheim: Beltz.

McNaughton, R. B. & Bell, J. (2001). Corporate Social Capital. A framework for Unterstanding Network-based Export Developement Programs. In S. M. Gabbay & R. T. A. J. Leenders (Hrsg.), *Social capital of organizations* (Research in the sociology of organizations, Vol. 18, S. 209–230). Amsterdam: Jai.

Meckl, R. (1993). *Unternehmenskooperationen im EG-Binnenmarkt.* Dissertation, Universität Regensburg, 1993. Wiesbaden: Deutscher Universitäts-Verlag.

Meckl, R. (2000). *Controlling im internationalen Unternehmen. Erfolgsorientiertes Management internationaler Organisationsstrukturen.* München: Vahlen.

Meckl, R. (2002). Probleme der Gründung von Auslandsgesellschaften. In K. Macharzina & M.-J. Oesterle (Hrsg.), *Handbuch Internationales Management* (2. Aufl., S. 653–676). Wiesbaden: Gabler.

Meckl, R. (2010). *Internationales Management* (2. Aufl.). München: Vahlen.

Meffert, H. (1992). *Marketingforschung und Käuferverhalten* (2. Aufl.). Wiesbaden: Gabler.

Meffert, H. & Bolz, J. (1998). *Internationales Marketing-Management* (3. Aufl.). Stuttgart: Kohlhammer.

Meffert, H. & Münstermann, M. (2005). *Corporate Social Responsibility in Wissenschaft und Praxis - eine Bestandsaufnahme* (Arbeitspapiere Nr.186). Münster: Wissenschaftliche Gesellschaft für Marketing und Unternehmensführung.

Melin, L. (1992). Internationalization as a Strategy Process. *Strategic Management Journal, 13* (Special Issue), 99–118.

Menéndez-Requejo, S. (2005). Growth and internationalisation of family businesses. *International Journal of Globalisation and Small Business, 1* (2), 122–133.

Menéndez-Requejo, S. (2006). Ownership structure and firm performance: evidence from Spanish family firms. In P. Z. Poutziouris, K. X. Smyrnios & S. B. Klein (Hrsg.), *Handbook of Research on Family Business* (S. 575–592). Cheltenham, UK: Edward Elgar Publishing.

Menzies, J. L. & Orr, S. (2010). The impact of political behaviours on internationalisation. The case of Australian companies internationalising to China. *Journal of Chinese Economic and Foreign Trade Studies, 3* (1), 24–42.

Mertens, C. (2009). *Herausforderungen für Familienunternehmen im Zeitverlauf. Eine empirische Analyse am Beispiel von Nachfolge und Internationalisierung* (Reihe: Family Business, Bd. 2, S. B. Klein, P. Jaskiewicz, P. May & A. v. Schlippe (Hrsg.)). Dissertation, Universität Erlangen-Nürnberg, 2008. Lohmar: Josef Eul.

Meyer, A. & Oldenburg, D. (2008). Macht - Wert - Sinn (?). Werte- und Wertorientierung in Familienunternehmen. *OrganisationsEntwicklung, (4/2008).*

Michailova, S. & Worm, V. (2003). Personal Networking in Russia and China: Blat and Guanxi. *European Management Journal, 21* (4), 509–519.

Michler, I. (2009). *Wirtschaftswunder 2010. Deutschlands Familienunternehmer erobern die Weltmärkte*. Frankfurt am Main: Campus.

Miller, D. & Le Breton-Miller, I. (2005). *Managing for the long run. Lessons in competitive advantage from great family businesses*. Boston, MA: Harvard Business School Press.

Miller, D., Le Breton-Miller, I. & Scholnick, B. (2008). Stewardship vs. Stagnation: An Empirical Comparison of Small Family and Non-Family Businesses. *Journal of Management Studies, 45* (1), 51–78.

Miller, D., Steier, L. & Le Breton-Miller, I. (2003). Lost in time: intergenerational succession, change, and failure in family business. *Journal of Business Venturing, 18* (4), 513–531.

Mishra, A. K. (1996). Organizational Responses to Crisis: The Centrality of Trust. In R. M. Kramer & T. R. Tyler (Hrsg.), *Trust in Organizations. Frontiers of Theory and Research* (S. 261–287). Thousand Oaks, CA: Sage Publications.

Mizruchi, M. S. & Galaskiewicz, J. (1994). Networks of Interorganizational Relations. In S. Wasserman & J. Galaskiewicz (Hrsg.), *Advances in social network analysis. Research in the social and behavioral sciences* (Sage focus editions, Bd. 171, S. 230–252). Thousand Oaks, CA: Sage Publications.

Morris, M. H., Williams, R. O., Allen, J. A. & Avila, R. A. (1997). Correlates of success in family business transitions. *Journal of Business Venturing, 12* (5), 385–401.

Mühlebach, C. (2004). *Familyness als Wettbewerbsvorteil. Ein integrierter Strategieansatz für Familienunternehmen*. Dissertation, Universität St. Gallen, 2004. Bern: Haupt.

Müller, S. & Kornmeier, M. (2002a). Motive und Unternehmensziele als Einflussfaktoren der einzelwirtschaftlichen Internationalisierung. In K. Macharzina & M.-J. Oesterle (Hrsg.), *Handbuch Internationales Management* (2. Aufl., S. 99–130). Wiesbaden: Gabler.

Müller, S. & Kornmeier, M. (2002b). *Strategisches internationales Management* (Vahlens Handbücher der Wirtschafts- und Sozialwissenschaften). München: Vahlen.

Nagel, R. (2008). Strategieentwicklung in Familienunternehmen. In A. v. Schlippe, A. Nischak & M. E. Hachimi (Hrsg.), *Familienunternehmen verstehen. Gründer, Gesellschafter und Generationen* (S. 115–122). Göttingen: Vandenhoeck & Ruprecht.

Nahapiet, J. & Ghoshal, S. (1998). Social Capital, intellectual capital, and the organizational advantage. *Academy of Management Review, 23* (2), 242–266.

Naldi, L. & Nordqvist, M. (2008). Family Firms Venturing into International Markets: A Resource Dependence Perspective. *Frontiers of Entrepreneurship Research, 28* (14), 1–18.

Narayanan, V. K. & Fahey, L. (1990). Evolution of Revealed Causal Maps during Decline: A Case Study of Admiral. In A. S. Huff (Hrsg.), *Mapping strategic thought* (S. 109–134). Chichester, UK: Wiley.

Neßler, C. & Tellhelm, F. (2012). *Corporate Social Responsibility. Eine signalingtheoretische Analyse*. Lohmar: Josef Eul.

Neubauer, F. & Lank, A. G. (1998). *The family business. Its governance for sustainability*. Houndmills, UK: Palgrave Macmillan.

Niemeier, W. (2008). *Kompetenzprofile erfolgreicher selbstständiger mittelständischer Unternehmer*. Dissertation, Universität Bielefeld, 2008. Berlin: wvb Wissenschaftlicher Verlag.

Nienaber, K. B. (2003). *Internationalisierung mittelständischer Unternehmen. Theoretische Grundlagen und empirische Befunde zur Strategiewahl und -umsetzung*. Dissertation, Universität der Bundeswehr Hamburg, 2002. Hamburg: Dr. Kovač.

o.V. (2006). Die Weltwirtschaft wächst zusammen. *Frankfurter Allgemeine Zeitung, 29.09.2006, Nr. 227*, S. 14.

Obbelode, F. (1993). *Strategisches Marktauswahlverhalten mittelständischer Unternehmen auf internationalen Märkten. Eine theoretische Fundierung und empirische Untersuchung, dargestellt am Beispiel der Oberbekleidungsindustrie in der Bundesrepublik Deutschland*. Frankfurt am Main: Lang.

Ohle, F. (2008). *Das Strategiebuch für Familienunternehmer. Wirksam umsetzen, erfolgreich wachsen*. Bonn: INTES-Akademie für Familienunternehmen.

Osterhold, G. (2002). *Veränderungsmanagement. Wege zum langfristigen Unternehmenserfolg* (2. Aufl.). Wiesbaden: Gabler.

Ostrom, E. & Ahn, T.-K. (2003). Soziales Kapital und kollektives Handeln: Eine sozialwissenschaftliche Perspektive auf soziales Kapital. In Deutscher Bundestag (Hrsg.), *Bürgerschaftliches Engagement von Unternehmen* (Enquete-Kommission, „Zukunft des Bürgerschaftlichen Engagements", Bd. 2, S. 35–83). Opladen: Leske + Budrich.

Paier, D. (2010). *Quantitative Sozialforschung. Eine Einführung.* Wien: Facultas.

Pape, U. (2011). *Grundlagen der Finanzierung und Investition* (2. Aufl.). München: Oldenbourg.

Pearson, A. W., Carr, J. C. & Shaw, J. C. (2008). Toward a Theory of Familiness: A Social Capital Perspective. *Entrepreneurship Theory and Practice, 32* (6), 949–969.

Peemöller, V. H. (2008). Corporate Governance in Familienunternehmen - Notwendigkeit oder Modeerscheinung? In P. Kirchhof & H. Nieskens (Hrsg.), *Festschrift für Wolfram Reiss zum 65. Geburtstag* (S. 721–736). Köln: Dr. Otto Schmidt.

Pennings, J. M. & Lee, K. (1999). Social Capital and Organization: Conceptualization, Level of Analysis, and Performance Implications. In R. T. A. J. Leenders & S. M. Gabbay (Hrsg.), *Corporate Social Capital and Liability* (S. 43–67). Boston, MA: Kluwer Academic Publishers.

Perlitz, M. (2004). *Internationales Management* (5. Aufl.). Stuttgart: Lucius & Lucius.

Pernsteiner, H. (2008). Familienunternehmen und Finanzmanagement. In B. Feldbauer-Durstmüller, H. Pernsteiner, R. Rohatschek & M. Tumpel (Hrsg.), *Familienunternehmen* (S. 53–79). Wien: Linde.

Pernsteiner, H. & Fahrner, J. (2009). Familienunternehmen und Finanzmanagement. *CFO aktuell, 3* (1), 9–12.

Petrova, I. (2007). Männervertrauen - Frauenvertrauen in der Arbeitswelt. In K. Roth (Hrsg.), *Soziale Netzwerke und soziales Vertrauen in den Transformationsländern. Social Networks and Social Trust in the Transformation Countries* (S. 303–316). Wien: LIT.

Picot, G. (2008). Familien- und Mittelstandsunternehmen im globalen Wandel von Wirtschaft und Gesellschaft. In G. Picot (Hrsg.), *Handbuch für Familien- und Mittelstandsunternehmen* (S. 1–35). Stuttgart: Schäffer-Poeschel.

Pistrui, D., Huang, W. V., Welsch, H. P. & Jing, Z. (2006). Family and cultural forces: shaping entrepreneurship and SME development in China. In P. Z. Poutziouris, K. X. Smyrnios & S. B. Klein (Hrsg.), *Handbook of Research on Family Business* (S. 460–487). Cheltenham, UK: Edward Elgar Publishing.

Portes, A. (1998). Social Capital: Its Origins and Applications in Modern Sociology. *Annual Review of Sociology, 24* (1), 1–24.

Portes, A. & Sensenbrenner, J. (1993). Embeddedness and Immigration: Notes on the Social Determinants of Economic Action. *American Journal of Sociology, 98* (6), 1320–1350.

Poutziouris, P. Z., Smyrnios, K. X. & Klein, S. B. (2006). Introduction: the business of researching family enterprises. In P. Z. Poutziouris, K. X. Smyrnios & S. B. Klein (Hrsg.), *Handbook of Research on Family Business* (S. 1–8). Cheltenham, UK: Edward Elgar Publishing.

Poza, E. J. (2007). *Family business* (2. Aufl.). Mason: South-Western.

Prashantham, S. & Dhanaraj, C. (2010). The Dynamic Influence of Social Capital on the International Growth of New Ventures. *Journal of Management Studies, 47* (6), 967–994.

Prashantham, S. & McNaughton, R. B. (2006). Facilitation of links between multinational subsidiaries and SMEs: The Scottish Technology and Collaboration (STAC) initiative. *International Business Review, 15* (5), 447–462.

Preece, S. B., Miles, G. & Baetz, M. C. (1999). Explaining the International Intensity and Global Diversity of Early-Stage Technology-Based Firms. *Journal of Business Venturing, 14* (3), 259–281.

Preisendörfer, P. (2007). Sozialkapital und unternehmerisches Handeln. Das soziale Netzwerk von Unternehmensgründern als Erfolgsfaktor. In A. Franzen & M. Freitag (Hrsg.), *Sozialkapital. Grundlagen und Anwendungen* (Kölner Zeitschrift für Soziologie und Sozialpsychologie, Sonderheft 47/2007, S. 272–293). Wiesbaden: VS Verlag für Sozialwissenschaften.

Presutti, M., Boari, C. & Fratocchi, L. (2007). Knowledge acquisition and the foreign development of high-tech start-ups: A social capital approach. *International Business Review, 16* (1), 23–46.

Proff, H. (2004). *Internationales Management. In Ostasien, Lateinamerika und Schwarzafrika*. München: Oldenbourg.

Putnam, R. D. (1993). *Making democracy work. Civic traditions in modern Italy*. Princeton, NJ: Princeton University Press.

Putnam, R. D. (1995a). Bowling Alone: America's Declining Social Capital. *Journal of Democracy, 6* (1), 65–78.

Putnam, R. D. (1995b). Tuning In, Tuning Out: The Strange Disappearance of Social Capital in America. *Political Science and Politics, 28* (4), 664–683.

Putnam, R. D. & Goss, K. A. (2001). Einleitung. In R. D. Putnam (Hrsg.), *Gesellschaft und Gemeinsinn. Sozialkapital im internationalen Vergleich* (S. 15–43). Gütersloh: Bertelsmann.

Quermann, D. (2004). *Führungsorganisation in Familienunternehmungen. Eine explorative Studie* (Personal und Organisation, Bd. 31, F. G. Becker & J. Berthel (Hrsg.)). Lohmar: Josef Eul.

Raab, G., Unger, A. & Unger, F. (2009). *Methoden der Marketing-Forschung. Grundlagen und Praxisbeispiele* (2. Aufl.). Wiesbaden: Gabler.

Raffel, F.-C. (2006). Familienunternehmen akquirieren Unternehmen anders. *M&A Review (3/2006)*, 117–122.

Raithel, J. (2008). *Quantitative Forschung. Ein Praxiskurs* (2. Aufl.). Wiesbaden: VS Verlag für Sozialwissenschaften.

Raub, W. & Weesie, J. (1990). Reputation and Efficiency in Social Interactions: An Example of Network Effects. *American Journal of Sociology, 96* (3), 626–654.

Raub, W., Rooks, G. & Tazelaar, F. (2007). Erträge des Sozialkapitals in zwischenbetrieblichen Beziehungen: Eine empirisch-theoretische Studie. In A. Franzen & M. Freitag (Hrsg.), *Sozialkapital. Grundlagen und Anwendungen* (Kölner Zeitschrift für Soziologie und Sozialpsychologie, Sonderheft 47/2007, S. 241–271). Wiesbaden: VS Verlag für Sozialwissenschaften.

Reese, P. R. & Aldrich, H. E. (1995). Entrepreneurial networks and business performance. A panel study of small and medium-sized firms in the research triangle. In S. Birley & I. C. MacMillan (Hrsg.), *International Entrepreneurship* (S. 124–144). London, UK: Routledge.

Rehn, A. & Taalas, S. (2004). 'Znakomstva I Svyazi' (Acquaintances and connections) – Blat, the Soviet Union, and mundane entrepreneurship. *Entrepreneurship & Regional Development, 16* (3), 235–250.

Rehner, J. (2004). *Netzwerke und Kultur. Unternehmerisches Handeln deutscher Manager in Mexiko* (Wirtschaft & Raum, Bd. 11). Dissertation, Universität München, 2003. München: Utz.

Reimers, N. (2004). *Private Equity für Familienunternehmen. Nachfolgelösung und Wachstumsfinanzierung im deutschen Mittelstand.* Wiesbaden: Deutscher Universitäts-Verlag.

Reiners, F. (2008). *Networking in Organisationen* (Schriftenreihe Organisation und Personal, O. Neuberger (Hrsg.)). Dissertation, Universität Frankfurt, 2007. München: Rainer Hampp.

Reisach, U., Tauber, T. & Yuan, X. (2007). *China - Wirtschaftspartner zwischen Wunsch und Wirklichkeit* (4. Aufl.). Heidelberg: Redline Wirtschaft.

Reitzle, W. (2000). Die Welt wächst zusammen. *Die Welt,* 07.05.2000, S. 63.

Reuber, R. A. & Fischer, E. (1997). The Influence of the Management Team's International Experience on the Internationalization Behaviors of SMEs. *Journal of International Business Studies, 28* (4), 807–825.

Riemer, K. (2005). *Sozialkapital und Kooperation* (Ökonomik der Kooperation, Bd. 3). Dissertation, Universität Münster, 2004. Tübingen: Mohr Siebeck.

Riewe, K. (2010). *Interdependenz wirtschaftlicher und gesellschaftlicher Transformation. Das ökonomische Potential sozialen Kapitals am Beispiel der Russischen Föderation* (Bochum Studies in International Development No. 59). Berlin: Logos.

Rödl, C. (2008). Rechtsformwahl internationaler Familienunternehmen. In C. Rödl, W. Scheffler & M. Winter (Hrsg.), *Internationale Familienunternehmen. Recht, Steuern, Bilanzierung, Finanzierung, Nachfolge, Strategien* (S. 61–88). München: Beck.

Röhl, K.-H. (2008). *Die Zukunft der Familienunternehmen in Deutschland. Potenziale und Risiken in der globalen Wirtschaft* (Forschungsberichte aus dem Institut der deutschen Wirtschaft Köln Nr. 38). Köln: Deutscher Instituts-Verlag.

Rommel, C. (2007). *Business-Knigge China. Ein Handbuch für deutsche Manager.* Düsseldorf: Institut für Außenwirtschaft.

Rønning, L. (2009). Social capital: an asset or a liability to entrepreneurial activity? *International Journal of Entrepreneurship and Small Business, 7* (2), 232–252.

Rose, R. (2000). Getting things done in an antimodern society: social capital networks in Russia. In P. Dasgupta & I. Serageldin (Hrsg.), *Social Capital. A Multifaceted Perspective* (S. 147–171). Washington D.C.: World Bank Publications.

Rössl, D. (2006). *Relationship-Management. Mit Beiträgen aus Wissenschaft und Praxis.* Wien: facultas.

Rößl, D., Weismeier-Sammer, D. & Lang, R. (2010). Sozialkapital als Basis für das Lobbying von KMU. *Zeitschrift für KMU und Entrepreneurship, 58* (2), 141–156.

Ruter, R. X. & Thümmel, R. C. (2009). *Beiräte in mittelständischen Familienunternehmen* (2. Aufl.). Stuttgart: Boorberg.

Ruzzier, M., Hisrich, R. D. & Antoncic, B. (2006). SME internationalization research: past, present and future. *Journal of Small Business and Enterprise Development, 13* (4), 476–497.

Sacconi, L. & Degli Antoni, G. (2008). *A Theoretical Analysis of the Relationship between Social Capital and Corporate Social Responsibility: Concepts and Definitions.* Zugriff am 27.06.2011 http://papers.ssrn.com/sol3/papers.cfm?abstract_id=1182982

Sachs, A. (2008). *Internationales Wachstum von Familienunternehmen. Mit M&A auf den Weltmarkt.* Frankfurt am Main: Frankfuter Allgemeine Buch.

Sachs, L. & Hedderich, J. (2006). *Angewandte Statistik* (12. Aufl.). Berlin: Springer.

Salvato, C. & Melin, L. (2008). Creating Value Across Generations in Family-Controlled Businesses: The Role of Family Social Capital. *Family Business Review, 21* (3), 259–276.

Sandefur, R. L. & Laumann, E. O. (1998). A Paradigm for social capital. *Rationality and Society, 10* (4), 481–501.

Schachner, M., Speckbacher, G. & Wentges, P. (2006). Steuerung mittelständischer Unternehmen: Größeneffekte und Einfluss der Eigentums- und Führungsstruktur. *Zeitschrift für Betriebswirtschaft, 76* (6), 589–614.

Schechler, J. M. (2002). *Sozialkapital und Netzwerkökonomik.* Dissertation, Universität Hohenheim, 2001. Frankfurt am Main: Lang.

Schendera, C. F. (2010). *Clusteranalyse mit SPSS. Mit Faktorenanalyse.* München: Oldenbourg.

Schenk, M. (1995). *Soziale Netzwerke und Massenmedien. Untersuchungen zum Einfluß der persönlichen Kommunikation.* Tübingen: Mohr.

Schewe, G., Nienaber, A.-M. & Liesenkötter, B. (2010). *Markteintritt in die arabische Welt - eine fallstudienbasierte Untersuchung deutscher Familienunternehmen* (Arbeitspapier Nr. 68). Münster: Westfälische Wilhelms-Universität.

Schielke, J. E. (2009). Finanzierung von Familienunternehmen. In R. Kirchdörfer, R. Lorz, A. Wiedemann, R. Kögel & T. Frohnmayer (Hrsg.), *Familienunternehmen in Recht, Wirtschaft, Politik und Gesellschaft. Festschrift für Brun-Hagen Hennerkes zum 70. Geburtstag* (S. 221–240). München: Beck.

Schlippe, A. v., Buberti, C., Groth, T. & Plate, M. (2009). Die zehn Wittener Thesen. In T. A. Rüsen, A. v. Schlippe & T. Groth (Hrsg.), *Familienunternehmen. Exploration einer Unternehmensform* (Schriften zu Familienunternehmen, Bd. 2, Wittener Institut für Familienunternehmen (Hrsg.), S. 1–24). Lohmar: Josef Eul.

Schlippe, A. v., Nischak, A. & Hachimi, M. E. (2008). Familienunternehmen verstehen. In A. v. Schlippe, A. Nischak & M. E. Hachimi (Hrsg.), *Familienunternehmen verstehen. Gründer, Gesellschafter und Generationen* (S. 19–29). Göttingen: Vandenhoeck & Ruprecht.

Schmid, S. (2000). *Was versteht man eigentlich unter Globalisierung ...? Ein kritischer Überblick über die Globalisierungsdiskussion* (Diskussionsbeitrag Nr. 144). Ingolstadt: Kath. Universität Eichstätt.

Schmid, S. (2005). Kooperation: Erklärungsperspektiven interaktionstheoretischer Ansätze. In J. Zentes, B. Swoboda & D. Morschett (Hrsg.), *Kooperationen, Allianzen und Netzwerke* (2. Aufl., S. 235–256). Wiesbaden: Gabler.

Schmidt, K. (2007). *Erfolgsfaktoren in Speditionen.* Dissertation, Universität Dortmund, 2007. Zugriff am 14.09.2010 https://eldorado.tu-dortmund.de/bitstream/2003/24936/5/SchmidtKirsten2.pdf

Schmidt, S., Rotfuß, W. & Westerheide, P. (2010). Definition und quantitative Erfassung von Familienunternehmen. In M. Schröder & P. Westerheide (Hrsg.), *Wirtschaftliche und gesellschaftliche Bedeutung von Familienunternehmen* (ZEW Wirtschaftsanalysen, Bd. 97, S. 35–79). Baden-Baden: Nomos.

Schmude, J. (2003). Standortwahl und Netzwerke von Unternehmensgründern. In M. Dowling & H. J. Drumm (Hrsg.), *Gründungsmanagement. Vom erfolgreichen Unternehmensstart zu dauerhaftem Wachstum* (2. Aufl., S. 291–304). Berlin: Springer.

Schnell, R., Hill, P. B. & Esser, E. (2011). *Methoden der empirischen Sozialforschung* (9. Aufl.). München: Oldenbourg.

Schröder, M. (2010). Familienunternehmen und soziale Verantwortlichkeit von Unternehmen. In M. Schröder & P. Westerheide (Hrsg.), *Wirtschaftliche und gesellschaftliche Bedeutung von Familienunternehmen* (ZEW Wirtschaftsanalysen, Bd. 97, S. 81–99). Baden-Baden: Nomos.

Schulz, A. (2005). *Internationalisierung von kleinen und mittleren Unternehmen. Spezielle Risiken erkennen - Chancen im Ausland richtig einschätzen.* Eschborn: RKW-Verlag.

Schulz, A. & Welge, M. K. (2006). *Internationalisierung von kleinen und mittleren Unternehmen (KMU). Unterstützungsangebote auf dem Weg ins Ausland.* Eschborn: RKW-Verlag.

Schulze, W. S. & Gedajlovic, E. R. (2010). Guest Editors' Introduction. Whither Family Business? *Journal of Management Studies, 47* (2), 191–204.

Schumacher, H.-G. (2011). *Qualifizierte Neukundengewinnung im Firmenkundengeschäft* (3. Aufl.). Wiesbaden: Gabler.

Schwalbach, J. (2003). Unternehmensreputation als Erfolgsfaktor. In M. Rese, A. Söllner & B. P. Utzig (Hrsg.), *Relationship Marketing. Standortbestimmung und Perspektiven* (S. 225–239). Berlin: Springer.

Schwarz, S. (2009). *Muster erfolgreicher Internationalisierung von Handelsunternehmen. Eine empirische Analyse auf Basis des Konfigurationsansatzes und des Integration-Responsiveness-Frameworks* (Handel und Internationales Marketing, B. Swoboda & T. Foscht (Hrsg.)). Dissertation, Universität Trier, 2008. Wiesbaden: Gabler.

Schwass, J. (2007). *Wachstumsstrategien für Familienunternehmen. In der Praxis getestete Langfriststrategien.* München: FinanzBuch.

Seibert, S., Kraimer, M. L. & Liden, R. C. (2001). A social capital theory of career success. *Academy of Management Journal, 44* (2), 219–237.

Seligman, A. B. (2000). *The problem of trust.* Princeton, NY: Princeton University Press.

Semlinger, K. (2003). Vertrauen als Kooperationshemmnis - Kooperationsprobleme von kleinen und mittleren Unternehmen und Auswege aus der Vertrauensfalle. In H. Hirsch-Kreinsen & M. Wannöffel (Hrsg.), *Netzwerke kleiner Unternehmen. Praktiken und Besonderheiten internationaler Zusammenarbeit* (S. 61–87). Berlin: edition sigma.

Seppola, R. (2004). *Social capital in international business networks. Confirming a unique type of governance structure.* Helsinki: School of Economics.

Shanker, M. C. & Astrachan, J. H. (1996). Myths and Realities: Family Businesses' Contribution to the US Economy – A Framework for Assessing Family Business Statistics. *Family Business Review, 9* (2), 107–123.

Sharma, P. (2004). An Overview of the Field of Family Business Studies: Current Status and Directions for the Future. *Family Business Review, 17* (1), 1–36.

Sharma, P., Chrisman, J. J. & Chua, J. H. (1996). *A review and annotated bibliography of family business studies*. Boston, MA: Kluwer Academic Publishers.

Sharma, P., Chrisman, J. J. & Chua, J. H. (1997). Strategic Management of the Family Business: Past Research and Future Challenges. *Family Business Review, 10* (1), 1–35.

Sharma, P., Chrisman, J. J. & Chua, J. H. (2008). Das Management von Familienunternehmen: Einleitung und Folgerungen. *Zeitschrift für KMU und Entrepreneurship, 56* (1/2), 1–17.

Siebert, G. & Kempf, S. (2008). *Benchmarking* (3. Aufl.). München: Carl Hanser.

Simon, F. B., Wimmer, R. & Groth, T. (2005). *Mehr-Generationen-Familienunternehmen. Erfolgsgeheimnisse von Oetker, Merck, Haniel u. a.*. Heidelberg: Carl-Auer.

Simon, M. C. (2007). *Der Internationalisierungsprozess von Unternehmen. Ressourcenorientieter Theorierahmen als Alternative zu bestehenden Ansätzen.* Dissertation, Universität Bremen, 2006. Wiesbaden: Gabler.

Sirmon, D. G. & Hitt, M. A. (2003). Managing Resources: Linking Unique Resources, Management, and Wealth Creation in Family Firms. *Entrepreneurship Theory and Practice, 27* (4), 339–358.

Sonfield, M. & Lussier, R. (2004). First-, Second-, and Third-Generation Family Firms: A Comparison. *Family Business Review, 17* (3), 189–202.

Spence, L. J., Schmidpeter, R. & Habisch, A. (2003). Assessing Social Capital: Small and Medium Sized Enterprises in Germany and the U.K. *Journal of Business Ethics, 47* (1), 17–29.

Stadelmann-Steffen, I. & Freitag, M. (2007). Der ökonomische Wert sozialer Beziehungen. Eine empirische Analyse zum Verhältnis von Vertrauen, sozialen Netzwerken und wirtschaftlichem Wachstum im interkulturellen Vergleich. In A. Franzen & M. Freitag (Hrsg.), *Sozialkapital. Grundlagen und Anwendungen* (Kölner Zeitschrift für Soziologie und Sozialpsychologie, Sonderheft 47/2007, S. 294–320). Wiesbaden: VS Verlag für Sozialwissenschaften.

Starr, J. A. & MacMillan, I. C. (1990). Resource cooptation via social contracting; Resource acquisition strategies for new ventures. *Strategic Management Journal, 11* (Summer Special Issue), 79–92.

Statistisches Bundesamt. (2011). *Unternehmensergebnisse Deutschland 2011.* Unveröffentlichtes Dokument per Email am 24.09.2012 erhalten.

Stegbauer, C. (2011). Interpersonale Netzwerke. In J. Weyer (Hrsg.), *Soziale Netzwerke. Konzepte und Methoden der sozialwissenschaftlichen Netzwerkforschung* (2. Aufl., S. 247–274). München: Oldenbourg.

Stegemann, E.-M. (2007). *Der Akquisitionsprozess bei Biotechnologieunternehmen: Eine theoriegeleitete Analyse von Erfolgsfaktoren und praxisorientierte Gestaltungsansätze.* Dissertation, Universität Jena, 2007.

Steier, L. (2001). Next-Generation Entrepreneurs and Succession: An Exploratory Study of Modes and Means of Managing Social Capital. *Family Business Review, 14* (3), 259–276.

Steier, L., Chrisman, J. & Chua, J. H. (2004). Entrepreneurial Management and Governance in Family Firms: An Introduction. *Entrepreneurship Theory and Practice, 28* (4), 295–303.

Steiner, M. (1995). *Internationalisierung mittelständischer Unternehmungen – Das Kulturmanagement aus Sicht des Stammhauses.* Dissertation, Universität St. Gallen, 1994. Hallstadt: Rosch-Buch.

Sundaramurthy, C. & Kreiner, G. E. (2008). Governing by Managing Identity Boundaries: The Case of Family Businesses. *Entrepreneurship Theory and Practice, 32* (3), 415–436.

Swoboda, B. (2002). *Dynamische Prozesse der Internationalisierung. Managementtheoretische und empirische Perspektiven des unternehmerischen Wandels* (Neue Betriebswirtschaftliche Forschung Bd. 285). Wiesbaden: Deutscher Universitäts-Verlag.

Tagiuri, R. & Davis, J. (1996). Bivalent Attributes of the Family Firm. *Family Business Review, 9* (2), 199–208.

Thiele, A. (2006). *Die Kunst zu überzeugen. Faire und unfaire Dialektik* (8. Aufl.). Berlin: Springer.

Thom, N. & Zaugg, R. (2005). Generationenwechsel als Herausforderung für die Entwicklung von Familienunternehmen. In R. Schauer, N. Kailer & B. Feldbauer-Durstmüller (Hrsg.), *Mittelständische Unternehmen. Probleme der Unternehmensnachfolge* (S. 151–188). Linz: Trauner.

Thomas, J. & Graves, C. (2005). Internationalising the family firm as a demonstration of an entrepreneurial culture. *Journal of Business and Entrepreneurship, 17* (2), 91–113.

Todeva, E. & Knoke, D. (2002). Strategische Allianzen und das Sozialkapital von Unternehmen. In J. Allmendinger & T. Hinz (Hrsg.), *Organisationssoziologie* (Kölner Zeitschrift für Soziologie und Sozialpsychologie, Sonderheft 42/2002, S. 345–380). Wiesbaden: VS Verlag für Sozialwissenschaften.

Tolstoy, D. (2009). Knowledge Combination and Knowledge Creation in a Foreign-Market Network. *Journal of Small Business Management, 47* (2), 202–220.

Trautvetter, A. (2011). *Bedeutung der Eigenkapitalausstattung für den Mittelstand* (HWWI policy paper, No. 56).

Tröger, N. H. (2003). *Mergers & Acquisitions im deutschen Bankensektor. Eine Analyse der Bestimmungsfaktoren* (Schriftenreihe der EBS Schloß Reichartshausen, Bd. 43). Dissertation, Euopean Business School Oestrich-Winkel, 2002. Wiesbaden: Deutscher Universitäts-Verlag.

Tsai, W. & Ghoshal, S. (1998). Social capital and value creation: The role of intrafirm networks. *Academy of Management Review, 41* (4), 464–476.

Tsang, E. W. K. (2001). Internationalizing the Family Firm: A Case Study of a Chinese Family Business. *Journal of Small Business Management, 39* (1), 88–94.

Tymon, W. G. & Stumpf, S. A. (2003). Social capital in the success of knowledge workers. *Career Development International, 8* (1), 12–20.

Uhlaner, L. M. (2005). The Use of the Guttman Scale in Developement of a Family Orientation Index for Small-to-Medium-Sized Firms. *Family Business Review, 18* (1), 41–56.

Uhlaner, L. M. (2006). Business family as a team: underlying force for sustained competitive advantage. In P. Z. Poutziouris, K. X. Smyrnios & S. B. Klein (Hrsg.), *Handbook of Research on Family Business* (S. 125–144). Cheltenham, UK: Edward Elgar Publishing.

Ulrich, H. (1970). *Die Unternehmung als produktives soziales System* (2. Aufl.). Bern: Haupt.

Ulrich, P. (2011). *Corporate Governance in mittelständischen Familienunternehmen. Theorien, Feldstudien, Umsetzung* (Unternehmensführung & Controlling, W. Becker & J. Weber (Hrsg.)). Dissertation, Universität Bamberg, 2010. Wiesbaden: Gabler.

Urban, D. & Mayerl, J. (2011). *Regressionsanalyse: Theorie, Technik und Anwendung* (4. Aufl.). Wiesbaden: VS Verlag für Sozialwissenschaften.

Uzzi, B. (1997). Social Structure and Competition in Interfirm Networks: The Paradox of Embeddedness. *Administrative Science Quarterly, 42* (1), 35–67.

Uzzi, B. (1999). Embeddedness in the Making of Financial Capital: How Social Relations and Networks Benefit Firms Seeking Financing. *American Sociological Review, 64* (4), 481–505.

Uzzi, B. & Gillespie, J. J. (1999). Corporate social capital and the cost of financial capital: An embeddedness approach. In R. T. A. J. Leenders & S. M. Gabbay (Hrsg.), *Corporate Social Capital and Liability* (S. 446–459). Boston, MA: Kluwer Academic Publishers.

Viehl, P. (2004). *Familieninterne Unternehmernachfolge. Eine Ex-post-Analyse aus Nachfolgersicht* (Trierer Schriften zur Mittelstandsökonomie). Dissertation, Universität Trier, 2003. Münster: LIT.

Voigt, K.-I. (1996). *Unternehmenskultur und Strategie. Grundlagen des kulturbewussten Managements*. Wiesbaden: Deutscher Universitäts-Verlag.

Volkmann, C. K. & Tokarski, K. O. (2006). *Entrepreneurship. Gründung und Wachstum von jungen Unternehmen*. Stuttgart: Lucius & Lucius.

Voss, T. (2007). Netzwerke als soziales Kapital im Arbeitsmarkt. In A. Franzen & M. Freitag (Hrsg.), *Sozialkapital. Grundlagen und Anwendungen* (Kölner Zeitschrift für Soziologie und Sozialpsychologie, Sonderheft 47/2007, S. 321–342). Wiesbaden: VS Verlag für Sozialwissenschaften.

Vought, K. L., Baker, L. T. & Smith, G. D. (2008). Practitioner Commentary: Moving From Theory to Practice in Family Business Research. *Entrepreneurship Theory and Practice, 32* (6), 1111–1121.

Wagner, E. (2008). Besonderheiten der Kapitalstruktur von Familienunternehmen. In B. Feldbauer-Durstmüller, H. Pernsteiner, R. Rohatschek & M. Tumpel (Hrsg.), *Familienunternehmen* (S. 167–199). Wien: Linde.

Wald, A. (2008). Der Netzwerkansatz in der Führungsforschung. In C. Stegbauer (Hrsg.), *Netzwerkanalyse und Netzwerktheorie. Ein neues Paradigma in den Sozialwissenschaften* (S. 493–502). Wiesbaden: VS Verlag für Sozialwissenschaften.

Wald, A. (2011). Sozialkapital als theoretische Fundierung relationaler Forschungsansätze. *Zeitschrift für Betriebswirtschaft, 81* (1), 99–126.

Wald, A. & Jansen, D. (2007). Netzwerke. In A. Benz, S. Lütz, U. Schimank & G. Simonis (Hrsg.), *Handbuch Governance. Theoretische Grundlagen und empirische Anwendungsfelder* (S. 93–105). Wiesbaden: VS Verlag für Sozialwissenschaften.

Walker, G., Kogut, B. & Shan, W. (1997). Social Capital, Structural Holes and the Formation of an Industry Network. *Organization Science, 8* (2), 109–125.

Wall, S., Minocha, S. & Rees, B. (2010). *International business* (3. Aufl.). Harlow, UK: Pearson Education.

Wallau, F., Haunschild, L., Hauser, H.-E. & Wolter, H.-J. (2007). *Die volkswirtschaftliche Bedeutung der Familienunternehmen. Gutachten im Auftrag der Stiftung Familienunternehmen* (IfM-Materialien Nr. 172). Bonn: Institut für Mittelstandsforschung.

Walldorf, E. G. (1987). *Auslandsmarketing. Theorie und Praxis des Auslandsgeschäfts.* Wiesbaden: Gabler.

Wannöffel, M., Le, P. & Campagna, S. (2003). Prozesse, Probleme und Praktiken der internationalen Kooperation zwischen kleinen und mittleren Unternehmen. In H. Hirsch-Kreinsen & M. Wannöffel (Hrsg.), *Netzwerke kleiner Unternehmen. Praktiken und Besonderheiten internationaler Zusammenarbeit* (S. 207–227). Berlin: edition sigma.

Wargitsch, C. (2010). *Management Control in Familienunternehmen* (Schriften zur quantitativen Wirtschaftswissenschaft, Bd. 2, G. Löffler, F. Richter & P. Wentges (Hrsg.)). Dissertation, Universität Ulm, 2010. Frankfurt am Main: Peter Lang.

Wasserman, S. & Faust, K. (1994). *Social Network Analysis. Methods and Applications* (Structural Analysis in the Social Sciences, Bd. 8). Cambridge, UK: Cambridge University Press.

Watson, G. W. & Papamarcos, S. D. (2002). Social Capital and Organizational Commitment. *Journal of Business and Psychology, 16* (4), 537–552.

Weber, W. & Kabst, R. (2000). Internationalisierung mittelständischer Unternehmen. In Gerhard und Lore Kienbaum Stiftung, J. Gutmann & R. Kabst (Hrsg.), *Internationalisierung im Mittelstand.* (S. 3–92). Wiesbaden: Gabler.

Weissman, A. & Artmann, A. (2007). Was Familienunternehmen von anderen Unternehmen unterscheidet. In E. J. Frasl & H. Rieger (Hrsg.), *Family Business Handbuch. Zukunftssicherung von Familienunternehmen über Generationen* (S. 20–29). Wien: Linde.

Welge, M. K. & Al-Laham, A. (2006). *Strategisches Management. Grundlagen - Prozess - Implementierung* (6. Aufl.). Wiesbaden: Gabler.

Welge, M. K. & Holtbrügge, D. (2006). *Internationales Management. Theorien, Funktionen, Fallstudien* (4. Aufl.). Stuttgart: Schäffer-Poeschel.

Wessner, K. (2009). Bessere Entscheidungen - Bessere Strategien: Marktforschung als Erfolgsfaktor der Internationalisierung. In F. Keuper & H. A. Schunk (Hrsg.), *Internationalisierung deutscher Unternehmen. Strategien, Instrumente und Konzepte für den Mittelstand* (S. 161–181). Wiesbaden: Gabler.

Westhead, P. (1997). Ambitions, "External" Environment and Strategic Factor Differences Between Family and Non-Family Companies. *Entrepreneurship & Regional Development, 9* (2), 127–157.

Westhead, P. & Howorth, C. (2006). Ownership and Management Issues Associated With Family Firm Performance and Company Objectives. *Family Business Review, 19* (4), 301–316.

Wiechers, R. (2006). *Familienmanagement zwischen Unternehmen und Familie. Zur Handhabung typischer Eigenarten von Unternehmensfamilien und Familienunternehmen.* Dissertation, Universität Witten/Herdecke, 2005. Heidelberg: Carl-Auer Verlag.

Wieselhuber, N. (2009). Strategien von Familienunternehmen. In R. Kirchdörfer, R. Lorz, A. Wiedemann, R. Kögel & T. Frohnmayer (Hrsg.), *Familienunternehmen in Recht, Wirtschaft, Politik und Gesellschaft. Festschrift für Brun-Hagen Hennerkes zum 70. Geburtstag* (S. 97–113). München: Beck.

Wimmer, R. (2008). Das Selbst- und Fremdbild von Familienunternehmen - die besondere Produktivkraft dieser Differenz. In A. v. Schlippe, A. Nischak & M. E. Hachimi (Hrsg.), *Familienunternehmen verstehen. Gründer, Gesellschafter und Generationen* (S. 108–114). Göttingen: Vandenhoeck & Ruprecht.

Wimmer, R., Domayer, E., Oswald, M. & Vater, G. (2005). *Familienunternehmen – Auslaufmodell oder Erfolgstyp?* (2. Aufl.). Wiesbaden: Gabler.

Windau, P. v. & Schumacher, M. (1996). *Strategien für Sieger. Erfolgsgeheimnisse mittelständischer Unternehmen*. Frankfurt am Main: Campus.

Witt, P. & Rosenkranz, S. (2002). Netzwerkbildung und Gründungserfolg. In H. Albach & A. Pinkwart (Hrsg.), *Gründungs- und Überlebenschancen von Familienunternehmen. Zeitschrift für Betriebswirtschaft* (Ergänzungsheft 5/2002, S. 85–106). Wiesbaden: Gabler.

Wöhler, T. & Hinz, T. (2007). Egozentrierte Diskussionsnetzwerke in den USA und Deutschland. In A. Franzen & M. Freitag (Hrsg.), *Sozialkapital. Grundlagen und Anwendungen* (Kölner Zeitschrift für Soziologie und Sozialpsychologie, Sonderheft 47/2007, S. 91–112). Wiesbaden: VS Verlag für Sozialwissenschaften.

Wolf, K. (2011). *Internationalisierungsstrategien von deutschen Familienunternehmen* (Schriften zu Familienunternehmen, Bd. 8, Wittener Institut für Familienunternehmen (Hrsg.)). Dissertation, Universität Witten/Herdecke, 2011. Lohmar: Josef Eul.

Wolter, H.-J. & Hauser, H.-E. (2001). Die Bedeutung des Eigentümerunternehmens in Deutschland - Eine Auseinandersetzung mit der qualitativen und quantitativen Definition des Mittelstands. In Institut für Mittelstandsforschung Bonn (Hrsg.), *Jahrbuch zur Mittelstandsforschung 1/2001, Schriften zur Mittelstandsforschung Nr. 90 NF* (S. 25–77). Wiesbaden: Deutscher Universitätsverlag.

Woolcock, M. & Narayan, D. (2000). Social Capital: Implications for Development Theory, Research, and Policy. *The World Bank Research Observer, 15* (2), 225–249.

Wortman, M. S. (1994). Theoretical Foundations for Family-Owned Businesses: A Conceptual an Research-Based Paradigm. *Family Business Review, 7* (1), 3–27.

Woywode, M. (2004). Wege aus der Erfolglosigkeit der Erfolgsfaktorenforschung. In KfW Bankengruppe (Hrsg.), *Was erfolgreiche Unternehmen ausmacht. Erkenntnisse aus Wissenschaft und Praxis* (S. 15–48). Heidelberg: Physica-Verlag.

Wright, M., Westhead, P. & Ucbasaran, D. (2007). Internationalization of Small and Medium-sized Enterprises (SMEs) and International Entrepreneurship: A Critique and Policy Implications. *Regional Studies, 41* (7), 1013–1029.

Wu, W.-p. (2008). Dimensions of Social Capital and Firm Competitiveness Improvement: The Mediating Role of Information Sharing. *Journal of Management Studies, 45* (1), 122–146.

Yli-Renki, H., Autio, E. & Sapienza, H. J. (2000). *Social Capital, Knowledge Acquisition, and Knowledge Exploitation in Young Technology-Based Firms* (Working Paper Series 2000/6). Helsinki: University of Technology.

Yli-Renki, H., Autio, E. & Tontti, V. (2002). Social capital, knowledge, and the international growth of technology-based new firms. *International Business Review, 11* (3), 279–304.

Zahra, S. A. (2003). International expansion of U.S. manufacturing family businesses: the effect of ownership and involvement. *Journal of Business Venturing, 18 (4),* 495–512.

Zahra, S. A. (2010). Harvesting Family Firms' Organizational Social Capital: A Relational Perspective. *Journal of Management Studies, 47* (2), 345–366.

Zahra, S. A. & Sharma, P. (2004). Family Business Research: A Strategic Reflection. *Family Business Review, 17* (4), 331–346.

Zahra, S. A., Hayton, J. C. & Salvato, C. (2004). Entrepreneurship in Family vs. Non-Family Firms: A Resourced-based Analysis of the Effect of Organizational Culture. *Entrepreneurship Theory and Practice, 28* (4), 363–381.

Zellweger, T. M. (2006a). Investitionsentscheidungen von Familien- und Nichtfamilienunternehmen. *Zeitschrift für KMU und Entrepreneurship, 54* (2), 93–115.

Zellweger, T. M. (2006b). *Risk, Return and Value in the Family Firm.* Dissertation, Universität St. Gallen, 2006. Bamberg: Difo-Druck.

Zentes, J., Schramm-Klein, H. & Morschett, D. (2004). Außenhandel und internationales Marketing. In J. Zentes, D. Morschett & H. Schramm-Klein (Hrsg.), *Außenhandel. Marketingstrategien und Managementkonzepte* (S. 3–25). Wiesbaden: Gabler.

Zentes, J., Swoboda, B. & Schramm-Klein, H. (2006). *Internationales Marketing* (Vahlens Handbücher der Wirtschafts- und Sozialwissenschaften). München: Vahlen.

Zhou, L., Wu, W.-p. & Luo, X. (2007). Internationalization and the performance of born-global SMEs: the mediating role of social networks. *Journal of International Business Studies, 38 (4),* 673–690.

Internetquellenverzeichnis

Auxilion AG. (2010). *Deutsche Familienunternehmen 2010/2011.* Zugriff am 19.03.2012 http://www.auxilion.de/fileadmin/Medien/Dokumente/Studien/auxilion_PI1007MW_Erfolgsfaktoren-_PI-2991___1_.pdf

Auxilion AG. (2011). *Deutsche Familienunternehmen 2011/2012.* Zugriff am 19.03.2011 https://www.m-r-n.com/fileadmin/user_upload/Image/10_DOWNLOADS/Infoblitz_31_2011/auxilion_studie_familienunternehmen.pdf

BAND. (2012). *Business Angels Netzwerk Deutschland e.V..* Zugriff am 09.02.2012 http://www.business-angels.de

bmwfj. (2011). *Erfolgsfaktoren österreichischer Familienunternehmen. Ein Zusammenspiel von Familie und Unternehmen in Entscheidungsprozessen.* Zugriff am 13.06.0212 http://www.bmwfj.gv.at/Unternehmen/UnternehmensUndKMU-Politik/Documents/Studie_Erfolgsfaktoren_Homepage.pdf

BMWi. (2007). *Weltweit Aktiv. Ratgeber für kleine und mittlere Unternehmen.* Zugriff am 31.07.2012 http://www.bmwi.de/Dateien/BMWi/PDF/foerderdatenbank/weltweit-aktiv-ratgeber-fuer-unternehmen,property=pdf,bereich=bmwi,sprache=de,rwb=true.pdf

BMWi (2012). *Beratungsförderung für kleine und mittelständische Unternehmen (KMU).* Zugriff am 07.02.2012 http://www.bmwi.de/BMWi/Navigation/Mittelstand/beratungsfoerderung.html

Chen, S. (2004). *East meets west - blending guanxi and transactional marketing - An exploratory study.* Zugriff am 25.11.2010 http://www.impgroup.org/uploads/papers/4587.pdf

Commerzbank. (2000). *Unternehmerische Perspektiven des gehobenen Mittelstandes.* Zugriff am 04.10.2012 https://www.commerzbank.de/media/aktionaere/service/archive/vortrag/2000/perspektiven.pdf

Commerzbank. (2006). *Wirtschaft in Bewegung. Herausforderungen und Strategien am Standort Deutschland.* Zugriff am 26.08.2010 https://www.unternehmerperspektiven.de/de/studie/wirtschaft_in_bewegung/files/studie_1_wirtschaft_in_bewegung_jan_2006.pdf

Commerzbank. (2007). *Wachstum durch Internationalisierung. Die Studie 2/2007 der Unternehmer Perspektiven.* Zugriff am 17.04.2011 https://www.unternehmerperspektiven.de/media/up/studien/4studie/studie_4_internationalisierung_okt_2007.pdf

Deutsche Börse Group. (2010). *DAXplus Family/DAXplus Family 30. Indizes für gründerdominierte Unternehmen.* Zugriff am 16.07.2010 http://deutsche-boerse.com/dbag/dispatch/de/listcontent/gdb_navigation/xlc/Content_Files/Index_Infos/News/DAXplus_Family.htm

Deutsche Börse Group. (2012a). *DAXplus Family Perf.-Ind.* Zugriff am 18.09.2012 http://www.boerse-frankfurt.de/de/aktien/indizes/daxplus+family+perf+ind+DE000A0YKTL4/zugehoerige+werte

Deutsche Börse Group. (2012b) *GEX (Performance).* Zugriff am 18.09.2012 http://www.boerse-frankfurt.de/de/aktien/indizes/gex+performance+DE000A0AER17/zugehoerige+werte

Deutsche Bundesbank. (2012). *Eigenkapitalquote des verarbeitenden Gewerbes nach Branchen in Deutschland im Jahr 2010.* Zugriff am 20.09.2012 http://de.statista.com/statistik/daten/studie/163433/umfrage/eigenkapitalquote-verschiedener-branchen-des-verarbeitenden-gewerbes/

Ernst & Young. & BDI. (2001). *Das industrielle Familienunternehmen. Kontinuität im Wandel.* Zugriff am 09.02.2011 http://www.ifm-bonn.org/assets/documents/BDI_Befragung_2001.pdf

Europäische Kommission. (2003). *Internationalisierung von KMU.* Beobachtungsnetz der europäischen KMU 2003, Nr. 4. Zugriff am 08.09.2010 http://ec.europa.eu/enterprise/policies/sme/files/analysis/doc/smes_observatory_2003_report4_de.pdf

Europäische Kommission. (2006). *Die neue KMU-Definition.* Zugriff am 13.03.2012 http://ec.europa.eu/enterprise/policies/sme/files/sme_definition/sme_user_guide_de.pdf

Europäische Kommission. (2009). *Überblick über relevante Themen für Familienunternehmen: Forschung, Netzwerke, politische Maßnahmen und bestehende Studien.* Zugriff am 10.08.2010 http://ec.europa.eu/enterprise/policies/sme/promoting-entrepreneurship/family-business/family_business_expert_group_summ_de.pdf

FBN. (2012). *The Family Business Network Deutschland.* Zugriff am 08.05.2012 http://www.fbn-deutschland.de/cms/index.php?id=355

Fopp, L. & Giger, A. (2010). Trendstudie Familienunternehmen im 2020. In FBN Deutsche Schweiz & L. Fopp (Hrsg.), *2020: Die Zukunft des Familienunternehmens* (FBN-Trendstudie, S. 7–34). Zugriff am 16.09.2011 http://www.fbn.ch/chapters/fbnswiss.nsf/280037f5a7052698872573df007550ca/6393a204560eb49f87257700005e3aa9/$FILE/FBN-Studie_Die%20Zukunft%20des%20Familienunternehmens%20im%202020.pdf

Förderdatenbank. (2012). *Außenwirtschaft.* Zugriff am 07.02.2012 http://www.foerderdatenbank.de/Foerder-DB/Navigation/Foerderwissen/aussenwirtschaft,did=173772.html?view=renderPrint

Hoppenstedt-Hochschuldatenbank. (2011). *Hoppenstedt Firmendatenbank für Hochschulen.* Zugriff am 20.02.2011 http://www.hoppenstedt-hochschuldatenbank.de/

IHK Bochum. (2010). *Internationalisierungsstrategien des Mittelstands* (Heft 16). Zugriff 20.08.2011 http://www.landesspracheninstitut-bochum.de/fileadmin/Lsi/PDFs_und_Grafiken/Broschuere_IHK.pdf

Kommission der europäischen Gemeinschaften. (2006). *Umsetzung der Partnerschaft für Wachstum und Beschäftigung: Europa soll auf dem Gebiet der sozialen Verantwortung der Unternehmen führend werden.* Zugriff am 14.01.2011 http://eur-lex.europa.eu/LexUriServ/LexUriServ.do?uri=COM:2006:0136:FIN:de:PDF

Kriz, A. & Fang, T. (2003). *Interpersonal trust in Chinese relational networks: Moving from guanxi to xinren.* Zugriff am 25.11.2010: http://www.impgroup.org/uploads/papers/4369.pdf

Kühlmann, T. M. (2003). *Selbstorganisation im Dschungel der Weltmärkte: Der Mittelstand spinnt Unternehmensnetzwerke.* Zugriff am 08.02.2012 http://www.forost.lmu.de/fthope/ft_library/lit_allg_kuehlmann_selbstorg.pdf

Kühlmann, T. M. (2005). *Internationalisierung im Netzwerk. Der Mittelstand entdeckt das Sozialkapital.* Zugriff am 08.02.2012 http://www.forost.lmu.de/fthope/ft_library/lit_proj4_Kuehlmann_Internationalisierung_im_Netzwerk.pdf o.V. (2012). *Nach BRIC kommt MIST.* Frankfurter Allgemeine Zeitung. 09.08.2012. http://www.faz.net/aktuell/finanzen/fonds-mehr/investmentstrategien-nach-bric-kommt-mist-11849486.html

PWC. (2010). *Fels in der Brandung? Studie über Familienunternehmen 2010/11.* Zugriff am 24.06.2011 http://www.pwc.de/de/mittelstand/assets/studie_fmlnntrnhmn2.pdf

Statistisches Bundesamt. (2008). *Klassifikation der Wirtschaftszweige.* Zugriff am 09.02.2011 http://www.destatis.de/jetspeed/portal/cms/Sites/destatis/Internet/DE/Content/Klassifikationen/GueterWirtschaftklassifikationen/klassifikationwz2008__erl,property=file.pdf

Statistisches Bundesamt. (2010). *Kennzahlen der Unternehmen des Verarbeitenden Gewerbes.* Zugriff am 20.09.2012 https://www.destatis.de/DE/ZahlenFakten/Wirtschaftsbereiche/IndustrieVerarbeitendesGewerbe/Tabellen/KennzahlenVerarbeitendesGewerbe.html?nn=50894

Statistisches Bundesamt. (2012a). *Erwerbstätige.* Zugriff am 20.09.2012 https://www.destatis.de/DE/ZahlenFakten/GesamtwirtschaftUmwelt/Arbeitsmarkt/Erwerbstaetigkeit/Erwerbstaetigenrechnung/Tabellen/ArbeitnehmerWirtschaftsbereiche.html

Statistisches Bundesamt. (2012b). *Exportquote im verarbeitenden Gewerbe in Deutschland von 2005 bis 2011.* Zugriff am 20.09.2012 http://de.statista.com/statistik/daten/studie/167645/umfrage/exportquote-im-verarbeitenden-gewerbe-seit-2005/

Statistisches Bundesamt. (2012c). *Umsatzanteile der Industriebranchen am verarbeitenden Gewerbe in Deutschland im Jahr 2011.* Zugriff am 12.09.2012 http://de.statista.com/statistik/daten/studie/240956/umfrage/umsatzanteile-der-branchen-im-verarbeitenden-gewerbe-in-deutschland/

Stiftung Familienunternehmen. (2007). *Das gesellschaftliche Engagement von Familienunternehmen.* Zugriff am 20.01.2011 http://www.familienunternehmen.de/media/public/pdf/studien/Studie_Gesell_Eng_Fam.pdf

Stiftung Familienunternehmen. (2009). *Die volkswirtschaftliche Bedeutung der Familienunternehmen.* Zugriff am 28.07.2010 ftp://ftp.zew.de/pub/zew-docs/gutachten/studie_familienunternehmen_zew2009.pdf

Stiftung Familienunternehmen. (2010). *Die Top 500 Familienunternehmen nach Beschäftigung.* Zugriff am 28.07.2010 http://www.familienunternehmen.de/top500/index.htm

Stiftung Familienunternehmen. (2013). *Länderindex der Stiftung Familienunternehmen (4. Aufl.).* Zugriff am 20.01.2013 http://www.familienunternehmen.de/media/public/pdf/studien/sfu_studie_laenderindex-4_ebook.pdf

Wieselhuber, N., Lohner, A. M. & Thum, G. F. (2006). *Erfolgsfaktoren von Familienunternehmen.* Zugriff am 26.08.2010 http://www.brainguide.de/data/publications/PDF/pub48434.pdf

Wir-Magazin. (2012). *wir-Tage.* Zugriff am 08.05.2012 http://wirmagazin.de/wirmagazin/events/wir-tage.html

World Values Survey. (1990). *WVS 1990 Questionnaire.* Zugriff am 21.10.2011 http://www.worldvaluessurvey.org/wvs/articles/folder_published/survey_1990/files/root_q_1990.pdf

World Values Survey. (1995). *WVS 1995 Questionnaire.* Zugriff am 21.10.2011 http://www.worldvaluessurvey.org/wvs/articles/folder_published/survey_1995/files/root_q_1995.pdf

World Values Survey. (2000). *WVS 2000 Questionnaire.* Zugriff am 21.10.2011 http://www.worldvaluessurvey.org/wvs/articles/folder_published/survey_2000/files/root_q_2000.pdf

World Values Survey. (2005). *WVS 2005 Questionnaire.* Zugriff am 21.10.2011 http://www.worldvaluessurvey.org/wvs/articles/folder_published/survey_2005/files/WVSQuest_RootVers.pdf

Rechtsquellenverzeichnis

2003/361/EG. Empfehlung der Kommission vom 6. Mai 2003. Datum des Inkrafttretens 01.01.2005. Amtsblatt ABl. L 124 vom 20.05.2003.